よくわかる 解析力学

前野昌弘

東京図書株式会社

[R]〈日本複製権センター委託出版物〉
本書を無断で複写複製（コピー）することは，著作権法上の例外を除き，禁じられています．本書をコピーされる場合は，事前に日本複製権センター（電話：03-3401-2382）の許諾を受けてください．

5.4 章末演習問題 ・・・ 137

第6章 ラグランジュ形式の解析力学—実践篇1・振動　　139

   6.1 単振動 ・・・ 139
       6.1.1 簡単な単振動
       6.1.2 微小振動
   6.2 連成振動 ・・・ 145
       6.2.1 二体連成振動
       6.2.2 二体連成振動の行列を使った変数変換
       6.2.3 質量が異なる場合
       6.2.4 二重振り子
   6.3 三体から N 体の連成振動へ ・・・・・・・・・・・・・・・・・・・・・・・・・ 154
       6.3.1 三体連成振動
       6.3.2 3つのモードの表現
       6.3.3 N 個の物体が連結されている場合の振動
   6.4 連続的な物体への極限 ・・・・・・・・・・・・・・・・・・・・・・・・・・・・・・・・ 162
       6.4.1 振動解の物体数を増やす
       6.4.2 作用の書き換え
   6.5 章末演習問題 ・・ 167

第7章 ラグランジュ形式の解析力学—実践篇2・剛体の回転　　168

   7.1 剛体の回転運動 ・・・・・・・・・・・・・・・・・・・・・・・・・・・・・・・・・・・・・・・ 168
       7.1.1 剛体の運動エネルギー
       7.1.2 主軸変換
   7.2 オイラー角で表現する回転運動 ・・・・・・・・・・・・・・・・・・・・・・・ 173
       7.2.1 物体に固定された座標軸
       7.2.2 オイラー角と角速度ベクトル
       7.2.3 外力が働かない剛体の回転運動
       7.2.4 角運動量の保存
       7.2.5 特定の軸の回りに回っている時の近似計算
   7.3 エネルギー保存と角運動量保存から言えること ・・・・・・・ 186
       7.3.1 自由に回転する剛体

  4.1.2　ダランベールの原理による仮想仕事の原理の拡張
  4.1.3　確認：作用は本当に極値を取っているか
  4.1.4　運動方程式としてのオイラー・ラグランジュ方程式
  4.1.5　なぜ位置エネルギーは引かれるのか？？
4.2　1次元運動の例題 ･････････････････････････････････････ 100
  4.2.1　簡単な例題
  4.2.2　加速する座標系内の自由粒子
  4.2.3　速度に比例する抵抗
4.3　複合系をラグランジアン形式で ････････････････････････ 103
  4.3.1　定滑車
  4.3.2　動滑車
4.4　多次元のラグランジュ形式 ････････････････････････････ 106
  4.4.1　2次元以上の変数のラグランジアン
  4.4.2　棒に繋がれた2物体の平面内運動
  4.4.3　一般的ポテンシャルによる相互作用をする2物体
4.5　章末演習問題 ･･･････････････････････････････････････ 110

第5章　ラグランジュ形式の解析力学—発展篇　　　　　111

5.1　オイラー・ラグランジュ方程式と座標変換 ･････････････ 111
  5.1.1　オイラー・ラグランジュ方程式の共変性
  5.1.2　2次元極座標でのオイラー・ラグランジュ方程式
  5.1.3　循環座標
  5.1.4　変数変換に関する注意—ルジャンドル変換の必要性
  5.1.5　2次元で万有引力が働く場合
5.2　3次元の直交曲線座標で記述する運動 ･････････････････ 125
  5.2.1　直交座標から他の座標系へ
  5.2.2　3次元の極座標
  5.2.3　球対称ポテンシャル内の運動
5.3　拘束のある系 ･･･････････････････････････････････････ 129
  5.3.1　拘束条件の分類
  5.3.2　ラグランジュ未定乗数の利用
  5.3.3　変数の消去

2.2.3　光の直進
　　　2.2.4　極座標での直線
　2.3　関数の変分に関するまとめと例題 ･････････････････････････　42
　　　2.3.1　オイラー・ラグランジュ方程式
　　　2.3.2　一般的な図形の等周問題
　　　2.3.3　最速降下線
　2.4　章末演習問題 ･･　50

第3章　静力学－仮想仕事の原理から変分原理へ　　　51

　3.1　仮想仕事の原理 ･･　51
　　　3.1.1　一個の質点の場合
　　　3.1.2　複数の質点からなる系における仮想仕事の原理
　3.2　剛体に対する仮想仕事 ･･････････････････････････････････　57
　　　3.2.1　剛体に起こり得る仮想変位
　　　3.2.2　剛体に対する仮想仕事
　　　3.2.3　仮想仕事が0になるための条件
　3.3　仮想仕事の原理を使う例題 ･･････････････････････････････　65
　3.4　位置エネルギー ･･　66
　　　3.4.1　仕事とエネルギー
　　　3.4.2　位置エネルギーを表現する座標を変えてみる
　3.5　3次元の仮想仕事と位置エネルギー ･･････････････････････　69
　　　3.5.1　積分可能条件とrot
　　　3.5.2　異なる座標系で計算したポテンシャルの安定点
　3.6　静力学における変分原理 ････････････････････････････････　73
　　　3.6.1　動力学の変分原理のモデルになる静力学の問題
　　　3.6.2　懸垂線の方程式
　　　3.6.3　一般座標におけるラプラシアン
　3.7　章末演習問題 ･･　82

第4章　ラグランジュ形式の解析力学－導入篇　　　83

　4.1　「作用」を '作る' ･･･････････････････････････････････････　83
　　　4.1.1　作用とは何か

目次

はじめに iii

第1章 解析力学入門の準備　　1

1.1 ニュートン力学の復習 1
 1.1.1 運動の法則
 1.1.2 保存則
 1.1.3 角運動量の保存
1.2 力学を簡単にするために 6
 1.2.1 「仕事」を使いこなす
 1.2.2 より高い視点から「運動」を見る
1.3 経路 13
1.4 座標とその変換 14
1.5 章末演習問題 20

第2章 簡単な変分問題　　21

2.1 変分による計算 21
 2.1.1 変分とは
 2.1.2 等しい周で最大面積の長方形
 2.1.3 等しい周の三角形
2.2 光学におけるフェルマーの原理 29
 2.2.1 反射の法則
 2.2.2 屈折の法則

くても、ある程度力学の問題は解ける。そしてその「ある程度」を超える部分についてはなかなか授業の中では出てこない。そういう状況で「何でラグランジアンだのハミルトニアンだのを考えなくてはいけないの？」と思ってしまうと、勉強するありがたみが湧いてこない。本書では「ほらラグランジアンのおかげでこんな問題が簡単になるよ」という点を具体的に語っていきたいと思う。解析力学の目的は本来「力学を簡単にする」そして「力学に統一的な視点を与える」である。本書を読みながら、「なるほど確かにここが簡単になった」「なるほど力学の世界が明瞭に見えてきた」と実感してもらいたいと思う。

そして解析力学というツールを使いこなせるようになった後で他の物理（特に量子力学だが、それには限らない）を見ると、物理の色々な側面が、ずっとよく見えてくるようになる。この本を読んでくださる皆さんが、解析力学による新しい視点を手に入れて、広くて賑やかで素敵な、物理の世界を楽しんで欲しいと願う次第である。

著者

―― 本書の読み方について ――

本書を読むための基礎知識としては、初等レベルの力学と、偏微分など微分積分、行列の対角化などの線型代数の知識は既にある程度は習得していることを仮定した。付録などである程度は説明してあるが、これでは足りない人は他書[a]で補完していただきたい。

この本において、本当の意味で「解析力学」が始まるのは第4章である。第1章は初等力学を復習しつつまとめている。第2章は解析力学を考える上で大事な概念である「変分原理」に基づく計算の例を示し、後で解析力学で使うための計算方法を学ぶ。第3章は静力学を扱い、解析力学を作る前段階を扱った。本書は丁寧な書き方を心がけた結果、少し分厚くなってしまっている面はあるので、先を急ぐ人、つまり「はやく解析力学とはどういう学問かを知りたい」と思う人は第4章から読んで、必要な知識が足りてないと感じた部分についてのみ前の章の該当部分に戻って読んでもよい。逆に、「解析力学の考え方がどのように成り立っているのか」という点を知りたい人は第2章の変分原理の考え方を習得した後、第3章で扱う「仮想仕事の原理」や「ポテンシャル」の考え方をじっくりと読んだ上で次へ進んだ方がいいだろう。

勉強の仕方は1種類ではなく、人によってはきっちりと練習問題をやりながら「身に染み込ませる」ように概念を理解していく方がよい人もいれば、まずは概要をざっとつかんだ上で具体的な問題を各個撃破していく方が理解が進む人もいる。また本書はできるかぎり図解を入れるようにしたが、図で理解する方が頭に入る人もいれば、数式の変形を手で行うことで概念が身につく人もいる。

それぞれの読者が自由に、自分にあった読み方で読んでいただきたい。

[a] 力学に関しては、姉妹書である「よくわかる初等力学」など。

はじめに

　最初に白状しておこう。大学二年生の時、私は「力学Ⅱ」という授業で解析力学を勉強したはずなのだ。そして単位もちゃんと取っている。しかし、今思い返してみると、

その時点ではまったく、解析力学がわかってなかった。

　我ながらひどい告白から始まる解析力学の本だなぁ、と呆れるしかないが、本当のことだから仕方がない。
　じゃあいつわかったのかというと、三年生の時に量子力学を勉強し、さらに四年生および大学院で量子場の理論を勉強し…ている間に解析力学を勉強し直したところでやっと「あ、こういうことをやってたのか」とわかった。つまり量子力学まで行ってから戻ってこないとわからなかった。
　学生の頃の私にとって、解析力学というのは「得体のしれない学問」だったのだが、ある程度わかってから考え直してみると、「ああなんで最初からこういうふうに理解していけなかったのだろう」と悔しくなることがたくさんあった。というわけでこの本は「こういうふうに理解すれば解析力学が『よくわかる』んではないか？」という（かつてまるでわからなかった著者の）想いを込めて書かせてもらった。
　解析力学がわかりにくいものになってしまう原因はいくつかある。
　第一は、最小作用の原理や仮想仕事の原理やら、「○○の原理」という言葉をすごく難しいものと思ってしまいがちなことだ。これらの原理がどこから来たのかをしっかり理解しながら進めばよいのだが、「よくわからんけどこの式使えばいいのね？」というふうに理解することをあきらめてしまって先へ進んでしまう。これは当然「わかる」状態には程遠い。
　逆に「この"ゲンリ"なるものをちゃんと理解しなければ解析力学はわからないのだ」と思い込んで「最小作用の原理のテツガクとは何か？」などと考え込んでしまうという悪い例もある。解析力学の最初は何やら哲学っぽいものもあったかもしれないが、今現在解析力学を勉強するのにそんなものはいらない（だから本書は歴史的経緯にはあまり重きを置いていない）。「いかなる理屈でこの式は成り立つのか」を把握すればよいだけのことだ。本書ではその理屈をきっちりと記述した。
　第二は、「何のためにこれを勉強するのか」というモチベーションが持ちにくいことである。解析力学的手法（本書で扱う、ラグランジュ形式やハミルトン形式）を使わな

　　　　　7.3.2　自由な対称コマ
　7.4　章末演習問題 ·· 190

第8章　保存則と対称性　　191

　8.1　空間並進と運動量保存則 ····································· 191
　　　　　8.1.1　ハミルトンの主関数
　　　　　8.1.2　「ハミルトンの主関数の端点微分」としての運動量
　　　　　8.1.3　運動量保存則の導出
　8.2　運動量の一般化 ·· 196
　8.3　時間並進不変性とエネルギー保存則 ·························· 198
　　　　　8.3.1　作用の時間微分としてのエネルギー
　　　　　8.3.2　エネルギー保存則の導出
　8.4　一般論—ネーターの定理 ····································· 201
　8.5　角運動量保存則 ·· 202
　8.6　章末演習問題 ·· 204

第9章　ハミルトン形式の解析力学　　205

　9.1　ハミルトン形式（正準形式）とは ···························· 205
　　　　　9.1.1　運動量と座標を使った表現
　　　　　9.1.2　ハミルトニアン
　　　　　9.1.3　簡単な例題
　　　　　9.1.4　ラグランジュ未定乗数としての運動量
　9.2　変分原理からの正準方程式 ··································· 213
　9.3　位相空間 ··· 215
　　　　　9.3.1　位相空間とは
　　　　　9.3.2　位相空間で表現した「運動」
　9.4　リウヴィルの定理 ·· 223
　9.5　ポアッソン括弧 ·· 226
　　　　　9.5.1　時間微分とハミルトニアン
　　　　　9.5.2　ポアッソン括弧の性質
　　　　　9.5.3　ヤコビ恒等式の証明
　　　　　9.5.4　ポアッソン括弧が0になることの意味

- 9.6 ハミルトン形式で考える角運動量と剛体 233
  - 9.6.1 角運動量とのポアッソン括弧
  - 9.6.2 外力が働かない剛体の回転
  - 9.6.3 対称コマのハミルトニアン
  - 9.6.4 軸先が固定された対称コマ
- 9.7 章末演習問題 241

第10章　正準変換　　243

- 10.1 1次元系の時間によらない正準変換 243
  - 10.1.1 正準方程式の変換
  - 10.1.2 位相空間の面積を変えない変換の例
  - 10.1.3 ポアッソン括弧の変換
  - 10.1.4 より大胆な正準変換
  - 10.1.5 ポアッソン括弧を使って無限小正準変換を記述する
- 10.2 変分原理と正準変換 255
  - 10.2.1 正準変換による作用の変化と母関数
  - 10.2.2 正準変換の変数の取り方
  - 10.2.3 母関数を使った正準変換の例
  - 10.2.4 変換から母関数を作る
- 10.3 時間に依存する変換 265
  - 10.3.1 作用の変化
  - 10.3.2 時間に依存する正準変換の例
- 10.4 多変数の正準変換 269
  - 10.4.1 多変数のポアッソン括弧の変換
  - 10.4.2 多変数の場合の母関数
  - 10.4.3 多変数正準変換の例
- 10.5 章末演習問題 278

第11章　ハミルトン・ヤコビ方程式　　279

- 11.1 ハミルトン・ヤコビ方程式 279
  - 11.1.1 $K = 0$ となる正準変換の母関数を求める
  - 11.1.2 作用とハミルトン・ヤコビ方程式

11.2 ハミルトン・ヤコビ方程式の解 ･････････････････････････ 284
    11.2.1 変数分離
    11.2.2 簡単な例
    11.2.3 ２次元放物運動
11.3 球対称ポテンシャル内の３次元運動 ････････････････････ 290
11.4 章末演習問題 ･･･････････････････････････････････････ 296

第12章 おわりに－解析力学と物理　298

12.1 解析力学と相対論 ･･･････････････････････････････････ 298
12.2 解析力学と統計力学 ･････････････････････････････････ 299
12.3 解析力学と量子力学 ･････････････････････････････････ 301

付録A 行列計算　303

A.1 行列の基本計算 ･････････････････････････････････････ 303
A.2 行列を使う利点 ･････････････････････････････････････ 305
A.3 添字を使った表現 ･･･････････････････････････････････ 308
A.4 直交行列 ･･･ 309
A.5 直交行列でない行列の逆行列 ･････････････････････････ 310
A.6 固有値と固有ベクトル ･･･････････････････････････････ 313
A.7 行列式の計算 ･･･････････････････････････････････････ 314
A.8 固有ベクトルによる対角化 ･･･････････････････････････ 316

付録B 偏微分に関係するテクニック　318

B.1 多変数の関数の微分 ･････････････････････････････････ 318
    B.1.1 偏微分
    B.1.2 全微分と変数変換
B.2 体積積分とヤコビアン ･･･････････････････････････････ 323
    B.2.1 面積積分
    B.2.2 体積積分
B.3 ラグランジュ未定乗数の方法の意味 ･･･････････････････ 325
B.4 オイラー・ラグランジュ方程式 ･･･････････････････････ 328
    B.4.1 １変数の場合

　　　　B.4.2　多変数の場合
　B.5　ルジャンドル変換 ･････････････････････････････････････ 330
　　　　B.5.1　必要性—もしルジャンドル変換をしなかったら
　　　　B.5.2　ルジャンドル変換とは

付録 C　座標系に関して　　　　　　　　　　　　　　　　　　335

　C.1　ベクトルの表現 ･････････････････････････････････････ 335
　　　　C.1.1　直交座標の基底ベクトル
　　　　C.1.2　一般的な直交曲線座標の基底ベクトル
　　　　C.1.3　曲線座標とベクトル
　　　　C.1.4　テンソル
　C.2　回転を記述する方法 ･･････････････････････････････････ 342
　　　　C.2.1　2次元回転
　　　　C.2.2　オイラー角

付録 D　問いのヒントと解答　　　　　　　　　　　　　　　　　346

索　引　　　　　　　　　　　　　　　　　　　　　　　　　　　370

[Webサイトからのダウンロードについて]

- 章末演習問題のヒントと解答はwebサイトにあります。これらのダウンロードはwebサイト (`http://irobutsu.a.la9.jp/mybook/ykwkrAM/`) から行ってください。このページには本書に含まれていたミス、解析力学を理解するのに有用なシミュレーションなどの情報を掲載する他、掲示板も設置する予定です。

- 本文中で参照している章末演習問題のヒントと解答のページは、本文のページと区別するため、p1wのようにページ番号の後にwがついています。

第 1 章

解析力学入門の準備

まずは「解析力学以前の力学」について、復習しつつ、解析力学を学ぶとどんないいことがあるのか、を確認しておこう。

1.1 ニュートン力学の復習

1.1.1 運動の法則

ニュートン力学の法則では以下の3法則を第一原理とする[†1]。

―― 運動の第一法則（慣性の法則）――
物体は力を受けない限り、静止し続けるか等速直線運動を続ける。

―― 運動の第二法則（運動の法則）――
物体の加速度に質量を掛けたものは、物体に働く力に等しい。

―― 運動の第三法則（作用・反作用の法則）――
二つの物体 A,B があり、A から B に力が働く時には、必ず B から A にも力が働いている。この力は作用点を結ぶ直線の方向にそって働き、互いに逆向きであって大きさは等しい。

この3つの基本法則から力学のあらゆる法則・定理が導かれる。ただ、これらの法則は（創始者によるものだから当然なのだが）少し古い考え方に立つ

[†1] 本書を読む人は初等的な力学はある程度勉強した後であろう。力学には自信があるから復習はいいよ、という人はこの章を読まなくてもかまわない。

て書かれている面もある。ここでは少し現代的に言い直そう。第一法則は

> **――― 慣性系の存在 ―――**
> 他からの影響を受けない物体が静止もしくは等速直線運動をするように観測される座標系が存在する。

と言い直すべきであろう。このような座標系を「**慣性系**」と呼ぶ。以下、特に指定しない限り、この慣性系の上で考えていくことにする。

この法則を見ると、「第二法則で力が0になっている特別な状況が第一法則ではないのか？」という疑問が湧くのは当然である。第一法則は、上に言い換えたような意味で（つまり慣性系の存在を宣言する為に）ここに書いておく必要があると言われる[†2]。

慣性系の存在は、力学において原理として採用する（つまり、これを証明することはできない）。ニュートンがこれを第一法則として明言しておく必要があったのは、それ以前は「物体は力を受けると動く、力がなくなれば止まってしまう」という概念が支配的[†3]であったからである。歴史的経緯はさておき、慣性系の存在を仮定すると、その系においては、

> **――― 運動方程式 ―――**
> 質量 m の質点の位置ベクトルを $\vec{x}$ とし、その質点に働く力を $\vec{F}$ とすると、
> $$\vec{F} = m\frac{\mathrm{d}^2\vec{x}}{\mathrm{d}t^2} = m\frac{\mathrm{d}\vec{v}}{\mathrm{d}t} = \frac{\mathrm{d}\vec{p}}{\mathrm{d}t}$$
> が成り立つ。ただし、$\vec{v} = \dfrac{\mathrm{d}\vec{x}}{\mathrm{d}t}, \vec{p} = m\vec{v}$ である。

が成り立つ。運動方程式は位置ベクトル $\vec{x}(t)$ の二階微分と力との関係を決める式になっている。では力とはどう決めるのか、というのが気になるところで、「運動方程式こそが力の定義だ」（加速度が力を決める）と言う人もいる。しかし、解析力学をやろうという立場からすると、力は系の力学的性質から（もっと具体的に言えば、系の状態から決められたポテンシャルから）導かれ

[†2] はっきり言って、著者はこの回りくどい説明の仕方が大嫌いなので、第一法則は最初から「慣性系が存在する」と言った方がいいと思っているし、実際そう書いている本もある。
[†3] なぜ支配的だったのかといえば、それは人間の直観には合うからである。だからこそガリレオやニュートンはその直観を突き崩すために苦労した。

るものであると考える。「系がこの状態にある時はこのような力を発生する」という物質や系によって決まる法則があり、そうやって系の状態によって定義された力が、系の運動によって定義された加速度と関係づく、これが第二法則なのだ。

座標の二階微分は運動方程式が決めるが、$\vec{x}(t)$ と一階微分 $\dfrac{\mathrm{d}\vec{x}}{\mathrm{d}t}(t)$ は物理法則からは決まらない。通常それは「初期条件」としてある時刻 $t=t_0$ での位置ベクトル $\vec{x}(t_0)$ と速度ベクトル $\dfrac{\mathrm{d}\vec{x}}{\mathrm{d}t}(t_0)$ を与えることで決定される。この初期条件が決まれば、それ以降の $\vec{x}(t)$ はすべて運動方程式を積分することで決定できる。「運動方程式は常に積分できるのか？」というのはちょっとややこしい問題だが、ここではできることにしておこう[†4]。

第三法則は少し毛色が違って、力の性質に関する法則である。これも物理法則として認めなくてはいけない。

1.1.2　保存則

ニュートン力学を実際に使う段になるといろいろと「計算手順を簡便化するための方法」がある。中でも有用なのが「保存則を使う」ことである。運動方程式 $\vec{F}=m\dfrac{\mathrm{d}^2\vec{x}}{\mathrm{d}t^2}$ の（いろいろな形での）積分を行うことで保存量を導く。

力の時間積分 $\displaystyle\int_{t_0}^{t_1}\vec{F}\,\mathrm{d}t$ は「力積」と呼ばれる。運動方程式により、力積は

$$\int_{t_0}^{t_1} m\frac{\mathrm{d}^2\vec{x}}{\mathrm{d}t^2}\,\mathrm{d}t = \underbrace{m\frac{\mathrm{d}\vec{x}}{\mathrm{d}t}\bigg|_{t=t_1} - m\frac{\mathrm{d}\vec{x}}{\mathrm{d}t}\bigg|_{t=t_0}}_{\text{運動量の変化}} \tag{1.1}$$

とも表現できる。計算法からわかるように力積と運動量はベクトルである。「（受けた力積）＝（運動量変化）」より、「もし外部から力積を受けなければ、運動量は変化しない」という結論が得られ、これが運動量保存則となる。

一方、力の（物体の運動経路に沿った）線積分 $\displaystyle\int_{\vec{x}_0}^{\vec{x}_1}\vec{F}\cdot\mathrm{d}\vec{x}$ は「仕事」で、

$$\int_{\vec{x}_0}^{\vec{x}_1} m\frac{\mathrm{d}^2\vec{x}}{\mathrm{d}t^2}\cdot\mathrm{d}\vec{x} = \underbrace{\frac{1}{2}m\left(\frac{\mathrm{d}\vec{x}}{\mathrm{d}t}\right)^2\bigg|_{t=t_1} - \frac{1}{2}m\left(\frac{\mathrm{d}\vec{x}}{\mathrm{d}t}\right)^2\bigg|_{t=t_0}}_{\text{運動エネルギーの変化}} \tag{1.2}$$

[†4] 220ページの脚註参照。とはいえ、たいていできると思ってよい。

とも表現できる（仕事はスカラーである）。この積分は今後もよく使う計算なのだが、慣れていないと戸惑うかもしれない。x 成分だけに限って詳細を記しておく。まず $dx = \frac{dx}{dt} dt$ と置き換える[†5]。

$$\int m \frac{d^2 x}{dt^2} dx = \int m \frac{d^2 x}{dt^2} \frac{dx}{dt} dt \tag{1.3}$$

となるわけだが、ここで $\frac{dx}{dt} = v$ とおけば、これは

$$\int m \frac{dv}{dt} v \, dt = \int \frac{d}{dt} \left(\frac{1}{2} m v^2 \right) dt \tag{1.4}$$

となり、積分結果は $\frac{1}{2} m v^2$ となる[†6]。こうして 3 成分を積分することで、仕事という量 $\int \vec{F} \cdot d\vec{x}$ が、エネルギーという量 $\frac{1}{2} m |\vec{v}|^2$ の変化量であることがわかる[†7]。力積・運動量の場合と同様に「（された仕事）＝（運動エネルギーの変化）」より、「外部から仕事をなされなければ、運動エネルギーは変化しない」と結論が得られ、これがエネルギー保存則となる。運動量・運動エネルギーの保存則のまとめを図で描くと、以下のようになる。

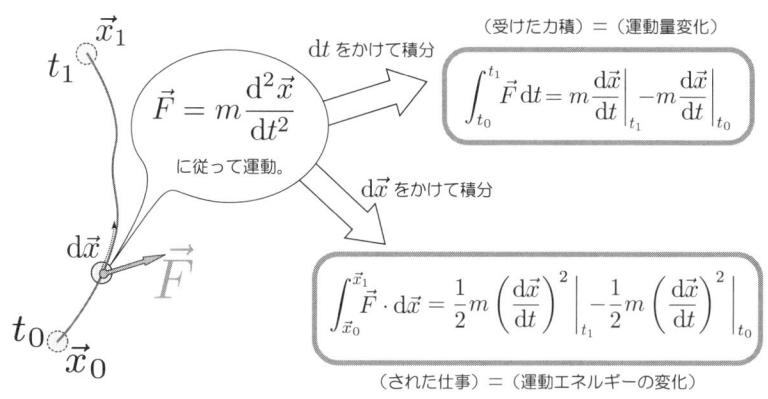

[†5] この計算に「え、$\frac{dx}{dt}$ って約分できないのでは？」—と戸惑う人もいる。しかし、微分や積分という計算の意味、そしてそこに現れる dx や dt の意味を理解していれば、これは不思議な計算でもなんでもない。

[†6] もっと大胆に、$\frac{dv}{dt} v \, dt$ で dt を約分して $v \, dv$ として v で積分する手も「アリ」である。

[†7] これが運動エネルギー $\frac{1}{2} m |\vec{v}|^2$ の導出である。いったん教わってしばらく経つと「その概念はどうやって導出されたのか」がすっぽりと記憶から抜け落ちる人が時折見受けられるが、こういう概念を頭と身体に叩きこんでおくことが物理をやるためには必要である。

さらに、$\vec{F}$ が「保存力」であるとき、すなわち、ある関数 $U(\vec{x})$ を使って $\vec{F} = -\mathrm{grad}\, U(\vec{x})$ と書ける（その条件については3.5.1節を見よ→p70）ときは、

$$\int_{\vec{x}_0}^{\vec{x}_1} \underbrace{(-\mathrm{grad}\, U(\vec{x}))}_{\vec{F}} \cdot \mathrm{d}\vec{x} = \frac{1}{2}m \left|\frac{\mathrm{d}\vec{x}}{\mathrm{d}t}\right|^2\bigg|_{t_1} - \frac{1}{2}m \left|\frac{\mathrm{d}\vec{x}}{\mathrm{d}t}\right|^2\bigg|_{t_0}$$

$$-U(\vec{x}_1) + U(\vec{x}_0) = \frac{1}{2}m \left|\frac{\mathrm{d}\vec{x}}{\mathrm{d}t}\right|^2\bigg|_{t_1} - \frac{1}{2}m \left|\frac{\mathrm{d}\vec{x}}{\mathrm{d}t}\right|^2\bigg|_{t_0} \quad (1.5)$$

$$\frac{1}{2}m \left|\frac{\mathrm{d}\vec{x}}{\mathrm{d}t}\right|^2\bigg|_{t_0} + U(\vec{x}_0) = \frac{1}{2}m \left|\frac{\mathrm{d}\vec{x}}{\mathrm{d}t}\right|^2\bigg|_{t_1} + U(\vec{x}_1)$$

という変形により、運動エネルギー $\frac{1}{2}m \left|\frac{\mathrm{d}\vec{x}}{\mathrm{d}t}\right|^2$ と $U(\vec{x})$（$U(\vec{x})$ を「位置エネルギー」と名付ける）の和が保存することも言える。保存力 $\vec{F}$ と保存力でない力 $\vec{F}_{\text{非保存}}$ の両方が働いているときは

$$\int_{\vec{x}_0}^{\vec{x}_1} \vec{F}_{\text{非保存}} \cdot \mathrm{d}\vec{x} = \frac{1}{2}m \left|\frac{\mathrm{d}\vec{x}}{\mathrm{d}t}\right|^2\bigg|_{t_1} + U(\vec{x}_1) - \left(\frac{1}{2}m \left|\frac{\mathrm{d}\vec{x}}{\mathrm{d}t}\right|^2\bigg|_{t_0} + U(\vec{x}_0)\right) \quad (1.6)$$

のように、「非保存力のする仕事の分だけエネルギーが増減する」という形になる[†8]。

1.1.3 角運動量の保存

運動量とエネルギー以外で、もう一つよく出てくる保存量は角運動量 $\vec{L} = \vec{x} \times m\frac{\mathrm{d}\vec{x}}{\mathrm{d}t}$ である。角運動量が保存するのは、働いている外力が中心力（$\vec{x}$ と同じ方向の力）である場合に限る。実際微分してみると、

$$\frac{\mathrm{d}}{\mathrm{d}t}\left(\vec{x} \times m\frac{\mathrm{d}\vec{x}}{\mathrm{d}t}\right) = \frac{\mathrm{d}\vec{x}}{\mathrm{d}t} \times m\frac{\mathrm{d}\vec{x}}{\mathrm{d}t} + \vec{x} \times m\frac{\mathrm{d}^2\vec{x}}{\mathrm{d}t^2} \quad (1.7)$$

となるが第1項は外積の「同じ方向を向いたベクトルの外積は0」という性質から0。第2項は $\vec{x} \times \vec{F}$ となるが、力が中心力なら $\vec{F}$ と $\vec{x}$ が同じ向きなのでこれも0である。

[†8] 複雑に力を及ぼしあう系の場合でもこれは正しいのかについては3.1.2節→p54や3.2.2節→p60などでまた説明する。

$\vec{N} = \vec{x} \times \vec{F}$ というベクトル量（この量は中心力であれば0である）を「力のモーメント」と呼ぶ。上に示したように、

$$\frac{\mathrm{d}}{\mathrm{d}t}\underbrace{\left(\vec{x} \times m\frac{\mathrm{d}\vec{x}}{\mathrm{d}t}\right)}_{\vec{L}} = \underbrace{\vec{x} \times m\frac{\mathrm{d}^2\vec{x}}{\mathrm{d}t^2}}_{\vec{N}} \tag{1.8}$$

である。すなわち、角運動量 $\vec{L}$ と力のモーメント $\vec{N}$ の関係 $\left(\frac{\mathrm{d}\vec{L}}{\mathrm{d}t} = \vec{N}\right)$ は運動量 $\vec{p}$ と力 $\vec{F}$ の関係 $\left(\frac{\mathrm{d}\vec{p}}{\mathrm{d}t} = \vec{F}\right)$ に似たものとなる。

複数個の物体が互いに力を及ぼし合う系では、作用・反作用の法則により内力の和は消えるが、内力のモーメントの和も消える（これは作用・反作用が作用点を結ぶ直線の方向に働くいう法則のおかげである）。右の図は物体1と2が力を及ぼし合っているところであり、作用・反作用のペア（$\vec{F}_{1\to 2}$ と $\vec{F}_{2\to 1}$）は、力も力

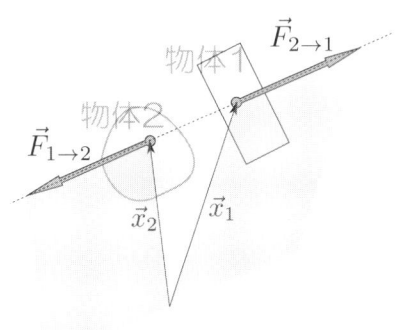

のモーメントも消しあっている。モーメントの大きさは図の二つの平行四辺形の面積になっていることに注意しよう。

運動量や角運動量が複合系でも保存するのはこのような理由があり、力学の第三法則である、作用・反作用の法則と結びついている。

1.2 力学を簡単にするために

力学的エネルギーや運動量の保存は力学の問題を解くときの便利なツールになる。これら「保存則」の威力は絶大で、力学の問題をかなり簡単にしてくれる。本書の最後の方まで読むと「保存量を見つければ問題が解ける」という力学の解き方を知ることになるだろう（解析力学の御利益の一つである）。
→ p279

ここではそこまで飛躍せず、初等的な力学の問題を簡単に解くための手法を考えてみよう（もちろんここで述べる手法も解析力学へとつながるのだ！）。

1.2.1 「仕事」を使いこなす

台の上に人が乗り、その台が斜面を下がっていく状況を考えよう。台と斜面の間には摩擦はなく、人と台の間に静止摩擦力 $\vec{f}$ が働く[†9]ものとする。運動方程式を台と人、それぞれについて立てると、

$$\begin{aligned}人：& m_1\frac{\mathrm{d}\vec{v}}{\mathrm{d}t} = m_1\vec{g} + \vec{N} - \vec{f} \\ 台：& m_2\frac{\mathrm{d}\vec{v}}{\mathrm{d}t} = m_2\vec{g} - \vec{N} + \vec{N}' + \vec{f}\end{aligned} \quad (1.9)$$

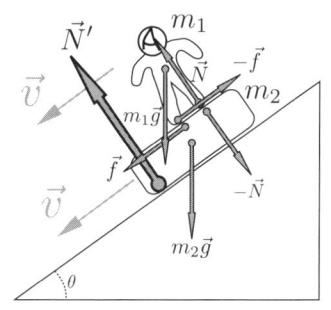

である[†10]。人の質量を m_1、台の質量を m_2 とした。$\vec{g}$ は重力加速度であり、$\vec{N}$ は台から人への垂直抗力 ($-\vec{N}$ はその反作用)、$\vec{N}'$ は斜面から台への垂直抗力である。

ここで「人+台」を一体として一つの物体と考えれば、人と台の間に働く内力である $\vec{N}, -\vec{N}$ のペアと $\vec{f}, -\vec{f}$ のペアを考える必要はなくなるので、

$$(m_1+m_2)\frac{\mathrm{d}\vec{v}}{\mathrm{d}t} = (m_1+m_2)\vec{g} + \vec{N}' \quad (1.10)$$

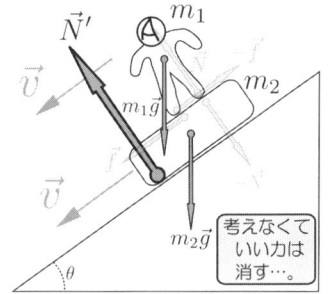

という式になる(この式は (1.9) の二つの式を足すことによっても得られる)。

このように二つの物体を一つの系にまとめ運動を一つの変数で表すことができると、問題の簡略化ができる。簡略化できたのは「内力が消えた」おかげである。より複雑な問題においてもこのような恩恵は得られるだろうか？

少しだけややこしくなった例として、定滑車により結び付けられた二つの物体の加速度を考えてみよう。

次ページの図のように力を考えると

[†9] 人から台に働く静止摩擦力を $\vec{f}$ としたので、その反作用である人に働く静止摩擦力は $-\vec{f}$ としている。垂直抗力 $\vec{N}$ の方は人に働く方を $\vec{N}$ としている。

[†10] 本書では、微分を表す $\mathrm{d}t$ などの文字を d と t を一箇所くっつけて表現している。これは d と t の掛算ではなく、「t の微小変化」を表しているのだぞ、ということを表現するためである。今のところ、本書と姉妹書の「よくわかる初等力学」だけで使われている記号である。

物体 1：$m_1 \dfrac{d\vec{v}_1}{dt} = m_1 \vec{g} + \vec{T}_1$

物体 2：$m_2 \dfrac{d\vec{v}_2}{dt} = m_2 \vec{g} + \vec{T}_2$ (1.11)

という運動方程式が立つ。張力は同じ大きさであるから実は $\vec{T}_1 = \vec{T}_2$ である。また、二つの物体は逆に動くので、$\vec{v}_1 = -\vec{v}_2$ としてから 2 式の差を取り、

$$
\begin{aligned}
& m_2 \dfrac{d\vec{v}_2}{dt} = m_2 \vec{g} + \vec{T}_2 \\
-)\; & m_1 \left(-\dfrac{d\vec{v}_2}{dt}\right) = m_1 \vec{g} + \underbrace{\vec{T}_1}_{=\vec{T}_2} \\
\hline
& (m_1 + m_2) \dfrac{d\vec{v}_2}{dt} = (m_2 - m_1) \vec{g}
\end{aligned}
$$

(1.12)

と計算することで、張力 T が消えた式を作ることができる。この計算は、単純に「足すと消える」形にはなっていない（むしろ、引くと消える）。これは滑車という仕組みを介して力の向きが変わっているからである。

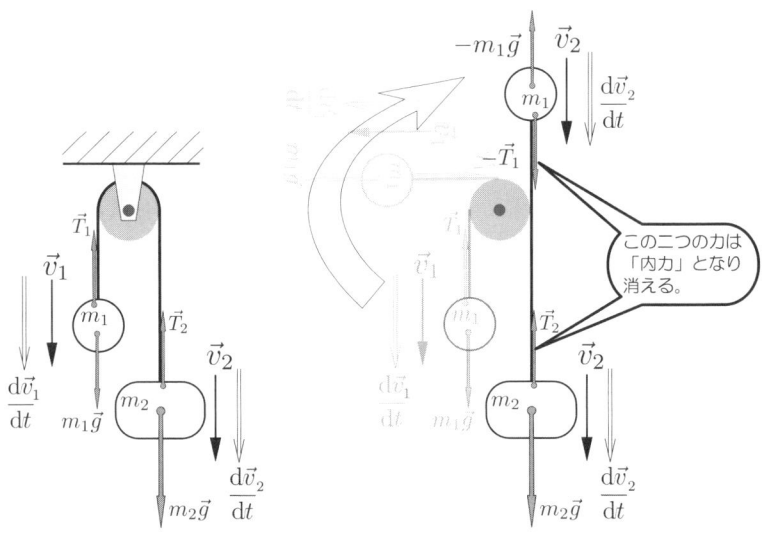

この計算の過程を図で表現したいとするならば、ちょっと奇妙な感じを与えるかもしれない操作だが、前ページの図のように「実際には曲がっている糸をピンと伸ばす」という方法で「二つの物体が一体化した状況」に直すことができる（その時力も一緒にひっくり返るし、速度 $\vec{v}_1$ も反転し $\vec{v}_2$ と同じになる）。図の右の部分だけを見て、質量 $m_1 + m_2$ の物体に "重力" $m_2\vec{g} - m_1\vec{g}$ がかかっている、と考えれば、いっきに運動方程式

$$(m_1 + m_2)\frac{\mathrm{d}\vec{v}_2}{\mathrm{d}t} = (m_2 - m_1)\vec{g} \tag{1.13}$$

が導出できる。

さて、定滑車の次には動滑車を考えたくなるが、さすがにこれは図で考えるのは難しい。というのは、右の図のような状況を考えると、二つの物体は違う速さで運動するし、張力も足したり引いたりして消えるような形になっていない。

運動方程式は、

物体1： $m_1\dfrac{\mathrm{d}\vec{v}_1}{\mathrm{d}t} = m_1\vec{g} + 2\vec{T}_1$

物体2： $m_2\dfrac{\mathrm{d}\vec{v}_2}{\mathrm{d}t} = m_2\vec{g} + \vec{T}_2$

$$\tag{1.14}$$

となる。$\vec{T}_1 = \vec{T}_2$ ではあるが、$\vec{T}$ をこれらの式から消すには物体2に関する式を2倍してから物体1に関する式から引く計算が必要になる。結果は

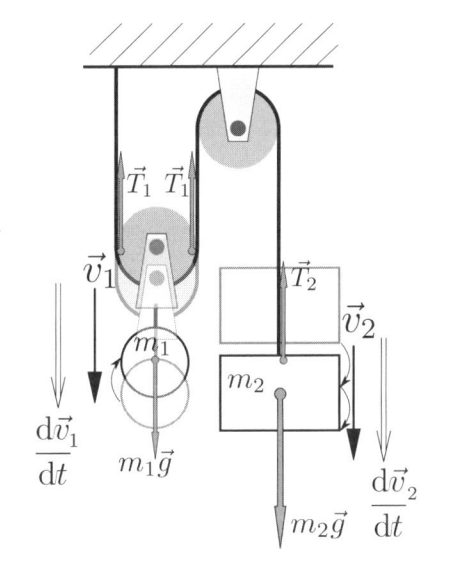

$$m_1\frac{\mathrm{d}\vec{v}_1}{\mathrm{d}t} - 2m_2\frac{\mathrm{d}\vec{v}_2}{\mathrm{d}t} = m_1\vec{g} - 2m_2\vec{g} \tag{1.15}$$

となり、さらに $\vec{v}_2 = -2\vec{v}_1$ を使って

$$m_1\frac{\mathrm{d}\vec{v}_1}{\mathrm{d}t} + 4m_2\frac{\mathrm{d}\vec{v}_1}{\mathrm{d}t} = m_1\vec{g} - 2m_2\vec{g} \tag{1.16}$$

と計算していけばよい。ここにきてさすがに「図で考える」ことは無理になってきた。それは「この力は内力だから消える」が単純にいつでも適用できるものではないからである。

しかし、動滑車の例でも「二つの物体で消し合っているもの」がある。それが「仕事 $\vec{F}\cdot\Delta\vec{x}$」である。力は $2\vec{T}_1$ と $\vec{T}_2$ （ただし $\vec{T}_1=\vec{T}_2$）となって消し合っていないが、物体1が $\Delta\vec{x}$ 動くときに物体2は $-2\Delta\vec{x}$ 動くので、仕事は

$$2\vec{T}_1\cdot\Delta\vec{x}+\vec{T}_2\cdot(-2\Delta\vec{x})=0 \tag{1.17}$$

となって消し合っている[†11]。

ここで行ったような、

- 途中の計算で必要になる（が、最終的には不要である）$\vec{T}$ が最初から出てこないようにする。
- 系の拘束条件（今の場合は、物体1が物体2の2倍の距離動かなくてはいけない）を自動的に取り込む。

ことができるような力学の定式化があれば便利である。そのためには、力学の「主役」を「力」から「仕事」へと変えるのがよさそうである、と感じ取れただろうか——今これに完全に納得できなくても、この本の前半をかけてじっくりと納得していってもらえるはずなので、まずは「仕事を使うと便利なこともあるようだ」程度に理解しておいてくれればよい。

力学を簡単化すること——これが解析力学の動機の一つである。そのために解析力学では、主役を「力」ではなく「仕事」に変える。ここまでは上で説明したが、高校レベルまで物理を勉強すれば、「仕事」によって定義される「エネルギー」の保存が力学を便利にしてくれたことを実感しているはずである。この続きは本の中でじっくりとやっていくが、力学の主役は「力」から「仕事」へ、次に「仕事」から「ポテンシャル」に、さらには「作用」もしくは「作用積分」へと変わっていく。

読者の多くは解析力学を勉強するためにこの本を読み始めたところだろうから、まだ「作用」と言われても「作用・反作用の法則」の「作用」しか頭に浮かばないかもしれない。しかしこの本で（つまり解析力学で）「力学の主役」と考えたい作用は「作用・反作用の法則」の「作用」とは全く別の新しい概念である。その概念を使うことでどのように力学が「簡単化」されるのか——それは今後のお楽しみとしておこう。

[†11] こうして仕事がうまく消しあってくれる例は、3.1.2節のあたりで紹介していこう。
→ p54

1.2.2 より高い視点から「運動」を見る

もう一つの解析力学の効用は「運動全体をまとめてみる視点」を与えてくれることである。

初等力学では、運動方程式を「初期条件」を与えて解く、という形で運動を決めていく。すなわち、時刻 0 における位置 $\vec{x}(0)$ と速度 $\dfrac{\mathrm{d}\vec{x}}{\mathrm{d}t}(0)$ を知ることで、その後の運動 $\vec{x}(t)$ を知る。運動方程式は「微分形の法則」であり、ある瞬間において成り立つ方程式である。「運動方程式を解く」のは初期条件を元に「どのような線にそって物体が運動するか」（たとえば落体の運動なら放物線、惑星の運動なら楕円）を調べていくものである。

運動方程式は二階微分方程式である。よって、極端な話をすれば、最初の位置と初速度という二つの初期条件を決めてしまうとそれ以降の運動は全て決まってしまう[†12]。我々は普段複雑な運動を見ていると思っているが、実は N 次元の運動であれば $2N$ 個の数字を決めれば全部決まってしまう。

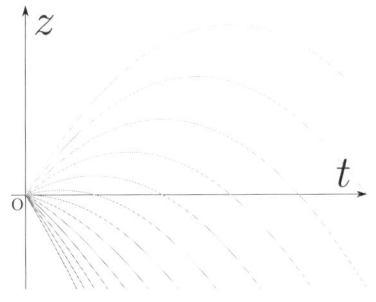

たとえば落体の運動は

$$x(t) = x_0 + v_{x0}t$$
$$y(t) = y_0 + v_{y0}t \qquad (1.18)$$
$$z(t) = z_0 + v_{z0}t - \frac{1}{2}gt^2$$

で表され、$x_0, y_0, z_0, v_{x0}, v_{y0}, v_{z0}$ がわかればもうわかっている。グラフは $z(t)$ を、$z_0 = 0$ は一定として v_{z0} を変えて描いたものである。

初速度 v_0 の違いによるその後の $z(t)$ の時間変化の違いを 3D 図で表現したのが右の図である。図に示したのは $z_0 = 0$ の場合のみの図であるが、この (v_{z0}, z_0) を決めることでそ

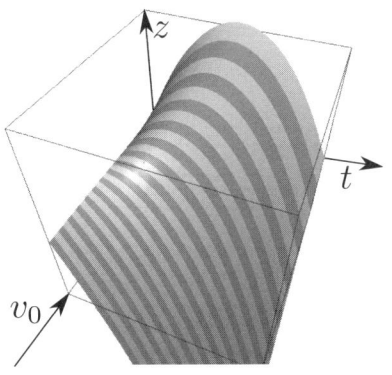

[†12] これはあくまで「極端な話」である。実際のところ、最初の位置と初速度を「それ以降の運動を全て決める」ほどの精度で確定できるか、という問題が（古典力学ですら）ある。量子力学ではそもそも確定してはいけない。

の後の運動は全て決まる。この「初期位置と初速度を決めればそれより未来の運動が全部決まる」も、ある意味「より高い視点」である。

この線の集まりを見て「初速度を変えるとこのように変化が現れるのか」と考えるのは、

- ある瞬間に見える座標である$\vec{x}$ではなく、時間的変化を表現する関数である$\vec{x}(t)$を見ている。
- ある運動だけでなく、起こった運動以外の、「起こり得た運動のヴァリエーション」も見ている。

という両方の意味で、単純に瞬間瞬間の物体の位置を見ているよりも、高い視点で運動を見ている。解析力学をある程度勉強した後では、いろんな運動をいっきに考えることができるようになる。

運動を記述するには「座標」と「速度」をまず指定して、その二つの時間的変化を追いかけていけばよい。この二つを決めれば、次の「加速度」は運動方程式から決まる。つまり「座標」「速度」がある瞬間の状態を記述する量であり、力学とはその二つの状態量の変化を追いかける学問である。

たとえばいわゆるケプラー問題（惑星の軌道を求める）において、運動方程式を解くことによって（それまでは観測結果の解釈として知られていた）ケプラーの法則（軌道が楕円であること、面積速度が一定であること、楕円の長径の3乗が周期の自乗に比例すること）を導くことができる。

そういう「運動の一般的性質」を運動方程式を解くことによってでなく、運動の情報を含んでいる量（後で出てくる、ラグランジアンとかハミルトニアンとか、作用とかハミルトンの主関数とか）の形を見ることで理解できるようになる。逆に、（より現実的な問題において）「運動の状況の何がどう変われば、惑星の軌道は楕円からどのようにずれるのか」を考えたりもできる[†13]。

実は「速度」よりも「運動量」の方がいくつかの理由で状態量としては優れているので、「座標」「運動量」のペアをもって力学の状態量と考えることも多い。座標と運動量の初期値を決めれば、以降の運動がすべて決まる。

これについては、9.3節において「位相空間」の概念を考えた時に詳しく説明することにしたい。
→ p215

[†13] これはもちろん、運動方程式を解くことによってだってできる。解析力学の手法は、それを統一的に扱うことができるようにするだけのことである。

1.3　経路

実際の運動の様子は $\vec{x}(t) = (x(t), y(t), z(t))$ という関数で表現される。これを運動の「経路」と呼ぶことにしよう。力学の目的は（単純化していえば）物体の経路を求めることである。経路は3次元空間に描かれた線と見ることもできるが、時間も含めた4次元時空の中に描かれた線だと見てもよい。4次元を図に描くことはできないので、空間の次元を一つ落として2次元にして「2次元空間と3次元時空」の図を描いてみたのが次の図である。

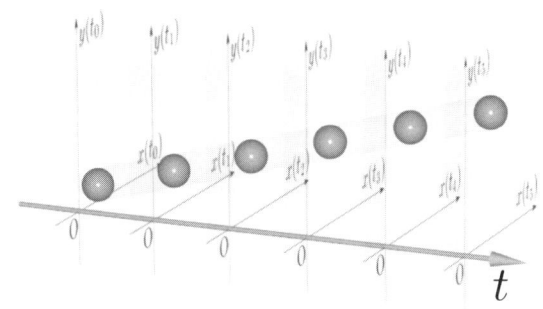

上の図は $(x(t), y(t))$ 平面内を等速直線運動している物体を表現している。各々の時刻 $t_0, t_1, t_2, \cdots$ ごとに $(x(t_i), y(t_i))$ という2次元平面座標系があり、物体の運動は (x, y, t) という3次元空間[†14]の中の一本の線で表現される。

4次元時空に描かれた経路は、「世界線」と呼ばれる（右の図では、縦軸を時間にして、横軸である空間座標は省略して x だけにした）。

世界線の図は、現在と、未来と過去を一度に見る「神の視点」に立って物体の運動を眺めたものだ、と考えてもよい。右の図に描いたような「人間の世界線」はその人の意志によって決定されるが、この世にある

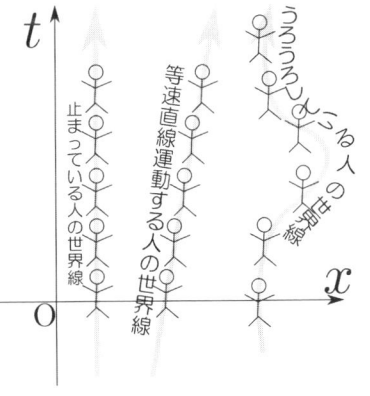

全ての物体の世界線を決めている物理法則はなんだろう。

[†14] 空間2次元と時間1次元なので「2＋1時空」と呼ぶのが正しい。

力学において「運動方程式を解く」とは、瞬間瞬間に成立する運動方程式を元に、物体がどのような運動をするのかを決めていくことである。

これから学習する解析力学の、特にラグランジュ形式の解析力学では、運動を求めることは「世界線を決める」つまり「世界線を表現する関数の形を定める」ことである、という考え方をする。

世界線をどのように決めるかというと、いろんな世界線を考えて「この中のどれが実現する世界線か」を探す方法を使う。まるで神様が「いろんな歴史」の中から「適切な歴史」を選んでいるかのように、「この世界線がいい」と決める法則がある——というより、そうなるような量を見つける、あるいはもっと積極的に言えば「どの世界線が実現するかを決める量」を**作る**のである。

そのために使うのが第2章で学ぶ**変分法**および**オイラー・ラグランジュ方程式**で、「世界線を少し変形した時に、『作用』と呼ばれる物理量がどう変化するか」を手がかりに考えていく。
→ p21

1.4　座標とその変換

座標系 (coordinate system) について少し詳しく説明しておこう。解析力学の目標の一つが「座標系の表現によらない力学を作ること」であるので、「座標系とは何か」ということはしっかり理解しておかなくてはいけない。

もっとも単純な表現として述べると、座標系とはつまり、「質点の位置を表現する数字（の組）」[15]である。（の組）とつけたが、この数字が一つでいい時、「この系は1次元の自由度を持つ系である」と言う。数字が2個必要なら「2次元」、3個必要なら「3次元」の自由度を持つ系だと言う。「**自由度**」とは、物体が動くことが可能な独立な方向の数、だと思っておけばよい。自由度の数をしばしば「次元」と称する[16]。

質点一個を考えているのであれば、次元は3で終わりである。大きさのある物体や、2個以上の質点の複合系を考える時は、そうはいかない。しかしまずは簡単なところから、というわけで、1次元の「x座標」の意味を考えよう。

---
[15]「質点」とは大きさがない（か、無視できるほどに小さい）が質量がある物体のこと。大きさがないだけではなく「向き」もなく、回転させることができない。あるいは、回転には意味がない。
[16]「次元」という言葉にはもう1つの意味があるが、この本では触れない。

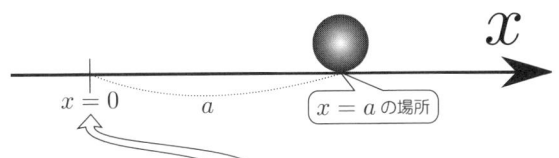

「x座標」を定めるには、まず原点（$x=0$の点）を決める。そして、運動を考えたい向きを向いた「x軸」という直線を引く。x軸方向に原点すなわち$x=0$の点からどれだけ移動したかを「x座標」と呼ぶ。このように原点と軸を設定して空間（まだここの説明では線だが）に座標を割り当てる作業を「座標系を張る」と表現する。

より一般的に「座標」を考える時、この「座標軸」が直線である必要はない。ある数が「座標」となるためには、その数を一つ決めれば場所が一つ定まるようになってさえいればよい[†17]。

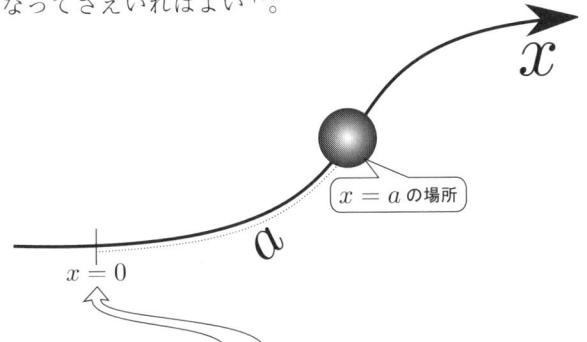

上の図の曲がった座標軸上の原点（$x=0$の点）からの道のりを「座標」にしてもよい（「距離」ではなく「道のり」すなわち曲がった線に沿って測った長さを使う）。物体はこの「曲がったx軸」上から外れてはいけない（外れる場合は「どれくらい外れたか」を表現する別の座標が必要となる）。

また、座標軸に振る「目盛り」は均等である必要もない。つまり座標が文字通りの「距離」や「長さ」を表している必要はない（初等的な問題では同じにしておくことが多いのはもちろんである）。たとえば極座標の角度座標（2次元では(r,θ)のθ）は、同じ$\theta \to \theta+\Delta\theta$という「座標のずらし」に対して進む距離は$r\Delta\theta$となり、$r=1$の場所を除き座標の変化量$\Delta\theta$とは一致しない。

[†17] 逆はどうかというと、一点に対して座標が複数個割り当てる場合も（避けられる場合は避けた方がいいのだが）ある。たとえば一般角を使って、θと$\theta+2n\pi$（nは整数）が同じ場所を表している場合など。

【補足】 ✛✛✛✛✛✛✛✛✛✛✛✛✛✛✛✛✛✛✛✛✛✛✛✛✛✛✛✛✛✛✛

ちょっとややこしいのだが「慣性系」(inertial frame) という時の「系」は「frame」[18]であり（他にも「加速系」「重心系」「実験室系」などの「系」は「frame」の方）、「座標系」(coordinate system) という時の「系」は「system」である。「frame」[19]で表現される「系」の方は「観測者がどのような立場で現象を観測するか」を表現するもの（つまりこの段階ではどういう座標を使うのかは未定である）なのに対し、「座標系」は「位置を表現するためにどのように空間に数字を割り振ったか」も併せて表現する。順番としては、まず frame を決めてそこにどのような system を張るかを決める。たとえば「慣性系に直交座標系を張る」ことも「加速系に極座標系を張る」こともできる[20]。

✛✛✛✛✛✛✛✛✛✛✛✛✛✛✛✛✛✛✛✛✛✛✛✛✛✛✛✛✛✛✛ 【補足終わり】

物体が曲線（直線を含む）上しか運動しないのであれば、座標は一つ（1次元）でよいが、実際には2次元、3次元が必要になることが多いだろう。

2次元以上で物体の位置を表現する時は向きを持った量を使わなくてはいけないので、原点から物体の位置へと引っ張った「位置ベクトル」$\vec{x}$ を使う[21]。位置ベクトル $\vec{x}$ を表現する方法としては、「直交座標」[22] もしくは「デカルト座標」と呼ばれる

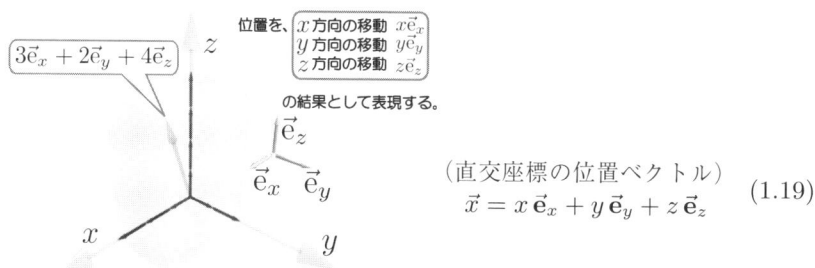

（直交座標の位置ベクトル）
$$\vec{x} = x\vec{e}_x + y\vec{e}_y + z\vec{e}_z \tag{1.19}$$

がもっともよく使われるだろう。本書では $\vec{e}$ という記号で単位ベクトル、すなわち「長さが1のベクトル」を表す。$\vec{e}_x$ は「x軸方向を向いている単位ベクトル」（他も同様）である。この座標系の特質は、基底ベクトル $\vec{e}_x, \vec{e}_y, \vec{e}_z$

---

[18] frame は「枠」を表す英語で、メガネの「フレーム」などとしてカタカナ化している。
[19] この意味で使う時は「reference frame」もしくは「frame of reference」と、より詳しい言葉を使うこともある。「reference」は「参照」。「frame of reference」を「準拠系」と訳す場合もある。
[20] 「system を張る」とか「座標系を張る」とは、空間に「ここは $x=1, y=2, z=4$ ですよ」と書き込む（ラベル付けする）ことである。
[21] 厳密には、1次元でも「1次元のベクトル」を使っているのだが、そのことはあまり強調されない。
[22] 「直交曲線座標」というもう少し広い概念を「直交座標」と表現する本もある。

がどこでも同じ方向を向いていることである。一方、以下で示す座標系はそうではない。

極座標は、原点からの距離 r と、原点からその方向へ向かう角度 θ と ϕ で場所を表現する。

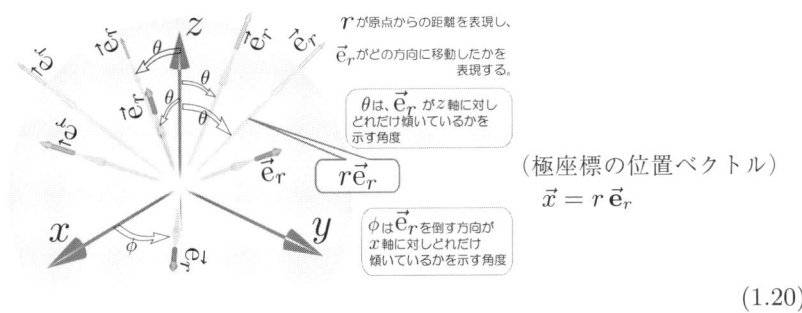

（極座標の位置ベクトル）
$$\vec{x} = r\vec{e}_r$$
(1.20)

直交座標との大きな違いは、3 つの基底ベクトル $\vec{e}_r, \vec{e}_\theta, \vec{e}_\phi$（それぞれ、$r, \theta, \phi$ が増加する方向を向いている）が場所によって違う方向を向いていることである（図では $\vec{e}_r$ だけを示している）。直交座標と極座標の関係は、

$$\begin{cases} x = & r\sin\theta\cos\phi \\ y = & r\sin\theta\sin\phi \\ z = & r\cos\theta \end{cases} \quad \begin{cases} \vec{e}_r = & \sin\theta\cos\phi\,\vec{e}_x + \sin\theta\sin\phi\,\vec{e}_y + \cos\theta\,\vec{e}_z \\ \vec{e}_\theta = & \cos\theta\cos\phi\,\vec{e}_x + \cos\theta\sin\phi\,\vec{e}_y - \sin\theta\,\vec{e}_z \\ \vec{e}_\phi = & -\sin\phi\,\vec{e}_x + \cos\phi\,\vec{e}_y \end{cases}$$
(1.21)

である。

基底ベクトルの方向が一定でないのは、円筒座標も同様である（円筒座標の $\vec{e}_z$ のみはどこでも同じ向き）。

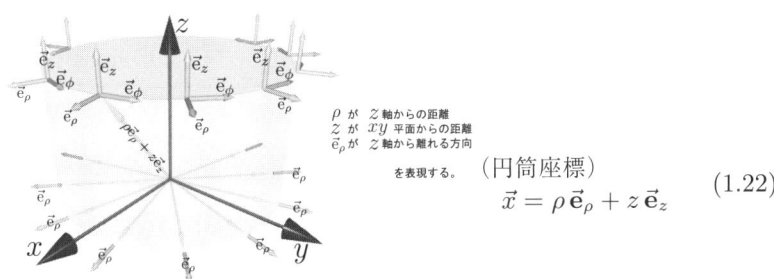

（円筒座標）
$$\vec{x} = \rho\vec{e}_\rho + z\vec{e}_z$$
(1.22)

円筒座標と直交座標は z に関しては同じなので、x, y と ρ, ϕ の関係を書くと、

$$\begin{cases} x = \rho \cos\phi \\ y = \rho \sin\phi \end{cases} \quad \begin{cases} \vec{e}_\rho = \cos\phi\,\vec{e}_x + \sin\phi\,\vec{e}_y \\ \vec{e}_\phi = -\sin\phi\,\vec{e}_x + \cos\phi\,\vec{e}_y \end{cases} \tag{1.23}$$

となる。直交座標の位置ベクトルが3つの成分を持つのに対し、極座標や円筒座標では成分が少ないが、それは$\vec{e}_r$や$\vec{e}_\rho$が「向き」という情報を持っているからである。

位置ベクトルに限らない一般のベクトルは、

$$(\text{直交座標}) \quad \vec{A} = A_x\,\vec{e}_x + A_y\,\vec{e}_y + A_z\,\vec{e}_z \tag{1.24}$$

$$(\text{極座標}) \quad \vec{A} = A_r\,\vec{e}_r + A_\theta\,\vec{e}_\theta + A_\phi\,\vec{e}_\phi \tag{1.25}$$

$$(\text{円筒座標}) \quad \vec{A} = A_\rho\,\vec{e}_\rho + A_\phi\,\vec{e}_\phi + A_z\,\vec{e}_z \tag{1.26}$$

のようにそれぞれの座標系に応じて3つの成分を使って[23] 表示する。

位置ベクトルから速度ベクトルを計算すると、以下のようになる。

$$(\text{直交座標}) \quad \vec{v} = \frac{dx}{dt}\,\vec{e}_x + \frac{dy}{dt}\,\vec{e}_y + \frac{dz}{dt}\,\vec{e}_z \tag{1.27}$$

$$(\text{極座標}) \quad \vec{v} = \frac{dr}{dt}\,\vec{e}_r + r\frac{d\theta}{dt}\,\vec{e}_\theta + r\frac{d\phi}{dt}\sin\theta\,\vec{e}_\phi \tag{1.28}$$

$$(\text{円筒座標}) \quad \vec{v} = \frac{d\rho}{dt}\,\vec{e}_\rho + \rho\frac{d\phi}{dt}\,\vec{e}_\phi + \frac{dz}{dt}\,\vec{e}_z \tag{1.29}$$

極座標の位置ベクトルが$r\vec{e}_r$と簡単な式なのに、速度ベクトルが長い式になっているのは、極座標の基底ベクトル$\vec{e}_r, \vec{e}_\theta, \vec{e}_\phi$が定ベクトルではなく、

$$d\vec{e}_r = d\theta\,\vec{e}_\theta + d\phi\sin\theta\,\vec{e}_\phi \tag{1.30}$$

$$d\vec{e}_\theta = -d\theta\,\vec{e}_r + d\phi\cos\theta\,\vec{e}_\phi \tag{1.31}$$

$$d\vec{e}_\phi = -d\phi\left(\sin\theta\,\vec{e}_r + \cos\theta\,\vec{e}_\theta\right) \tag{1.32}$$

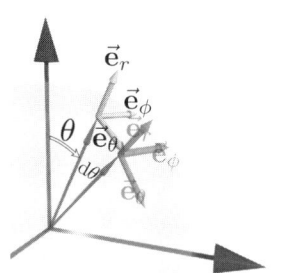

のような微分の関係があるからである。右の図で$\vec{e}_r$や$\vec{e}_\theta$がどのように変化するかを見れば、この式は納得できる[24]（→【演習問題1-2】）。
→ p20

本書で使う計算の中で何度か、基底ベクトルの方が変化する計算がある。そこで気をつけておきたいことは、抽象的に表現されたベクトル$\vec{V}$というのは、どのような基底を使って表現するかということとは無関係だが、ベ

---

[23] この場合は3つの成分を使わないと一般のベクトルを表現できない。
[24] たとえば図のようにθを$d\theta$増やすと、$\vec{e}_r$は角度$d\theta$だけ回転する。その回転方向はθの方向。

クトルの成分はそうではないということだ。基底ベクトルを $\vec{e}_{[i]}$ とした時、$\vec{V} = \sum_i V_i \vec{e}_{[i]}$ と表現される。そのため、V_i という「ベクトルの成分」の変化には、物理的対象である $\vec{V}$ そのものの変化によるものと、基底ベクトルの変化によるものがある。そこをよく見極めよう。

---------- 練習問題 ----------

【問い 1-1】 (1.21)を微分して、(1.30),(1.31),(1.32) を示せ。　　解答 → p352 へ
　　　　　　→ p17　　　　　　　　→ p18
【問い 1-2】 上の計算は、円筒座標ではどうなるか。　　　　　　　解答 → p352 へ

加速度ベクトルは、以下のようにさらにややこしい式になる

$$(直交座標)\vec{a} = \ddot{x}\vec{e}_x + \ddot{y}\vec{e}_y + \ddot{z}\vec{e}_z \tag{1.33}$$

$$(極座標)\vec{a} = \left(\ddot{r} - r(\dot{\theta})^2 - r(\dot{\phi})^2 \sin^2\theta\right)\vec{e}_r + \left(r\ddot{\theta} + 2\dot{r}\dot{\theta} - r\sin\theta\cos\theta(\dot{\phi})^2\right)\vec{e}_\theta$$
$$+ \left(r\ddot{\phi}\sin\theta + 2\dot{r}\dot{\phi}\sin\theta + 2r\dot{\theta}\dot{\phi}\cos\theta\right)\vec{e}_\phi \tag{1.34}$$

$$(円筒座標)\vec{a} = \left(\ddot{\rho} - \rho(\dot{\phi})^2\right)\vec{e}_\rho + \left(\rho\ddot{\phi} + 2\dot{\rho}\dot{\phi}\right)\vec{e}_\phi + \ddot{z}\vec{e}_z \tag{1.35}$$

(式が長くなるので、$\dot{x} = \dfrac{\mathrm{d}x}{\mathrm{d}t}, \ddot{x} = \dfrac{\mathrm{d}^2 x}{\mathrm{d}t^2}$ などの省略形を使った[†25])。このややこしい式をさっと出すのも解析力学の利点の一つである。

解析力学が提供するのは、運動に対する、もっと広い視点である。力学の世界を作り上げた先人たちは、あるいは運動方程式を解き、あるいはエネルギーの保存を計算し、という経験の中から、物理法則から蒸溜し結晶化するように、運動の本質を解析力学の形式で取り出した。

それを知ることで力学に限っても新しい物理が見えてくるに違いない――そしてそれだけではなく、もっと一般的な物理（熱力学、統計力学、相対性理論、そして、忘れちゃいけない量子力学）において解析力学で培った考え方が必要になってくる。

では、**勉強を始めよう**。

[†25] 以下でもこのような省略形を使う。 ̇ は時間微分に使われる。それ以外の変数の微分には $y' = \dfrac{\mathrm{d}y}{\mathrm{d}x}, y'' = \dfrac{\mathrm{d}^2 y}{\mathrm{d}x^2}$ などの記号を使う。

1.5 章末演習問題

★【演習問題 1-1】
質量 m_1 の物体と質量 m_2 の物体がそれぞれ $\vec{v}_1$ と $\vec{v}_2$ の速度をもって衝突し、Q の熱を発生させて、質量 m_3 の物体と質量 m_4 の物体になってそれぞれ速度 $\vec{v}_3, \vec{v}_4$ を持って飛んでいった。この時、エネルギー保存則から

$$\frac{1}{2}m_1|\vec{v}_1|^2 + \frac{1}{2}m_2|\vec{v}_2|^2 = \frac{1}{2}m_3|\vec{v}_3|^2 + \frac{1}{2}m_4|\vec{v}_4|^2 + Q \tag{1.36}$$

が成立する。

同じ現象を、速度 $\vec{V}$ で走りながら見る。

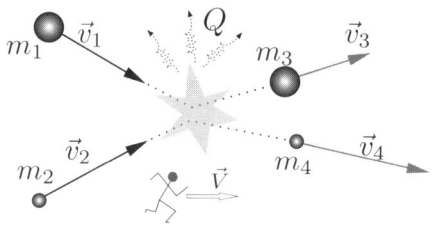

(1) この観測者がみても、エネルギー保存則が成立しているとする。その保存則を式にかけ。
(2) この法則は $\vec{V}$ によらずに成立することを考えると、二つの保存則を導くことができる。導け。

ヒント → p1w へ　　解答 → p9w へ

★【演習問題 1-2】
(1.30),(1.31),(1.32) を図解せよ。
→ p18

ヒント → p1w へ　　解答 → p9w へ

★【演習問題 1-3】
摩擦のない平面上に静止している質量 m の球に、もう一つの質量 m の球が速さ v で走ってきて弾性衝突した。この時、衝突後の二つの球の運動方向は垂直であることをエネルギー保存則と運動量保存則を使って示せ。

（ヒント）速度をベクトル的に分解して計算することでも示すことができるが、

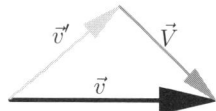

のようなベクトル図を描いて図で示すこともできる。

ヒント → p1w へ　　解答 → p10w へ

第 2 章

簡単な変分問題

力学の話の前に、一般的な図形の問題としての変分問題を考えよう。

解析力学で重要な「変分」の考え方について慣れてもらうために簡単な例を示すのがこの章の目的である。力学の問題にすぐ入りたい人はこの章を飛ばして先へ行き、必要に応じて戻ってきてもよい。解析力学の計算においてたいへん有用な「ラグランジュ未定乗数の方法」「オイラー・ラグランジュ方程式」などもこの章で登場するので、「この章を飛ばしたいが、この二つについて知りたい」という人は付録のB.3 節とB.4 節に目を通した上で次の章から読み始めてもよい。
→ p325　→ p328

2.1　変分による計算

2.1.1　変分とは

変分の意味するところは、微分に似ている。変分とは「ある量 A を変化させた時、その量に依存して決まる別の量 $F(A)$ がどのように変化するか」(これを「$F(A)$ の変分を取る」と表現する)を計算することである。この「ある量 A」と「その量に依存して決まる別の量 F」が数と数である時(関数である時)は、「微分する」($f(x + \mathrm{d}x) = f(x) + f'(x)\,\mathrm{d}x$)という計算と同等である(変分の方が意味するところが広い)。話が先に進むと、これらの量がただの数ではなく関数の形になったりする。

実際に（物理的な意味で）何かを動かす必要はなく、仮想的に「動かしてみたらどうなるか」を考えていくだけでも変分という操作になる。「変分」した時に変化量が0になる時が特に大事になってくる。まず簡単な例を見よう。

2.1.2 等しい周で最大面積の長方形

「長方形の辺の長さの和が一定の時、もっとも面積の大きくなるのはどのような形のときか？」という問題を解いてみよう。このような「周囲が一定の図形」を考える問題は「**等周問題**」と呼ばれる。

辺の長さの和を L とする。長方形の横の長さを x、縦の長さを y とすると、面積は $S = xy$ である。$2x + 2y = L$ が成り立つから、$y = \dfrac{L}{2} - x$ となり、

$$S = x\left(\dfrac{L}{2} - x\right) \tag{2.1}$$

である。この関数のグラフは左の図のようになり、最大値は $x = \dfrac{L}{4}$ の時だということがわかる。

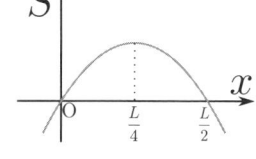

あるいは、

$$S = x\left(\dfrac{L}{2} - x\right) = \dfrac{L}{2}x - x^2 = -\left(x - \dfrac{L}{4}\right)^2 + \dfrac{L^2}{16} \tag{2.2}$$

という変形を行なってもよい。$-\left(x - \dfrac{L}{4}\right)^2$ は「$-(なにか)^2$」の形をしているため0以下の数になるので、これが0になる時が S が最大値 $\dfrac{L^2}{16}$ を取るときだ、とわかる[†1]。

この問題を「x が変化した時の S の変化量を考える」という方策で考えてみよう。すなわち、

$$\dfrac{dS}{dx} = \dfrac{L}{2} - 2x \tag{2.3}$$

と微分して、$\dfrac{dS}{dx} = 0$ となるのは $x = \dfrac{L}{4}$ の時である、という計算である。

[†1] 厳密には、x の定義域の中に $-\left(x - \dfrac{L}{4}\right)^2 = 0$ となる値すなわち $x = \dfrac{L}{4}$ が入っているかどうかを確認しなくてはいけない。

2.1 変分による計算

図で S の変化量を考えてみよう。右の図のように x を Δx という微小な長さだけ伸ばしたとする。すると、y の方は Δx だけ短くならなくてはいけない。その時面積はどれだけ大きくなるかというと、

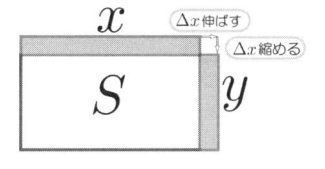

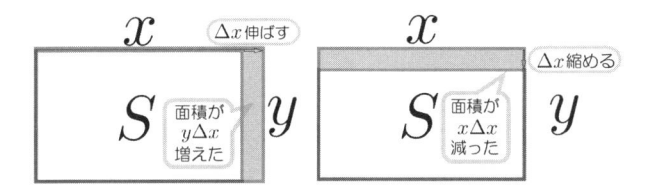

という二つのことが起こるので、面積は $\Delta S = y\Delta x - x\Delta x$ だけ大きくなる。

図を見ると $(\Delta x)^2$ という部分が無視されている。これは Δx が微小量だと考えたからである。

さて、我々はできる限り S を大きくしたい。つまり S の変化量である $\Delta S = (y-x)\Delta x$ が正になれるならそうしたい。$x < y$ の場合には、Δx を正にすれば $\Delta S > 0$ となる。逆に $x > y$ の場合には Δx を負にすれば[†2]、$\Delta S > 0$ となる——こう考えると目標が達成できた時にはもう S はそれ以上大きくできないのだから、$\Delta S = 0$ になっているはずである。つまり $x = y$ (縦=横、つまり正方形) の時が面積最大である、とわかる。

【FAQ】[†3] 本当に「最大値」ならば、「どう変化させても減少する」となるべきではないのか？

....

それは実は我々が「$(\Delta x)^2$ を無視する」という「ズル」をしているからである。ズルをしない場合、

$$\Delta S = (x+\Delta x)(y-\Delta x) - xy = \underbrace{(y-x)\Delta x}_{\Delta x \text{の1次}} \underbrace{-(\Delta x)^2}_{\Delta x \text{の2次}} \tag{2.4}$$

となり、Δx の1次の項が0であっても、Δx の2次の項は常にマイナスである。

[†2] Δx は「x の伸び」なのだから、x を小さくするような変化をすれば $\Delta x < 0$ となる。

今の場合、x, y が 1 程度の数で、Δx が $\frac{1}{1000} = 0.001$ のような数字だと考えればよい。$(\Delta x)^2 = \frac{1}{1000000} = 0.000001$ である[†4]。1 次の項が 0 になってはじめて、2 次の項を考慮する意味が出てくる。

(Δx) の 2 次の項を無視するというのは、グラフで書いた時に直線になると近似していることに対応する。今は「増えるか減るか？」に着目しているのだから、それでよい。

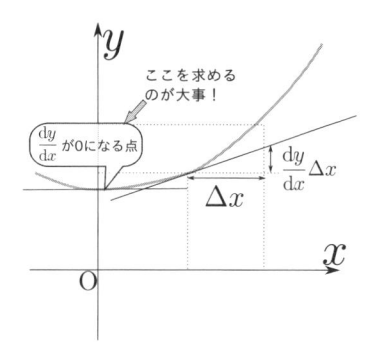

さて、ここで $S = xy$ という式を見て、$\frac{\partial S}{\partial x} = y$ としてはいけないのか、と思うかもしれない。しかし偏微分の意味をよく考えて欲しい。$\frac{\partial S}{\partial x}$ という式は「y を一定にしつつ x で微分すると」という意味である。ところが今は $2x + 2y = L$ という条件を置いて L を一定としているのだから、「y を一定に」しつつ x を変化させることはできない。つまり、x, y と二つの変数があるように見えて、$2x + 2y = L$ という「拘束条件」が変数を一つに減らしている。

このように「変化させている変数が全て独立か、あるいは何かの関係がある（独立でない）か」という点は以下でもいろんなところで大事な点になってくるので、変分を使う際に注意しておいて欲しいポイントである。

拘束条件がある場合、「変化量を計算してそれが 0 になるところから最大値を求める」という計算を行うには、上で行ったように $y = \frac{L}{2} - x$ を代入するという方法もある[†5]が、以下のようにもできる。まず、x の変化量 Δx と、y の変化量 Δy をとりあえず独立な量であるかのごとく考えて、

$$\Delta S = \frac{\partial S}{\partial x}\Delta x + \frac{\partial S}{\partial y}\Delta y \tag{2.5}$$

という式を作る。もちろんこの二つ（Δx と Δy）は独立ではないのだが、とりあえず独立だとして上の式を出しておいて、後で「あ、そういえば $2x + 2y = L$ という拘束があったから、$\Delta x = -\Delta y$ でなくてはいけないのだった」と思い

[†3] FAQ は「frequently asked question」の略。つまり、よくある質問。
[†4] こういうのを日本語では「桁が違う」と表現するが、物理用語としては同じことを「オーダーが違う」と言う。
[†5] このように変数を代入して消してしまう方法を「拘束条件を解く」と呼ぶ。

出して（忘れっぱなしではダメだ！）これを代入し、

$$\Delta S = \left(-\frac{\partial S}{\partial x} + \frac{\partial S}{\partial y}\right)\Delta y \tag{2.6}$$

とする。これから

$$-\frac{\partial S}{\partial x} + \frac{\partial S}{\partial y} = -y + x = 0 \tag{2.7}$$

と考えて、$x = y$ が変化量が 0 となる条件だとするやり方もある。

このように「本当は独立じゃないことを知っているがとりあえず独立だとして計算」という方法には、もう少し洗練した処方箋がある。それが「**ラグランジュ未定乗数**」を導入する方法である。この方法でならこの問題がどう解けるのかを説明しよう。どうしてこれでうまくいくのか、という点については、付録のB.3節で説明しているので、ラグランジュ未定乗数について慣れていない人は参照して欲しい。今の場合では、
→ p325

$$S = xy \to xy + \underbrace{\lambda}_{\text{未定乗数}} \underbrace{(2x + 2y - L)}_{0\text{にしたい式}} \tag{2.8}$$

のように S の式を変更した後で、x, y, λ を全部独立だとして計算する。すると、

$$\frac{\partial S}{\partial x} = y + 2\lambda, \quad \frac{\partial S}{\partial y} = x + 2\lambda, \quad \frac{\partial S}{\partial \lambda} = 2x + 2y - L \tag{2.9}$$

の3つが0となる。これを連立方程式として解くと、$x = y$ という正しい答が出る。前二つの式（$x + 2\lambda = 0, y + 2\lambda = 0$）を見ると、「$\lambda$ によって x と y の間に関係がつけられている（独立でなくなっている）」ことが見て取れる。

この求め方では「変化量=0」の場所が求められるが、それが最大値とは限らないのではないか？——というのはごもっともな疑問である。上の長方形の例では、どこかに最大値があるのは明らか（周が限られているのに面積無限大はありえないだろう）であり、かつ「変化量=0」になる点が一点しかなかったので、安心して「ここが最大値」と考えることができた。実際には、変化量が0というだけでは、

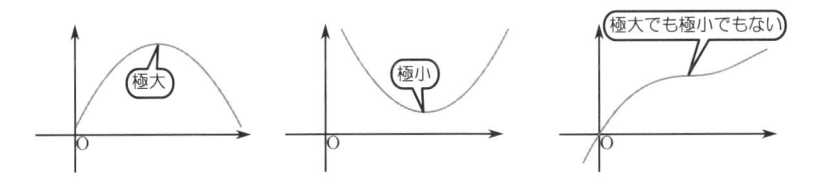

のようないろいろなケースが有り得る（ここでは1変数で考えているが、多変数の場合「x方向は極大だがy方向には極小」というようなこともある）。

極大・極小のどれになっているかを指定せず、単に微小変化量が0になっている状況は「**停留**」している、と言う。

力学の問題では、極小になっている時は「安定」、極大になっている時は「不安定」と表現することも多い。このグラフを高さのようなものと考えると、極大の場所は少しでもそこを外れると転がり落ちてしまう状況になっているので「不安定」だというわけである。

極小（または極大）だとわかっても、それが最小（または最大）とは限らない場合もある。右の図の「局所的な最小」(local minimum)と書いている部分は、極小ではあるが最小ではない。

変化量=0という条件を満たしても、その状態が考えている状況にあっているかどうかは個々に調べる必要がある。

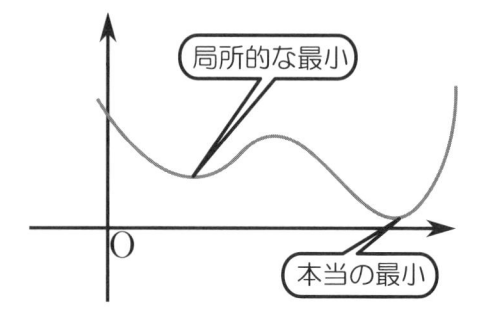

------------ 練習問題 ------------
【問い2-1】ゆうパックの料金は「縦・横・高さの合計が$x$cm以内」のxによって決まる。同じxでもっとも容積が大きくなる箱はどのような形か。

ヒント → p346へ　解答 → p352へ

2.1.3　等しい周の三角形

今度は三角形という、角が少ないという意味では長方形より単純な図形で考えてみよう。しかし「たて」「よこ」という2変数（と、拘束条件一つ）で決まる長方形に比べ、三辺の長さがa, b, cという3変数（と、拘束条件一つ）の問題になるので、実は三角形の方が難しい。

さて、辺の長さがわかっている時の三角形の面積は、ヘロンの公式により

$$S = \sqrt{s(s-a)(s-b)(s-c)} \quad \text{ただし、} s = \tfrac{a+b+c}{2} \tag{2.10}$$

である。周が一定ということは、s（周の半分）も一定である。また、a, b, cは独立ではなく、$a + b + c = 2s$という拘束条件がある。つまり、「周が一定の

三角形」の自由度[†6]は3ではなく2であり、3変数のうち一つは消去できる。

まず「拘束条件を解く」方法でやってみよう。$c = 2s - a - b$として代入し、
$$S = \sqrt{s(s-a)(s-b)(-s+a+b)} \tag{2.11}$$
となる。これをaで微分すると、
$$\frac{\partial S}{\partial a} = \frac{1}{2\sqrt{s(s-a)(s-b)(-s+a+b)}} \frac{\partial}{\partial a}\left(s(s-a)(s-b)(-s+a+b)\right)$$
$$= \frac{1}{2S}\left(-s(s-b)(-s+a+b) + s(s-a)(s-b)\right)$$
$$= \frac{s(s-b)}{2S}(2s - 2a - b) \tag{2.12}$$
となるが、sも$s-b$も0ではないから、$2s - 2a - b = 0$である可能性しかない。これは$c - a = 0$を意味する。

同様に$\frac{\partial S}{\partial b} = \frac{s(s-a)}{2S}(2s - a - 2b)$となる[†7]ので、$c - b = 0$という条件が出る。二つの条件を合わせると$a = b = c$、すなわち正三角形が解である。

次に、拘束条件を後から考える方法でやってみよう。まず、あたかも3つの変数が独立であるかのように考えて変分を取ると、
$$\Delta S = -\frac{s(s-b)(s-c)}{2S}\Delta a - \frac{s(s-a)(s-c)}{2S}\Delta b - \frac{s(s-a)(s-b)}{2S}\Delta c$$
$$= -\frac{s}{2S}\left((s-b)(s-c)\Delta a + (s-a)(s-c)\Delta b + (s-a)(s-b)\Delta c\right) \tag{2.13}$$
となる。$\Delta S = 0$となって欲しいが、係数$-\frac{s}{2S}$は明らかに0ではないので、$(s-b)(s-c)\Delta a + (s-a)(s-c)\Delta b + (s-a)(s-b)\Delta c = 0$でなくてはいけない。ここで拘束条件を考慮に入れる。実は$a + b + c = 2s$と決まっているので、$\Delta a + \Delta b + \Delta c = 0$である。ゆえに、
$$(s-b)(s-c)\Delta a + (s-a)(s-c)\Delta b + (s-a)(s-b)\underbrace{(-\Delta a - \Delta b)}_{\Delta c} = 0$$
$$(s-b)(c-a)\Delta a + (s-a)(c-b)\Delta b = 0 \tag{2.14}$$
のように条件が計算される。ΔaとΔbは独立なのでそれぞれの前の係数は0になる。そうなるのは$a = b = c$の時である。

[†6] 「自由度」という言葉は物理的な系だけではなく、一般的に「独立に変更できる変数の数」という意味で用いる。

[†7] これは具体的に計算しても出るのはもちろんだが、(2.12) の結果で$a \leftrightarrow b$という取替えを行えばいい。

後から拘束条件を入れた方が、最初の段階ではa,b,cの取替えに関して対称な式が出るので計算がしやすい。拘束条件を解く方法は早い段階で変数が減るので楽なように思うかもしれないが、逆に計算が煩雑になる場合も多い。

最後に'洗練された方法'であるラグランジュ未定乗数λを導入する方法でやってみる。このλに「$2s = a+b+c$という拘束を生み出す」という役割を負わせる。具体的には、変分を取るべき面積Sを

$$S' = \sqrt{s(s-a)(s-b)(s-c)} - \lambda(2s-a-b-c) \tag{2.15}$$

とする。こうしておいて、a,b,c,λ全ての変数を独立だと思って変分が0となる条件を求めると、

$$\frac{\partial S'}{\partial a} = \frac{-s(s-b)(s-c)}{2\sqrt{s(s-a)(s-b)(s-c)}} + \lambda = 0 \tag{2.16}$$

$$\frac{\partial S'}{\partial b} = \frac{-s(s-a)(s-c)}{2\sqrt{s(s-a)(s-b)(s-c)}} + \lambda = 0 \tag{2.17}$$

$$\frac{\partial S'}{\partial c} = \frac{-s(s-a)(s-b)}{2\sqrt{s(s-a)(s-b)(s-c)}} + \lambda = 0 \tag{2.18}$$

$$\frac{\partial S'}{\partial \lambda} = -2s + a + b + c = 0 \tag{2.19}$$

となる(式が増えてたいへんになったように思うかもしれないが、上3つの式はa,b,cの立場を取り替えていけば作れるので、一回計算すればいい)。

後はたとえば(2.16) $-$ (2.17)で$\frac{-s(a-b)(s-c)}{2\sqrt{s(s-a)(s-b)(s-c)}} = 0$という式を作って計算していく。同様に、$a=b=c$が結論される。

---------------------------- **練習問題** ----------------------------

【問い 2-2】 2.1.2節の長方形の問題を、「面積を一定として長さを最小にする問題」に変えたうえで、ラグランジュ未定乗数の方法を使ってやり直せ。
→ p22

ヒント → p346へ　解答 → p352へ

【問い 2-3】 【問い 2-1】を、ラグランジュ未定乗数の方法を使ってやり直せ。
→ p26

ヒント → p346へ　解答 → p353へ

2.2 光学におけるフェルマーの原理

「光は最短時間で到着する経路を通って伝播する」というのがフェルマーの原理 (Fermat's principle) で、17世紀のフランスの数学者フェルマーが提唱した。幾何光学（光を「光線」と考えてその経路を考える立場）ではこれは「原理」であって証明や導出は不可能である。ここではまず、これを原理として認めると光の伝播が記述できることを見よう[†8]。

2.2.1 反射の法則

フェルマーの定理から「反射の法則」を導こう。右の図のような経路で光が「鏡で点Rで一回反射しつつ、点Aから点Bへと進む」と考える。三平方の定理から

$$\overline{\mathrm{AR}} = \sqrt{(x_0 - x_1)^2 + (y_0)^2},$$
$$\overline{\mathrm{RB}} = \sqrt{(x_2 - x_1)^2 + (y_2)^2}$$

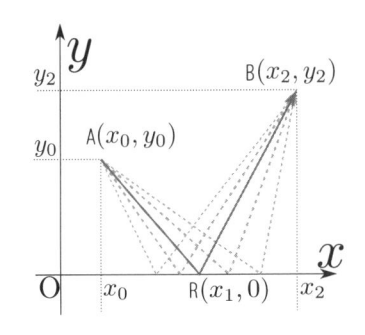

となるから、この経路（A→R→B）の光の伝播にかかる時間は（光速をcとして）

$$\frac{\overline{\mathrm{AR}} + \overline{\mathrm{RB}}}{c} = \frac{1}{c}\left(\sqrt{(x_0 - x_1)^2 + (y_0)^2} + \sqrt{(x_2 - x_1)^2 + (y_2)^2}\right) \quad (2.20)$$

となる。我々が知りたいのは点Rの位置であるから、x_1を変化させてみて、その変化が0になるところを求める。この式をx_1で微分してみると、

$$\frac{1}{c}\left(\frac{-(x_0 - x_1)}{\sqrt{(x_0 - x_1)^2 + (y_0)^2}} + \frac{-(x_2 - x_1)}{\sqrt{(x_2 - x_1)^2 + (y_2)^2}}\right) = 0 \quad (2.21)$$

という式が出る。この式からx_1を求めろと言われるとたいへんそうに思えるかもしれないが、実はこの式から作った

$$\frac{x_1 - x_0}{\sqrt{(x_0 - x_1)^2 + (y_0)^2}} = \frac{x_2 - x_1}{\sqrt{(x_2 - x_1)^2 + (y_2)^2}} \quad (2.22)$$

という式の意味は図で考えると明白である。

[†8] フェルマーの原理から導かれる光学の法則の一番簡単な例は「光が直進する」である。後で考えるように鏡があったり屈折率の違う媒質がある場合を除けば、「直線」が「最短時間で到着する経路」であることには異論がないところだろう（とはいえ、後で具体的な計算で示そう）。
→ p32

右のように図を描いてみると、(2.22)の左辺は直角三角形 ACR の $\dfrac{底辺}{斜辺}$、右辺は直角三角形 BDR の $\dfrac{底辺}{斜辺}$ である。つまり(2.22)は「直角三角形 ACR と直角三角形 BDR は相似である」という条件になっている[9]。この条件はすなわち、「入射角と反射角は等しい」である。

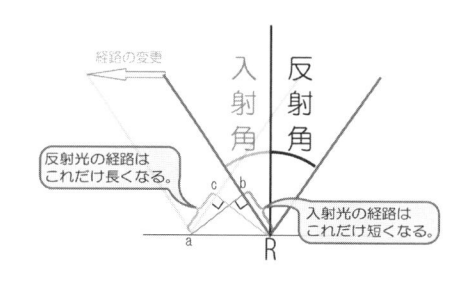

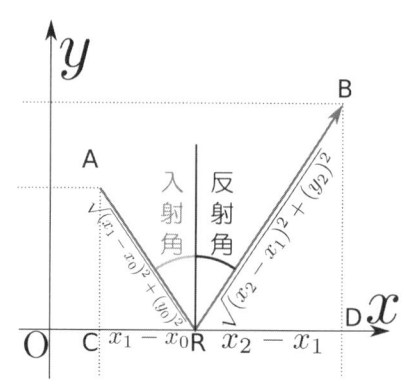

実は図の上で「変分」を取ることで同じ条件を出すこともできる。左の図は点 R 付近の拡大図であり、点 R をずらしてみた時の経路の変化を示している。点 R を点 a の方にずらすよう、経路を変更したとする。ただしその距離は非常に小さいので、変更前と変更後の入射光は平行だとみなしてよいとしよう（反射光も同様）[10]。点 R の移動により、図の $\overline{\mathrm{aR}}\sin(入射角)$ の分だけ入射光の経路は縮む。一方、反射光の経路は $\overline{\mathrm{aR}}\sin(反射角)$ だけ伸びる。入射角と反射角が等しければ、$\overline{\mathrm{ac}} = \overline{\mathrm{bR}}$ である。その時、この微小な変更によって経路の長さが変わらないということになる。

もちろん、23 頁の FAQ と同じく、「変わらない」というのは微少量の 1 次までのみを見た場合であって、2 次まで考えると少し長くなっている[11]。

この結果は、右の図のように考えても素直に納得できる。図の A' は A の鏡像である。A' → B が最小になる経路が A'RB が一直線に並ぶときだと考えれば、A → B の経路も入射角と反射角が等しいときであることがわかる。

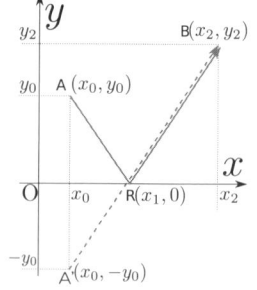

---

[9] いわゆる「二辺挟角」になっていないが、直角三角形ならこれで相似の条件として十分である。
[10] 厳密には平行でないことによる効果は、微小量の 2 次の量となる。
[11] 「どこで経路の長さが最小となるか」という問題を考える時は 2 次以上を考える必要はない。

2.2.2 屈折の法則

次に屈折の法則が導かれることを見よう。屈折が起こるのは、媒質の違いにより光速が変化する時である。今境界面（$y=0$）の上（$y>0$）では光速がc_1、下（$y<0$）では光速がc_2だったとしよう。図は下の方が遅い（$c_2 < c_1$）の場合になっている。今度は点B（到着点）が$y=0$より下にある（$y_2 < 0$）。距離については

$$\overline{AR'} = \sqrt{(x_1-x_0)^2 + (y_0)^2}$$
$$\overline{R'B} = \sqrt{(x_2-x_1)^2 + (y_2)^2}$$

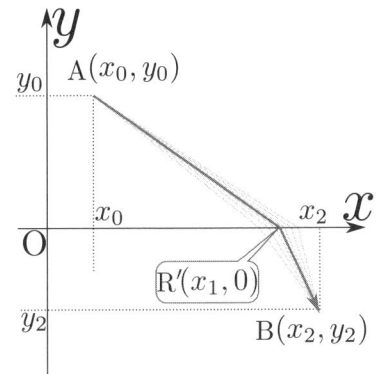

となる。到着までにかかる時間は、

$$\begin{aligned}&\frac{1}{c_1}\sqrt{(x_1-x_0)^2+(y_0)^2}\\&+\frac{1}{c_2}\sqrt{(x_2-x_1)^2+(y_2)^2}\end{aligned} \quad (2.23)$$

であるから、これをx_1で微分して変化が0になるところを探す。

$$\frac{x_1-x_0}{c_1\sqrt{(x_1-x_0)^2+(y_0)^2}} - \frac{x_2-x_1}{c_2\sqrt{(x_2-x_1)^2+(y_2)^2}} = 0 \quad (2.24)$$

という式になるが、この式を反射の法則の時と同様に図で評価しよう。

入射角をθ_1、屈折角をθ_2とすれば、

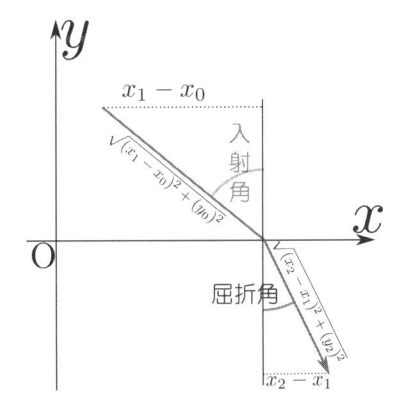

$$\frac{x_1-x_0}{\sqrt{(x_1-x_0)^2+(y_0)^2}} = \sin\theta_1$$

$$\frac{x_2-x_1}{\sqrt{(x_2-x_1)^2+(y_2)^2}} = \sin\theta_2$$

が右の図から読み取れる。よって、

$$\frac{\sin\theta_1}{c_1} = \frac{\sin\theta_2}{c_2} \quad \rightarrow \quad \frac{\sin\theta_1}{\sin\theta_2} = \frac{c_1}{c_2} \quad (2.25)$$

という屈折の法則が導かれる。

【補足】＋＋＋＋＋＋＋＋＋＋＋＋＋＋＋＋＋＋＋＋＋＋＋＋＋＋＋＋＋＋＋＋＋＋

　前節の最後のところで反射の法則を図で導いたのと同様にして、図を使って屈折の法則を導くこともできる。

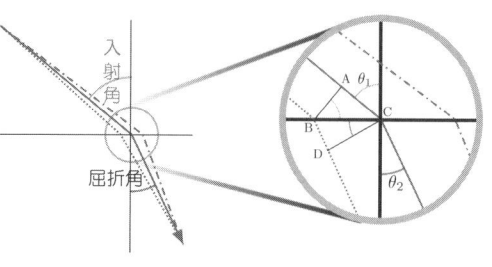

　図は屈折が起っている場所の拡大図であるが、実線の経路は点線の経路に比べ、$\overline{AC}$の分長く、$\overline{BD}$の分短い。時間で計算すると、実線の経路を取った光は、点線の経路を取った光に比べ、$\dfrac{\overline{AC}}{c_1}$だけ長く、$\dfrac{\overline{BD}}{c_2}$の分短い時間で到着する。つまり光の経過時間の変分は$\dfrac{\overline{AC}}{c_1} - \dfrac{\overline{BD}}{c_2}$であり、$\overline{AC} = \overline{BC}\sin\theta_1, \overline{BD} = \overline{BC}\sin\theta_2$を使うと、(2.25)（→p31）が出てくる。逆に、図の一点鎖線の経路と実線の経路を比較して考えても、同じ結果が出る。

　この屈折の法則の導き方は、実はホイヘンスの原理における屈折の導き方（AからでΝた素元波がCまで進む間に、Bから出た素元波がDまで進む、と考えて波面の変化を導く）と同じことをやっている。

＋＋＋＋＋＋＋＋＋＋＋＋＋＋＋＋＋＋＋＋＋＋＋＋＋＋＋＋＋＋＋【補足終わり】

2.2.3　光の直進

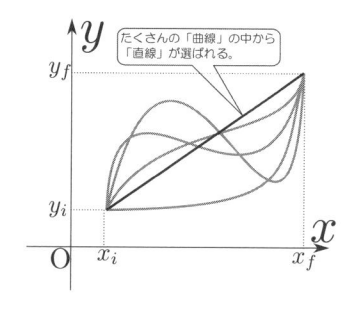

　フェルマーの原理からすれば光は直進する、という一番簡単そうな問題をむしろ最後に回した。というのは意外と、簡単ではないからである[12]。

　「ありとあらゆる経路の中から直線が選ばれる」ということを結論として得たいので、最初の段階では経路は直線でなく任意の曲線[13]であり、フェルマーの原理を適用した結果直線が選ばれなくてはいけない。この選ぶ前の段階、「任意の曲線」をどのように表現すればいいのか、というところが難しい。

　結果が直線であることは直観的に明らかであるし、実際答えもそうである

---

[12] というより、反射や屈折の法則の導出が楽にできたのは直進することを先に仮定したからであった。

[13] 『任意』と書いたが、実は以下では、「後戻りするような曲線」は（最小でなくなるのは当然だから）考えてない。

区間に区切って考える

任意の曲線を考えて経路を計算するのはたいへんだから、まずいきなり曲線を考えるのではなく「折れ線」を考えることにする。右の図では (x_0, y_0) から (x_6, y_6) まで、六分割して考えた。以下では N 分割しているとして、最後に $N \to \infty$ の極限を取るものとする（その極限においては折れ線は曲線と同じだと考える）。この線の長さは、

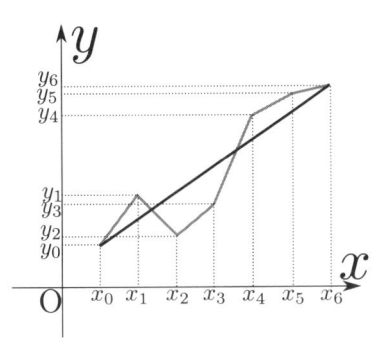

$$I(\underbrace{x_0, x_1, x_2, \cdots, x_N}_{\{x_*\}}, \underbrace{y_0, y_1, y_2, \cdots, y_N}_{\{y_*\}}) = \sum_{j=1}^{N} \sqrt{(x_j - x_{j-1})^2 + (y_j - y_{j-1})^2} \tag{2.26}$$

のように、$x_0, x_1, x_2, \cdots, x_N, y_0, y_1, y_2, \cdots, y_N$ の関数である。

本書において、$\{x_*\}$ は $x_1, x_2, \cdots, x_N$ の省略形である。すなわち、$\{\}$ で囲い、かつ添え字に英数字でもギリシャ文字でもない記号[†14]を添字とすることで、「全ての i に対する x_i を列挙したもの」を表すことにする。つまり $f(\{x_*\})$ は「全ての $x_1, x_2, \cdots, x_N$ の関数である f」を表現する。

単に $f(x_i)$ と書いてある場合、「x_i という一つの変数の関数である $f(x_i)$」なのか、「$x_1, x_2, \cdots, x_N$ という N 個の変数の関数である $f(x_i)$」なのかを文脈で区別する必要がある。たいていは文脈で判断できるのではあるが、時々その点を誤解してしまう人もいるので、本書においては明確に区別できるようにしておく。

$I(\{x_*\}, \{y_*\})$ は、「折れ線の途中の全ての点座標の関数」であり、$N-1$ 個の点のどの座標を変えても線の長さは変化する。

[†14] 主に $*$ を使うことにする。コンピュータでファイルコピーなどの時などに (copy *.tex /dokoka/ のように) 使う「ワイルドカード」の $*$ と同様「適合するものなら何でも入っていい場所」を意味すると思って欲しい。この文字が二つ以上必要なときは $\star$ や・などを使う。

$I(\{x_*\}, \{y_*\})$ を x_1 から x_{N-1} までのどれか1つ（x_i とする）で微分して 0 と置くことで、折れ線の長さが極値になる条件を求めよう。ここで出発点 (x_0, y_0) と到着点 (x_N, y_N) は動かしてはいけないので微分しない（できない）。

【FAQ】なぜ出発点と到着点は動かさないんですか？

出発点と到着点を固定せず「最短距離になるのはどんな時？」と考えたら、結論は「出発点と到着点含め、全ての点が一致する時 $(x_0 = x_1 = \cdots = x_N, y_0 = y_1 = \cdots = y_N)$」なのは計算してみるまでもない。出発点と到着点を固定しているからこそ「一番短い線は？」という質問に意味がある。

微分の結果は（以下は x_i 微分だけを書くが、y_i 微分の式も同様に考える）

$$\frac{\partial I(\{x_*\}, \{y_*\})}{\partial x_i} = \frac{1}{2\sqrt{(x_i - x_{i-1})^2 + (y_i - y_{i-1})^2}} \times 2(x_i - x_{i-1})$$
$$- \frac{1}{2\sqrt{(x_{i+1} - x_i)^2 + (y_{i+1} - y_i)^2}} \times 2(x_{i+1} - x_i) = 0 \quad (2.27)$$

となる。第二項があることを失念しないようにしよう。(2.26) には、

$$\sum_{j=1}^{N} \sqrt{(x_j - x_{j-1})^2 + (y_j - y_{j-1})^2}$$ という足し算があるが、これを x_i で微分する時、$i = j$ の項と $i = j - 1$ の項と、両方を考慮しなくてはいけないからである（両方の項に x_i があることを確認しよう）。これから出る式は、

$$\frac{x_i - x_{i-1}}{\sqrt{(x_i - x_{i-1})^2 + (y_i - y_{i-1})^2}} = \frac{x_{i+1} - x_i}{\sqrt{(x_{i+1} - x_i)^2 + (y_{i+1} - y_i)^2}} \quad (2.28)$$

であるが、反射や屈折の時の図を使った考えと同様の方法を使うと、上の式の意味するところが「右の図に描かれた二つの直角三角形が相似であれ」という条件であることがわかる。相似になれば斜辺の傾き＝今考えている折れ線の傾きが一致する。そのときはこれら3つの点が一直線に並ぶ。つまり長さが極値（この場合あきらかに最小値）

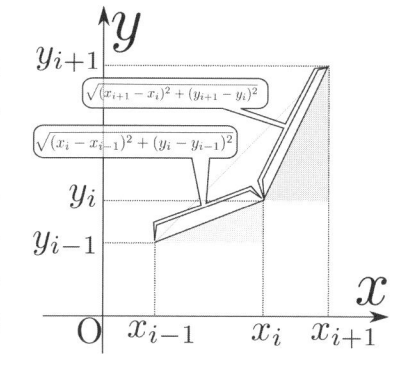

になるのは直線になった時である。

ここで考えた (x_i, y_i) だけでなく全ての点について条件を考えていくと、グラフ全体が直線となっている状況のとき、全体の長さも極値になるだろう。この極値は最小値である。長くなる方はいくらでも長くできる（たとえば $y = \infty$ まで行って帰ってくればいい）ので、最大値は存在しない。

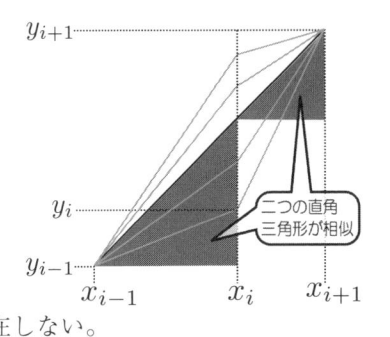

関数形を定める

ここまでは x_i や y_i という数値を動かして、どこで極値になるのかを測る、という考え方でやってきた。ここでは線を $y(x)$ という関数と考え[†15]、その関数を変化させていく。そして、考えている量が極値になるのは関数の形がどうなった時かを考える[†16]。

さて、まず変化させるべき関数を $y(x)$ と置いたので、この関数を使って最小にしたい「長さ」を計算する。(x, y) から $(x + dx, y + dy)$ までの微小部分の長さは $\sqrt{dx^2 + dy^2}$ であるからこれを積分すればよい。そこで、

$$\sqrt{dx^2 + dy^2} = \sqrt{1 + (y')^2}\, dx \quad (2.29)$$

と変形して $\left(y' = \dfrac{dy}{dx}\right)$、$x$ を出発点の x_0 から到着点の x_1 まで積分することにする。この時、出発点と到着点の y 座標もあっていなくてはいけないから、$y(x_0) = y_0, y(x_1) = y_1$ を満たすようにする。そのような関数 $y(x)$ に対して積分

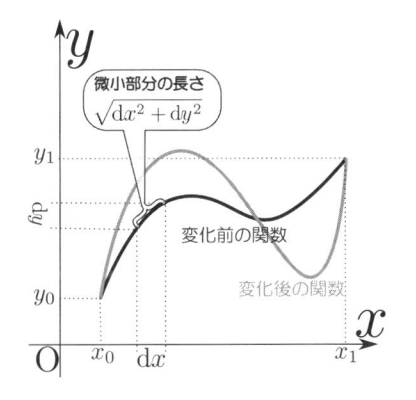

[†15] λ をパラメータとして、$(x(\lambda), y(\lambda))$ のように x, y 両方が λ によって決まると考える方法もある。【問い 2-4】を見よ。
→ p39
[†16] さっきまでは「数を変化させた時」であったものが「関数を変化させた時」と飛躍したので、その意味をじっくり理解してほしい。ここからが「変分」という考え方の画期的なところである。どうにもイメージがつかない時は、やっている計算の考え方自体は一つ前にやった「折れ線で考える」と同じことなので、折れ線に戻って考えた方がよいかもしれない。

$$\int_{x_0}^{x_1} \sqrt{1+(y')^2}\,\mathrm{d}x \qquad (2.30)$$

を行うと、これが線の長さである。線の長さが最小になるのはどんな時か（$y(x)$ がどんな関数の時か）を具体的計算により示したい。

ここで変化させるものはこれまで考えた（長方形の縦の長さとか、三角形の三辺とかの）ような「数」ではなく（$y(x)$ という）「関数」である。関数を変化させるとは、

$$y(x) \to y(x) + \delta y(x) \qquad (2.31)$$

のように「微小変化を表す関数 $\delta y(x)$」を付加したものに変えるということである。

$\delta y(x)$ の意味について、グラフで確認しておこう。$\delta y(x)$ は、同じ値の x に対して、変化前の関数と変化後の関数の差を取る。関数の引数 x を揃えて差を取っているということが大事である。

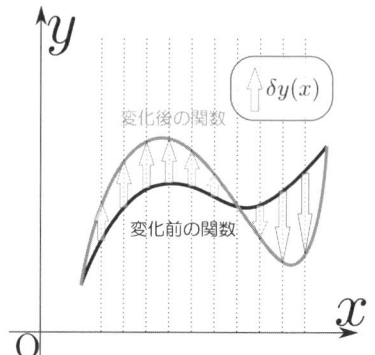

これにより、変分「δ」という操作と、微分 $\dfrac{\mathrm{d}}{\mathrm{d}x}$ という操作が交換する—すなわち、以下が成立する。

$$\frac{\mathrm{d}}{\mathrm{d}x}\delta y = \delta\left(\frac{\mathrm{d}y}{\mathrm{d}x}\right) \qquad (2.32)$$

そのことを確認しよう。左の図は上のグラフの拡大図である。

$$\frac{\delta y(x_2) - \delta y(x_1)}{x_2 - x_1} \qquad (2.33)$$

という量は $x_2 \to x_1$ の極限で $\dfrac{\mathrm{d}}{\mathrm{d}x}\delta y(x_1)$ になる[†17]。

一方、微分 $\dfrac{\mathrm{d}y}{\mathrm{d}x}$ は変化前の関数では $\dfrac{y(x_2) - y(x_1)}{x_2 - x_1}$ の極限であり、変化後の関数では $\dfrac{y(x_2) + \delta y(x_2) - (y(x_1) + \delta y(x_1))}{x_2 - x_1}$ の極限であるから、「$\dfrac{\mathrm{d}y}{\mathrm{d}x}$ の変

[†17] $\dfrac{\mathrm{d}}{\mathrm{d}x}\delta y(x_2)$ と書いたって、$x_2 \to x_1$ の極限を取っているのだから同じことである。

2.2 光学におけるフェルマーの原理

分」を考えると、

$$\begin{aligned}
\delta\left(\frac{dy}{dx}\right) &= \lim_{x_2 \to x_1}\left(\frac{y(x_2)+\delta y(x_2)-(y(x_1)+\delta y(x_1))}{x_2-x_1}-\frac{y(x_2)-y(x_1)}{x_2-x_1}\right)\\
&= \lim_{x_2 \to x_1}\frac{\delta y(x_2)-\delta y(x_1)}{x_2-x_1}
\end{aligned} \tag{2.34}$$

となって、極限を取る前の段階で(2.33)に一致する。こうして、

─── 微分と変分が交換すること ───
$$\frac{\mathrm{d}}{\mathrm{d}x}\delta y = \delta\left(\frac{\mathrm{d}y}{\mathrm{d}x}\right) \tag{2.35}$$

が確認できた。

関数の変化 δy を、「同じ x における差」として定義しない場合、上の交換性は成り立たないことに注意しておこう。

たとえば右のように δy を取ったとする。「この方が関数が膨らんでいる感じがよくわかります」なんて理由でこう取りたいと思うこともあるかもしれない。しかしそうしてしまうと、(2.35) を使えなくなってしまう。この後同様の計算を何度も行うが、この微分と変分の交換はそれらの計算において必須なので、これを守るように変分を行なっておく方が得策である。

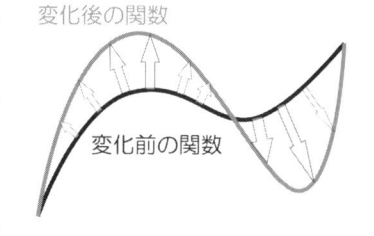

以上で数学的な準備は終わったので、実際に変分の結果を計算しよう。以下は $y'=\dfrac{\mathrm{d}y}{\mathrm{d}x}, \delta y'=\dfrac{\mathrm{d}(\delta y)}{\mathrm{d}x}$ という省略形を使用する。

$$\delta I = \int_{x_0}^{x_1}\sqrt{1+(y'+\delta y')^2}\,\mathrm{d}x - \int_{x_0}^{x_1}\sqrt{1+(y')^2}\,\mathrm{d}x \tag{2.36}$$

を計算すればよい。この式の第一項の被積分関数を

$$F(X) = \sqrt{1+(y'+X)^2} \tag{2.37}$$

の X に $\delta y'$ が代入されたものと見て、微小量 $X=\delta y'$ によるテーラー展開を行う。そのためにまず

$$F'(X) = \frac{1}{2\sqrt{1+(y'+X)^2}} \times 2(y'+X) = \frac{y'+X}{\sqrt{1+(y'+X)^2}} \quad (2.38)$$

を計算しておいた後テーラー展開して、

$$F(\delta y') = \underbrace{\sqrt{1+(y')^2}}_{F(0)} + \underbrace{\frac{y'}{\sqrt{1+(y')^2}}}_{F'(0)} \frac{\mathrm{d}(\delta y)}{\mathrm{d}x} + \cdots \quad (2.39)$$

となり、$F(0)$ の部分は引き算で消えて、

$$\delta I = \int_{x_0}^{x_1} \frac{y'}{\sqrt{1+(y')^2}} \times \frac{\mathrm{d}(\delta y)}{\mathrm{d}x} \mathrm{d}x \quad (2.40)$$

となる（δy の二次以上は省略する）。これを部分積分して、

$$\delta I = \underbrace{\left[\frac{y'}{\sqrt{1+(y')^2}} \times \delta y\right]_{x_0}^{x_1}}_{\text{表面項}} - \int_{x_0}^{x_1} \frac{\mathrm{d}}{\mathrm{d}x}\left(\frac{y'}{\sqrt{1+(y')^2}}\right) \delta y \, \mathrm{d}x \quad (2.41)$$

とする。表面項は $\delta y(x_0) = \delta y(x_1) = 0$ なので 0 である。

我々は $\delta I = 0$ となる条件を探している。ここで考えている $\delta y(x)$ は任意の微小な関数であった。$\delta y(x)$ の前の係数は 0 になっていないと、任意の $\delta y(x)$ に対し $\delta I = 0$ が成立しない。すなわち、

$$\frac{\mathrm{d}}{\mathrm{d}x}\left(\frac{y'}{\sqrt{1+(y')^2}}\right) = 0 \quad \rightarrow \quad \frac{y'}{\sqrt{1+(y')^2}} = \text{定数} \quad (2.42)$$

が結論される。これは y' が定数だということと同値だから、考えている線は直線でなくてはならない。

【FAQ】部分積分する前の (2.40) から条件を出してはいけないのですか？

(2.40) から

$$\frac{y'}{\sqrt{1+(y')^2}} = 0 \quad (2.43)$$

とやってはいけない。$\int($なにか$)\delta y(x)\,\mathrm{d}x = 0$ という形の式から（なにか）$=0$ が結論できるのは、$\delta y(x)$ が独立な時だけである。(2.40) は $\delta y'$ が掛かっており、定義に戻って考えると

$$\frac{\mathrm{d}(\delta y(x))}{\mathrm{d}x} = \lim_{\Delta x \to 0} \frac{\delta y(x+\Delta x) - \delta y(x)}{\Delta x} \tag{2.44}$$

となり、この量は、場所 $x+\Delta x$ での微分

$$\frac{\mathrm{d}(\delta y(x+\Delta x))}{\mathrm{d}x} = \lim_{\Delta x \to 0} \frac{\delta y(x+2\Delta x) - \delta y(x+\Delta x)}{\Delta x} \tag{2.45}$$

と独立ではない。$\delta y(x+\Delta x)$ を共有しているからである（同様に、場所 $x-\Delta x$ での微分とも独立ではない）。

ここで部分積分が必要であった理由は(2.27)（→ p34）において i が一つ大きいところからの項（第二項）を忘れてはいけなかったことと関係している。$\frac{\mathrm{d}}{\mathrm{d}x}\delta y(x)$ という量は「この場所の δy」と「隣の δy」を含んでいるので、「この場所の δy」だけを含んでいる量を取り出したかったのである。

部分積分して $\int($なにか$)\delta y(x)\,\mathrm{d}x = 0$ の形にすれば、独立な量との掛算になった（なにか）は 0 にしてよい。

---------------------------- 練習問題 ----------------------------

【問い 2-4】 この節では $y(x)$ のように「x を決めると一つ y が決まる」として「曲線」を表現した。もう一つの方法として、$(x(\lambda), y(\lambda))$ のように x 座標と y 座標が別のパラメータ λ の関数であると考えて曲線を表現することもできる。λ は 0 から 1 までを連続的に取るとしよう。この場合で長さを $x(\lambda), y(\lambda)$ およびその微分 $\frac{\mathrm{d}x(\lambda)}{\mathrm{d}\lambda}, \frac{\mathrm{d}y(\lambda)}{\mathrm{d}\lambda}$ の関数として表し、それが極値を取る条件がやはり直線であることを示せ。

ヒント → p346 へ　解答 → p353 へ

2.2.4 極座標での直線

答は直線だとわかってはいるのだが、以上と同じことを極座標で考えてみる。2 次元極座標では、微小線素の長さは $\sqrt{\mathrm{d}r^2 + r^2\,\mathrm{d}\theta^2}$ であるから、変分を取るべき量は

$$I = \int_{\theta_0}^{\theta_1} \underbrace{\sqrt{\left(\frac{\mathrm{d}r}{\mathrm{d}\theta}\right)^2 + r^2}}_{L} \mathrm{d}\theta \tag{2.46}$$

である。以下 $\dfrac{\mathrm{d}r}{\mathrm{d}\theta} = r'$, $\dfrac{\mathrm{d}^2 r}{\mathrm{d}\theta^2} = r''$ のような省略形を使って、$r(\theta) \to r(\theta) + \delta r(\theta)$ と変化させた時の I の変化量を求めてやる。

$$\delta I = \int_{\theta_0}^{\theta_1} \left(\sqrt{\left(\frac{\mathrm{d}(r+\boxed{\delta r})}{\mathrm{d}\theta}\right)^2 + (r+\boxed{\delta r})^2} - \sqrt{(r')^2 + r^2} \right) \mathrm{d}\theta \tag{2.47}$$

第一項を展開していくときには、注意が必要である。というのは δr が（丸で囲ったように）式の二箇所に入っているからである。そこでまず L を

$$F(X, Y) = \sqrt{X^2 + Y^2} \tag{2.48}$$

という関数に $X = r'$, $Y = r$ を代入したもの、と考える。X と Y がともに微小変化したときの $F(X,Y)$ の微小変化は

$$\frac{\partial F(X,Y)}{\partial X} \mathrm{d}X + \frac{\partial F(X,Y)}{\partial Y} \mathrm{d}Y \tag{2.49}$$

である。これの $\mathrm{d}X$ と $\mathrm{d}Y$ がそれぞれ r' と r の変分であると考えると、この量の変化は

$$\frac{\partial F(X,Y)}{\partial X} \underbrace{\delta r'}_{\mathrm{d}X} + \frac{\partial F(X,Y)}{\partial Y} \underbrace{\delta r}_{\mathrm{d}Y} \tag{2.50}$$

のように L の変分を考える。結果として $\mathrm{d}X$ と $\mathrm{d}Y$ は実は独立ではなかった（$\delta r'$ と δr だった）ので、後で部分積分をつかってまとめる。

ここまでの計算の結果、L は $r \to r + \delta r$ という変化によって、$\dfrac{\partial L}{\partial r}\delta r$ だけ変化し、$r' \to \dfrac{\mathrm{d}(r+\delta r)}{\mathrm{d}\theta}$ という変化によって $\dfrac{\partial L}{\partial r'}\delta r'$ だけ変化するとわかった。合わせて変分の結果は

$$\delta L = \frac{\partial L}{\partial r'}\delta r' + \frac{\partial L}{\partial r}\delta r \tag{2.51}$$

となった。今の場合は $\dfrac{\partial L}{\partial r'} = \dfrac{r'}{\sqrt{(r')^2 + r^2}}$, $\dfrac{\partial L}{\partial r} = \dfrac{r}{\sqrt{(r')^2 + r^2}}$ であるから、

0 となるべき量は

$$\delta I = \int_{\theta_0}^{\theta_1} \left(\frac{r'}{\sqrt{(r')^2 + r^2}} \delta r' + \frac{r}{\sqrt{(r')^2 + r^2}} \delta r \right) d\theta \tag{2.52}$$

である。δr と $\delta r'$ は独立ではないから、$\dfrac{r}{\sqrt{(r')^2 + r^2}} = 0, \dfrac{r'}{\sqrt{(r')^2 + r^2}} = 0$ とはならない。部分積分して、

$$\delta I = \int_{\theta_0}^{\theta_1} \left(\frac{r}{\sqrt{(r')^2 + r^2}} \delta r - \frac{d}{d\theta}\left(\frac{r'}{\sqrt{(r')^2 + r^2}} \right) \delta r \right) d\theta \tag{2.53}$$

としたうえで、

$$\frac{r}{\sqrt{(r')^2 + r^2}} - \frac{d}{d\theta}\left(\frac{r'}{\sqrt{(r')^2 + r^2}} \right) = 0 \tag{2.54}$$

が結論される。ではこの微分方程式を解こう。

まず上の式の第2項の θ-微分を実行して、

$$\frac{r}{\sqrt{(r')^2 + r^2}} - \frac{r''}{\sqrt{(r')^2 + r^2}} + \frac{1}{2} \frac{r'}{\left((r')^2 + r^2\right)^{\frac{3}{2}}} \underbrace{\frac{d}{d\theta}\left((r')^2 + r^2\right)}_{2r'r''+2rr'} = 0 \tag{2.55}$$

とし、この式に $\left((r')^2 + r^2\right)^{\frac{3}{2}}$ をかけて分母を払うと、

$$r\left((r')^2 + r^2\right) - r''\left((r')^2 + r^2\right) + r'\left(r'r'' + rr'\right) = 0$$
$$2(r')^2 + r^2 - rr'' = 0 \tag{2.56}$$

となる。ここまで整理したところで、$r = x^n$ とおいてみる。

$$r' = nx^{n-1}x', \quad r'' = nx^{n-1}x'' + n(n-1)x^{n-2}(x')^2 \tag{2.57}$$

となるので、(2.56) に代入して、

$$\underbrace{2n^2 x^{2n-2}(x')^2}_{消したい} + x^{2n} - x^n\left(nx^{n-1}x'' + \underbrace{n(n-1)x^{n-2}(x')^2}_{消したい}\right) = 0 \tag{2.58}$$

という式が出る。ここで n を調節することで、めんどうな $(x')^2$ の項を片付けることができる。$(x')^2$ の前の係数は

$$2n^2 x^{2n-2} - n(n-1)x^{2n-2} = n(n+1)x^{2n-2} \tag{2.59}$$

だが、$n=0$ は r が定数になり無意味なので、$n=-1$ と置く[†18]。後は

$$x^{-2} - x^{-1}\left(-x^{-2}x''\right) = 0 \quad \text{すなわち、} \quad x'' = -x \tag{2.60}$$

を解けばよい。なんのことはない、これは単振動の式だから、

$$x = A\cos(\theta + \alpha) \tag{2.61}$$

となる。$A = \dfrac{1}{r_0}$ として r の式に直すと

$$r = \frac{r_0}{\cos(\theta + \alpha)} \tag{2.62}$$

が解である。これが直線であることは、

$$r_0 = r\cos(\theta + \alpha) \tag{2.63}$$

と書き直すと理解できる（右の図参照）。

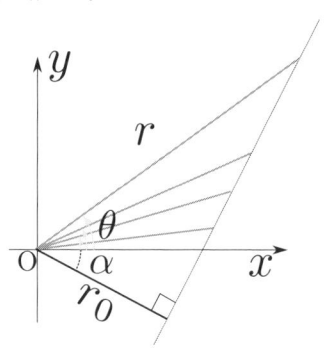

2.3 関数の変分に関するまとめと例題

2.3.1 オイラー・ラグランジュ方程式

ここまででいろんな例で「関数の積分の変分」を取る方法を考えてきた。

- 変分をとるべき量が $\displaystyle\int \mathrm{d}t\, f(x(t))$ のように $x(t)$ の関数の積分ならば、$\dfrac{\partial f}{\partial x} = 0$ とする（これは例はやっていないが、簡単であろう）。

- 変分をとるべき量が $\displaystyle\int \mathrm{d}t\, f\left(\dfrac{\mathrm{d}x}{\mathrm{d}t}(t)\right)$ のように $\dfrac{\mathrm{d}x}{\mathrm{d}t}(t)$ の関数ならば、$\dfrac{\partial f}{\partial\left(\frac{\mathrm{d}x}{\mathrm{d}t}\right)}$ を計算して、さらにその結果を微分して、$-\dfrac{\mathrm{d}}{\mathrm{d}t}\left(\dfrac{\partial f}{\partial\left(\frac{\mathrm{d}x}{\mathrm{d}t}\right)}\right) = 0$ とする（35 ページからの計算では、$\sqrt{1 + (y')^2}$ の積分の変分を取ったが、この場合は x が t に、y' が $\dfrac{\mathrm{d}x}{\mathrm{d}t}$ に対応する）。

- 両方の関数だったら、その二つを足す（後ろはマイナスがついているから、引く）（2.2.4 節の計算）。
  → p39

[†18] ここで行った $r = \dfrac{1}{x}$ と置くというテクニックは極座標の微分方程式で時々使われる。

のような計算をやってきた。

今後も頻繁にこの手の計算を使うので、一般的な「変分が0になる条件」の方程式を作っておこう、というのが

―― オイラー・ラグランジュ方程式 ――

$x(\tau)$ とその τ 微分 $\dfrac{dx}{d\tau}(\tau)$ で書かれた量 L の τ 積分

$$I = \int_{\tau_0}^{\tau_1} L\left(x(\tau), \frac{dx}{d\tau}(\tau)\right) d\tau \tag{2.64}$$

が、端点を固定した変分に対して停留値を取る条件は、以下の通り。

$$\frac{\partial L\left(x(\tau), \frac{dx}{d\tau}(\tau)\right)}{\partial x} - \frac{d}{d\tau}\left(\frac{\partial L\left(x(\tau), \frac{dx}{d\tau}(\tau)\right)}{\partial\left(\frac{dx}{d\tau}\right)}\right) = 0 \tag{2.65}$$

である(導出は付録のB.4節にまとめたが、ここまでの議論で出てきた形になっていることはわかるだろう)。以後は $\int L d\tau$ のような形の積分が停留値を取る条件としては即座にオイラー・ラグランジュ方程式を使うことにする。

2.3.2 一般的な図形の等周問題

2.1.2節では長方形に限った場合の等周問題を考えたが、長方形に限らず、一般的な図形にしたらどうなるか、考えてみよう。そのために「長さ ℓ_1 の周」を計算できる形で定義しよう。長さ ℓ_1 の曲線を微小な長さ $d\ell$ ごとに分割したとする。周の上のどこかに「原点 $\ell = 0$」を作り、そこから距離に比例した目盛りを打っていくと思えばよい(当然 $\ell = \ell_1$ で元の位置に戻る)。

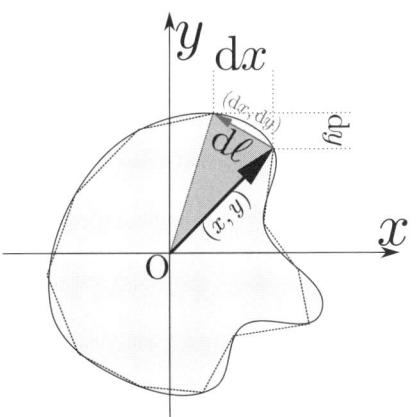

簡単のため、図形の内側に座標原点 $(x=0, y=0)$ があるとしよう[†19]。微

[†19] 実は別に座標原点がどこであっても以下の話は成立する。図を描くときに描きやすい程度の違いである。

小部分 $\mathrm{d}\ell$ が図のように $(\mathrm{d}x, \mathrm{d}y)$[20] というベクトルの長さになっている。この微小部分の両端と原点が作る三角形を考える。その面積はベクトル (x, y) と $(\mathrm{d}x, \mathrm{d}y)$ の外積 $\times \frac{1}{2}$ だから $\frac{1}{2}(x\,\mathrm{d}y - y\,\mathrm{d}x)$ となる。

この微小面積は、実は負にもなるが、しかしそれでいい。たとえば右の図のような場合、濃い灰色に囲った三角形の部分（この部分の (x, y) というベクトルの方向から $(\mathrm{d}x, \mathrm{d}y)$ というベクトルの方向に回すには紙面裏から表に設定された z 軸に対し「右ねじを回す向き」（紙面反時計回り）に回しているから、外積は正である）の面積は正負の符号つきで計算することで、正しい面積が計算される。図で「外積は負」と書いている状況は言わば「戻る」時なので、むしろ面積を減らしていると考えるべきなのである。

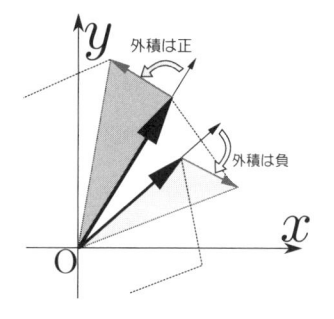

以上から、この周によって囲まれる部分の面積を、ℓ の積分で表現すると、

$$S = \frac{1}{2}\oint (x\,\mathrm{d}y - y\,\mathrm{d}x) = \frac{1}{2}\int_0^{\ell_1} \mathrm{d}\ell\, \underbrace{\left(x\frac{\mathrm{d}y}{\mathrm{d}\ell} - y\frac{\mathrm{d}x}{\mathrm{d}\ell}\right)}_{L} \tag{2.66}$$

となる。

この場合、変分を取るべき量が $x, y, \frac{\mathrm{d}x}{\mathrm{d}\ell}, \frac{\mathrm{d}y}{\mathrm{d}\ell}$ と変数が x, y と二つ、さらにその微分を含む形になっている。こういう場合は、x に関する変分と y に関する変分をそれぞれ考えることにして、オイラー・ラグランジュ方程式を
→ p43 の (2.65)

$$\frac{\partial L}{\partial x} - \frac{\mathrm{d}}{\mathrm{d}\ell}\left(\frac{\partial L}{\partial(\frac{\mathrm{d}x}{\mathrm{d}\ell})}\right) = 0, \quad \frac{\partial L}{\partial y} - \frac{\mathrm{d}}{\mathrm{d}\ell}\left(\frac{\partial L}{\partial(\frac{\mathrm{d}y}{\mathrm{d}\ell})}\right) = 0 \tag{2.67}$$

と二本立てにすればよい。しかしこの L に対してオイラー・ラグランジュ方程式を作ってみると（x に関する変分の方のみ計算しよう）、

$$\underbrace{\frac{\mathrm{d}y}{\mathrm{d}\ell}}_{\frac{\partial L}{\partial x}} - \frac{\mathrm{d}}{\mathrm{d}\ell}\underbrace{(-y)}_{\frac{\partial L}{\partial(\frac{\mathrm{d}x}{\mathrm{d}\ell})}} = 0 \tag{2.68}$$

---
[20] 図で表現されている状況の場合、$\mathrm{d}x < 0, \mathrm{d}y > 0$ である。「図から $\mathrm{d}x$ はマイナスだから」と $-\mathrm{d}x$ にする必要はない。

すなわち $\frac{dy}{d\ell}=0$ というつまらない式が出てしまう。同様に $\frac{dx}{d\ell}=0$ も出せるから、これは（x も y もある定数ということになり）一点に収縮した図形となる（面積最大を求めようとしたはずが、実は最小、つまり 0 という結果が出てきてしまった）。こうなってしまった理由は簡単で、「長さ ℓ_1」を式の中で条件に入れていないからである。あるいは別の言い方をすれば、43 ページの図でわかるように $dx, dy, d\ell$ が直角三角形をなすから $d\ell^2 = dx^2 + dy^2$ なのだが、そのことが式に反映されていない。

そこで、$\left(\frac{dx}{d\ell}\right)^2 + \left(\frac{dy}{d\ell}\right)^2 = 1$ という拘束条件を加えることにする。極値を取るべき量は

$$\int_0^{\ell_1} d\ell \left(\frac{1}{2}\left(x\frac{dy}{d\ell} - y\frac{dx}{d\ell} \right) + \lambda \left(\left(\frac{dx}{d\ell}\right)^2 + \left(\frac{dy}{d\ell}\right)^2 - 1 \right) \right) \tag{2.69}$$

と変わり、この場合のオイラー・ラグランジュ方程式は、

$$\underbrace{\frac{1}{2}\frac{dy}{d\ell}}_{\frac{\partial L}{\partial x}} - \frac{d}{d\ell} \underbrace{\left(-\frac{1}{2}y + 2\lambda\frac{dx}{d\ell} \right)}_{\frac{\partial L}{\partial \left(\frac{dx}{d\ell}\right)}} = 0 \tag{2.70}$$

$$\underbrace{-\frac{1}{2}\frac{dx}{d\ell}}_{\frac{\partial L}{\partial y}} - \frac{d}{d\ell} \underbrace{\left(\frac{1}{2}x + 2\lambda\frac{dy}{d\ell} \right)}_{\frac{\partial L}{\partial \left(\frac{dy}{d\ell}\right)}} = 0 \tag{2.71}$$

となる。これを解く。まず微分を計算して、

$$\frac{dy}{d\ell} - 2\frac{d\lambda}{d\ell}\frac{dx}{d\ell} - 2\lambda\frac{d^2x}{d\ell^2} = 0 \tag{2.72}$$

$$-\frac{dx}{d\ell} - 2\frac{d\lambda}{d\ell}\frac{dy}{d\ell} - 2\lambda\frac{d^2y}{d\ell^2} = 0 \tag{2.73}$$

となる。我々はすでに $\left(\frac{dx}{d\ell}\right)^2 + \left(\frac{dy}{d\ell}\right)^2 = 1$ という条件式を持っているから、(2.72)$\times \frac{dx}{d\ell}$ と (2.73)$\times \frac{dy}{d\ell}$ を足すことで、

$$\frac{\mathrm{d}y}{\mathrm{d}\ell}\frac{\mathrm{d}x}{\mathrm{d}\ell} - 2\frac{\mathrm{d}\lambda}{\mathrm{d}\ell}\left(\frac{\mathrm{d}x}{\mathrm{d}\ell}\right)^2 - 2\lambda\frac{\mathrm{d}x}{\mathrm{d}\ell}\frac{\mathrm{d}^2x}{\mathrm{d}\ell^2} = 0$$

$$-\frac{\mathrm{d}x}{\mathrm{d}\ell}\frac{\mathrm{d}y}{\mathrm{d}\ell} - 2\frac{\mathrm{d}\lambda}{\mathrm{d}\ell}\left(\frac{\mathrm{d}y}{\mathrm{d}\ell}\right)^2 - 2\lambda\frac{\mathrm{d}y}{\mathrm{d}\ell}\frac{\mathrm{d}^2y}{\mathrm{d}\ell^2} = 0$$

$$-2\frac{\mathrm{d}\lambda}{\mathrm{d}\ell}\underbrace{\left(\left(\frac{\mathrm{d}x}{\mathrm{d}\ell}\right)^2 + \left(\frac{\mathrm{d}y}{\mathrm{d}\ell}\right)^2\right)}_{=1} - 2\lambda\underbrace{\left(\frac{\mathrm{d}x}{\mathrm{d}\ell}\frac{\mathrm{d}^2x}{\mathrm{d}\ell^2} + \frac{\mathrm{d}y}{\mathrm{d}\ell}\frac{\mathrm{d}^2y}{\mathrm{d}\ell^2}\right)}_{=\frac{1}{2}\frac{\mathrm{d}}{\mathrm{d}\ell}\left(\left(\frac{\mathrm{d}x}{\mathrm{d}\ell}\right)^2 + \left(\frac{\mathrm{d}y}{\mathrm{d}\ell}\right)^2\right)} = 0 \tag{2.74}$$

を得る。右側の⌣に書いたように、括弧内は定数を微分したものであるから0であり、これからまず $\frac{\mathrm{d}\lambda}{\mathrm{d}\ell} = 0$（$\lambda$は定数）がわかる。となれば、(2.72)で $\frac{\mathrm{d}\lambda}{\mathrm{d}\ell} = 0$ とした式 $\frac{\mathrm{d}y}{\mathrm{d}\ell} - 2\lambda\frac{\mathrm{d}^2x}{\mathrm{d}\ell^2} = 0$ を積分して、

$$y - 2\lambda\frac{\mathrm{d}x}{\mathrm{d}\ell} = C_1 \tag{2.75}$$

を、同様に(2.73)から

$$-x - 2\lambda\frac{\mathrm{d}y}{\mathrm{d}\ell} = C_2 \tag{2.76}$$

を得る。以上より $\frac{\mathrm{d}x}{\mathrm{d}\ell} = \frac{y - C_1}{2\lambda}$ と $\frac{\mathrm{d}y}{\mathrm{d}\ell} = -\frac{x + C_2}{2\lambda}$ が出るから、$\left(\frac{\mathrm{d}x}{\mathrm{d}\ell}\right)^2 + \left(\frac{\mathrm{d}y}{\mathrm{d}\ell}\right)^2 = 1$ に代入することで、

$$(x + C_2)^2 + (y - C_1)^2 = 4\lambda^2 \tag{2.77}$$

となり、求める図形は半径2λの円であることがわかった（λは定数とわかっていることに注意）。ラグランジュ未定乗数λの意味も明確になった。

2.3.3　最速降下線 ✦✦✦✦✦✦✦✦✦✦✦✦✦✦✦✦✦✦✦✦✦✦✦【補足】

　変分を使って問題を解くという手法の発展において大きな役割を果たしたのが、ここで述べる「最速降下線」の問題である。歴史的に有名でもあるのでここで扱っておこう。まずは、以下のような練習問題[†21]を思い出そう。

[†21] 姉妹書「よくわかる初等力学」の問い7-1（205ページ）。

2.3 関数の変分に関するまとめと例題

---------------- **練習問題** ----------------

次のような二つの斜面の上の場所に物体（質点）を置き、下まで落ちてきた時の速さを測った（摩擦は無視する）。二つの斜面は、出発地点と到着地点の位置関係は同じで、途中の経路はちょうど上下をひっくり返した形になっているものとする。

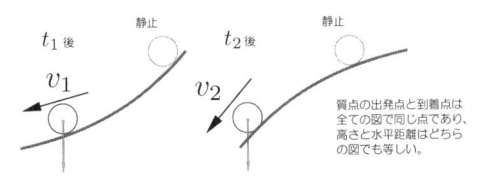

質点の出発点と到着点は全ての図で同じ点であり、高さと水平距離はどちらの図でも等しい。

(1) 到着時の速さ (v_1, v_2) を比較せよ。

(2) 落ちてくるまでの時間 (t_1, t_2) を比較せよ。

答えは

(1) $v_1 = v_2$

(2) $t_1 < t_2$

である。速さが同じになるのは、エネルギーの保存からわかることである。到着時間が左の方が早く[†22]なるのは、最初の段階での加速度の大きさが大きいから、と考えることができる。

では、最初の加速度が大きければ大きいほどよいのか、というと、そうはいかない。それならもっと急な角度で出発させればよい（たとえば真下に落とせば？）。確かにそうすると最初の加速が実線の場合に比べて大きいが、その替り、移動する距離が長くなる[†23]。

では、どのような形の線に沿って運動させると、もっとも早く到着するであろうか？――というのが 1696 年にヨハン・ベルヌーイによって提出された「最速降下線」問題である。これを解いていく過程で変分法が生まれた。

では問題を解いてみよう。降下を始める位置を原点として、下向きに y 軸を取る。運動エネルギーと位置エネルギーの関係から、

$$\frac{1}{2}m\left((\dot{x})^2 + (\dot{y})^2\right) - mgy = 0 \qquad (2.78)$$

という式が出る（原点では物体は静止しているとした）。よってこの物体の速さは

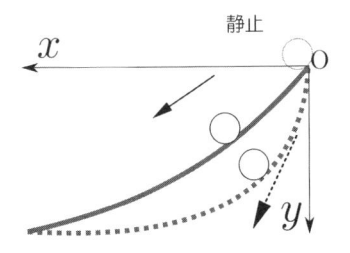

$$\sqrt{(\dot{x})^2 + (\dot{y})^2} = \sqrt{2gy} \qquad (2.79)$$

[†22] 速度が「はやい」は「速」、時間順序として「はやい」のは「早」を用いる。

[†23] 上の例題で $t_1 < t_2$ と即座に結論できたのは、経路の長さには差がないからである。

となる。微小時間 $\mathrm{d}t$ の間に進む距離を $\sqrt{\mathrm{d}x^2 + \mathrm{d}y^2}$ とすると、この時にかかる時間は $\dfrac{\sqrt{\mathrm{d}x^2 + \mathrm{d}y^2}}{\sqrt{2gy}}$ である。これを x での積分の形に書き換えると、変分を使って極値を求めたい量は、$y' = \dfrac{\mathrm{d}y}{\mathrm{d}x}$ という略記を使って、

$$T = \int_0^x \sqrt{\frac{1 + (y')^2}{2gy}}\, \mathrm{d}x \tag{2.80}$$

である。これが極値を持つ条件から、$y(x)$ を求めたい。

我々は1696年のベルヌーイと違って、すでにその為の道具を持っている。この場合のオイラー・ラグランジュ方程式は
→ p43 の (2.65)

$$\frac{\partial f}{\partial y} - \frac{\mathrm{d}}{\mathrm{d}x}\left(\frac{\partial f}{\partial y'}\right) = 0 \tag{2.81}$$

だから、これに $f = \sqrt{\dfrac{1 + (y')^2}{y}}$ を代入（$\sqrt{2g}$ は定数であるから無視した）して

$$\underbrace{\sqrt{1 + (y')^2}\frac{\partial}{\partial y}\left(\frac{1}{\sqrt{y}}\right)}_{\frac{\partial f}{\partial y}} - \frac{\mathrm{d}}{\mathrm{d}x}\underbrace{\left(\frac{1}{\sqrt{y}}\frac{\partial}{\partial y'}\sqrt{1 + (y')^2}\right)}_{\frac{\partial f}{\partial y'}} = 0 \tag{2.82}$$

を計算していくと、

$$\begin{aligned}
-\frac{1}{2}\sqrt{1 + (y')^2} \times \frac{1}{\sqrt{y^3}} - \frac{\mathrm{d}}{\mathrm{d}x}\left(\frac{1}{\sqrt{y}}\frac{y'}{\sqrt{(1 + (y')^2)}}\right) &= 0 \\
-\frac{1}{2}\sqrt{1 + (y')^2} \times \frac{1}{\sqrt{y^3}} + \frac{y'}{2\sqrt{y^3}}\frac{y'}{\sqrt{1 + (y')^2}} & \\
-\frac{1}{\sqrt{y}}\frac{y''}{\sqrt{1 + (y')^2}} + \frac{1}{\sqrt{y}}\frac{(y')^2 y''}{(1 + (y')^2)^{\frac{3}{2}}} &= 0
\end{aligned} \tag{2.83}$$

となる ($y'' = \dfrac{\mathrm{d}^2 y}{\mathrm{d}x^2}$)。ここで $2\sqrt{y^3}\,(1 + (y')^2)^{\frac{3}{2}}$ をかけて分母を払い、

$$\begin{aligned}
-(1 + (y')^2)^2 + (y')^2(1 + (y')^2) - 2yy''(1 + (y')^2) + 2y(y')^2 y'' &= 0 \\
-1 - (y')^2 - 2yy'' &= 0
\end{aligned} \tag{2.84}$$

が解くべき方程式となる。$(y')^2$ と yy'' が現れているから、$y(y')^n$ を微分するとこの形が出てくるだろう、と予想する。$n = 2$ にすると

$$\frac{\mathrm{d}}{\mathrm{d}x}\left(y(y')^2\right) = (y')^3 + 2yy'y'' \tag{2.85}$$

2.3 関数の変分に関するまとめと例題

となって (2.84) と係数の比が合うから、(2.84) の両辺に $-y'$ を掛けて ($y' = 0$ は (2.84) を満たさないので、$-y'$ を掛けても問題ない)、$y' + (y')^3 + 2yy'y'' = 0$ としてから

$$y' + \underbrace{\frac{\mathrm{d}}{\mathrm{d}x}\left(y(y')^2\right)}_{(y')^3 + 2yy'y''} = 0 \tag{2.86}$$

と方程式を書き直し、この両辺を積分して

$$y + y(y')^2 = C \tag{2.87}$$

を得る[†24]。変数分離して、

$$\sqrt{\frac{y}{C-y}}\,\mathrm{d}y = \mathrm{d}x \tag{2.88}$$

となる。ここで $y = CY, x = CX$ と置き換えて、

$$\sqrt{\frac{CY}{C-CY}}\,C\,\mathrm{d}Y = C\,\mathrm{d}X \quad \rightarrow \quad \sqrt{\frac{Y}{1-Y}}\,\mathrm{d}Y = \mathrm{d}X \tag{2.89}$$

としてこれを積分する。分母に $1-Y$ のような形が出てきた時の定番[†25]として、$Y = \sin^2\theta$ と置いてみると、

$$\sqrt{\frac{Y}{1-Y}} = \sqrt{\frac{\sin^2\theta}{\cos^2\theta}} = \tan\theta, \quad \mathrm{d}Y = 2\cos\theta\sin\theta\,\mathrm{d}\theta \tag{2.90}$$

となるので、

$$\int 2\tan\theta\cos\theta\sin\theta\,\mathrm{d}\theta = 2\int \sin^2\theta\,\mathrm{d}\theta = \int(1-\cos 2\theta)\,\mathrm{d}\theta = \theta - \frac{1}{2}\sin 2\theta + C' \tag{2.91}$$

と積分ができ、

$$X = \theta - \frac{1}{2}\sin 2\theta + C' \tag{2.92}$$

である。初期値を $\theta = 0$ で $x = y = 0$ とすることで $C' = 0$ となる。$Y = \sin^2\theta$ は $Y = \dfrac{1-\cos 2\theta}{2}$ と書き直すこともできるので、こちらの表記を使って、

$$X = \theta - \frac{1}{2}\sin 2\theta, \quad Y = \frac{1-\cos 2\theta}{2} \tag{2.93}$$

[†24] 「初期値 ($t = 0$ での値) は $y = 0$ だから $C = 0$ になる」などとやると失敗する。なぜなら、最初は $y' = \dfrac{\mathrm{d}y}{\mathrm{d}x}$ は無限大なのである。

[†25] こういうのはいろいろ試行錯誤していくしかない。問題設定から Y は必ず正であること、ルートの中身からして Y は 1 を超えないことはわかるので、0 から 1 になる関数として $\sin^2\theta$ を試してみる。

さらに $2\theta = \alpha$ としつつ、X, Y から x, y に変数を戻すと、

$$x = C\frac{\alpha - \sin\alpha}{2}, \quad y = C\frac{1 - \cos\alpha}{2} \tag{2.94}$$

となる。最後の積分定数 C は、到着点 $x = x_1$ で $y = y_1$ を満たすように決める。

$$\frac{x_1}{y_1} = \frac{\alpha_1 - \sin\alpha_1}{1 - \cos\alpha_1} \tag{2.95}$$

から到着点での α の値 α_1 が決まるから、その α_1 を (2.94) のどちらかにいれて C を決定する。

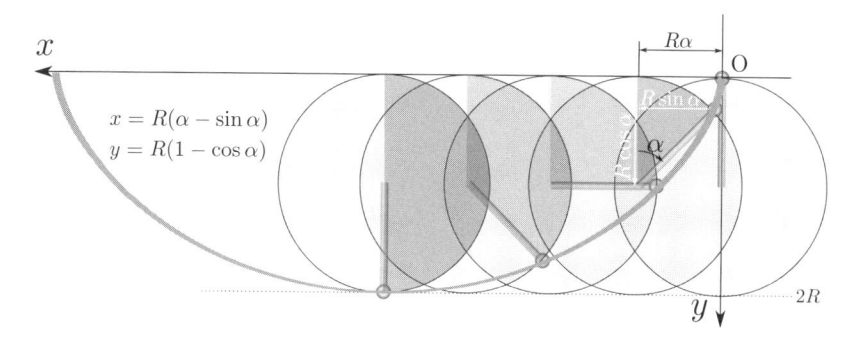

この関数は、上のような「円を転がした時に円周上の一点がたどる軌跡（**サイクロイド**）」である。その仮想的な円の半径 R の2倍が積分定数 C に対応する。
✝✝✝✝✝✝✝✝✝✝✝✝✝✝✝✝✝✝✝✝✝✝✝✝✝✝✝✝✝✝✝✝✝✝✝✝【補足終わり】

2.4 章末演習問題

★【演習問題 2-1】
三角形の等周問題を、三辺 a, b, c を変数に取るのではなく、二辺 a, b と、その間の角 θ を変数にして問題を解いてみよ。
ヒント → p1w へ　　解答 → p10w へ

★【演習問題 2-2】
同じ表面積を持つ直方体の中で、もっとも体積が大きいのはどのような形か？
ヒント → p2w へ　　解答 → p11w へ

★【演習問題 2-3】
一辺が a, b である長方形の紙の四隅から一辺 x の正方形（ただし、のりしろ分を除く）を四つ切り出し、折り曲げて箱を作った。箱の容積が最大になるのは x がどれだけの時か？ 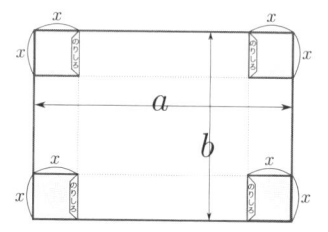
ヒント → p2w へ　　解答 → p12w へ

第3章

静力学 —仮想仕事の原理から変分原理へ

まずは静力学から、変分原理の使い方と威力を知ろう。

3.1 仮想仕事の原理

ここまでは一般的な変分の使い方の話であったが、ここからはいよいよ力学での変分原理の使い方の話に入る。この章ではまず静力学をやる。力のつりあいを解くための便利な方法である「仮想仕事の原理」(「仮想変位の原理」と呼ぶ本もある) から始めよう。

3.1.1 一個の質点の場合

まず、一番単純な一個の質点の場合仮想仕事の原理の意味と使い方を考えよう。

一個の質点に $\vec{F}_i(i=1,2,\cdots,N)$ という N 個の力が働いているとする。質点に働く力はつりあっているのだから、

$$\sum_{i=1}^{N} \vec{F}_i = 0 \qquad (3.1)$$

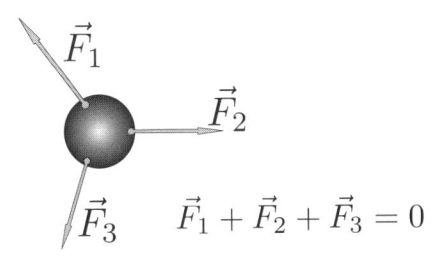

が成り立つ。

$\vec{F}_1 + \vec{F}_2 + \vec{F}_3 = 0$

右辺は0（正確には$\vec{0}$）なのだから、これにある微小[†1]変位$\delta\vec{r}$と内積をとっても0である。すなわち、

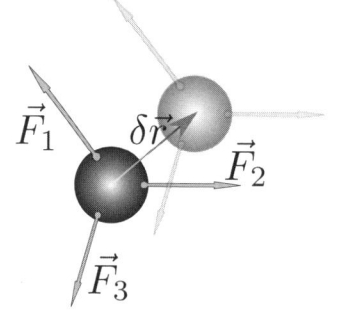

$$\sum_{i=1}^{N} \vec{F}_i \cdot \delta\vec{r} = 0 \tag{3.2}$$

という式が導ける（$\vec{0}$は何と内積をとっても答えは0、という至極当然の結果である）。ここでこの$\delta\vec{r}$を「**仮想変位 (virtual displacement)**」（実際に動かすのではないが、物体を少しだけ動かすことをこう呼ぶ）と考えたときの、その変位ベクトルと考える。すると$\vec{F}_i \cdot \delta\vec{r}$は力$\vec{F}_i$のする仕事であり、(3.2)は「**仮想変位による仕事は0である**」という意味の式になる。

【FAQ】(3.1)はベクトルだから3成分の式だけど、(3.2)はスカラーだから1つの式です。数が合いませんけど？
→ p51

その代わり、$\delta\vec{r}$というベクトルは任意である。

$$\vec{F} \cdot \delta\vec{r} = 0 \rightarrow \begin{cases} \delta\vec{r} = \vec{e}_x \text{にした場合：} & F_x = 0 \\ \delta\vec{r} = \vec{e}_y \text{にした場合：} & F_y = 0 \\ \delta\vec{r} = \vec{e}_z \text{にした場合：} & F_z = 0 \end{cases} \tag{3.3}$$

と考えると、1つの式に3成分が入っている。$\delta\vec{r}$が任意でないときは仮想仕事の原理からくる式の方が数が少ない。

こうしてみると仮想仕事の原理を使う解法はつりあいの式を使う解法と「差」がなく、メリットも特に感じられないかもしれない。実際、この段階では仮想仕事の原理の威力はまだわからないだろう。

この段階でもわかる仮想仕事の原理を使う御利益を考えていこう。一例は「束縛力を自動的に消すことができること」である。束縛力とは、今考えている物体の位置を制限するように働く力のことで（拘束力と呼ぶ場合もある）、

[†1] (3.1) から (3.2) を出すだけなら、$\delta\vec{r}$が微小である必要は、実はない。それでも$\delta\vec{r}$を微小と考える理由は、$\delta\vec{r}$を大きくすると変位前とは状況が変わってしまう場合が多いから、そういうことを考えにくいからである。式の変形として考える分には$\delta\vec{r}$は任意でよい。
→ p51

3.1 仮想仕事の原理

次の例では垂直抗力が束縛力である（垂直抗力は、物体に対して「床の中に入ってくるな！」と束縛する力[†2]であると考えることもできる）。

束縛力があるということはその束縛力の方向には実際には動かせないということなので、「動くことができる方向に仮想変位を取る」ということは自動的に「束縛力と垂直な方向に仮想変位を取る」ということになっている。

実例を示そう。摩擦のない斜面に物体が糸につながれて静止している。ここで「斜面に沿って δr 降りる」という仮想変位を考えてみる[†3]と、張力は $-T\delta r$、重力は $mg\delta r \sin\theta$ 仕事をする。仮想仕事の原理によりこれは0だから、

$$-T\delta r + mg\delta r \sin\theta = 0 \quad (3.4)$$

より、$T = mg\sin\theta$ という式が出る。

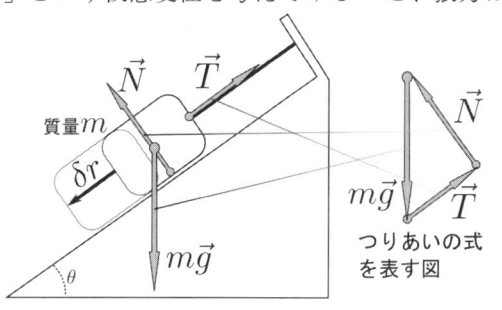

これはつりあいの式（$\vec{N}+\vec{T}+m\vec{g}=0$）の斜面に平行な成分を考えることで（あるいは、図に示したように力が三角形を描いて閉じるということから）出てきた式であった。しかし、仮想仕事の原理を使って考えたときは、束縛力である垂直抗力 $\vec{N}$ は出番がなかった。

一方、「斜面による束縛」ではなく「糸による束縛」を考えてみよう。つまり、上でやったように「N を消す」のではなく「T を消す」という方針で考える。そのためには、物体を「糸が弛まないように」仮想変位させるとよい。

今度は

$$\underbrace{N\delta r}_{\vec{N}\cdot\delta\vec{r}} \underbrace{-mg\delta r \cos\theta}_{+m\vec{g}\cdot\delta\vec{r}} = 0 \quad (3.5)$$

となって、$N = mg\cos\theta$ が求められる。こちらでは張力 T の方が束縛力の役割を果たしていて、式に入ってこない。

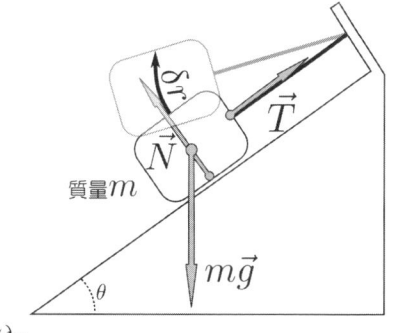

[†2] 厳密には、垂直抗力は面に入ってこない方向には束縛するが、面から離れるのを止めようとはしないから、半束縛力である。物体が面から離れない状況であれば束縛力として扱ってよい。後で束縛条件の種類について話す。
→ p129

[†3] 「そんなことをしたら糸が切れます！」という心配は、仮想変位なのだからしなくてよい。

ここで、この仮想変位の大きさ δr が微小量であるとした意味を述べておく。微小であるので、「$m\vec{g}$ と $\delta\vec{r}$ との角度は最初は $\pi - \theta$ だが、変位させた後では変わってしまうのでは？」などと悩む必要はない。その変化による差は「高次の微小量」である。

また、「仮想変位の結果物体が斜面から離れるので、もう垂直抗力は働かなくなるのでは」と心配する人がいるかもしれないが、「離れるまでの間のお話」をしているのだと考えればよい[†4]。

ここまでは、一個の物体に関して仮想仕事の原理を考える利点を説明した。物体が複数個になると別の利点が現れる。

3.1.2 複数の質点からなる系における仮想仕事の原理

物体の数を増やして、仮想仕事の原理がそれでも働くことを見よう。

図のように斜面にとりつけられた定滑車につながれた二つの物体（質量が M と m）が静止状態にある（つまり、力はつりあっている）としよう。力がつりあっている以上、ここでも前節と同様に仮想仕事の原理を使うことができる。ここでそれぞれの物体の仮想変位を独立に取ることにして、一個一個の物体について式を立てるなら、

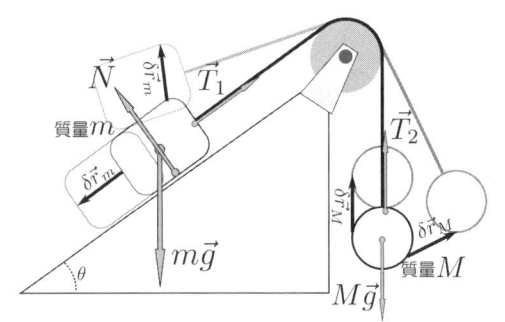

$$(m\vec{g} + \vec{N} + \vec{T_1}) \cdot \delta\vec{r}_m = 0 \tag{3.6}$$
$$(M\vec{g} + \vec{T_2}) \cdot \delta\vec{r}_M = 0 \tag{3.7}$$

という二つの式が出る。糸の張力が $\vec{T_1}, \vec{T_2}$ と二つあるが、糸の質量や滑車の摩擦などは無視しているので、この二つの張力の大きさ（T とする）は等しい。向きが違うので、ベクトルで表現した時の文字を $\vec{T_1}, \vec{T_2}$ と変えている。仮想変位も、二つの物体は別々に動くと考えているので、$\delta\vec{r}_M, \delta\vec{r}_m$ と別に

[†4] あるいは、「たとえ微小であっても離れたら N は働かないはずではないのか」と気になるという人は、元々の仮想仕事の原理の導出を思い出そう。つりあいの式に $\delta\vec{r}$ を掛けて作ったことを考えると、→ p52
そもそも仮想変位は本当に動く必要はない。

3.1 仮想仕事の原理

した。

だが、仮想仕事の原理を有効に使うためには、$\delta \vec{r}_M$ と $\delta \vec{r}_m$ は独立にせず、ある関係をもたせた方がいい。

ここで、仮想変位の方向を、図のように斜面に沿った方向にすると同時に、$\delta \vec{r}_m$ を斜面を降りる方向に距離 δr、$\delta \vec{r}_M$ を登る方向に距離 δr のベクトルとする。つまり、物体 m が斜面に沿って δr 降りることで、物体 M が δr 上昇する、という、**実際に起こる可能性のある運動に対応する「連動した仮想変位」**を考える。そうすることで、(3.6)$_{\to \text{p54}}$ と (3.7)$_{\to \text{p54}}$ が、以下の式に変わる。

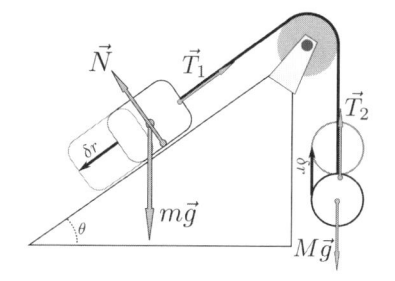

$$(mg\sin\theta - T)\delta r = 0 \quad (3.8)$$
$$(-Mg + T)\delta r = 0 \quad (3.9)$$

仮想変位と垂直になったので、$\vec{N}$ は計算から消えた。$m\vec{g}$ は $\delta \vec{r}_m$ との角度が $\dfrac{\pi}{2} - \theta$ となったので内積を取った結果に $\sin\theta$ が現れた。

第 1 式 (3.8) に $-T\delta r$、第 2 式 (3.9) に $T\delta r$ があることを見て取ると、

$$(mg\sin\theta - Mg)\delta r = 0 \quad (3.10)$$

がわかる。こうして、垂直抗力 $\vec{N}$ に続いて張力 $\vec{T}_1, \vec{T}_2$ も考慮の外に消えてしまう。それは仕事の原理「**道具を使っても仕事量を増やすことはできない**」のおかげである。

最初から仕事の原理を使うことにして「どうせ張力のする仕事は二つの物体で消えてしまうだろう」と考えれば、垂直抗力 $\vec{N}$ も張力 $\vec{T}_1, \vec{T}_2$ も考える必要はなかった。つまり、右の図のように重力を書き込んで仮想仕事を考えるだけで、

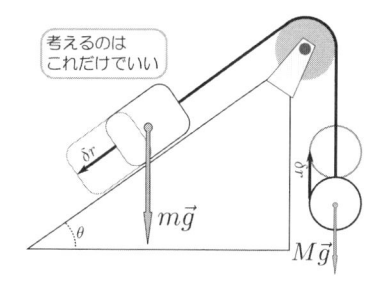

$$mg\sin\theta\,\delta r - Mg\,\delta r = 0 \quad (3.11)$$

という式が一気に出てくる。つりあいの条件は $m\sin\theta = M$ となる。

これは動滑車やシーソーや、他の道具を使った場合でも同じである。大事なことは

―― 仮想仕事の原理の利点 ――
道具を使ったことによっておこる「連動」と同じ形の仮想変位を行うと、その仮想仕事の計算においては道具によって媒介されている力による仕事を最初から考慮しなくてもよい。

ということである。こうして、複数個の物体の仮想変位については、「途中の部分を最初から考えない」ということが可能になる。これが（一個の物体しか考えてないときにはなかった）仮想仕事の原理の利点である。

動滑車の場合であれば、図の物体 M が $2\delta r$ 下がる時にされる仕事は $2Mg\delta r$、物体 m が δr 上がる時にされる仕事は $-mg\delta r$ であるから、

$$2Mg\delta r - mg\delta r = 0 \quad (3.12)$$

より、つりあいの条件は $2M = m$ となる。

これも、2 物体を別々に考えると

$$\begin{aligned}2Mg\delta r - T \times 2\delta r &= 0 \\ -mg\delta r + 2T \times \delta r &= 0\end{aligned} \quad (3.13)$$

という二つの式が立つが、糸の張力のする仕事

$$-T \times 2\delta r + 2T \times \delta r = 0 \quad (3.14)$$

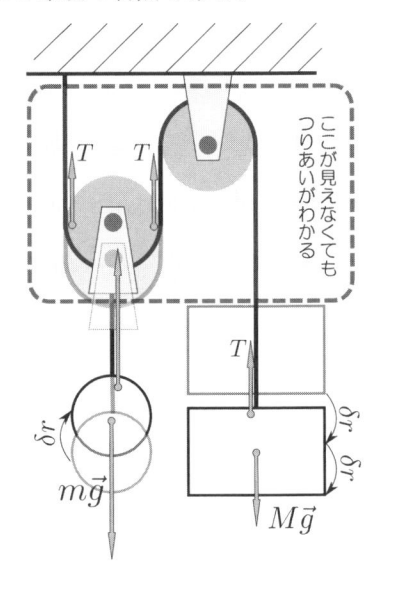

と、やはり自動的に消え去ることにより、(3.12) が出る。こうして、複数物体の場合、互いの間で働く力がなす仕事が消し合うことで、問題を簡略化することが可能になる。極端な話、この図の上部分が隠れていたとしても、「m が δr 上がると M が $2\delta r$ 下がりますよ」と聞くだけでつりあいの条件 ($2M = m$) はわかるのである。

大事なことは「力」ではなく「仕事」を考えているからこそ「消し合い」が起こり「中で何が起こっているかは気にしなくてよい」という状況になることである。

たとえば、下の図のような状況であっても、

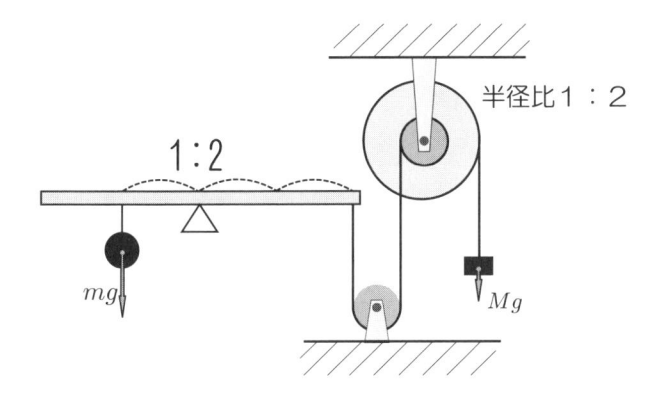

左の質量 m の物体を δr 下げると連動して右の質量 M の物体が $4\delta r$ 上がることを図から読み取れれば、仮想仕事が 0 になることから、

$$mg\delta r - 4Mg\delta r = 0 \quad \to \quad M = \frac{1}{4}m \tag{3.15}$$

というつりあいの条件式が出てくる（糸の張力は T だとか T' だとか置く必要はまったくない）。たとえ状況がもっと複雑だったとしても、摩擦などによるエネルギー損失がないなら、この考え方でつりあいの条件が出せる。

3.2 剛体に対する仮想仕事

前節を読んで「ほんとうに、どんなときも仮想仕事は消し合ってくれるんだろうか？」と不安に思う人もいるだろう（まだ証明してないのだから当然である）。特に上で考えた動滑車やシーソーなどの入った問題では、「道具を間に挟んだことで仕事が変わったりはしないのか？」と悩んでしまうところである。しかしこれは力学における「**仕事の原理**」すなわち「道具を用いても仕事を増やすことはできない」という法則により保証されている。

以下では一般的に剛体、もしくは剛体が組み合ってできた系の場合、力および力のモーメントがつりあっているならば、その系が外部になす仮想仕事の和は必ず 0 になることを示そう。結果として、剛体や剛体が組み合わさってできた系に対する仮想仕事は常に 0 となる。

その目的の為にまず、「剛体はどんな運動ができるのか？」を考える。

3.2.1 剛体に起こり得る仮想変位

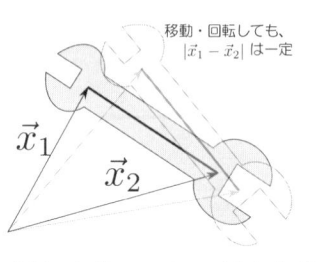

剛体の定義は、「その物体のどの点とどの点を取り出しても（たとえばそれらの位置ベクトルを $\vec{x}_i$ と $\vec{x}_j$ としよう）、その2点間の距離 $|\vec{x}_i - \vec{x}_j|$ が変化しないような物体」とする。そのような物体ができる運動は「並進」すなわち全ての点 $\vec{x}_i$ が $\vec{x}_i \to \vec{x}_i + \Delta \vec{x}$ のように同じ変位ベクトルだけ移動するか、「回転」すなわちある点 $\vec{x}_0$ を中心にある軸 $\vec{e}_{軸}$ の周りに回転する $\vec{x}_i \to \vec{x}_i + \mathrm{d}\theta\, \vec{e}_{軸} \times (\vec{x}_i - \vec{x}_0)$ という運動だけである。

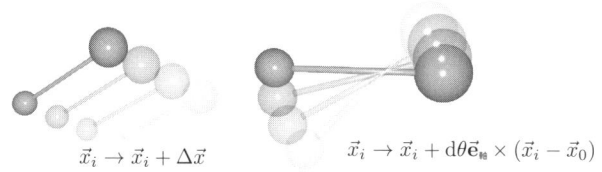

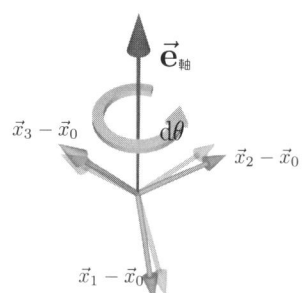

微小な角度の回転が $\vec{x}_i \to \vec{x}_i + \mathrm{d}\theta\, \vec{e}_{軸} \times (\vec{x}_i - \vec{x}_0)$ と表現されることについて説明しておこう。$\vec{x}_i - \vec{x}_0$ のうち、$\vec{e}_{軸}$ に垂直な成分を $(\vec{x}_i - \vec{x}_0)_\perp$、平行な成分を $(\vec{x}_i - \vec{x}_0)_\parallel$ と書くことにすると、$\vec{e}_{軸} \times (\vec{x}_i - \vec{x}_0)$ は $\vec{e}_{軸}$ とも $(\vec{x}_i - \vec{x}_0)_\perp$ とも垂直なベクトルになる。

$\vec{e}_{軸}$ の指している方向から見下ろしたのが下の図である。$\vec{e}_{軸} \times (\vec{x}_i - \vec{x}_0)$ というベクトルはこの図に描かれた平面内に存在している。角度 $\mathrm{d}\theta$ の回転により、それぞれのベクトルの先が $\mathrm{d}\theta$ に $(\vec{x}_i - \vec{x}_0)_\perp$ の長さを掛けた分だけ、$\vec{e}_{軸}$ とも $(\vec{x}_i - \vec{x}_0)_\perp$ とも垂直な方向へ移動する。つまり、$\vec{x}_i$ に $\mathrm{d}\theta\, \vec{e}_{軸} \times (\vec{x}_i - \vec{x}_0)$ を足すという操作は、$\vec{x}_0$ を中心に、$\vec{e}_{軸}$ を軸として角度 $\mathrm{d}\theta$ 回すという回転である。$\mathrm{d}\theta$ は微小でなくてはならない。有限の長さだけまっすぐ進んでしまうと、円運動でなくなるから回転ではない動きになってしまう。

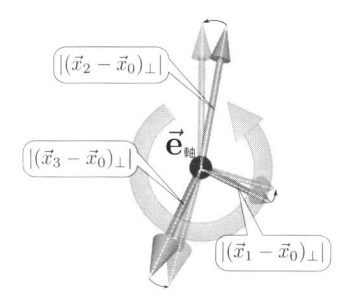

3.2 剛体に対する仮想仕事

なお、この式では回転の中心を $\vec{x}_0$ に決めたが、回転の中心が $\vec{x}_0'$ である回転運動（$\vec{x}_i \to \vec{x}_i + \mathrm{d}\theta \, \vec{e}_\text{軸} \times (\vec{x}_i - \vec{x}_0')$）との差を考えると、

$$\mathrm{d}\theta \, \vec{e}_\text{軸} \times (\vec{x}_i - \vec{x}_0') - \mathrm{d}\theta \, \vec{e}_\text{軸} \times (\vec{x}_i - \vec{x}_0) = \mathrm{d}\theta \, \vec{e}_\text{軸} \times (\vec{x}_0 - \vec{x}_0') \tag{3.16}$$

となり、これは定ベクトルなので、並進運動と同じである。つまり、違う中心を使っての回転は並進を組み合わせることで実現できる。

---------- 練習問題 ----------

【問い3-1】

並進　$\vec{x}_i \to \vec{x}_i + \Delta \vec{x}$
回転　$\vec{x}_i \to \vec{x}_i + \mathrm{d}\theta \, \vec{e}_\text{軸} \times (\vec{x}_i - \vec{x}_0)$

という運動では、全ての距離 $|\vec{x}_i - \vec{x}_j|$ が変化しないことを具体的計算により示せ。

ヒント → p346へ　解答 → p353へ

質点は位置ベクトルが一つしかない「大きさのない剛体」である。質点の運動は $\vec{x}$ というベクトルで表現されるから、自由度3を持つ系である。

二つの質点が距離を一定にして結合している系を考えよう。この系は剛体である。この系の自由度は単純に考えると $\vec{x}_1, \vec{x}_2$ で6あるように思えるが、条件 $|\vec{x}_1 - \vec{x}_2| = (一定)$ があることを考えると、自由度は $6 - 1 = 5$ しかない。これは質点に比べて2増えているが、ちょうど「棒」が起こすことのできる回転の自由度である。

剛体を構成する質点を3つに増やすと、図形としては「三角形」になる[†5]。自由度を勘定すると、質点3個分の自由度 $3 \times 3 = 9$ から、条件が

$$\begin{aligned}|\vec{x}_1 - \vec{x}_2| &= (一定), \\ |\vec{x}_2 - \vec{x}_3| &= (一定), \\ |\vec{x}_3 - \vec{x}_1| &= (一定)\end{aligned} \tag{3.17}$$

の3つになり、自由度は6である。これは並進の自由度3と回転の自由度3である。

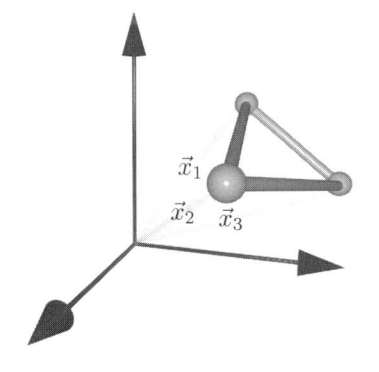

[†5] 3点は一直線にならんでないことにしよう。並んでいる場合は2点の場合と同じ話になってしまって、つまらない。

質点を4個以上に増やしても、自由度はこれ以上は増えない。4つめを加えたことで自由度が3増えるかと思いきや、距離が一定の条件がさらに3つ加わるからである。以後数を増やしていっても、結局これ以上自由度が増えることはない。新しい質点を「他の質点との距離が決まっている」という条件で加えようとしたら、加えられる場所は全く自由でないことは直感的にわかるだろう。並進3自由度と回転3自由度でもう剛体に起こすことができる運動は尽きているのであり、これ以上は考える必要はない——というより、考えてはいけない。つまり、並進と回転を考えたことで「起こり得る運動」を数え尽くしたから、これ以上を考える必要はない。

変形できる状況の場合は自由度は6で終わりではなくなる。たとえば3つの質点からなる系でも、$|\vec{x}_1 - \vec{x}_2|$ と $|\vec{x}_2 - \vec{x}_3|$ は固定されているが $|\vec{x}_3 - \vec{x}_1|$ はそうではない（ただし、三角不等式があるから範囲は決っている）場合、自由度は7である。

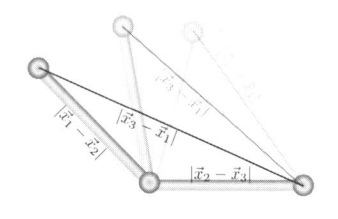

3.2.2 剛体に対する仮想仕事

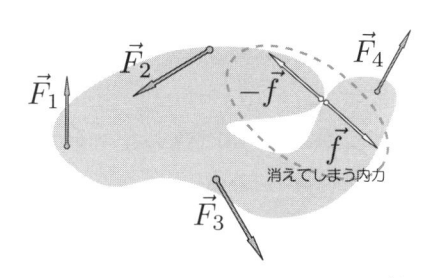

剛体に働く外力（複数個あるので、$(i = 1, 2, \cdots, N)$ という添字をつけて区別する）を $\vec{F}_i$、その力の作用点を $\vec{x}_i$ とする。現実的な物体では、内部で相互に働く力（内力）もあるが、内力は剛体のつりあいにも仮想仕事にも関与しないので考慮に入れない[†6]。

今は静力学を考えているので、一つの剛体に働く力および力のモーメントはつりあっているので、

$$\text{力のつりあい}: \sum_{i=1}^{N} \vec{F}_i = 0 \tag{3.18}$$

$$\text{力のモーメントのつりあい}: \sum_{i=1}^{N} \vec{x}_i \times \vec{F}_i = 0 \tag{3.19}$$

[†6] 内力を (3.18) や (3.19) に入れたとしても、内力は作用反作用がペアになって出てきて、しかもその作用線が一致するので常に和が0になる。

が両方成立している。全体の並進 $\vec{x}_i \to \vec{x}_i + \Delta\vec{x}$ を考えると、その時に剛体にされる仕事は（$\Delta\vec{x}$ は i によらないので和の外に出せて）

$$\sum_{i=1}^{N} \vec{F}_i \cdot \Delta\vec{x} = \left(\sum_{i=1}^{N} \vec{F}_i\right) \cdot \Delta\vec{x} = 0 \tag{3.20}$$

となって 0 である。また、回転 $\vec{x}_i \to \vec{x}_i + \mathrm{d}\theta\, \vec{e}_{軸} \times (\vec{x}_i - \vec{x}_0)$ によってされる仕事は

$$\sum_{i=1}^{N} \vec{F}_i \cdot (\mathrm{d}\theta\, \vec{e}_{軸} \times (\vec{x}_i - \vec{x}_0)) \tag{3.21}$$

であるが、ベクトルの外積と内積に成り立つ公式
→ p336 の (C.9)

$$\vec{A} \cdot (\vec{B} \times \vec{C}) = \vec{B} \cdot (\vec{C} \times \vec{A}) \tag{3.22}$$

（$\vec{A}, \vec{B}, \vec{C}$ をサイクリック置換しても $\vec{A} \cdot (\vec{B} \times \vec{C})$ の結果は不変）により、

$$\sum_{i=1}^{N} \vec{F}_i \cdot (\mathrm{d}\theta\vec{e}_{軸} \times (\vec{x}_i - \vec{x}_0)) = \mathrm{d}\theta\vec{e}_{軸} \cdot \left(\sum_{i=1}^{N} (\vec{x}_i - \vec{x}_0) \times \vec{F}_i\right) \tag{3.23}$$

となる（$\mathrm{d}\theta\, \vec{e}_{軸}$ が共通であるから $\sum_{i=1}^{N}$ の外に出せることに注意）。括弧内は

$$\sum_{i=1}^{N} (\vec{x}_i - \vec{x}_0) \times \vec{F}_i = \underbrace{\sum_{i=1}^{N} \vec{x}_i \times \vec{F}_i}_{=0} - \vec{x}_0 \times \underbrace{\sum_{i=1}^{N} \vec{F}_i}_{=0} = 0 \tag{3.24}$$

となって 0 になるから、やはり仮想仕事は 0 である。

仮想仕事が 0 であるという条件は力のつりあいのみならず、力のモーメントのつりあいも含んだ、より一般的なつりあいの条件なのである。

3.2.3 仮想仕事が 0 になるための条件

もっと複雑な剛体の組み合せでも、仮想仕事の原理は有効に働く。ただしそのためには、組み合わされた剛体が接触している部分においてされる仕事が打ち消し合わなくてはいけない。そのための条件を考えてみよう。

まずは簡単な、2 個の物体の接触を考えよう。たとえば次の図のように、台 A の上を荷物 B がすべるという仮想変位を考える。

この時台Aと荷物Bという2物体の間に働く力は垂直抗力（$\vec{N}$と$-\vec{N}$）と動摩擦力（$\vec{f}$と$-\vec{f}$）だが、垂直抗力の方は仕事をしない（台Aは動いてないし、荷物の動きは垂直抗力と垂直）から問題ないが、動摩擦力は台Aには仕事はしない（台Aは動いてない）が荷物Bには$\vec{f}\cdot\Delta\vec{x}$という仕事（負の仕事）をしてしまう。動摩擦力が働き、すべり（接触している物体の速度が一致しないこと）が発生している時は、仮想仕事は0にならない。

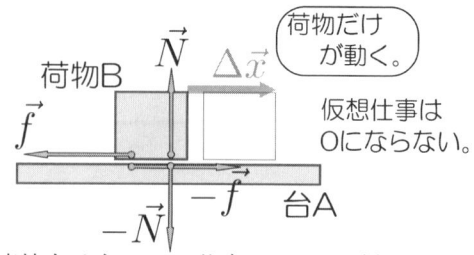

すべりが発生しない時、すなわち右の図のように、荷物Bだけではなく台Aも同じ動き（変位$\Delta\vec{x}$）をする場合ならば（この場合$\vec{f}$は動摩擦力ではなく静止摩擦力である）、台Aの方に$-\vec{f}\cdot\Delta\vec{x}$の仕事がされるので、仮想仕事の和は0になる。

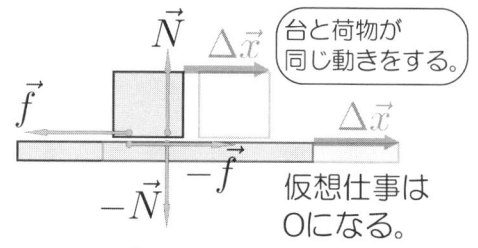

一方、接触面の法線方向の仮想変位に関してはたとえ摩擦があろうが、仮想仕事は0になる（右の図参照）。面に垂直な仮想変位は$\Delta\vec{x}$が必ず等しい。でなかったから、変形が起っていることになり、「剛体」という前提に反する。

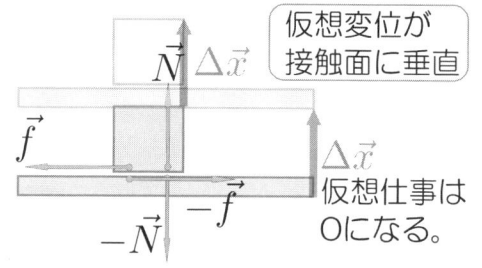

以上から、接触している物体が、接触面と平行な方向の成分において違う動き（すべりのある仮想変位）をして、かつ接触面に平行な方向に力を及ぼし合っていると、仕事は打ち消し合わない。逆に、接触面に平行な力が働かない（上の例で言えば「摩擦がない」という状況）か、働いても接触している物体の面に平行な方向の仮想変位が一致する（すべりがない）ならば、仮想仕事は全体で0になってくれる。

もっと複雑なメカニズムであっても、そのメカニズムに含まれる各々の部品の間に、上で考えたような力と仕事のやりとりがある。そのメカニズムの

内部で仕事がうまく消しあっていてくれれば、内部の仕事について考慮することなく仮想仕事の原理が使えて便利である。

力や仕事を伝えるためのメカニズムとして、クレーンやマジックハンド等に使われる、図のような軸と軸受の接合部分を考える。接合部分にそれぞれ $\vec{F}, -\vec{F}$ の力（作用・反作用のペアの形で）が働きつつ、この部分が $\Delta\vec{x}$ だけ動くとすると、Aはこの力により $\vec{F}\cdot\Delta\vec{x}$ の仕事を、Bは $-\vec{F}\cdot\Delta\vec{x}$ の仕事をされることになる。A全体とB全体は違う動きをしているのだが、Aの接合部とBの接合部の動きが一致しているので、この二つの仕事は消し合う。

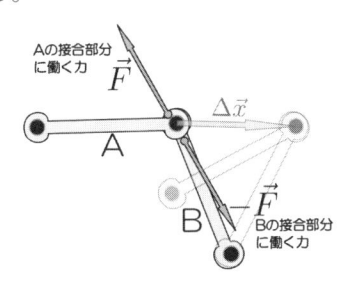

接合部分に摩擦がある場合は少し複雑になる。右の図は接合部分の拡大図である。接合部において、Bは円柱、Aはその円柱を収める軸受となっていて、接触面は円柱の側面である。図は摩擦がなく接触面に垂直な力のみが働いている場合を描いてある[†7]。

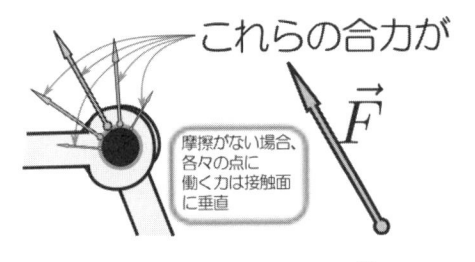

接触面に平行な力（図の $\vec{f}$）が働いていて、軸が回転したら、その力は仕事をする。軸受の部分も回転するが、その回転は軸の回転と同一ではない[†8]ので、接触面に平行な力が軸にする仕事と軸受にする仕事は消し合わない。摩擦がなければそんな力は働かない[†9]ので、このメカニズムに対する仮想仕事は0になる。

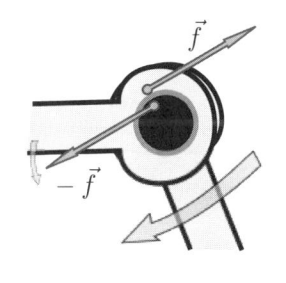

次の図は自動車のエンジンなどに使われる、ピストンの上下運動を回転運動に変えるための仕組みである。

[†7] Aに働く力のみで、Bに働く力は省略しているが、作用・反作用の関係で逆向きに同じ大きさの力がBにも働いている。
[†8] 同一の回転をしたとしたら、軸と軸受の相対関係が変わらなかったということだから、軸受から見て軸は回ってないことになる。
[†9] 現実的にはもちろん摩擦はあり、そこで仕事の損失が起こる。そこで摩擦を小さくするための工夫が必要となる。具体的には軸と軸受の間にベアリングと呼ばれる球を挟んだりして摩擦を軽減する。

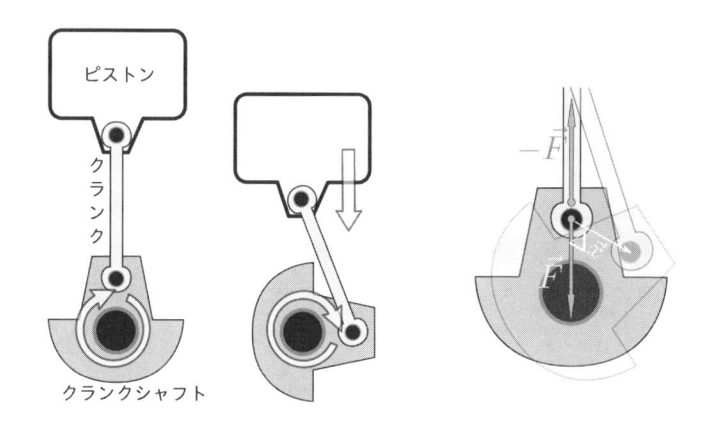

このように複雑（現実の機械はもっともっと複雑だが！）なメカニズムであっても、内部に摩擦が発生せず、かつ軸受部がぐらついたりして仮想変位が一致しないなどということが起きないならば、二つの部品の間に働く力は作用反作用で逆向きで大きさが等しく（$\vec{F}$と$-\vec{F}$）、仮想変位が起こったとしたときの、部品の接合部分の移動$\Delta \vec{x}$は等しい。そうであれば、このメカニズムの中で$\vec{F} \cdot \Delta \vec{x}$と$-\vec{F} \cdot \Delta \vec{x}$という仮想仕事がされることになり、この二つは消し合う。

 連結部分にぐらつきや摩擦が原因でエネルギー（仕事）のロスが発生しない限り、仮想仕事の原理は「連結されて動くメカニズム」にも適用できる。

 以上述べてきたように、力を主役にして考えたつりあいの式より、仕事を主役にした仮想仕事の原理[†10]の方が複合系など複雑な系を考えるときに便利な面が多い。しかも仮想仕事の原理は、力のつりあいと力のモーメントのつりあいをいっきに扱うことができ、より統一的な表現ができそうである。

 もう一つ、表現上の点で有利なのは、仮想仕事の原理による式がスカラーの方程式になることである。力のつりあいも、力のモーメントのつりあいもベクトルの式になっている。単純にベクトルだと数が多くなる（x, y, zの3つ、モーメントも3つで合計六つ）というだけではなく、後で考える座標変換においてややこしい計算が必要になるが、スカラーは変換する必要がない。仮想仕事の原理を使うことで、より自由な座標の取り方が可能になることを、以下の例で見ていこう。

[†10] 動力学に行くと何になるのかはこの後のお楽しみ。

3.3 仮想仕事の原理を使う例題

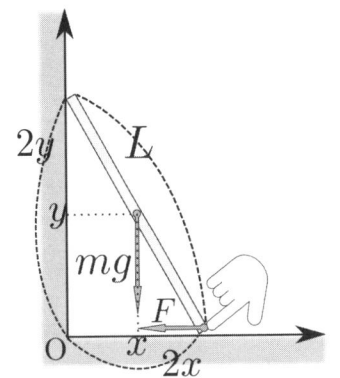

仮想仕事の原理を使うとき、仮想変位をどのように表現するかにも注意が必要である。

摩擦のない床上に置かれ、摩擦のない壁に[†11]立てかけられた梯子を支えるための力を考えよう[†12]。梯子の全質量を m とし、長さを L とする。重心は梯子の中心（端から $\frac{L}{2}$ のところ）にある。図のように重心の位置を (x, y) という二つの座標で表したが、実は壁と床に接触していなければいけないという拘束条件があるため、これは自由度1の系である。具体的には、三平方の定理から $(2x)^2 + (2y)^2 = L^2$ が成立する。

仮想仕事の原理を使って、F の大きさを求めてみよう。今つりあい状態にあるので、この梯子を仮想的に変位させる。x が δx 増えるような仮想変位を行うと、手と梯子の接触部分は $2\delta x$ 右に移動するから、手のする仮想仕事は $-2F\delta x$ である。重力のする仮想仕事は $-mg\delta y$ である（今の状況では δy が負の量であることに注意）が、

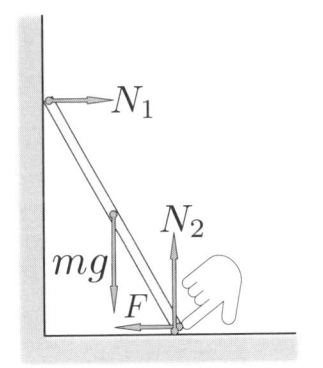

$$\text{拘束条件 } (2x)^2 + (2y)^2 = L^2 \text{ より、} \quad x\delta x + y\delta y = 0 \tag{3.25}$$

なので、仮想仕事の和は

$$-2F\delta x - mg\left(-\frac{x}{y}\delta x\right) = 0 \tag{3.26}$$

となり、$F = \dfrac{mgx}{2y}$ と結論される。

仮想仕事の原理を使わずにこの問題を解こうとすると、まず、上では（仮想仕事しないので）最初から考えもしなかった床と壁からの垂直抗力（右図の N_1 と N_2）を考えなくてはいけなくなる。そして、力のつりあいだけではなく力のモーメントのつりあいの式も出さないと答えが出ない。できないわけではないが、立てるべき式の数が増える分ややこしい。

[†11] 床と壁の両方に摩擦があると、未知数が式よりも多くなってしまう。
[†12] 梯子が壁や床から離れてしまうことは考えないとする。

今やった計算では重心の位置を (x,y) という 2 変数で表現しているが、実はこの二つには関係 $x^2 + y^2 = \frac{L^2}{4}$ があるのだから、自由度は本質的には 1 である。そこで最初から変数を 1 個で考えればよかったのでは？——と思える。そのような変数の例として、梯子と水平面の角度 θ を使って表現してみる。角度 θ が $\delta\theta$ 増えるような仮想変位をすると、手のする仕事は $-F\delta\theta \frac{\mathrm{d}(L\cos\theta)}{\mathrm{d}\theta}$、重力のする仕事は $-mg\delta\theta \frac{\mathrm{d}(\frac{L}{2}\sin\theta)}{\mathrm{d}\theta}$ となるので、

$$FL\sin\theta - \frac{mgL}{2}\cos\theta = 0 \quad (3.27)$$

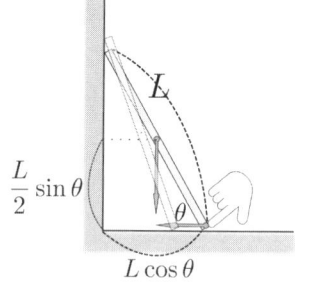

より、$F = \frac{mg}{2}\cot\theta$ という結果が出る[†13]。同じ問題でも、座標をどう取って考えるかでやり方がかわってくる（最終的に得た式は本質的に同じだが）。

---------------- 練習問題 ----------------

【問い 3-2】
　右の図のようなネジを一回り回すと、ネジが抜ける方向に移動することになり、上に乗った質量 M の物体が h だけ上昇する。このネジを回すために図のような偶力を加えるとする。必要な力 F はどれだけか。——ただし、力を加えている部分は中心軸から R 離れている。現実的ではない仮定だが、ネジと木の摩擦とネジそのものの質量は考慮しないものとする。

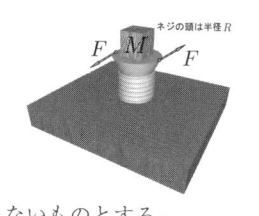

解答 → p353 へ

3.4 位置エネルギー

3.4.1 仕事とエネルギー

ここまで考えた仮想仕事の原理も「少し動かしてみた時の応答を見る」という意味では変分原理の考え方を使っていることになっているが、計算しているのが「仮想仕事」なので「何の変化を見ているのか」という点は不明瞭である。そこで、仮想仕事をある物理量の変化と捉えて考えたい。

[†13] $\cot\theta = \frac{\cos\theta}{\sin\theta} = \frac{1}{\tan\theta}$

その変化量が仕事になる物理量は、初等力学でもおなじみの「エネルギー」である[14]から、ここで「変分をとると仮想仕事になる」量として、位置エネルギー（もしくはポテンシャル）というスカラー量を定義してやる。

初等力学でおなじみの「位置エネルギー」はすべて、変分を取ってマイナス符号をつけると仮想仕事が出てくるようになっている[15]。

	重力	弾性力	万有引力
位置エネルギー	mgh	$\frac{1}{2}kx^2$	$-\frac{GMm}{r}$
変分	$mg\delta h$	$kx\delta x$	$\frac{GMm}{r^2}\delta r$
仮想仕事	$-mg\delta h$	$-kx\delta x$	$-\frac{GMm}{r^2}\delta r$

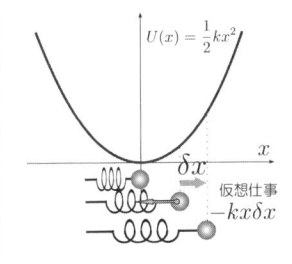

表の「仮想仕事」はその仮想変位を行った時に考えている力（たとえば重力）がする仕事である。高さ h が δh 高くなるような仮想変位は、下向きの重力の中で上向きに（仮想的に）移動するから、仕事は $-mg\delta h$ である（他も同様）。

3.4.2 位置エネルギーを表現する座標を変えてみる

前節で万有引力の位置エネルギーを、$-\frac{GMm}{r}$ と書いたが、これは極座標での表現である。直交座標で表現すれば、$-\frac{GMm}{\sqrt{x^2+y^2+z^2}}$ となる。これの変分を取ると、

$$\frac{GMm}{(x^2+y^2+z^2)^{\frac{3}{2}}}x\delta x + \frac{GMm}{(x^2+y^2+z^2)^{\frac{3}{2}}}y\delta y + \frac{GMm}{(x^2+y^2+z^2)^{\frac{3}{2}}}z\delta z \quad (3.28)$$

となる。式の形はややこしくなったが、これにより万有引力の x 成分が $-\frac{GMm}{(x^2+y^2+z^2)^{\frac{3}{2}}}x$（変分の δx の係数と反対符号であることに注意）だと見て取れる。このように位置エネルギーの式を介して、別の座標系で力がどのように変わるかを計算することが可能である。

---

[14] エネルギーはそもそも「仕事に変わることのできる物理量」として定義した。
[15] この表がぱっとわからないという人は再度力学のエネルギーの定義の確認してみることを勧める。

前に考えた梯子の問題を、位置エネルギーを使って解いてみる。梯子の位置エネルギーは、mgy とも $mg\frac{L}{2}\sin\theta$ とも表現できる[†16]。ここで、手が下端に力 F を左向きに加えているとしたが、その力が（仮想的に）$U_F = 2Fx$ というポテンシャルによって作られているのだということにする（$-\frac{\partial U}{\partial (2x)}$ で、[†17] 向きを含めて正しい力が表現されている）。ということは全エネルギーは

$$U = mgy + 2Fx \tag{3.29}$$

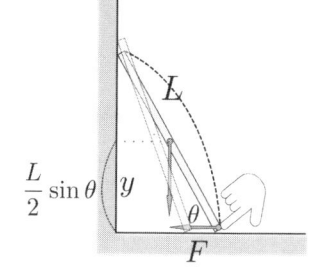

なのだが、これを微分して極値を求めても正しい答えには達しない。なぜなら、x と y は独立ではないからである。x と y の拘束をラグランジュ未定乗数を使って導入した位置エネルギー

$$U' = mgy + 2Fx + \lambda\left((2x)^2 + (2y)^2 - L^2\right) \tag{3.30}$$

が極値となる条件を求めると、

$$\underbrace{8\lambda x + 2F}_{\frac{\partial U'}{\partial x}} = 0, \quad \underbrace{mg + 8\lambda y}_{\frac{\partial U'}{\partial y}} = 0 \tag{3.31}$$

となり、$F = \frac{mgx}{2y}$ と結論できる。

未定乗数を使わずに考えるならば、y を x で表して消去する（あるいはこの逆）という方法もあるが、独立変数として図の θ を使う手もある。

(3.29) の U に $2x = L\cos\theta, y = \frac{L}{2}\sin\theta$ を代入して、

$$U = mg\frac{L}{2}\sin\theta + FL\cos\theta \tag{3.32}$$

とする。これを θ で微分して極値となる条件を求めると、

$$\frac{dU}{d\theta} = \frac{mgL}{2}\cos\theta - FL\sin\theta = 0 \tag{3.33}$$

より、$F = \frac{mg}{2}\cot\theta$（$F = \frac{mgx}{2y}$ と同じ式）という答えが出る。

[†16] この θ は普段使う2次元極座標の θ とは取り方が違っていることに注意。
[†17] 水平方向の位置を表すのは x ではなく $2x$ であることに注意。

3.5　3次元の仮想仕事と位置エネルギー

　より一般的に、仮想変位を $\delta\vec{r} = (\delta x, \delta y, \delta z)$ と、微小なベクトルで表現することにすれば、仮想仕事 δW は

$$\delta W = -\left(\delta x \frac{\partial U}{\partial x} + \delta y \frac{\partial U}{\partial y} + \delta z \frac{\partial U}{\partial z}\right) = -\delta\vec{r} \cdot \mathrm{grad}\ U \tag{3.34}$$

のように、「位置エネルギー U」の微分である grad U というベクトルと、仮想変位 $\delta\vec{r}$ というベクトルの内積 $\times(-1)$ と表せる。

　「**勾配 (gradient)**」と呼ばれる微分演算子 grad は、

$$\mathrm{grad}\ U = \vec{e}_x \frac{\partial U}{\partial x} + \vec{e}_y \frac{\partial U}{\partial y} + \vec{e}_z \frac{\partial U}{\partial z} \tag{3.35}$$

で表される、ベクトル的な微分演算子である[†18]。上で書いたのは直交座標の場合だが、任意の座標系では、

$$\vec{e} \cdot \mathrm{grad}\ U = \lim_{\epsilon \to 0} \frac{U(\vec{x} + \epsilon\vec{e}) - U(\vec{x})}{\epsilon} \tag{3.36}$$

と表現される。たとえば極座標では

$$\mathrm{grad}\ U = \vec{e}_r \frac{\partial U}{\partial r} + \vec{e}_\theta \frac{1}{r}\frac{\partial U}{\partial \theta} + \vec{e}_\phi \frac{1}{r\sin\theta}\frac{\partial U}{\partial \phi} \tag{3.37}$$

となる。

　$\vec{e}$ は任意の方向を向いた単位ベクトルである。grad という計算の「こころ」を表現すると、「ある場所 $\vec{x}$ から $\vec{e}$ が指すある方向に距離 ϵ だけ移動し、その場所でのスカラー量と元の場所でのスカラー量の差を、単位移動距離あたりにしたもの」である。(3.36) に $\vec{e} = \vec{e}_x$ を代入すると、$\vec{x} = (x, y, z)$ に対し $\vec{x} + \epsilon\vec{e}_x = (x+\epsilon, y, z)$ であるから、

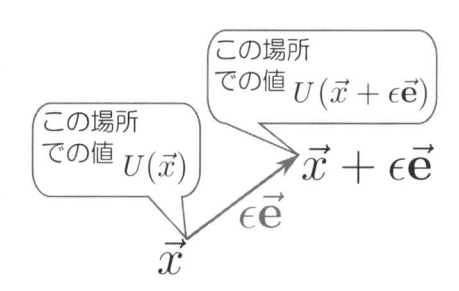

$$\vec{e}_x \cdot \mathrm{grad}\ U = \lim_{\epsilon \to 0} \frac{U(x+\epsilon, y, z) - U(x, y, z)}{\epsilon} \tag{3.38}$$

[†18] 「的」と書いたのは grad 自体には数量としての意味はなく、何か（今の場合なら U）に掛かって grad U となって初めて、ベクトルとしての意味を持つから。

となって、確かに $\frac{\partial U}{\partial x}$ になっている。かけるベクトルを $\vec{e}_y, \vec{e}_z$ にした場合も同様である。

grad という演算は「少し移動したところとの差」を計算するものであり、その「少し移動」という操作は向きと大きさ（微小大きさであるが）のあるベクトル量である。別の言い方をすれば、「移動」には3つの独立な成分があるからこそ、grad U は（右の図で示すような）3つの成分を持っている。

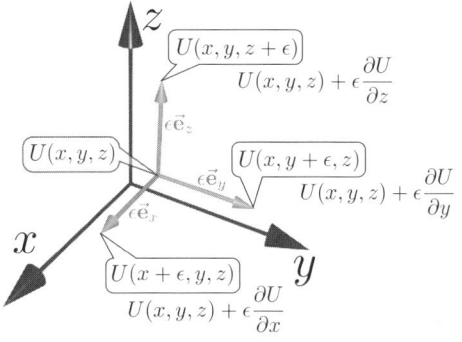

3.5.1 積分可能条件と rot

仮想仕事は常に $-\delta\vec{r} \cdot \text{grad } U$ と書けるわけではない。そのためには、働いている力がいくつかの条件を満たさねばならない。まず $-\text{grad } U$ が力 $\vec{F}$ にならなくてはいけないのだから、力 $\vec{F}$ が $\vec{x}$ の関数になっていなくてはいけないのはもちろんである。では $\vec{x}$ の関数ならなんでもいいかというと、そうはいかない。たとえば、

$$\vec{F} = ay\,\vec{e}_x \tag{3.39}$$

という場合を考えてみよう。単純に考えると、

━━━━━━━━━ うっかり者の予想 ━━━━━━━━━

$U = -axy$ とすれば、$\frac{\partial U}{\partial x} = -ay$ だから、$F_x = ay$ になるだろう。

と思ってしまうところだ。しかし、$U = -axy$ ならば、$F_y = -\frac{\partial U}{\partial y} = ax$ になってしまう。つまり、この場合には適切な U が求められない。

上の例 (3.39) がうまくいかなかった理由は「$F_y = ax$ でなかったから」なのだから、

$$\vec{F} = ay\,\vec{e}_x + ax\,\vec{e}_y \tag{3.40}$$

3.5 3次元の仮想仕事と位置エネルギー

という力に対してであれば、$U = -axy$ と表せる[19]。

ここでは $U = -axy$ としたが、実は $U = -axy + f(y)$（$f(y)$ は任意の y の関数）であれば、$F_x = -\dfrac{\partial U}{\partial x} = ay$ は満たされる（y のみの関数は x で微分すると 0 になるから）。この場合、$F_y = ax - \dfrac{\mathrm{d}f}{\mathrm{d}y}(y)$ である。

一般的に、力が $\vec{F} = -\mathrm{grad}\, U$、あるいは成分では $F_x = -\dfrac{\partial U}{\partial x}, F_y = -\dfrac{\partial U}{\partial y}, F_z = -\dfrac{\partial U}{\partial z}$ と表現されるための必要条件はなんだろうか。この式が成り立てば、次の式が成り立つ。

$$\frac{\partial F_x}{\partial y} = \frac{\partial F_y}{\partial x} \tag{3.41}$$

なぜなら、この式の両辺はどちらも $-\dfrac{\partial^2 U}{\partial x \partial y}$ となるからである（二つの偏微分の交換については、付録の 319 ページを見よ）。同様に

$$\begin{aligned}
0 &= \frac{\partial F_y}{\partial x} - \frac{\partial F_x}{\partial y} \equiv (\mathrm{rot}\,\vec{F})_z \\
0 &= \frac{\partial F_z}{\partial y} - \frac{\partial F_y}{\partial z} \equiv (\mathrm{rot}\,\vec{F})_x \\
0 &= \frac{\partial F_x}{\partial z} - \frac{\partial F_z}{\partial x} \equiv (\mathrm{rot}\,\vec{F})_y
\end{aligned} \tag{3.42}$$

の、3つの式が成立していることがわかる。これらを「**積分可能条件**」と呼ぶ。$\equiv$ の後に書いたのは、この式をもって rot という記号の定義とする[20]、ということである。力に限らず、微分可能なベクトル場 $\vec{A}$ があった時、

───── 直交座標での rot ─────

$$\mathrm{rot}\,\vec{A} = \left(\frac{\partial A_z}{\partial y} - \frac{\partial A_y}{\partial z}\right)\vec{\mathrm{e}}_x + \left(\frac{\partial A_x}{\partial z} - \frac{\partial A_z}{\partial x}\right)\vec{\mathrm{e}}_y + \left(\frac{\partial A_y}{\partial x} - \frac{\partial A_x}{\partial y}\right)\vec{\mathrm{e}}_z \tag{3.43}$$

である。rot はベクトルからベクトルを作る微分演算である[21]。

---

[19] 「x で微分して $-ay$ が出るために $-axy$ が、y で微分して $-ax$ が出るために $-axy$ が必要だから、足して $U = -2axy$ だ」とやってしまううっかり者も多いので気をつけよう。$U = -axy$ と一つを入れておくだけで $F_x = ay$ も $F_y = ax$ も出る（2倍するのは余計なお世話である）。
[20] ただしこれは直交座標でしか通用しない定義なので、一般の座標系では別に用意する必要がある。
[21] ここで示したのは「$\vec{F}$ を $\vec{F} = -\mathrm{grad}\, U$ と表現できるならば $\mathrm{rot}\,\vec{F} = 0$」だが、この逆すなわち「$\vec{F}$ が $\mathrm{rot}\,\vec{F} = 0$ を満たすならば $\vec{F} = -\mathrm{grad}\, U$ となる U が存在する」も示すことができる。

3.5.2 異なる座標系で計算したポテンシャルの安定点

$$U = \frac{1}{2}k\left(x^2 + y^2\right) \tag{3.44}$$

というポテンシャルを考えてみよう。ポテンシャルの停留点は

$$\frac{\partial U}{\partial x} = kx = 0, \quad \frac{\partial U}{\partial y} = ky = 0 \tag{3.45}$$

から原点であることがわかる。同じポテンシャルを極座標で表すと、

$$U = \frac{1}{2}kr^2 \tag{3.46}$$

であるから、これを微分した

$$\frac{\partial U}{\partial r} = kr = 0 \tag{3.47}$$

という式より、やはり原点が停留点である（ここで $\frac{\partial U}{\partial \theta}$ は自明に 0 になってしまうので、停留点の条件にならない）。

少し違うポテンシャルを考えてみよう。k, K を正の定数として、直交座標で

$$U = \frac{1}{4}K(x^2 + y^2)^2 - \frac{1}{2}k(x^2 + y^2) \tag{3.48}$$

であるポテンシャルは、極座標では

$$U = \frac{1}{4}Kr^4 - \frac{1}{2}kr^2 \tag{3.49}$$

と表せる。どちらでも、ポテンシャルの安定点は同じ $r^2 = \dfrac{k}{K}$ である。

ある座標系 $\{q_*\}$ で表したポテンシャル $U(\{q_*\})$ と、別の座標系 $\{Q_*\}$ で表したポテンシャル $U(\{Q_*\})$ は、(U はスカラーなので) 同じ位置を表す $\{q_*\}$ と $\{Q_*\}$ に対し、全く同じ数値である。$\{q_*\}$ と $\{Q_*\}$ の間には座標変換 $Q_i = Q_i(\{q_*\})$ が存在するから、

$$U(\{q_*\}) = U(\{Q_*(\{q_*\})\}) \tag{3.50}$$

と書ける。この式の両辺を q_i で微分すると、

$$\frac{\partial U(\{q_*\})}{\partial q_i} = \sum_j \frac{\partial U(\{Q_*(\{q_*\})\})}{\partial Q_j}\frac{\partial Q_j}{\partial q_i} \tag{3.51}$$

であり[†22]、この座標変換の変換行列 $\frac{\partial Q_j}{\partial q_i}$ は行列式が0ではない[†23]はずだから、全ての q_i に対して $\frac{\partial U}{\partial q_i} = 0$ である点では $\frac{\partial U}{\partial Q_i} = 0$ でなくてはならない（逆も同様）。$\frac{\partial U}{\partial q_i}$（まとめて考えるならば grad U）というベクトルの全ての成分が0であるような点では、どのような座標変換をしても grad U は全成分が0である。grad U に限らず、全てのベクトル[†24]に対して「ある座標系で全成分が0ならば、どんな座標系でも0となる」が言える。

ポテンシャルを使って静力学の問題を解くとき、座標 q_i は自由に選び、自由に変換してもかまわない。実は座標が「原点からの距離」のような「長さ」を表すものである必要もない（実際、極座標の θ, ϕ は角度であって長さを表現しない）。そこで座標よりも広い概念として今考えている系の状態を表現する数字（連続的な変化をする量でないと微分積分ができなくて困るから、連続な実数という条件は置く）を「**一般化座標**」と呼ぶ。

3.6　静力学における変分原理

3.6.1　動力学の変分原理のモデルになる静力学の問題

ここでは一つのモデルを考えて、変分原理からつりあいを考える。このモデルは実は、後で動力学のモデルにもなっていることがわかる。次ページの図のように N 本の鉛直に立てられた串に1個ずつ、N 個の物体がささっている状況を考える。

物体は隣同士とバネ定数 k で自然長0のバネ[†25]に結び付けられている。1番目の物体と N 番目の物体だけは誰かが手で支えているとしよう。このような状況の時、この系はどのような状態で安定するだろうか？——この問題を、

[†22] この変換の性質は、$\frac{\partial U}{\partial q_i}$ が共変ベクトルだということを意味する。今の段階では「共変ベクトル」→ p340
という言葉を知らなくても構わないが、少し頭に留めておくとよい。

[†23] $\frac{\partial Q_j}{\partial q_i}$ の行列式が0であるような変換は許されない。

[†24]「ベクトル」という言葉にはいろんな定義がある（高校数学で習う「向きと大きさがある量」という定義は最も初等的な定義）が、ここでは、「各成分が座標変換に対して共変ベクトルもしくは反変ベ→ p340
クトルとして変換するという条件を満たすもの」という意味である。

[†25] 自然長が0というのは変だが、計算が楽になるようにこうしている。所詮はモデルなので現実的でない点は我慢して欲しい。

つりあいの式ではなく変分原理を使って考えてみよう。

この一連の物体が静止状態にある時のエネルギーを計算する。重力の位置エネルギーは

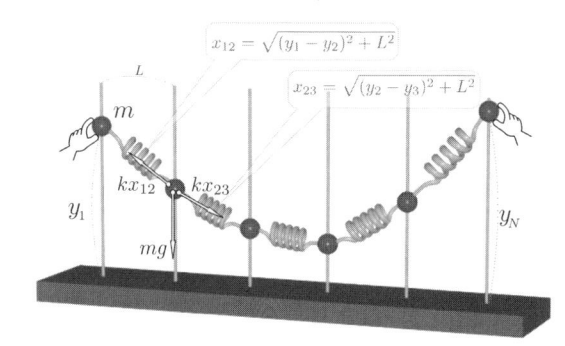

$$U_重 = \sum_{i=1}^{N} mgy_i \tag{3.52}$$

である。i番目と$i+1$番目の物体をつなぐバネの長さが $\sqrt{(y_i - y_{i+1})^2 + L^2}$ であり、自然長が0であることを考えると、バネの弾性力の位置エネルギーは

$$U_弾 = \sum_{i=1}^{N-1} \frac{1}{2} k \left((y_i - y_{i+1})^2 + L^2 \right) \tag{3.53}$$

である。ただし、y_1は左の壁に固定されたバネの位置、y_Nは右の壁に固定されたバネの位置である。

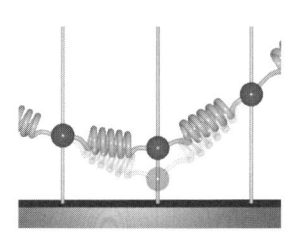

$U_重$と$U_弾$がどのような役割をしているかを考えておこう。エネルギーを小さくする方向へと力が働くということを考えると、$U_重$は物体をとにかく「下」へと引っ張るだろう。もし$U_重$しかなかったなら、物体は全てどんどん下まで落ちていく。しかし下に引っ張るということはバネが伸びるということ（つまり$U_弾$を大きくするということ）である。物体を仮想的に下に動かしてみると、$U_重$は減るが$U_弾$が増えてしまう。

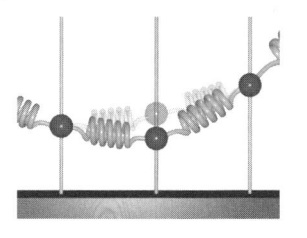

逆に物体を上にあげてみよう。今度は（少なくとも図の場合、バネが短くなっているので）$U_弾$は減る。しかし上に上げたのだから$U_重$は増えてしまう[†26]。この二つの増減がうまくつりあい、$U_重 + U_弾$が増加も減少もしない場所が（ある一点だけだが）ある。

[†26] さらに持ち上げていくと、バネも伸びるし高さも高くなる、と両方のエネルギーが増加する。

3.6 静力学における変分原理

この「$U_重$を下げたい」（落ちたい）という傾向と「$U_弾$を下げたい」（バネを伸ばしたくない）という傾向がいわば「闘った」結果の「妥協点」として、どこか「もっともエネルギーの低いところ」がある。その場所は、$U_重 + U_弾$の極値を求めることでわかる。

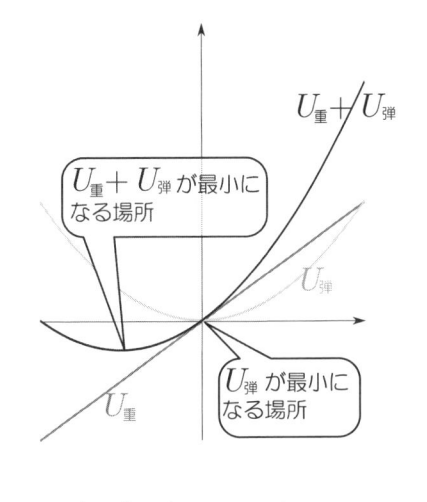

このエネルギーが最低値を取っていたとすると、

$$\frac{\partial}{\partial y_j}(U_重 + U_弾) = 0 \quad (3.54)$$

すなわち、

$$\underbrace{mg}_{\frac{\partial U_重}{\partial y_j}} \underbrace{- k(y_{j+1} - y_j) + k(y_j - y_{j-1})}_{\frac{\partial U_弾}{\partial y_j}} = 0$$

$$(3.55)$$

が 2 から $N-1$ までの全ての j に対し成り立つ（両端である $i=1$ と $i=N$ に関しては、バネが 1 本しかつながっていないことと手の力が働いていることで違う式になる）。

(3.55) は

$$y_j - \frac{y_{j+1} + y_{j-1}}{2} = -\frac{mg}{2k} \quad (3.56)$$

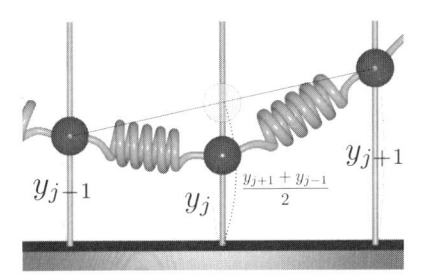

と書き直すことができ、どの物体を見ても「両隣の中点より $\frac{mg}{2k}$ だけ下がっている」という式になっている。重力がなければどの物体も両隣の中点にくる。これはバネがなるべく短くなろうとする（まして今は自然長が 0 のバネである）ということを考えると納得できる状況である。そして、重力があればそれに比例する分だけ、下がる。

実は $y_i = a(i-b)^2$ のような二次式の形をしていると、

$$a(j-b)^2 - \frac{a(j+1-b)^2 + a(j-1-b)^2}{2} = -a \quad (3.57)$$

となり、$a = \frac{mg}{2k}$ とすればこの性質を満たす。つまりつりあいの結果、物体の列は下に凸な放物線を描く。重力の関係する問題で上下逆とはいえ、重力

場中の運動で出てくる放物線が出てきたのだが、これにはもちろん大きな意味がある。その大きな意味については後で話すことにする[†27]。

3.6.2 懸垂線の方程式

懸垂線とは、名前の通り、質量のある糸の両端を固定して重力中に垂らした時、どんな形になるかを示す線である[†28]。鉛直方向に y 軸を、糸が張られる水平方向に x 軸をとって、糸のいる場所がどのような関数 $y(x)$ で表現できるかを考えてみる。

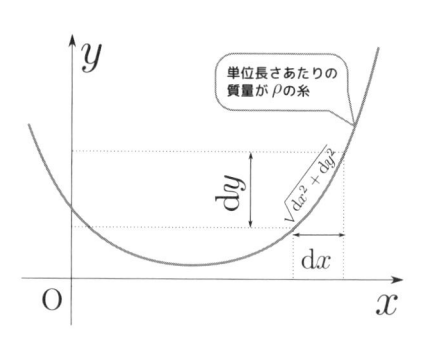

そのため、まず x から $x + dx$ という狭い範囲にいる糸の一部分を考える。この部分は x 方向に dx、y 方向に dy という長さを持つから、長さは（三平方の定理により）$\sqrt{dx^2 + dy^2}$ となる。この長さは $dx\sqrt{1 + \left(\dfrac{dy}{dx}\right)^2}$ と書き換えることができる。この後 $\dfrac{dy}{dx}$ が何度も出てくるので、$y' = \dfrac{dy}{dx}$ という省略形を使おう。するとその部分の物体の持つ位置エネルギーは、$\rho\, dx\, gy\sqrt{1 + (y')^2}$ となるわけだから、これを積分した全エネルギーを最小にすればよい。

$$\int_{x_1}^{x_2} dx\, \rho gy \sqrt{1 + (y')^2} \tag{3.58}$$

を最小にする問題を考えよう。オイラー・ラグランジュ方程式は

$$\underbrace{\rho g \sqrt{1 + (y')^2}}_{\frac{\partial L}{\partial y}} - \frac{d}{dx}\underbrace{\left(\frac{\rho g y y'}{\sqrt{1 + (y')^2}}\right)}_{\frac{\partial L}{\partial y'}} = 0 \tag{3.59}$$

である。まずこれを定数 ρg で割り、さらに計算を続けると、

[†27] こんなふうにして「放物線」という「動力学の解」が出せるということは、「動力学に対するポテンシャル」を定義して、それに変分原理を適用することで動力学を解くという方法も有り得ることを示唆しているのである。

[†28] 実は昔はこれも放物線になると誤解されていた時期があった。前節との違いは「串」があるかないか（上下にしか動けないか、左右にも動けるかという仮想変位の違い）で、この違いで関数の形も変わる。

3.6 静力学における変分原理

$$\left.\begin{aligned}\sqrt{1+(y')^2}-\frac{(y')^2+yy''}{\sqrt{1+(y')^2}}+\frac{y(y')^2 y''}{(1+(y')^2)^{\frac{3}{2}}}=0\\ \left(1+(y')^2\right)^2-\left((y')^2+yy''\right)\left(1+(y')^2\right)+y(y')^2 y''=0\\ 1-yy''+(y')^2=0\end{aligned}\right\} \begin{array}{l}\left(\times\left(1+(y')^2\right)^{\frac{3}{2}}\right)\\ \\ \text{(展開して整理)}\end{array}$$
(3.60)

となる。$-yy''+(y')^2$ という組み合わせが出てきたが、48ページでやったような次数合わせ（とりあえず $y^n y'$ を微分した式の n を調整する）を行って

$$\frac{\mathrm{d}}{\mathrm{d}x}\left(\frac{y'}{y}\right)=\frac{y''}{y}-\frac{(y')^2}{y^2} \tag{3.61}$$

という式を出してこれを使おう。(3.60) の結果を y^2 で割って (3.61) を使うと、

$$\frac{1}{y^2}-\frac{\mathrm{d}}{\mathrm{d}x}\left(\frac{y'}{y}\right)=0 \tag{3.62}$$

となるから、さらに両辺に $\dfrac{y'}{y}$ をかけてから積分すると、

$$-\frac{1}{2y^2}-\frac{1}{2}\left(\frac{y'}{y}\right)^2=-\frac{C}{2} \quad (C \text{ は定数}) \tag{3.63}$$

となる（積分定数を $-\dfrac{C}{2}$ にしたのは両辺で符号と分母が消えるように）ので、

$$\begin{aligned}\frac{y'}{y}&=\pm\sqrt{C-\frac{1}{y^2}}\\ \frac{\mathrm{d}y}{\sqrt{Cy^2-1}}&=\pm\mathrm{d}x\end{aligned} \tag{3.64}$$

として積分を行う。(3.63) を見ると明らかに $C>0$ であるので、それに注意しつつ変数変換を行う。この場合、$\sqrt{C}y=\cosh t$ と[29] 変数変換すると、$\mathrm{d}y=\dfrac{1}{\sqrt{C}}\sinh t\,\mathrm{d}t$, $\sqrt{Cy^2-1}=\sqrt{\cosh^2 t-1}=\sinh t$ となって分母分子の

---

[29] $\cosh, \sinh$ は双曲線関数と呼ばれる関数（三角関数と親戚筋にあたる）。$\cosh t=\dfrac{\mathrm{e}^t+\mathrm{e}^{-t}}{2}$, $\sinh t=\dfrac{\mathrm{e}^t-\mathrm{e}^{-t}}{2}$ と表され、任意の t に対し $\cosh^2 t-\sinh^2 t=1$ が成り立つ。分母が $\sqrt{Cy^2-1}$ なので、この式が簡単になるような関数であるということと、$Cy^2\geqq 1$ でなくてはいけないということから $\cosh$ が選ばれる。

$\sinh t$ がうまく消しあい、

$$\frac{1}{\sqrt{C}} dt = \pm dx \quad \text{より、} t = \pm\sqrt{C}x + D \quad (D \text{は積分定数}) \tag{3.65}$$

となって解は

$$y = \frac{1}{\sqrt{C}} \cosh\left(\pm\sqrt{C}x + D\right) \tag{3.66}$$

となる[†30]。cosh は偶関数なので、$\cosh(\sqrt{C}x+D) = \cosh(-\sqrt{C}x-D)$ だから、複号を両方考える必要はない[†31]。$y = \frac{1}{\sqrt{C}} \cosh\left(\sqrt{C}x + D\right)$ だけ考えればよい。

後は境界条件に合うように C, D を決める。

どっちも1次元の広がりをもった物体を垂らす問題なのに、3.6.1節の答は放物線 ($y = x^2$)、この節の答は双曲線関数 ($y = \cosh x$) となった。二つの違いは、3.6.1節の計算では串を立てて質点が左右に動かないようにしたのに対し、懸垂線の場合は左右にも物体は動けるにしたことである。ところで $\cosh x$ をテーラー展開する（e^x と e^{-x} のテーラー展開を足して2で割ればよい）と

$$\cosh x = 1 + \frac{1}{2}x^2 + \frac{1}{24}x^4 + \cdots \tag{3.67}$$

であるから、x が小さい範囲ではこの二つは近い（グラフの形も x が小さい範囲では似ている）。

---------- **練習問題** ----------

【問い3-3】 ここで変分を取る際に、糸の長さが一定であるという条件 $L = \int_{x_1}^{x_2} \sqrt{1+(y')^2} dx$ を特に考慮しなかった。考慮するならば、それに対応するラグランジュ未定乗数 λ（この λ は x の関数ではない）を導入して、

$$\int_{x_1}^{x_2} dx\, \rho g y \sqrt{1+(y')^2} + \lambda\left(L - \int_{x_1}^{x_2} \sqrt{1+(y')^2}\, dx\right) \tag{3.68}$$

の変分を取ればよい。こうやっても答えが変わらないことを説明せよ。

解答 → p354 へ

[†30] この式を見ると、y が自由に選べない（たとえば $y < 0$ では困る）のでは、と思うかもしれない。実は【問い3-3】で入れるラグランジュ未定乗数を入れておくと、y が平行移動できるようになるので心配ない。
[†31] まだ決めてない D の符号を変えることが複号をひっくり返すのと同じ効果がある。

ここではエネルギーに関して変分原理を考えてオイラー・ラグランジュ方程式を出すという方法で解いたが、この問題はこうしなければ解けないわけではない。右のように微小部分に働く重力、左からの張力、右からの張力を描いて、そのつりあいを考えることでもこの問題を解くことはできる。変分原理を使わなくてもつりあいの式は出せるわけだが、それは変分原理が不要ということではない。それぞれの方法に一長一短の得手不得手

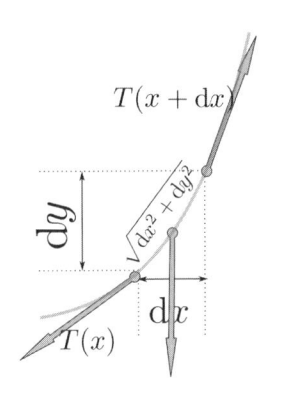

があるので、状況に応じていろんな方法で方程式を出せる方が（つまり、「武器」が多い方が）よい。

---------------------------- 練習問題 ----------------------------

【問い3-4】上の図からつりあいの式を出して解き、結果がオイラー・ラグランジュ方程式から出した結論に一致することを確認せよ。ヒント→ p346へ　解答→ p354へ

3.6.3　一般座標におけるラプラシアン　+++++++++++++【補足】

静力学の問題というわけではないが、ここで変分原理が威力を発揮する例の1つとしてラプラシアンの座標変換を取り上げておく。ラプラシアンという演算子は、直交座標においては

$$\triangle = \frac{\partial^2}{\partial x^2} + \frac{\partial^2}{\partial y^2} + \frac{\partial^2}{\partial z^2} \tag{3.69}$$

と定義されている微分演算子である。この演算子を使った

$$\triangle f(\vec{x}) = 0 \tag{3.70}$$

という方程式は「ラプラス方程式」と呼ばれ、物理のあちこちで顔を出す[32]。ラプラシアンは、ナブラと呼ばれるベクトル型の微分演算子

$$\vec{\nabla} = \vec{e}_x \frac{\partial}{\partial x} + \vec{e}_y \frac{\partial}{\partial y} + \vec{e}_z \frac{\partial}{\partial z} \tag{3.71}$$

の自乗（自分自身との内積）として表現できる（$\triangle = \vec{\nabla} \cdot \vec{\nabla}$）。直交座標においては単純に「$x, y, z$各座標の二階微分の和」であるが、一般の座標ではそうはいかない。たとえば3次元極座標では、

$$\triangle = \frac{1}{r^2}\frac{\partial}{\partial r}\left(r^2 \frac{\partial}{\partial r}\right) + \frac{1}{r^2 \sin\theta}\frac{\partial}{\partial \theta}\left(\sin\theta \frac{\partial}{\partial \theta}\right) + \frac{1}{r^2 \sin^2\theta}\frac{\partial^2}{\partial \phi^2} \tag{3.72}$$

---
[32] 変形として、右辺が0ではなく何かのスカラー関数の時は「ポアソン方程式」、右辺が$f(\vec{x})$に比例する量の時は「ヘルムホルツ方程式」となる。

というたいへんややこしい形になる。極座標のナブラは

$$\vec{\nabla} = \vec{e}_r \frac{\partial}{\partial r} + \vec{e}_\theta \frac{1}{r}\frac{\partial}{\partial \theta} + \vec{e}_\phi \frac{1}{r\sin\theta}\frac{\partial}{\partial \phi} \tag{3.73}$$

であるから、うっかりといいかげんなやり方で自乗すると、

⚠️ やってはいけない！ ⚠️

$$\vec{\nabla}\cdot\vec{\nabla} = \frac{\partial^2}{\partial r^2} + \frac{1}{r^2}\frac{\partial^2}{\partial \theta^2} + \frac{1}{r^2\sin^2\theta}\frac{\partial^2}{\partial \phi^2} \tag{3.74}$$

としてしまいそうだが、これは正しい答えではない[†33]。

これを計算する方法はいろいろある。馬鹿正直な方法としては、

$$\frac{\partial}{\partial x} = \frac{\partial r}{\partial x}\frac{\partial}{\partial r} + \frac{\partial \theta}{\partial x}\frac{\partial}{\partial \theta} + \frac{\partial \phi}{\partial x}\frac{\partial}{\partial \phi} \tag{3.75}$$

のような計算をえんえんとやって、(3.69)（→ p79）に一つ一つ代入していくという手があるが、あまりお勧めできない。

ここで変分原理を使って簡単に導出する方法を見ておこう。変分原理を使って（つまりオイラー・ラグランジュ方程式として）$\triangle f(\vec{x}) = 0$ が出てくるような（ポテンシャルに対応する）量を探してみる。直交座標であれば、

$$\int \vec{\nabla}f(\vec{x})\cdot\vec{\nabla}f(\vec{x})\,\mathrm{d}^3\vec{x} = \int \left(\left(\frac{\partial f}{\partial x}\right)^2 + \left(\frac{\partial f}{\partial y}\right)^2 + \left(\frac{\partial f}{\partial z}\right)^2\right)\underbrace{\mathrm{d}x\,\mathrm{d}y\,\mathrm{d}z}_{\mathrm{d}^3\vec{x}} \tag{3.76}$$

がそれである。変分を取ると、

$$\int \left(2\frac{\partial f}{\partial x}\frac{\partial \delta f}{\partial x} + 2\frac{\partial f}{\partial y}\frac{\partial \delta f}{\partial y} + 2\frac{\partial f}{\partial z}\frac{\partial \delta f}{\partial z}\right)\mathrm{d}x\,\mathrm{d}y\,\mathrm{d}z \tag{3.77}$$

となる。これを δf でまとめるために部分積分を行うと、

$$-2\int \underbrace{\left(\frac{\partial^2 f}{\partial x^2} + \frac{\partial^2 f}{\partial y^2} + \frac{\partial^2 f}{\partial z^2}\right)}_{=0\text{とするとラプラス方程式}}\delta f\,\mathrm{d}x\,\mathrm{d}y\,\mathrm{d}z \tag{3.78}$$

となって、確かに変分原理からラプラス方程式が導出できる。一般的には、被積分関数を L と書くと、3次元の関数 $f(x,y,z)$ に対するオイラー・ラグランジュ方程

[†33] ここで $\vec{e}_r, \vec{e}_\theta, \vec{e}_\phi$ も場所に依存する量であることに注意して微分を行えば、正しい(3.72)（→ p79）が導出（→ p18）できるが、ここでは省略。

3.6 静力学における変分原理

式は

$$\underbrace{\frac{\partial L}{\partial f}}_{=0} - \frac{\partial}{\partial x}\underbrace{\left(\frac{\partial L}{\partial\left(\frac{\partial f}{\partial x}\right)}\right)}_{2\frac{\partial f}{\partial x}} - \frac{\partial}{\partial y}\underbrace{\left(\frac{\partial L}{\partial\left(\frac{\partial f}{\partial y}\right)}\right)}_{2\frac{\partial f}{\partial y}} - \frac{\partial}{\partial z}\underbrace{\left(\frac{\partial L}{\partial\left(\frac{\partial f}{\partial z}\right)}\right)}_{2\frac{\partial f}{\partial z}} = 0 \quad (3.79)$$

である[†34]。問題はこれを3次元極座標で表現した場合である。3次元極座標では $\int \vec{\nabla}f(\vec{x})\cdot\vec{\nabla}f(\vec{x})\,\mathrm{d}^3\vec{x}$ は

$$\int \underbrace{\left(\left(\frac{\partial f}{\partial r}\right)^2 + \frac{1}{r^2}\left(\frac{\partial f}{\partial \theta}\right)^2 + \frac{1}{r^2\sin^2\theta}\left(\frac{\partial f}{\partial \phi}\right)^2\right)}_{\vec{\nabla}f(\vec{x})\cdot\vec{\nabla}f(\vec{x})} \underbrace{r^2\sin\theta\,\mathrm{d}r\,\mathrm{d}\theta\,\mathrm{d}\phi}_{\mathrm{d}^3\vec{x}} \quad (3.80)$$

となる。オイラー・ラグランジュ方程式は

$$\frac{\partial L}{\partial f} - \frac{\partial}{\partial r}\left(\frac{\partial L}{\partial\left(\frac{\partial f}{\partial r}\right)}\right) - \frac{\partial}{\partial \theta}\left(\frac{\partial L}{\partial\left(\frac{\partial f}{\partial \theta}\right)}\right) - \frac{\partial}{\partial \phi}\left(\frac{\partial L}{\partial\left(\frac{\partial f}{\partial \phi}\right)}\right) = 0 \quad (3.81)$$

となるわけだが、この場合、L に代入される被積分関数は $r^2\sin\theta$ という因子を含む。よって答えは

$$\underbrace{\frac{\partial L}{\partial f}}_{=0} - \frac{\partial}{\partial r}\underbrace{\left(\frac{\partial L}{\partial\left(\frac{\partial f}{\partial r}\right)}\right)}_{2r^2\sin\theta\frac{\partial f}{\partial r}} - \frac{\partial}{\partial \theta}\underbrace{\left(\frac{\partial L}{\partial\left(\frac{\partial f}{\partial \theta}\right)}\right)}_{2\sin\theta\frac{\partial f}{\partial \theta}} - \frac{\partial}{\partial \phi}\underbrace{\left(\frac{\partial L}{\partial\left(\frac{\partial f}{\partial \phi}\right)}\right)}_{2\frac{1}{\sin\theta}\frac{\partial f}{\partial \phi}} = 0 \quad (3.82)$$

となる。これを整理すると

$$-2\frac{\partial}{\partial r}\left(r^2\sin\theta\frac{\partial f}{\partial r}\right) - 2\frac{\partial}{\partial \theta}\left(\sin\theta\frac{\partial f}{\partial \theta}\right) - 2\frac{\partial}{\partial \phi}\left(\frac{1}{\sin\theta}\frac{\partial f}{\partial \phi}\right) = 0 \quad \begin{pmatrix}\text{出せるものは}\\\text{微分の外に出す}\end{pmatrix}$$

$$-2\sin\theta\frac{\partial}{\partial r}\left(r^2\frac{\partial f}{\partial r}\right) - 2\frac{\partial}{\partial \theta}\left(\sin\theta\frac{\partial f}{\partial \theta}\right) - 2\frac{1}{\sin\theta}\frac{\partial}{\partial \phi}\left(\frac{\partial f}{\partial \phi}\right) = 0 \quad \left(\div(-2r^2\sin\theta)\right)$$

$$\frac{1}{r^2}\frac{\partial}{\partial r}\left(r^2\frac{\partial f}{\partial r}\right) + \frac{1}{r^2\sin\theta}\frac{\partial}{\partial \theta}\left(\sin\theta\frac{\partial f}{\partial \theta}\right) + \frac{1}{r^2\sin^2\theta}\frac{\partial^2 f}{\partial \phi^2} = 0$$

(3.83)

となり、正しいラプラシアンが出てくる。つまりは変分を取るべき被積分関数に $r^2\sin\theta$ という因子がかかることが極座標のラプラシアンをややこしくした原因である。とはいえ、ラプラス方程式の方をこつこつと座標変換するのに比べ、変分原理を使うこの方法は圧倒的に計算量が少なくてすみ、変分原理やオイラー・ラグランジュ方程式のありがたみがよくわかる例となっている。

[†34] 変数が増えた分だけ、$-\frac{\partial}{\partial y}\left(\frac{\partial L}{\partial\left(\frac{\partial f}{\partial y}\right)}\right)$ のような項を増やしていけばよい。

------練習問題------

【問い3-5】 3次元円筒座標でのラプラシアンを、変分原理を使って求めよ。円筒座標でのナブラは

$$\vec{\nabla} = \vec{e}_\rho \frac{\partial}{\partial \rho} + \vec{e}_\phi \frac{1}{\rho}\frac{\partial}{\partial \phi} + \vec{e}_z \frac{\partial}{\partial z} \tag{3.84}$$

であり、体積積分の積分要素は $\rho\,\mathrm{d}\rho\,\mathrm{d}\phi\,\mathrm{d}z$ である。

解答 → p355 へ

+++++++++++++++++++++++++++++++++++++ 【補足終わり】

3.7 章末演習問題

★【演習問題3-1】

長さ L、質量 m の均質な棒を重さの無視できるちょうつがいを使って六角形を作った。これを図のように糸を使ってつりさげた。真ん中に質量の無視できるつっかい棒を入れて六角形を保っている。この棒が六角形に与えている力を求めよ。

(hint:真ん中の棒がなく、かわりに誰かが外向きに力を加えているとする。そうするとこの六角形を変形することができるから、仮想仕事の原理が使える。六角形のどこかの角度（平衡位置では120度）をパラメータに使うとよい。)

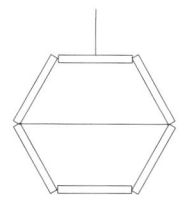

ヒント → p2w へ　解答 → p12w へ

★【演習問題3-2】

横幅 $2W$、縦幅 $2H$ の額ぶちの上辺に、幅 $2L$ だけ開けて長さ ℓ の糸をつけ、壁に打ち付けた釘につるした。釘と糸の間に摩擦はないとする。額ぶちはどのような位置でなら静止することができるか。額ぶちが安定して静止している条件を求めよ。安定して静止しているためには、平衡位置から少しずれた時、平衡位置に戻るような力が働かなくてはいけない。そのための条件は、エネルギーが（極大ではなく）極小になっていることである。

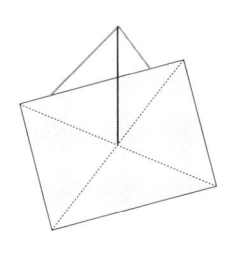

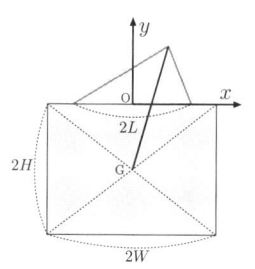

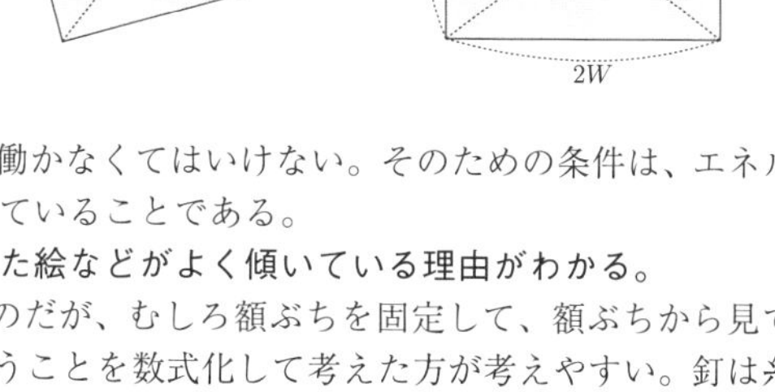

この問題を解くと、壁に掛けられた絵などがよく傾いている理由がわかる。

(hint:実際には額ぶちの方が動くのだが、むしろ額ぶちを固定して、額ぶちから見て釘がどのような位置にあるか、ということを数式化して考えた方が考えやすい。釘は糸がむすびつけられた点を焦点とする楕円上にある。)

ヒント → p2w へ　解答 → p13w へ

第4章

ラグランジュ形式の解析力学
―導入篇

いよいよ、解析力学の要である「作用」を考えよう。

4.1 「作用」を'作る'

4.1.1 作用とは何か

まず用語について確認しておこう。ややこしい話であるのだが、ここで登場する「作用」という言葉は、ニュートン力学の第三法則に登場する「作用・反作用」の「作用」とは何の関係もない[†1]。

ではここで出てくる「作用」とは何かというと、76ページの脚注[†27]でほのめかしだけしておいた、「動力学に対するポテンシャル」である。つまり「これを微分することで運動方程式が出てくるもの」を作ろう[†2]というわけだ。

「静力学のポテンシャル」$U(\vec{x})$ は場所 $\vec{x}$ の関数であり

―― ポテンシャルの意味 ――

場所 $\vec{x}$ を決めればポテンシャル $U(\vec{x})$ が決まる。ポテンシャルの微分が 0 となる位置（grad $U=0$ の点）、すなわち $U(\vec{x})$ が極値となる点を求めると、それが物体に働く力がつりあう位置である。

という物理的意味を持つ関数であった。

[†1] 「だったら同じ言葉を使うな！」と言いたくなる気持ちは非常によくわかるが、これは昔からの慣習というやつなのでどうしようもない。

[†2] そういう量を『作る』のである。静力学をポテンシャルを考えることで簡単化したように、動力学を簡単化する為の道具を作る。

ちょうどそれに対応するように、

---作用の意味---

経路 $\vec{x}(t)$ を決めれば作用 $S(\{\vec{x}(*)\})$ が決まる。作用の変分が 0 となる経路 ($\delta S(\{\vec{x}(*)\}) = 0$ となる経路)、すなわち $S(\{\vec{x}(*)\})$ が極値となる経路を求めると、それが物体の運動である。

となるような「作用」を作るのがここでの目標である（ここで δS だとか、$S(\{\vec{x}(*)\})$ だとか、これまでとは違う新しい記号が出ているが、この意味は後で述べる）。

上の「ポテンシャルの意味」と「作用の意味」に現れた、「場所 $\vec{x}$」と「経路 $\vec{x}(t)$」の違いを明確にしておこう。場所 $\vec{x}$ は静力学すなわち時間の経過を考えない問題で「求めるべきもの」であり、当然時間によらない。それに対し経路 $\vec{x}(t)$ は時間が経過した時にどのように $\vec{x}$ が変化するかを記述している。

たとえば $U(x) = \dfrac{1}{2}kx^2$ というポテンシャルの中での静力学を考える（簡単のため 1 次元で考えるので、$\vec{x}$ ではなく x である）。ポテンシャルの微分である

$$F(x) = -\frac{\mathrm{d}U}{\mathrm{d}x} = -kx$$

が 0 になる点（$x = 0$）が物体が静止する位置（つりあい点）である。

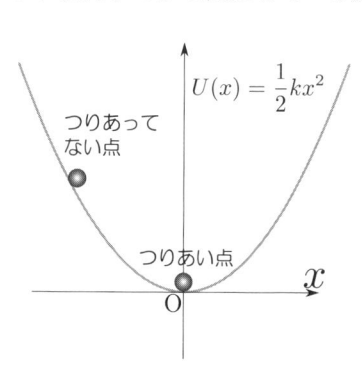

これに対し、経路 $x(t)$ というのは時間範囲 ($t_i < t < t_f$) での時間経過によって変化していく座標 $x(t)$ の "全て" を表している。ここで t_i, t_f はそれぞれ最初（**initial**）の時刻と最後（**final**）の時刻である。

次の図は、時間の経過を（教科書の隅に描いたパラパラ漫画のように）「瞬間々々を重ねていったもの」と考えて表現したものである。このような図の中では、（一枚の瞬間の図の上では「点」であるところの）「質点」の運動が「線」として表現される。

4.1 「作用」を'作る'

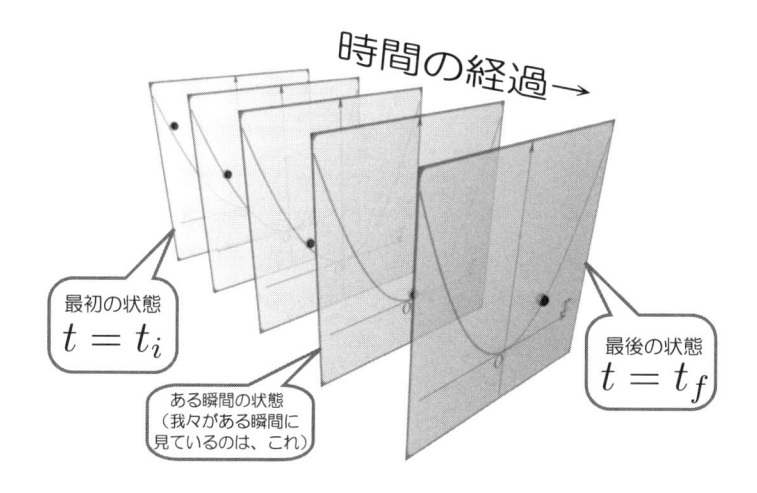

[図: 時間の経過→ 最初の状態 $t=t_i$、ある瞬間の状態（我々がある瞬間に見ているのは、これ）、最後の状態 $t=t_f$]

別の言い方をすれば、x は広がりのない一つの数（0次元の存在）だが、$x(t)$ は 1 次元の（下の図の場合 $t=t_1$ から $t=t_N$ までという）広がりを持った存在である。

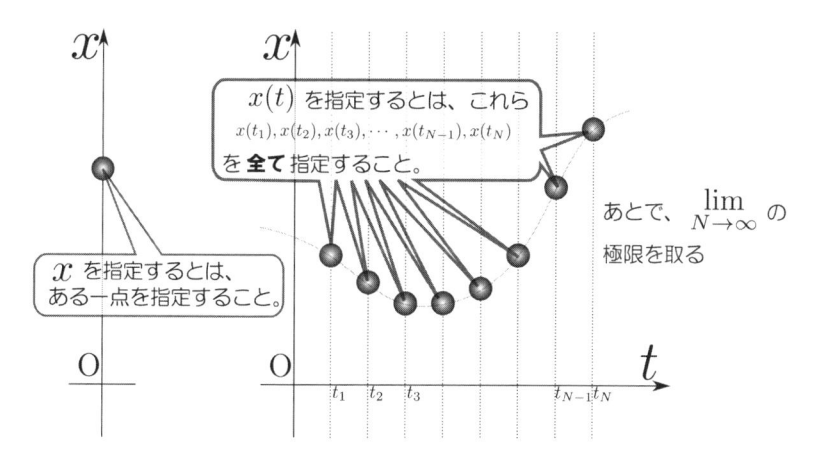

[図: x を指定するとは、ある一点を指定すること。$x(t)$ を指定するとは、これら $x(t_1), x(t_2), x(t_3), \cdots, x(t_{N-1}), x(t_N)$ を全て指定すること。あとで、$\displaystyle\lim_{N\to\infty}$ の極限を取る]

経路は物理法則（ニュートンの運動の法則）によって決定されるが、出発点と到着点を決めれば、経路は一つに決まる[†3]と考えられる。

そして、「経路に対するポテンシャルのような量」つまり、その量が極値を取るということからその経路全体を（できれば一つに）決めてしまうような量を作りたい、というのが「作用」なるものの考え方である。

[†3] 実は、一つに決まってくれない場合も、あることにはある。

右のグラフは単振動（まさにポテンシャル $U(x) = \frac{1}{2}kx^2$ によって起こる運動）のグラフであるが、実線で描かれた正しい（運動方程式の解となる）運動を「作用」という量を計算し、その極値を見つけることで見つけたい。

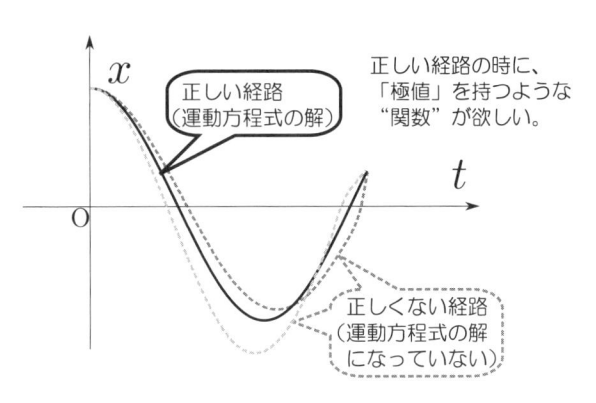

その為には、「作用」なる量はどんなものであればよいのか？——それを考えていこう。静力学において「仮想仕事の原理」がポテンシャルを広い意味で考えるときの手がかりになったことを思い出して、仮想仕事の原理を動力学でも使える形式へと拡張していくところから始める。

4.1.2 ダランベールの原理による仮想仕事の原理の拡張

ではポテンシャルから作用への拡張を行うため、まず静力学を考えなおす。仮想仕事の原理から入ってみよう。静力学では、

$$\sum_i \vec{F}_i = 0 \quad \text{および} \quad \sum_i \vec{x}_i \times \vec{F}_i = 0 \quad \leftrightarrow \quad \sum_i \vec{F}_i \cdot \delta\vec{x} = 0 \tag{4.1}$$

という形で「つりあいの式」と「仮想仕事=0の式」が結びついていた。さらに力が $\vec{F}_i = -\mathrm{grad}\, U_i$ と書ける時には、

$$-\mathrm{grad}\left(\sum_i U_i\right) = 0 \tag{4.2}$$

つまり、ポテンシャルの和が極値を持つという条件に置き直すことができた。

これを、動力学の話に拡張したい。

動力学では、つりあいの式ではなく、運動方程式

$$\sum_i \vec{F}_i(t) = m\frac{\mathrm{d}^2\vec{x}}{\mathrm{d}t^2}(t) \tag{4.3}$$

が成り立つべきである（時間依存性が加わったので、(t) が付いたことに注意）。

4.1 「作用」を'作る'

運動方程式の右辺を左辺に移項して

$$\sum_i \vec{F}_i(t) - m\frac{\mathrm{d}^2\vec{x}}{\mathrm{d}t^2}(t) = 0 \tag{4.4}$$

という式を作る。この変形はこの $m\frac{\mathrm{d}^2\vec{x}}{\mathrm{d}t^2}(t)$（質量×加速度）を「慣性力」と考えて力の一種として取り込んだと考えてもよいし、「単に移項しただけ」と考えたってかまわない。このように $m\frac{\mathrm{d}^2\vec{x}}{\mathrm{d}t^2}(t)$（質量×加速度）を符号を変えて足すことで運動方程式をつりあいの式と同じ形にすることを「**ダランベールの原理**」と呼ぶ[†4]。

ここまで考えたことを表にしてみよう。以下のようになる[†5]。

つりあいの式	仮想仕事の式	ポテンシャル
$\sum_i \vec{F}_i = 0$	$\sum_i \vec{F}_i \cdot \delta\vec{x} = 0$	$\mathrm{grad}\, U = 0$
運動方程式	ダランベールの原理による 仮想仕事の式の拡張	これから作る式
$\sum_i \vec{F}_i(t) - \frac{\mathrm{d}\vec{p}}{\mathrm{d}t}(t) = 0$	$\left(\sum_i \vec{F}_i(t) - \frac{\mathrm{d}\vec{p}}{\mathrm{d}t}(t)\right) \cdot \delta\vec{x}(t) = 0$	?

動力学では、仮想変位 $\delta\vec{x}(t)$ にも時間依存性があることに注意しよう。

静力学では、ポテンシャル $U_i(\vec{x})$ を $\vec{F}_i(\vec{x}) = -\mathrm{grad}\, U_i(\vec{x})$ を導入することで

$$\sum_i \vec{F}_i \cdot \delta\vec{x} = 0 \leftrightarrow -\mathrm{grad}\left(\sum_i U_i\right) \cdot \delta\vec{x} = 0 \tag{4.5}$$

のようにして、「$U = \sum_i U_i$ の極値問題」に問題を変化させることができた。

となれば動力学も、

$$\left(\sum_i \vec{F}_i(t) - m\frac{\mathrm{d}^2\vec{x}}{\mathrm{d}t^2}(t)\right) \cdot \delta\vec{x}(t) = 0 \leftrightarrow -\frac{\partial}{\partial \vec{x}(t)}(\text{なにか}) \cdot \delta\vec{x}(t) = 0 \tag{4.6}$$

となるような、「**なにか**」が作れないだろうか？？

[†4] ここまでだと、「ダランベールの原理って、ただ ma の項を移項しただけなのでは？」という気分になるかもしれない。移項してつりあいの式と同じ形になったことで、静力学で考えたテクニックが流用できるようになる、ここから後の部分がダランベールの原理のありがたみである。

[†5] スペース節約のため $m\frac{\mathrm{d}^2\vec{x}}{\mathrm{d}t^2}(t)$ を $\frac{\mathrm{d}\vec{p}}{\mathrm{d}t}(t)$ と書いたが、本質は何も変わらない。

> **$\dfrac{\partial}{\partial \vec{x}}$ の意味**
>
> 時々使うこの $\dfrac{\partial}{\partial \vec{x}}$ という微分演算子だが、これは grad と同じで、
>
> $$\frac{\partial}{\partial \vec{x}} = \vec{e}_x \frac{\partial}{\partial x} + \vec{e}_y \frac{\partial}{\partial y} + \vec{e}_z \frac{\partial}{\partial z} \tag{4.7}$$
>
> という略記である。分母に $\vec{x}$ がくる形で書いているが、実際には「ベクトルで割る」ような計算をしているわけではない。

ここで大事なことをいくつか指摘して「なにか」がどのような量であるべきかを考えておこう。

まず、$-\dfrac{\partial}{\partial \vec{x}(t)}(なにか) \cdot \delta \vec{x}(t) = 0$ という式は、考えたい範囲の任意の時刻 t に対して成立しなくてはいけない。つまり t に定義域内のどんな数字を代入しても成り立つべきである。よってこの「なにか」はあらゆる時刻の $\vec{x}(t)$ を含む量になる（後でわかるが t で積分した量になる）。

次に、微分した結果である運動方程式が、時間に関してせいぜい二階までの微分を含む量であることを考えると、この「なにか」の中にも三階以上の微分が入っていないであろうと推測できる。

ここからしばらくの間、本来連続的な変数である時間（時刻）を、$t_1, t_2, t_3, \cdots, t_N$ のように N 個の値しか取れないものだとして考えよう。N は十分大きい自然数で、後々には $N \to \infty$ という極限を取って、t を連続な変数に戻す（この極限を「**連続極限**」と呼ぶ）。

あえて具体的に書くならば、ある共通な「なにか」に対し、

$$\begin{aligned}
-\frac{\partial}{\partial \vec{x}(t_1)}(なにか) \cdot \delta \vec{x}(t_1) &= 0 \\
-\frac{\partial}{\partial \vec{x}(t_2)}(なにか) \cdot \delta \vec{x}(t_2) &= 0 \\
&\vdots \\
-\frac{\partial}{\partial \vec{x}(t_N)}(なにか) \cdot \delta \vec{x}(t_N) &= 0
\end{aligned} \tag{4.8}$$

のようにどの時刻の $\vec{x}(t)$ で微分しても 0、というふうに「無限個の連立方程式」を作り、これが上に書いた「ダランベールの原理を用いた仮想仕事の式の拡張」になるようにする。

そんなことできるの？—と不安に思ってしまうところだが、幸いに我々はすでにこういう「無限個の連立方程式」を導く手段を持っている。

---- オイラー・ラグランジュ方程式 ----

$x_1(t), x_2(t), \cdots, x_N(t)$ とその時間微分で書かれた量 L の時間積分

$$I = \int_{t_0}^{t_1} L\left(\{x_*(t)\}, \{\dot{x}_*(t)\}\right) \mathrm{d}t \tag{4.9}$$

が、端点を固定した変分に対して停留値を取る条件は、

$$\frac{\partial L\left(\{x_*(t)\}, \{\dot{x}_*(t)\}\right)}{\partial x_i} - \frac{\mathrm{d}}{\mathrm{d}t}\left(\frac{\partial L\left(\{x_*(t)\}, \{\dot{x}_*(t)\}\right)}{\partial \dot{x}_i}\right) = 0 \tag{4.10}$$

である。

を導入済みだからである。付録の 328 ページに書いた定義は τ という連続パラメータの関数である $x(\tau)$ に関する式であるが、そのパラメータ τ を時間 t に書き換えて、さらに $x(\tau)$ を $x_i(t)$ と多変数にしたものを上に書いた。

$L\left(x(t), \frac{\mathrm{d}x}{\mathrm{d}t}(t)\right)$ の中身はこの後で、「運動方程式が出てくるように」定める。この関数 L を「ラグランジアン (**Lagrangian**)」もしくは「ラグランジュ関数」と呼ぶ[†6]。そのラグランジアン L を積分した量 I を「作用」と呼ぶ。

作用という量は積分で表現されているが、「$\vec{x}(t)$ という物体の軌道（経路）の関数である」という考え方もできる。「関数」というと思い浮かぶのは「一つ（あるいは複数個）の数を決めるとそれに対応して一つの数が決まる」（たとえば、「x を決めると $f(x)$ が決まる」または「x, y, z を決めると $F(x, y, z)$ が決まる」など）、つまり「数 → 数」の対応関係[†7]だが、作用は「一つの経路を決めると一つの数が決まる」つまり「経路 → 数」という対応関係—あるいは「$x(t)$ という関数の関数」である。このような場合、作用は関数 $\vec{x}(t)$ の「汎関数」[†8]だと言う。一番簡単な汎関数の例は「線 → 線の長さ」という対応で、「線」という形を決めれば（直線だろうが曲線だろうが）長さは一つ決

[†6] この名前は、解析力学の始祖である物理学者ラグランジュ（Lagrange）の名前からくる。よって文字も L を使う。
[†7] ちなみに関数は英語で function だが、function（直訳すると「機能」）には「数」という意味は入ってない。和訳される時に「数」という漢字が入ってしまったために、「数ではないものの関数」が少し変なもののように聞こえるかもしれない。
[†8] 汎関数は英語で functional。

まる。

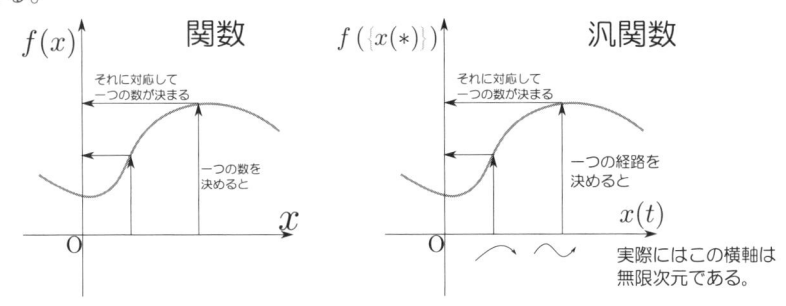

汎関数には関数とは違う記号を使って、$S(\{\vec{x}(*)\})$ のように書く。$\vec{x}(*)$ の括弧の中身が t ではなく $*$ なのは、$S(\vec{x}(t))$ と書いてしまうと、「t を一つ決めると $\vec{x}(t)$ が決まり、それに応じて S が決まる」というふうに誤解してしまうからである[†9]。以後、$(\{x(*)\})$ という書き方を見たら「汎関数なのだな」と理解してほしい[†10]。作用はある時刻の $\vec{x}(t)$ にのみ依存しているのではなく、すべての時間の $\vec{x}(t)$ に依存している。いわば、

$$S(\{\vec{x}(*)\}) = S\underbrace{(\vec{x}(t_1), \vec{x}(t_2), \vec{x}(t_3), \cdots, \vec{x}(t_N))}_{\text{ただし、後で } N \to \infty \text{ の極限を取る}} \tag{4.11}$$

のような関数である[†11]。

ここで、最初の時刻 $t = t_i$ と最後の時刻 $t = t_f$ においては変分 $\delta\vec{x}$ を 0 とする。つまり、$\delta\vec{x}(t_i) = \delta\vec{x}(t_f) = 0$ とする。

【FAQ】どうして $\delta\vec{x}(t_i) = \delta\vec{x}(t_f) = 0$ にするのですか？

....

この条件を付けなかったら、運動は一つに決まらない（この FAQ が、34 ページの FAQ と本質的に同じ疑問であることに気づいたろうか？）。$x(t_i)$ は「出発点」、$x(t_f)$ は「到着点」である。この二つが変化してしまったら、途中の運動もどんどん変化してしまうだろう。問題を「答えのある問題」にするために

[†9] 本書で $x_1, x_2, \cdots, x_N$ の全ての関数を $f(\{x_*\})$ と書いているのと同様である。
[†10] $S(\vec{x}(\cdot))$ のように、$\cdot$ を使っている本が多い。本書では x_* の方に合わせて $*$ を使い、さらに念の為薄い中括弧でくくる。記号は本質的ではないので、それぞれの本での書き方なのだと理解して欲しい。
[†11] ここで我々は、ニュートン力学の「今ある状態から次の状態を予測する」（つまりは「運動方程式を解く」）という考え方から、「**考えられる全ての運動の中から実際に起こる運動を選び出す**」という考え方へと「力学の視点」を変えてしまおうとしている。後者の視点の方がある意味「広い視点」に立って運動を考えていることになるわけである。

は、最初と最後を変えるわけにはいかない。これは「運動方程式を解く」という解き方において、初期位置と初速度を指定しないと運動が決まらなかったのと本質的に同じことである。力学的自由度×2個の条件を定めて初めて、「運動を決める」ことができるようになる。別の言い方をすれば「運動方程式に即した運動」というのは $2N$ 次元の量である（運動方程式に即してない運動は ∞ 次元である）[†12]。

では、「何を変分したら $-m\dfrac{\mathrm{d}^2 \vec{x}}{\mathrm{d}t^2}(t) \cdot \delta \vec{x}(t)$ が出てくるか？」と考えてみよう。つまり、ある量（汎関数）$S_{試}(\{\vec{x}(*)\})$（「試しにやってみた」という意味で「試」をつける）があって、

$$S_{試}(\{\vec{x}(*) + \delta \vec{x}(*)\}) = S_{試}(\{\vec{x}(*)\}) + \int_{t_i}^{t_f} \left(-m\frac{\mathrm{d}^2 \vec{x}}{\mathrm{d}t^2}(t) \cdot \delta \vec{x}(t) \right) \mathrm{d}t \quad (4.12)$$

となるようにしたい。が、しかし

────────── うっかり者の予想 ──────────

$S_{試}(\{\vec{x}(*)\}) = \displaystyle\int_{t_i}^{t_f} \left(-m\dfrac{\mathrm{d}^2 \vec{x}}{\mathrm{d}t^2}(t) \cdot \vec{x}(t) \right) \mathrm{d}t$ とすれば、$\vec{x}(t) \to \vec{x}(t) + \delta \vec{x}(t)$ と変化させた時、$-m\dfrac{\mathrm{d}^2 \vec{x}}{\mathrm{d}t^2}(t) \cdot \delta \vec{x}(t)$ が出てくるだろう。

──────────────────────────────────

ではうまくいかない。その変分を取ると、$\dfrac{\mathrm{d}^2 \vec{x}}{\mathrm{d}t^2}(t)$ も $\dfrac{\mathrm{d}^2 \vec{x}}{\mathrm{d}t^2}(t) + \dfrac{\mathrm{d}^2 (\delta \vec{x}(t))}{\mathrm{d}t^2}$ と変化するからである。

この失敗を回避して、正しい答えに導く方法はいくつかある。それぞれに分けて説明しよう。

余分と思った項も計算してどうなるかを見る

$\vec{x}(t) \to \vec{x}(t) + \delta \vec{x}(t)$ と変化させた時、うっかり者の予想である $S_{試}(\{\vec{x}(*)\})$ の変化は

$$\int_{t_i}^{t_f} \left(-m\frac{\mathrm{d}^2 (\delta \vec{x}(t))}{\mathrm{d}t^2} \cdot \vec{x}(t) - m\frac{\mathrm{d}^2 \vec{x}}{\mathrm{d}t^2}(t) \cdot \delta \vec{x}(t) \right) \mathrm{d}t \quad (4.13)$$

[†12] 解が存在しなかったり複数個の解がある可能性は絶無ではないので、初期状態と終状態の取り方によっては、「そんな運動が存在しない」という可能性や「そんな運動が二つ以上ある」という可能性は、実はある。

となる（例によって$\delta \vec{x}(t)$の2次の項は無視している）。第1項は余分であると言ったが、その正体を見るために、ここで部分積分を2回行う。

$$
\begin{aligned}
&-m\int_{t_i}^{t_f}\frac{\mathrm{d}^2(\delta\vec{x}(t))}{\mathrm{d}t^2}\cdot\vec{x}(t)\,\mathrm{d}t\\
&=\left[-m\frac{\mathrm{d}(\delta\vec{x}(t))}{\mathrm{d}t}\cdot\vec{x}(t)\right]_{t_i}^{t_f}+m\int_{t_i}^{t_f}\frac{\mathrm{d}(\delta\vec{x}(t))}{\mathrm{d}t}\cdot\frac{\mathrm{d}\vec{x}}{\mathrm{d}t}(t)\,\mathrm{d}t\\
&=\left[-m\frac{\mathrm{d}(\delta\vec{x}(t))}{\mathrm{d}t}\cdot\vec{x}(t)\right]_{t_i}^{t_f}+\left[m\delta\vec{x}(t)\cdot\frac{\mathrm{d}\vec{x}}{\mathrm{d}t}(t)\right]_{t_i}^{t_f}-m\int_{t_i}^{t_f}\delta\vec{x}(t)\cdot\frac{\mathrm{d}^2\vec{x}}{\mathrm{d}t^2}(t)\,\mathrm{d}t
\end{aligned}
\tag{4.14}
$$

第1項と第2項のいわゆる表面項はとりあえず無視[†13]することにすると、残る最後の項は欲しかった量と同じものである。よって、最初の「うっかり者の予想」では欲しいものの2倍が出てくることになった。よって$\frac{1}{2}$をつけておけばよい。こうして、

$$
-\frac{m}{2}\int_{t_i}^{t_f}\frac{\mathrm{d}^2\vec{x}}{\mathrm{d}t^2}(t)\cdot\vec{x}(t)\,\mathrm{d}t \tag{4.15}
$$

という量の変分を取ればよいのではなかろうか、と予想される。

力からポテンシャルを出した時のことを思い出す

　力に仮想変位を（内積の意味で）掛けることで、「ポテンシャル（すなわち位置エネルギー）の変化量」の形にすることができた。ではポテンシャルの親類にあたる「運動エネルギー」の方を使えばよいのではないか？？――と予想して、「運動エネルギー$\frac{1}{2}mv^2$の積分」の変分を取ってみよう。

$$
\begin{aligned}
\delta\int_{t_i}^{t_f}\frac{1}{2}m\left|\frac{\mathrm{d}\vec{x}}{\mathrm{d}t}(t)\right|^2\mathrm{d}t &= \int_{t_i}^{t_f}\frac{1}{2}m\left(\left|\frac{\mathrm{d}\vec{x}}{\mathrm{d}t}(t)+\frac{\mathrm{d}(\delta\vec{x})}{\mathrm{d}t}(t)\right|^2-\left|\frac{\mathrm{d}\vec{x}}{\mathrm{d}t}(t)\right|^2\right)\mathrm{d}t\\
&=\int_{t_i}^{t_f}m\frac{\mathrm{d}\vec{x}}{\mathrm{d}t}(t)\cdot\frac{\mathrm{d}(\delta\vec{x})}{\mathrm{d}t}(t)\,\mathrm{d}t\\
&=-\int_{t_i}^{t_f}m\frac{\mathrm{d}^2\vec{x}}{\mathrm{d}t^2}(t)\cdot\delta\vec{x}(t)\,\mathrm{d}t
\end{aligned}
\tag{4.16}
$$

となる（最後でまた部分積分を用いた）。

　運動エネルギーの積分である$\int_{t_i}^{t_f}\frac{1}{2}m\left|\frac{\mathrm{d}\vec{x}}{\mathrm{d}t}(t)\right|^2\mathrm{d}t$は(4.15)と本質的に同じである。というのは、また部分積分を用いて、

[†13] 最終的結果である(4.19)から作ったオイラー・ラグランジュ方程式では表面項は影響しなくなるから心配しなくてよい。
　　→ p93　　　　　　　　　　　　　　　　　　　　　　　　　　　　→ p98

4.1 「作用」を'作る'

$$\int_{t_i}^{t_f} \frac{1}{2}m\left|\frac{\mathrm{d}\vec{x}}{\mathrm{d}t}(t)\right|^2 \mathrm{d}t = \left[\frac{m}{2}\frac{\mathrm{d}\vec{x}}{\mathrm{d}t}(t)\cdot\vec{x}(t)\right]_{t_i}^{t_f} \underbrace{-\frac{m}{2}\int_{t_i}^{t_f}\frac{\mathrm{d}^2\vec{x}}{\mathrm{d}t^2}(t)\cdot\vec{x}(t)\,\mathrm{d}t}_{(4.15)}$$
(4.17)

となるからである。ただし、今度は表面項が消える理由はない。幸いにも、$S_{\text{試}}$ が端点の値だけ違っていたとしてもその差はこの後の計算には全く関係ないので、この違いは問題にはならない。なぜなら、変分原理を使ってオイラー・ラグランジュ方程式を作る時、端点での値は固定して変分を行い、その結果を考える。つまり端点での値は動かないのだから、オイラー・ラグランジュ方程式に決して入ってこない（この事は後で確認しよう）。
→ p98

運動エネルギーの変分を取ったら欲しい項が出てきたが、位置エネルギーの場合とは符号が変わっていることに注意しよう。つまり、位置エネルギーの時の $\vec{F} = -\vec{\nabla}U$ に比べ、マイナス符号がない。式計算の中身でマイナス符号が出なかった理由は、「部分積分が一回入ったので、マイナスはそこで出てきた」である。物理的意味からくる理由については、4.1.5節で述べよう。
→ p99

結果を整理すると、
$$L = \frac{1}{2}m|\dot{\vec{x}}|^2 - U(\vec{x}) \tag{4.18}$$

という量の時間積分
$$\int_{t_i}^{t_f} \mathrm{d}t\,\left(\frac{1}{2}m|\dot{\vec{x}}|^2 - U(\vec{x})\right) \tag{4.19}$$

なる量（これが「作用」である）が極値をとるという条件から、運動方程式
$$m\frac{\mathrm{d}^2\vec{x}}{\mathrm{d}t^2} = -\frac{\partial U}{\partial \vec{x}} \tag{4.20}$$

が導かれる。つまり、この形の運動方程式を解くという作業は、作用(4.19)が極値になる条件を求める作業と同じである。

以上のように作用を定義すれば「**作用が極値になるような経路が実現する運動である**」という法則が、ニュートンの運動の法則から導かれる。逆にこちらが原理であってニュートンの法則はこれから導かれるのだ、という立場を取ることもできる。その場合はこの法則を法則ではなく原理として採用して、「**最小作用の原理**」もしくは「**ハミルトンの原理**」と呼ぶ。

この「最小作用の原理」という名前は実は misleading な（誤解を招く[†14]）表現で、ここまでの作り方からわかるように、実は「最小」ではなく「極値」であることが大事なのである。本来は「停留作用の原理」と呼ぶべきである。

【FAQ】で、結局作用って何なんですか？

という質問を、「なんで作用を変分して0になったら運動方程式が出てくるんですか？」とペアにして非常によく受けるので、ここでもう一度太い字で書いておこう。「**その量を変分して0という条件を求めたら運動方程式が出てくるもの**」を探して見つかったもの、それが作用。

つまり、「運動方程式が出てくるように作った」のが作用である。ここまでの作り方をじっくり勉強した人なら、「何をあたりまえのことを太字で書いているのか」と思うかもしれない。そしてそのような変分原理を使った考え方が有益であることも、ここまで学んだはずである。ここ以降でも、この考え方が、力学の問題を解こうとする我々を様々な場面で助けてくれることがわかってくるだろう。

最小作用の原理が歴史上に初めて現れた時には、もっと高尚な考えもあった。しかし、「自然は無駄を嫌うから作用は最小になろうとするんだよ」というような、「なんとなくもっともらしい御題目」をいくら唱えたところで、それは力学をわかったことにはちっともならない。むしろいかにして作用が便利な道具になりえているのか、を考えた方がいい。

最後の章の12.3節で述べるが、量子力学まで行くと最小作用の原理が成り立つ理由（仕組み？）がわかる（かもしれないし、もっとわからなくなるかもしれない）。しかし古典力学を勉強している範囲で我々が最小作用の原理について知るべきことは、「なぜ成り立つか？」ではなく、

- この原理がニュートンの運動の法則と等価であること
- ニュートンの運動の法則のみを使うより、力学を語るにおいて様々な利点を持つこと

だけでいい。

[†14] なぜか解析力学の教科書にはこういう誤解を招く表現が頻出するのだが、それぞれ歴史的理由がある。普及してしまった言葉を今から訂正するのは難しいので致し方ない。

【FAQ】「変分が0と要求すると運動方程式になる」のが作用の定義ならば、作用をわざわざ作る意味はなんですか？

　ここまで、運動方程式が出るように作用を作る話をしてきた。「それなら、最初から運動方程式を出せばいいじゃないか、わざわざ作用を経由するなんてめんどくさい」と思う人がいるのは当然である。

　それでも作用を考えてラグランジュ形式の力学を作る理由はなんだろう？——その理由の多くは「つりあいの式ではなく仮想仕事の原理を使う理由」と共通している。それは何かというと、

- 座標変換に強いこと、そしてどのような座標が都合がいいかが見つけやすいこと（たとえば、3.5.2節を見よ）。
  → p72
- 複合系の式を（どうせ消えてしまう内力や束縛力を最初から無視して）立てることができること（3.1.2節を見よ）。
  → p54

である。上の理由にも関連するが、他に

- 系の不変性や保存量などの情報を取り出しやすい（第8章を参照）
  → p191

などの利点も今後現れる。

4.1.3　確認：作用は本当に極値を取っているか　✚✚✚✚✚✚✚✚【補足】

　実際に落体の運動の場合で、作用積分が極値を取るという条件を考えると正しい運動が出てくることを確かめよう。そのために、時刻0で原点 $y=0$ を出発した質量 m の物体が時刻 T にまた $y=0$ に戻ってきたとする。下向き（y の負の向き）に重力 mg が働いているとする。つまり、境界条件 $y(0)=0, y(T)=0$ を置いて、「どんな運動が起こるのか？」を考える。と言っても、文字通り「ありとあらゆる運動の中で極値である」ということを示すのは結構たいへんなので、運動のうち、一つのパラメータで表現できるあるグループを選び出して、そのグループの中での極値を考える。そこで例として、$y(t) = at(t-T)$ と仮定する。この式は境界条件を満たしている。a を変えることによって、いろんな運動が起こるが、実際に起こる運動はただ一つである（下手な仮定を置いた場合、解がその中に含まれてないという事態も起こり得る）。

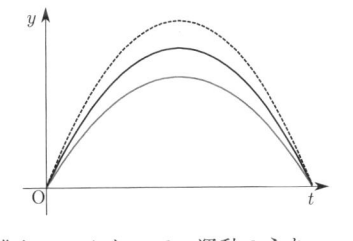

　この関数に関して作用積分を計算する。$\dfrac{dy(t)}{dt} = a(2t-T)$ だから、

$$\frac{1}{2}m\left(\frac{\mathrm{d}y}{\mathrm{d}t}\right)^2 = \frac{1}{2}ma^2(2t-T)^2 \tag{4.21}$$

が運動エネルギーである。これから位置エネルギー

$$mgy = mgat(t-T) \tag{4.22}$$

を引くと、

$$L = \frac{1}{2}ma^2(2t-T)^2 - mgat(t-T) \tag{4.23}$$

である。$S = \int_0^T L\,\mathrm{d}t$ を計算するために、定数以外の部分の積分を実行すると、

$$\int_0^T (2t-T)^2\,\mathrm{d}t = \left[\frac{(2t-T)^3}{6}\right]_0^T = \frac{T^3}{6} - \frac{(-T)^3}{6} = \frac{T^3}{3} \tag{4.24}$$

$$\int_0^T t(t-T)\,\mathrm{d}t = \int_0^T (t^2 - tT)\,\mathrm{d}t = \left[\frac{t^3}{3} - \frac{t^2 T}{2}\right]_0^T = -\frac{T^3}{6} \tag{4.25}$$

であるから、

$$S = \frac{1}{2}ma^2 \times \frac{T^3}{3} - mga \times \left(-\frac{T^3}{6}\right) = m\frac{T^3}{6}(a^2 + ga) = m\frac{T^3}{6}a(a+g) \tag{4.26}$$

となる。上の式から、S は $a=0$ と $a=-g$ で 0 になるから、右のグラフのような放物線であり、グラフからわかるように極小となるのは $a = -\frac{1}{2}g$ のところである。

$$\frac{\mathrm{d}S}{\mathrm{d}a} = m\frac{T^3}{6}(2a+g) \tag{4.27}$$

が 0 になる条件から $a = -\frac{1}{2}g$ と求めてもよい。

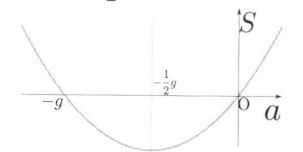

---------------- 練習問題 ----------------

【問い 4-1】 1次元の調和振動子のラグランジアン

$$L = \frac{1}{2}m(\dot{x})^2 - \frac{1}{2}kx^2 \tag{4.28}$$

を考える。実際に起こる運動の例として、$x(t) = A\cos\omega t$（ただし、$\omega = \sqrt{\dfrac{k}{m}}$）がある。これと少し違うが、初期値と最終値が $x(0) = A, x(T) = A$（ただし $T = \dfrac{2\pi}{\omega}$）を満たす運動として、

(1)　$x(t) = A\left(a\cos\omega t + (1-a)\cos^2\omega t\right)$

(2)　$x(t) = A(a\cos\omega t + 1 - a)$

を考えよう。どちらも、$a=1$ が実現する運動である。それぞれの場合で作用を計算し、作用が極値になる場合が実現する運動となっていることを確認せよ。

ヒント → p347 へ　　解答 → p355 へ

+++++++++++++++++++++++++++++++++++++【補足終わり】

4.1.4　運動方程式としてのオイラー・ラグランジュ方程式

こうして、変分原理からオイラー・ラグランジュ方程式を作る準備ができた。1粒子の場合であれば

$$L = \frac{1}{2}m|\dot{\vec{x}}|^2 - V(\vec{x}) \tag{4.29}$$

という量を作り、これをラグランジアンとする[†15]。このラグランジアンは「(運動エネルギー) − (位置エネルギー)」という式になっている。多くの場合この形なので、これをラグランジアンの定義であると考えている人がいるし、そのように単純に説明している本もある。しかし本来のラグランジアンの定義は「時間積分すると作用となり、作用が停留する条件から運動方程式が導けるようなもの」として定義されている。一般的なラグランジアンは「(運動エネルギー) − (位置エネルギー)」の形になるとは限らない。

(4.19)で考えた「作用」はこれを時間で積分したもの $\int_{t_i}^{t_f} L\,dt$ である。経路を表す関数 $\vec{x}(t)$ を $\vec{x}(t) \to \vec{x}(t) + \vec{\epsilon}(t)$ （ただし $\vec{\epsilon}(t_i) = \vec{\epsilon}(t_f) = 0$ を満たすものとする）と「変形」してみたとしても、ϵ の 1 次のオーダーについて作用 $\int_{t_i}^{t_f} L\,dt$ が変化しないという条件は、これまでも出てきたオイラー・ラグランジュの方程式 $\frac{\partial L}{\partial x_i} - \frac{d}{dt}\left(\frac{\partial L}{\partial \dot{x}_i}\right) = 0$ である。上の作用 (4.29) に関して作ったオイラー・ラグランジュ方程式は

$$-\frac{\partial V}{\partial x_i} - \frac{d}{dt}(m\dot{x}_i) = 0 \quad \text{移項して} \quad \frac{d}{dt}(m\dot{x}_i) = -\frac{\partial V}{\partial x_i} \tag{4.30}$$

であり、通常のニュートンの運動方程式である。

以下のことを確認しておこう。

[†15] 実は、同じ運動方程式を出すラグランジアンが一つとは限らない。

> **━━━ 表面項は運動方程式に効かない ━━━**
>
> ラグランジアンに $\dfrac{\mathrm{d}(\vec{x}とtの任意の関数)}{\mathrm{d}t}$ を付け加えてもオイラーラグランジュ方程式は変化しない。すなわち、G を任意の $\vec{x},t$ の関数とした時、$L \to L + \dfrac{\mathrm{d}G}{\mathrm{d}t}$ とラグランジアンが変化しても、$\dfrac{\partial L}{\partial x_i} - \dfrac{\mathrm{d}}{\mathrm{d}t}\left(\dfrac{\partial L}{\partial \dot{x}_i}\right) = 0$ はそのまま成り立つ。

このことは考えてみれば当たり前である。というのは、付け加えられたのは、$\int_{t_0}^{t_1} \dfrac{\mathrm{d}G}{\mathrm{d}t}\mathrm{d}t = G(t_1) - G(t_0)$ なので端点での値だけである。端点で 0 にするという変分の取り方を取っている以上、その部分はどうせ変分しても変化しないから、オイラー・ラグランジュ方程式には効かない。

実際に代入してみれば、付け加えたことによるオイラー・ラグランジュ方程式の左辺の変化は

$$\frac{\partial \left(\frac{\mathrm{d}G}{\mathrm{d}t}\right)}{\partial x_i} - \frac{\mathrm{d}}{\mathrm{d}t}\left(\frac{\partial \left(\frac{\mathrm{d}G}{\mathrm{d}t}\right)}{\partial \dot{x}_i}\right) \tag{4.31}$$

であるが、G は $\vec{x},t$ の関数だから、時間微分すると

$$\frac{\mathrm{d}G}{\mathrm{d}t} = \sum_i \frac{\partial G}{\partial x_i}\dot{x}_i + \frac{\partial G}{\partial t} \tag{4.32}$$

となる。これをさらに x_j で微分すると、

$$\frac{\partial \left(\frac{\mathrm{d}G}{\mathrm{d}t}\right)}{\partial x_j} = \sum_i \frac{\partial^2 G}{\partial x_j \partial x_i}\dot{x}_i + \frac{\partial^2 G}{\partial x_j \partial t} \tag{4.33}$$

になり、$\dot{x}_j$ で微分すると

$$\frac{\partial \left(\frac{\mathrm{d}G}{\mathrm{d}t}\right)}{\partial \dot{x}_j} = \frac{\partial G}{\partial x_j} \tag{4.34}$$

になる($\dot{x}_i$ は (4.32) の第 1 項にしかないので、微分の結果は第 1 項の $\dot{x}_i$ の係数)。これから、

$$\frac{\mathrm{d}}{\mathrm{d}t}\left(\frac{\partial \left(\frac{\mathrm{d}G}{\mathrm{d}t}\right)}{\partial \dot{x}_j}\right) = \frac{\mathrm{d}}{\mathrm{d}t}\left(\frac{\partial G}{\partial x_j}\right) = \sum_k \frac{\partial^2 G}{\partial x_j \partial x_k}\dot{x}_k + \frac{\partial^2 G}{\partial x_j \partial t} \tag{4.35}$$

となり、確かに (4.31) が 0 であることが確認できる。

4.1.5 なぜ位置エネルギーは引かれるのか？？ ╋╋╋╋╋╋╋╋【補足】

解析力学を勉強する多くの人が、ここでラグランジアン（もしくはその積分である作用）の物理的意味がわからない、と悩んでしまうようである。

作用はそもそも「変分を取って0とすることで運動方程式を導くもの」であり、そのためには位置エネルギーは引く必要がある（正確には、運動エネルギーと逆符号で足す必要がある）。つまり身も蓋も無い言い方をすれば「運動方程式が出てくるようにしたらそうなった」である。

しかしそれでは納得しがたい、そこに物理的イメージが欲しい人は、この場合「**主役は質点ではなく経路である**」ことに是非眼を向けてほしい。

静力学における位置エネルギーのイメージは、

> エネルギーが低い方に向かって物体が引っ張られる。

であろう。そのイメージにそって考えると、実は

> 両端を固定した**経路**は、位置エネルギーが高い方へ引っ張られる。

と言える。

落体の運動をイメージしてみるとよい。「重力がない場合の運動」は等速直線運動（t-x グラフで直線）である。一方、「重力が働いている場合の運動」は放物線であり、「ない場合」に比べて、上に移動している。つまり、位置エネルギー U の存在は経路を「位置エネルギーが高い方へ」と引っ張る。一方、運動エネルギー $\frac{1}{2}mv^2$ の存在は経路を「より直線に近い方へ」と引っ張る。この二つの引っ張り合いの結果、言わば「つりあった場所」として放物線が選ばれる。

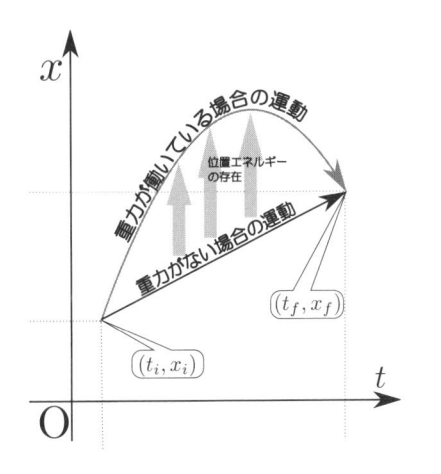

我々は今「質点」を相手にしているのではなく「経路」を相手にしているので「その量（位置エネルギー）は経路をどちらに引っ張るのか？」ということを考えてやれば、マイナス符号の意味もわかってくる。前に考えたモデルの結果が「上下がひっくりかえった」放物線になったことから理解できるかもしれない。ここでもう一度、3.6.1 節を読んでみるとよい。「神の視点」に立ったつもりで「経路を変形すると、$L = T - U$ を小さくするところに落ち着こうとする」というイメージを持ってみよう。

╋╋╋╋╋╋╋╋╋╋╋╋╋╋╋╋╋╋╋╋╋╋╋╋╋╋╋╋╋【補足終わり】

4.2　1次元運動の例題

4.2.1　簡単な例題

落体の運動

$$L = \frac{1}{2}m(\dot{z})^2 - mgz \tag{4.36}$$

というラグランジアンになるので、オイラー・ラグランジュ方程式は

$$\underbrace{-mg}_{\frac{\partial L}{\partial z}} - \frac{d}{dt}\underbrace{(m\dot{z})}_{\frac{\partial L}{\partial \dot{z}}} = 0 \tag{4.37}$$

となる。これは正しい落体の運動の方程式 $\left(m\ddot{z} = -mg\right)$ である。

摩擦のない面をすべる物体

　坂道をすべり落ちる物体を考えてみる。座標を、斜面の上からとると、運動エネルギーは $\frac{1}{2}m(\dot{x})^2$、位置エネルギーは $-mgx\sin\theta$ であるから、

$$L = \frac{1}{2}m(\dot{x})^2 + mgx\sin\theta \tag{4.38}$$

であり、オイラー・ラグランジュ方程式は

$$mg\sin\theta - \frac{d}{dt}(m\dot{x}) = 0 \tag{4.39}$$

である。運動方程式の場合のように、「重力 $m\vec{g}$ の斜面に平行な成分は $mg\sin\theta$ で」とか「重力の斜面に垂直な成分 $mg\cos\theta$ は垂直抗力とつりあって」などと考える必要はない（位置エネルギーをどう考えればよいかだけに注目すればよい）。

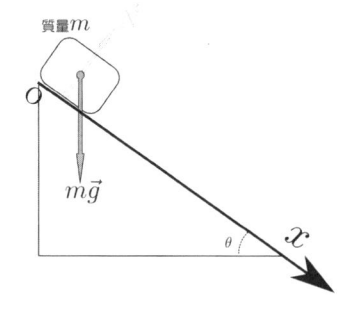

1次元調和振動子

　この場合のラグランジアンは、

$$L = \underbrace{\frac{1}{2}m(\dot{x})^2}_{\text{運動エネルギー}} - \underbrace{\frac{1}{2}kx^2}_{\text{位置エネルギー}} \tag{4.40}$$

であるから、オイラー・ラグランジュ方程式を作ると

$$\underbrace{-kx}_{\frac{\partial L}{\partial x}} - \frac{\mathrm{d}}{\mathrm{d}t}\underbrace{(m\dot{x})}_{\frac{\partial L}{\partial \dot{x}}} = 0 \quad \text{より} \quad -kx = m\frac{\mathrm{d}^2 x}{\mathrm{d}t^2} \tag{4.41}$$

となって単振動の運動方程式となる。

4.2.2　加速する座標系内の自由粒子

慣性系の座標である x に対し、

$$X = x - \frac{1}{2}gt^2 \tag{4.42}$$

という新しい座標系を考える。これは、x 座標系を $\frac{1}{2}gt^2$ という値だけ平行移動（時間が経てば平行移動の距離は二次式で増える）した座標系であるから、初速度 0、加速度 g で x 軸正の向きに加速している人から見ての相対運動を考える座標系だと思えばよい（というわけで、以下では「加速系」と呼ぶ）。念のため注意しておくが、X はその座標系で測ったある物体の座標であり、「加速している人」の座標とは別である（加速している人の座標は、たとえば原点 $X = 0$ であると思えばよい）。

この加速系で起こる物理を考えるのだが、慣性系に移れば質点には何の力も働いていない。よって慣性系での作用 $L_{慣性系} = \frac{1}{2}m(\dot{x})^2$ を書き換えた、

$$L_{加速系} = \frac{1}{2}m\left(\dot{X} + gt\right)^2 \tag{4.43}$$

を加速系のラグランジアンとする（$L_{慣性系}$ と $L_{加速系}$ は同じ関数だから、作用が極値となる条件は同じ）。これからオイラー・ラグランジュ方程式を作ると、

$$\underbrace{\frac{\partial L}{\partial X}}_{=0} - \frac{\mathrm{d}}{\mathrm{d}t}\underbrace{\left(m\left(\dot{X} + gt\right)\right)}_{\frac{\partial L}{\partial(\dot{X})}} = 0$$
$$m\left(\ddot{X} + g\right) = 0 \tag{4.44}$$

となって、運動方程式 $m\ddot{X} = -mg$ が出てくる。

同じ運動方程式が出てくるのなら、(4.43) の $L_{加速系}$ と

$$L_{落体} = \frac{1}{2}m\left(\dot{X}\right)^2 - mgX \tag{4.45}$$

（つまり重力 mg が働く場合のラグランジアン）との関係はなんだろう？—実はこの二つ（$L_\text{加速系}$ と $L_\text{落体}$）は、「運動方程式に関係ない部分を除けば」同じラグランジアンだと考えてよい。というのは、既に示したように、「何かの時間微分をラグランジアンに加えても運動方程式は変わらない」という性質があるからである。実際その差を計算してみると、
$\to$ p98

$$L_\text{加速系} - L_\text{落体} = m\dot{X}\cdot(gt) + \frac{m}{2}g^2 t^2 + mgX = mgt\dot{X} + \frac{m}{2}g^2 t^2 + mgX \quad (4.46)$$

である。この式は $mgtX + \frac{m}{6}g^2 t^3$ の時間微分となっている（微分して確かめよう）。同じ式で表せる力が働く系なのだから、「加速度 g で運動している座標系内の自由粒子」と「重力 $-mg$ が働く粒子」が本質的に同じラグランジアン（同じ作用）で記述できるというのは、当然といえば当然だが、面白いことである[†16]。

---------------------------- 練習問題 ----------------------------
【問い 4-2】 「下向きに重力 mg が働く粒子」の運動を「慣性系から見て下向きに加速度 g で運動している座標系」で見た場合の運動を記述するラグランジアンを作り、そのラグランジアンが本質的に自由粒子のラグランジアンと同一であることを示せ。

ヒント $\to$ p347 へ　　解答 $\to$ p356 へ

4.2.3　速度に比例する抵抗　+++++++++++++++++++++【補足】

速度に比例する抵抗力 $F = -K\dot{x}$ が働く場合というのはよくあるが、これをラグランジュ形式で取り扱うのは不可能に思えるかもしれない。

というのも、ナイーブに「ラグランジュ形式では力が $\frac{\partial L}{\partial x}$ で表せるから、L に $-Kx\dot{x}$ を付け加えればいいだろう」と考えるとうまくいかないからである。なぜなら、オイラー・ラグランジュ方程式にはもう一つの項 $-\frac{\mathrm{d}}{\mathrm{d}t}\left(\frac{\partial L}{\partial \dot{x}}\right)$ があり、L に $-Kx\dot{x}$ を加えると $\frac{\partial L}{\partial \dot{x}}$ には $-Kx$ が加わってしまい、こっちから $K\dot{x}$ が出てきて相殺してしまう。こうなる理由は単純で、今付け加えようとした $-Kx\dot{x}$ という項は $-\frac{K}{2}\frac{\mathrm{d}}{\mathrm{d}t}(x^2)$ と書くことができる。これは全微分であり表面項になってしまうから、運動方程式には効かない。
$\to$ p98

[†16] この一致を深い意味のある結果と考えるのが「等価原理」であり、アインシュタインが一般相対性理論を構築する時の手がかりとなった。

ではこのような力を導入するにはどうすればよいかというと、$L = \frac{m}{2}(\dot{x})^2 - V(x)$ の形であったならば、

$$\frac{m}{2}(\dot{x})^2 - V(x) \to e^{\frac{K}{m}t}\left(\frac{m}{2}(\dot{x})^2 - V(x)\right) \tag{4.47}$$

という変形で実現する。この新しいラグランジアンからオイラー・ラグランジュ方程式を作ると、

$$\begin{aligned}\underbrace{-e^{\frac{K}{m}t}\frac{\partial V}{\partial x}}_{\frac{\partial L}{\partial x}} - \frac{d}{dt}\underbrace{\left(e^{\frac{K}{m}t}m\dot{x}\right)}_{\left(\frac{\partial L}{\partial \dot{x}}\right)} &= 0 \\ -e^{\frac{K}{m}t}\frac{\partial V}{\partial x} - \frac{K}{m}e^{\frac{K}{m}t}m\dot{x} - e^{\frac{K}{m}t}m\ddot{x} &= 0 \\ -\frac{\partial V}{\partial x} - K\dot{x} &= m\ddot{x}\end{aligned} \quad \left(e^{\frac{K}{m}t}で両辺を割って\right) \tag{4.48}$$

となって確かに運動方程式の力に $-K\dot{x}$ が現れる。後でハミルトン形式の場合でも同様のことができることを見る。
→ p268

ただ、一般的な抵抗力が存在する時に、いつでも対応するラグランジアンが書けるというわけではない（ここで紹介したのは幸運な例である）。
✚✚✚✚✚✚✚✚✚✚✚✚✚✚✚✚✚✚✚✚✚✚✚✚✚✚✚✚✚✚✚【補足終わり】

4.3 複合系をラグランジアン形式で

ここまでは一体系の例で、それほどラグランジュ形式の「威力」を発揮してない。複数物体が連結して動く時のラグランジアンの作り方を考えて、その威力を実感しよう。前に3.1.2節で相互作用する2体の静力学を考えた時、
→ p54
仕事が消し合ってくれたおかげで計算が簡単になったことを参考にする。

4.3.1 定滑車

まずは簡単な1次元モデルである、定滑車にかけられた物体を考えよう。

図の質量 m_1 と m_2 を持つ物体は、連動して動く（糸がたるむことはないとしよう）ので、

この二つの物体の運動方程式は

$$m_1\frac{dv}{dt} = m_1 g - T \tag{4.49}$$

$$m_2\frac{dv}{dt} = T - m_2 g \tag{4.50}$$

である（m_1 と m_2 で正の向きを変えていることに注意）。それぞれの運動方程式を出すラグランジアンを考えたとすると、

$$L_1 = \frac{1}{2}m_1 v^2 - (T - m_1 g)x \qquad (4.51)$$

$$L_2 = \frac{1}{2}m_2 v^2 - (m_2 g - T)x \qquad (4.52)$$

である。重力の位置エネルギー mgx が入っているのはもちろんだが、実際には存在しない（言うなれば「張力の位置エネルギー」）Tx も導入している。これを微分することで張力が出るように、というトリックである。

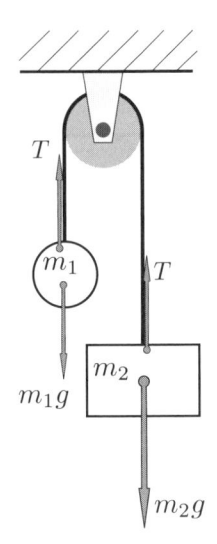

この二つの和を取ったラグランジアンが

$$L_1 + L_2 = \frac{1}{2}m_1 v^2 + \frac{1}{2}m_2 v^2 - (m_2 - m_1)gx \qquad (4.53)$$

である。結果には、途中で導入した Tx の項は現れない！

ラグランジュ形式の力学の根底にあるのは仮想仕事の原理であることを考えると、この Tx の項は最初から不要である。張力 T がこの二つの物体にする仕事は、必ず消し合う（力としての張力は消し合わない。同じ向きを向いている）ので、仮想仕事の原理を考える時、「張力が M にする仕事 $T\delta x$」と「張力が m にする仕事 $-T\delta x$」は考えなくてもよい（考えたとしても消えてしまう）。ここではわざわざ「張力がある」という立場から出発して、ラグランジアンのレベルになると消し合って消えることを確認したが、実は最初から「張力は全体で仕事をしない（仮想仕事すらしない）。作用を作る時に仮想仕事をしない力は考慮する必要はない」と考えていきなり、(4.53) を出せばよかった——ここでやっていることは、静力学で仮想仕事の原理を使って(3.10) を出した時に「仕事が消えるから」という理由で T 最初から考えなかったのと同じことである。

この「どうせ消えてしまう、全体で仕事をしない部分はラグランジアン（作用）に最初から入れる必要はない」ということが、ラグランジュ形式の大きな威力である。

4.3.2 動滑車

動滑車にとりつけられた二つの物体の運動は、各々のラグランジアンの和に拘束条件を考慮した、以下のようなラグランジアンを考えればよい。

$$L = \frac{1}{2}m_1(\dot{x}_1)^2 + \frac{1}{2}m_2(\dot{x}_2)^2 - m_1 g x_1 - m_2 g x_2 + \lambda(x_1 + 2x_2 - X) \quad (4.54)$$

最後に付けられたラグランジュ未定乗数が、$x_1 + 2x_2 = X$(一定)、つまり、「x_2 が L 小さくなると x_1 が $2L$ 大きくなる」という条件をつけている（右の図参照）。

$$\underbrace{-m_1 g + \lambda}_{\frac{\partial L}{\partial x_1}} - \frac{d}{dt}\underbrace{(m_1 \dot{x}_1)}_{\frac{\partial L}{\partial \dot{x}_1}} = 0 \quad (4.55)$$

$$\underbrace{-m_2 g + 2\lambda}_{\frac{\partial L}{\partial x_2}} - \frac{d}{dt}\underbrace{(m_2 \dot{x}_2)}_{\frac{\partial L}{\partial \dot{x}_2}} = 0 \quad (4.56)$$

$$\underbrace{x_1 + 2x_2 - X}_{\frac{\partial L}{\partial \lambda}} = 0 \quad (4.57)$$

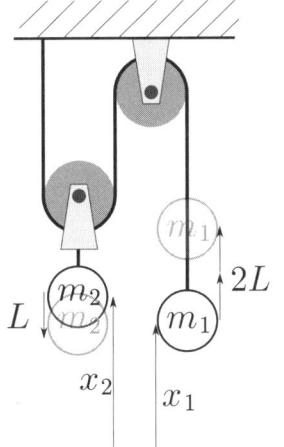

の3つのオイラー・ラグランジュ方程式を解く。最後の式を微分すると $\dot{x}_1 = -2\dot{x}_2$ であるからこれを代入して

$$-m_1 g + \lambda - \frac{d}{dt}(-2m_1 \dot{x}_2) = 0 \quad (4.58)$$

$$-m_2 g + 2\lambda - \frac{d}{dt}(m_2 \dot{x}_2) = 0 \quad (4.59)$$

として、さらに $(4.58) \times 2 - (4.59)$ を行うと、

$$-2m_1 g + m_2 g + (4m_1 + m_2)\ddot{x}_2 = 0 \quad (4.60)$$

$$\ddot{x}_2 = \frac{2m_1 - m_2}{4m_1 + m_2}g \quad (4.61)$$

となる。ラグランジュ未定乗数を使わずにいきなり、

$$\begin{aligned}L &= \frac{1}{2}m_1(2\dot{x}_2)^2 + \frac{1}{2}m_2(\dot{x}_2)^2 + 2m_1 g x_2 - m_2 g x_2 \\ &= \frac{1}{2}(4m_1 + m_2)(\dot{x}_2)^2 + (2m_1 - m_2)g x_2\end{aligned} \quad (4.62)$$

という作用から始めても、結果は同じである。実際この式は (4.61) を導くラグランジアンになっている[†17]。

4.4 多次元のラグランジュ形式

4.4.1 2次元以上の変数のラグランジアン

2次元や3次元の運動をラグランジュ形式で表示し考えてみよう。2次元直交座標であれば、

$$L = \frac{1}{2}m\left((\dot{x})^2 + (\dot{y})^2\right) - V(x, y) \tag{4.63}$$

あるいは、ベクトルを使って、

$$L = \frac{1}{2}m|\dot{\vec{x}}|^2 - V(\vec{x}) \tag{4.64}$$

のようにラグランジアンを記述していけばよい[†18]。$\vec{x} = (x, y, \cdots)$ とすれば、

$$\frac{\partial L}{\partial x} - \frac{\mathrm{d}}{\mathrm{d}t}\left(\frac{\partial L}{\partial \dot{x}}\right) = 0, \frac{\partial L}{\partial y} - \frac{\mathrm{d}}{\mathrm{d}t}\left(\frac{\partial L}{\partial \dot{y}}\right) = 0, \cdots \tag{4.65}$$

のようにそれぞれの変数に対してオイラー・ラグランジュ方程式を立てる。

$q_1, q_2, \cdots, q_N$ のように添字で区別された N 次元座標の場合は、

$$\frac{\partial L}{\partial q_i} - \frac{\mathrm{d}}{\mathrm{d}t}\left(\frac{\partial L}{\partial \dot{q}_i}\right) = 0 \tag{4.66}$$

を $i = 1, 2, \cdots, N$ のそれぞれに対して立てる[†19]。直交座標の簡単な例をやっておく（極座標を使ったりするのは、5.1.2 節でやろう）。
→ p115

2次元調和振動子

$$L = \frac{1}{2}m\left((\dot{x})^2 + (\dot{y})^2\right) - \frac{1}{2}k(x^2 + y^2) \tag{4.67}$$

[†17] 一般に拘束を代入してから解いてもラグランジュ未定乗数を使っても結果が同じであることは、5.3.3 節で示す。
→ p133
[†18] 一般的にこの形をしているとは限らない。
[†19] 空間内を動く1個の物体を考えているなら $N = 3$ である。複数個の物体を考える場合は（3次元運動する N 個の物体なら $3N$ 次元、というふうに）どんどん変数を増やして考える。

というラグランジアンから、オイラー・ラグランジュ方程式

$$-kx - m\ddot{x} = 0, \quad -ky - m\ddot{y} = 0 \tag{4.68}$$

を得る（実はこれは 1 次元調和振動子が独立に 2 個あるだけである）。

3 次元落体の運動

$$L = \frac{1}{2}m\left((\dot{x})^2 + (\dot{y})^2 + (\dot{z})^2\right) - mgz \tag{4.69}$$

というラグランジアンから、オイラー・ラグランジュ方程式

$$m\ddot{x} = 0, \quad m\ddot{y} = 0, \quad -mg - m\ddot{z} = 0 \tag{4.70}$$

を得る（これも、x, y 方向の自由粒子と、z 方向の 1 次元落体運動の合成である）。

上の二つの例は、$x, y(, z)$ 方向のそれぞれが完全に分離された運動であった。ラグランジアンがそれぞれの変数で分かれてしまうような場合は問題も分離できる。分離できない例を一つやっておくと、

2 次元線型ポテンシャル

$$L = \frac{1}{2}m\left((\dot{x})^2 + (\dot{y})^2\right) - K\sqrt{x^2 + y^2} \tag{4.71}$$

というラグランジアンを考える。これは調和振動子と違って、ポテンシャルが距離に比例する。オイラー・ラグランジュ方程式は

$$-K\frac{x}{\sqrt{x^2 + y^2}} - m\ddot{x} = 0, \quad -K\frac{y}{\sqrt{x^2 + y^2}} - m\ddot{y} = 0 \tag{4.72}$$

という少し複雑な（分離できない）形になる。

次に、物体の数を増やしてみよう。

4.4.2 棒に繋がれた 2 物体の平面内運動

質量 m_1, m_2 の 2 個の質点が長さ ℓ の質量が無視できる棒で連結され、平面上を運動している場合を考えよう。質点の位置ベクトルを $\vec{x}_1, \vec{x}_2$ とすると、

$$|\vec{x}_1 - \vec{x}_2| = \ell \tag{4.73}$$

という拘束がついている。ラグランジアンは

$$L = \frac{1}{2}m_1|\dot{\vec{x}}_1|^2 + \frac{1}{2}m_2|\dot{\vec{x}}_2|^2 + \lambda(|\vec{x}_1 - \vec{x}_2| - \ell)$$
$$= \frac{1}{2}m_1\left((\dot{x}_1)^2 + (\dot{y}_1)^2\right) + \frac{1}{2}m_2\left((\dot{x}_2)^2 + (\dot{y}_2)^2\right)$$
$$+ \lambda\left(\sqrt{(x_1-x_2)^2 + (y_1-y_2)^2} - \ell\right) \quad (4.74)$$

である（1行目はベクトルで、2行目は成分で表示した）。オイラー・ラグランジュ方程式はベクトルの表記では

$$\lambda\frac{\vec{x}_1 - \vec{x}_2}{|\vec{x}_1 - \vec{x}_2|} - m_1\ddot{\vec{x}}_1 = 0 \quad \text{と} \quad \lambda\frac{\vec{x}_2 - \vec{x}_1}{|\vec{x}_1 - \vec{x}_2|} - m_2\ddot{\vec{x}}_2 = 0 \quad (4.75)$$

成分の表記では

$$\lambda\frac{x_1 - x_2}{\sqrt{(x_1-x_2)^2 + (y_1-y_2)^2}} - m_1\ddot{x}_1 = 0 \quad (4.76)$$

$$-\lambda\frac{x_1 - x_2}{\sqrt{(x_1-x_2)^2 + (y_1-y_2)^2}} - m_2\ddot{x}_2 = 0 \quad (4.77)$$

となる（y成分もあるが省略した）[20]。二つの表記を見比べて確認しておこう。ここで、

$$\frac{\vec{x}_1 - \vec{x}_2}{|\vec{x}_1 - \vec{x}_2|} = \vec{e}_{\vec{x}_2 \to \vec{x}_1} \quad (4.78)$$

という表記（$\vec{e}_{\vec{x}_2 \to \vec{x}_1}$は$\vec{x}_2$から$\vec{x}_1$へ向かう方向の単位ベクトル）を使うと、

$$\lambda\vec{e}_{\vec{x}_2 \to \vec{x}_1} - m_1\ddot{\vec{x}}_1 = 0 \quad \text{と} \quad \lambda\vec{e}_{\vec{x}_1 \to \vec{x}_2} - m_2\ddot{\vec{x}}_2 = 0 \quad (4.79)$$

となり、λが棒に働く力（正負により、張力だったり押す力だったりする）であることがわかる。

ところで、実際に起こる運動は並進運動と回転運動なので、$\vec{x}_1, \vec{x}_2$ではなく、並進を表す座標と角度を表す座標でラグランジアンを書くのも一つの手である。これについては後で、【問い5-5】でやってみよう。
→ p137

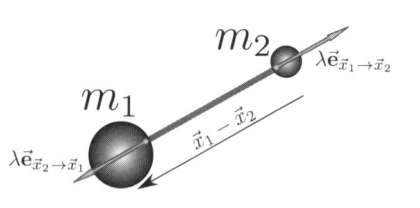

---

[20] もう一つ、$\sqrt{(x_1-x_2)^2 + (y_1-y_2)^2} - \ell = |\vec{x}_1 - \vec{x}_2| - \ell = 0$という式ももちろん出る。

4.4.3 一般的ポテンシャルによる相互作用をする2物体

二つの物体がポテンシャル $V(\vec{x}_1, \vec{x}_2)$ で表される相互作用をしている場合について考える。ラグランジアンは以下のように書ける。

$$L = \frac{1}{2}m_1 \left(\dot{\vec{x}}_1\right)^2 + \frac{1}{2}m_2 \left(\dot{\vec{x}}_2\right)^2 - V(\vec{x}_1, \vec{x}_2) \tag{4.80}$$

ここでポテンシャルが「並進不変性」を持つ(つまり、$\vec{x}_1 \to \vec{x}_1+\vec{\epsilon}, \vec{x}_2 \to \vec{x}_2+\vec{\epsilon}$ と置き換えても、ポテンシャルの形が変わらない) としよう。そのような時、実はポテンシャルは $\vec{x}_1, \vec{x}_2$ それぞれの関数というよりは、そのベクトル差 $\vec{x}_1 - \vec{x}_2$ の関数になっている。というわけで、以下では $V(\vec{x}_1, \vec{x}_2)$ ではなく、$V(\vec{x}_1 - \vec{x}_2)$ と書き換える。

物体1の運動方程式には $-\dfrac{\partial V}{\partial \vec{x}_1}$ が、物体2の運動方程式には $-\dfrac{\partial V}{\partial \vec{x}_2}$ が現れるので、ポテンシャルが $V(\vec{x}_1 - \vec{x}_2)$ になったことで、$\dfrac{\partial V}{\partial \vec{x}_1} = -\dfrac{\partial V}{\partial \vec{x}_2}$ になっている。つまり、ラグランジュ形式の立場では、作用反作用の法則は「ポテンシャルが相対座標にしかよらないこと」から導かれる。

ここから、重心運動を分離する。二体あわせて質量 $m_1 + m_2$ を持つ物体が $\dfrac{m_1\vec{x}_1 + m_2\vec{x}_2}{m_1 + m_2}$ という重心に集中して運動しているとすると、作用は

$$L_G = \frac{1}{2}(m_1 + m_2)\left(\frac{m_1\dot{\vec{x}}_1 + m_2\dot{\vec{x}}_2}{m_1 + m_2}\right)^2 = \frac{1}{2(m_1 + m_2)}\left(m_1\dot{\vec{x}}_1 + m_2\dot{\vec{x}}_2\right)^2 \tag{4.81}$$

である。$L - L_G$ が「重心運動以外のラグランジアン」であると考えて、

$$\begin{aligned}
L - L_G &= \frac{1}{2}m_1\left(\dot{\vec{x}}_1\right)^2 + \frac{1}{2}m_2\left(\dot{\vec{x}}_2\right)^2 - V(\vec{x}_1 - \vec{x}_2) \\
&\quad - \frac{1}{2(m_1 + m_2)}\left((m_1)^2|\dot{\vec{x}}_1|^2 + 2m_1 m_2 \dot{\vec{x}}_1 \cdot \dot{\vec{x}}_2 + (m_2)^2|\dot{\vec{x}}_2|^2\right) \\
&= \frac{1}{2}\underbrace{\left(m_1 - \frac{(m_1)^2}{m_1 + m_2}\right)}_{\frac{m_1 m_2}{m_1 + m_2}}\left(\dot{\vec{x}}_1\right)^2 + \frac{1}{2}\underbrace{\left(m_2 - \frac{(m_2)^2}{m_1 + m_2}\right)}_{\frac{m_1 m_2}{m_1 + m_2}}\left(\dot{\vec{x}}_2\right)^2 \\
&\quad - \frac{m_1 m_2}{m_1 + m_2}\dot{\vec{x}}_1 \cdot \dot{\vec{x}}_2 - V(\vec{x}_1 - \vec{x}_2) \\
&= \frac{1}{2}\frac{m_1 m_2}{m_1 + m_2}\left(\dot{\vec{x}}_1 - \dot{\vec{x}}_2\right)^2 - V(\vec{x}_1 - \vec{x}_2)
\end{aligned} \tag{4.82}$$

となって、残りラグランジアンは $\vec{x}_1 - \vec{x}_2$ という相対座標のみで表され、

$$L = \underbrace{\frac{1}{2(m_1+m_2)}\left(m_1\dot{\vec{x}}_1 + m_2\dot{\vec{x}}_2\right)^2}_{\text{重心運動}} + \underbrace{\frac{1}{2}\frac{m_1m_2}{m_1+m_2}\left(\dot{\vec{x}}_1 - \dot{\vec{x}}_2\right)^2 - V(\vec{x}_1 - \vec{x}_2)}_{\text{相対運動}}$$
(4.83)

と、ラグランジアンの時点で分離ができた。分離できた、という意味は、

$$\mu = \frac{m_1m_2}{m_1+m_2}, \quad \dot{\vec{x}}_\text{G} = \frac{m_1\dot{\vec{x}}_1 + m_2\dot{\vec{x}}_2}{m_1+m_2}, \quad \vec{x}_\text{R} = \vec{x}_1 - \vec{x}_2 \tag{4.84}$$

とおくと、

$$L = \frac{1}{2}(m_1+m_2)\left(\dot{\vec{x}}_\text{G}\right)^2 + \frac{1}{2}\mu(\dot{\vec{x}}_\text{R})^2 - V(\vec{x}_\text{R}) \tag{4.85}$$

となり、$\vec{x}_\text{G}$ のみを含む部分と $\vec{x}_\text{R}$ のみを含む部分に分かれてしまったということである。それぞれの部分は独立に変化するから、後はそれぞれ別々に問題を解けばよい。ここで現れた μ を「本当の質量ではないが、相対運動ではこれを質量として計算すればよい」という意味で、「**換算質量**」と呼ぶ。

4.5 章末演習問題

★【演習問題4-1】
　線型ポテンシャル $K\sqrt{(x_1-x_2)^2 + (y_1-y_2)^2}$ で相互作用する2粒子（質量 m_1, m_2）のラグランジアンを書き、オイラー・ラグランジュ方程式を求めよ。この場合も、重心 $\vec{x}_\text{G} = \dfrac{m_1\vec{x}_1 + m_2\vec{x}_2}{m_1+m_2}$ は等速直線運動することを確認せよ。　ヒント→ p3w へ　解答→ p13w へ

★【演習問題4-2】
　3個の質点（質量 m_1, m_2, m_3）がポテンシャル（$V(\vec{x}_1, \vec{x}_2, \vec{x}_3)$）で表される相互作用のもと運動している場合について考える。重心 $\vec{x}_\text{G} = \dfrac{m_1\vec{x}_1 + m_2\vec{x}_2 + m_3\vec{x}_3}{m_1+m_2+m_3}$ の運動が自由粒子の運動と等価になるためにはポテンシャルはどんな条件を満たさなくてはいけないか。　ヒント→ p3w へ　解答→ p13w へ

★【演習問題4-3】
　図の動滑車の運動のラグランジアンを書いてオイラー・ラグランジュ方程式を求めよ。
　ヒント→ p3w へ　解答→ p14w へ

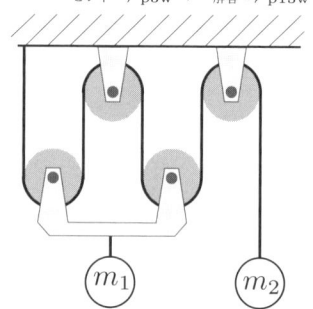

第 5 章
ラグランジュ形式の解析力学
―発展篇

ラグランジュ形式の解析力学について、さらに考えていこう。

5.1 オイラー・ラグランジュ方程式と座標変換

5.1.1 オイラー・ラグランジュ方程式の共変性

ラグランジュ形式の威力を実感する為に、ここではラグランジュ形式のありがたみの一つである「座標変換に対する共変性」について考えよう。

力学的自由度が N 個ある系が、N 個の座標 $q_i(i=1,2,\cdots,N)$ で記述されているとする。q_i それぞれは時間の関数であり、ラグランジアンは $\{q_*\}$ とその微分 $\{\dot{q}_*\}$ を含む。オイラー・ラグランジュ方程式は

$$\left.\frac{\partial L(\{q_*\},\{\dot{q}_*\})}{\partial q_i}\right|_{\{q_{\overline{i}}\},\{\dot{q}_*\}} - \frac{\mathrm{d}}{\mathrm{d}t}\left(\left.\frac{\partial L(\{q_*\},\{\dot{q}_*\})}{\partial \dot{q}_i}\right|_{\{q_*\},\{\dot{q}_{\overline{i}}\}}\right) = 0 \tag{5.1}$$

と書くことができる。$\left.\frac{\partial}{\partial q_i}\right|_{\{q_{\overline{i}}\},\{\dot{q}_*\}}$ という微分は「$q_*,\dot{q}_*$ のうち、q_i 以外を変化させずに q_i だけを変化させた時の微係数」を意味する（$\{q_{\overline{i}}\}$ の意味については 330 ページを参照せよ）。

特に必要でないときは $\left.\right|_{\{q_{\overline{i}}\},\{\dot{q}_*\}}$ などの「何を一定にして微分したか」を表す記号は省略する。たいていの場合は何が一定として微分しているかは推測できるはずである。上の式の場合、何の関数であるかを $(\{q_*\},\{\dot{q}_*\})$ と明記しているので、「微分している量以外の変数は固定している」と判断していい。

座標変換を行った時、本当にオイラー・ラグランジュ方程式は同じ形を保

つだろうか?—この方程式がスカラーな量(つまり座標変換しても変わらない量)である $S = \int L \mathrm{d}t$ の極値を求めるための方程式であることを考えると、同じ形に書けそうに思える。3.5.2 節で、安定点を求める計算がどのような座標系でも同じ答えを出したことと同様である。
→ p72

ここで「同じ形に書ける」というのは、ある座標系 $q_1, q_2, \cdots$ におけるオイラー・ラグランジュ方程式が

$$\frac{\partial L(\{q_*\}, \{\dot{q}_*\})}{\partial q_i} - \frac{\mathrm{d}}{\mathrm{d}t}\left(\frac{\partial L(\{q_*\}, \{\dot{q}_*\})}{\partial \dot{q}_i}\right) = 0 \tag{5.2}$$

であるのに対し、それを座標変換した別の座標系 $Q_1, Q_2, \cdots$ におけるオイラー・ラグランジュ方程式が、

$$\frac{\partial L(\{Q_*\}, \{\dot{Q}_*\})}{\partial Q_i} - \frac{\mathrm{d}}{\mathrm{d}t}\left(\frac{\partial L(\{Q_*\}, \{\dot{Q}_*\})}{\partial \dot{Q}_i}\right) = 0 \tag{5.3}$$

となることである[†1]。決して (5.2) と (5.3) が同じ式だと言っているのではない(実際、この二つの式は違う式だが、「q_i を Q_i に置き換えた」という同じ形で書ける。このように「変化するけど、それぞれの座標系での形が同じ」という時は「**不変**」(変わらない)ではなく「**共変**」と呼ぶ。S や L は不変である(座標変換によって変わらない)。その不変な L を各々の座標(q_i や Q_i)とその時間微分で微分して作った式だから、同じ形になる。

というわけで「**オイラー・ラグランジュ方程式は座標変換に共変である**」ということは直観的には正しそうだ。以下に、具体的な証明をしておこう。

そこでまず、一般的な座標変換を $q_i(i=1,2,\cdots N)$ から $Q_i(i=1,2,\cdots,N)$ として、新しい座標は

$$Q_i(q_1(t), q_2(t), \cdots, q_n(t), t) = Q_i(\{q_*(t)\}, t) \tag{5.4}$$

のように古い座標および時間の関数で表現されているとする。古い座標と新しい座標は 1 対 1 に対応して、かつ微分が発散したりはしないとする。

このような変換は「$\{q_*\}$ で表される点と $\{Q_*\}$ で表される点を結びつける変換」という意味で「**点変換**」と呼ばれる。

[†1] 二つの L ($L(\{q_*\}, \{\dot{q}_*\})$ と $L(\{Q_*\}, \{\dot{Q}_*\})$) は前者に $q_i = q_i(\{Q_*\})$ を代入したものが後者、という関係である。よって関数の形は違うが「代入によって得られたもの」ということで同じ文字を用いる。

Q_i は $\dot{q}_j$ には依存していない(今考えている「点変換」はそういう座標変換である)。この Q_i の時間微分 $\dot{Q}_i$ は、q_j と $\dot{q}_j$ の両方を含む

$$\frac{\mathrm{d}}{\mathrm{d}t} Q_i(\{q_*(t)\}, t) = \dot{Q}_i(\{q_*(t)\}, \{\dot{q}_*(t)\}, t) \tag{5.5}$$

ことにも注意が必要である(たとえば $Q = q^2$ と定義されていれば、Q は $\dot{q}$ を含まないが、$\dot{Q} = 2q\dot{q}$ となって $\dot{Q}$ は $q, \dot{q}$ の両方を含む)。

点変換の場合 $\dot{Q}_i$ は $\{\dot{q}_*\}$ を含むが、必ず1次式[†2]の形で含む(もともと $\{\dot{q}_*\}$ がない $\{q_*\}$ の式を時間微分して、$\dot{q}$ が2次以上の式で出てくるはずはない)。実際の微分は

$$\dot{Q}_i = \sum_j \left.\frac{\partial Q_i}{\partial q_j}\right|_{\{q_{\overline{j}}\}, t} \dot{q}_j + \left.\frac{\partial Q_i}{\partial t}\right|_{\{q_*\}} \tag{5.6}$$

のように書ける。この式から(この辺りの計算は(4.34)の辺りと同様)、
→ p98

―― 点変換の場合の $\dot{Q}_i$ の $\dot{q}_j$ 微分 ――

$$\left.\frac{\partial \dot{Q}_i}{\partial \dot{q}_j}\right|_{\{q_*\}, \{\dot{q}_{\overline{j}}\}, t} = \left.\frac{\partial Q_i}{\partial q_j}\right|_{\{q_{\overline{j}}\}, t} \tag{5.7}$$

という式が導ける(この式はあたかも「˙ が約分できた」かのようだ)。

以下で、$\dfrac{\partial L}{\partial q_i} - \dfrac{\mathrm{d}}{\mathrm{d}t}\left(\dfrac{\partial L}{\partial \dot{q}_i}\right) = 0$ と $\dfrac{\partial L}{\partial Q_i} - \dfrac{\mathrm{d}}{\mathrm{d}t}\left(\dfrac{\partial L}{\partial \dot{Q}_i}\right) = 0$ が等価であるかどうかを考えていこう。すなわち、「**オイラー・ラグランジュ方程式は座標変換に対して共変である**」と示したい。

もともと $\{q_*\}, \{\dot{q}_*\}$ で書かれていたラグランジアンを $\{Q_*\}, \{\dot{Q}_*\}$ を使って書き直したとしよう。このラグランジアンの微分は

$$\frac{\partial L}{\partial q_i} = \sum_{j=1}^{N} \left(\frac{\partial L}{\partial Q_j} \frac{\partial Q_j}{\partial q_i} + \frac{\partial L}{\partial \dot{Q}_j} \frac{\partial \dot{Q}_j}{\partial q_i} \right) \tag{5.8}$$

$$\frac{\partial L}{\partial \dot{q}_i} = \sum_{j=1}^{N} \left(\frac{\partial L}{\partial Q_j} \underbrace{\frac{\partial Q_j}{\partial \dot{q}_i}}_{=0} + \frac{\partial L}{\partial \dot{Q}_j} \frac{\partial \dot{Q}_j}{\partial \dot{q}_i} \right) \tag{5.9}$$

[†2] たくさんある $\{\dot{q}_*\}$ の全てを含むとは限らないので、「$\dot{q}_i$ を含まない」場合もあり、その場合は「$\dot{q}_i$ については0次式」である。

となる。Q_i は $\{\dot{q}_i\}$ によらないとして考えている（(5.4) →p112）ので、式に示したとおり、$\frac{\partial Q_j}{\partial \dot{q}_i}$ は 0 になる。$\frac{\partial L}{\partial q_i} - \frac{\mathrm{d}}{\mathrm{d}t}\left(\frac{\partial L}{\partial \dot{q}_i}\right) = 0$ にこれを代入していくと、

$$\sum_{j=1}^{N}\left(\frac{\partial L}{\partial Q_j}\frac{\partial Q_j}{\partial q_i} + \frac{\partial L}{\partial \dot{Q}_j}\frac{\partial \dot{Q}_j}{\partial q_i} - \frac{\mathrm{d}}{\mathrm{d}t}\left(\frac{\partial L}{\partial \dot{Q}_j}\frac{\partial \dot{Q}_j}{\partial \dot{q}_i}\right)\right) = 0$$

$$\sum_{j=1}^{N}\left(\left(\frac{\partial L}{\partial Q_j} - \frac{\mathrm{d}}{\mathrm{d}t}\left(\frac{\partial L}{\partial \dot{Q}_j}\right)\right)\frac{\partial Q_j}{\partial q_i} + \frac{\partial L}{\partial \dot{Q}_j}\underbrace{\left(\frac{\partial \dot{Q}_j}{\partial q_i} - \frac{\mathrm{d}}{\mathrm{d}t}\left(\frac{\partial \dot{Q}_j}{\partial \dot{q}_i}\right)\right)}_{\text{実は 0 になる部分}}\right) = 0 \tag{5.10}$$

となる。

　実は、最後にある $\frac{\partial \dot{Q}_j}{\partial q_i} - \frac{\mathrm{d}}{\mathrm{d}t}\left(\frac{\partial \dot{Q}_j}{\partial \dot{q}_i}\right)$ は 0 である。この式がオイラー・ラグランジュ方程式の L のところに $\dot{Q}_j$ が代入されている式になっていることに気づけば、98 ページで「表面項は運動方程式に効かない」ということを示したのと同様に考えて、$\frac{\partial \dot{Q}_j}{\partial q_i} - \frac{\mathrm{d}}{\mathrm{d}t}\left(\frac{\partial \dot{Q}_j}{\partial \dot{q}_i}\right)$ が 0 になることがわかる。実は、どんな関数であれ $\frac{\mathrm{d}}{\mathrm{d}t}$(なにか) と書ける量は全てオイラー・ラグランジュ方程式を満たすのである。そう考えれば $\frac{\partial \dot{Q}_j}{\partial q_i} - \frac{\mathrm{d}}{\mathrm{d}t}\left(\frac{\partial \dot{Q}_j}{\partial \dot{q}_i}\right) = 0$ は「当然そうなる！」と思える式になる。具体的な計算でこの式が 0 になることは、98 ページで(4.31)が 0 であることを証明しているのと同じ計算で確認できる。
→p98

　よって、

$$\sum_{j=1}^{N}\left(\left(\frac{\partial L}{\partial Q_j} - \frac{\mathrm{d}}{\mathrm{d}t}\left(\frac{\partial L}{\partial \dot{Q}_j}\right)\right)\frac{\partial Q_j}{\partial q_i}\right) = 0 \tag{5.11}$$

であり、この式に $\frac{\partial Q_j}{\partial q_i}$ の逆行列[†3]にあたる $\frac{\partial q_i}{\partial Q_k}$ をかけて i で足し算すると、

$$\sum_{j=1}^{N}\left(\left(\frac{\partial L}{\partial Q_j} - \frac{\mathrm{d}}{\mathrm{d}t}\left(\frac{\partial L}{\partial \dot{Q}_j}\right)\right)\underbrace{\sum_{i=1}^{N}\frac{\partial Q_j}{\partial q_i}\frac{\partial q_i}{\partial Q_k}}_{\to \delta_{jk}}\right) = 0 \tag{5.12}$$

$$\frac{\partial L}{\partial Q_k} - \frac{\mathrm{d}}{\mathrm{d}t}\left(\frac{\partial L}{\partial \dot{Q}_k}\right) = 0$$

[†3] 逆行列がないような座標変換は許されない。

となって、Q_j座標系でのオイラー・ラグランジュ方程式が導かれる。ただし、ここででてきた記号δ_{ij}は「クロネッカーのデルタ」である。この記号と
和記号があるときは
$$\sum_j \underbrace{\text{「なにか」}}_{j\text{に依存する量}} \delta_{jk} = j \text{に} k \text{が代入された「なにか」} \tag{5.13}$$
のように、和記号とクロネッカーのデルタの「つぶしあい」が起こる。こうして、ある座標系q_iで成り立ったオイラー・ラグランジュ方程式はq_iの関数であるQ_iを座標とする座標系でも成立することが言えた[†4]。

練習問題

【問い5-1】2次元直交座標のオイラー・ラグランジュ方程式
$$\frac{\partial L}{\partial x} - \frac{d}{dt}\left(\frac{\partial L}{\partial \dot{x}}\right) = 0, \quad \frac{\partial L}{\partial y} - \frac{d}{dt}\left(\frac{\partial L}{\partial \dot{y}}\right) = 0 \tag{5.14}$$
が成り立つとき、2次元極座標のオイラー・ラグランジュ方程式
$$\frac{\partial L}{\partial r} - \frac{d}{dt}\left(\frac{\partial L}{\partial \dot{r}}\right) = 0, \quad \frac{\partial L}{\partial \theta} - \frac{d}{dt}\left(\frac{\partial L}{\partial \dot{\theta}}\right) = 0 \tag{5.15}$$
が成り立つことを具体的計算により確認せよ。もちろん成り立つことは上で説明したことから明らかなのだが、計算の練習と確認のために一度ちゃんと計算してみよう。

ヒント → p347へ　解答 → p356へ

5.1.2　2次元極座標でのオイラー・ラグランジュ方程式

変分原理を使う理由は「座標変換を簡単にするため」だと何度も述べた。そこで直交座標でない座標系での運動方程式を実際に示して、どう簡単になったのかを見ていこう。

まずは2次元の直交座標で質点の運動を考えると、ラグランジアンは
$$L = \frac{m}{2}\left((\dot{x})^2 + (\dot{y})^2\right) - V(x,y) \tag{5.16}$$
である。この$(\dot{x})^2 + (\dot{y})^2$は「速さの自乗」であるから、極座標に直すと、
$$L = \frac{m}{2}\left((\dot{r})^2 + \left(r\dot{\theta}\right)^2\right) - V(r,\theta) \tag{5.17}$$

[†4] なお、ここではq_iの数とQ_iの数は等しいと置いた。自由度の数なのだから当然なのだが、実はQ_iの方が数が多いという「冗長な変換」も許される。

となる。

念の為注意

$V(x,y)$ と $V(r,\theta)$ という式を出したが、これはけっして、「$V(x,y)$ の x に r を、y に θ を代入したもの」ではない。たとえば $V(x,y) = \frac{1}{2}k(x^2+y^2)$ なら $V(r,\theta) = \frac{1}{2}kr^2$ である。つまり、$V(x,y)$ と $V(r,\theta)$ は違う関数であるが、座標変換をした結果として、同じ関数である。厳密な立場では $V(\vec{x})$ のようにどういう座標系を採用しているかによらない書き方をするか、$V(x,y)$ と $V(r,\theta)$ では文字を変える（$\tilde{V}(r,\theta)$ のように一方を違う文字にする）べきだが、そのあたりを厳密に書かずに、座標系が変わっても同じ量なら同じ記号を使い、関数の形が変わっても特に記号を変えないことを、「暗黙の了解」とすることがよくある。

オイラー・ラグランジュ方程式は

$$\frac{\partial L}{\partial r} - \frac{\mathrm{d}}{\mathrm{d}t}\left(\frac{\partial L}{\partial \dot{r}}\right) = 0 \tag{5.18}$$

$$\frac{\partial L}{\partial \theta} - \frac{\mathrm{d}}{\mathrm{d}t}\left(\frac{\partial L}{\partial \dot{\theta}}\right) = 0 \tag{5.19}$$

の二つである。具体的に計算すると、

$$\underbrace{mr\left(\dot{\theta}\right)^2 - \frac{\partial V}{\partial r}}_{\frac{\partial L}{\partial r}} - \frac{\mathrm{d}}{\mathrm{d}t}\underbrace{(m\dot{r})}_{\frac{\partial L}{\partial \dot{r}}} = 0$$

$$\underbrace{-\frac{\partial V}{\partial \theta}}_{\frac{\partial L}{\partial \theta}} - \frac{\mathrm{d}}{\mathrm{d}t}\underbrace{\left(mr^2\dot{\theta}\right)}_{\frac{\partial L}{\partial \dot{\theta}}} = 0 \tag{5.20}$$

となる。

以上の「直交座標→極座標」を運動方程式のレベルで行うとすると、

$$\begin{cases} m\dfrac{\mathrm{d}^2 x}{\mathrm{d}t^2} = -\dfrac{\partial V(x,y)}{\partial x} \\ m\dfrac{\mathrm{d}^2 y}{\mathrm{d}t^2} = -\dfrac{\partial V(x,y)}{\partial y} \end{cases} \tag{5.21}$$

に $x = r\cos\theta, y = r\sin\theta$ と $\dfrac{\partial}{\partial x} = \dfrac{\partial r}{\partial x}\dfrac{\partial}{\partial r} + \dfrac{\partial \theta}{\partial x}\dfrac{\partial}{\partial \theta}, \dfrac{\partial}{\partial y} = \dfrac{\partial r}{\partial y}\dfrac{\partial}{\partial r} + \dfrac{\partial \theta}{\partial y}\dfrac{\partial}{\partial \theta}$ を代入してせっせと計算する（あまりおすすめできない）か、

$$m\frac{\mathrm{d}^2}{\mathrm{d}t^2}(x\vec{e}_x + y\vec{e}_y) = -\vec{e}_x\frac{\partial V(x,y)}{\partial x} - \vec{e}_y\frac{\partial V(x,y)}{\partial y} \tag{5.22}$$

から
$$m\frac{\mathrm{d}^2}{\mathrm{d}t^2}(r\vec{e}_r) = -\vec{e}_r\frac{\partial V(r,\theta)}{\partial r} - \vec{e}_\theta\frac{1}{r}\frac{\partial V(r,\theta)}{\partial \theta} \tag{5.23}$$

と直してから微分を丁寧に行う（**少し計算量は少ない**）か、図を描いて速度変化と加速度の関係を読み取る、などの方法がある。

---------------------------- 練習問題 ----------------------------

【問い 5-2】 上に書いた「あまりおすすめできない」計算を実行せよ。すなわち、(5.21) を極座標に変換することで、(5.20) を導け。　ヒント → p347 へ　解答 → p357 へ
→ p116　　　　　　　　　　　　　　→ p116

【問い 5-3】 上に書いた「少し計算量は少ない」計算を実行せよ。すなわち (5.23) の微分を実行して、(5.20) を導け。
→ p116
　　　　　　　　　　　　　　　　　　　　　　　ヒント → p347 へ　解答 → p358 へ

5.1.3 循環座標

さて、以下では $V(r,\theta)$ が θ を含まず、$V(r)$ と書ける場合について考えよう。その場合のラグランジアンは

$$L = \frac{m}{2}\left((\dot{r})^2 + (r\dot{\theta})^2\right) - V(r) \tag{5.24}$$

であり、$\frac{\partial L}{\partial \theta} = 0$ なので、θ に関する式 (5.19) は
→ p116

$$\frac{\mathrm{d}}{\mathrm{d}t}\underbrace{\left(mr^2\dot{\theta}\right)}_{\frac{\partial L}{\partial \dot{\theta}}} = 0 \tag{5.25}$$

という簡単な式になる。これから

$$mr^2\dot{\theta} = h(\text{一定}) \tag{5.26}$$

という式が出る。

この例のように、ラグランジアンがある変数（今の場合は θ）を含まない時、その変数を「**循環座標 (cyclic coordinate)**」または「**無視できる座標 (ignorable coordinate)**」と言う[†5]。その循環座標または無視できる座標を y とした時、

[†5] 「循環座標」という言葉は角度 ϕ のような輪になった座標を連想してしまうが、「循環」してなくてもラグランジアンに含まれてなければ「循環座標」と呼ぶ。あまりよい名前ではないが広く使われている。

$\dfrac{\partial L}{\partial y} = 0$ から $\dfrac{\partial L}{\partial \dot{y}}$（後でわかるが、これは「$y$ に共役な運動量」である）は時間によらない。つまり循環座標があればそれに対応する保存量が一つある。

これから $\dot{\theta} = \dfrac{h}{mr^2}$ を(5.20)に代入すると、

$$\frac{h^2}{mr^3} - \frac{\partial V}{\partial r} - m\ddot{r} = 0 \tag{5.27}$$

という式が出る。後はこれを解けばよい。

「循環座標がいくつあるか？」という問いに対する答は、使っている座標系に依存することを注意しておこう[†6]。循環座標があると計算は楽だから、「循環座標がたくさんあるような座標系」が欲しくなる。そういう座標変換が簡単に——とは言わないがせめて系統的にできることが解析力学の利点である。

5.1.4　変数変換に関する注意——ルジャンドル変換の必要性

前節の問題で、以下のようなことをやると失敗するという注意とともに、この後でも使う重要な概念である「ルジャンドル変換」を説明しておこう。失敗とは、以下のようなものだ。

この考え方は間違っています！

$\dot{\theta} = \dfrac{h}{mr^2}$ とわかったので、(5.24)のラグランジアンに代入して、

$$\tilde{L} = \frac{1}{2}m(\dot{r})^2 + \frac{h^2}{2mr^2} - V(r) \tag{5.28}$$

という新しいラグランジアンを作る。この $\tilde{L}$ からオイラー・ラグランジュ方程式を作ると、以下のようになる。

$$\underbrace{-\frac{h^2}{mr^3} - \frac{\partial V}{\partial r}}_{\frac{\partial \tilde{L}}{\partial r}} - \underbrace{\frac{\mathrm{d}}{\mathrm{d}t}(m\dot{r})}_{\frac{\partial \tilde{L}}{\partial \dot{r}}} = 0 \tag{5.29}$$

(5.27)の $\dfrac{h^2}{mr^3} - \dfrac{\partial V}{\partial r} - m\ddot{r} = 0$ と比較すると、(5.29)は第1項の符号が逆になってしまっている。これは何を間違えたのか？？——偏微分が「何を一定

[†6] 今の場合、直交座標系 (x, y) を使っていると循環座標はない（位置エネルギーは $r = \sqrt{x^2 + y^2}$ の関数なので、x も y も含む）。極座標でなら θ が循環座標である。

5.1 オイラー・ラグランジュ方程式と座標変換

として微分するか」で答が変わるように、
→ p321

> 同じ作用を同じ r で変分しても、何を固定して変分を取っているかで、導かれる方程式は変わる。

ことを忘れるという失敗をしているのである。

具体的には、元々のオイラー・ラグランジュ方程式は「θ を一定にして r の変分を取ったもの(5.18)」と、「r を一定にして θ の変分を取ったもの(5.19)」であった。ところが $h = mr^2\dot{\theta}$ を（h を定数として）代入してしまった時点で、「θ を一定にして」から「$h = mr^2\dot{\theta}$ を一定にして」へと、強制的に（あるいは「無自覚のうちに」！）条件が変更されてしまった。元々の立場では h は「r と $\dot{\theta}$ の関数」であって、r と $\dot{\theta}$ の時間変化が '消し合う' ことになって一定となることがわかった。よって「θ を一定にして r で微分すると」という計算の時、h を定数とみなすことは正しくない。

式で書いて示そう。元々のオイラー・ラグランジュ方程式は

$$\left.\frac{\partial L(r,\dot{r},\dot{\theta})}{\partial r}\right|_{\dot{r},\dot{\theta}} - \frac{\mathrm{d}}{\mathrm{d}t}\left(\left.\frac{\partial L(r,\dot{r},\dot{\theta})}{\partial \dot{r}}\right|_{r,\dot{\theta}}\right) = 0 \tag{5.30}$$

であった（たまたま今回のラグランジアンには θ は入ってないので最初から書いていない）。L に $\dot{\theta} = \dfrac{h}{mr^2}$ を代入して作った新しい関数（値としては L と同じである）が $\tilde{L}$ であった。つまり、

$$\underbrace{\frac{1}{2}m(\dot{r})^2 + \frac{h^2}{2mr^2} - V(r)}_{\substack{(5.28)\text{の}\tilde{L} \\ \to \text{p118}}} = \underbrace{\frac{1}{2}m(\dot{r})^2 + \frac{1}{2}mr^2\left(\dot{\theta}\right)^2 - V(r)}_{\substack{(5.24)\text{の}L \\ \to \text{p117}}} \tag{5.31}$$

だった。$\tilde{L}$ に対してオイラー・ラグランジュ方程式（のようなもの）を作ると、

──────────── 成立しない式です！ ────────────

$$\left.\frac{\partial \tilde{L}(r,\dot{r},h)}{\partial r}\right|_{\dot{r},h} - \frac{\mathrm{d}}{\mathrm{d}t}\left(\left.\frac{\partial \tilde{L}(r,\dot{r},h)}{\partial \dot{r}}\right|_{r,h}\right) = 0 \tag{5.32}$$

としたくなる。ところがこの式は元の式と違うものになってしまう（当然、上の式は成立しない）。

どう違ってくるかを確認しよう。今、h という定数が見つかったので $\dot{\theta} = \dfrac{h}{mr^2}$ と直してしまった。よって、ラグランジアン L は

$$L(r,\dot{r},\dot{\theta}) \to L(r,\dot{r},\dot{\theta}(r,h)) \tag{5.33}$$

のように、「L は $r,\dot{r},\dot{\theta}$ の関数だが、実はその $\dot{\theta}$ が r,h の関数である」という形に書きなおされた。

オイラー・ラグランジュ方程式の第2項に現れる $\left.\dfrac{\partial L}{\partial \dot{r}}\right|_{r,\dot{\theta}}$ は書き換え前と後で何の違いもない。$\dot{r}$ の入り方はどちらでも同じだからである。

ところが最初のオイラー・ラグランジュ方程式に入っていた

$$\left.\dfrac{\partial L(r,\dot{r},\dot{\theta})}{\partial r}\right|_{\dot{r},\dot{\theta}} \tag{5.34}$$

という微分と、書き換えた後の（実は間違っている）オイラー・ラグランジュ方程式に入っている

$$\left.\dfrac{\partial L(r,\dot{r},\dot{\theta}(r,h))}{\partial r}\right|_{\dot{r},h} \tag{5.35}$$

は違う量になってしまっている。後者は

$$\left.\dfrac{\partial L\left(r,\dot{r},\dot{\theta}(r,h)\right)}{\partial r}\right|_{\dot{r},h} = \underbrace{\dfrac{\partial L\left(r,\dot{r},\dot{\theta}(r,h)\right)}{\partial r}}_{\text{第1引数の微分}} + \underbrace{\dfrac{\partial L\left(r,\dot{r},\dot{\theta}(r,h)\right)}{\partial \dot{\theta}(r,h)}}_{\text{第3引数の微分}} \left.\dfrac{\partial \dot{\theta}(r,h)}{\partial r}\right|_{h} \tag{5.36}$$

となる。$\underbrace{}_{\text{第1引数の微分}}$ とある r 微分は、$\dot{\theta}(r,h)$ の中の r を微分しない（その部分は $\underbrace{}_{\text{第3引数の微分}}$ の方で計算している）。この第3引数を微分した部分が言わば「いらない項」である。

結果、(5.36)の第2項の $\underbrace{\dfrac{\partial L\left(r,\dot{r},\dot{\theta}(r,h)\right)}{\partial \dot{\theta}(r,h)}}_{\text{第3引数の微分}} \left.\dfrac{\partial \dot{\theta}(r,h)}{\partial r}\right|_{h}$ の分、答がずれる。

(5.29)は、この第2項が出てしまった分だけ間違っていた。計算してみると、

5.1 オイラー・ラグランジュ方程式と座標変換

$$\underbrace{\frac{\partial L\left(r,\dot{r},\dot{\theta}(r,h)\right)}{\partial \dot{\theta}(r,h)}}_{\frac{\partial}{\partial \dot{\theta}}\left(\frac{m}{2}r^2(\dot{\theta})^2\right)} \underbrace{\frac{\partial \dot{\theta}(r,h)}{\partial r}\bigg|_h}_{\frac{\partial}{\partial r}\left(\frac{h}{mr^2}\right)} = mr^2\dot{\theta} \times \left(-\frac{2h}{mr^3}\right) = -\frac{2h\dot{\theta}}{r} = -2mr(\dot{\theta})^2$$
(5.37)

となり、(5.29)は、この不要な部分 $-2mr(\dot{\theta})^2$ が足されてしまった分、正しい
→ p118
式(5.20)に比べ
→ p116

正(5.20): $\quad mr\left(\dot{\theta}\right)^2 - \frac{\partial V}{\partial r} - \frac{\mathrm{d}}{\mathrm{d}t}(m\dot{r}) = 0 \quad \Big\} \quad \left(-2mr(\dot{\theta})^2 = -\frac{2h^2}{mr^3}\text{を足して}\right)$
→ p116

誤(5.29): $\quad -\frac{h^2}{mr^3} - \frac{\partial V}{\partial r} - \frac{\mathrm{d}}{\mathrm{d}t}(m\dot{r}) = 0$
→ p118
(5.38)

と間違った結果を招いてしまった。

【FAQ】オイラー・ラグランジュ方程式は座標変換で形を変えないと証明したはずなのに！

....

5.1.1節で行った証明では、座標 q_i を座標 $Q_i(\{q_*\})$ に変えるという形の変
→ p111
換（点変換）を考えた（時間微分 $\dot{q}$ はそれに連動して変化した）が、ここでは $mr^2\dot{\theta} = h$ として時間微分を含む量を h と名付け、あたかも座標であるかのごとく扱っている。オイラー・ラグランジュ方程式には、そのような（座標と座標の時間微分の間をつなぐような）変換に対する共変性はない。

しかし状況に応じて「座標と座標の時間微分の間をつなぐ変換」をしたくなる。そのような変換を簡単に行えるようにするのが第10章で考える「正準変
→ p243
換」である。

このような間違いが起こらないよう、「自動的に」補ってくれるような計算方法がある。どのようにするかというと、余分な項が出ないよう、$-\frac{\partial L}{\partial \dot{\theta}}\frac{\partial \dot{\theta}}{\partial r}$ が結果に追加されるよう、L に付加項を加え、新しい関数

$$R(r,\dot{r},h(r,\dot{\theta})) = L(r,\dot{r},\dot{\theta}) - \dot{\theta}h(r,\dot{\theta}) \tag{5.39}$$

を作る。上の式は $r,\dot{r},\dot{\theta}$ が独立変数で、h は $r,\dot{\theta}$ で書かれているとしているが、独立変数を $r,\dot{r},h$ に変えると、

$$R(r,\dot{r},h) = L(r,\dot{r},\dot{\theta}(r,h)) - \dot{\theta}(r,h)h \tag{5.40}$$

となる（むしろ $\dot{\theta}$ が r, h の関数になる）。

これを $\dot{r}, h$ を一定として r で微分する。左辺に r は第1引数にしかなく、右辺に r が第1引数と第3引数にあることから、両辺の微分の結果は

$$\underbrace{\frac{\partial R(r,\dot{r},h)}{\partial r}}_{\text{第1引数の微分}} = \underbrace{\frac{\partial L(r,\dot{r},\dot{\theta}(r,h))}{\partial r}}_{\text{第1引数の微分}} + \underbrace{\frac{\partial L(r,\dot{r},\dot{\theta}(r,h))}{\partial \dot{\theta}}}_{\text{第3引数の微分}} \frac{\partial \dot{\theta}}{\partial r} - \frac{\partial \dot{\theta}}{\partial r}h \tag{5.41}$$

である。ところが $\dfrac{\partial L(r,\dot{r},\dot{\theta}(r,h))}{\partial \dot{\theta}}$ は h そのものだから、第2項、第3項が消しあって、

$$\underbrace{\frac{\partial R(r,\dot{r},h)}{\partial r}}_{\text{第1引数の微分}} = \underbrace{\frac{\partial L(r,\dot{r},\dot{\theta}(r,h))}{\partial r}}_{\text{第1引数の微分}} \tag{5.42}$$

が結論される。$\dfrac{\partial R}{\partial \dot{r}}$ については付加項は全く関係ないので、$\dfrac{\partial R}{\partial \dot{r}} = \dfrac{\partial L}{\partial \dot{r}}$ である。よって、R に対する（h を一定として考えた）オイラー・ラグランジュ方程式

$$\left.\frac{\partial R(r,\dot{r},h)}{\partial r}\right|_{\dot{r},h} - \frac{\mathrm{d}}{\mathrm{d}t}\left(\left.\frac{\partial R(r,\dot{r},h)}{\partial \dot{r}}\right|_{r,h}\right) = 0 \tag{5.43}$$

は、元の（$r, \dot{r}, \dot{\theta}$ が変数であった）オイラー・ラグランジュ方程式と全く同じ式となる。

この節では独立変数の変更（$(r, \dot{r}, \dot{\theta})$ から $(r, \dot{r}, h)$ へ）を行ったことによって、オイラー・ラグランジュ方程式がそのままでは適用できなくなることを示した。注意すべきことは、今問題になったのは $\dfrac{\partial}{\partial r}$ の方だということで、「変更したのは θ の方だから、r 微分は変わらないだろう」などと思い込んでいると、痛い目を見る（ということは付録の 321 ページでも強調した）。

そこで一歩進んで「独立変数の変更を行なっても同じ方程式が出るようにするには、変分を取る関数も連動して変更しなくてはいけない」という考えから微分される関数の方を変える操作を行った。このような操作を一般的に「ルジャンドル変換」と呼ぶ。一般的な方法については付録のB.5節にまとめる。
→ p330

一般論からわかる、$L(r,\dot{r},\dot{\theta})$ から $R(r,\dot{r},h)$ へのルジャンドル変換の式は $R = L - \dot{\theta}\dfrac{\partial L}{\partial \dot{\theta}}$ である。新しい関数 $R(r,\dot{r},h)$ を計算すると

$$R(r,\dot{r},h) = \underbrace{\frac{m}{2}\left((\dot{r})^2 + r^2(\dot{\theta})^2\right) - V(r)}_{L} - \dot{\theta}\underbrace{mr^2\dot{\theta}}_{\frac{\partial L}{\partial \dot{\theta}} = h} \quad (5.44)$$

である。これを「ラウシアン」(Routhian) または「ラウス関数」と呼ぶ[†7]。今考えていた問題では、

$$\begin{aligned}R(r,\dot{r},h) &= \frac{m}{2}\left((\dot{r})^2 + r^2(\dot{\theta})^2\right) - V(r) - mr^2(\dot{\theta})^2 \\ &= \frac{m}{2}(\dot{r})^2 - \frac{1}{2mr^2}(mr^2\dot{\theta})^2 - V(r) \\ &= \frac{m}{2}(\dot{r})^2 - \frac{h^2}{2mr^2} - V(r)\end{aligned} \quad (5.45)$$

となり、「運動エネルギー側にあった $\frac{1}{2}mr^2(\dot{\theta})^2$ が、位置エネルギー側に移動した(ので符号が変わった)」という形になっている。

以後は R がラグランジアンで $r,\dot{r}$ の関数(もはや h は定数なので変数扱いもしない)であると考えて計算を続ければよい。

5.1.5 2次元で万有引力が働く場合

前節で $V(r) = -\dfrac{GMm}{r}$ を採用すると万有引力のもとでの物体の運動を解くことができる。ラウシアンは

$$R = \frac{m}{2}(\dot{r})^2 - \frac{h^2}{2mr^2} + \frac{GMm}{r} \quad (5.46)$$

となる。これから導かれるオイラー・ラグランジュ方程式は

$$\frac{h^2}{mr^3} - \frac{GMm}{r^2} - \frac{\mathrm{d}}{\mathrm{d}t}(m\dot{r}) = 0 \quad (5.47)$$

であり、両辺に $\dot{r} = \dfrac{\mathrm{d}r}{\mathrm{d}t}$ を掛けて時間積分すると、

$$\frac{h^2}{2mr^2} - \frac{GMm}{r} + \frac{1}{2}m\left(\frac{\mathrm{d}r}{\mathrm{d}t}\right)^2 = E \quad (5.48)$$

[†7] 19世紀の数学者、Edward Routh にちなむ。後でわかるが、このラウシアンは、ラグランジアンからハミルトニアン(第9章以降で考える)への変換の途中段階(言うなれば「中途半端なハミルト → p205 ニアン」)になっている。

となる（積分定数はエネルギーという意味を持っているので E と書いた）。

ここからさらに変数変換を行う。第1項と第2項は r が分母にあって計算が面倒なので、$x = \dfrac{1}{r}$ を新しい変数とすると、$\dot{r} = -\dfrac{1}{x^2}\dfrac{\mathrm{d}x}{\mathrm{d}t}$ となる。ここで $\dfrac{\mathrm{d}\theta}{\mathrm{d}t} = \dfrac{h}{mr^2} = \dfrac{h}{m}x^2$ を使うと、$\dfrac{\mathrm{d}r}{\mathrm{d}t} = -\dfrac{h}{m}\underbrace{\dfrac{\mathrm{d}t}{\mathrm{d}\theta}}_{\frac{1}{x^2}}\dfrac{\mathrm{d}x}{\mathrm{d}t} = -\dfrac{h}{m}\dfrac{\mathrm{d}x}{\mathrm{d}\theta}$ となる。

これから

$$\dfrac{h^2}{2m}x^2 - GMmx + \dfrac{h^2}{2m}\left(\dfrac{\mathrm{d}x}{\mathrm{d}\theta}\right)^2 = E$$
$$\dfrac{h^2}{2m}\left(x - \dfrac{GMm^2}{h^2}\right)^2 - \dfrac{G^2M^2m^3}{2h^2} + \dfrac{h^2}{2m}\left(\dfrac{\mathrm{d}x}{\mathrm{d}\theta}\right)^2 = E \quad (5.49)$$

となるが、これは単振動のエネルギーの式 $\dfrac{1}{2}mv^2 + \dfrac{1}{2}kx^2 = E$ に似ている。質量が $\dfrac{h^2}{m}$ に、バネ定数が $\dfrac{h^2}{m}$ になり、時間 t が θ に置き換わり、さらに x が $\dfrac{GMm^2}{h^2}$ だけ平行移動させられた、と思えばよい。

よって、x は角振動数 $\omega = \sqrt{\dfrac{(h^2/m)}{(h^2/m)}} = 1$ の単振動を行う。

$$x = \dfrac{GMm^2}{h^2} + A\cos(\theta + \alpha) \quad (5.50)$$

が解となる。振幅 A は、(5.49) で $\dfrac{\mathrm{d}x}{\mathrm{d}\theta} = 0$ になる時の $x - \dfrac{GMm^2}{h^2}$ の値から

$$A = \sqrt{\dfrac{2mE}{h^2} + \dfrac{G^2M^2m^4}{h^4}} \quad (5.51)$$

と求められる。

$\omega = 1$ になったことは、θ が一周する（2π 変化する）間に、ちょうど x（つまりは r）の方も一周期分変化することを意味しているから、一周すると r も θ も元の場所に戻ってくる（「軌道が閉じる」と表現する）。

なお、本来の万有引力は3次元空間内の運動なので、ここで行った計算は（実際の運動は平面上だということを暗黙の了解として認めて）3次元空間のうちの2次元部分だけを考えたことになる。

5.2　3次元の直交曲線座標で記述する運動

5.2.1　直交座標から他の座標系へ

自由粒子のラグランジアンは $\vec{v} = \dot{x}\vec{\mathbf{e}}_x + \dot{y}\vec{\mathbf{e}}_y + \dot{z}\vec{\mathbf{e}}_z$ の自乗を使って、

$$L = \frac{1}{2}m|\vec{v}|^2 = \frac{1}{2}m\left((\dot{x})^2 + (\dot{y})^2 + (\dot{z})^2\right) \tag{5.52}$$

と表される。

一般の3次元の座標系では一般のベクトルは3つの座標基底ベクトル $\vec{\mathbf{e}}_{[1]}, \vec{\mathbf{e}}_{[2]}, \vec{\mathbf{e}}_{[3]}$ を使って、

$$\vec{v} = v_1\vec{\mathbf{e}}_{[1]} + v_2\vec{\mathbf{e}}_{[2]} + v_3\vec{\mathbf{e}}_{[3]} \tag{5.53}$$

のように表現される。この3つの基底ベクトルの長さがすべて1であって、かつ互いに直交しているとき、すなわち

$$\vec{\mathbf{e}}_{[I]} \cdot \vec{\mathbf{e}}_{[J]} = \delta_{IJ} \tag{5.54}$$

を満たす（記号 δ_{IJ} はクロネッカーのデルタである）ときこの基底ベクトル
→ p335 の (C.3)
による座標系を「**直交曲線座標**」[†8] と呼ぶ。以下で直交曲線座標の代表例である極座標を考えよう。

5.2.2　3次元の極座標

3次元極座標では基底ベクトルは $\vec{\mathbf{e}}_r, \vec{\mathbf{e}}_\theta, \vec{\mathbf{e}}_\phi$ の3つである（$\vec{\mathbf{e}}_{[1]} = \vec{\mathbf{e}}_r, \vec{\mathbf{e}}_{[2]} = \vec{\mathbf{e}}_\theta, \vec{\mathbf{e}}_{[3]} = \vec{\mathbf{e}}_\phi$）。速度ベクトルが

$$\vec{v} = \dot{r}\vec{\mathbf{e}}_r + r\dot{\theta}\vec{\mathbf{e}}_\theta + r\sin\theta\dot{\phi}\vec{\mathbf{e}}_\phi \tag{5.55}$$

という形になり、
→ p18 の (1.28)

$$|\vec{v}|^2 = (\dot{r})^2 + \left(r\dot{\theta}\right)^2 + \left(r\sin\theta\dot{\phi}\right)^2 \tag{5.56}$$

なので、ラグランジアンは

$$L = \frac{1}{2}m\left((\dot{r})^2 + r^2\left(\dot{\theta}\right)^2 + r^2\sin^2\theta\left(\dot{\phi}\right)^2\right) \tag{5.57}$$

[†8] この本の「直交曲線座標」のことを「直交座標」と表現する本もあるので注意。

となる。これからオイラー・ラグランジュ方程式を作ってみると、

$$\frac{\mathrm{d}}{\mathrm{d}t}\underbrace{(m\dot{r})}_{\frac{\partial L}{\partial \dot{r}}} = \underbrace{mr\left(\dot{\theta}\right)^2 + mr\sin^2\theta\left(\dot{\phi}\right)^2}_{\frac{\partial L}{\partial r}} \tag{5.58}$$

$$\frac{\mathrm{d}}{\mathrm{d}t}\underbrace{\left(mr^2\dot{\theta}\right)}_{\frac{\partial L}{\partial \dot{\theta}}} = \underbrace{mr^2\sin\theta\cos\theta\left(\dot{\phi}\right)^2}_{\frac{\partial L}{\partial \theta}} \tag{5.59}$$

$$\frac{\mathrm{d}}{\mathrm{d}t}\underbrace{\left(mr^2\sin^2\theta\dot{\phi}\right)}_{\frac{\partial L}{\partial \dot{\phi}}} = \underbrace{0}_{\frac{\partial L}{\partial \phi}} \tag{5.60}$$

となる。これでも十分「ややこしい式」と感じるかもしれないが、直交座標の式からこの式を導くのは予想よりずっとたいへんで、オイラー・ラグランジュ方程式を使うことのありがたさが見えてくる場面である。

5.2.3　球対称ポテンシャル内の運動

球対称な位置エネルギー $V(r)$ がある場合を考えると、ラグランジアンに $-V(r)$ を加えればよい。その時、運動方程式は r に対する (5.58) のみが

$$\frac{\mathrm{d}}{\mathrm{d}t}\underbrace{(m\dot{r})}_{\frac{\partial L}{\partial \dot{r}}} = \underbrace{mr\left(\dot{\theta}\right)^2 + mr\sin^2\theta\left(\dot{\phi}\right)^2 - \frac{\mathrm{d}V}{\mathrm{d}r}}_{\frac{\partial L}{\partial r}} \tag{5.61}$$

と変更される。

ここで角運動量ベクトル $\vec{L} = \vec{x} \times \vec{p}$ を計算しておくと、
→ p5

$$\underbrace{r\vec{\mathbf{e}}_r}_{\vec{x}} \times \underbrace{m\left(\dot{r}\vec{\mathbf{e}}_r + r\dot{\theta}\vec{\mathbf{e}}_\theta + r\sin\theta\dot{\phi}\vec{\mathbf{e}}_\phi\right)}_{\vec{p}} = mr^2\left(\dot{\theta}\vec{\mathbf{e}}_\phi - \sin\theta\dot{\phi}\vec{\mathbf{e}}_\theta\right) \tag{5.62}$$

となる（$\dot{r}$ が消えることに注意、このため (5.61) の変更は角運動量に影響しない）。後で確認するように、$\vec{L}$ は保存するが、この式を見て、ϕ 成分である $mr^2\dot{\theta}$ と θ 成分である $-mr^2\sin\theta\dot{\phi}$ が保存すると思ってはいけない。$\vec{\mathbf{e}}_\theta$ や $\vec{\mathbf{e}}_\phi$ が一定のベクトルではない（微分が 0 ではない）からである[†9]。

[†9]「一定のベクトルでない」について注意。「一定」には「時間変化しない」という意味と、「場所によって変わらない」という意味がある。$\vec{\mathbf{e}}_\theta, \vec{\mathbf{e}}_\phi$ はもちろん場所によって変化する。そして今考えている $\vec{L}$ は「質点が存在する場所」に存在しているベクトルなので、質点が移動することで $\vec{\mathbf{e}}_\theta, \vec{\mathbf{e}}_\phi$ も変化する。よってここでの「一定でない」はどちらの意味でも一定でない。

5.2 3次元の直交曲線座標で記述する運動

保存量を知るためには定ベクトルを基底として考えた方がわかりやすい場合もあるので、$\vec{e}_\phi = -\sin\phi\,\vec{e}_x + \cos\phi\,\vec{e}_y, \vec{e}_\theta = \cos\theta\cos\phi\,\vec{e}_x + \cos\theta\sin\phi\,\vec{e}_y - \sin\theta\,\vec{e}_z$ を使って直交座標の基底ベクトルを使う式にすると、

$$\vec{L} = mr^2 \left(\left(-\dot{\theta}\sin\phi - \dot{\phi}\cos\theta\sin\theta\cos\phi \right) \vec{e}_x \right. \\ \left. + \left(\dot{\theta}\cos\phi - \dot{\phi}\cos\theta\sin\theta\sin\phi \right) \vec{e}_y + \dot{\phi}\sin^2\theta\,\vec{e}_z \right) \tag{5.63}$$

という答えになる。このベクトルの各成分は保存する。

(5.62)を時間微分して、角運動量保存を確認しよう。(5.59)と(5.60)および基底ベクトルの微分の式(1.32)等の助けを借りつつ計算していくと、

$$\begin{aligned}
\frac{\mathrm{d}}{\mathrm{d}t}\vec{L} &= \frac{\mathrm{d}}{\mathrm{d}t}\left(mr^2\dot{\theta}\right)\vec{e}_\phi + mr^2\dot{\theta}\frac{\mathrm{d}\vec{e}_\phi}{\mathrm{d}t} \\
&\quad - \frac{\mathrm{d}}{\mathrm{d}t}\left(mr^2\sin^2\theta\,\dot{\phi}\right)\frac{\vec{e}_\theta}{\sin\theta} - mr^2\sin^2\theta\,\dot{\phi}\frac{\mathrm{d}}{\mathrm{d}t}\left(\frac{\vec{e}_\theta}{\sin\theta}\right) \\
&= mr^2\sin\theta\cos\theta\left(\dot{\phi}\right)^2\vec{e}_\phi + mr^2\dot{\theta}\,\underbrace{\dot{\phi}(-\sin\theta\,\vec{e}_r - \cos\theta\,\vec{e}_\theta)}_{\frac{\mathrm{d}\vec{e}_\phi}{\mathrm{d}t}} \\
&\quad - mr^2\sin^2\theta\,\dot{\phi}\left(-\frac{\dot{\theta}\vec{e}_\theta}{\sin^2\theta}\cos\theta + \frac{1}{\sin\theta}\underbrace{\left(-\dot{\theta}\vec{e}_r + \dot{\phi}\cos\theta\,\vec{e}_\phi\right)}_{\frac{\mathrm{d}\vec{e}_\theta}{\mathrm{d}t}}\right) = 0
\end{aligned} \tag{5.64}$$

となって保存が確認できる[10]。対称性と保存則がどのように関係しているのかについては、第8章、特に角運動量については8.5節で解説する。

この保存則のおかげで、球対称ポテンシャル内の3次元運動は2次元の運動と同じになってしまう。というのは、この一定である $\vec{L}$ は $\vec{x}$ とも $\vec{p}$ とも直交している（$\vec{x}$ と $\vec{p}$ の外積なのだから）。ということは、物体の位置ベクトルも運動量も（あるいは速度ベクトルも）、$\vec{L}$ と垂直な方向にしか存在できないことになる。よって、運動は $\vec{L}$ に垂直な平面内でしか起きないのである。(5.60)[11]

---

[10] ここでは θ,ϕ 方向のオイラー・ラグランジュ方程式と基底ベクトルの微分の式（(1.31)と(1.32)、この式は一般的に成り立つ）しか使ってない（r 方向のオイラー・ラグランジュ方程式は使ってない）。

[11] この式と(5.59)は自由粒子の場合で導出したが、球対称なポテンシャルを入れても変わらない。

から
$$mr^2 \sin^2\theta \, \dot{\phi} = h (\text{一定}) \qquad (5.65)$$

がまずわかる。左辺は(5.63)の $\vec{e}_z$ の係数に一致する[†12]ので、積分定数 h には $\vec{L}$ の z 成分という物理的意味がある。運動方程式の積分定数が系の保存量に関係してくるのである。

次に、出てきた(5.65)を(5.59)に代入して、

$$\begin{aligned}
\frac{\mathrm{d}}{\mathrm{d}t}\left(mr^2\dot{\theta}\right) &= \frac{h^2\cos\theta}{mr^2\sin^3\theta} & \left(\text{両辺に } r^2\dot{\theta} \text{ を掛けて、}\right) \\
mr^2\dot{\theta}\frac{\mathrm{d}}{\mathrm{d}t}\left(r^2\dot{\theta}\right) &= \frac{h^2\cos\theta}{m\sin^3\theta}\dot{\theta} & (\text{積分して}) \\
\frac{1}{2}m\left(r^2\dot{\theta}\right)^2 &= -\frac{h^2}{2m\sin^2\theta} + C \\
mr\left(\dot{\theta}\right)^2 &= \frac{2C}{r^3} - \frac{h^2}{mr^3\sin^2\theta}
\end{aligned} \qquad (5.66)$$

を得る。ここで先に計算した角運動量ベクトルを自乗したもの

$$\begin{aligned}
\left|\underbrace{mr^2\left(\dot{\theta}\,\vec{e}_\phi - \sin\theta\dot{\phi}\,\vec{e}_\theta\right)}_{\vec{L}}\right|^2 &= m^2 r^4\left(\dot{\theta}\right)^2 + \underbrace{m^2 r^4 \sin^2\theta\left(\dot{\phi}\right)^2}_{\frac{h^2}{\sin^2\theta}} \\
\frac{|\vec{L}|^2}{mr^3} - \frac{h^2}{mr^3\sin^2\theta} &= mr\left(\dot{\theta}\right)^2
\end{aligned} \qquad (5.67)$$

と(5.66)と見比べると、積分定数 C の意味が $\dfrac{|\vec{L}|^2}{2m}$ であったことがわかる(やはり、積分定数は系の保存量と結びつく)。(5.66)と(5.65)を(5.61)に代入すると残った運動方程式は

$$m\ddot{r} = \frac{|\vec{L}|^2}{mr^3} - \frac{\mathrm{d}V(r)}{\mathrm{d}r} \qquad (5.68)$$

となる。万有引力が働いている場合は $\dfrac{\mathrm{d}V(r)}{\mathrm{d}r} = \dfrac{GMm}{r^2}$ を代入して

$$m\ddot{r} = \frac{|\vec{L}|^2}{mr^3} - \frac{GMm}{r^2} \qquad (5.69)$$

[†12] $\vec{L}$ の ϕ 成分は保存しないが z 成分は保存することに注意。

となるが、この結果は2次元の万有引力が働く場合で計算した(5.47)と同じ[†13]
になっているから、以後の計算も全く同様に行えばよい。球対称な3次元問題は2次元問題と本質的に同じになることが確認できた。

5.3 拘束のある系

より現実的な問題を考えるようになってくると、物体が自由に動けず、なんらかの「拘束条件」のもとで運動する場合を考えなくてはいけなくなってくる。ここではそのような拘束条件の一般論を述べよう。

5.3.1 拘束条件の分類

拘束条件が
$$f(\{x_*\}, t) = 0 \tag{5.70}$$
のような形の等式で書ける場合、この条件を「ホロノミック (holonomic) な拘束条件」(holonomic constraint)（あるいは「ホロノームな拘束条件」）と呼ぶ[†14]。逆にいうと「非ホロノミック」あるいは「ノンホロノミック (non-holonomic)」な（あるいは「非ホロノーム」な）場合は単に運動方程式を積分していくだけでは運動が決まらない。

ただし、たとえば
$$x\dot{x} + y\dot{y} + z\dot{z} = 0 \tag{5.71}$$
のような拘束は、
$$x^2 + y^2 + z^2 = C \tag{5.72}$$
のように積分することができる（球面上に束縛された物体に対応する）。この場合は一見微分が入っていても、ホロノミックである。

ノンホロノミックな拘束の例としては、

- 拘束が不等式で表される場合
- 拘束が座標の微分で表現されているがそれが積分できない場合

[†13] 違いは $h^2 \to |\vec{L}|^2$ だが、h が $\vec{L}$ の z 成分であったことを考えると、$\vec{L}$ の x, y 成分がない場合が (5.47) だと思えば同じ式である。

[†14] ホロノミック (holonomic) の holo- はラテン語の「全部」で、-nomic の部分は「法則」を意味する。なぜ「等式で書ける条件」が「全部-法則」なのかというと、「全て法則によって決まる」という意味合いを感じて欲しい。

がある。前者の例は一端を固定された糸でくくりつけられて運動が制限されている物体、あるいは球殻の中に閉じ込められるなど、「移動できる範囲が決められている（が、範囲内なら自由に動ける）物体」である。この場合の拘束は

$$x^2 + y^2 + z^2 \leqq \ell^2 \tag{5.73}$$

である（ℓ はひもの長さもしくは球殻の内径である）。

後者の一例として、床の上を動き回っている車輪の運動を考えよう。車輪は垂直に立った状態で動きまわるとすれば、この車輪の持つ自由度は重心の位置 (x,y)（車輪は床を離れないので、z 座標は不要）と、車輪の向き θ、回転の角度 ϕ で合計4である。車輪の回転は進む速度と関係しているから、車輪の半径を R として、

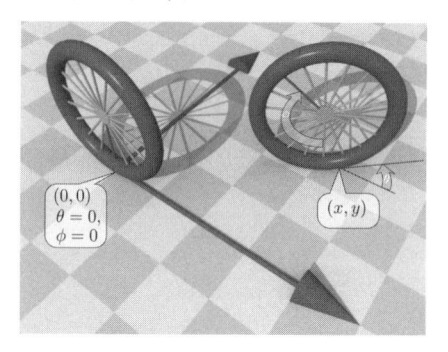

$$\mathrm{d}x = R\mathrm{d}\phi\cos\theta, \quad \mathrm{d}y = R\mathrm{d}\phi\sin\theta \tag{5.74}$$

という拘束がある。これは θ が定数でない場合、積分できない拘束である。

「積分できない」ことを理解するには、図のように二つの経路に沿って車輪が動いた場合を考えよう。この二つの経路（一方は直進、もう一方は少し回り道）は出発時と到着時の x,y,θ は等しいが、ϕ が等しい保証はない。つまり、ϕ を他の座標で表現することは不可能になっている[15]。

拘束条件の分類としては、時間にあらわには依存[16]しない「スクレロノ

---

[15] この場合、オイラー・ラグランジュ方程式を導く時の $\delta x, \delta y, \delta\phi$ も独立に取れないので、その点を（ラグランジュ未定乗数の方法を応用して）考慮していくことで解く方法もあるが、これについては【演習問題5-3】で考えることにする。
→ p138
[16] 時間にあらわに依存するというのは、$f(x,y,t)$ のように t が入っていること。x,y という変数が実は時間に依存していて（つまり省略せずに書くならば $x(t), y(t)$ であって）、x,y の時間変化に応じてのみ f が変化する場合は「陰に依存する」と言う。「あらわに」は「陽に」または英語で「explicitに」と表現することもある。反対語は「陰に」「implicitに」である。

ミック (scleronomic)」（あるいは「スクレロノーム」）な条件と、時間にあらわに依存する「レオノミック (rheonomic)」（あるいは「レオノーム」）な条件という分類もある[†17]。

以下ではホロノミックな条件に限って話をする。

5.3.2　ラグランジュ未定乗数の利用

$x_i (i=1,2,\cdots,N)$ という N 個の変数で表される運動があり、この N 個の変数の間に

$$G_j(\{x_*\}) = 0 \ (j=1,2,\cdots,M) \tag{5.75}$$

という拘束条件（「ホロノミックな拘束条件」である）があったとする。この時、系の本当の自由度は $N-M$ である（$N>M$ でなくては意味がないのはもちろんである）。

さて、このように拘束条件がある場合の対処法はB.3節でもまとめている「ラグランジュ未定乗数」を利用する方法である。今の状況に合わせてここでも解説しておこう。以下の説明はB.3節を力学の場合に適合するよう書き直しただけである。

通常のオイラー・ラグランジュ方程式を出すときの操作を考えてみると、$S = \int dt\, L(\{x_*\},\{\dot{x}_*\})$ という積分の変分を取って

$$\delta S = \int dt \sum_i \left(\frac{\partial L}{\partial x_i} - \frac{d}{dt}\left(\frac{\partial L}{\partial \dot{x}_i}\right) \right) \delta x_i = 0 \tag{5.76}$$

が出るところまでは拘束があろうがなかろうが同じである。しかし、これから、

$$\frac{\partial L}{\partial x_i} - \frac{d}{dt}\left(\frac{\partial L}{\partial \dot{x}_i}\right) = 0 \tag{5.77}$$

は導けない。というのは、変分を取る前でも取った後でも $G_j(x_i)=0$ が成り立つ以上、変分 δx_i にも、

$$G_j(x_k + \delta x_k) - G_j(x_k) = 0 \quad \rightarrow \quad \sum_k \frac{\partial G_j}{\partial x_k} \delta x_k = 0 \tag{5.78}$$

[†17] 普通に「時間非依存拘束条件」「時間依存拘束条件」と言えばよさそうなものだが、昔からこう呼ばれている。他の本を読む時にも必要なので一応記しておいた。

という条件がつくはずだからである。ゆえに、$\frac{\partial L}{\partial x_i} - \frac{d}{dt}\left(\frac{\partial L}{\partial \dot{x}_i}\right)$ は 0 である必要はなく、$\frac{\partial G_j}{\partial x_i}$ に比例していればよい。その比例係数にあたるもの[18] を $\lambda_j(t)$ という、$x_i(t)$ とは別の変数として導入することにしよう。すると成立すべき方程式は

$$\frac{\partial L}{\partial x_i} - \frac{d}{dt}\left(\frac{\partial L}{\partial \dot{x}_i}\right) = \sum_j \lambda_j \frac{\partial G_j}{\partial x_i} \tag{5.79}$$

である。$\delta S = 0$ になる条件としては、$\frac{\partial L}{\partial x_i} - \frac{d}{dt}\left(\frac{\partial L}{\partial \dot{x}_i}\right) = 0$ を要求する必要はない。(5.79) が成り立てば、その両辺に δx_i を掛けて和を取った[19] 式

$$\sum_i \left(\frac{\partial L}{\partial x_i} - \frac{d}{dt}\left(\frac{\partial L}{\partial \dot{x}_i}\right)\right)\delta x_i = \sum_j \lambda_j \underbrace{\sum_i \frac{\partial G_j}{\partial x_i}\delta x_i}_{=0} \tag{5.80}$$

を考えれば、確かに $\delta S = 0$ になることがわかる。

こうして、

拘束 G_j がある場合のオイラー・ラグランジュ方程式

$$\frac{\partial L}{\partial x_i} - \frac{d}{dt}\left(\frac{\partial L}{\partial \dot{x}_i}\right) = \sum_j \lambda_j \frac{\partial G_j}{\partial x_i} \tag{5.81}$$

これに加えてもちろん、$G_j = 0$ も要求する。

が導かれた[20]。

このようにオイラー・ラグランジュ方程式を変形するということは、実は、ラグランジアンを $L \to L - \sum_j \lambda_j(t) G_j(\{x_*\})$ と書き直すことと同じである。

一応確認しておこう。今付け加えた $-\sum_j \lambda_j(t) G_j(\{x_*\})$ の項は $\dot{x}_i$ を含んでいないから、オイラー・ラグランジュ方程式の第 2 項には寄与しない。すな

---

[18] 「比例定数」ではないことに注意。$\lambda_j(t)$ は時間的に変化する変数であってもよい。そうであっても、この後考える (5.80) を使って $\delta S = 0$ となる点には何の支障もない。

[19] 実はこの時の和 $\sum_i$ は G_j に含まれている座標 x_i に関してだけ取ればよい。 → p132

[20] 「$G_j = 0$ なら、$\frac{\partial G_j}{\partial x_i} = 0$」と考えてはいけないことに注意。135 ページの補足を参照。

わち、$-\dfrac{\mathrm{d}}{\mathrm{d}t}\left(\dfrac{\partial\left(L-\sum_j\lambda_jG_j\right)}{\partial\dot{x}_i}\right)=-\dfrac{\mathrm{d}}{\mathrm{d}t}\left(\dfrac{\partial L}{\partial\dot{x}_i}\right)$ である。$\lambda_j(t)$ を含む項は第1項にだけ寄与する。つまり、オイラー・ラグランジュ方程式が

$$\frac{\partial\left(L-\sum_j\lambda_jG_j\right)}{\partial x_i}-\frac{\mathrm{d}}{\mathrm{d}t}\left(\frac{\partial\left(L-\sum_j\lambda_jG_j\right)}{\partial\dot{x}_i}\right)=0 \tag{5.82}$$

に変わったと思えばよい。この式は(5.81)と同じ式である。
$\underset{\to\text{p132}}{}$

$\lambda_j(t)$ も $x_i(t)$ 同様に力学変数扱いしてあげると、λ_j の時間微分は含まれていないから、$L-\sum_j\lambda_jG_j$ に対するオイラー・ラグランジュ方程式

$$\underbrace{\frac{\partial\left(L-\sum_k\lambda_kG_k\right)}{\partial\lambda_j}}_{=-G_j}-\frac{\mathrm{d}}{\mathrm{d}t}\underbrace{\left(\frac{\partial\left(L-\sum_k\lambda_kG_k\right)}{\partial\dot{\lambda}_j}\right)}_{=0}=0 \tag{5.83}$$

として、$G_j=0$ が導かれる。前ページの脚注†[18]でも述べたが、λ_j は時間の関数である必要があった。それは拘束条件の式 $G_j=0$ を（任意の時刻 t で成り立つ拘束として）導くためにも必要である。λ_j が時間の関数でない（定数である）場合は $\int\mathrm{d}t\sum_j\lambda_jG_j$ の項の変分 $\int\mathrm{d}t\sum_jG_j\delta\lambda_j$ が0になる条件からは、（λ_j は積分の外に出てしまい）$\int\mathrm{d}t\,G_j=0$ しか言えない†[21]。

ラグランジュ未定乗数の方法は、自由度 N の系を自由度 $N-M$ の系に「落とす」ためにあえて逆に M 個の変数 λ_i を持ち込むわけで、いわば λ_i は「負の自由度」として働いている。

5.3.3 変数の消去

前節ではラグランジュ未定乗数を使って自由度を（N から $N-M$ へと）落とす話をしたが、それなら最初から $N-M$ 個の変数を使って式を作ればいいのではないか、と考えたくなるところである。たとえば半径 a の球面上に束縛された質点を考えるならラグラジアンは

$$L=\frac{m}{2}\left((\dot{x})^2+(\dot{y})^2+(\dot{z})^2\right)-mgz-\lambda(x^2+y^2+z^2-a^2) \tag{5.84}$$

---

[21] $G_j=0$ と $\int\mathrm{d}t\,G_j=0$ は全く違うことだ。$G_j=0\Rightarrow\int\mathrm{d}t\,G_j=0$ は言えるが逆は言えない。

であるが、これをまず極座標にして、

$$L = \frac{m}{2}\left((\dot{r})^2 + (r\dot{\theta})^2 + (r\sin\theta\dot{\phi})^2\right) - mgr\cos\theta - \lambda(r^2 - a^2) \tag{5.85}$$

結果として $r = a$ になるのだから、

$$L = \frac{m}{2}\left((a\dot{\theta})^2 + (a\sin\theta\dot{\phi})^2\right) - mga\cos\theta \tag{5.86}$$

というラグランジアンから出発すれば同じことではないか？——と思うのは当然のことであろう。そこで、この操作が正しいものであること（つまり二つのラグランジアン (5.85) と (5.86) が同じ運動方程式を導くこと）を一般的に確認しておこう。

ラグランジアンが

$$L(\{q_*\}, \{\dot{q}_*\}, \{Q_\star\}, \{\dot{Q}_\star\}) - \sum_j \lambda_j G_j(\{q_*\}, \{Q_\star\}) \tag{5.87}$$

のように $\{q_*\}, \{Q_\star\}$ という一般化座標[†22]とその時間微分、およびラグランジュ未定乗数 λ_j で書かれていたとする。ここで $\{Q_\star\}$ の方は「拘束条件を解いてしまうと消えてしまう座標」であり、拘束条件 $G_j = 0$ を解いた後では

$$Q_i = Q_i(\{q_*\}) \tag{5.88}$$

のように $\{q_*\}$ だけで書き直すことができ、$\{q_*\}$ の方だけが座標になるものとする。

このラグランジアンから導かれる運動方程式は

$$\frac{\partial L}{\partial q_i} - \frac{d}{dt}\left(\frac{\partial L}{\partial \dot{q}_i}\right) - \sum_k \lambda_k \frac{\partial G_k}{\partial q_i} = 0 \tag{5.89}$$

$$\frac{\partial L}{\partial Q_j} - \frac{d}{dt}\left(\frac{\partial L}{\partial \dot{Q}_j}\right) - \sum_k \lambda_k \frac{\partial G_k}{\partial Q_j} = 0 \tag{5.90}$$

$$G_k = 0 \tag{5.91}$$

の3組（$N+M$本）である。最後で $G_k = 0$ にしているからといって、上の二つの式で $\frac{\partial G_k}{\partial q_i} = 0$ とか $\frac{\partial G_k}{\partial Q_i} = 0$ とはできないことに注意しよう。

[†22] Q の添字と q の添字は別物（取る範囲も違う）なので、$\star, *$ で使い分けている。

5.3 拘束のある系

【補足】 ✚✚✚✚✚✚✚✚✚✚✚✚✚✚✚✚✚✚✚✚✚✚✚✚✚✚✚✚✚✚✚✚
$G_k = 0$ と置くからといって G_k の微分を 0 にしてはいけない——ということは拘束 $G_k = 0$ の意味がわかっている人にとっては当たり前のことなのだが、どうしてできないのかピンと来ない人もいるかもしれないので、実例を出して説明しておこう（「言われるまでもなくわかってます」という人はこの補足を飛ばしてよい）。

微分 $\dfrac{\partial}{\partial x}$ の意味は「x を $x + \mathrm{d}x$ と少し変化させた時の変化の様子」を計算するものであった。ところが今拘束 $G = 0$ を置くことで「ありえる x の値」を制限しているので、この変化を行うことができない（もし x を変化させてしまえば、G は 0 ではなくなる）。

$G = x^2 + y^2 + z^2 - a^2 = 0$ という拘束を置いたからといって、「$G = 0$ なら $\dfrac{\partial G}{\partial x} = 0$ だろ」などと考えてよい

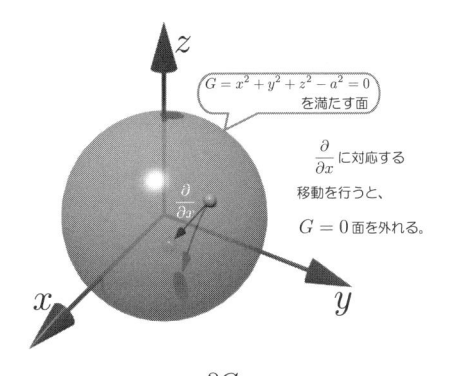

かというと、これは全然駄目である。実際やってみると、$\dfrac{\partial G}{\partial x} = 2x = 0$ というとんでもないことになる。ダメな理由は「$\dfrac{\partial}{\partial x}$ は $G = 0$ になる面からはみ出す操作だから」である。

✚✚✚✚✚✚✚✚✚✚✚✚✚✚✚✚✚✚✚✚✚✚✚✚✚✚✚✚✚✚✚✚ **【補足終わり】**

λ に関する運動方程式から $G(\{q_*\}, \{Q_*\}) = 0$ という拘束が出てきたが、この拘束条件を代入した結果のラグランジアンは、

$$L\left(\{q_*\}, \{\dot{q}_*\}, \{Q_\star(\{q_*\})\}, \{\dot{Q}_\star(\{q_*\}, \{\dot{q}_*\})\}\right) \tag{5.92}$$

のような形になる。Q_j は解かれて、計算結果 $Q_j(\{q_*\})$（および $\dot{Q}_j(\{q_*\}, \{\dot{q}_*\})$）が代入されてしまったので、以後の $\dfrac{\partial}{\partial q_i}$ という偏微分は「$\{Q_*\}$ を固定して」という微分ではなくなっていることに注意しよう。この「代入された後の L」を q_i で微分するときには、$q_i, Q_j(\{q_*\}), \dot{Q}_j(\{q_*\}, \{\dot{q}_i\})$ の 3 箇所を微分する。同様に $\dot{q}_i$ で微分するときには $\dot{q}_i, \dot{Q}_j(\{q_*\}, \{\dot{q}_*\})$ の 2 箇所を微分する。

$$\boxed{\dfrac{\partial}{\partial q_i}} L\left(\{q_*\}, \{\dot{q}_*\}, \{Q_\star(\{q_*\})\}, \{\dot{Q}_\star(\{q_*\}, \{\dot{q}_*\})\}\right) \qquad \boxed{\dfrac{\partial}{\partial \dot{q}_i}} L\left(\{q_*\}, \{\dot{q}_*\}, \{Q_\star(\{q_*\})\}, \{\dot{Q}_\star(\{q_*\}, \{\dot{q}_*\})\}\right)$$

よって、オイラー・ラグランジュ方程式の左辺を

$$\frac{\partial L}{\partial q_i} + \sum_j \frac{\partial L}{\partial Q_j}\frac{\partial Q_j}{\partial q_i} + \sum_j \frac{\partial L}{\partial \dot Q_j}\frac{\partial \dot Q_j}{\partial q_i} - \frac{\mathrm{d}}{\mathrm{d}t}\left(\frac{\partial L}{\partial \dot q_i} + \sum_j \frac{\partial L}{\partial \dot Q_j}\frac{\partial \dot Q_j}{\partial \dot q_i}\right)$$
$$= \frac{\partial L}{\partial q_i} - \frac{\mathrm{d}}{\mathrm{d}t}\left(\frac{\partial L}{\partial \dot q_i}\right) + \sum_j \left(\frac{\partial L}{\partial Q_j} - \frac{\mathrm{d}}{\mathrm{d}t}\left(\frac{\partial L}{\partial \dot Q_j}\right)\right)\frac{\partial Q_j}{\partial q_i} \qquad (5.93)$$
$$+ \sum_j \frac{\partial L}{\partial \dot Q_j}\underbrace{\left(\frac{\partial \dot Q_j}{\partial q_i} - \frac{\mathrm{d}}{\mathrm{d}t}\left(\frac{\partial \dot Q_j}{\partial \dot q_i}\right)\right)}_{=0}$$

と計算する（途中で(5.7)を使った）。最後の $\dfrac{\partial \dot Q_j}{\partial q_i} - \dfrac{\mathrm{d}}{\mathrm{d}t}\left(\dfrac{\partial \dot Q_j}{\partial \dot q_i}\right) = 0$ になるのは前に考えたのと同じ理由である。よって、後は

$$\frac{\partial L}{\partial q_i} - \frac{\mathrm{d}}{\mathrm{d}t}\left(\frac{\partial L}{\partial \dot q_i}\right) + \sum_j \left(\frac{\partial L}{\partial Q_j} - \frac{\mathrm{d}}{\mathrm{d}t}\left(\frac{\partial L}{\partial \dot Q_j}\right)\right)\frac{\partial Q_j}{\partial q_i} \qquad (5.94)$$

が 0 になることを示せば「拘束を代入した後のラグランジアンから作った運動方程式」が成り立つことが示せる。この式は(5.89)と(5.90)を使うと、

$$\sum_k \lambda_k \frac{\partial G_k}{\partial q_i} + \sum_k \lambda_k \sum_j \frac{\partial G_k}{\partial Q_j}\frac{\partial Q_j}{\partial q_i} \qquad (5.95)$$

となる。最後についている $\dfrac{\partial Q_j}{\partial q_i}$ の意味を考えよう。元々、q_i と Q_j は独立であったが、$G_j = 0$ という拘束のおかげで関係がついたのであった。よって、

$$\left.\frac{\partial G_j}{\partial q_i}\right|_{\{q_{\overline{i}}\},\{Q_*\}} + \sum_k \left.\frac{\partial G_j}{\partial Q_k}\right|_{\{q_*\},\{Q_{\overline{k}}\}}\frac{\partial Q_k}{\partial q_i} = 0 \qquad (5.96)$$

が言えるから、(5.95) が 0 であることがわかった。つまり、拘束を代入して余分な変数を消去して作ったラグランジアンから作られる方程式は、拘束を消去せずに作ったラグランジアンから作られた方程式から導かれる方程式と同一である。余分な変数は、（消去できるならば）先に消去しても構わない。ここで（消去できるならば）とつけたのは、$G_j = 0$ という方程式を解くのが難しい場合がままあるからである。その場合はむしろラグランジュ未定乗数を含むラグランジアンを考えた方がよい。

簡単な例をやっておく。4.2.1 節で考えたすべる物体の 1 次元的運動をあえて「拘束のついた 2 次元運動」と考えてみる。2 次元直交座標系 (X, Y) を原点が $x = 0$ に一致し、X 軸が右向き、Y 軸が上向きになるようにおくと、運動エネルギーは $\frac{1}{2}m\left(\left(\dot{X}\right)^2 + \left(\dot{Y}\right)^2\right)$ であり、位置エネルギーは mgY である。拘束条件は、$Y = -X\tan\theta$ であるから、ラグランジアンは、

$$L = \frac{1}{2}m\left(\left(\dot{X}\right)^2 + \left(\dot{Y}\right)^2\right) - mgY + \lambda(Y + X\tan\theta) \tag{5.97}$$

となる。拘束条件を代入すると、$Y = -X\tan\theta$ として、

$$\begin{aligned}L &= \frac{1}{2}m\left(\left(\dot{X}\right)^2 + \left(\dot{X}\right)^2\tan^2\theta\right) + mgX\tan\theta \quad \left(1 + \tan^2\theta = \frac{1}{\cos^2\theta}\right) \\ &= \frac{1}{2}m\left(\frac{d}{dt}\left(\frac{X}{\cos\theta}\right)\right)^2 + mg\frac{X}{\cos\theta}\sin\theta\end{aligned} \tag{5.98}$$

となり、$x = \dfrac{X}{\cos\theta}$ と置き換えれば (4.38) のラグランジアンに戻る。

---------------------------- 練習問題 ----------------------------

【問い 5-4】 上では X, Y の間に $Y = -X\tan\theta$ という関係がある場合を考えた。$Y = X^2$ という関係だった場合のオイラー・ラグランジュ方程式を導け。

ヒント → p347 へ   解答 → p358 へ

【問い 5-5】 4.4.2 節で考えたラグランジアンを
(1) 重心座標と相対座標で書き直せ。
(2) 相対座標 $\vec{x}_R$ は長さが一定だから、x 成分を $\ell\cos\theta$、y 成分を $\ell\sin\theta$ と書き直せる。重心座標と θ でラグランジアンを書き直せ。

ヒント → p348 へ   解答 → p359 へ

5.4 章末演習問題

★【演習問題 5-1】
直交座標で万有引力が働く場合のオイラー・ラグランジュ方程式を出して、

(1) 角運動量 $\vec{L} = \vec{x} \times m\vec{v}$ の保存
(2) エネルギー $E = \frac{1}{2}m(\vec{v})^2 - \dfrac{GMm}{r}$ の保存
(3) ルンゲ—レンツ・ベクトルと呼ばれる、$\vec{v} \times \vec{L} - \dfrac{GMm}{r}\vec{x}$ の保存

を確認せよ。

ヒント → p3w へ   解答 → p14w へ

第 5 章 ラグランジュ形式の解析力学−発展篇

★【演習問題 5-2】
3 次元の球対称問題で、(5.68)の後、ポテンシャルを $V(r) = \dfrac{kQq}{r}$ (k, Q, q は定数)
→ p128
とした場合（これはクーロン力による散乱である）に、この後の計算はどうなるか。

ヒント → p3w へ　　解答 → p14w へ

★【演習問題 5-3】
B.3 節で考えたラグランジュ未定乗数の方法の導出を思い出そう。ホロノミックな
→ p325
拘束条件 $G_a = 0$ があった為に、変分 δq_i の間に

$$\sum_i \frac{\partial G_a}{\partial q_i} \delta q_i = 0 \tag{5.99}$$

という条件がつき、その為に

$$\sum_i \left(\frac{\partial L}{\partial q_i} - \frac{\mathrm{d}}{\mathrm{d}t} \left(\frac{\partial L}{\partial \dot{q}_i} \right) \right) \delta q_i = 0 \tag{5.100}$$

から $\dfrac{\partial L}{\partial q_i} - \dfrac{\mathrm{d}}{\mathrm{d}t} \left(\dfrac{\partial L}{\partial \dot{q}_i} \right) = 0$ ではなく

$$\frac{\partial L}{\partial q_i} - \frac{\mathrm{d}}{\mathrm{d}t} \left(\frac{\partial L}{\partial \dot{q}_i} \right) - \sum_a \lambda_a \frac{\partial G_a}{\partial q_i} = 0 \tag{5.101}$$

という方程式が出る、という流れであった。ノンホロノミックな拘束であっても、

$$\sum_i F_{a,i} \delta q_i = 0 \tag{5.102}$$

のように微分形で書ける拘束であるならば、同じ理屈で、

$$\frac{\partial L}{\partial q_i} - \frac{\mathrm{d}}{\mathrm{d}t} \left(\frac{\partial L}{\partial \dot{q}_i} \right) - \sum_a \lambda_a F_{a,i} = 0 \tag{5.103}$$

というオイラー・ラグランジュ方程式（λ_a はラグランジュ未定乗数）という式を立てることができる。

車輪の質量は M、θ 慣性に対するモーメントを I_θ、ϕ の回転に対する慣性モーメントを I_ϕ として、平面上を転がる車輪に対する(5.74)の拘束の場合でオイラー・ラグラン
→ p130
ジュ方程式を書け。

この場合のラグランジュ未定乗数 λ_a の物理的意味は何か？

ヒント → p4w へ　　解答 → p15w へ

第 6 章

ラグランジュ形式の解析力学
—実践篇1・振動

具体的問題でラグランジュ形式の練習をするため、ここでは振動の問題を取り上げる。少々計算が長くなるので、ある程度概要をつかむ程度にして、後からじっくり読んでもよい。

6.1 単振動

6.1.1 簡単な単振動

基本的な振動について振り返ろう。振動の一番簡単な例はバネにつけられた振り子であり、水平に、もしくは重力がない状況で振動しているのなら、そのラグランジアンは

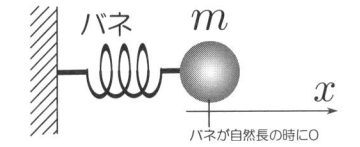

$$L = \frac{1}{2}m(\dot{x})^2 - \frac{1}{2}kx^2 \tag{6.1}$$

である。x は振り子の位置を示す座標で、バネが自然長の時に $x=0$ となるよう選ぶ(バネが伸びる方向を正方向とする)。この座標を使ってオイラー・ラグランジュ方程式を作れば、

$$\underbrace{m\ddot{x}}_{\frac{d}{dt}\left(\frac{\partial L}{\partial \dot{x}}\right)} = \underbrace{-kx}_{\frac{\partial L}{\partial x}} \tag{6.2}$$

という、いわゆる単振動の方程式を得る。運動方程式の解は

$$x(t) = A\sin\left(\sqrt{\frac{k}{m}}t + \alpha\right) \tag{6.3}$$

である。この答は運動方程式 (6.2) を積分しても得られるし、「二階微分($\ddot{x}$)すると元の関数の負の定数倍 $\left(-\frac{k}{m}x\right)$ になる関数を探す」という手順で見

つけてもよい。二階微分方程式なので、二つの未定パラメータ（積分定数）を持つ解を見つければそれが一般解である。「二階微分すると元の関数の負の定数倍になる関数」として我々は三角関数 sin と cos を知っているから、$B\sin\omega t + C\cos\omega t$ という形の解を探せばよい。運動方程式に代入すると左辺（$\ddot{x}$）が $-\omega^2 B\sin\omega t - \omega^2 C\cos\omega t$ となることから $\omega = \sqrt{\dfrac{k}{m}}$ と決まる。後は三角関数の合成の式 $B\sin\theta + C\cos\theta = \sqrt{B^2+C^2}\sin(\theta+\alpha)$ を使って (6.3) を得る。

解に現れた A と α は積分定数であるが、それぞれ「振幅」と「初期位相」と呼ばれる。$\sqrt{\dfrac{k}{m}}$ という量は単位時間あたりの位相変化であり、「角振動数」という名前で呼ばれる（文字は ω が使われる事が多い）。以後は

$L = \dfrac{1}{2}m(\dot{x})^2 - \dfrac{1}{2}kx^2$ というラグランジアンは $x(t) = A\sin\left(\sqrt{\dfrac{k}{m}}t + \alpha\right)$ という運動を表す。

を一つの「基本形」としよう。我々はこの事実を知っているので、ある系のラグランジアンを書いて、適当な変形を加えて上の形になれば、「ああこの系は単振動するのか」と判断できる。「ラグランジアンを見れば系の運動は初期条件を除いて全部決まる」ということを積極的に利用する。

以下で、いろいろな運動を「ラグランジアンを単振動の形に書き直す」ことで解く練習を行おう。

少し状況を変えてみよう。バネを縦にして、重力がある場合を考えるとラグランジアンは

$$L = \dfrac{1}{2}m(\dot{x})^2 - \dfrac{1}{2}kx^2 + mgx \tag{6.4}$$

と変わるが、$x = X + \dfrac{mg}{k}$ と変数変換すると、

$$L = \dfrac{1}{2}m(\dot{X})^2 \underbrace{- \dfrac{1}{2}kX^2 + \dfrac{1}{2}\dfrac{m^2g^2}{k}}_{-\frac{1}{2}kx^2+mgx} \tag{6.5}$$

と書き直すことができる。最後の定数 $\dfrac{1}{2}\dfrac{m^2g^2}{k}$ は取ってしまっても出てくるオイラー・ラグランジュ方程式には何の違いもないことを考えれば、このラ

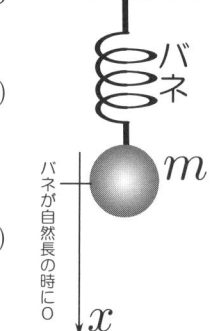

グランジアン (6.5) は、ラグランジアン(6.1) と物理的に同等なものだということがわかる（違いは x と X は原点がずれているということである）。つまり重力 mg の存在は、x 座標の原点をずらす働きしかしていない。

ラグランジアンには、その系の持つ物理的な情報は全て入っている。よって、ラグランジアンが同じ形に書ければ（運動方程式を解いてみるまでもなく）物理的に同等な系であるとわかる。これもラグランジアンで力学を表現することの利点である。

6.1.2 微小振動

単振動が実現するのはポテンシャルが $x(t)$ の2次式になっている時である。1次の項は原点のずらしを行うと消せるし、定数項はそもそも意味を持たない。3次以上の項を持つ一般のポテンシャルの場合、

$$U(x) = U(x_0) + U'(x_0)(x-x_0) + \frac{1}{2}U''(x_0)(x-x_0)^2 + \frac{1}{3!}U'''(x_0)(x-x_0)^3 + \cdots \tag{6.6}$$

とテイラー展開して、$x - x_0$ の3次以上の項を無視することができるのならば、$U'(x_0) = 0$ になる点を x_0 として選べば単振動のラグランジアンに書き換えることができる。こんなふうに「近似計算すると単振動する系になる」という例は物理では非常に多い。

ただし、そのためには $U''(x_0) > 0$ であることが必要である。作用の3次以上[†1]を無視した運動方程式は

$$m\ddot{x} = -U''(x_0)(x-x_0) \tag{6.7}$$

という形なので、$U''(x_0) < 0$ であれば、

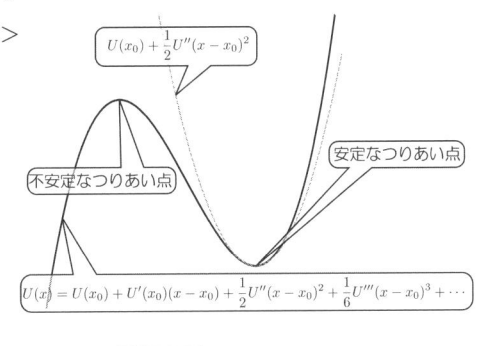

$$x - x_0 = Ce^{\pm\sqrt{-\frac{U''(x_0)}{m}}t} \tag{6.8}$$

という形のどんどん増大する解（複号正）と、0に漸近していく解（複号負）になり、振動ではなくなる。特にどんどん増大する解は、「$x - x_0$ の3次以

[†1] 作用を微分して運動方程式が出るので、作用で N 次以上を無視すると運動方程式では $N-1$ 次以上が無視される。

上の項を無視することができる」という条件を壊してしまうので、採用できない。

$U'(x_0) = 0$ となる点をつりあい点と呼ぶが、つりあい点には

$$\begin{cases} 安定なつりあい点： & U'(x_0) = 0 \text{ かつ } U''(x_0) > 0 \\ 不安定なつりあい点： & U'(x_0) = 0 \text{ かつ } U''(x_0) < 0 \end{cases} \tag{6.9}$$

がある。安定なつりあい点の回りの振動は、近似的に

$$x(t) - x_0 = A \sin\left(\sqrt{\frac{U''(x_0)}{m}} t + \alpha\right) \tag{6.10}$$

という単振動となる。

たとえば平面上を動く振り子のラグランジアンは糸が鉛直線となす角度 θ だけで書けて、

$$L = \frac{1}{2} m\ell^2 (\dot{\theta})^2 + mg\ell \cos\theta \tag{6.11}$$

であり、$\theta = 0$ が ($U''(0) = mg\ell > 0$ なので) 安定なつりあい点となる ($\theta = \pi$ は不安定なつりあい点)。

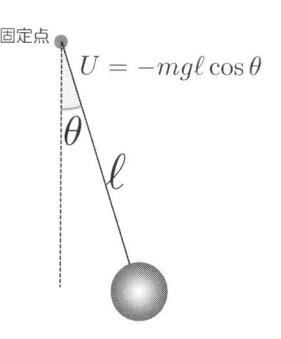

$\cos\theta = 1 - \frac{1}{2}\theta^2 + \frac{1}{4!}\theta^4 + \cdots$ と展開して θ の2次までを考えることにすると、

$$L = \frac{1}{2} m\ell^2 (\dot{\theta})^2 - \frac{mg\ell}{2}\theta^2 + \underbrace{mg\ell}_{定数} \tag{6.12}$$

であるから、質量 $m\ell^2$、バネ定数 $mg\ell$ のバネ振り子と同じラグランジアンになったと思えば、角振動数 $\sqrt{\dfrac{バネ定数}{質量}} = \sqrt{\dfrac{mg\ell}{m\ell^2}} = \sqrt{\dfrac{g}{\ell}}$ の単振動を行う。以上からわかるように、単振り子の運動は近似することで単振動になる。「振り子の等時性」とよく言われるが、残念ながらいわゆる単振り子の等時性は近似的にしか成立しない (等時性が成り立つ振り子については【演習問題6-3】
→ p167
を見よ)。

振り子が平面内でなく、立体的に運動する場合を考えよう。

6.1 単振動

つまり鉛直線に対して傾くだけでなく、鉛直線を軸としてぐるぐる回るような運動もできるとして考える。この鉛直線の回りを回る角度を ϕ としてラグランジアンを書く。

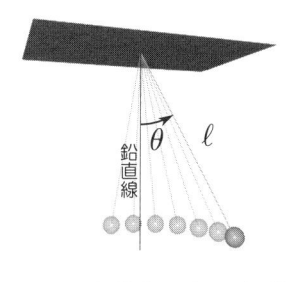

$$L = \frac{1}{2}m\left(\ell^2(\dot{\theta})^2 + (\ell\sin\theta)^2(\dot{\phi})^2\right) + mg\ell\cos\theta \tag{6.13}$$

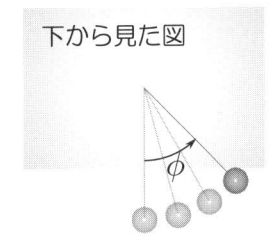

このラグランジアンから出発すると、まず ϕ が循環座標であることから、

$$\frac{\partial L}{\partial \dot{\phi}} = m\ell^2\sin^2\theta\,\dot{\phi} \equiv h \tag{6.14}$$

が保存量であるから、ラウシアン

$$R = L - h\dot{\phi} = \frac{1}{2}m\ell^2(\dot{\theta})^2 - \frac{h^2}{2m\ell^2\sin^2\theta} + mg\ell\cos\theta \tag{6.15}$$

を作って、以後は R をラグランジアンの替わりとすることで h は定数としてこの系の議論ができる。

このポテンシャルに対応する項

$$U = \frac{h^2}{2m\ell^2\sin^2\theta} - mg\ell\cos\theta \tag{6.16}$$

は右のグラフのような形になる[†2]。

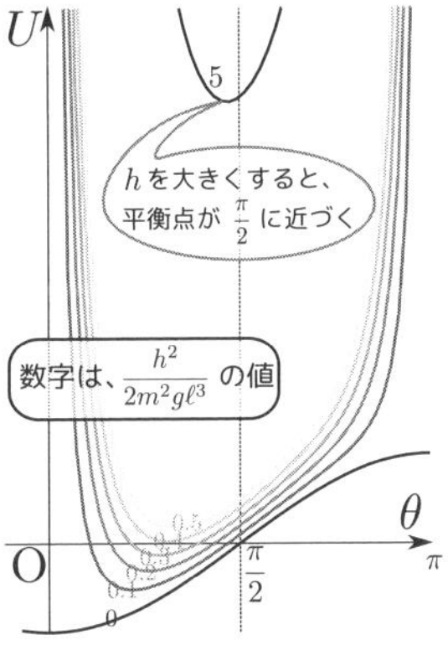

U の平衡点をまず求める。

$$\frac{dU}{d\theta} = -\frac{h^2}{m\ell^2\sin^3\theta}\cos\theta + mg\ell\sin\theta = 0 \tag{6.17}$$

から、

$$\sin^4\theta = \frac{h^2}{m^2g\ell^3}\cos\theta \tag{6.18}$$

を解けばよい。左辺は必ず正だから、$\cos\theta \geqq 0$ の範囲(つまり $0 \leqq \theta < \frac{\pi}{2}$ の範囲)にしか解はない($\theta = 0$ は $h = 0$ の時である)。上の図には h が変化した

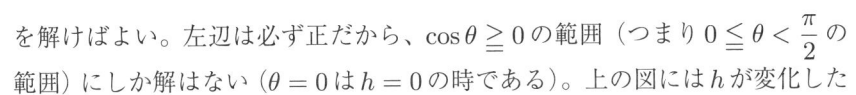

[†2] $h = 0$ ならば $\theta = 0$ が平衡点だが、少しでも h があると U が $\frac{1}{\sin^2\theta}$ という形の項を含むために $\theta = 0$ の点にはいられず、離れたところに平衡点がくる。

時の U の様子を示してあるが、平衡点は h が大きくなるにしたがって $\theta = 0$ から離れる（しかし、$\frac{\pi}{2}$ を超えることはない）。$E =$ 運動エネルギー $+ U$ を一定とする運動が起こるから、θ は $E - U$ が正となる範囲を振動し続ける。実際に（たとえば電灯をつける紐などで）この運動を起こしてみると、与える角運動量が大きいほど θ が大きい（高い）位置を回り、ある平衡点となる角度 θ_0 を中心として θ が振動しつつ回るような運動になっているはずなので、是非自分で試してみて欲しい[†3]。

$U' = 0$ を解いた結果ある角度が求められたとする（その角度 θ_0 では $\sin^4 \theta_0 = \frac{h^2}{m^2 g \ell^3} \cos \theta_0$ が成り立つ）。U の二階微分は

$$\frac{\mathrm{d}^2}{\mathrm{d}\theta^2} U = \frac{h^2}{m\ell^2 \sin^2 \theta} + 3 \frac{h^2}{m\ell^2 \sin^4 \theta} \cos^2 \theta + mg\ell \cos \theta \tag{6.19}$$

となる。この式に $\theta = \theta_0$ を代入した $U''(\theta_0)$ が「バネ定数」に対応する値となる。θ はこの値（前ページのグラフの最小点）を中心として、微小な振動を行う。その振動は近似的には $U''(\theta_0)$ を「バネ定数」、$m\ell^2$ を「質量」とした単振動になる。

ラグランジアンが単振動と同じ形になると、「後は単振動と同じ」という計算を何度か行った。ラグランジアンが同じならばオイラー・ラグランジュ方程式を解いた結果も同様になる（当然、初期条件が違えば違うのは除いての話）。また、ラグランジアンが定数倍違うことは結果のオイラー・ラグランジュ方程式に影響を与えない。たとえば単振り子の問題を、

$$L = \frac{1}{2} m\ell^2 (\dot{\theta})^2 - \frac{mg\ell}{2} \theta^2 \quad \rightarrow \quad \frac{L}{m\ell^2} = \frac{1}{2} (\dot{\theta})^2 - \frac{g}{2\ell} \theta^2 \tag{6.20}$$

として $\frac{L}{m\ell^2}$ がラグランジアンだと考えてもその物理的内容には違いはない[†4]。このように置き換えることで「単振子の運動の様子（たとえば周期）は質量によらない」ということや、「その周期は質量 1 でバネ定数が $\frac{g}{\ell}$ のバネ振り子と同じ」ということが L の形から見てとれる。これもラグランジュ形式の利点である。

[†3] 現実的に実験すれば当然、空気抵抗や摩擦は無視できないので計算どおりにはいかない。
[†4] これは古典力学の範囲のことで、量子力学ではそうではなくなってしまう。

6.2 連成振動
6.2.1 二体連成振動

複合系の問題をラグランジュ形式で解く練習として、連成振動を考えよう。

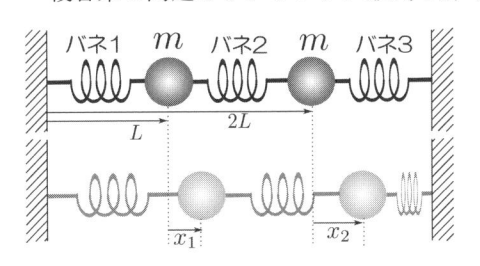

左のように、同じ材質、同じ自然長 L の3本のバネ（バネ定数 k）と2個の質点を組み合わせた系を考える（重力はなく、かつ物体は図の上下方向には運動しないとする）。図の上の状態ではバネはすべて自然長である。下の状態では、左の質点が上の図の状態より x_1 だけ右にずれ、右の質点が上の図の状態より x_2 だけ右にずれている（x_1 も x_2 も、つりあいの位置が原点になるような座標を取った）。この時左のバネは x_1 伸び、右のバネは x_2 縮み、真ん中のバネは $x_2 - x_1$ だけ伸びている。

このように変位している時の運動・位置エネルギーを考えて、

$$L = \underbrace{\underbrace{\frac{1}{2}m(\dot{x}_1)^2}_{\text{質点1}} + \underbrace{\frac{1}{2}m(\dot{x}_2)^2}_{\text{質点2}}}_{T} \underbrace{- \underbrace{\frac{1}{2}k(x_1)^2}_{\text{バネ1}} - \underbrace{\frac{1}{2}k(x_2 - x_1)^2}_{\text{バネ2}} - \underbrace{\frac{1}{2}k(x_2)^2}_{\text{バネ3}}}_{-U} \quad (6.21)$$

というラグランジアンから出発する。オイラー・ラグランジュ方程式

$$\underbrace{-kx_1 + k(x_2 - x_1)}_{\frac{\partial L}{\partial x_1}} - \frac{\mathrm{d}}{\mathrm{d}t} \underbrace{(m\dot{x}_1)}_{\frac{\partial L}{\partial \dot{x}_1}} = 0 \quad (6.22)$$

$$\underbrace{-k(x_2 - x_1) - kx_2}_{\frac{\partial L}{\partial x_2}} - \frac{\mathrm{d}}{\mathrm{d}t} \underbrace{(m\dot{x}_2)}_{\frac{\partial L}{\partial \dot{x}_2}} = 0 \quad (6.23)$$

を連立微分方程式として解いていってもよい。だが、この章ではラグランジアンの書き換えによる解き方を追求しているところなのだから、ここでも「ラグランジアンのレベルで運動を分解する」という手法を試してみよう。

運動の分解を行うために、どんな運動があり得るのかを物理的に考えてみる。この場合重心は等速直線運動をしない（バネ1とバネ3の力は外力である）。しかし、重心を一つの座標として考えるのはこの場合でも有効である。

x_1, x_2 は「つりあいの位置からのずれ」になるように原点を取ったので、重心も、「重心にとってのつりあいの位置」（図の中央、左の壁から $\frac{3}{2}L$ の場所）を原点に選ぶとする（次の図参照）。重心座標は $x_\mathrm{g} = \dfrac{x_1 + x_2}{2}$ である。重心を考えるというのは、実は、二つの物体をひとまとめにしてその運動を考えていると思ってよい。

重心運動の運動エネルギーは $\dfrac{1}{2}(2m)\left(\dfrac{\dot{x}_1 + \dot{x}_2}{2}\right)^2$ と考えられるから、全運動エネルギーからこの重心運動のエネルギーを引いてみよう。結果は

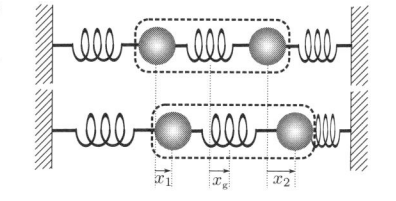

$$\underbrace{\frac{1}{2}m(\dot{x}_1)^2 + \frac{1}{2}m(\dot{x}_2)^2}_{T} - \underbrace{\frac{1}{2}(2m)\left(\frac{\dot{x}_1 + \dot{x}_2}{2}\right)^2}_{\text{重心運動の }T}$$
$$= \frac{1}{2}m(\dot{x}_1)^2 + \frac{1}{2}m(\dot{x}_2)^2 - m\frac{(\dot{x}_1)^2 + (\dot{x}_2)^2 + 2\dot{x}_1\dot{x}_2}{4} \quad (6.24)$$
$$= m\frac{(\dot{x}_1)^2 + (\dot{x}_2)^2 - 2\dot{x}_1\dot{x}_2}{4} = \frac{1}{2}\frac{m}{2}(\dot{x}_1 - \dot{x}_2)^2$$

となり、あたかも、$\dot{x}_1 - \dot{x}_2$ という速度を持つ質量 $\dfrac{m}{2}$ の質点がいるように思える。重心座標を $x_\mathrm{g} = \dfrac{x_1 + x_2}{2}$、相対座標を $x_\mathrm{R} = x_1 - x_2$ とすると、

$$T = \frac{1}{2} \times 2m \times (\dot{x}_\mathrm{g})^2 + \frac{1}{2} \times \frac{m}{2} \times (\dot{x}_\mathrm{R})^2 \quad (6.25)$$

と書き直せる。重心運動に関する質量は二つの和だから $2m$ になり、相対運動に関する質量は換算質量$\underset{\to \text{p110}}{\dfrac{m}{2}}$ になる、という結果になった。

位置エネルギーの方も書き直してみよう。

$$x_1 = x_\mathrm{g} + \frac{1}{2}x_\mathrm{R}, \quad x_2 = x_\mathrm{g} - \frac{1}{2}x_\mathrm{R} \quad (6.26)$$

を代入して、

$$U = \frac{1}{2}k\left(x_\mathrm{g} + \frac{1}{2}x_\mathrm{R}\right)^2 + \frac{1}{2}k\left(x_\mathrm{R}\right)^2 + \frac{1}{2}k\left(x_\mathrm{g} - \frac{1}{2}x_\mathrm{R}\right)^2 \quad (6.27)$$

という式が出る。この式の $x_\mathrm{g} x_\mathrm{R}$ に比例する項は、第1項と第3項から逆符号が出て、ちょうど消える。計算の結果は

$$U = k(x_\mathrm{g})^2 + \frac{3k}{4}(x_\mathrm{R})^2 \quad (6.28)$$

で、あたかも重心運動に対してバネ定数$2k$のバネが、相対運動に対してバネ定数$\frac{3}{2}k$のバネがついているような運動になった。

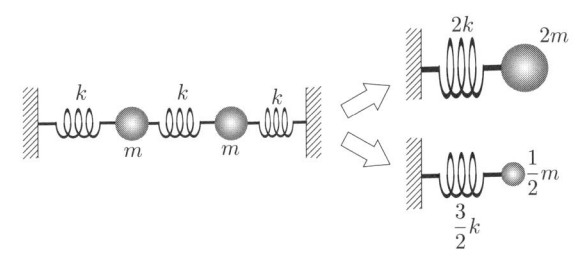

こうして、x_1, x_2 がからんだ複雑な運動をそれぞれ独立な $x_\mathrm{g}, x_\mathrm{R}$ で記述される、二つの単純な運動に書き直すことができた。運動がこのようにいくつかの運動の重ねあわせのように書ける時、分解された各々の運動を「モード」と呼ぶ。今の場合、x_g で表されるモードと x_R で表されるモードに「モード分解された」と表現する。

---------------------------- 練習問題 ----------------------------
【問い 6-1】 なぜ x_g で表されるモードに対するバネ定数は $2k$ で、x_R で表されるモードに対するバネ定数は $\frac{3}{2}k$ なのか、物理的解釈を与えよ。

ヒント → p348 へ　　解答 → p359 へ

それぞれのモードは質量 $2m$ でバネ定数 $2k$ と、質量 $\frac{m}{2}$ でバネ定数 $\frac{3k}{2}$ の調和振動子だから、

$$x_\mathrm{g} = A \sin\left(\sqrt{\frac{k}{m}}t + \alpha\right), \quad x_\mathrm{R} = B \sin\left(\sqrt{\frac{3k}{m}}t + \beta\right) \tag{6.29}$$

という形で解が決まる（A, B, α, β は積分定数であり、初期条件などから決められる）。これを逆に解いて、

$$\begin{aligned} x_1 &= A \sin\left(\sqrt{\frac{k}{m}}t + \alpha\right) + \frac{B}{2} \sin\left(\sqrt{\frac{3k}{m}}t + \beta\right) \\ x_2 &= A \sin\left(\sqrt{\frac{k}{m}}t + \alpha\right) - \frac{B}{2} \sin\left(\sqrt{\frac{3k}{m}}t + \beta\right) \end{aligned} \tag{6.30}$$

と決まる。たとえば初期位置 $(x_1(0), x_2(0))$ と初速度 $(\dot{x}_1(0), \dot{x}_2(0))$ に対し四つの条件を与えることで A, B, α, β が求められる。

6.2.2　二体連成振動の行列を使った変数変換

　前節でのラグランジアンの書き直しは「重心運動と相対運動で書けるだろう」という見通しをつけて行ったが、この後さらに自由度が増えていくことを考えると、果たしてすぐに新しい座標を見つけられるかという点が少々心もとない。そこで一般的方法として「行列」を使う計算手順を説明する。まずラグランジアン(6.21)を、

$$L = \frac{1}{2}m\underbrace{(\dot{x}_1 \ \dot{x}_2)\begin{pmatrix}\dot{x}_1\\\dot{x}_2\end{pmatrix}}_{(\dot{x}_1)^2+(\dot{x}_2)^2} - \frac{1}{2}k\underbrace{(x_1 \ x_2)\begin{pmatrix}2 & -1\\-1 & 2\end{pmatrix}\begin{pmatrix}x_1\\x_2\end{pmatrix}}_{2(x_1)^2-2x_1x_2+2(x_2)^2} \tag{6.31}$$

と書く[†5]。こう書いたことで問題のややこしさは変わってはいない。しかし問題を行列 $\begin{pmatrix}2 & -1\\-1 & 2\end{pmatrix}$ のややこしさに集中させることができた。

　ではこの行列を「簡単な行列」にするにはどうしたらいいだろうか。そのために行うべき手段は変数変換である。これを行列で書くことから始めよう。

$$\begin{cases}x_1 = T_{11}X_1 + T_{12}X_2\\x_2 = T_{21}X_1 + T_{22}X_2\end{cases} \qquad \begin{pmatrix}x_1\\x_2\end{pmatrix} = \begin{pmatrix}T_{11} & T_{12}\\T_{21} & T_{22}\end{pmatrix}\begin{pmatrix}X_1\\X_2\end{pmatrix} \tag{6.32}$$

という式で新しい変数 X_1, X_2 を導入する。この変数変換を行ベクトルの方について行うと、

$$(x_1 \ x_2) = (X_1 \ X_2)\begin{pmatrix}T_{11} & T_{21}\\T_{12} & T_{22}\end{pmatrix} \tag{6.33}$$

となる。行列の T_{12} と T_{21} の位置が入れ替わっていることを見落とさないようにしよう。

　以上を使うと、新しい変数で書いたラグランジアンは

$$\begin{aligned}L = &\frac{1}{2}m(\dot{X}_1 \ \dot{X}_2)\begin{pmatrix}T_{11} & T_{21}\\T_{12} & T_{22}\end{pmatrix}\begin{pmatrix}T_{11} & T_{12}\\T_{21} & T_{22}\end{pmatrix}\begin{pmatrix}\dot{X}_1\\\dot{X}_2\end{pmatrix}\\&-\frac{1}{2}k(X_1 \ X_2)\begin{pmatrix}T_{11} & T_{21}\\T_{12} & T_{22}\end{pmatrix}\begin{pmatrix}2 & -1\\-1 & 2\end{pmatrix}\begin{pmatrix}T_{11} & T_{12}\\T_{21} & T_{22}\end{pmatrix}\begin{pmatrix}X_1\\X_2\end{pmatrix}\end{aligned} \tag{6.34}$$

となる。こうして次にアタックすべき問題は

[†5] 「$-2kx_1x_2$ の項があるのだから行列は $\begin{pmatrix}2 & -2\\0 & 2\end{pmatrix}$ なのでは？—と思うかもしれないが、こう書くのと $\begin{pmatrix}2 & -1\\-1 & 2\end{pmatrix}$ と書くのは同じ結果である。以下の計算は対称行列の方がやりやすい。

6.2 連成振動

$\begin{pmatrix} T_{11} & T_{21} \\ T_{12} & T_{22} \end{pmatrix} \begin{pmatrix} 2 & -1 \\ -1 & 2 \end{pmatrix} \begin{pmatrix} T_{11} & T_{12} \\ T_{21} & T_{22} \end{pmatrix}$ が簡単になり、かつ

$\begin{pmatrix} T_{11} & T_{21} \\ T_{12} & T_{22} \end{pmatrix} \begin{pmatrix} T_{11} & T_{12} \\ T_{21} & T_{22} \end{pmatrix} = \begin{pmatrix} 1 & 0 \\ 0 & 1 \end{pmatrix}$ となる $\begin{pmatrix} T_{11} & T_{12} \\ T_{21} & T_{22} \end{pmatrix}$ を見つけよ。

に変わる。これは「直交行列を使って対角化せよ」ということで、付録の A.8 節で説明した方法を使うことでできる。そのためにはまず

$$\begin{pmatrix} 2 & -1 \\ -1 & 2 \end{pmatrix} \begin{pmatrix} T_1 \\ T_2 \end{pmatrix} = \lambda \begin{pmatrix} T_1 \\ T_2 \end{pmatrix} \tag{6.35}$$

となる λ（行列の固有値）と $\begin{pmatrix} T_1 \\ T_2 \end{pmatrix}$（固有ベクトル）を見つける。そのために、上の式の右辺を移項して

$$\begin{pmatrix} 2-\lambda & -1 \\ -1 & 2-\lambda \end{pmatrix} \begin{pmatrix} T_1 \\ T_2 \end{pmatrix} = 0 \tag{6.36}$$

という方程式を考えると、これが $T_1 = T_2 = 0$ 以外の解を持つためには、

$$\det \begin{pmatrix} 2-\lambda & -1 \\ -1 & 2-\lambda \end{pmatrix} = \begin{vmatrix} 2-\lambda & -1 \\ -1 & 2-\lambda \end{vmatrix} = (2-\lambda)^2 - 1 \tag{6.37}$$

が 0 にならなくてはいけない（$\det(\ )$ と $|\ |$ はどちらも行列式を表す記号）。よって、

$$2 - \lambda = \pm 1 \quad \to \quad \lambda = 2 \pm 1 = 1, 3 \tag{6.38}$$

と固有値が決まる。二つの λ は異なるから二つの固有ベクトルは直交する。求めてみると、$\lambda = 1$ の時、

$$\begin{pmatrix} 1 & -1 \\ -1 & 1 \end{pmatrix} \begin{pmatrix} T_1 \\ T_2 \end{pmatrix} = 0 \quad \text{より、} \begin{pmatrix} T_1 \\ T_2 \end{pmatrix} = \begin{pmatrix} \frac{1}{\sqrt{2}} \\ \frac{1}{\sqrt{2}} \end{pmatrix} \tag{6.39}$$

$\lambda = 3$ の時、

$$\begin{pmatrix} -1 & -1 \\ -1 & -1 \end{pmatrix} \begin{pmatrix} T_1 \\ T_2 \end{pmatrix} = 0 \quad \text{より、} \begin{pmatrix} T_1 \\ T_2 \end{pmatrix} = \begin{pmatrix} \frac{1}{\sqrt{2}} \\ -\frac{1}{\sqrt{2}} \end{pmatrix} \tag{6.40}$$

という答えが出る（ベクトルの長さが 1 になるように規格化した）。この二つのベクトルは確かに（定数倍を除けば）、重心座標 x_g と相対座標 x_R に対応している。

二つの固有ベクトルを並べた $\begin{pmatrix} \frac{1}{\sqrt{2}} & \frac{1}{\sqrt{2}} \\ \frac{1}{\sqrt{2}} & -\frac{1}{\sqrt{2}} \end{pmatrix}$ が変換の行列である。確かに、

$$\begin{pmatrix} \frac{1}{\sqrt{2}} & \frac{1}{\sqrt{2}} \\ \frac{1}{\sqrt{2}} & -\frac{1}{\sqrt{2}} \end{pmatrix} \begin{pmatrix} 2 & -1 \\ -1 & 2 \end{pmatrix} \begin{pmatrix} \frac{1}{\sqrt{2}} & \frac{1}{\sqrt{2}} \\ \frac{1}{\sqrt{2}} & -\frac{1}{\sqrt{2}} \end{pmatrix} = \begin{pmatrix} 1 & 0 \\ 0 & 3 \end{pmatrix} \tag{6.41}$$

になる。

結果を確認すると、ラグランジアンは行列を使った座標変換で、

$$\begin{aligned} L &= \frac{1}{2}m(\dot{x}_1 \ \dot{x}_2)\begin{pmatrix} \dot{x}_1 \\ \dot{x}_2 \end{pmatrix} - \frac{1}{2}k(x_1 \ x_2)\begin{pmatrix} 2 & -1 \\ -1 & 2 \end{pmatrix}\begin{pmatrix} x_1 \\ x_2 \end{pmatrix} \\ &= \frac{1}{2}m(\dot{X}_1 \ \dot{X}_2)\begin{pmatrix} \dot{X}_1 \\ \dot{X}_2 \end{pmatrix} - \frac{1}{2}k(X_1 \ X_2)\begin{pmatrix} 1 & 0 \\ 0 & 3 \end{pmatrix}\begin{pmatrix} X_1 \\ X_2 \end{pmatrix} \\ &= \frac{1}{2}m(\dot{X}_1)^2 - \frac{k}{2}(X_1)^2 + \frac{1}{2}m(\dot{X}_2)^2 - \frac{3k}{2}(X_2)^2 \end{aligned} \tag{6.42}$$

のように変数変換され、質量 m でバネ定数 k の調和振動子を表す X_1 の部分と、質量 m でバネ定数 $3k$ の調和振動子を表す X_2 の部分に完全に分離された。これは x_g（質量 $2m$ でバネ定数 $2k$）と x_R（質量 $\frac{m}{2}$ でバネ定数 $\frac{3}{2}k$）と比較すると定数倍の違いがあるが、角振動数 $\omega = \sqrt{\dfrac{バネ定数}{質量}}$ を考えれば等価な調和振動子の表現になっている。

6.2.3　質量が異なる場合

ここでは二つの質点の質量を同じにしたが、違っていたらここの手順をどう変更すればよいだろう？——出発点のラグランジアンは

$$L = \frac{1}{2}(\dot{x}_1 \ \dot{x}_2)\underbrace{\begin{pmatrix} m_1 & 0 \\ 0 & m_2 \end{pmatrix}}_{\mathbf{M}}\begin{pmatrix} \dot{x}_1 \\ \dot{x}_2 \end{pmatrix} - \frac{1}{2}(x_1 \ x_2)\underbrace{\begin{pmatrix} 2k & -k \\ -k & 2k \end{pmatrix}}_{\mathbf{K}}\begin{pmatrix} x_1 \\ x_2 \end{pmatrix} \tag{6.43}$$

のように、運動エネルギーの方にも行列が挟まった形になる[†6]。この時は、

$$\mathbf{K}\vec{T} = \lambda \mathbf{M}\vec{T} \quad \text{または} \quad \mathbf{M}^{-1}\mathbf{K}\vec{T} = \lambda \vec{T} \tag{6.44}$$

[†6] $\sqrt{m_i}x_i = Y_i$ のように変数変換してしまって、$\mathbf{M}$ にあたる部分を単位行列にしてしまう方法もあるが、この方法は $\mathbf{M}$ が対角行列でないような状況になると使えない。ここで説明する方法は、行列 $\mathbf{M}$ が対角行列でない場合（例は6.2.4節）でも使える。
→ p152

のような、固有値方程式とはちょっと違う式（あるいは別の言い方をすれば、$\mathbf{M}^{-1}\mathbf{K}$ の固有値方程式）を解き、

$$\mathbf{K}\vec{T}_1 = \lambda_1 \mathbf{M}\vec{T}_1, \quad \mathbf{K}\vec{T}_2 = \lambda_2 \mathbf{M}\vec{T}_2 \tag{6.45}$$

のように二つのベクトルを求める。左の式に前から $\vec{T}_2^t$ を、右の式に前から $\vec{T}_1^t$ を掛けて、$\mathbf{K}$ も $\mathbf{M}$ も対称行列であったことを使うと、

$$(\lambda_1 - \lambda_2)\vec{T}_1^t \mathbf{M}\vec{T}_2 = 0 \tag{6.46}$$

となって、$\lambda_1 \neq \lambda_2$ ならば $\vec{T}_1^t \mathbf{M}\vec{T}_2 = 0$ である[†7]。ゆえに

$$\underbrace{\begin{pmatrix} (\vec{T}_1)_1 & (\vec{T}_1)_2 \\ (\vec{T}_2)_1 & (\vec{T}_2)_2 \end{pmatrix}}_{\mathbf{T}^t} \mathbf{M} \underbrace{\begin{pmatrix} (\vec{T}_1)_1 & (\vec{T}_2)_1 \\ (\vec{T}_1)_2 & (\vec{T}_2)_2 \end{pmatrix}}_{\mathbf{T}} = \begin{pmatrix} \vec{T}_1^t \mathbf{M}\vec{T}_1 & 0 \\ 0 & \vec{T}_2^t \mathbf{M}\vec{T}_2 \end{pmatrix} \tag{6.47}$$

となるので、$\vec{T}_1, \vec{T}_2$ を適当に定数倍して、$\mathbf{T}^t\mathbf{M}\mathbf{T} = \mathbf{E}$ となるようにできる[†8]（$\mathbf{M}$ が挟まっている以外、直交変換の作り方と同じである）。

$$\mathbf{K}\underbrace{\begin{pmatrix} T_{11} & T_{12} \\ T_{21} & T_{22} \end{pmatrix}}_{\mathbf{T}} = \mathbf{M}\begin{pmatrix} \lambda_1 T_{11} & \lambda_2 T_{12} \\ \lambda_1 T_{21} & \lambda_2 T_{22} \end{pmatrix} = \mathbf{M}\mathbf{T}\underbrace{\begin{pmatrix} \lambda_1 & 0 \\ 0 & \lambda_2 \end{pmatrix}}_{\mathbf{L}} \tag{6.48}$$

となる（固有値を対角部に並べて作った行列を $\mathbf{L}$ とした）ので、$\vec{x} = \mathbf{T}\vec{X}$ という変数変換を行うと、

$$\begin{aligned} L &= \frac{1}{2}\vec{X}^t\mathbf{T}^t\mathbf{M}\mathbf{T}\dot{\vec{X}} - \frac{1}{2}\vec{X}^t\mathbf{T}^t\mathbf{K}\mathbf{T}\vec{X} \\ &= \frac{1}{2}\dot{\vec{X}}^t\mathbf{T}^t\mathbf{M}\mathbf{T}\dot{\vec{X}} - \frac{1}{2}\vec{X}^t\mathbf{T}^t\mathbf{M}\mathbf{T}\mathbf{L}\vec{X} = \frac{1}{2}\dot{\vec{X}}^t\dot{\vec{X}} - \frac{1}{2}\vec{X}^t\mathbf{L}\vec{X} \end{aligned} \tag{6.49}$$

となり、後は調和振動子に分解した問題となる。

ただし、この計算において λ が正か負か（あるいは 0 か）という点には注意が必要で、$\lambda_i > 0$ なら $X_i = 0$ は安定なつりあいだが、$\lambda_i < 0$ なら不安定なつりあい点になる（今の場合は λ はともに正）。

[†7] $\lambda_1 = \lambda_2$ の時はシュミットの直交化と同様の方法を使う。
→ p314
[†8] 実は単位行列 $\mathbf{E}$ にしなくても、対角行列であれば今の目的は果たせる。よってこの定数倍はやらなくてもよい。

6.2.4 二重振り子

振り子の下にまた振り子をつける、といういわゆる二重振り子の問題を考えてみる。平面上の運動として原点を固定点に取り、図の右向きに x 軸、下向きに y 軸を取る。計算を簡単にするために、糸の長さはどちらも ℓ としておこう。上のおもり 1 の方の位置は $(x_1, y_1) = (\ell \sin\theta_1, \ell \cos\theta_1)$ で、下のおもり 2 の方の位置は $(x_2, y_2) = (\ell \sin\theta_1 + \ell \sin\theta_2, \ell \cos\theta_1 + \ell \cos\theta_2)$ と表現できるから、

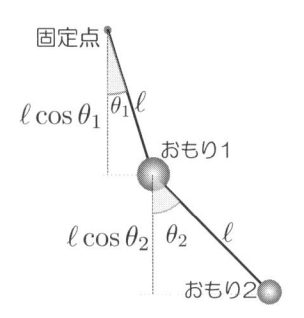

$$L = \frac{1}{2}m_1\left((\dot{x}_1)^2 + (\dot{y}_1)^2\right) + \frac{1}{2}m_2\left((\dot{x}_2)^2 + (\dot{y}_2)^2\right) + m_1 g y_1 + m_2 g y_2 \quad (6.50)$$

に上の (x_1, y_1) と (x_2, y_2) を代入して、

$$\begin{aligned}
L &= \frac{1}{2}m_1\left(\ell\dot{\theta}_1\right)^2 + \frac{1}{2}m_2\left((\ell\cos\theta_1\dot{\theta}_1 + \ell\cos\theta_2\dot{\theta}_2)^2 + (\ell\sin\theta_1\dot{\theta}_1 + \ell\sin\theta_2\dot{\theta}_2)^2\right) \\
&\quad + m_1 g\ell\cos\theta_1 + m_2 g(\ell\cos\theta_1 + \ell\cos\theta_2) \\
&= \frac{1}{2}m_1\left(\ell\dot{\theta}_1\right)^2 + \frac{1}{2}m_2\left((\ell\dot{\theta}_1)^2 + (\ell\dot{\theta}_2)^2 + 2\ell\ell\dot{\theta}_1\dot{\theta}_2\cos(\theta_1 - \theta_2)\right) \\
&\quad + m_1 g\ell\cos\theta_1 + m_2 g(\ell\cos\theta_1 + \ell\cos\theta_2)
\end{aligned} \quad (6.51)$$

となる。$m_2 = m, M = m_1 + m_2$ と書くとラグランジアンは

$$L = \frac{M\ell^2}{2}(\dot{\theta}_1)^2 + \frac{m\ell^2}{2}\left((\dot{\theta}_2)^2 + 2\dot{\theta}_1\dot{\theta}_2\cos(\theta_1 - \theta_2)\right) + Mg\ell\cos\theta_1 + mg\ell\cos\theta_2 \quad (6.52)$$

と簡単化される。位置エネルギー $U = -Mg\ell\cos\theta_1 - mg\ell\cos\theta_2$ の平衡点は $\theta_1 = 0, \pi$ と $\theta_2 = 0, \pi$ の組み合わせで 4 箇所あるが、安定なのはもちろん、$\theta_1 = \theta_2 = 0$ である。この点からのずれ θ_1, θ_2 が小さいとして、

$$\begin{aligned}
L &= \frac{M\ell^2}{2}(\dot{\theta}_1)^2 + \frac{m\ell^2}{2}\left((\dot{\theta}_2)^2 + 2\dot{\theta}_1\dot{\theta}_2\right) + Mg\ell\left(1 - \frac{(\theta_1)^2}{2}\right) + mg\ell\left(1 - \frac{(\theta_2)^2}{2}\right) \\
&= \frac{1}{2}(\dot{\theta}_1 \ \dot{\theta}_2)\begin{pmatrix} M\ell^2 & m\ell^2 \\ m\ell^2 & m\ell^2 \end{pmatrix}\begin{pmatrix} \dot{\theta}_1 \\ \dot{\theta}_2 \end{pmatrix} - \frac{1}{2}(\theta_1 \ \theta_2)\begin{pmatrix} Mg\ell & 0 \\ 0 & mg\ell \end{pmatrix}\begin{pmatrix} \theta_1 \\ \theta_2 \end{pmatrix} + (定数)
\end{aligned} \quad (6.53)$$

が θ_1, θ_2 の 3 次以上を無視したラグランジアンである。これは (6.43) において、
$\to$ p150

$$\mathbf{M} = \begin{pmatrix} M\ell^2 & m\ell^2 \\ m\ell^2 & m\ell^2 \end{pmatrix}, \quad \mathbf{K} = \begin{pmatrix} Mg\ell & 0 \\ 0 & mg\ell \end{pmatrix} \quad (6.54)$$

とした例になっているから、(6.43)以降に書いた一般論にしたがい、
→ p150

$$\lambda \begin{pmatrix} M\ell^2 & m\ell^2 \\ m\ell^2 & m\ell^2 \end{pmatrix} \begin{pmatrix} v_1 \\ v_2 \end{pmatrix} = \begin{pmatrix} Mg\ell & 0 \\ 0 & mg\ell \end{pmatrix} \begin{pmatrix} v_1 \\ v_2 \end{pmatrix} \quad (6.55)$$

を解く。$v_1 = v_2 = 0$ 以外の解を持つためには、

$$\begin{aligned} \det \begin{pmatrix} \lambda M\ell^2 - Mg\ell & \lambda m\ell^2 \\ \lambda m\ell^2 & \lambda m\ell^2 - mg\ell \end{pmatrix} &= 0 \\ \left(\lambda M\ell^2 - Mg\ell\right)\left(\lambda m\ell^2 - mg\ell\right) - \left(\lambda m\ell^2\right)^2 &= 0 \\ Mmg^2\ell^2 - 2Mmg\ell^3\lambda + (Mm - m^2)\ell^4\lambda^2 &= 0 \\ Mg^2 - 2Mg\ell\lambda + (M - m)\ell^2\lambda^2 &= 0 \end{aligned} \quad (6.56)$$

という2次方程式を解けばよい。解の公式により解は

$$\lambda = \frac{Mg\ell \pm \sqrt{M^2g^2\ell^2 - M(M-m)g^2\ell^2}}{(M-m)\ell^2} = \frac{g}{\ell} \times \frac{\sqrt{M}}{\sqrt{M} \mp \sqrt{m}} \quad (6.57)$$

であり、$M > m$ なので、二つの λ は両方正である（安定な平衡点を選んで計算しているので当然である）。これを代入したあと、(6.55) を整理すると、

$$\begin{pmatrix} \pm M\sqrt{\frac{m}{M}} & m \\ m & \pm m\sqrt{\frac{m}{M}} \end{pmatrix} \begin{pmatrix} v_1 \\ v_2 \end{pmatrix} = 0 \quad (6.58)$$

となり、固有ベクトルは

$$\begin{pmatrix} \sqrt{m} \\ \sqrt{M} \end{pmatrix} (\text{固有値}\frac{g}{\ell} \times \frac{\sqrt{M}}{\sqrt{M}+\sqrt{m}}), \quad \begin{pmatrix} -\sqrt{m} \\ \sqrt{M} \end{pmatrix} (\text{固有値}\frac{g}{\ell} \times \frac{\sqrt{M}}{\sqrt{M}-\sqrt{m}}) \quad (6.59)$$

の二つである。よって、運動は以下の二つの基準モードの合成となる。

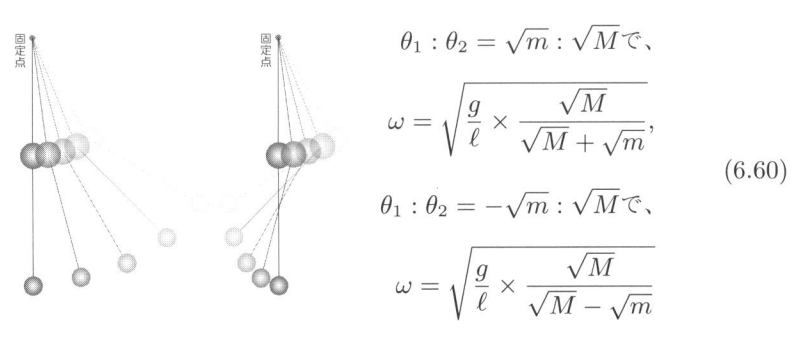

$$\begin{aligned} &\theta_1 : \theta_2 = \sqrt{m} : \sqrt{M} \text{で、} \\ &\omega = \sqrt{\frac{g}{\ell} \times \frac{\sqrt{M}}{\sqrt{M}+\sqrt{m}}}, \\ &\theta_1 : \theta_2 = -\sqrt{m} : \sqrt{M} \text{で、} \\ &\omega = \sqrt{\frac{g}{\ell} \times \frac{\sqrt{M}}{\sqrt{M}-\sqrt{m}}} \end{aligned} \quad (6.60)$$

前ページの図はその二つのモードを表現したもの（ただし、かなり大きな角度で描いているが、実際求めたのは微小振動のみである）で、二つの角度は $\pm\sqrt{m}:\sqrt{M}$ となる（$M>m$）から、下の方が大きな角度で振れる。実際に起こる振動はこの二つの重ね合わせとなる。

6.3 三体から N 体の連成振動へ

6.3.1 三体連成振動

右の図のように、3つの物体が4本のバネでつながっている。バネ全部が自然長になっている時の3つの物体の位置を、それぞれ $x_1=0, x_2=0, x_3=0$ となるように3つの物体の位置座標を設定する。2体の時と同様に、4本のバネはそれぞれ $x_1, x_2-x_1, x_3-x_2, -x_3$ だけ伸びることになる。よって作用は

$$L = \frac{1}{2}m(\dot{x}_1 \ \dot{x}_2 \ \dot{x}_3)\begin{pmatrix}\dot{x}_1\\\dot{x}_2\\\dot{x}_3\end{pmatrix} - \frac{1}{2}k(x_1 \ x_2 \ x_3)\begin{pmatrix}2 & -1 & 0\\-1 & 2 & -1\\0 & -1 & 2\end{pmatrix}\begin{pmatrix}x_1\\x_2\\x_3\end{pmatrix} \quad (6.61)$$

であるから、これを行列の対角化で簡単化していく。

$$\begin{pmatrix}2 & -1 & 0\\-1 & 2 & -1\\0 & -1 & 2\end{pmatrix}\begin{pmatrix}a\\b\\c\end{pmatrix} = \lambda\begin{pmatrix}a\\b\\c\end{pmatrix} \quad (6.62)$$

という行列の固有値方程式を解くための条件式が

$$\begin{vmatrix}2-\lambda & -1 & 0\\-1 & 2-\lambda & -1\\0 & -1 & 2-\lambda\end{vmatrix} = (2-\lambda)^3 - 2(2-\lambda) = (2-\lambda)(\lambda^2 - 4\lambda + 2) \quad (6.63)$$

であるから、固有値は $\lambda = 2, 2\pm\sqrt{2}$ となる。各々を (6.62) に代入した

$$\begin{pmatrix}0 & -1 & 0\\-1 & 0 & -1\\0 & -1 & 0\end{pmatrix}\begin{pmatrix}a\\b\\c\end{pmatrix} = 0, \quad \begin{pmatrix}\mp\sqrt{2} & -1 & 0\\-1 & \mp\sqrt{2} & -1\\0 & -1 & \mp\sqrt{2}\end{pmatrix}\begin{pmatrix}a\\b\\c\end{pmatrix} = 0 \quad (6.64)$$

という3つの方程式を解いて、それぞれ $\begin{pmatrix}\frac{\sqrt{2}}{2}\\0\\-\frac{\sqrt{2}}{2}\end{pmatrix}, \begin{pmatrix}\frac{1}{2}\\\mp\frac{\sqrt{2}}{2}\\\frac{1}{2}\end{pmatrix}$ という3本の固

6.3 三体からN体の連成振動へ

有ベクトルを出すことができる。

変換の行列は右の図のようになる（固有値の小さい順に左から並べた）。この行列を使って、
$\begin{pmatrix} x_1 \\ x_2 \\ x_3 \end{pmatrix} = \mathbf{T} \begin{pmatrix} X_1 \\ X_2 \\ X_3 \end{pmatrix}$ となるように新

$$\mathbf{T} = \begin{pmatrix} \frac{1}{2} & \frac{\sqrt{2}}{2} & \frac{1}{2} \\ \frac{\sqrt{2}}{2} & 0 & -\frac{\sqrt{2}}{2} \\ \frac{1}{2} & -\frac{\sqrt{2}}{2} & \frac{1}{2} \end{pmatrix}$$

（固有値 2 の固有ベクトル、固有値 $2-\sqrt{2}$ の固有ベクトル、固有値 $2+\sqrt{2}$ の固有ベクトル）

しい変数を導入してラグランジアンを書き直すと、

$$\frac{m}{2}(\dot{X}_1 \ \dot{X}_2 \ \dot{X}_3)\begin{pmatrix} \dot{X}_1 \\ \dot{X}_2 \\ \dot{X}_3 \end{pmatrix} - \frac{k}{2}(X_1 \ X_2 \ X_3)\begin{pmatrix} 2-\sqrt{2} & 0 & 0 \\ 0 & 2 & 0 \\ 0 & 0 & 2+\sqrt{2} \end{pmatrix}\begin{pmatrix} X_1 \\ X_2 \\ X_3 \end{pmatrix} \tag{6.65}$$

となる。これはそれぞれ独立な（X_1, X_2, X_3 という一般化座標で記述される）3つの調和振動子（3つのモード）のラグランジアンの和になっている。

計算で求めた3つのモードがどんな運動なのかを考えてみよう。

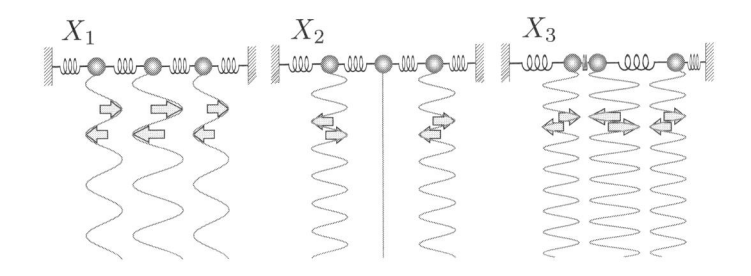

X_1 で表される、もっとも振動数の低いモードは3つのおもりが全て同じ方向に振動する振動であり、角振動数は $\sqrt{\frac{(2-\sqrt{2})k}{m}}$ である。第2のモード X_2 の角振動数は $\sqrt{\frac{2k}{m}}$ である。これは左右対称な振動モードで、中央のおもりは動かない。

最後の、もっとも振動数の高いモードである X_3 は角振動数 $\sqrt{\frac{(2+\sqrt{2})k}{m}}$ の振動であり、真ん中のおもりは両側とは逆向きに動く。

実際に起こる振動は3つのモードが重なったものであり、たとえば右の図のような複雑なものになる。

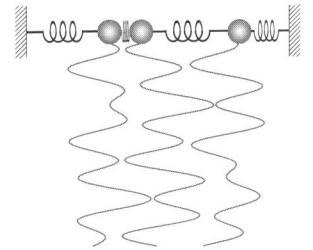

6.3.2 3つのモードの表現

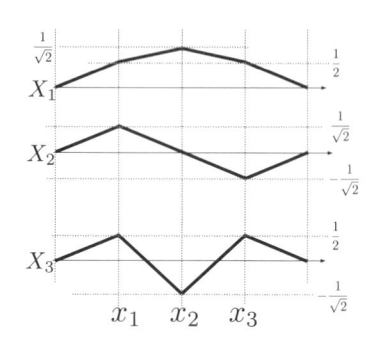

3つのモードはそれぞれ違う組み合わせで X_1, X_2, X_3 が変化する。その様子を図で示したものが右の図である。これをみると、このグラフ自体が一種の波のように、あたかも sin で表された関数のように見える。実は「見える」だけではなく、まさにそう考えることで各々のモードを正しく表現できていることが、以下でわかる。

もっとも振動数の低いモードのベクトル $\left(\frac{1}{2}, \frac{1}{\sqrt{2}}, \frac{1}{2}\right)$ をよく見てみよう。この数列は実は、右の図のように表現できる。つまり、x_1, x_2, x_3 といくにしたがって位相が $\frac{\pi}{4}$ ずつ回っていくような sin で表される数列である（最初につく $\frac{1}{\sqrt{2}}$ は規格化による）。

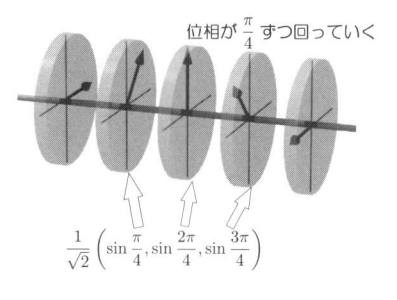

図に示したように、これは位相が $\frac{\pi}{4}$ ずつ増えていく正弦関数で表すことができる。同様に他のモードも考えると、

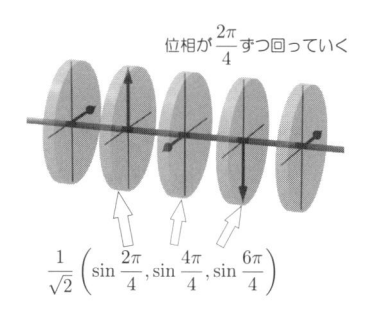

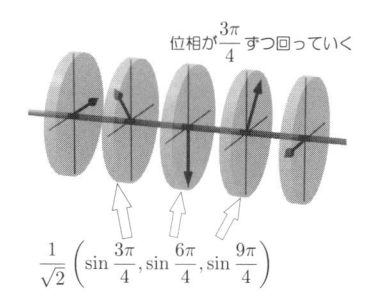

のように、位相が少しずつ増えていく形で表現できる。まとめると、

$$\frac{1}{\sqrt{2}}\left(\sin\frac{p\pi}{4}, \sin\frac{2p\pi}{4}, \sin\frac{3p\pi}{4}\right) \quad \text{ただし}, p = 1, 2, 3 \qquad (6.66)$$

のように各モードを表すベクトルが表現できる。

「$p \geq 4$ の場合はないの？」という素朴な疑問が湧くかもしれないが、実際に代入するとすぐわかるように、$p=4$ だと $(0,0,0)$ になってしまう（$p=4$ は π ずつ位相をずらしてしまうから当然だ）し、$p=5$ を計算してみると $p=3$ と逆符号なだけで同じものになる（$\dfrac{5\pi}{4}$ ずつ位相が回るということは $-\dfrac{3\pi}{4}$ ずつ回ることと同じだから）。以下同様に、これまで考えたものと比例したベクトルしか出てこない。つまり、これ以上モードはない。

もともと、3つの物体の運動を書き直しているだけなのだから、式が簡単になることはあっても変数の数（自由度）が減ることも増えることもない。よって自由度3になるのは当然である。

運動をモードに分解するという操作は実は、三角関数による分解であったとも言える。この後で連結する物体の数をどんどん増やしていくが、やはり同様のことができる。さらには少し先走って述べておくと、数が無限個になった場合（つまり、「何個」と数えることができないほどに小さい物体で作られた連続体の場合）も、三角関数で任意の振動が分解できる。それがフーリエ級数（あるいはフーリエ変換）の考え方である。この考え方を理解しておくと、連成振動のおもりの数がどんどん増えていっても、同様に考えて固有振動を見つけることができる。

6.3.3　N 個の物体が連結されている場合の振動

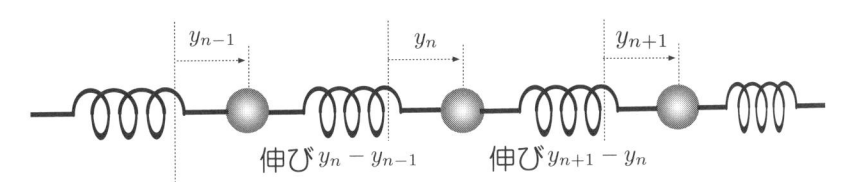

ここまでは2個、3個の物体を考えたが、ここでは数を一般的に N として問題を解いてみよう。作用を作ろう。N 個の物体を連結しているのは $N+1$ 本のバネである（両端は固定されているものとする）。このバネの伸びを考えよう。n 番目と $n+1$ 番目の間にあるバネは、$y_{n+1} - y_n$ だけ[†9] 伸びる。この伸びが位置エネルギーに $\dfrac{1}{2}k(y_{n+1} - y_n)^2$ だけ寄与する。一番端っこ（1番目と N 番目）に関しては壁は動かないので、$\dfrac{1}{2}k(y_1)^2 + \dfrac{1}{2}k(y_N)^2$ というエネル

[†9] 後で連続的にする時に「x 座標」を使うので、変位の方は y で表現することにする。

ギーを持つ。よってラグランジアンは

$$L = \frac{1}{2}m\sum_{i=1}^{N}(\dot{y}_i)^2 - \frac{1}{2}k(y_1)^2 - \frac{1}{2}k\sum_{i=1}^{N-1}(y_{i+1}-y_i)^2 - \frac{1}{2}k(y_N)^2 \quad (6.67)$$

となる。後ろの和 $\sum_{i=1}^{N-1}$ の範囲に注意しよう（両端以外のバネのエネルギーを表す）。オイラー・ラグランジュ方程式は

$$m\frac{d^2 y_n}{dt^2} = k(y_{n+1}-y_n) - k(y_n - y_{n-1}) = ky_{n-1} - 2ky_n + ky_{n+1} \quad (6.68)$$

となる[†10]。この運動方程式[†11]は線型ではあるが N 個の連立方程式になってしまうから、簡単には解けない。そこで、ラグランジアンの簡単化を考える。L のうち位置エネルギーの部分 $(-U)$ を行列で書けば、

$$\frac{1}{2}\begin{pmatrix} y_1 & y_2 & y_3 & \cdots & y_{N-1} & y_N \end{pmatrix} \begin{pmatrix} -2k & k & 0 & 0 & \cdots & 0 & 0 \\ k & -2k & k & 0 & \cdots & 0 & 0 \\ 0 & k & -2k & k & \cdots & 0 & 0 \\ \vdots & \vdots & \vdots & \vdots & & \vdots & \vdots \\ 0 & 0 & 0 & 0 & \cdots & -2k & k \\ 0 & 0 & 0 & 0 & \cdots & k & -2k \end{pmatrix} \begin{pmatrix} y_1 \\ y_2 \\ y_3 \\ \vdots \\ y_{N-1} \\ y_N \end{pmatrix}$$
$$(6.69)$$

となる[†12]。問題は、この行列をどう対角化するか、である。

線型代数の一般論にしたがって計算していくというのも一つの手である。しかしここでは、既に $N=2, N=3$ で計算した結果の類推で「三角関数で固有ベクトルが求められるのではないか？」と予想してみよう。(6.66)の類推から
→ p156

$$y_n = \sqrt{\frac{2}{N+1}} \sin\frac{np\pi}{N+1} \quad (6.70)$$

[†10] この式に、$n=1$ や $n=N$ が代入された時は y_0 や y_{N+1} のような存在しない量が出てきてしまうが、$y_0 = y_{N+1} = 0$ としておけばちゃんとオイラー・ラグランジュ方程式として正しい式になる。
[†11] 「$y_{n+1} - y_n$ だけ伸びたバネは、n 番目のおもりと $n+1$ 番目のおもりを $k(y_{n+1}-y_n)$ の力で引っ張る。これをおもりの立場で考えると、右からは $k(y_{n+1}-y_n)$ の力で引っ張られ、左からは $k(y_n - y_{n-1})$ の力で引っ張られる」というふうに考えていってもこの式を出すことはできる。
[†12] 位置エネルギーの式を見ていると、$\frac{1}{2}k(y_i)^2$ という式が2回ずつ現れる。また、$\frac{1}{2}k(-2y_{i+1}y_i)$ という式が1回ずつ現れる（これを $\frac{1}{2}k(-y_{i+1}y_i - y_i y_{i+1})$ と解釈する）。これを行列で表現した。

としてみよう。この後 $\dfrac{p\pi}{N+1}$ という量がよく出てくるのでこれを $\alpha = \dfrac{p\pi}{N+1}$ と置こう。この y_n の列ベクトルの係数を除いたものに、さっきの行列を掛けてみよう。

$$\underbrace{\begin{pmatrix} -2k & k & 0 & 0 & \cdots & 0 & 0 \\ k & -2k & k & 0 & \cdots & 0 & 0 \\ 0 & k & -2k & k & \cdots & 0 & 0 \\ \vdots & \vdots & \vdots & & \vdots & \vdots \\ 0 & 0 & 0 & 0 & \cdots & -2k & k \\ 0 & 0 & 0 & 0 & \cdots & k & -2k \end{pmatrix}}_{\mathbf{K}} \begin{pmatrix} \sin\alpha \\ \sin 2\alpha \\ \sin 3\alpha \\ \vdots \\ \sin(N-1)\alpha \\ \sin N\alpha \end{pmatrix} \tag{6.71}$$

行列計算の結果の n 行目の成分は（n 行の n 列目に $-2k$ が、その前後に k があるという行列の構造を見ればわかるように）

$$k\Big(\sin(n-1)\alpha + \sin(n+1)\alpha - 2\sin n\alpha\Big) \tag{6.72}$$

である。この式は $n=1$ から $n=N$ までの全ての n で正しい。$n=1$ では $n-1=0$ が存在しないし、$n=N$ では $n+1=N+1$ が存在しないので心配になるところだが、幸い $\sin 0\alpha = 0$ かつ $\sin(N+1)\alpha = \sin p\pi = 0$ なので、上の式で問題ない。

これを計算するのだが、複素化して、括弧内を

$$\mathrm{e}^{\mathrm{i}(n-1)\alpha} + \mathrm{e}^{\mathrm{i}(n+1)\alpha} - 2\mathrm{e}^{\mathrm{i}n\alpha} \tag{6.73}$$

として計算するのが楽である。この式の虚部が (6.72) の括弧内である（$\mathrm{e}^{\mathrm{i}\theta}$ の虚部は $\sin\theta$）から、計算が終わってから虚部を取る。

この式を因数分解すると

$$\left(\mathrm{e}^{-\mathrm{i}\alpha} + \mathrm{e}^{\mathrm{i}\alpha} - 2\right)\mathrm{e}^{\mathrm{i}n\alpha} \tag{6.74}$$

となる。（ ）内は、$\mathrm{e}^{\mathrm{i}\frac{\alpha}{2}}\mathrm{e}^{-\mathrm{i}\frac{\alpha}{2}} = 1$ であることに気づくと、

$$\underbrace{\mathrm{e}^{-\mathrm{i}\alpha}}_{a^2} - 2\underbrace{\mathrm{e}^{-\mathrm{i}\frac{\alpha}{2}}\mathrm{e}^{\mathrm{i}\frac{\alpha}{2}}}_{ab} + \underbrace{\mathrm{e}^{\mathrm{i}\alpha}}_{b^2} = \left(\underbrace{\mathrm{e}^{-\mathrm{i}\frac{\alpha}{2}}}_{a} - \underbrace{\mathrm{e}^{\mathrm{i}\frac{\alpha}{2}}}_{b}\right)^2 \tag{6.75}$$

と因数分解され、括弧内は $-2\mathrm{i}\sin\dfrac{\alpha}{2}$ である[†13]から、固有値は k をさらに掛けて、

[†13] 公式 $\sin\theta = \dfrac{\mathrm{e}^{\mathrm{i}\theta} - \mathrm{e}^{-\mathrm{i}\theta}}{2i}$ を使った。

$$-4k\sin^2\frac{\alpha}{2} \tag{6.76}$$

と計算される。これで固有ベクトルが見つかった。このベクトルの長さの自乗は $\frac{N+1}{2}$ である（これについては後で述べる）。よって $\sqrt{\frac{2}{N+1}}$ を掛けておけばベクトルの長さは1となり、変換行列 $\mathbf{T}$ を

$$\mathbf{T} = \sqrt{\frac{2}{N+1}} \begin{pmatrix} \sin\frac{\pi}{N+1} & \sin\frac{2\pi}{N+1} & \sin\frac{3\pi}{N+1} & \cdots & \sin\frac{N\pi}{N+1} \\ \sin\frac{2\pi}{N+1} & \sin\frac{4\pi}{N+1} & \sin\frac{6\pi}{N+1} & \cdots & \sin\frac{2N\pi}{N+1} \\ \sin\frac{3\pi}{N+1} & \sin\frac{6\pi}{N+1} & \sin\frac{9\pi}{N+1} & \cdots & \sin\frac{3N\pi}{N+1} \\ \vdots & \vdots & \vdots & \ddots & \vdots \\ \sin\frac{N\pi}{N+1} & \sin\frac{2N\pi}{N+1} & \sin\frac{3N\pi}{N+1} & \cdots & \sin\frac{N^2\pi}{N+1} \end{pmatrix} \tag{6.77}$$

として（この行列は直交行列[14]で、もちろん行列式は0ではない[15]）、

$$\begin{pmatrix} y_1 \\ y_2 \\ \vdots \\ y_N \end{pmatrix} = \mathbf{T} \begin{pmatrix} Y_1 \\ Y_2 \\ \vdots \\ Y_N \end{pmatrix} \tag{6.78}$$

と変換すれば、作用の位置エネルギーの部分に入っている行列は

$$\mathbf{T}^t\mathbf{K}\mathbf{T} = \begin{pmatrix} -4k\sin^2\frac{\pi}{2(N+1)} & 0 & \cdots & 0 \\ 0 & -4k\sin^2\frac{2\pi}{2(N+1)} & \cdots & 0 \\ \vdots & \vdots & \ddots & \vdots \\ 0 & 0 & \cdots & -4k\sin^2\frac{N\pi}{2(N+1)} \end{pmatrix} \tag{6.79}$$

と対角化される。これでラグランジアンは

$$L = \frac{1}{2}m\sum_{j=1}^{N}(\dot{Y}_j)^2 - 2k\sum_{j=1}^{N}\sin^2\frac{j\pi}{2(N+1)}(Y_j)^2 \tag{6.80}$$

と書き直せたから、各 j ごとに調和振動子だと思って解けばよい。バネ定数にあたるのは $4k\sin^2\frac{j\pi}{2(N+1)}$ であるから、角振動数は

$$\omega_j = \sqrt{\frac{4k\sin^2\frac{j\pi}{2(N+1)}}{m}} = 2\sqrt{\frac{k}{m}}\sin\frac{j\pi}{2(N+1)} \tag{6.81}$$

[14] p が違えば固有値が違うから、固有値が縮退してない固有ベクトルを並べて作った行列である。
[15] 行列式が0でないということは、$y_1, y_2, \cdots, y_N$ で表しても $Y_1, Y_2, \cdots, Y_N$ で表しても、表現できる情報は同じだということ。

となる[†16]。

実際の問題を解く時は、y_i とその微分 $\dfrac{\mathrm{d}y_i}{\mathrm{d}t}$ の初期値が与えられていることが多い。その時は $\vec{Y} = \mathbf{T}^t \vec{y}$ $\left(\text{ゆえに、}\dfrac{\mathrm{d}}{\mathrm{d}t}\vec{Y} = \mathbf{T}^t \dfrac{\mathrm{d}}{\mathrm{d}t}\vec{y}\right)$ という行列計算によって、各モードを表すベクトル $\vec{Y}$ およびその微分の初期値がわかるので、これを使って A_p, α_p を計算する。これで任意の時刻の $\vec{Y}$ さらには（$\vec{y} = \mathbf{T}\vec{Y}$ を用いて）任意の時刻の $\vec{y}$ がわかる。

【補足】✦✦

(6.77)の前についている係数 $\sqrt{\dfrac{2}{N+1}}$ の正当性を確認しておく。
→ p160

$$\sum_q (\mathbf{T}^t)_{pq} \mathbf{T}_{qr} = \sum_q \mathbf{T}_{qp} \mathbf{T}_{qr} = \delta_{pr} \quad (6.82)$$

でなくてはいけない。$p \neq r$ の時 0 になることは「固有値の違うベクトルは直交する」という定理のおかげで証明不要だから、$p = r$ の時 1 になることを確認しよう。

$$\sum_{q=1}^{N} \mathbf{T}_{qp} \mathbf{T}_{qp} = \dfrac{2}{N+1} \sum_{q=1}^{N} \sin^2 \dfrac{pq\pi}{N+1} = \dfrac{1}{N+1} \sum_{q=-N}^{N+1} \sin^2 \dfrac{pq\pi}{N+1} \quad (6.83)$$

と書くことができる。ここで、わざわざどうせ 0 になる数を二つ足し算して、1 から N までだった q の和を、$-N$ から $N+1$ までに直した。こうすることによって、後の計算で足りない部分が出てきてくれる。ここで sin を exp を使って書き直すことで、

$$-\dfrac{1}{4(N+1)} \sum_{q=-N}^{N+1} \left(\mathrm{e}^{\mathrm{i}\frac{pq\pi}{N+1}} - \mathrm{e}^{-\mathrm{i}\frac{pq\pi}{N+1}}\right)^2 = -\dfrac{1}{4(N+1)} \sum_{q=-N}^{N+1} \left(\mathrm{e}^{\mathrm{i}\frac{2pq\pi}{N+1}} + \mathrm{e}^{-\mathrm{i}\frac{2pq\pi}{N+1}} - 2\right) \quad (6.84)$$

と書ける。このうち、最後の -2 の部分がちょうど 1 となる。$q = -N$ から $q = N+1$ まで、ちょうど $2N+2$ 個の $-\dfrac{1}{4(N+1)} \times (-2)$ を足していくからである。なお、最初の 2 項はどちらも単位円上をぐるぐる回るベクトルを $2p$ 周分足すことに対応していて、答は 0 である。以上で係数が正しいことも証明された。

✦✦✦✦✦✦✦✦✦✦✦✦✦✦✦✦✦✦✦✦✦✦✦✦✦✦✦✦✦✦✦✦✦✦【補足終わり】

[†16] $N = 3$ の場合、ω は小さい方から順に $\omega_1 = 2\sin\dfrac{\pi}{8}\sqrt{\dfrac{k}{m}} = \sqrt{(2-\sqrt{2})\dfrac{k}{m}}, \omega_2 = 2\sin\dfrac{\pi}{4}\sqrt{\dfrac{k}{m}} = \sqrt{2\dfrac{k}{m}}, \omega_3 = 2\sin\dfrac{3\pi}{8}\sqrt{\dfrac{k}{m}} = \sqrt{(2+\sqrt{2})\dfrac{k}{m}}$ となり、6.3.1 節での結果に一致する。
→ p154

6.4 連続的な物体への極限

ここまででは、つながった複数個の物体の振動を考えた。その数を一気に無限個にして、「連続的につながった物体」の振動（たとえば、固体の棒の端を叩いた時の振動）を考える。無限個の物体の運動と言われるとたいへんなことのように思えるかもしれないが、モード分解でラグランジアンを書き換えるという強力な手段で、問題をずいぶん簡単にして考えることができる。

6.4.1 振動解の物体数を増やす

既に N 個の連成振動の解は作ってあるので、解から $N \to \infty$ の極限を取ることですぐに解を見つけることができる。質量 m とバネ定数 k は調整が必要である。今考えているのは「長さ ℓ の弦を N 個の質点と $N+1$ 本のバネに分割したもの」であるから、この弦の単位長さあたりの質量を ρ とすれば、m は一個の質点の質量すなわち $m = \rho \times \dfrac{\ell}{N}$ であり、バネ定数は逆に長さに反比例するので $k = \kappa \times \dfrac{N+1}{\ell}$ とする。すると角振動数は(6.81)に代入して、
$\to \text{p160}$

$$2\sqrt{\frac{\kappa \times \frac{N+1}{\ell}}{\rho \times \frac{\ell}{N}}} \sin \frac{p\pi}{2(N+1)} = \frac{2}{\ell}\sqrt{N(N+1)}\sqrt{\frac{\kappa}{\rho}} \sin \frac{p\pi}{2(N+1)} \tag{6.85}$$

となる（$\alpha = \dfrac{p\pi}{N+1}$ と戻した）。公式 $\lim_{x \to 0} \dfrac{\sin x}{x} = 1$ の助けを借りて、

$$\lim_{N \to \infty} \underbrace{\frac{2(N+1)}{p\pi}}_{\frac{1}{x}} \sin \underbrace{\frac{p\pi}{2(N+1)}}_{x} = 1$$
$$\lim_{N \to \infty} (N+1) \sin \frac{p\pi}{2(N+1)} = \frac{p\pi}{2} \tag{6.86}$$

という式を作っておいて (6.85) の $N \to \infty$ という極限を取ると、

$$\omega_p = \frac{p\pi}{\ell}\sqrt{\frac{\kappa}{\rho}} \tag{6.87}$$

となる（$N \to \infty$ 極限を取るので、$N+1 \simeq \sqrt{N(N+1)}$ を用いた）。

この解の一個一個のモードを見ると、各々の点が振幅 $C_p \sin \dfrac{p\pi}{\ell} x$、角振動数 $\dfrac{p\pi}{\ell}\sqrt{\dfrac{\kappa}{\rho}}$ で振動していると考えられる。$p=1$ から $p=4$ まで（この場合、

p は任意の自然数である）の各振動モードの波長、角振動数と振動の様子を以下の表に示す。

腹の数	波長	角振動数	振動の様子
$p=1$	2ℓ	$\dfrac{\pi}{\ell}\sqrt{\dfrac{\kappa}{\rho}}$	
$p=2$	ℓ	$\dfrac{2\pi}{\ell}\sqrt{\dfrac{\kappa}{\rho}}$	
$p=3$	$\dfrac{2\ell}{3}$	$\dfrac{3\pi}{\ell}\sqrt{\dfrac{\kappa}{\rho}}$	
$p=4$	$\dfrac{\ell}{2}$	$\dfrac{4\pi}{\ell}\sqrt{\dfrac{\kappa}{\rho}}$	

$\sin\dfrac{p\pi}{\ell}x$ という関数は x が $\dfrac{2\ell}{p}$ だけ増加すると位相が 2π 増加する（だから波長が $\dfrac{2\ell}{p}$）ことに気をつけよう。振動の各モードは両端を固定した弦の振動の形になる。実際の振動はこれらの各モードが重なり合ったものとなるだろう。

6.4.2 作用の書き換え

次に、(6.67)の作用を書き換えていくという方法を取る。まず質量 m を、線密度 ρ を使って $\rho\Delta x$ と書き直す。$N+1$ 分割していると考えているので、$\Delta x = \dfrac{\ell}{N+1}$ である。

→ p158

質量が小さくなり、バネは短くなる（バネ定数は大きくなる）。

次に、$y_{i+1} - y_i$ を $\Delta x \dfrac{y_{i+1} - y_i}{\Delta x}$ と書き直す。こうすることで後ろの部分が $\Delta x \to 0$ という極限において微分に移行するからである。以上の書き換えにより、

$$L = \frac{1}{2}\rho\Delta x \sum_{i=1}^{N}(\dot{y}_i)^2 - \frac{1}{2}k(\Delta x)^2 \sum_{i=1}^{N-1}\left(\frac{y_{i+1}-y_i}{\Delta x}\right)^2 \tag{6.88}$$

となる。kは一本のバネのバネ定数であるが、同じ材質のバネというのは長さを短くすれば反比例してバネ定数が大きくなる（同じ材質の1mのバネを1cm伸ばすのと、50cmのバネを1cm伸ばすのなら、短い50cmのバネを伸ばす方が力が余計に必要である）。そこでバネ定数にΔxを掛けた、$\kappa = k\Delta x$を定数と考えることにして、この式の前にΔxをくくり出すと、

$$L = \sum_{i=1}^{N}\Delta x \left(\frac{1}{2}\rho(\dot{y}_i)^2 - \frac{1}{2}\kappa\left(\frac{y_{i+1}-y_i}{\Delta x}\right)^2\right) \tag{6.89}$$

のようにラグランジアンが書き直せる。$\Delta x \to 0$の極限において、$\sum_i \Delta x \to \int dx$, $\frac{y_{i+1}-y_i}{\Delta x} \to \frac{\partial y}{\partial x}$ のように変化するので、極限は

$$L = \int_0^\ell dx \left(\frac{1}{2}\rho\left(\frac{\partial y}{\partial t}\right)^2 - \frac{1}{2}\kappa\left(\frac{\partial y}{\partial x}\right)^2\right) \tag{6.90}$$

である（作用はさらにこれを時間積分したものとなる）。ラグランジアンの時点ですでにx積分がされている。積分する前の量である

$$\mathcal{L} = \frac{1}{2}\rho\left(\frac{\partial y}{\partial t}\right)^2 - \frac{1}{2}\kappa\left(\frac{\partial y}{\partial x}\right)^2 \tag{6.91}$$

は、「ラグランジアン密度」と呼ぶ[†17]。

このラグランジアン密度は$\frac{\partial y}{\partial t}, \frac{\partial y}{\partial x}$の関数である。一般には$y$そのものが入ることもあるだろうから、$\mathcal{L}\left(y, \frac{\partial y}{\partial x}, \frac{\partial y}{\partial t}\right)$のような関数であったとして、オイラー・ラグランジュ方程式を導いておく。この場合、$y \to y + \delta y$という変分に連動して、$\frac{\partial y}{\partial t} \to \frac{\partial y}{\partial t} + \frac{\partial(\delta y)}{\partial t}, \frac{\partial y}{\partial x} \to \frac{\partial y}{\partial x} + \frac{\partial(\delta y)}{\partial x}$のように変化する。これまで同様あたかも$y, \frac{\partial y}{\partial x}, \frac{\partial y}{\partial t}$が独立な変数であるかのごとく微分して、

$$\delta I = \int dt \int dx \left(\frac{\partial \mathcal{L}}{\partial y}\delta y + \frac{\partial \mathcal{L}}{\partial\left(\frac{\partial y}{\partial t}\right)}\frac{\partial(\delta y)}{\partial t} + \frac{\partial \mathcal{L}}{\partial\left(\frac{\partial y}{\partial x}\right)}\frac{\partial(\delta y)}{\partial x}\right) \tag{6.92}$$

[†17] 積分するとラグランジアンになるのだから、この名前はもっともである。ここで考えたのはx積分（線積分）するとラグランジアンになる量なので、ラグランジアン線密度とも言える。当然、ラグランジアン面密度やラグランジアン体積密度にあたるものを考えることもできる。

という変分の結果を得る。もちろん、$y, \frac{\partial y}{\partial x}, \frac{\partial y}{\partial t}$ は実際には独立ではないから、積分の端で変分 δy は 0 であるとして表面項を出さないようにして部分積分することで δy に関してまとめて、

$$\delta I = \int dt \int dx \left(\frac{\partial \mathcal{L}}{\partial y} - \frac{\partial}{\partial t}\left(\frac{\partial \mathcal{L}}{\partial \left(\frac{\partial y}{\partial t}\right)}\right) - \frac{\partial}{\partial x}\left(\frac{\partial \mathcal{L}}{\partial \left(\frac{\partial y}{\partial x}\right)}\right) \right) \delta y \quad (6.93)$$

となる。δy が任意であることから、

―― 1次元の広がりのある物体に対するオイラー・ラグランジュ方程式 ――

$$\frac{\partial \mathcal{L}\left(y, \frac{\partial y}{\partial t}, \frac{\partial y}{\partial x}\right)}{\partial y} - \frac{\partial}{\partial t}\left(\frac{\partial \mathcal{L}\left(y, \frac{\partial y}{\partial t}, \frac{\partial y}{\partial x}\right)}{\partial \left(\frac{\partial y}{\partial t}\right)}\right) - \frac{\partial}{\partial x}\left(\frac{\partial \mathcal{L}\left(y, \frac{\partial y}{\partial t}, \frac{\partial y}{\partial x}\right)}{\partial \left(\frac{\partial y}{\partial x}\right)}\right) = 0$$
(6.94)

を得る(広がりが2次元、3次元と増えていっても同様である)。

今の場合、この方程式は

$$\rho \frac{\partial^2 y(x,t)}{\partial t^2} - \kappa \frac{\partial^2 y(x,t)}{\partial x^2} = 0 \quad (6.95)$$

という式になる。この方程式を解けばモードが見つかる。境界条件 $y(0) = y(\ell) = 0$ を満たさなくてはいけないから、解は

$$y(x,t) = \sum_{p=1}^{\infty} C_p \sin \frac{p\pi x}{\ell} f_p(t) \quad (6.96)$$

の形になる。p は任意の自然数である($N \to \infty$ 極限を取っているのだから、モードは無限個ある[18])。これを方程式に代入することで、

$$\rho \frac{d^2 f}{dt^2} C \sin \frac{p\pi x}{\ell} + \kappa \frac{p^2 \pi^2}{\ell^2} C \sin \frac{p\pi x}{\ell} f(t) = 0 \quad (6.97)$$

となって、$\frac{d^2 f}{dt^2} = -\frac{\kappa p^2 \pi^2}{\rho \ell^2} f$ という単振動の式が出て、$\omega_p = \frac{p\pi}{\ell}\sqrt{\frac{\kappa}{\rho}}$ と置けば解は以下のように決まる。

$$y(x,t) = \sum_{p=1}^{\infty} C_p \sin \frac{p\pi x}{\ell} \sin(\omega_p t + \alpha_p) \quad (6.98)$$

---

[18] もっとも、今振動している固体だって原子でできているだろう、と考えると、原子の数程度でモードは尽きるかもしれないが、この問題を解く時にそれが問題になることはないだろう。

ラグランジアンの時点で、モード分解を行うこともできる。(6.96) の $y(x,t) = \sum_{p=1}^{\infty} C_p \sin \frac{p\pi x}{\ell} f_p(t)$ を、ラグランジアンに代入すると、

$$L = \int_0^\ell dx \left(\frac{1}{2}\rho \left(\sum_{p=1}^{\infty} C_p \sin \frac{p\pi x}{\ell} \frac{df_p(t)}{dt} \right)^2 - \frac{1}{2}\kappa \left(\sum_{p=1}^{\infty} C_p \frac{p\pi}{\ell} \cos \frac{p\pi x}{\ell} f_p(t) \right)^2 \right) \tag{6.99}$$

となる。ここで、第1項を考えると、

$$\frac{1}{2}\rho \int_0^\ell dx \left(\sum_{p=1}^{\infty} C_p \sin \frac{p\pi x}{\ell} \frac{df_p(t)}{dt} \right) \left(\sum_{p'=1}^{\infty} C_{p'} \sin \frac{p'\pi x}{\ell} \frac{df_{p'}(t)}{dt} \right) \tag{6.100}$$

である（$\sum_{p=1}^{\infty}$ の和を計算してから自乗する、という式だから、二つの積として書いた時の和のダミー添字は p と p' のように変えておく必要があることに注意）。この積分を計算すると、

$$\int_0^\ell dx \sin \frac{p\pi x}{\ell} \sin \frac{p'\pi x}{\ell} = \frac{\ell}{2} \delta_{pp'} \tag{6.101}$$

となる。すなわち、$p = p'$ の時 $\frac{\ell}{2}$ で、$p \neq p'$ の時 0 である[19]。これは三角関数の和と積の公式 $\sin A \sin B = \frac{\cos(A-B) - \cos(A+B)}{2}$ を使って[20] から真面目に計算すれば得ることができる[21]。

右の図は $p = 3, p' = 5$ の場合の $\sin \frac{p\pi x}{\ell} \sin \frac{p'\pi x}{\ell}$ のグラフである。区間内に正の部分と負の部分が均等に現れて、積分すると 0 になる、というイメージを持てばよい。

以上の計算の結果、ラグランジアンは

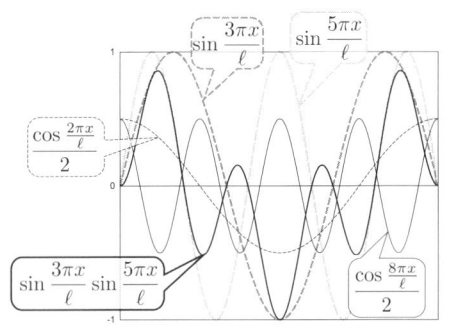

---

[19] これは $y(x,t) \to C_p$ という変換が一種の「直交変換」だということなのである。
[20] $A = B$ の時には $\sin^2 A = \frac{1 - \cos 2A}{2}$ となってこの $\frac{1}{2}$ の部分の積分が $\frac{\ell}{2}$ を出す。
[21] ここで $p = p'$ でない限り積分が 0 になるのは対称行列とベクトルに対して成り立つ「異なる固有値を持つ固有ベクトルは直交する」が微分演算子と関数に対しても成り立つからだと考えてもよい（ただし、この場合行列が対称行列でなければいけなかったのと同様に、微分演算子にも条件が必要である）。

$$L = \frac{\rho\ell}{4}\sum_{p=1}^{\infty}(C_p)^2\left(\frac{\mathrm{d}f_p(t)}{\mathrm{d}t}\right)^2 - \frac{\kappa\pi^2}{4\ell}\sum_{p=1}^{\infty}p^2(C_p)^2\left(f_p(t)\right)^2 \qquad (6.102)$$

となる。これは質量 $\frac{\rho\ell}{2}(C_p)^2$ でバネ定数 $\frac{\kappa\pi^2}{2\ell}p^2(C_p)^2$ の調和振動子がたくさんいるのと同じことである。各々のモードは、$\sqrt{\frac{\frac{\kappa\pi^2}{2\ell}p^2(C_p)^2}{\frac{\rho\ell}{2}(C_p)^2}} = \frac{p\pi}{\ell}\sqrt{\frac{\kappa}{\rho}}$ の角振動数を持つ。

(6.96)のように x の関数を $\sin\frac{p\pi x}{\ell}$ のような三角関数の線型結合で表現することを「フーリエ級数」と呼ぶが、関数をフーリエ級数で表現することも、一種の「一般座標への座標変換」であり、ラグランジアンの時点でそれを行うことで問題を「調和振動子の和」に還元することができた。

6.5 章末演習問題

★【演習問題6-1】

右の図のように、バネ定数 k のバネ2本の間に質量 m の物体が挟まれる形でつなげられ、二次元的運動をするバネ振り子のラグランジアンを書き、$y = 0$ で左右に振動する場合、$x = 0$ で上下に振動する場合、それぞれの運動方程式を求めよ。原点において両方のバネが自然長 $= \ell$ であったとし、重力は無視して考えよ。

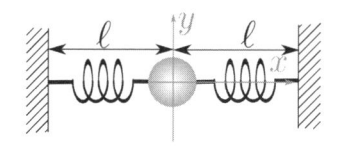

ヒント → p4w へ　解答 → p16w へ

★【演習問題6-2】

6.2.1節の問題で、真ん中のバネだけがバネ定数 K だったとする。問題を解き直せ。

ヒント → p4w へ　解答 → p16w へ

★【演習問題6-3】

前にも出てきたサイクロイドの形（p50のものとは y の符号を逆にした）

$$x = R(\theta - \sin\theta), \quad y = -R(1 - \cos\theta) \qquad (6.103)$$

で表されるトンネルを掘り、中に質量 m の質点を転がした。重力加速度を g として、摩擦はないものとしてラグランジアンを書いて、これを書き直すことでこの質点が（近似しなくても）単振動すること（書き直されたラグランジアンが単振動のものと同じになること）を示せ。

ヒント → p5w へ　解答 → p17w へ

第 7 章

ラグランジュ形式の解析力学
—実践篇 2・剛体の回転

前章に続き実践篇として、剛体の回転運動を考えよう。この章も少々計算が長くなるので、ある程度概要をつかむ程度にして、後からじっくり読んでもよい。

7.1 剛体の回転運動

剛体が回転と並進運動を行なっている時の運動を、ラグランジュ形式を使って表現し、解いてみよう。剛体の回転運動はかなり複雑な計算が必要で、運動方程式を最初から立てようとするとベクトルの計算でやっかいである。ここではラグランジュ形式の利点を活かすべく、「まずラグランジアンを求める」を方針にして考えていこう。

7.1.1 剛体の運動エネルギー

複数個の物体が組み合わさってできた剛体を考える。剛体を構成している j 番目の要素（図では 3 つの物体が組み合わされた剛体を考えたので、$j = 1, 2, 3$ としたが、もっとたくさんあってもよい）への位置ベクトルを $\vec{x}^{(j)}$ としよう。まず重心を

$$\vec{x}_{\mathrm{G}} = \frac{1}{\sum_i m_i} \sum_j m_j \vec{x}^{(j)} \quad (7.1)$$

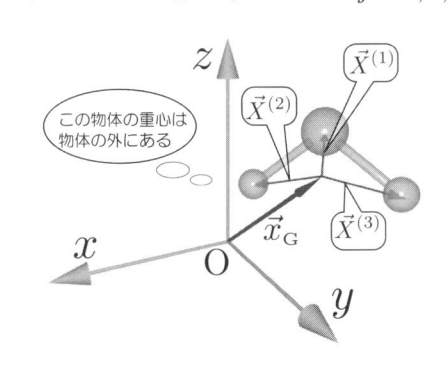

（質量の重みをつけて各要素の位置ベクトルを足し上げたもの）で定義する（i の方も 1,2,3 を取る）。

7.1 剛体の回転運動

運動のうち並進を重心の移動速度 $\vec{v}_\mathrm{G} = \dfrac{\mathrm{d}}{\mathrm{d}t}\vec{x}_\mathrm{G}$ で表現しよう。上の式 (7.1) を $\left(\sum_i m_i\right)\vec{x}_\mathrm{G} = \sum_j m_j \vec{x}^{(j)}$ と書き直してから時間微分すれば $\left(\sum_i m_i\right)\vec{v}_\mathrm{G} = \sum_j m_j \vec{v}^{(j)}$ となり、(全質量)×(重心速度) で全運動量が計算できる。

運動エネルギーの部分を考えるために前に考えた剛体の起こせる運動を思い起こす。上で考えた重心の運動以外に、剛体は回転運動することができる[†1]。回転運動の方は以下のように表現する。

重心からの相対位置ベクトルを $\vec{X}^{(i)}$ とする(すなわち、$\vec{x}^{(i)} = \vec{x}_\mathrm{G} + \vec{X}^{(i)}$)。ここでいつものように小文字の $\vec{x}$ を使っていないのは、これまでとはちょっと違う座標の取り方をしているからである。$\vec{X}$ の方は重心を原点としていて、重心が動けば一緒に原点が動くような系 (frame) で考えている。この系は「重心系」と呼ばれる。

重心との相対速度ベクトルは $\vec{V}^{(i)} = \dfrac{\mathrm{d}}{\mathrm{d}t}\vec{X}^{(i)}$ である[†2]。【問い 3-1】で書いたように、場所 $\vec{x}_0$ を中心として、$\vec{e}_\text{軸}$ を回転の軸とする微小角度 $\mathrm{d}\theta$ の回転は、$\vec{x}_i \to \vec{x}_i + \mathrm{d}\theta\, \vec{e}_\text{軸} \times (\vec{x}_i - \vec{x}_0)$ で表現されたから、この回転が微小時間 $\mathrm{d}t$ の間になされたとして、$\mathrm{d}\theta = \dfrac{\mathrm{d}\theta}{\mathrm{d}t}\mathrm{d}t = \mathrm{d}t\,\dot{\theta}$ と書いて、

$$\vec{x}_i \to \vec{x}_i + \mathrm{d}t\, \underbrace{\dot{\theta}\vec{e}_\text{軸}}_{\vec{\omega}} \times (\vec{x}_i - \vec{x}_0) \tag{7.2}$$

のように**角速度ベクトル** $\vec{\omega}$ を定義する。$\vec{X}^{(i)}$ の場合は $\vec{X}^{(i)}$ の原点(重心)を中心としての回転だから、速度を $\vec{V}^{(i)} = \vec{\omega} \times \vec{X}^{(i)}$ と書くことができる。

作用を書くために運動エネルギーを計算したいが、その運動エネルギーは

$$\frac{1}{2}\sum_{i=1}^{N} m_i \left|\vec{v}_\mathrm{G} + \vec{V}^{(i)}\right|^2 = \frac{1}{2}\sum_{i=1}^{N} m_i \left|\vec{v}_\mathrm{G}\right|^2 + \underbrace{\sum_{i=1}^{N} m_i \vec{v}_\mathrm{G} \cdot \vec{V}^{(i)}}_{=0} + \frac{1}{2}\sum_{i=1}^{N} m_i \left|\vec{V}^{(i)}\right|^2 \tag{7.3}$$

[†1] 3.2.1 節を参照せよ。あそこで考えたのは仮想変位についてだが、起こせる運動の可能性という意味では、仮想だろうと実際だろうと同じ考え方でよい。

[†2] 全運動量 $\sum_i m_i \left(\vec{v}_\mathrm{G} + \vec{V}^{(i)}\right)$ から重心運動量 $\sum_i m_i \vec{v}_\mathrm{G}$ を引けば 0 なので、$\sum_i m_i \vec{V}^{(i)} = 0$ がわかる。

となる。第2項はiによらない定ベクトルである$\vec{v}_G$を外に出して考えれば
$\sum_{i=1}^{N} m_i \vec{v}_G \cdot \vec{V}^{(i)} = \vec{v}_G \cdot \left(\sum_{i=1}^{N} m_i \vec{V}^{(i)} \right)$ から0とわかる（脚注†2を参照）。

回転運動のエネルギーは最後の項である $\frac{1}{2} \sum_{i=1}^{N} m_i \left| \vec{V}^{(i)} \right|^2$ で表現されているのだが、$\vec{V}^{(i)} = \vec{\omega} \times \vec{X}^{(i)}$ と書ける（$\vec{\omega}$は一個の剛体に対して一つだけあるのだから、添字iを付ける必要はない）。よって、

$$\frac{1}{2} \sum_{i=1}^{N} m_i \left| \vec{V}^{(i)} \right|^2 = \frac{1}{2} \sum_{i=1}^{N} m_i \left| \vec{\omega} \times \vec{X}^{(i)} \right|^2 = \frac{1}{2} \sum_{i=1}^{N} m_i \left(|\vec{\omega}|^2 |\vec{X}^{(i)}|^2 - (\vec{\omega} \cdot \vec{X}^{(i)})^2 \right) \tag{7.4}$$

と書ける（ここでベクトル公式(C.13)を使った）。この式の括弧の中を展開するため、$\vec{e}_{[i]} \cdot \vec{e}_{[j]} = \delta_{ij}$ を満たす基底ベクトルを用いて

$$\vec{\omega} = \sum_i \omega_i \vec{e}_{[i]} = \omega_1 \vec{e}_{[1]} + \omega_2 \vec{e}_{[2]} + \omega_3 \vec{e}_{[3]} \tag{7.5}$$

$$\vec{X}^{(i)} = \sum_k X_k^{(i)} \vec{e}_{[k]} = X_1^{(i)} \vec{e}_{[1]} + X_2^{(i)} \vec{e}_{[2]} + X_3^{(i)} \vec{e}_{[3]} \tag{7.6}$$

のように表現しよう。基底ベクトルに何を使うのかは後で選ぶことにする。

$$|\vec{\omega}|^2 |\vec{X}^{(i)}|^2 = \left(\sum_j (\omega_j)^2 \right) \left(\sum_k (X_k^{(i)})^2 \right) \tag{7.7}$$

$$-\left(\vec{\omega} \cdot \vec{X}^{(i)} \right)^2 = -\left(\sum_k \omega_k X_k^{(i)} \right)^2 \tag{7.8}$$

となるので、$\left(|\vec{\omega}|^2 |\vec{X}^{(k)}|^2 - (\vec{\omega} \cdot \vec{X}^{(k)})^2 \right)$ には

$$\begin{aligned}&(\omega_i)^2 \text{を含む項}: \quad (\omega_i)^2 \left(\underbrace{(X_1^{(k)})^2 + (X_2^{(k)})^2 + (X_3^{(k)})^2}_{(7.7)\text{から}} \underbrace{- (X_i^{(k)})^2}_{(7.8)\text{から}} \right) \\ &\omega_i \omega_j (i \neq j) \text{を含む項}: \quad \underbrace{-2 \omega_i \omega_j X_i^{(k)} X_j^{(k)}}_{(7.8)\text{から}}\end{aligned} \tag{7.9}$$

が入っている。よって運動エネルギーをω_iを係数として分類して、

$$T = \frac{1}{2} \sum_{j,k=1}^{3} I_{jk} \omega_j \omega_k \tag{7.10}$$

と書くことにする。I_{jk} という量は、

$$I_{11} = \sum_{i=1}^{N} m_i \left((X_2^{(i)})^2 + (X_3^{(i)})^2\right), \quad I_{12} = I_{21} = -\sum_{i=1}^{N} m_i X_1^{(i)} X_2^{(i)}$$
$$I_{22} = \sum_{i=1}^{N} m_i \left((X_1^{(i)})^2 + (X_3^{(i)})^2\right), \quad I_{23} = I_{32} = -\sum_{i=1}^{N} m_i X_2^{(i)} X_3^{(i)} \quad (7.11)$$
$$I_{33} = \sum_{i=1}^{N} m_i \left((X_1^{(i)})^2 + (X_2^{(i)})^2\right), \quad I_{31} = I_{13} = -\sum_{i=1}^{N} m_i X_3^{(i)} X_1^{(i)}$$

であり[†3]、これらをまとめて「**慣性テンソル**」と呼ぶ[†4]。慣性テンソルのうち対角成分 (I_{11}, I_{22}, I_{33}) は特に「**慣性モーメント**」と呼ぶ。非対角成分 (I_{12}, I_{23}, I_{31}) は「**慣性乗積**」と呼ばれる。

ここでは N 個の質点によって一つの剛体が構成されている、と考えたが、実際の剛体は連続的に分布していて「N 個」のように数えられるものにはなっていない。その場合はまず剛体を $(\mathrm{d}X, \mathrm{d}Y, \mathrm{d}Z)$ の微小部分に分割して、質量 m_i を $\rho(X, Y, Z) \mathrm{d}X \mathrm{d}Y \mathrm{d}Z$ のように「微小部分の質量」に書き換えてから足し算し、$\mathrm{d}X \to 0, \mathrm{d}Y \to 0, \mathrm{d}Z \to 0$ という極限操作を実行する。こうして、(X, Y, Z) という座標が、剛体の要素のどの部分を考えているかを示す添字 (i) の替りとして使われる。

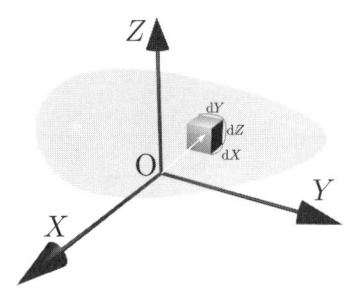

この場合、「剛体要素全部の足し算」は、すなわち積分であり、

$$I_{11} = \iiint \mathrm{d}^3\vec{X} \rho(\vec{X}) \left(Y^2 + Z^2\right), \quad I_{12} = I_{21} = -\iiint \mathrm{d}^3\vec{X} \rho(\vec{X}) XY,$$
$$I_{22} = \iiint \mathrm{d}^3\vec{X} \rho(\vec{X}) \left(X^2 + Z^2\right), \quad I_{23} = I_{32} = -\iiint \mathrm{d}^3\vec{X} \rho(\vec{X}) YZ,$$
$$I_{33} = \iiint \mathrm{d}^3\vec{X} \rho(\vec{X}) \left(X^2 + Y^2\right), \quad I_{31} = I_{13} = -\iiint \mathrm{d}^3\vec{X} \rho(\vec{X}) ZX$$
(7.12)

と表現される。

[†3] (7.10) の足し算を実行すると、I_{jk} の添字が一致しない項は同じ量が二回現れる（たとえば、→ p170 $\frac{1}{2} I_{12}\omega_1\omega_2$ と $\frac{1}{2} I_{21}\omega_2\omega_1$) ことに注意。そのことを含めて $\frac{1}{2}$ がついてちょうどよい。
[†4] 「テンソル」の意味については付録の 341 ページを見よ。

ここで一点注意。うまい選び方をしない限り X, Y, Z は時間によって変化するから、I_{ij} という慣性テンソルも時間によって変化する。しかしそれは計算を複雑にしてしまうので、X, Y, Z が定数になるように、座標系を選ぶという方法を後で紹介しよう。こうして、物体の形状が決まれば慣性テンソルを計算していくことができる。
→ p173

慣性乗積は X, Y, Z に関して奇関数になっているので、対称性のよい質量分布で計算すると0になることが多い[†5]（下の例でもそうである）。そして次の節で示すように、0でない時は適切な座標変換をすることで必ず0にできる。

簡単な図形の場合で慣性モーメントを計算したのが次の図である（この計算については【演習問題7-1】参照）。
→ p190

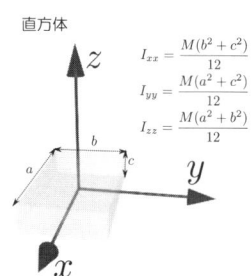

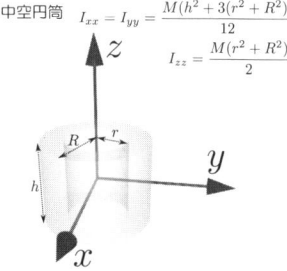

直方体
$I_{xx} = \dfrac{M(b^2+c^2)}{12}$
$I_{yy} = \dfrac{M(a^2+c^2)}{12}$
$I_{zz} = \dfrac{M(a^2+b^2)}{12}$
長方形にしたければ、$c \to 0$
棒にしたければ、$b \to 0, c \to 0$

中空円筒
$I_{xx} = I_{yy} = \dfrac{M(h^2+3(r^2+R^2))}{12}$
$I_{zz} = \dfrac{M(r^2+R^2)}{2}$
中身の詰まった円筒にしたければ、$r \to 0$
円盤にしたければ、$h \to 0$

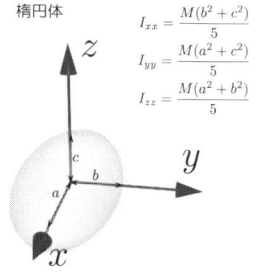

楕円体
$I_{xx} = \dfrac{M(b^2+c^2)}{5}$
$I_{yy} = \dfrac{M(a^2+c^2)}{5}$
$I_{zz} = \dfrac{M(a^2+b^2)}{5}$
球にしたければ、$a = b = c = r$

7.1.2 主軸変換

運動エネルギーは、（不連続な場合でも連続的な場合でも）

$$\frac{1}{2}(\omega_1 \ \ \omega_2 \ \ \omega_3) \underbrace{\begin{pmatrix} I_{11} & I_{12} & I_{13} \\ I_{21} & I_{22} & I_{23} \\ I_{31} & I_{32} & I_{33} \end{pmatrix}}_{\mathbf{I}} \begin{pmatrix} \omega_1 \\ \omega_2 \\ \omega_3 \end{pmatrix} = \frac{1}{2}\sum_{i,j} I_{ij}\omega_i\omega_j \qquad (7.13)$$

となった。間に挟まっている $\mathbf{I}$ という慣性テンソルの行列は対称行列である ($I_{ij} = I_{ji}$)[†6]。対称行列はかならず直交変換により対角行列に直すことができ
→ p317

[†5] 逆に慣性モーメントの方はまず0にならない。
[†6] 上の計算からわかるように確かに対称行列である。実は、万が一対称行列でなかったとしても、(7.13)には対称成分しか残らない。$I_{ij} = S_{ij} + A_{ij}$ と、対称な $S_{ij} = S_{ji}$ と反対称な $A_{ij} = -A_{ji}$ に分けたとすると、$\sum_{i,j} A_{ij}\omega_i\omega_j = 0$ になってしまうからである。

る。すなわち、適切な直交行列 $\mathbf{T}$ を見つけて基底ベクトルを
$\to$ p309

$$\begin{pmatrix}\vec{e}'_{[1]}\\ \vec{e}'_{[2]}\\ \vec{e}'_{[3]}\end{pmatrix} = \mathbf{T}\begin{pmatrix}\vec{e}_{[1]}\\ \vec{e}_{[2]}\\ \vec{e}_{[3]}\end{pmatrix} \quad \text{この逆は} \begin{pmatrix}\vec{e}_{[1]}\\ \vec{e}_{[2]}\\ \vec{e}_{[3]}\end{pmatrix} = \mathbf{T}^t \begin{pmatrix}\vec{e}'_{[1]}\\ \vec{e}'_{[2]}\\ \vec{e}'_{[3]}\end{pmatrix} \tag{7.14}$$

と変換すると同時に $\vec{\omega}$ の成分を

$$\begin{pmatrix}\omega'_1\\ \omega'_2\\ \omega'_3\end{pmatrix} = \mathbf{T}\begin{pmatrix}\omega_1\\ \omega_2\\ \omega_3\end{pmatrix} \quad \text{この逆は} \begin{pmatrix}\omega_1\\ \omega_2\\ \omega_3\end{pmatrix} = \mathbf{T}^t\begin{pmatrix}\omega'_1\\ \omega'_2\\ \omega'_3\end{pmatrix} \tag{7.15}$$

という変換[†7]を施し、

$$(\omega_1\ \omega_2\ \omega_3)\mathbf{I}\begin{pmatrix}\omega_1\\ \omega_2\\ \omega_3\end{pmatrix} = (\omega'_1\ \omega'_2\ \omega'_3)\mathbf{T}\mathbf{I}\mathbf{T}^t\begin{pmatrix}\omega'_1\\ \omega'_2\\ \omega'_3\end{pmatrix} \tag{7.16}$$

とすると、$\mathbf{T}\mathbf{I}\mathbf{T}^t$ が対角行列になるようにすることができる。これを「**主軸変換**」と言う。「主軸」というのは、変換が終わった後の基底ベクトル $\vec{e}'_{[1]}, \vec{e}'_{[2]}, \vec{e}'_{[3]}$ が指し示す軸のことである。

7.2 オイラー角で表現する回転運動

7.2.1 物体に固定された座標軸

ここまでは角速度ベクトル $\vec{\omega}$ を使って運動エネルギーを表現したが、剛体の取っている姿勢をある角度で表現し、その角度の時間微分を使って運動エネルギーを表すという方法もある（ラグランジュ形式は座標と座標の時間微分が中心なので、こちらの形式の方がラグランジアンを書きやすい）。そこで剛体の回転を角度で表現する方法を考え、$\vec{\omega}$ による方法と結びつけよう。

ここで、$\vec{X}$（および $\vec{V}$）を表現するための座標系（reference frame の方）
$\to$ p16
を「物体に固定された frame」とする。そこに張られた座標系（coordinate system の方）が (X, Y, Z) である。

つまり、物体に固定された点からの変位ベクトルを $\vec{X} = X\vec{e}_X + Y\vec{e}_Y + Z\vec{e}_Z$ とするが、この X 軸、Y 軸、Z 軸は物体に固定されている。

[†7] この変換で $\vec{\omega} = (\omega_1\ \omega_2\ \omega_3)\begin{pmatrix}\vec{e}_{[1]}\\ \vec{e}_{[2]}\\ \vec{e}_{[3]}\end{pmatrix}$ は不変である。

第 7 章　ラグランジュ形式の解析力学―実践篇 2・剛体の回転

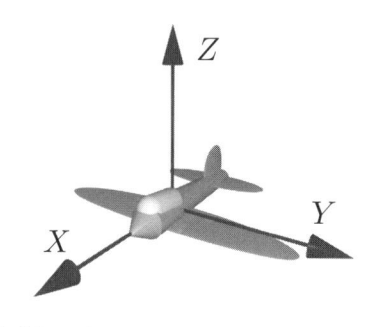

左の図では飛行機の「機首方向」「操縦席から左方向」「操縦席から上方向」をそれぞれ X, Y, Z 軸で表現した。そして、物体（飛行機）が移動し向きを変えるにしたがい向きを変え、原点が移動する（もちろんこれは外部の慣性系から見た場合）。慣性系という frame に張られた (x, y, z) という座標系と物体に固定された frame に張られた (X, Y, Z) という座標系（物体と一緒に動きまわる座標系）は全く性質の違う座標系であることに注意しよう。ニュートンの運動の法則が成立するのは慣性系の方だけである[†8]。

　剛体（図の場合飛行機）の各点各点の位置ベクトルは $\vec{x}_G + \vec{X}$ で表現される。たとえば飛行機の重心から、X 軸方向に A だけ移動したところに機首があるなら、$\vec{x}_{機首} = \vec{x}_G + A\vec{e}_X$ である。A は定数である。つまり、飛行機に乗っている人から見れば機首は常に「重心より A 前」にある。ただし、その「前」の方向（$\vec{e}_X$ の方向）が外（慣性系）から見ると刻一刻と変わっている。

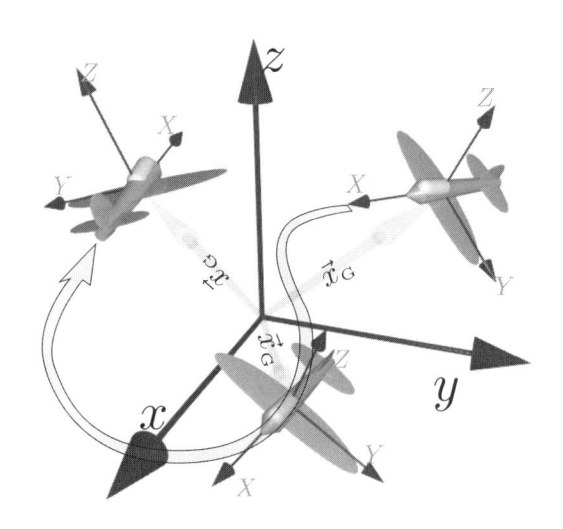

[†8] ベクトル記号を使って抽象的に $\vec{x}, \vec{X}$ などと書いた式は、座標系によらない。これをなんらかの基底ベクトルで展開した時の各成分は座標系によって違う値を持つ。ただし、$\vec{x}$ と $\vec{X}$ は frame も違うので、原点が違う（$\vec{x} = 0$ が表す点と $\vec{X} = 0$ が表す点は別の点である）。

7.2 オイラー角で表現する回転運動

【FAQ】 (X, Y, Z) が「物体に固定された座標系」なのだとすると、その座標系では運動は記述できないのではないですか？

その通りで、(X, Y, Z) という座標成分は、慣性系の座標ではないだけではなく、時間に依存して変化することすらない。しかしこれは $\vec{X}$ が慣性系において定ベクトルだと言っているのではない。$\vec{X} = X\vec{e}_X + Y\vec{e}_Y + Z\vec{e}_Z$ と表現した時の、$\vec{e}_X, \vec{e}_Y, \vec{e}_Z$ は時間変化する。この後ラグランジアンを作ったり運動方程式を出したり、という過程の中で、基底ベクトルが時間的に変化することを考慮した計算を行う。その点を注意しながら読み進めて欲しい。

「動き」を表現するという機能をすべて基底ベクトルの方に預けてしまったので、飛行機のある位置（たとえば「機首」だったり「主翼の右端」だったり「操縦席」だったり）を表現する座標成分 (X, Y, Z) は全て定数である[†9]。

$$\frac{\mathrm{d}}{\mathrm{d}t}\vec{x}_{\text{機首}} = \frac{\mathrm{d}}{\mathrm{d}t}(\vec{x}_G + A\vec{e}_X) = \vec{v}_G + A\frac{\mathrm{d}}{\mathrm{d}t}\vec{e}_X \tag{7.17}$$

となり、機首を表すベクトルは考えている剛体（飛行機）の状態によっていろいろな向きを向く。

7.2.2 オイラー角と角速度ベクトル

$\vec{x}$ 座標系から $\vec{X}$ 座標系に移るためにはベクトル $\vec{x}_G$ による並進と、$(\vec{e}_x, \vec{e}_y, \vec{e}_z)$ から $(\vec{e}_X, \vec{e}_Y, \vec{e}_Z)$ へという基底ベクトルの回転が必要となる。その「回転」を表現する方法としてはオイラー角を使う。座標系の方の受動的な変換なので、(C.46)の行列を使って、

$$\begin{pmatrix}\vec{e}_X\\\vec{e}_Y\\\vec{e}_Z\end{pmatrix} = \underbrace{\begin{pmatrix}\cos\psi & \sin\psi & 0\\-\sin\psi & \cos\psi & 0\\0 & 0 & 1\end{pmatrix}}_{\mathbf{A}} \underbrace{\begin{pmatrix}1 & 0 & 0\\0 & \cos\theta & \sin\theta\\0 & -\sin\theta & \cos\theta\end{pmatrix}}_{\mathbf{B}} \underbrace{\begin{pmatrix}\cos\phi & \sin\phi & 0\\-\sin\phi & \cos\phi & 0\\0 & 0 & 1\end{pmatrix}}_{\mathbf{C}} \begin{pmatrix}\vec{e}_x\\\vec{e}_y\\\vec{e}_z\end{pmatrix}$$
(7.18)

と表現される（**ABC** の計算結果は(C.47)である）。座標成分の方も列ベクトルで表現すると

[†9] 飛行機が変形したりするとこの限りではないが、今は「剛体」を考えている。

$$\begin{pmatrix} X \\ Y \\ Z \end{pmatrix} = \mathbf{ABC} \begin{pmatrix} x - x_\mathrm{G} \\ y - y_\mathrm{G} \\ z - z_\mathrm{G} \end{pmatrix} \tag{7.19}$$

のように同じ式で変換される。ベクトル $\vec{X}$ は $\vec{X} = (X \ \ Y \ \ Z) \begin{pmatrix} \vec{\mathbf{e}}_X \\ \vec{\mathbf{e}}_Y \\ \vec{\mathbf{e}}_Z \end{pmatrix}$ のように成分の行ベクトルと基底ベクトルの列ベクトルの積で表現され、$\mathbf{ABC}$ は直交行列なので、
→ p309

$$(X \ \ Y \ \ Z) \begin{pmatrix} \vec{\mathbf{e}}_X \\ \vec{\mathbf{e}}_Y \\ \vec{\mathbf{e}}_Z \end{pmatrix} = (x - x_\mathrm{G} \ \ y - y_\mathrm{G} \ \ z - z_\mathrm{G}) \underbrace{\mathbf{C}^t \mathbf{B}^t \mathbf{A}^t \mathbf{ABC}}_{\mathbf{E}} \begin{pmatrix} \vec{\mathbf{e}}_x \\ \vec{\mathbf{e}}_y \\ \vec{\mathbf{e}}_z \end{pmatrix} \tag{7.20}$$

のように直交変換を行なっていると考えれば、

$$\vec{X} = (X \ \ Y \ \ Z) \begin{pmatrix} \vec{\mathbf{e}}_X \\ \vec{\mathbf{e}}_Y \\ \vec{\mathbf{e}}_Z \end{pmatrix} = (x - x_\mathrm{G} \ \ y - y_\mathrm{G} \ \ z - z_\mathrm{G}) \begin{pmatrix} \vec{\mathbf{e}}_x \\ \vec{\mathbf{e}}_y \\ \vec{\mathbf{e}}_z \end{pmatrix} \tag{7.21}$$

のように二通りの方法で $\vec{X}$ を表現することができる。

　誤解が生じ易い処なので念の為に重ねて注意する。位置ベクトル $\vec{X} = X\vec{\mathbf{e}}_X + Y\vec{\mathbf{e}}_Y + Z\vec{\mathbf{e}}_Z$ と速度ベクトル $\vec{V} = V_X\vec{\mathbf{e}}_X + V_Y\vec{\mathbf{e}}_Y + V_Z\vec{\mathbf{e}}_Z$ の関係はもちろん $\vec{V} = \dfrac{\mathrm{d}\vec{X}}{\mathrm{d}t}$ である。しかし、$V_X = \dfrac{\mathrm{d}X}{\mathrm{d}t}$ ではない！──ここで考えている X, Y, Z は時間変化しないから、時間微分は $\vec{\mathbf{e}}_X$ などの方にのみかかる。

　$\dfrac{\mathrm{d}}{\mathrm{d}t}(X\vec{\mathbf{e}}_X + Y\vec{\mathbf{e}}_Y + Z\vec{\mathbf{e}}_Z)$ という微分を行うと X, Y, Z は微分されず後ろの基底ベクトル $\vec{\mathbf{e}}_X, \vec{\mathbf{e}}_Y, \vec{\mathbf{e}}_Z$ の方が微分された結果、微分する前とは別の向きを向いたベクトルになる。しかし微分後のベクトルも $\vec{\mathbf{e}}_X, \vec{\mathbf{e}}_Y, \vec{\mathbf{e}}_Z$ という基底で展開できるのだから、適切なる V_X, V_Y, V_Z を持ってくれば、

$$(X \ \ Y \ \ Z) \frac{\mathrm{d}}{\mathrm{d}t} \begin{pmatrix} \vec{\mathbf{e}}_X \\ \vec{\mathbf{e}}_Y \\ \vec{\mathbf{e}}_Z \end{pmatrix} = (V_X \ \ V_Y \ \ V_Z) \begin{pmatrix} \vec{\mathbf{e}}_X \\ \vec{\mathbf{e}}_Y \\ \vec{\mathbf{e}}_Z \end{pmatrix} \tag{7.22}$$

と表せるだろう、というのが $\vec{V} = V_X\vec{\mathbf{e}}_X + V_Y\vec{\mathbf{e}}_Y + V_Z\vec{\mathbf{e}}_Z$ という表現の意味である。(7.22)の右辺を見ると式の上では微分がなくなっているが、それは「微分した結果を整理したのが右辺である」と理解しよう。

　さて、では(7.18)を時間微分しよう。時間に依存しているのは ψ, θ, ϕ であるから、この微分の結果は、
→ p175

7.2 オイラー角で表現する回転運動

$$\frac{\mathrm{d}}{\mathrm{d}t}\begin{pmatrix}\vec{e}_X\\\vec{e}_Y\\\vec{e}_Z\end{pmatrix} = \underbrace{\left(\dot{\mathbf{A}}\mathbf{B}\mathbf{C} + \mathbf{A}\dot{\mathbf{B}}\mathbf{C} + \mathbf{A}\mathbf{B}\dot{\mathbf{C}}\right)}_{\frac{\mathrm{d}}{\mathrm{d}t}\mathbf{ABC}}\begin{pmatrix}\vec{e}_x\\\vec{e}_y\\\vec{e}_z\end{pmatrix} \searrow \left(\mathbf{E} = \mathbf{A}^t\mathbf{A}\ \text{などを挟む。}\right)$$

$$= \left(\dot{\mathbf{A}}\underbrace{\mathbf{A}^t\mathbf{A}}_{\mathbf{E}}\mathbf{BC} + \mathbf{A}\dot{\mathbf{B}}\underbrace{\mathbf{B}^t\mathbf{A}^t\mathbf{AB}}_{\mathbf{E}}\mathbf{C} + \mathbf{A}\mathbf{B}\dot{\mathbf{C}}\underbrace{\mathbf{C}^t\mathbf{B}^t\mathbf{A}^t\mathbf{ABC}}_{\mathbf{E}}\right)\begin{pmatrix}\vec{e}_x\\\vec{e}_y\\\vec{e}_z\end{pmatrix}$$

$$= \left(\dot{\mathbf{A}}\mathbf{A}^t + \mathbf{A}\dot{\mathbf{B}}\mathbf{B}^t\mathbf{A}^t + \mathbf{A}\mathbf{B}\dot{\mathbf{C}}\mathbf{C}^t\mathbf{B}^t\mathbf{A}^t\right)\mathbf{ABC}\begin{pmatrix}\vec{e}_x\\\vec{e}_y\\\vec{e}_z\end{pmatrix}$$

$$= \left(\dot{\mathbf{A}}\mathbf{A}^t + \mathbf{A}\dot{\mathbf{B}}\mathbf{B}^t\mathbf{A}^t + \mathbf{A}\mathbf{B}\dot{\mathbf{C}}\mathbf{C}^t\mathbf{B}^t\mathbf{A}^t\right)\begin{pmatrix}\vec{e}_X\\\vec{e}_Y\\\vec{e}_Z\end{pmatrix} \quad (7.23)$$

からなる。2行目で、単位行列となる行列を随所に挟んで形を整えた[†10]。

$\vec{X}$ は並進を行わずただ回転するだけなので、回転運動の速度ベクトルが $\vec{V} = \vec{\omega} \times \vec{X}$ と書けることから考えると、

$$\vec{V} = \vec{\omega} \times \vec{X} \quad \rightarrow \quad \begin{array}{l} V_X = \omega_Y Z - \omega_Z Y \\ V_Y = \omega_Z X - \omega_X Z \\ V_Z = \omega_X Y - \omega_Y X \end{array} \quad (7.24)$$

という式となる。後で(7.22)に代入したいので、列ベクトルでなく行ベクトルで表現すれば、

$$\begin{pmatrix}V_X & V_Y & V_Z\end{pmatrix} = \begin{pmatrix}X & Y & Z\end{pmatrix}\begin{pmatrix}0 & \omega_Z & -\omega_Y\\-\omega_Z & 0 & \omega_X\\\omega_Y & -\omega_X & 0\end{pmatrix} \quad (7.25)$$

である。これを(7.22)に代入することで、

$$\begin{pmatrix}X & Y & Z\end{pmatrix}\frac{\mathrm{d}}{\mathrm{d}t}\begin{pmatrix}\vec{e}_X\\\vec{e}_Y\\\vec{e}_Z\end{pmatrix} = \begin{pmatrix}X & Y & Z\end{pmatrix}\begin{pmatrix}0 & \omega_Z & -\omega_Y\\-\omega_Z & 0 & \omega_X\\\omega_Y & -\omega_X & 0\end{pmatrix}\begin{pmatrix}\vec{e}_X\\\vec{e}_Y\\\vec{e}_Z\end{pmatrix} \quad (7.26)$$

であり、さらに (7.23) を代入した上で前後の共通部分を取り除いて、

$$\dot{\mathbf{A}}\mathbf{A}^t + \mathbf{A}\dot{\mathbf{B}}\mathbf{B}^t\mathbf{A}^t + \mathbf{A}\mathbf{B}\dot{\mathbf{C}}\mathbf{C}^t\mathbf{B}^t\mathbf{A}^t = \begin{pmatrix}0 & \omega_Z & -\omega_Y\\-\omega_Z & 0 & \omega_X\\\omega_Y & -\omega_X & 0\end{pmatrix} \quad (7.27)$$

[†10] 行列 $\mathbf{ABC}$ はわかっているので、それを時間微分して後ろから $\mathbf{C}^t\mathbf{B}^t\mathbf{A}^t$ を掛けるという方法でもこれから計算する行列の計算はできる。

が成り立つようにすることで、角速度ベクトル$\vec{\omega}$と、オイラー角の微分$\dot{\phi}, \dot{\theta}, \dot{\psi}$の関係を求めることができる。

---------練習問題---------

【問い 7-1】 具体的に $\dot{\mathbf{A}}\mathbf{A}^t + \mathbf{A}\dot{\mathbf{B}}\mathbf{B}^t\mathbf{A}^t + \mathbf{A}\mathbf{B}\dot{\mathbf{C}}\mathbf{C}^t\mathbf{B}^t\mathbf{A}^t$ を計算せよ。

ヒント → p348へ　解答 → p359へ

$\dot{\mathbf{A}}\mathbf{A}^t + \mathbf{A}\dot{\mathbf{B}}\mathbf{B}^t\mathbf{A}^t + \mathbf{A}\mathbf{B}\dot{\mathbf{C}}\mathbf{C}^t\mathbf{B}^t\mathbf{A}^t$ の計算結果は

$$\begin{pmatrix} 0 & \dot{\psi} + \dot{\phi}\cos\theta & \dot{\theta}\sin\psi - \dot{\phi}\cos\psi\sin\theta \\ -\dot{\psi} - \dot{\phi}\cos\theta & 0 & \dot{\theta}\cos\psi + \dot{\phi}\sin\psi\sin\theta \\ -\dot{\theta}\sin\psi + \dot{\phi}\cos\psi\sin\theta & -\dot{\theta}\cos\psi - \dot{\phi}\sin\psi\sin\theta & 0 \end{pmatrix} \tag{7.28}$$

であるから（詳細は演習問題の解答を見よ）、各要素を比較することで、
→ p359

$$\begin{aligned} \omega_X &= \dot{\theta}\cos\psi + \dot{\phi}\sin\psi\sin\theta \\ \omega_Y &= -\dot{\theta}\sin\psi + \dot{\phi}\cos\psi\sin\theta \\ \omega_Z &= \dot{\psi} + \dot{\phi}\cos\theta \end{aligned} \tag{7.29}$$

という答が出る。この答は図形的に考えても納得できる式である。344ページのオイラー角の図を見ると、最後に行う角度ψの回転（行列$\mathbf{A}$による）の角速度$\dot{\psi}$はそのままZ軸回りの角速度になる。その前の第二段階で行うX軸回りの角度θの回転（行列$\mathbf{B}$による）の角速度$\dot{\theta}$が、その後Z軸回りに角度ψだけ回されるために

$$\begin{pmatrix} \cos\psi & \sin\psi & 0 \\ -\sin\psi & \cos\psi & 0 \\ 0 & 0 & 1 \end{pmatrix} \begin{pmatrix} \dot{\theta} \\ 0 \\ 0 \end{pmatrix} = \begin{pmatrix} \dot{\theta}\cos\psi \\ -\dot{\theta}\sin\psi \\ 0 \end{pmatrix} \tag{7.30}$$

となる。さらにその前の第一段階のZ軸回りの回転（行列$\mathbf{C}$による）はその後θ, ψによる回転を加えられるために、

$$\begin{pmatrix} \cos\psi & \sin\psi & 0 \\ -\sin\psi & \cos\psi & 0 \\ 0 & 0 & 1 \end{pmatrix} \begin{pmatrix} 1 & 0 & 0 \\ 0 & \cos\theta & \sin\theta \\ 0 & -\sin\theta & \cos\theta \end{pmatrix} \begin{pmatrix} 0 \\ 0 \\ \dot{\phi} \end{pmatrix} = \begin{pmatrix} \dot{\phi}\sin\psi\sin\theta \\ \dot{\phi}\cos\psi\sin\theta \\ \dot{\phi}\cos\theta \end{pmatrix} \tag{7.31}$$

となると考えれば、(7.29)の意味がわかる。

$(\omega_X, \omega_Y, \omega_Z)$の例を示そう。(7.26)から最初の$(X\ Y\ Z)$を外した式
→ p177

7.2 オイラー角で表現する回転運動

$$\frac{\mathrm{d}}{\mathrm{d}t}\begin{pmatrix}\vec{e}_X\\\vec{e}_Y\\\vec{e}_Z\end{pmatrix}=\begin{pmatrix}0&\omega_Z&-\omega_Y\\-\omega_Z&0&\omega_X\\\omega_Y&-\omega_X&0\end{pmatrix}\begin{pmatrix}\vec{e}_X\\\vec{e}_Y\\\vec{e}_Z\end{pmatrix} \tag{7.32}$$

を見ると、たとえばω_Xが0でない時は、$\vec{e}_Y$と$\vec{e}_Z$が回っている(この「回っている」というのは**物体に固定された基底ベクトルが外部の慣性系から見て回っている**)。

簡単な場合として、$\theta=0$で一定を考えよう。その場合、

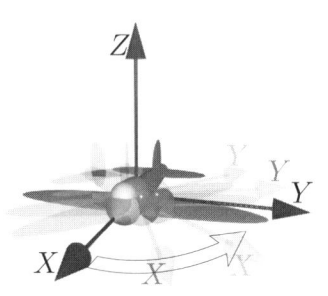

$$\begin{aligned}\omega_X&=0\\\omega_Y&=0\\\omega_Z&=\dot{\psi}+\dot{\phi}\end{aligned} \tag{7.33}$$

である。ω_Zのみが0でないから、Z軸の回りに$\dot{\psi}+\dot{\phi}$という角速度を持って回っている[11]。$\vec{e}_X$と$\vec{e}_Y$は(この剛体上にいる人にとっては回ってないが)外の慣性系から見れば回っている。

$\theta=\dfrac{\pi}{2}$で一定だと、

$$\begin{aligned}\omega_X&=\dot{\phi}\sin\psi\\\omega_Y&=\dot{\phi}\cos\psi\\\omega_Z&=\dot{\psi}\end{aligned} \tag{7.34}$$

となる。この回転を表現したのが次の図である[12]。

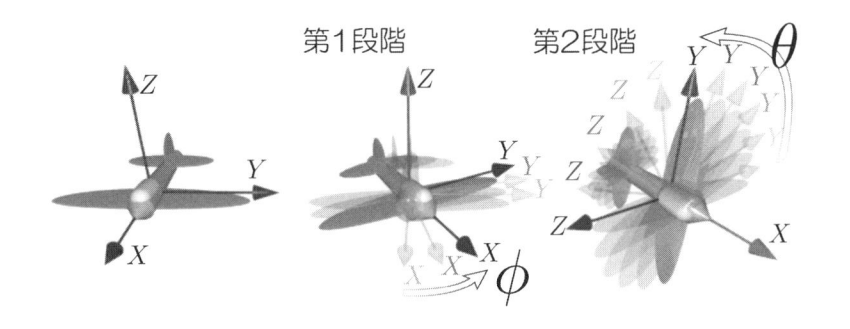

---

[11] この場合、ψとϕという二つの角度がある意味は実はない。どっちか片方でよかった。
[12] 図で「第1段階」「第2段階」と書いているが、これは時間的順序ではない。回転を考える順番である。

オイラー角による回転の第1段階でϕだけZ軸回りに回す。$\theta = \frac{\pi}{2}$ということは、オイラー角による回転の第2段階でZ軸を$\frac{\pi}{2}$（直角）倒すということである。第3段階は図に描いてないが、後はZ軸の回りにψ回す。

（飛行機の運動としてはありえない運動であるが）Z軸回りに自転しながら、そのZ軸がX-Y平面内を水平回転しているという状況である。

7.2.3 外力が働かない剛体の回転運動

主軸変換を行って慣性乗積がない場合では、回転運動のエネルギーTは

$$\begin{aligned}
T &= \frac{1}{2}I_{XX}(\omega_X)^2 + \frac{1}{2}I_{YY}(\omega_Y)^2 + \frac{1}{2}I_{ZZ}(\omega_Z)^2 \\
&= \frac{1}{2}I_{XX}\left(\dot\theta\cos\psi + \dot\phi\sin\psi\sin\theta\right)^2 + \frac{1}{2}I_{YY}\left(-\dot\theta\sin\psi + \dot\phi\cos\psi\sin\theta\right)^2 \\
&\quad + \frac{1}{2}I_{ZZ}\left(\dot\psi + \dot\phi\cos\theta\right)^2
\end{aligned} \tag{7.35}$$

となる。外力がないのなら、これがラグランジアンそのものである。こうしてみると、外力が何もなくても十分に複雑である。

外力がない場合のオイラー・ラグランジュ方程式を考えていこう。まずψに関する式を立ててみよう。(7.29)から、

$$\frac{\partial \omega_X}{\partial \psi} = -\dot\theta\sin\psi + \dot\phi\cos\psi\sin\theta = \omega_Y, \quad \frac{\partial \omega_Y}{\partial \psi} = -\dot\theta\cos\psi - \dot\phi\sin\psi\sin\theta = -\omega_X \tag{7.36}$$

という関係が出るので、

$$\frac{\partial T}{\partial \psi} = I_{XX}\omega_X\frac{\partial \omega_X}{\partial \psi} + I_{YY}\omega_Y\frac{\partial \omega_Y}{\partial \psi} = (I_{XX} - I_{YY})\omega_X\omega_Y \tag{7.37}$$

がわかる。これと

$$\frac{\partial T}{\partial \dot\psi} = I_{ZZ}\underbrace{\left(\dot\psi + \dot\phi\cos\theta\right)}_{\omega_Z} \tag{7.38}$$

から、オイラー・ラグランジュ方程式$\frac{\partial T}{\partial \psi} - \frac{\mathrm{d}}{\mathrm{d}t}\left(\frac{\partial T}{\partial \dot\psi}\right) = 0$が

$$(I_{XX} - I_{YY})\omega_X\omega_Y = \frac{\mathrm{d}}{\mathrm{d}t}(I_{ZZ}\omega_Z) \tag{7.39}$$

7.2 オイラー角で表現する回転運動

となる。(7.39) に比べ他の成分については少々計算が必要（具体的には【演習問題7-2】を見よ）なのだが、対称性を考えれば、
→ p190

$$(I_{YY} - I_{ZZ})\omega_Y \omega_Z = \frac{\mathrm{d}}{\mathrm{d}t}(I_{XX}\omega_X) \tag{7.40}$$

$$(I_{ZZ} - I_{XX})\omega_Z \omega_X = \frac{\mathrm{d}}{\mathrm{d}t}(I_{YY}\omega_Y) \tag{7.41}$$

という答えが出そうなのはわかるだろう（角運動量の保存則からもこの式がちゃんと出る）。
→ p183

(7.39)～(7.41) の3式を「**オイラーの運動方程式**」[13] と呼ぶ。
→ p180

オイラーの運動方程式を解くのはたいへんなのだが、具体的に解かなくてもいろいろおもしろいことがわかる。たとえば $\vec{\omega}$ が一定になるためには、$(I_{XX} - I_{YY})\omega_X \omega_Y, (I_{YY} - I_{ZZ})\omega_Y \omega_Z, (I_{ZZ} - I_{XX})\omega_Z \omega_X$ がすべて0にならなくてはいけない。そうなり得るのは、

(1) $\omega_X = \omega_Y = \omega_Z = 0$。「回ってない」という、一番つまらない解。

(2) $\vec{\omega}$ の3成分のうち、どれか1つだけが0ではない。つまり、3つの主軸のうちどれか1つを軸として回っている。

(3) $\vec{\omega}$ のうち2成分が0ではない。たとえば ω_X, ω_Y が0でない（$\omega_Z = 0$）ときは $I_{YY} - I_{XX} = 0$ である[14]。

(4) $\vec{\omega}$ の3成分は全て0ではないが、$I_{XX} = I_{YY} = I_{ZZ}$ である（非常に対称性のよい回転体）。

のようなケースのみである。これらがどれも満たされていないならば、$\vec{\omega}$ は時間変化する（対称性がない場合、定常回転するとしたら (2) のケースしかない）。外力がない自由な剛体なのに、回転の角速度は（上に述べた運のいい場合を除くと）全く一定ではないのである！

変化するといっても、次に示すように全体の運動エネルギーは一定だから、どんどん増える一方、減る一方ということはありえず、一定の値の間を振動する。

---

[13] 流体力学の方にも「オイラーの運動方程式」があるうえ、オイラー・ラグランジュ方程式もあり、オイラーさんの名前はあっちこっちに出てきすぎてややこしい。

[14] 物体が $I_{XX} = I_{YY}$ を満たしていると、運動方程式を見る限り X 軸と Y 軸には物理的に違いはない。よって XY 平面内に軸があればどんな回転も同等である。

---練習問題---

【問い7-2】 運動エネルギー $\frac{1}{2}I_{XX}(\omega_X)^2 + \frac{1}{2}I_{YY}(\omega_Y)^2 + \frac{1}{2}I_{ZZ}(\omega_Z)^2$ が保存することを、オイラーの運動方程式を使って確認せよ。

解答 → p360 へ

7.2.4 角運動量の保存

もう一つ保存する量として角運動量がある。質点が運動している場合の角運動量は $\vec{L} = m\vec{x} \times \vec{v}$ であった[15]から、この場合も（もう一度質点の組み合わせとして剛体を考えていたところに戻って）質点の角運動量の和を取った $\sum_i m_i \vec{X}^{(i)} \times \vec{V}^{(i)}$ が全体の角運動量になると考えると、

$$\vec{L} = \sum_i m_i \vec{X}^{(i)} \times \underbrace{(\vec{\omega} \times \vec{X}^{(i)})}_{\vec{V}^{(i)}} = \sum_i m_i \left(\left|\vec{X}^{(i)}\right|^2 \vec{\omega} - \vec{X}^{(i)} \left(\vec{\omega} \cdot \vec{X}^{(i)}\right) \right) \tag{7.42}$$

となり、運動エネルギー(7.4)とは
→ p170

$$\underbrace{\frac{1}{2}\sum_{i=1}^N m_i \left(|\vec{\omega}|^2 |\vec{X}^{(i)}|^2 - (\vec{\omega} \cdot \vec{X}^{(i)})^2\right)}_{T} = \frac{1}{2}\vec{L} \cdot \vec{\omega} \tag{7.43}$$

という関係にある。今考えている慣性乗積が0である場合は、$T = \frac{1}{2}I_{XX}(\omega_X)^2 + \frac{1}{2}I_{YY}(\omega_Y)^2 + \frac{1}{2}I_{ZZ}(\omega_Z)^2$ で、

$$\vec{L} = I_{XX}\omega_X \vec{e}_X + I_{YY}\omega_Y \vec{e}_Y + I_{ZZ}\omega_Z \vec{e}_Z \tag{7.44}$$

である。外力が働いていないからこの角運動量ベクトル $\vec{L}$ は保存する（「なぜだっけ？」と思った人は1.1.3節を読み返すこと）。しかし、各成分
→ p5
$(I_{XX}\omega_X, I_{YY}\omega_Y, I_{ZZ}\omega_Z)$ は保存しない。$\vec{e}_X, \vec{e}_Y, \vec{e}_Z$ が時間変化する量だから、ベクトルの時間変化と成分の時間変化は分けて考えなくてはいけない[16]。

$\vec{L}$ が保存量になるための条件を確認しておく。

$$\vec{L} = \begin{pmatrix} I_{XX}\omega_X & I_{YY}\omega_Y & I_{ZZ}\omega_Z \end{pmatrix} \begin{pmatrix} \vec{e}_X \\ \vec{e}_Y \\ \vec{e}_Z \end{pmatrix} \tag{7.45}$$

---
[15] ラグランジアンも角運動量も L でややこしいが、矢印がついてベクトルであるもの（あるいは成分を表現する添字 $_x$ 等がついているもの）は角運動量である。
[16] 176ページの $\vec{V}$ と V_X の関係と同様である。

7.2 オイラー角で表現する回転運動

のように行列を使って表す。$(I_{XX}\omega_X \quad I_{YY}\omega_Y \quad I_{ZZ}\omega_Z)$ を微分する部分と $\begin{pmatrix} \vec{e}_X \\ \vec{e}_Y \\ \vec{e}_Z \end{pmatrix}$ を微分する部分に分けて、

$$\overbrace{\left(\frac{\mathrm{d}}{\mathrm{d}t}(I_{XX}\omega_X) \quad \frac{\mathrm{d}}{\mathrm{d}t}(I_{YY}\omega_Y) \quad \frac{\mathrm{d}}{\mathrm{d}t}(I_{ZZ}\omega_Z) \right)}^{(I_{XX}\omega_X \; I_{YY}\omega_Y \; I_{ZZ}\omega_Z)\text{の微分}} \begin{pmatrix} \vec{e}_X \\ \vec{e}_Y \\ \vec{e}_Z \end{pmatrix}$$
$$+ (I_{XX}\omega_X \quad I_{YY}\omega_Y \quad I_{ZZ}\omega_Z) \underbrace{\begin{pmatrix} 0 & \omega_Z & -\omega_Y \\ -\omega_Z & 0 & \omega_X \\ \omega_Y & -\omega_X & 0 \end{pmatrix} \begin{pmatrix} \vec{e}_X \\ \vec{e}_Y \\ \vec{e}_Z \end{pmatrix}}_{\frac{\mathrm{d}}{\mathrm{d}t}\begin{pmatrix} \vec{e}_X \\ \vec{e}_Y \\ \vec{e}_Z \end{pmatrix} \text{より、(7.25)} \text{などを使って}} = 0 \quad (7.46)$$

が求められる。この式の成分を計算すれば、(7.39)〜(7.41) が出てくる。

角運動量の x, y, z 成分（X, Y, Z 成分ではなく）を計算するには、

$$\vec{L} = (I_{XX}\omega_X \quad I_{YY}\omega_Y \quad I_{ZZ}\omega_Z)\mathbf{ABC} \begin{pmatrix} \vec{e}_x \\ \vec{e}_y \\ \vec{e}_z \end{pmatrix} \quad (7.47)$$

の $\mathbf{ABC}$ にオイラー角による変換の式(C.47)を代入すればよい。結果は

$$\begin{align} L_x &= I_{XX}\omega_X(\cos\psi\cos\phi - \sin\psi\cos\theta\sin\phi) \tag{7.48} \\ &\quad + I_{YY}\omega_Y(-\sin\psi\cos\phi - \cos\psi\cos\theta\sin\phi) + I_{ZZ}\omega_Z\sin\theta\sin\phi \\ L_y &= I_{XX}\omega_X(\cos\psi\sin\phi + \sin\psi\cos\theta\cos\phi) \tag{7.49} \\ &\quad + I_{YY}\omega_Y(-\sin\psi\sin\phi + \cos\psi\cos\theta\cos\phi) - I_{ZZ}\omega_Z\sin\theta\cos\phi \\ L_z &= I_{XX}\omega_X\sin\psi\sin\theta + I_{YY}\omega_Y\cos\psi\sin\theta + I_{ZZ}\omega_Z\cos\theta \tag{7.50} \end{align}$$

となる。この各成分 L_x, L_y, L_z は保存する（$\vec{e}_x, \vec{e}_y, \vec{e}_z$ は定ベクトルなので）。
$L_z = \vec{L}\cdot\vec{e}_z$ が保存することは ϕ に関するオイラーラグランジュ方程式が

$$-\frac{\mathrm{d}}{\mathrm{d}t}\underbrace{(I_{XX}\omega_X\sin\psi\sin\theta + I_{YY}\omega_Y\cos\psi\sin\theta + I_{ZZ}\omega_Z\cos\theta)}_{\frac{\partial L}{\partial\dot\phi}} = 0 \quad (7.51)$$

となることからすぐわかる。残りについて具体的に計算で保存を確認することもできるが、後の9.6.2節でハミルトン形式で考え直すことにしよう。

---------- 練習問題 ----------

【問い 7-3】 上のように各成分を考えなくても、角運動量の自乗 $(I_{XX}\omega_X)^2 +$ $(I_{YY}\omega_Y)^2 + (I_{ZZ}\omega_Z)^2$ が保存することであれば、(7.39)〜(7.41) を使えばすぐわかる。確認せよ。
→ p180

解答 → p360 へ

7.2.5　特定の軸の回りに回っている時の近似計算

連立方程式であるオイラーの運動方程式を解くのはたいへんなので、ω_Z だけが大きく、それに比べて ω_X, ω_Y は小さいという近似の元でどんな時間変化するかの概要だけをつかんでおこう。その場合 $\omega_X \omega_Y$ は小さい量の 2 次なので落としてよいことになり、
→ p180

$$(I_{YY} - I_{ZZ})\omega_Y \omega_Z = I_{XX}\frac{d\omega_X}{dt} \tag{7.52}$$

$$(I_{ZZ} - I_{XX})\omega_Z \omega_X = I_{YY}\frac{d\omega_Y}{dt} \tag{7.53}$$

$$0 = I_{ZZ}\frac{d\omega_Z}{dt} \tag{7.54}$$

であるから、ω_Z は定数である。上の二つの式は ω_X, ω_Y の混ざった式なので、ω_X だけの式にするためにまず (7.52) を時間微分した

$$(I_{YY} - I_{ZZ})\omega_Z\frac{d\omega_Y}{dt} = I_{XX}\frac{d^2\omega_X}{dt^2} \tag{7.55}$$

に (7.53) から $\dfrac{d\omega_Y}{dt} = \dfrac{I_{ZZ} - I_{XX}}{I_{YY}}\omega_Z \omega_X$ を作って代入し、

$$\frac{(I_{YY} - I_{ZZ})(I_{ZZ} - I_{XX})}{I_{YY}}(\omega_Z)^2 \omega_X = I_{XX}\frac{d^2\omega_X}{dt^2} \tag{7.56}$$

となる。ω_Y に関しては X と Y の立場が入れ替わった

$$\frac{(I_{XX} - I_{ZZ})(I_{ZZ} - I_{YY})}{I_{XX}}(\omega_Z)^2 \omega_Y = I_{YY}\frac{d^2\omega_Y}{dt^2} \tag{7.57}$$

という式が出る。よく見るとどちらの式も

$$\frac{(I_{YY} - I_{ZZ})(I_{ZZ} - I_{XX})}{I_{XX}I_{YY}}(\omega_Z)^2 \omega_{\substack{X\\Y}} = \frac{d^2\omega_{\substack{X\\Y}}}{dt^2} \tag{7.58}$$

と、同じ係数にまとめられる。もし

$$(I_{YY} - I_{ZZ})(I_{ZZ} - I_{XX}) < 0 \tag{7.59}$$

ならば (7.58) が (負の係数) $\times \omega_X = \dfrac{d^2\omega_X}{dt^2}$ という形の式となる。これは単振動の式であるから、ω_X は振動し、どんどん増えて行ったりはしない。つまり、この場合は比較的安定な状態を保つ。一方、もし、

$$(I_{YY} - I_{ZZ})(I_{ZZ} - I_{XX}) > 0 \tag{7.60}$$

ならば方程式(7.58)は (正の係数) $\times \underset{Y}{\omega_X} = \underset{Y}{\ddot{\omega}_X}$ となるから、expで増大または
$\rightarrow$ p184
減少する解が出る。実際には$\underset{Y}{\omega_X}$が大きくなりすぎると今やった近似から外れるからexpで増大し続けるとは思えない。この場合ではω_X, ω_Yが小さいだろうという近似ができなくなるほどに大きな時間変化が起こる。

安定な条件は$(I_{YY} > I_{ZZ}$ かつ $I_{XX} > I_{ZZ})$か、または$(I_{YY} < I_{ZZ}$ かつ $I_{XX} < I_{ZZ})$が成り立つ時成立する。つまり3つの慣性モーメントのうち、I_{ZZ}が最大であるか最小であるかの時は、この回転は安定な回転になる[17]。そうではなく、3つのうち中間だった時は、不安定な回転となる。

たとえば長い板を回転させる場合、(1)と(3)の回転は安定だが(2)の回転は不安定である。たとえば(2)の回転軸がZ軸方向だったとすると、ω_Zのみがnon-zeroであればその運動が続くのだが、もし（何かのはずみで）ω_Xやω_Yが（たとえ小さくとも）non-zeroになってしまうと、時間がたつにつれω_Xやω_Yが増大していき、(2)の回転ではなくなっていく。次の節で、この安定性を保存則の観点から考察しよう。

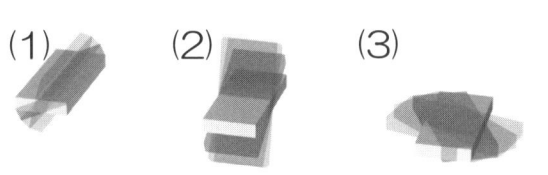

【FAQ】回転の角速度$\vec{\omega}$が変わっちゃったら、角運動量が保存しないのではないですか？

　　　　　　　　　　　　　　　・・・・・・・・・・・・・・・・・・・・・・・・・・・・・・・・・

$\vec{\omega}$と角運動量$\vec{L}$は一般に一致しない。そもそも、ここで考えている$\vec{\omega} = (\omega_X, \omega_Y, \omega_Z)$は$(X, Y, Z)$座標系で表現したベクトルだから、基底からして違う。角運動量ベクトル

---

[17] 現実のコマを考えると、慣性モーメントが最大の軸は確かに安定だが、最小の軸は全く安定とは思えない。それは通常我々が回しているコマは重力という外力を受けているため、重力に対する安定／不安定性も加味して考えなくてはいけないからである。

$$\vec{L} = I_{XX}\omega_X \vec{e}_X + I_{YY}\omega_Y \vec{e}_Y + I_{ZZ}\omega_Z \vec{e}_Z = L_x \vec{e}_x + L_y \vec{e}_y + L_z \vec{e}_z \quad (7.61)$$

は保存量であるが、$\vec{e}_X, \vec{e}_Y, \vec{e}_Z$ が定ベクトルではないので、$I_{XX}\omega_X$ などの成分は保存量ではない。定ベクトルである $\vec{e}_x, \vec{e}_y, \vec{e}_z$ で展開した係数である L_x, L_y, L_z が保存量である。【問い7-3】で確認したように、$|\vec{L}|^2$ は保存する。
→ p184

7.3 エネルギー保存と角運動量保存から言えること

7.3.1 自由に回転する剛体

自由に回転する剛体では、運動エネルギー
$$\frac{1}{2}I_{XX}(\omega_X)^2 + \frac{1}{2}I_{YY}(\omega_Y)^2 + \frac{1}{2}I_{ZZ}(\omega_Z)^2 \quad (7.62)$$

と角運動量
$$|\vec{L}|^2 = \underbrace{(I_{XX}\omega_X)^2}_{L_X} + \underbrace{(I_{YY}\omega_Y)^2}_{L_Y} + \underbrace{(I_{ZZ}\omega_Z)^2}_{L_Z} \quad (7.63)$$

が保存する[†18]。この二つの保存則が両立するように運動が起こる。

$$\text{角運動量保存則}: (L_X)^2 + (L_Y)^2 + (L_Z)^2 = |\vec{L}|^2 = \text{一定}$$
$$\text{エネルギー保存則}: \frac{(L_X)^2}{I_{XX}} + \frac{(L_Y)^2}{I_{YY}} + \frac{(L_Z)^2}{I_{ZZ}} = E = \text{一定} \; \left(\text{エネルギーは} \frac{E}{2}\right) \quad (7.64)$$

だから、$\vec{L} = (L_X, L_Y, L_Z)$ をあたかも「空間座標」のように扱って考えると、角運動量保存則が半径 $|\vec{L}|$ の「球」で、エネルギー保存則は「楕円体」で表現される。この式で表される楕円体は、L_X, L_Y, L_Z 方向のそれぞれの半径にあたるものがそれぞれ $\sqrt{I_{XX}E}, \sqrt{I_{YY}E}, \sqrt{I_{ZZ}E}$ になっている。そして、球と楕円体の表面が交わるところが運動が可能な領域になる。

次ページの図は、$I_{YY} > I_{ZZ} > I_{XX}$ で、かつ $I_{ZZ}E = |\vec{L}|^2$ になっている場合の図である。球が角運動量保存則を表現し、球を上下と左右に拡大または縮小した楕円体でエネルギー保存則が表現されている。図では、「$L_X = L_Y = 0, L_Z = L = \sqrt{I_{ZZ}E}$」が二つの保存則の共有点となる（$L = \sqrt{I_{ZZ}E}$ となるように運動を調節してある）。

[†18] (7.62) を微分して、それぞれの $\dfrac{d\omega_i}{dt}$ を、(7.39) から (7.41) を使って書き直すとエネルギー保存がわかる。

7.3 エネルギー保存と角運動量保存から言えること

この場合、L_Z 方向の径が一致する（説明上、Z 軸のてっぺんの北極付近が重要なので、普通とは違って Z 軸が紙面の上ではなく、紙面のこちら側を向いた絵にしてある）。

$(L_X)^2 + (L_Y)^2 + (L_Z)^2 = |\vec{L}|^2$ で表される球

$\dfrac{(L_X)^2}{I_{XX}} + \dfrac{(L_Y)^2}{I_{YY}} + \dfrac{(L_Z)^2}{I_{ZZ}} = E$ で表される楕円体

$I_{ZZ}E = |\vec{L}|^2$ が成り立っている場合の図

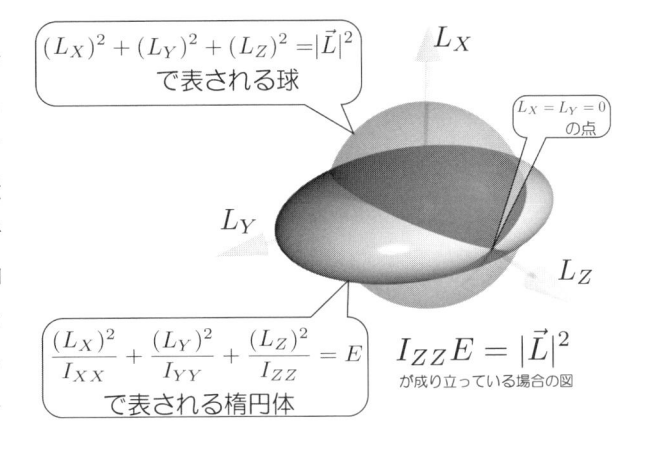

$L_X = L_Y = 0$ の点

$I_{YY} > I_{ZZ}$ なので、Y 方向では楕円体の方が外にはみ出す。逆に X 方向では円の方が外（楕円体が中に引っ込む）。

I_{XX}, I_{YY}, I_{ZZ} の大小関係によって状況が異なるので、I_{ZZ} が最も大きい場合、中間の場合、I_{ZZ} が最も小さい場合の図を並べて示した[19]。

$I_{ZZ} > I_{XX} > I_{YY}$ の場合 $I_{YY} > I_{ZZ} > I_{XX}$ の場合 $I_{YY} > I_{XX} > I_{ZZ}$ の場合

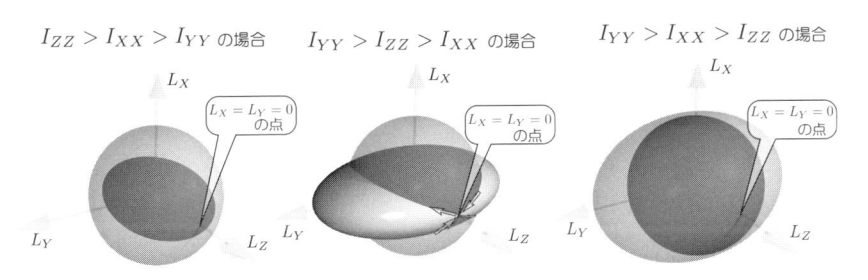

図で指している点は $\vec{\omega}$ の満たすべき微分方程式（(7.39),(7.40),(7.41)）の
→ p180
解になっているが $I_{YY} > I_{ZZ} > I_{XX}$ の場合（中央の図）だけは不安定な解である。図を見ると、「$I_{ZZ} > I_{XX} > I_{YY}$ と $I_{YY} > I_{XX} > I_{ZZ}$ の場合は二つの保存則を満たす状態は今考えている状態の『グラフ上の近傍』にはない[20]」ことがわかる。一方中央の図はエネルギーと角運動量を保存しつつ移動できる「近傍」があるわけである。実際、$I_{YY} > I_{ZZ} > I_{XX}$ となる場合に Z 軸回りの回転は不安定になることは前にも述べた。たとえば(7.40)を見
→ p185   → p181

---

[19] 左と中央の図では球の方が透明だが、右の図では楕円体の方が透明になっていることに注意せよ。
[20] 実は反対側、つまり図の裏側にある点も満たしているので、遠方にならある。

ると $\underbrace{(I_{YY} - I_{ZZ})}_{\text{正の係数}}\omega_Y\omega_Z = \dfrac{\mathrm{d}}{\mathrm{d}t}(I_{XX}\omega_X)$ となっていて（図の指している部分は $\omega_Z > 0$ なので）、$\omega_Y > 0$ ならば ω_X が増加し、$\omega_Y < 0$ ならば ω_X が減少する（ちょうど $\omega_Y = 0$ のときのみ、ω_X が時間変化しない）。

同様に $\underbrace{(I_{ZZ} - I_{XX})}_{\text{正の係数}}\omega_Z\omega_X = \dfrac{\mathrm{d}}{\mathrm{d}t}(I_{YY}\omega_Y)$ でもあるので、$\omega_X > 0$ ならば ω_Y が増加し、$\omega_X < 0$ ならば ω_Y が減少する。中央の図にはこのような時間変化の方向を矢印で書き込んである。

ほんのすこしだけ球の半径を増やしたり減らしたりしてみると、次のような図が書ける。この場合、L_Z 軸付近には不安定なつりあい点すらない。

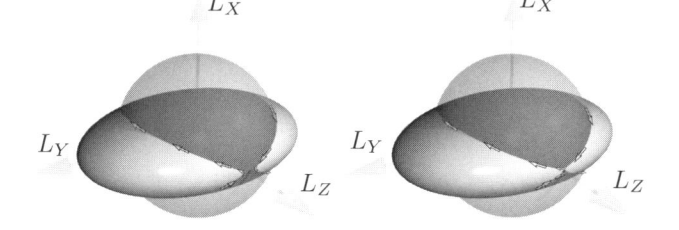

左の図に書き込んだ矢印のような運動では、L_Y が正の範囲で変化しつつ、L_X, L_Z は正負に振動する。右の図の場合は、L_X はある正の値付近を振動し、L_Y, L_Z が正負に振動する。運動方程式は解かなくても、だいたいこのような運動が起こることは理解できる。

さらに球の半径を変えてみたのが右の図で、この場合は L_Y 軸もしくは L_X 軸回りで回転するような変化を行う。

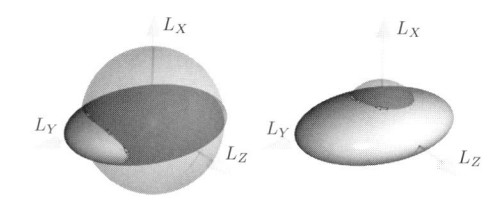

7.3.2 自由な対称コマ

前節の計算は、けっこうややこしい計算となった。少し対称性をよくして計算が容易な問題にしよう。前節の問題で $I_{XX} = I_{YY}$ だとする（これを「対称コマ」と呼ぶ）と、運動エネルギーの式(7.35)が以下のように簡単になる。
→ p180

7.3 エネルギー保存と角運動量保存から言えること

$$T = \frac{1}{2}I_{XX}\left((\dot{\theta})^2 + \sin^2\theta(\dot{\phi})^2\right) + \frac{1}{2}I_{ZZ}\left(\dot{\psi} + \dot{\phi}\cos\theta\right)^2 \tag{7.65}$$

オイラー角の定義からして、z軸（これはコマに固定されていない方の慣性系の座標軸）とZ軸（対称コマの軸）の傾きの角度がθであり、その傾きが起こる方向がy軸負方向と角度ϕを持っている。外力を受けない自由回転の場合、オイラーの運動方程式で$I_{YY} = I_{XX}$としたもの
→ p181

$$(I_{XX} - I_{ZZ})\omega_Y\omega_Z = \frac{d}{dt}(I_{XX}\omega_X) \tag{7.66}$$

$$(I_{ZZ} - I_{XX})\omega_Z\omega_X = \frac{d}{dt}(I_{XX}\omega_Y) \tag{7.67}$$

$$0 = \frac{d}{dt}(I_{ZZ}\omega_Z) \tag{7.68}$$

を考えればよい。(7.68)からω_Zが定数である。残りの2式は

$$\underbrace{\frac{I_{ZZ} - I_{XX}}{I_{XX}}\omega_Z}_{\alpha}\begin{pmatrix} 0 & -1 \\ 1 & 0 \end{pmatrix}\begin{pmatrix} \omega_X \\ \omega_Y \end{pmatrix} = \frac{d}{dt}\begin{pmatrix} \omega_X \\ \omega_Y \end{pmatrix} \tag{7.69}$$

とまとめられて[21]、これは$-\alpha^2 \omega_{X \atop Y} = \ddot{\omega}_{X \atop Y}$の形の微分方程式なので、

$$\begin{pmatrix} \omega_X \\ \omega_Y \end{pmatrix} = \omega_0 \begin{pmatrix} \cos(\alpha t + \beta) \\ \sin(\alpha t + \beta) \end{pmatrix} \tag{7.70}$$

という解を持つ（ω_0, βは定数）。すなわち、ω_Zが一定でω_X, ω_Yが角速度 $\alpha = \dfrac{I_{ZZ} - I_{XX}}{I_{XX}}\omega_Z$で2次元回転する。この場合の角運動量保存の球とエネルギー保存の楕円体を描くと、下の図のようになる（こちらは前節と違ってL_Z軸が上向きになる図であることに注意）。

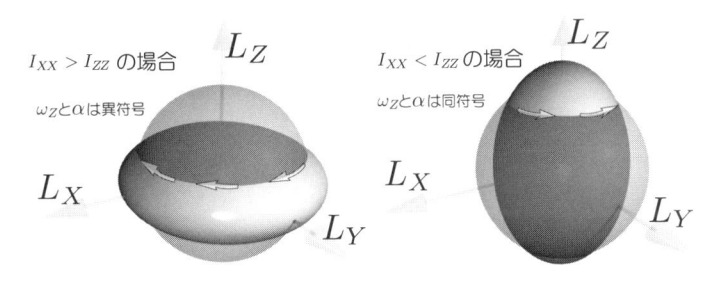

$I_{XX} > I_{ZZ}$ の場合　　L_Z　　　$I_{XX} < I_{ZZ}$ の場合　　L_Z

ω_Zとαは異符号　　　　　　　　ω_Zとαは同符号

L_X　　　　　　L_Y　　　L_X　　　　　　L_Y

---

[21] $L = \omega_X + i\omega_Y$と複素数化して一個の式にまとめるという方法もある。

対称コマの角速度ベクトル$\vec{\omega}$は、その対称性がゆえにZ軸を回るような回転軸移動[†22]しか起こり得ない。実際の解もそうなっていた。ところでこの運動は$\vec{\omega}$で見ると単純に見えるが、実はそれほど単純ではない。しかし、その考察はハミルトン形式の解析力学の方（→9.6.3節）で行なっていくことにしよう。更に外力が加わるとどうなるかも考えたいところだが、それもハミルトン形式の方にとっておこう（→9.6.4節）。

7.4 章末演習問題

★【演習問題7-1】
172ページの図にある慣性テンソルを計算せよ。　　　　　　ヒント→ p5wへ　解答→ p17wへ

★【演習問題7-2】
ラグランジアン(7.35)からオイラー・ラグランジュ方程式を求め、整理すると(7.40),(7.41)が導かれることを確認しよう（(7.39)も出るが本文中で確認済みである）。
　　　　　　　　　　　　　　　　　　　　　　　　　　　ヒント→ p5wへ　解答→ p19wへ

★【演習問題7-3】
(7.48)と(7.49)を直接微分して、保存することを確認せよ。計算を一度で済ますためには、$L_x + iL_y$と組み合わせた、

$$e^{i\phi}\left(I_{XX}\omega_X(\cos\psi + i\sin\psi\cos\theta) + I_{YY}\omega_Y(-\sin\psi + i\cos\psi\cos\theta) - iI_{ZZ}\omega_Z\sin\theta\right) \tag{7.71}$$

という量を考えて微分する（それでも結構長い計算である）。ヒント→ p6wへ　解答→ p20wへ

★【演習問題7-4】
半径Rの薄い円板（総質量M）が摩擦がない床の上で運動している。円板の中心軸方向をZ軸に取ると、$I_{XX} = I_{YY} = \dfrac{MR^2}{4}, I_{ZZ} = \dfrac{MR^2}{2}$である。床にどこか一点を接しているので、$R\sin\theta = z$という拘束がついている。また、水平方向に働く力はないからx, y方向の運動は考えなくてよい（この方向には静止しているとしよう）。ラグランジアンを書き下し、オイラー・ラグランジュ方程式を求めよ。それから、オイラー角のθが一定となる条件を求めよ。

　　　　　　　　　　　　　　　　　　　　　　　　　　　ヒント→ p6wへ　解答→ p21wへ

[†22] この「運動」は比較的簡単に見えるが、それは$\vec{\omega}$の変化を見ているからで、ψ, θ, ϕの方の変化は結構複雑なのである。

第 8 章

保存則と対称性

作用が考えている系の力学に関する有益な情報を持っていることの一例として、作用の対称性から保存則を導く。

この章の目的は、作用の持つ対称性から保存則が導かれるという「ネーターの定理」を説明することである。最初に一般論ではなく、特に大事な実例から示す。

8.1 空間並進と運動量保存則

8.1.1 ハミルトンの主関数

以下で保存則を導出するために、作用と関係した、「ハミルトンの主関数 (Hamilton's principal function)」と呼ばれる関数 $\bar{S}$ を導入する[†1]。まずは簡単のため1個の質点の場合で考えることにする。作用は

$$S\left(\{\vec{x}(*)\}; t_i, t_f\right) = \int_{t_i}^{t_f} dt \left(\frac{m}{2}|\dot{\vec{x}}|^2 - V(x(t))\right) \tag{8.1}$$

という積分である。既に示したように、$S\left(\{\vec{x}(*)\}; t_i, t_f\right)$ というのは実は

$$S\left(\vec{x}(t_f), \vec{x}(t_f - \Delta t), \underbrace{\cdots\cdots}_{\Delta t \text{刻みで続く}}, \vec{x}(t_i + \Delta t), \vec{x}(t_i), t_i, t_f\right) \tag{8.2}$$

のように、「S はあらゆる時刻の $\vec{x}(t)$ の関数である」($\Delta t \to 0$ という極限が後で取られる) ということを表現する省略形である。

[†1] ただし、ハミルトンの主関数には後で示す別の導出の仕方があり、そちらでの定義はここで定義するものよりも広い概念になっている点を注意しておく。

他の点は運動方程式（オイラー・ラグランジュ方程式）を解いた後に決まるのに対し、到着点 $\vec{x}_f = \vec{x}(t_f)$ と出発点 $\vec{x}_i = \vec{x}(t_i)$ は、そこをまず決めないと計算が始まらないという意味で特別である。運動方程式を解いて、結果として出てきた解を代入した後では、

$$S\Big(\vec{x}(t_f), \vec{x}(t_f - \Delta t), \cdots, \vec{x}(t_i + \Delta t), \vec{x}(t_i), t_i, t_f\Big) \to \bar{S}\left(\vec{x}(t_f), \vec{x}(t_i), t_i, t_f\right) \tag{8.3}$$

のように S は別の関数 $\bar{S}$ になる（それどころか、$\bar{S}$ は関数であるが、S の方は汎関数である！）。$\bar{S}$ のように運動方程式を代入した結果出てくる量を「**on-shell**（オン・シェル）の量」と呼ぶ[†2]。逆に S のように運動方程式を使わずに表現された量は「off-shell（オフ・シェル）の量」と呼ぶ。

式や関係が on-shell で成立（運動方程式を使って成立）するのか、それとも off-shell で成立（運動方程式を使わなくても成立）するかどうかを見極めることはとても大事である。

8.1.2 「ハミルトンの主関数の端点微分」としての運動量

この節で、到着点（もしくは出発点）を変化させるとどうなるかを考えてみる。つまり、「運動の終条件[†3]（もしくは初期条件）を変える」ことでハミルトンの主関数がどのように変わるかを考えてみる。

まずは到着点を $\vec{x}_f \to \vec{x}_f + \vec{\epsilon}$ と変えてみよう（右の図では $\vec{x}$ を1次元として表した）。これに応じて、経路すべてが変わる。出発点は変えずに到着点が変わったのだから、全く別の運動（ただし、その差は ϵ 程度の微小量だが）をしなければいけない。これにより、ハミルトンの主関数は

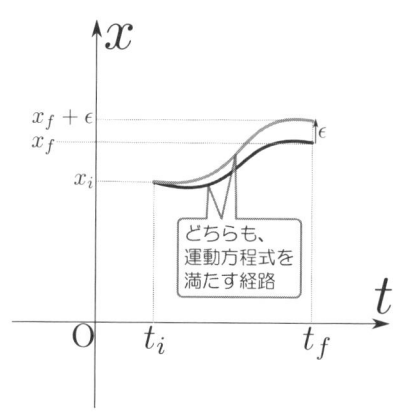

[†2] 運動方程式が成立する部分を「殻」だと考えてその殻の上にある状態だけを考えていますよ、という意味である。ハミルトンの主関数は on-shell の量、作用はその逆で「off-shell の量」である。なぜ shell なのかというと、相対論的なエネルギー・運動量の関係式 $E^2 - p^2 c^2 = m^2 c^4$ のグラフ（双曲線）が貝殻のような形をしているところから来ている。

[†3] 「終条件」は「初期条件」の反対で、今考えている時間の「最後」においてどうなっているかという条件のこと。

8.1 空間並進と運動量保存則

$$\int_{t_i}^{t_f} dt\, L\left(\vec{x},\dot{\vec{x}}\right) \to \int_{t_i}^{t_f} dt\, L\left(\vec{x}(t)+\delta\vec{x}(t),\dot{\vec{x}}(t)+\delta\dot{\vec{x}}(t)\right) \tag{8.4}$$

と変化する。この $\vec{x}(t)+\delta\vec{x}(t)$ も運動方程式の解である。$\vec{x}(t_f)=\vec{x}_f$ という境界条件を満たしている $x(t)$ とは、$\vec{x}(t_f)+\delta\vec{x}(t_f)=\vec{x}_f+\vec{\epsilon}$ という境界条件を満たしているという点が違う。

ここで取っている変分は、オイラー・ラグランジュ方程式を出す時の変分とは**全く違う計算**であること(端点を固定しているか否かも違うし、考える関数を運動方程式の解に限っているか否かという違いもある)に注意しよう。

ハミルトンの主関数の変化 $\delta\bar{S}$ を計算するために、まず

$$\begin{aligned}&\int_{t_i}^{t_f} dt\, L\left(\vec{x}(t)+\delta\vec{x}(t),\dot{\vec{x}}(t)+\delta\dot{\vec{x}}(t)\right)\\ &=\int_{t_i}^{t_f} dt\, \left(L\left(\vec{x}(t),\dot{\vec{x}}(t)\right)+\delta\vec{x}(t)\cdot\frac{\partial L}{\partial\vec{x}}+\delta\dot{\vec{x}}(t)\cdot\frac{\partial L}{\partial\dot{\vec{x}}}\right)\end{aligned} \tag{8.5}$$

のようにテーラー展開(2次以上は無視)する。$\frac{\partial}{\partial\vec{x}}$ という微分の意味は、88ページで説明した通りである。こうして変化量を

$$\delta\bar{S}\left(\vec{x}(t_f),\vec{x}(t_i)\right)=\int_{t_i}^{t_f} dt\, \left(\delta\vec{x}(t)\cdot\frac{\partial L}{\partial\vec{x}}+\delta\dot{\vec{x}}(t)\cdot\frac{\partial L}{\partial\dot{\vec{x}}}\right) \tag{8.6}$$

と書く。ここで、$\delta\dot{\vec{x}}$ が $\frac{d}{dt}\delta\vec{x}(t)$ となる(微分と変分が交換する)ので、
$\to$ p37

$$\begin{aligned}\delta\bar{S}&=\int_{t_i}^{t_f} dt\, \left(\delta\vec{x}(t)\cdot\frac{\partial L}{\partial\vec{x}}+\frac{d}{dt}\delta\vec{x}(t)\cdot\frac{\partial L}{\partial\dot{\vec{x}}}\right) \quad \text{(部分積分)}\\ &=\int_{t_i}^{t_f} dt\, \left(\delta\vec{x}(t)\cdot\frac{\partial L}{\partial\vec{x}}-\delta\vec{x}(t)\cdot\frac{d}{dt}\left(\frac{\partial L}{\partial\dot{\vec{x}}}\right)\right)+\underbrace{\left[\delta\vec{x}(t)\cdot\frac{\partial L}{\partial\dot{\vec{x}}}\right]_{t_i}^{t_f}}_{\text{表面項}}\end{aligned} \tag{8.7}$$

となるが、この第1項はオイラー・ラグランジュ方程式によって消える[†4]。そして、運動方程式を導出する時は消えていた表面項が、今度は残り[†5]、

$$\delta\bar{S}=\delta\vec{x}(t)\cdot\left.\frac{\partial L}{\partial\dot{\vec{x}}}\right|_{t_f}-\delta\vec{x}(t)\cdot\left.\frac{\partial L}{\partial\dot{\vec{x}}}\right|_{t_i} \tag{8.8}$$

[†4] 今考えているのは作用ではなく、on-shellの量であるハミルトンの主関数であることに注意!
$\to$ p192
[†5] 運動方程式を導出する時は $\delta\vec{x}(t_f)=0$ としていたが、ここではそうしていないことをもう一回、注意しておこう。

となる。$\delta\vec{x}(t)$ は出発点 $t=t_i$ では 0、到着点 $t=t_f$ では $\vec{\epsilon}$ としたから、

$$\delta\bar{S} = \vec{\epsilon}\cdot\left.\frac{\partial L}{\partial\dot{\vec{x}}}\right|_{t_f} \quad \text{すなわち} \quad \frac{\partial\bar{S}}{\partial\vec{x}_f} = \left.\frac{\partial L}{\partial\dot{\vec{x}}}\right|_{t_f} \tag{8.9}$$

となる。ここで L が速度 $\dot{\vec{x}}$ を $\frac{m}{2}\left|\dot{\vec{x}}\right|^2$ という形で含んでいる場合、

$$\frac{\partial\bar{S}}{\partial\vec{x}_f} = \left.\frac{\partial L}{\partial\dot{\vec{x}}}\right|_{t_f} = \left.m\dot{\vec{x}}\right|_{t_f} \tag{8.10}$$

となる。これは運動量 $\vec{p}=m\vec{v}$ そのものである。経路全体を変形するという計算 $x(t) \to x(t)+\delta x(t)$ を行ったのにもかかわらず、最終結果は端点 $t=t_f$ の変化のみの式となった（時間積分された量 $\bar{S}$ の変分なのに、結果は時間積分されてない）。運動方程式（オイラー・ラグランジュ方程式）が「端点を固定した変分」により作用の変化が 0 になるという式だから、端点以外の変分は消えてしまい、端点での差だけが残る、というふうにイメージを持てばよい。

8.1.3 運動量保存則の導出

上の計算では $\vec{\epsilon}$ は出発点で 0 として到着点で $\neq 0$ とした。そこを変更して、到着点でも出発点でも同じ値だった、としてみよう。その場合は

$$\delta\bar{S} = \vec{\epsilon}\cdot\left(\left.\frac{\partial L}{\partial\dot{\vec{x}}}\right|_{t_f} - \left.\frac{\partial L}{\partial\dot{\vec{x}}}\right|_{t_i}\right) = \vec{\epsilon}\cdot\left(\left.m\dot{\vec{x}}\right|_{t_f} - \left.m\dot{\vec{x}}\right|_{t_i}\right) \tag{8.11}$$

とまとめることができる。

ここで、作用に並進不変性、すなわち $\vec{x}\to\vec{x}+\vec{\epsilon}$ のように座標値を一定値だけシフトさせることに対する不変性があったとする。その時、下のグラフに書いた二つの経路（黒線と灰色の線）が、物理的には全く同等だという事になる。

そのような場合、並進によってハミルトンの主関数の値は変化しない。つまり (8.11) の $\delta\bar{S}$ は 0 である。これから運動量の保存則

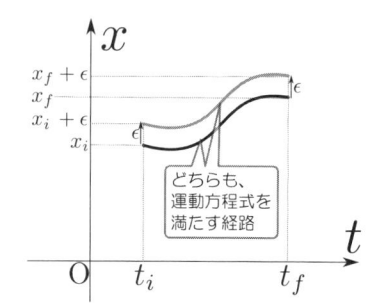

$$\left.m\dot{\vec{x}}\right|_{t_f} - \left.m\dot{\vec{x}}\right|_{t_i} = 0 \tag{8.12}$$

が導ける。ここでは$\vec{\epsilon}$は任意の方向と考えたが、作用が並進不変なのがある方向だけだったとすると、$\vec{\epsilon}$がその方向だった場合のみ上の計算が成立する。よって、

---- 空間並進不変性と運動量保存則 ----

作用がある方向に対して空間並進不変性を持つならば、その方向の運動量は保存する。

という関係が得られる[†6]。重力場中の質点の場合、ラグランジアンは

$$L = \frac{1}{2}m\left((\dot{x})^2 + (\dot{y})^2 + (\dot{z})^2\right) - mgz \tag{8.13}$$

で、作用はx方向とy方向の並進($x \to x + \epsilon, y \to y + \epsilon$)に対し不変である($L$は$\dot{x}, \dot{y}$を含むが$x, y$そのものを含んでいないことに注意)。よって$p_x = m\dot{x}, p_y = m\dot{y}$は保存する。空間並進の不変性と運動量の保存則の二つ(最初は関係あるとは思えなかった)がこんなふうに結びついているのは面白いことである。

------ 練習問題 ------

【問い 8-1】(8.13)はz方向の並進不変性を持たない。ではこの場合に$z \to z + \epsilon$という並進を行うとハミルトンの主関数はどう変化するか。そしてそのことから、z方向の運動量$p_z = m\dot{z}$について何が言えるか。

ヒント → p348へ　解答 → p360へ

複数個の質点からなる系でも、全体として並進不変性があると運動量保存則が導出できる。その例として、万有引力を及ぼし合っている2質点を考えてみよう。ラグランジアンは

$$L = \frac{1}{2}m_1\left|\frac{d\vec{x}_1}{dt}\right|^2 + \frac{1}{2}m_2\left|\frac{d\vec{x}_2}{dt}\right|^2 + \frac{Gm_1m_2}{|\vec{x}_1 - \vec{x}_2|} \tag{8.14}$$

であるが、このラグランジアンは$\vec{x}_1 \to \vec{x}_1 + \vec{\epsilon}, \vec{x}_2 \to \vec{x}_2 + \vec{\epsilon}$のように二つの位置座標を同じだけ並進させた時、不変である(当然、作用も不変となる)。その時の$\delta\bar{S}$は(質点が二つあるおかげで)、

[†6] 解析力学では時間的に不変な量のことを「運動の積分」と呼ぶこともある。これもまた、循環座標同様、意味がわかりにくい言葉である。
→ p118

$$\delta \bar{S} = \vec{\epsilon} \cdot \left(m_1 \frac{\mathrm{d}\vec{x}_1}{\mathrm{d}t} \bigg|_{t_f} + m_2 \frac{\mathrm{d}\vec{x}_2}{\mathrm{d}t} \bigg|_{t_f} - m_1 \frac{\mathrm{d}\vec{x}_1}{\mathrm{d}t} \bigg|_{t_i} - m_2 \frac{\mathrm{d}\vec{x}_2}{\mathrm{d}t} \bigg|_{t_i} \right) = 0 \quad (8.15)$$

となる。これはつまり、総運動量 $m_1 \frac{\mathrm{d}\vec{x}_1}{\mathrm{d}t} + m_2 \frac{\mathrm{d}\vec{x}_2}{\mathrm{d}t}$ の保存則である。

上では万有引力が働いているとしたが、これがフックの法則にしたがう力（ポテンシャルは $\frac{1}{2}k|\vec{x}_1 - \vec{x}_2|^2$）だったとしても、結果には何の違いもない。大事なのは、$\vec{x}_1 - \vec{x}_2$ のような変位ベクトルの関数であるということである。

ほとんどの相互作用は、変位ベクトルを通じてしか位置ベクトルには依存しない。よって、ほとんどの相互作用において運動量は保存する[†7]。

初等力学において運動量保存は作用・反作用の法則から得られた。解析力学ではポテンシャルが $V(\vec{x}_1 - \vec{x}_2)$ のような並進不変な形になっていることから運動量保存が出る。ポテンシャルがこの形をしていれば、微分の性質から

$$\frac{\partial V(\vec{x}_1 - \vec{x}_2)}{\partial \vec{x}_1} = -\frac{\partial V(\vec{x}_1 - \vec{x}_2)}{\partial \vec{x}_2} \quad (8.16)$$

が成立するから、作用・反作用の法則が導かれる。

---------- 練習問題 ----------

【問い 8-2】 重力の位置エネルギー mgz の入った作用(8.13)は z 軸方向の並進に対して不変ではないが、重力を位置エネルギー $-\frac{GMm}{|\vec{x} - \vec{x}_E|}$（$\vec{x}_E$ は地球の中心の位置ベクトル）の万有引力を使って記述して、地球の運動エネルギー $\frac{1}{2}M\left|\frac{\mathrm{d}\vec{x}_E}{\mathrm{d}t}\right|^2$ も含めた作用を考えれば、全ての運動量が保存することをオイラー・ラグランジュ方程式から示せ。

ヒント → p348 へ 解答 → p361 へ

8.2 運動量の一般化

ラグランジュ形式の利点の一つは、座標の一般化であった。直交座標だろうが極座標だろうが、あるいは直接に位置を表現しないような、一般的な変数で力学を考えることができた。よって、その一般化された座標に対して、一般化された運動量を考えることができる。(8.10)を一般化して、

[†7] よく使う万有引力や弾性力の位置エネルギー（$-\frac{GMm}{r}$ や $\frac{1}{2}kx^2$）は並進不変性がない。それは万有引力の場合なら $r=0$ にある地球や太陽、弾性力の場合なら $x=0$ にあるバネの一端を固定してしまっているからである。

8.2 運動量の一般化

―― 一般化運動量の定義 ――

ラグランジアンを $\dot{q}_i$ で（$\{q_*\}, \{\dot{q}_{\bar{i}}\}$ を一定として）微分したもの $\dfrac{\partial L}{\partial \dot{q}_i}$ を「一般化座標 q_i に共役な**一般化運動量** p_i」と呼ぶ。

のように「一般化運動量」と「共役」という言葉を定義する。一般化運動量の例は角運動量である。2次元極座標で記述されるラグランジアンは
→ p115

$$L = \frac{1}{2}m\left((\dot{r})^2 + r^2(\dot{\theta})^2\right) - V(r,\theta) \tag{8.17}$$

であった。この θ を $\theta + \delta\theta$ と変化させてみる。前節での x のところを θ に置き換えただけで全く同様の議論が成り立って、(8.8) と同様の式として、
→ p193

$$\delta\bar{S} = \delta\theta(t)\frac{\partial L}{\partial \dot{\theta}}\bigg|_{t_f} - \delta\theta(t)\frac{\partial L}{\partial \dot{\theta}}\bigg|_{t_i} \tag{8.18}$$

が出る。ここで位置エネルギーが θ によらない（中心力）場合は作用は $\theta \to \theta + \delta\theta$ という変換（「並進」というよりは「回転」）で不変であるから、$\delta\bar{S} = 0$ であり、$\dfrac{\partial L}{\partial \dot{\theta}}$ が保存量であることが結論される。

$$\frac{\partial L}{\partial \dot{\theta}} = mr^2\dot{\theta} \tag{8.19}$$

は角運動量そのものである。

座標と運動量の相互関係を「**共役** (conjugate)」と呼ぶ[8]。x に共役な運動量が $m\dot{x}$、θ に共役な運動量が $mr^2\dot{\theta}$ である。運動量は p を用いて表すことが多いが、x に共役なら p_x、のように下に添字をつけて表す。$p_\theta = mr^2\dot{\theta}$ である。同じ記号になってしまうのだが、この p_θ は $\vec{p} = m\dot{\vec{x}}$ の $\vec{e}_\theta$ 方向の成分ではない[9]ことに注意しよう[10]。

初等力学では運動量と角運動量は別物であったが、解析力学の見地からは「x に共役な運動量」と「θ に共役な運動量」という形で一つの「一般化運

---
[8] 後で考えるハミルトン形式（正準形式）においては「正準共役」という言葉が使われることも多い。
→ p205
[9] $\vec{p} = m\vec{v}$ は、極座標で表現した速度ベクトル (5.55) に m を掛けたものだから、その θ 成分は $mr\dot{\theta}$
→ p125
であり、r 倍違う。
[10] 実は、$\dot{x},\dot{\theta}$ などは「反変ベクトル」であり、p_x, p_θ などは「共変ベクトル」である。これについては付録340ページを見よ。

動量」にまとめられた[†11]。まとめたことの利点はなにかというと、たとえば「循環座標 y が存在したら、$\frac{\partial L}{\partial \dot{y}}$ が保存する」を「循環座標に共役な一般化運動量は保存する」と表現できる（保存量を探す時に便利である）。ここから先で、作用の不変性を使う議論を、更に一般的で有用なものにしていこう。
→ p118

8.3 時間並進不変性とエネルギー保存則

8.3.1 作用の時間微分としてのエネルギー

空間座標 $\vec{x}$ を $\vec{x} \to \vec{x} + \vec{\epsilon}$ とずらした時の不変性から運動量保存則が出る、つまり「空間の並進不変性から運動量保存則が導かれる」のであれば、「時間座標 t を $t \to t + \epsilon$ とずらした時に作用が不変だとしたら何が導かれるのか？」という疑問が当然次に出てくるだろう。

すなわち、

$$\int_{t_i}^{t_f} dt\, L\left(\vec{x}, \dot{\vec{x}}\right) \to \int_{t_i}^{t_f + \epsilon} dt\, L\left(\vec{x} + \delta\vec{x}, \dot{\vec{x}} + \delta\dot{\vec{x}}\right) \tag{8.20}$$

のように、到着時刻 t_f だけをずらしたときにハミルトンの主関数がどのように変化するかを見よう。

この場合も到着時刻が変わったことによって、経路全体が変化する。特に時間の積分領域が伸びていることに注意しよう（運動量の時は積分領域の方は変化してなかった）。

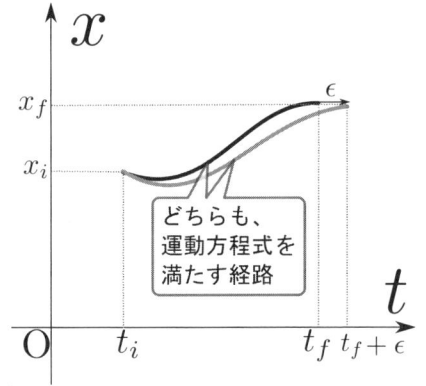

この新しい方のハミルトンの主関数を、

$$\int_{t_f}^{t_f + \epsilon} dt\, L\left(\vec{x} + \delta\vec{x}, \dot{\vec{x}} + \delta\dot{\vec{x}}\right) + \int_{t_i}^{t_f} dt\, L\left(\vec{x} + \delta\vec{x}, \dot{\vec{x}} + \delta\dot{\vec{x}}\right) \tag{8.21}$$

[†11] 運動量 mv（次元 $\left[MLT^{-1}\right]$）と角運動量 $mr^2\omega$（次元 $\left[ML^2T^{-1}\right]$）は次元が違うのだが、それは座標 x（次元 $[L]$）と角度 θ（次元 $[1]$）の次元の違いから来ている。一般化座標と一般化運動量の次元の積は、常に $\left[ML^2T^{-1}\right]$ である。

8.3 時間並進不変性とエネルギー保存則

と二つに分ける。第1項は積分領域そのものが微小量であるから、$\int_{t_f}^{t_f+\epsilon} dt \to \epsilon$ とすると、$\mathcal{O}(\epsilon)$ の量である。よって被積分関数の中の ϵ は無視して、

$$\epsilon L\left(\vec{x}(t_f), \dot{\vec{x}}(t_f)\right) \tag{8.22}$$

となる（時刻 t_f での値が代入されることに注意）。第2項については前節と同じ計算により、

$$\delta\vec{x} \cdot \left.\frac{\partial L}{\partial \dot{\vec{x}}}\right|_{t_f} - \delta\vec{x} \cdot \left.\frac{\partial L}{\partial \dot{\vec{x}}}\right|_{t_i} \tag{8.23}$$

となる（運動方程式と部分積分を使う）ところまでは同じである。同様に $\delta\vec{x}(t_i) = 0$ であるが、$\delta\vec{x}(t_f)$ は 0 ではないし、$\vec{\epsilon}$ でもない。

この場合、$\vec{x}(t_f)+\delta\vec{x}(t_f)$ は「後 ϵ だけ時間経過したら、もともとの到着点である $\vec{x}(t_f)$ に到着する地点」にいる。そう考えると、$\delta\vec{x}(t_f) = -\epsilon\dot{\vec{x}}(t_f)$ とわかる。あるいは、

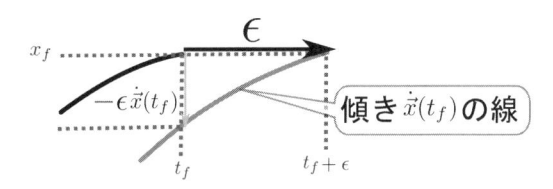

$$\vec{x}(t_f) = \vec{x}(t_f + \epsilon) + \delta\vec{x}(t_f + \epsilon) \tag{8.24}$$

という式をテーラー展開して、

$$\underbrace{\vec{x}(t_f)}_{\text{相殺→}} = \underbrace{\vec{x}(t_f)}_{\text{←相殺}} + \epsilon\dot{\vec{x}}(t_f) + \delta\vec{x}(t_f) + \underbrace{\epsilon\delta\dot{\vec{x}}(t_f)}_{\text{二次の微小量→0}} \tag{8.25}$$

という式にしても、$\delta\vec{x}(t_f) = -\epsilon\dot{\vec{x}}(t_f)$ がわかる。まとめると、

$$\delta\bar{S} = \left.\epsilon L\right|_{t_f} - \left.\epsilon\dot{\vec{x}} \cdot \frac{\partial L}{\partial \dot{\vec{x}}}\right|_{t_f} = -\epsilon\left.\left(\dot{\vec{x}} \cdot \frac{\partial L}{\partial \dot{\vec{x}}} - L\right)\right|_{t_f} \tag{8.26}$$

となる。つまり、$-\left(\dot{\vec{x}} \cdot \frac{\partial L}{\partial \dot{\vec{x}}} - L\right)$ という量が経路の端点の時間変化に対する応答を表す量である。

ラグランジアンが $L = \frac{m}{2}|\dot{\vec{x}}|^2 - V(\vec{x})$ である場合についてこの量を計算してやると、

$$\dot{\vec{x}} \cdot \underbrace{m\ddot{\vec{x}}}_{\frac{\partial L}{\partial \dot{\vec{x}}}} - \underbrace{\left(\frac{m}{2}|\dot{\vec{x}}|^2 - V(\vec{x})\right)}_{L} = \frac{m}{2}|\dot{\vec{x}}|^2 + V(\vec{x}) \tag{8.27}$$

となり、エネルギーになる（こうなるように符号をくくりだしておいた）。

8.3.2 エネルギー保存則の導出

運動量保存則の時にならって、出発点と到着点の両方をずらすと作用は
→ p194

$$-\epsilon\left(\dot{\vec{x}}\cdot\frac{\partial L}{\partial \dot{\vec{x}}}-L\right)\Bigg|_{t_f}+\epsilon\left(\dot{\vec{x}}\cdot\frac{\partial L}{\partial \dot{\vec{x}}}-L\right)\Bigg|_{t_i} \tag{8.28}$$

だけ変化する。作用が時間の並進 $t \to t+\epsilon$ によって不変であるならば、この量は0になるはずであるから、以下の定理を得ることができる。

時間並進不変性とエネルギー保存則

作用が時間の並進に対し不変性を持つならば、エネルギーは保存する。

ここで導入した「エネルギー」は第9章以降で考えるハミルトン形式では
→ p205
「ハミルトニアン」として生まれ変わる。第11章で考えるハミルトン・ヤコビ
→ p279
方程式でも、「運動量 ↔ 空間微分」および「エネルギー ↔ 時間微分」という対応を使う。この対応はさらに、相対論的力学や量子力学に結びついていく。

【FAQ】時間並進の不変性がないとエネルギーは保存しないのなら、宇宙は膨張しているから宇宙のエネルギーは保存しないのですか？

....

我々が通常「力学の問題」として考えるような問題では、たいてい時間並進の不変性はちゃんとあるから「なるほどエネルギーが保存するのは当然のことなのだな」と思ってしまうところだが、この質問のように宇宙全体を考えると、並進不変性はないように思われる。

ここでもし、宇宙を「系」の中にいれずに「入れ物」と考えるならば、全エネルギーは保存しない。ところが、宇宙そのものも一つの力学的対象と考えて「系」に入れてあげれば（つまり、宇宙全体の「作用」や「運動方程式」を考えるという立場に立てば）、ここで考えた「時間の並進」によって宇宙全体も"動く"。こうすることで宇宙そのもののエネルギーも含めた「全エネルギー」が保存する（宇宙全体ほどにスケールは大きくないが、【問い 8-2】では地球の運
→ p196
動量を考えることで運動量保存則が成り立つことを示した）。

「宇宙を力学的対象とするなんて！」と思うかもしれないが、宇宙論という学問はまさにそういうことをやっている。

8.4 一般論——ネーターの定理

ここまでで、空間並進の対称性がある場合（運動量が保存する）と、時間並進の対称性がある場合（エネルギーが保存する）を考えた。こうなると、他の対称性はどうなのか？——以下で一般的な状況について考えよう。

一般座標 $\{q_*(t)\}$ を考えよう。この一般座標にある微小変換

$$q_i(t) \to q_i(t) + \delta q_i(t) \tag{8.29}$$

を行った時、作用が不変もしくは変化してもその変化が表面項に留まったとする。微小変換であるから $\delta q_i(t)$ は小さい量で、以後はこの量に関して2次以上の量は無視する。作用の変化は

$$\begin{aligned}\delta I &= \int_{t_i}^{t_f} \left(L(\{q_* + \delta q_*\}, \{\dot{q}_* + \delta \dot{q}_*\}) - L(\{q_*\}, \{\dot{q}_*\}) \right) \mathrm{d}t \\ &= \int_{t_i}^{t_f} \sum_i \left(\frac{\partial L(\{q_*\}, \{\dot{q}_*\})}{\partial q_i} \delta q_i + \frac{\partial L(\{q_*\}, \{\dot{q}_*\})}{\partial \dot{q}_i} \delta \dot{q}_i \right) \mathrm{d}t \end{aligned} \tag{8.30}$$

となるが、今の仮定により、これは0もしくはなんらかの表面項である。

ここでオイラー・ラグランジュ方程式を使えば[†12]、

$$\delta I = \int_{t_i}^{t_f} \sum_i \left(\frac{\mathrm{d}}{\mathrm{d}t} \left(\frac{\partial L(\{q_*\}, \{\dot{q}_*\})}{\partial \dot{q}_i} \right) \delta q_i + \frac{\partial L(\{q_*\}, \{\dot{q}_*\})}{\partial \dot{q}_i} \delta \dot{q}_i \right) \mathrm{d}t \tag{8.31}$$

と変わる。左辺は0または表面項だから、$\int_{t_i}^{t_f} \frac{\mathrm{d}}{\mathrm{d}t} J \, \mathrm{d}t$ と置いてみよう（J がどんな量なのかは場合による）。するとこの式は

$$\begin{aligned}\int_{t_i}^{t_f} \frac{\mathrm{d}}{\mathrm{d}t} J \, \mathrm{d}t &= \int_{t_i}^{t_f} \sum_i \frac{\mathrm{d}}{\mathrm{d}t} \left(\frac{\partial L(\{q_*\}, \{\dot{q}_*\})}{\partial \dot{q}_i} \delta q_i \right) \mathrm{d}t \\ 0 &= \int_{t_i}^{t_f} \frac{\mathrm{d}}{\mathrm{d}t} \left(\sum_i \left(\frac{\partial L(\{q_*\}, \{\dot{q}_*\})}{\partial \dot{q}_i} \delta q_i \right) - J \right) \mathrm{d}t\end{aligned} \tag{8.32}$$

とまとめることができてしまう。これはつまり、

$$\left[\sum_i \left(\frac{\partial L(\{q_*\}, \{\dot{q}_*\})}{\partial \dot{q}_i} \delta q_i \right) - J \right]\bigg|_{t=t_f} = \left[\sum_i \left(\frac{\partial L(\{q_*\}, \{\dot{q}_*\})}{\partial \dot{q}_i} \delta q_i \right) - J \right]\bigg|_{t=t_i} \tag{8.33}$$

[†12] ということは、厳密には以下で計算しているのは δI ではなく $\delta \bar{S}$ である。

ということで、$\sum_i \left(\dfrac{\partial L(\{q_*\}, \{\dot{q}_*\})}{\partial \dot{q}_i} \delta q_i \right) - J$ が保存量だと示している。まとめると、以下の定理が言える。

───────── ネーターの定理 ─────────

ある変数変換 $q_i \to q_i + \delta q_i$ を行った時、

$$L(\{q_*\}, \{\dot{q}_*\}) \to L(\{q_*\}, \{\dot{q}_*\}) + \frac{\mathrm{d}}{\mathrm{d}t} J \tag{8.34}$$

であった時、

$$\sum_i \left(\frac{\partial L(\{q_*\}, \{\dot{q}_*\})}{\partial \dot{q}_i} \delta q_i \right) - J \tag{8.35}$$

は時間によらない（保存量である）。

─────────────────────────

空間の並進不変性 $q_i \to q_i + \epsilon_i$ の場合、$\delta q_i = \epsilon_i, J = 0$ を代入すればよい。この場合は $\sum_i \left(\dfrac{\partial L(\{q_*\}, \{\dot{q}_*\})}{\partial \dot{q}_i} \epsilon_i \right)$ が保存量である（ϵ_i が独立な定数である場合は、要は各々の $\dfrac{\partial L(\{q_*\}, \{\dot{q}_*\})}{\partial \dot{q}_i}$ すなわち運動量が保存するということ）。時間の並進不変性の場合、$\delta q_i = -\epsilon \dot{q}_i$ で、$J = -\epsilon L$ である。時間並進 $t \to t + \epsilon$ というのは $\int_{t_i}^{t_f} L\,\mathrm{d}t$ という積分の上端 t_f と下端 t_i をも並進させるので、$\epsilon [L]_{t_i}^{t_f}$ という表面項の分だけ差が出る、と考えれば $J = -\epsilon L$ であることが納得できる。

8.5 角運動量保存則

角運動量の保存については(8.19)のところで、2次元の作用が角度 θ の定数
→ p197
を加えても不変であることから導かれることを述べた。

3次元の場合で一般的に説明しておこう。ある軸の回りの回転に対する不変性を作用が持っていたとすると、その回転は軸方向を向く微小ベクトルを $\vec{\epsilon}$ として、$\vec{q} \to \vec{q} + \vec{\epsilon} \times \vec{q}$（すなわち、$\delta q_i = (\vec{\epsilon} \times \vec{q})_i$ ）と表される。この変化
→ p58
に対して作用が変わらないということである。その場合、保存量は

$$\sum_i \underbrace{\frac{\partial L(\{q_*\}, \{\dot{q}_*\})}{\partial \dot{q}_i}}_{=p_i} (\vec{\epsilon} \times \vec{q})_i = \sum_i p_i (\vec{\epsilon} \times \vec{q})_i = \vec{p} \cdot (\vec{\epsilon} \times \vec{q}) \tag{8.36}$$

8.5 角運動量保存則

であるが、ベクトルの公式により $\vec{p}\cdot(\vec{\epsilon}\times\vec{q}) = \vec{\epsilon}\cdot(\vec{q}\times\vec{p})$ となり、つまりは角運動量 $\vec{q}\times\vec{p}$ の保存を意味している。
→ p336 の (C.9)

$\delta q_i = (\vec{\epsilon}\times\vec{q})_i$ を具体的に直交座標系 (x,y,z) を使って書くと、

$$\delta x = \epsilon_y z - \epsilon_z y, \quad \delta y = \epsilon_z x - \epsilon_x z, \quad \delta z = \epsilon_x y - \epsilon_y x \tag{8.37}$$

となる。このように座標を変化させても物理が変わらないということである。これが3次元の球対称なポテンシャル内を運動する質点のラグランジアン

$$L = \frac{1}{2}m\left((\dot{x})^2 + (\dot{y})^2 + (\dot{z})^2\right) - V(r) \quad (r = \sqrt{x^2+y^2+z^2}) \tag{8.38}$$

の不変性であることは $r^2 = x^2+y^2+z^2$ の変化が

$$2x\underbrace{(\epsilon_y z - \epsilon_z y)}_{\delta x} + 2y\underbrace{(\epsilon_z x - \epsilon_x z)}_{\delta y} + 2z\underbrace{(\epsilon_x y - \epsilon_y x)}_{\delta z} = 0 \tag{8.39}$$

となることで納得できる（r や $(\dot{x})^2+(\dot{y})^2+(\dot{z})^2$ に対しても同様）。

同じく質点系を極座標系で表したラグランジアン

$$L = \frac{1}{2}m\left((\dot{r})^2 + r^2(\dot{\theta})^2 + r^2\sin^2\theta(\dot{\phi})^2\right) - V(r) \tag{8.40}$$

に関して考えておこう。今度は「x,y,z 軸回りの回転」を θ,ϕ で表現しなくてはいけない（r は回転しても変わらない座標だから以下の話では関係ない）。$x = r\sin\theta\cos\phi, y = r\sin\theta\sin\phi, z = r\cos\theta$ という式の変分を取ると、

$$\begin{aligned}\delta x &= \delta r\ \sin\theta\cos\phi + \delta\theta\ r\cos\theta\cos\phi - \delta\phi\ r\sin\theta\sin\phi \\ \delta y &= \delta r\ \sin\theta\sin\phi + \delta\theta\ r\cos\theta\sin\phi + \delta\phi\ r\sin\theta\cos\phi \\ \delta z &= \delta r\ \cos\theta - \delta\theta\ r\sin\theta\end{aligned} \tag{8.41}$$

となる。これが $\delta x, \delta y, \delta z$ と $\delta r, \delta\theta, \delta\phi$ の関係式である。ただし、今は δr の項は考えなくてよい（ので、灰色にした）。(8.37) を左辺に代入して、

$$\epsilon_y \underbrace{r\cos\theta}_{z} - \epsilon_z \underbrace{r\sin\theta\sin\phi}_{y} = \delta\theta\ r\cos\theta\cos\phi - \delta\phi\ r\sin\theta\sin\phi \tag{8.42}$$

$$\epsilon_z \underbrace{r\sin\theta\cos\phi}_{x} - \epsilon_x \underbrace{r\cos\theta}_{z} = \delta\theta\ r\cos\theta\sin\phi + \delta\phi\ r\sin\theta\cos\phi \tag{8.43}$$

$$\epsilon_x \underbrace{r\sin\theta\sin\phi}_{y} - \epsilon_y \underbrace{r\sin\theta\cos\phi}_{x} = -\delta\theta\ r\sin\theta \tag{8.44}$$

が成り立てばよい。最後の (8.44) からすぐに、
$$\delta\theta = -\epsilon_x \sin\phi + \epsilon_y \cos\phi \tag{8.45}$$
がすぐに分かり、それを (8.42) と (8.43) に代入すると
$$\delta\phi = -\epsilon_x \cot\theta \cos\phi - \epsilon_y \cot\theta \sin\phi + \epsilon_z \tag{8.46}$$
であればどちらも満たされることがわかる。

以上を使って、ネーターの定理による保存量 $\frac{\partial L}{\partial \dot\theta}\delta\theta + \frac{\partial L}{\partial \dot\phi}\delta\phi$ を計算すると

$$\begin{aligned}
&\underbrace{mr^2\dot\theta}_{\frac{\partial L}{\partial \dot\theta}}\underbrace{(-\epsilon_x \sin\phi + \epsilon_y \cos\phi)}_{\delta\theta} + \underbrace{mr^2 \sin^2\theta \dot\phi}_{\frac{\partial L}{\partial \dot\phi}}\underbrace{(-\epsilon_x \cot\theta\cos\phi - \epsilon_y \cot\theta \sin\phi + \epsilon_z)}_{\delta\phi}\\
&= \epsilon_x \underbrace{mr^2\left(-\dot\theta \sin\phi - \dot\phi \cos\theta \sin\theta \cos\phi\right)}_{L_x} + \epsilon_y \underbrace{mr^2(\dot\theta \cos\phi - \dot\phi \cos\theta \sin\theta \sin\phi)}_{L_y}\\
&\quad + \epsilon_z \underbrace{mr^2 \sin^2\theta \dot\phi}_{L_z}
\end{aligned} \tag{8.47}$$

となり、前に計算した(5.63)が出てきた。
→ p127

8.6　章末演習問題

★【演習問題 8-1】
　質量 m_1 の質点（位置ベクトル $\vec{x}_1$）と質量 m_2 の質点（位置ベクトル $\vec{x}_2$）の相互作用のポテンシャルが $V(\vec{x}_1 - \alpha\vec{x}_2)$（$\alpha$ は定数）と書けたとする。保存量はどのようなものか。
ヒント → p6w へ　　解答 → p22w へ

★【演習問題 8-2】
　物理的対応物はないが、
$$L = \frac{\dot x}{\dot y} - k\frac{x}{y} \tag{8.48}$$
というラグランジアンで記述される系の保存量をネーターの定理から見つけ、保存していることを確認せよ。
ヒント → p6w へ　　解答 → p22w へ

★【演習問題 8-3】
　自由な剛体のラグランジアン(7.35)が、微小パラメータによる座標変換
→ p180
$$\delta\theta = \epsilon_x \cos\phi + \epsilon_y \sin\phi,\quad \delta\phi = -\epsilon_x \cot\theta \sin\phi + \epsilon_y \cot\theta \cos\phi + \epsilon_z,\\
\delta\psi = \epsilon_x \frac{\sin\phi}{\sin\theta} - \epsilon_y \frac{\cos\phi}{\sin\theta} \tag{8.49}$$

に対する不変性を持つことを確認した後、これに対応する保存量が剛体の場合の角運動量（→(7.48)～(7.50)）であることを示せ。
→ p183
ヒント → p6w へ　　解答 → p22w へ

第 9 章

ハミルトン形式の解析力学

解析力学のもう一つの表現形式に移ろう。

9.1 ハミルトン形式（正準形式）とは

この章ではハミルトン形式（または正準形式）という新しい解析力学の表現形式を説明するが、最初のうちは「なぜこんなことをしないといけないのか」という疑問が消えないのではないかと思う。ハミルトン形式の「御利益」が発揮されるのは、ポアッソン括弧や、正準変換を使っての計算が駆使できるようになってからである。
→ p226　　→ p243
「後でありがたみがわかる」ということを信じて、読み進めていっていただきたい。

9.1.1 運動量と座標を使った表現

ラグランジュ形式の力学では、一般化座標 $\{q_*(t)\}$ とその時間変化 $\{\dot{q}_*\}$ を力学の主役と考えた。ラグランジアン $L(\{q_*\},\{\dot{q}_*\})$ もこの二つの量の関数であった。第 8 章で、一般化運動量を
→ p191　→ p197

$$p_i = \frac{\partial L}{\partial \dot{q}_i} \tag{9.1}$$

のように定義した。第 8 章を飛ばした人も、この $\frac{\partial L}{\partial \dot{q}_i}$ がオイラー・ラグランジュ方程式に出てくる量で、循環座標に対しては保存する量であることぐらいはわかっているだろう。この性質からまず、一般化運動量は保存量を探す時に役立つだろうと推測される。

この章では一般化座標 $\{q_*(t)\}$ と一般化運動量 $\{p_*(t)\}$ で力学を記述する形

式を作っていく。この形式を「**ハミルトン形式**」または「**正準形式**」と言う。
　すなわち、今から

$$(\{q_*\}, \{\dot{q}_*\}) \to (\{q_*\}, \{p_*\}) \tag{9.2}$$

という一種の座標変換を行う。座標変換を行った後の運動方程式は、ラグランジアン L を主役としたオイラー・ラグランジュ方程式ではなく、それをルジャンドル変換して作られたハミルトニアン H（次節で導入）を主役とした正準方程式になる[†1]。
→ p330

　このような新しい形式を出すことには何の利点があるのだろうか。まず、運動方程式を解くという計算においては、ラグランジュ形式とハミルトン形式は大きな差はない。つまり、ハミルトン形式に行ったからある一個の問題が解きやすくなるかというと、そんなことはない。それでもハミルトン形式を作る理由は、後で説明する「正準変換」が問題を統一的に解こうとする時に
→ p243
大きな助けとなるからである。

9.1.2　ハミルトニアン

ここまでで、ラグランジアンが保存量ではなく、

---- ハミルトニアン ----
$$H = \sum_i p_i \dot{q}_i - L \tag{9.3}$$

がむしろ保存量となることを述べてきた。この量を文字 H を使って表して
→ p200
「ハミルトニアン」[†2] と呼ぶことにしよう。H は $\{q_*\}, \{\dot{q}_*\}$ の関数ではなく、$\{q_*\}, \{p_*\}$ の関数として扱う。

【FAQ】ハミルトニアンとはエネルギーのことですか。
....

　「はい、そうです」と言ってしまえば気が楽なのだが、厳密に言うとエネルギーよりも広い概念なので、単純に肯定してしまうわけにはいかない。多くの

[†1] ここで実は「p_i は常に定義できるか？」「$\dot{q}_i$ は常に解けるか？」という問題があるのだが、以下ではそういう問題が生じない場合を扱う。
[†2] この名前は解析力学の発展に大きな足跡を残したハミルトンの名前にちなむ。よって文字も H を使う。

9.1 ハミルトン形式（正準形式）とは

場合はエネルギーとハミルトニアンは同じだと考えて差し支えない。しかし（一言で言うのは難しいので、この後を読んでいきながら理解していって欲しいのだが）ハミルトニアンの本当の意味は「系の時間発展を記述する量」であり、それが（多くの状況では）エネルギーという量と等しいものになるのである。本書のここまでの話でも、ネーターの定理で時間並進の不変性と結びついた保存量がハミルトニアン（エネルギー）になっている。ちなみにこの本の最後の方では「ハミルトニアンを（恒等的に！）0にする」という計算方法が登場する。その辺りにくると「ハミルトニアンはエネルギー」という素朴な対応は完全に失われている。
→ p279

(9.3) は、$\{q_*\}, \{p_*\}$ の式だと思えば、
→ p206

$$H(\{q_*\}, \{p_*\}) = \sum_i p_i \dot{q}_i(\{q_*\}, \{p_*\}) - L(\{q_*\}, \{\dot{q}_*(\{q_*\}, \{p_*\})\}) \tag{9.4}$$

$\{q_*\}, \{\dot{q}_*\}$ の式だと思えば、

$$H(\{q_*\}, \{p_*(\{q_*\}, \{\dot{q}_*\})\}) = \sum_i p_i(\{q_*\}, \{\dot{q}_*\})\dot{q}_i - L(\{q_*\}, \{\dot{q}_*\}) \tag{9.5}$$

となる（同じ内容を別の表記で書いている）。

今やっている計算はルジャンドル変換になっている[†3] ので、
→ p330

$$-\frac{\partial H}{\partial q_i}\bigg|_{\{q_{\overline{i}}\},\{p_*\}} = \frac{\partial L}{\partial q_i}\bigg|_{\{q_{\overline{i}}\},\{\dot{q}_*\}} \tag{9.6}$$

が[†4] 成り立つ。つまり、

(1) $\{p_*\}$ と $\{q_{\overline{i}}\}$ を定数と考えて $-H(\{q_*\}, \{p_*\})$ を q_i で微分したもの
(2) $\{\dot{q}_*\}$ と $\{q_{\overline{i}}\}$ を定数と考えて $L(\{q_*\}, \{\dot{q}_*\})$ を q_i で微分したもの

の二つが同じ量になる（そうなるようにする「補正」として $\sum_i p_i \dot{q}_i$ という項が付け加えられている）。おかげで、オイラー・ラグランジュ方程式は、

$$\underbrace{\frac{\partial L}{\partial q_i}}_{-\frac{\partial H}{\partial q_i}} - \frac{d}{dt}\underbrace{\left(\frac{\partial L}{\partial \dot{q}_i}\right)}_{p_i} = 0 \tag{9.7}$$

[†3] B.5 節で説明したルジャンドル変換の、符号をひっくり返す(B.73)の方を使っている。そのため
→ p330   → p334
(9.6)にマイナス符号が必要になった。
[†4] | の後ろの $\{q_{\overline{i}}\}$ は、「q_i 以外の全ての $\{q_*\}$」を意味する。

すなわち、

$$\frac{dp_i}{dt} = -\frac{\partial H}{\partial q_i} \quad (9.8)$$

という方程式に変わる。もう一つ、ルジャンドル変換の逆変換(B.74)から出る式
→ p334

$$\frac{dq_i}{dt} = \frac{\partial H}{\partial p_i} \quad (9.9)$$

があり、この二つの方程式を「**正準方程式** (canonical equations)」と呼ぶ[5]。「**ハミルトンの方程式**」と呼ぶ場合もある。

―――――― 正準方程式 ――――――

$$\frac{dq_i}{dt} = \frac{\partial H}{\partial p_i}\bigg|_{\{p_{\overline{i}}\},\{q_*\}}, \quad \frac{dp_i}{dt} = -\frac{\partial H}{\partial q_i}\bigg|_{\{p_*\},\{q_{\overline{i}}\}} \quad (9.10)$$

ここではいつも省略する $\big|_{...}$ の部分も省略せずに書いた。

【FAQ】(9.3) の両辺を p_i で微分したら (9.9) が出ますか？
→ p206

･････････････････････････････････

その「微分したら」の意味が、単純に

$$\frac{\partial}{\partial p_i}\left(\sum_j p_j \dot{q}_j\right) = \dot{q}_i, \quad \frac{\partial L(\{q_*\},\{\dot{q}_*\})}{\partial p_i} = 0 \quad (9.11)$$

とやって「これでOK」と思っているのなら、そう単純な話ではない。特に右側の式で「L は $q, \dot{q}$ の関数だから p で微分したら 0」と考えるのはかなり危険である（結論は正しいので結果オーライになるのだが、単純に考えて納得してはいけない）。

なぜなら、(9.9) の右辺における微分 $\frac{\partial}{\partial p_i}$ は「$\{q_*\}, \{p_{\overline{i}}\}$ を一定としての微分」、省略なしで表せば $\frac{\partial}{\partial p_i}\bigg|_{\{q_*\},\{p_{\overline{i}}\}}$ である。ではこの時、$\dot{q}_i$ は一定になっているのか？―$\dot{q}_j$ を p_i で微分しても 0 としてよいのか？（そもそも $\dot{q}_j$ が p_i に依らないなんてことがあるだろうか？）

p_i は q_i および $\dot{q}_i$ とはまったく**独立な**自由度と考えてしまってよいのなら、もちろん「$\dot{q}_j$ を p_i で微分して 0」でよい。しかし、まだ独立な自由度と考える

―――――――――――
[5] 「正準」は「canonical」の訳である。「canonical」というのは「正典」「聖なる」という意味合いを持つ随分立派な言葉であるが、そう呼ばれるほどに大事な方程式である。

9.1 ハミルトン形式（正準形式）とは

ことができる事情を説明してない（9.1.4節と9.2節で考える）。しかし、実は p_i を独立だとしなくても、正しく微分すれば (9.9) はちゃんと出るので、以下でそれを説明しよう。

p_i で微分するときに、$\dot{q}_j$ を微分する部分も含めると、

$$\frac{\partial}{\partial p_i}\left(\sum_j p_j \dot{q}_j\right) = \dot{q}_i + \underbrace{\sum_j p_j \frac{\partial \dot{q}_j}{\partial p_i}}_{\text{忘れてた部分}}, \quad \frac{\partial L}{\partial p_i} = \underbrace{\sum_j \frac{\partial L}{\partial \dot{q}_j}\frac{\partial \dot{q}_j}{\partial p_i}}_{\text{忘れてた部分}} \tag{9.12}$$

なのだが、$\frac{\partial L}{\partial \dot{q}_j} = p_j$ だから、$\sum_j p_j \frac{\partial \dot{q}_j}{\partial p_i}$ と $\sum_j \frac{\partial L}{\partial \dot{q}_j}\frac{\partial \dot{q}_j}{\partial p_i}$ は消し合って、

$$\frac{\partial}{\partial p_i}\left(\sum_j p_j \dot{q}_j - L\right) = \dot{q}_i \tag{9.13}$$

となる。「随分うまく消えるもんだなぁ」と思うかもしれないが、今やっている $L(\{q_*\},\{\dot{q}_*\}) \to H(\{q_*\},\{p_*\})$ というルジャンドル変換は、まさにここがうまく消えるようにする為の手法なので、そういう意味ではうまくいくようにする方法を考えてやっているのだから、当然のことではある。

正準方程式は q,p に関して対称なようで、符号だけが反転してて、

- 「H を p_i で微分すると q_i の時間微分」
- 「H を q_i で微分すると p_i の時間微分 $\times(-1)$」

となっている。この「q と p を取り替えて一方にマイナス符号をつける」という操作は、(q,p) 座標系における90度回転に対応している。行列を使って表現すると、

$$\begin{pmatrix} \dfrac{\mathrm{d}q}{\mathrm{d}t} \\ \dfrac{\mathrm{d}p}{\mathrm{d}t} \end{pmatrix} = \begin{pmatrix} 0 & 1 \\ -1 & 0 \end{pmatrix} \begin{pmatrix} \dfrac{\partial H}{\partial q} \\ \dfrac{\partial H}{\partial p} \end{pmatrix} \tag{9.14}$$

となるが、この $\begin{pmatrix} 0 & 1 \\ -1 & 0 \end{pmatrix}$ という行列はまさに90度回転の行列である。これはハミルトニアン H が保存量であることと関係している（後で説明する）。

【FAQ】ハミルトニアンという新しい量を作る必要はあるのか？

と疑問に思う人もいるだろうと思う。

運動量 p_i を使うと式が簡単になること、何が保存量であるかがみつけやすくなること、という利点があるので、運動量を使いたいのはいいとしよう（この点も納得できない人はここからの話で運動量がどう役に立つのかを実感してほしい）。

しかし、せっかくラグランジアンに慣れたのに、運動量を使うからといって新しい関数ハミルトニアンを導入する必要はあるのだろうか？

ハミルトニアンを使う理由を納得してもらうために、L のままで変数を $\{q_*\}, \{\dot{q}_*\}$ から $\{q_*\}, \{p_*\}$ に書き換えると（つまり、「ルジャンドル変換する」という作業をサボると）、系の持っていた情報が失われてしまうという例を一つ述べよう。4.2.2節で考えた加速系内の粒子のラグランジアン

$$L_{加速系} = \frac{1}{2}m\left(\dot{X} + gt\right)^2 \tag{9.15}$$

から運動量を求めると、

$$p = \frac{\partial L}{\partial \dot{X}} = m\left(\dot{X} + gt\right) \tag{9.16}$$

となるが、p を変数としてラグランジアンを表現すると、

$$L = \frac{p^2}{2m} \tag{9.17}$$

となってしまう。つまり自由粒子の場合と全く同じになり、「加速系である」という情報は「運動量で表示されたラグランジアン」(9.17) を見たのでは見えなくなってしまう。しかしハミルトニアン

$$H = p\dot{X} - L = \frac{p^2}{2m} - pgt \tag{9.18}$$

には加速系である情報が残っている（さらに納得したい人はB.5.1節を読もう）。

---------練習問題---------

【問い9-1】 (9.18) から正準方程式を作り、加速系の運動方程式が出てくることを確認せよ。

解答 → p361 へ

9.1.3 簡単な例題

1次元調和振動子

ラグランジアン

$$L = \frac{1}{2}m(\dot{x})^2 - \frac{1}{2}kx^2 \tag{9.19}$$

から運動量を定義すると、

$$p = m\dot{x} \tag{9.20}$$

であり、ハミルトニアンは

$$H = p\dot{x} - L = \frac{p^2}{2m} + \frac{1}{2}kx^2 \tag{9.21}$$

となる。正準方程式

$$\frac{dx}{dt} = \frac{\partial H}{\partial p} = \frac{p}{m}, \quad \frac{dp}{dt} = -\frac{\partial H}{\partial x} = -kx \tag{9.22}$$

の、第1の式から出る $p = m\dfrac{dx}{dt}$ を第2の式に代入すれば、以下の単振動の運動方程式が出る。

$$m\frac{d^2x}{dt^2} = -kx \tag{9.23}$$

落体の運動

ラグランジアン

$$L = \frac{1}{2}m\left((\dot{x})^2 + (\dot{y})^2 + (\dot{z})^2\right) - mgz \tag{9.24}$$

より運動量とハミルトニアンは

$$p_x = m\dot{x}, \quad p_y = m\dot{y}, \quad p_z = m\dot{z} \tag{9.25}$$

$$H = \frac{(p_x)^2 + (p_y)^2 + (p_z)^2}{2m} + mgz \tag{9.26}$$

となる（これも運動エネルギーと位置エネルギーの和である）。正準方程式

$$\begin{aligned}
\frac{dx}{dt} &= \frac{\partial H}{\partial p_x} = \frac{p_x}{m}, & \frac{dp_x}{dt} &= -\frac{\partial H}{\partial x} = 0 \\
\frac{dy}{dt} &= \frac{\partial H}{\partial p_y} = \frac{p_y}{m}, & \frac{dp_y}{dt} &= -\frac{\partial H}{\partial y} = 0 \\
\frac{dz}{dt} &= \frac{\partial H}{\partial p_z} = \frac{p_z}{m}, & \frac{dp_z}{dt} &= -\frac{\partial H}{\partial z} = -mg
\end{aligned} \tag{9.27}$$

は正しい落体の運動の方程式となる。

3次元極座標の自由粒子

(5.57)から r, θ, ϕ に対する運動量を作ると、
$$p_r = m\dot{r}, \quad p_\theta = mr^2\dot{\theta}, \quad p_\phi = mr^2\sin^2\theta\dot{\phi} \tag{9.28}$$

である。これからハミルトニアンを計算すると、

$$\begin{aligned}H &= p_r\dot{r} + p_\theta\dot{\theta} + p_\phi\dot{\phi} - \frac{1}{2}m\left((\dot{r})^2 + r^2(\dot{\theta})^2 + r^2\sin^2\theta\left(\dot{\phi}\right)^2\right) \\ &= \frac{(p_r)^2}{2m} + \frac{(p_\theta)^2}{2mr^2} + \frac{(p_\phi)^2}{2mr^2\sin^2\theta}\end{aligned} \tag{9.29}$$

となる。正準方程式は (9.28) が出てくる他に、以下が導かれる。

$$\dot{p}_r = \frac{(p_\theta)^2}{mr^3} + \frac{(p_\phi)^2}{mr^3\sin^2\theta}, \quad \dot{p}_\theta = \frac{(p_\phi)^2\cos\theta}{mr^2\sin^3\theta}, \quad \dot{p}_\phi = 0 \tag{9.30}$$

これらの式は(5.58)～(5.60) と同じ式になっている。

9.1.4 ラグランジュ未定乗数としての運動量　 ＋＋＋＋＋＋＋＋＋【補足】

ラグランジュ形式では、座標 $\{q_*(t)\}$ とその時間微分 $\dot{q}(t)$ をあたかも独立な変数であるかのごとく扱った。そこで $\dot{q}_i(t)$ に $v_i(t)$ という全く別の変数名を与えることにしよう。こうして、

$$L(\{q_*(t)\}, \{\dot{q}_*(t)\}) \to L(\{q_*(t)\}, \{v_*(t)\}) \tag{9.31}$$

と書き換えたが、これでは $\dot{q}_i(t) = v_i(t)$ という式が出てこないから、ラグランジュ未定乗数 $p_i(t)$ を導入して、

$$L(\{q_*(t)\}, \{v_*(t)\}) + \sum_i p_i(t)(\dot{q}_i(t) - v_i(t)) \tag{9.32}$$

というラグランジアンを考えることにすると、v_i で変分して得られる方程式は

$$\frac{\partial L(q,v)}{\partial v_i} - p_i(t) = 0 \tag{9.33}$$

であるから、$p_i(t) = \dfrac{\partial L}{\partial v_i}$ という運動量の定義が現れる（こうなることを見越して、ラグランジュ未定乗数を p という文字で表しておいた）。また、このラグランジアンの $q(t)$ に関するオイラー・ラグランジュ方程式を作ると、

$$\frac{\partial L}{\partial q_i} - \frac{\mathrm{d}}{\mathrm{d}t}p_i = 0 \tag{9.34}$$

という運動方程式になる。ここで、

$$\sum_i p_i v_i - L(\{q_*\}, \{v_*\}) = H(\{q_*\}, \{p_*\}) \tag{9.35}$$

と置くことにすれば[†6]、今考えているラグランジアンはめでたく、

$$L(\{q_*(t)\}, \{v_*(t)\}) + \sum_i p_i(t)(\dot{q}_i(t) - v_i(t)) = \sum_i p_i \dot{q}_i - H(\{q_*\}, \{p_*\}) \tag{9.36}$$

となる。L と H がルジャンドル変換で結びついているおかげで[†7]、

$$\underbrace{\frac{\partial L}{\partial q_i}}_{v_i \text{を一定とした偏微分}} = \underbrace{-\frac{\partial H}{\partial q_i}}_{p_i \text{を一定とした偏微分}} \tag{9.37}$$

が成立している（ここで悩まなくて済むようにルジャンドル変換をしているのだ、とも言える）。この考え方では $p(t)$ はラグランジュ未定乗数として新しく導入した自由度であり、独立に変分が取れる量になっている。

✚✚✚✚✚✚✚✚✚✚✚✚✚✚✚✚✚✚✚✚✚✚✚✚✚✚✚✚✚【補足終わり】

9.2 変分原理からの正準方程式

ここまででは、オイラー・ラグランジュ方程式を書き直すという形で正準方程式を出したが、要は作用が

$$I = \int \left(\sum_i p_i \dot{q}_i - H(\{p_*\}, \{q_*\}) \right) dt \tag{9.38}$$

という量になった（独立変数が $(\{q_*\}, \{\dot{q}_*\})$ ではなく $(\{q_*\}, \{p_*\})$ になった）と考えれば、この作用の変分から正準方程式を出すこともできる。$q_i \to q_i + \delta q_i, p_i \to p_i + \delta p_i$ とすると、

$$\delta I = \int \biggl(\sum_i ((p_i + \delta p_i)(\dot{q}_i + \delta \dot{q}_i) - p_i \dot{q}_i) \\ - H(\{p_* + \delta p_*\}, \{q_* + \delta q_*\}) + H(\{p_*\}, \{q_*\}) \biggr) dt \tag{9.39}$$

[†6]「どうして右辺が $\{p_*\}$ と $\{q_*\}$ の関数になるの？——左辺の v_i はどこに行ったの？」と思う人は、ルジャンドル変換について説明したB.5 節を見よ。
→ p330
[†7] 符号が変わる方のルジャンドル変換（(B.73)の方）を使っていることに注意しよう。
→ p334

のように変分を取って、

$$
\begin{aligned}
&= \int \left(\sum_i (p_i \delta \dot{q}_i + \delta p_i \dot{q}_i) - \sum_i \left(\frac{\partial H}{\partial q_i} \delta q_i + \frac{\partial H}{\partial p_i} \delta p_i \right) \right) \mathrm{d}t \\
&= \int \left(\sum_i \left(\delta q_i \left(-\dot{p}_i - \frac{\partial H}{\partial q_i} \right) + \delta p_i \left(\dot{q}_i - \frac{\partial H}{\partial p_i} \right) + \frac{\mathrm{d}(p_i \delta q_i)}{\mathrm{d}t} \right) \right) \mathrm{d}t
\end{aligned}
\quad (9.40)
$$

最後の項は表面項であるから、端点で $\delta q_i = 0$ とすれば捨てることができる。第1項と第2項から正準方程式が出る[†8]。

【FAQ】ここの δp と δq は独立なのでしょうか？

・・・・・・・・・・・・・・・・・・・・・・・・・・・・・・・

オイラー・ラグランジュ方程式の導出では、δq と $\delta \dot{q}$ が独立と言われて悩む人が多かったのではないかと思う（329ページのFAQを参照。そこでは $x(\tau)$ と $\frac{\mathrm{d}x}{\mathrm{d}\tau}(\tau)$ の話になっているが、考え方は同じである）。しかしあの時は、実際には δq と $\delta \dot{q}$ は独立でないので、後で部分積分を行なって（$\delta \dot{q}$ の微分をそれ以外の部分に押し付けて）δq に揃えるという計算を行った後で方程式を導いた。

ではこの正準方程式の導出においてはどうだろう？——δq と δp の間に関係があるということを上では最後まで使っていない。これでいいのか？——と不安になってしまうところだが、この場合 p は独立でいい。というのは p と q の間の関係というのはまさに、$\dot{q}_i - \frac{\partial H}{\partial p_i} = 0$ という正準方程式の結果として得られるものだからである。

一方、ラグランジュ形式において、$p = \frac{\partial L}{\partial \dot{q}}$ は運動量 p の定義にすぎない。

ラグランジュ形式の運動量はon-shellかoff-shellかを問わず、常に $\frac{\partial L}{\partial \dot{q}}$ だった。それに対し、ハミルトン形式での運動量 p は「勝手に変分してよい自由度」として存在していて、運動方程式の一部である $\dot{q}_i - \frac{\partial H}{\partial p_i} = 0$ によって初めて $\dot{q}_i$ と結びつく。つまり、ハミルトン形式では運動量は on-shell にして初めて q や $\dot{q}$ と関係がつく。本節以降の計算では p_i, q_i は完全に独立な自由度となっているので、208ページのFAQのように、$\dot{q}_i$ が p_i を含むのでは？——などと悩む必要はない。
→ p192

別の言い方をすると、ハミルトン形式でのoff-shellは、ラグランジュ形式でのoff-shellよりも広い範囲を考えている。ハミルトン形式を使うということは

[†8] ここで一つ注意しておいて欲しいことは、端点で $\delta q_i = 0$ としたが、δp_i の方は0にする必要はないことである。

ラグランジュ形式より広い空間を考えて計算をしているのだ、ということは心に留めておくべきだろう。

その「広い空間」こそが、次で述べる「位相空間」である。

9.3 位相空間

ハミルトン形式は、運動方程式を解くという点において、ラグランジュ形式に比べて新しいところはあまりない[†9]。ではなぜハミルトン形式が使われるのかというと[†10]、この章で考える「位相空間」と「ポアッソン括弧」が、力学の問題を統一的に考える時に非常に大きな力を発揮するからである。極端な言い方をすれば、「位相空間とポアッソン括弧を使いこなさないのなら、ハミルトン形式を使う意味はない」とすら言える。では位相空間とは何で、どう有難い概念なのか。そこから話を始めよう。

9.3.1 位相空間とは

以下しばらく説明は1自由度の系で行う。よって、座標 $q(t)$ と、これに対応する運動量 $p(t)$ はそれぞれ1成分の量である。この、あわせて2次元となる (q,p) によって作られる空間を「**位相空間**」(phase space)[†11] と呼ぶ。この後、いろんな関数(ハミルトニアン等)を q,p の関数すなわち「q,p の1組を決めると値が決まる」量として扱う。よって p (本来、運動量であって座標ではない)を「位相空間内の点を表現する座標」と考えて、$H(q,p)$ のような関数を「位相空間上の1点を定めると値が決まる関数」と考える。これに対し、座標 q だけの空間は「**配位空間**」(configuration space) と呼ぶ[†12]。

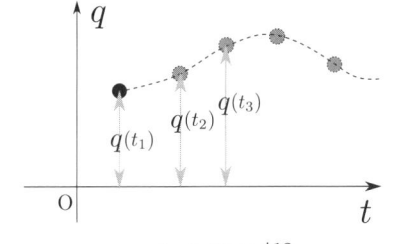

[†9] せいぜい、p が保存量となることが多い、ぐらいだろう。
[†10] 後で量子力学につながるから、という大きな理由については、この本では最後の章でのみ触れる。
[†11] 「相空間」と呼ぶ場合もある。数学用語で「位相空間」と訳される言葉として、もう一つ「topological space」があるが、これは全く別の概念。出てくる場面が重ならないので混同することはあまりないと思うが、誤解を避けたいなら「phase space(フェイズスペース)」と呼んだ方がよいかもしれない。
[†12] q と速度 $\dot{q}$ の空間を「速度配位空間」と呼ぶこともある。

配位空間で考えるのと位相空間で考えるのはどう違うのだろうか？

配位空間は「時刻tを決めると$q(t)$が決まる」という関数関係であり、横軸t、縦軸qのグラフの上の曲線として表現される。物体の運動が(t,q)のグラフの中で一本の曲線で表現されるというのは、2次元、3次元と次元が上がっても同じである。

運動は初期座標$q(t_1)$と初速度$\dot{q}(t_1)$を決めると一意的に決まる[†13]。当然、同じ場所にいても初速度が違えばその後の運動は違う。そのため、配位空間の中で運動を表現するグラフは、交差する（これはつまり「同じ場所にいるが速度が違う」ということ）こともある。

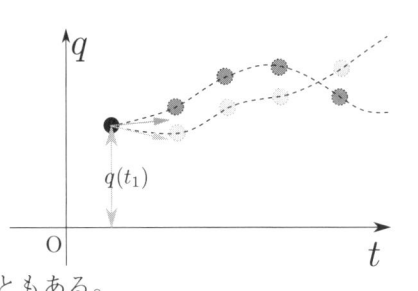

位相空間の場合はq,pの両方を指定する。配位空間がN次元なら位相空間は$2N$次元であり、時間を合わせると$2N+1$次元の空間の中の線で物体の運動が決まる。$N=1$の場合でいえば、ある時刻ごとに2次元の(q,p)平面があり、その上の一点として物体の位置と運動量が表現されている。

次の図は各時刻ごとの位相空間の様子を(t,q)の（配位空間）グラフに対応させて表現したものである。この運動ではt_1,t_2,t_3と時間が経つごとに運動量が増加しているので、位相空間の中ではqが増加すると同時にpの方も増加していく（位相空間グラフの点が「上」に移動する）。

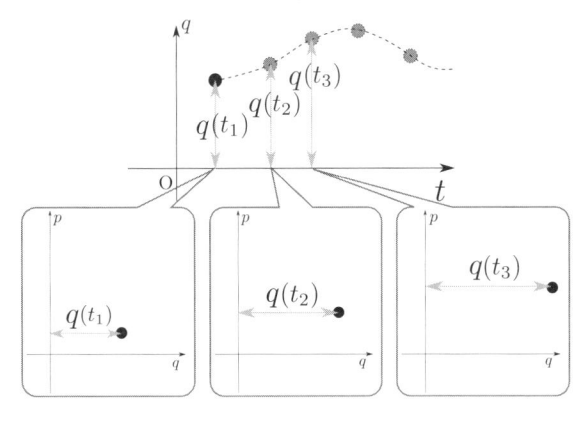

位相空間の中では、初速度の違いは「pの違い」として認識される。次の図に同じ場所から出発するが初速度が違う二つの運動の最初（時刻t_1）におけ

[†13] 厳密には、運動方程式がある条件を満たさないと解の一意性は言えないのだが、たいていの場合はその条件（リプシッツ連続性）は満たされている。
→ p220

9.3 位相空間

る位相空間での位置を描いた。場所 $q(t_1)$ が同じでも運動量 $p(t_1)$ は全く違う（一方は正で一方は負）なので、位相空間での'位置'も別の場所となる。

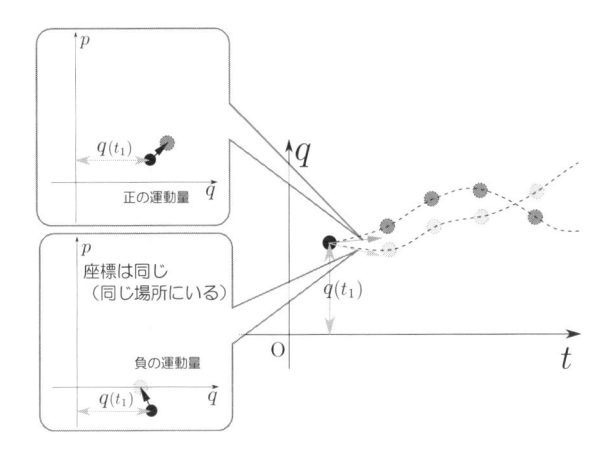

放物運動の配位空間での運動と位相空間での運動を (q,p,t) の3次元の図で表現したのが右の図である。太い線が実際に起こる運動、細い線がそこから微小な変分を取った、「運動方程式を満たさない経路（off-shellの経路）」であり、底面に描かれている「t-q グラフでの軌跡」に対し、運動量 $p = m\dot{q}$ を計算して t-q-p という3次元グラフに「持ち上げた」線も描いた（放物線の頂点が $p = 0$ になっている）。

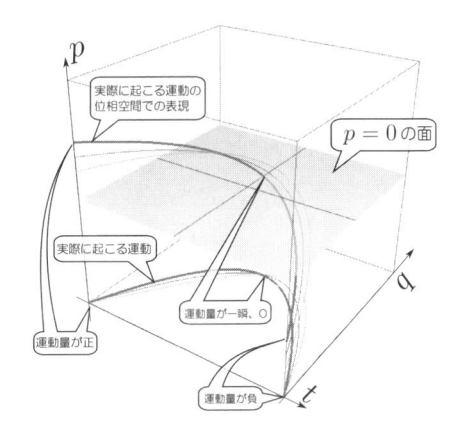

ラグランジュ形式での経路の変化は、いわば図の底面である t-q 平面の中での経路の変化だけを考えているのに対し、ハミルトン形式の「位相空間の経路」の変化は、もっと立体的に変化していい[†14]。214ページのFAQでも書いたように、p はまずは全く独立な自由度として導入された後、正準方程式にしたがって決められるべきものであるからである[†15]。

[†14] 図では煩雑になるのを避けて、運動量 p が $m\dfrac{dq}{dt}$ に一致しているものしか描いていない。

[†15] 「ハミルトン形式のoff-shellの方が広い」と書いたのはそういう意味。

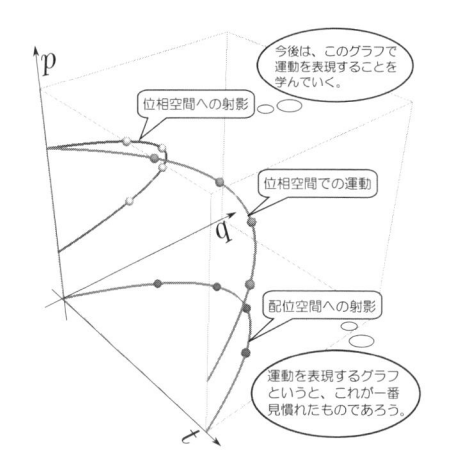

本当は空間的方向ではない p 軸の方向を、q 軸同様に「空間的方向」と考えて (q,p) という2次元の空間（縦になっている左奥の面）を「位相空間」と呼ぶ。物体のある時刻での状態は「位相空間における点」として表現される。

位相空間 (q,p) は時間 t が省略されているのだが、それでも、運動の状況を十分に表現することができる。というのは、ある時刻の (q,p) が決まれば、その後の時刻での (q,p) は決まってしまうからである[†16]。そのことを以下で「位相空間内の運動」という視点で見ていくことにしよう。

位相空間の中での'運動'すなわち (q,p) の時間発展を考えてみよう。微小時間 Δt が経過すると、q は $\Delta t \times \dot{q}$、p は $\Delta t \times \dot{p}$ だけ変化する。それをグラフで表現したのが右の図である。グラフの中では正準方程式を使って

$$\Delta t(\dot{q}, \dot{p}) = \Delta t\left(\frac{\partial H}{\partial p}, -\frac{\partial H}{\partial q}\right) \quad (9.41)$$

と書き直して表示している。位相空間という2次元の空間の中で、速度ベクトルが $\left(\dfrac{\partial H}{\partial p}, -\dfrac{\partial H}{\partial q}\right)$ になっている。

この「位相空間内の速度ベクトル」$\left(\dfrac{\partial H}{\partial p}, -\dfrac{\partial H}{\partial q}\right)$ は、「位相空間内の grad H」のベクトル $\left(\dfrac{\partial H}{\partial q}, \dfrac{\partial H}{\partial p}\right)$ を90度回したものになっている。grad から90度回した方向の「流れ」を「Hamiltonian flow」などと呼ぶ。ポテンシャル U があるとき、$-\operatorname{grad} U$ が力 $\vec{F}$ になり、加速度が $-\operatorname{grad} U$ に比例した。Hamiltonian flow は grad H から90度ひねった方向に「位相空間での速度」が発生する[†17]。

[†16] ラグランジュ形式とハミルトン形式のこの違いは、前者が時間に関して二階の微分方程式、後者が時間に関して一階の微分方程式に拠っていることからくる。
[†17] 速度であって「加速度」ではない。その点も、$-\operatorname{grad} U$ の時とは違っている。

9.3 位相空間

grad H は「H の変化する方向」であるから、それと直角な方向に移動するとき、H は変化しない。実際計算してみると、

$$H\left(q + \epsilon\frac{\partial H}{\partial p}, p - \epsilon\frac{\partial H}{\partial q}\right)$$
$$= H(q,p) + \epsilon\frac{\partial H}{\partial p}\frac{\partial H}{\partial q} - \epsilon\frac{\partial H}{\partial q}\frac{\partial H}{\partial p} = H(q,p) \tag{9.42}$$

である。これに関連して、この $\left(\dfrac{\partial H}{\partial p}, -\dfrac{\partial H}{\partial q}\right)$ というベクトル場の「div」は 0 である。つまり、

$$\underbrace{\frac{\partial}{\partial q}\left(\frac{\partial H}{\partial p}\right)}_{q\,成分} + \underbrace{\frac{\partial}{\partial p}\left(-\frac{\partial H}{\partial q}\right)}_{p\,成分} = \frac{\partial^2 H}{\partial q \partial p} - \frac{\partial^2 H}{\partial p \partial q} = 0 \tag{9.43}$$

である（(V_x, V_y) の div は $\dfrac{\partial}{\partial x}V_x + \dfrac{\partial}{\partial y}V_y$）。この計算の中身は（2 次元の）「rot (grad H)」と同じになっている。

q と p の時間発展すなわち

$$q(t+\Delta t) = q(t) + \Delta t\frac{\mathrm{d}}{\mathrm{d}t}q(t) + \mathcal{O}((\Delta t)^2)$$
$$p(t+\Delta t) = p(t) + \Delta t\frac{\mathrm{d}}{\mathrm{d}t}p(t) + \mathcal{O}((\Delta t)^2) \tag{9.44}$$

をベクトルとしてまとめて一挙に書くと、

$$\begin{pmatrix} q(t+\Delta t) \\ p(t+\Delta t) \end{pmatrix} = \begin{pmatrix} q(t) \\ p(t) \end{pmatrix} + \Delta t\left(\frac{\mathrm{d}q}{\mathrm{d}t}\frac{\partial}{\partial q} + \frac{\mathrm{d}p}{\mathrm{d}t}\frac{\partial}{\partial p}\right)\begin{pmatrix} q(t) \\ p(t) \end{pmatrix} + \mathcal{O}((\Delta t)^2) \tag{9.45}$$

と考えることができる。微分演算子 $\dfrac{\mathrm{d}q}{\mathrm{d}t}\dfrac{\partial}{\partial q} + \dfrac{\mathrm{d}p}{\mathrm{d}t}\dfrac{\partial}{\partial p}$ は「q があればこれを微分して $\dfrac{\mathrm{d}q}{\mathrm{d}t}$ に置き換え、p があればこれを微分して $\dfrac{\mathrm{d}p}{\mathrm{d}t}$ に置き換える」演算子であり、いわば「時間発展を引き起こす演算子」である。たとえば、

$$\left(\frac{\mathrm{d}q}{\mathrm{d}t}\frac{\partial}{\partial q} + \frac{\mathrm{d}p}{\mathrm{d}t}\frac{\partial}{\partial p}\right)(q^m p^n) = m\frac{\mathrm{d}q}{\mathrm{d}t}q^{m-1}p^n + nq^m\frac{\mathrm{d}p}{\mathrm{d}t}p^{n-1} \tag{9.46}$$

となること（そしてこれが時間微分と同じ計算であること）は納得できるであろう。

第9章 ハミルトン形式の解析力学

正準方程式を使うと (9.45) を、

$$\begin{pmatrix} q(t+\Delta t) \\ p(t+\Delta t) \end{pmatrix} = \begin{pmatrix} q(t) \\ p(t) \end{pmatrix} + \Delta t \left(\frac{\partial H}{\partial p}\frac{\partial}{\partial q} - \frac{\partial H}{\partial q}\frac{\partial}{\partial p} \right) \begin{pmatrix} q(t) \\ p(t) \end{pmatrix} + \mathcal{O}((\Delta t)^2) \tag{9.47}$$

と表現することもできる。つまり、「位相空間の速度」すなわち、「単位時間あたりの $(q(t)\ p(t))$ の変化の割合」は

$$\frac{\partial H}{\partial p}\frac{\partial}{\partial q} - \frac{\partial H}{\partial q}\frac{\partial}{\partial p} \tag{9.48}$$

という微分演算子 (q を $\frac{dq}{dt} = \frac{\partial H}{\partial p}$ だけ、p を $\frac{dp}{dt} = -\frac{\partial H}{\partial q}$ だけ変化させる演算子) で表現することもできる。

正準方程式は一階微分方程式であるから、(解が一意的でないような特殊な状況[†18] ではない限り) 初期値を決めれば運動は決まる。
→ p208

x, y の2次元平面での運動を考えるときは p_x, p_y を付け加えて位相空間は4次元になる。(x, y, z) の3次元空間の運動は x, y, z, p_x, p_y, p_z の6次元位相空間で表現される (N 次元の自由度を持つ系の位相空間は $2N$ 次元である)。

9.3.2 位相空間で表現した「運動」

位相空間での粒子の「速度」は $\frac{\partial H}{\partial p}\frac{\partial}{\partial q} - \frac{\partial H}{\partial q}\frac{\partial}{\partial p}$ という演算子で書けるのだが、自由粒子の場合は $H = \frac{p^2}{2m}$ なので、$\frac{p}{m}\frac{\partial}{\partial q}$ がその演算子である。この演算子によって作られる、位相空間での「流れ」を表示したのが右の図である。q が単位時間あたりに $\dot{q} = \frac{p}{m}$ ずつ増加する (p は変化しない) ので、q 軸の平行な方向への流れとなる。この流れは、$p = 0$ から離れるにしたがって速くな

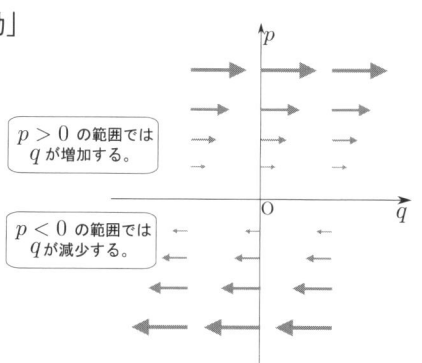

[†18] たとえば微分方程式 $\frac{dx}{dt} = f(x)$ を考えた時、右辺がある定数 L を使って $|f(x) - f(y)| < L|x-y|$ という条件 (リプシッツ連続性の条件) を満たす時であれば解は一意である。これを満たさない場合では解は一つに決まらない (決まらない例は【演習問題9-3】)。しかし力学でこういう特殊な
→ p242
状況はまず、出てこない。

る。多くの場合運動量は $p = m\dot{q}$ と書けるので、こういう形（「p が大きいと流れが速い」という状況）になるのはよくあることである。

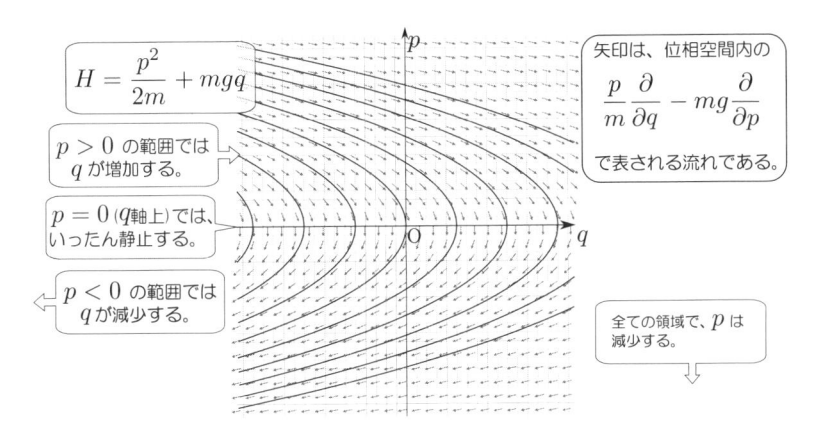

[図: ハミルトニアン $H = \dfrac{p^2}{2m} + mgq$ の位相空間の流れ図]

- $H = \dfrac{p^2}{2m} + mgq$
- 矢印は、位相空間内の $\dfrac{p}{m}\dfrac{\partial}{\partial q} - mg\dfrac{\partial}{\partial p}$ で表される流れである。
- $p > 0$ の範囲では q が増加する。
- $p = 0$ (q軸上)では、いったん静止する。
- $p < 0$ の範囲では q が減少する。
- 全ての領域で、p は減少する。

上の図は $H = \dfrac{p^2}{2m} + mgq$、つまり重力 mg が q の負方向に働いている状況での位相空間の流れ図である（218ページの図の「位相空間への射影」に対応している）。

こちらの図の矢印は $\left(\dfrac{\partial H}{\partial p}, -\dfrac{\partial H}{\partial q}\right)$ の向きだけを表現している（大きさは場所によって違うが、それは表していない）。新しく加わった $-mg\dfrac{\partial}{\partial p}$ によって、グラフの「下」へ向かう流れ（運動量を小さくしようという流れ）が加わっている（「重力がかかる」という物理現象の、位相空間での表現が $-mg\dfrac{\partial}{\partial p}$ であり、「グラフの下へ」という流れである）。

次に、調和振動子の場合を見てみよう。

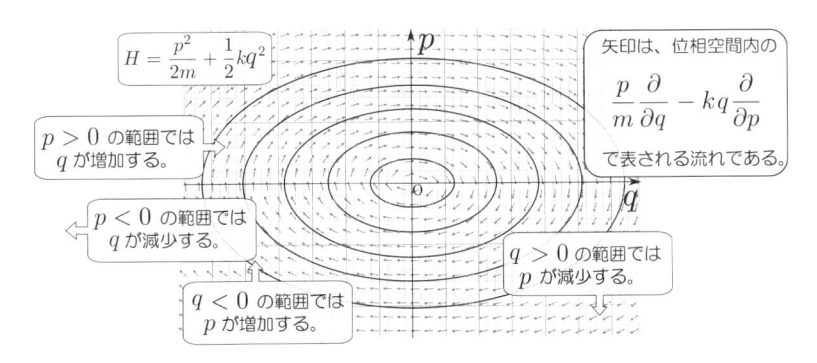

[図: 調和振動子の位相空間の流れ図]

- $H = \dfrac{p^2}{2m} + \dfrac{1}{2}kq^2$
- 矢印は、位相空間内の $\dfrac{p}{m}\dfrac{\partial}{\partial q} - kq\dfrac{\partial}{\partial p}$ で表される流れである。
- $p > 0$ の範囲では q が増加する。
- $p < 0$ の範囲では q が減少する。
- $q > 0$ の範囲では p が減少する。
- $q < 0$ の範囲では p が増加する。

調和振動子の場合の $-kq\dfrac{\partial}{\partial p}$ は、$q>0$ では p を下げる方向に、$q<0$ では p を上げる方向に働く演算子となり、結果として位相空間の中で原点の回りを時計回りにぐるぐると回るような運動を作り出す。

すべての位相空間の図に対して言えることだが、この線はけっして交わることも合流することも分裂することもない[19]。位相空間上で 1 点を指定したら、その後の運動は一意的に決まってしまうということの顕れである。

調和振動子の場合、全ての軌跡は楕円であり、一定時間後に（位相空間上の）元の場所に戻ってくる。軌道が楕円であることは、ハミルトニアン $\dfrac{p^2}{2m}+\dfrac{kq^2}{2}$ が一定の線を動くと考えれば当然であることがわかるだろう。

---- 練習問題 ----

【問い 9-2】調和振動子に、さらに重力 mg がかかっている場合の位相空間の流れ図を描いてみよ。

ヒント → p349 へ　解答 → p361 へ

質量が無視できる剛体棒に質量 m の錘を取り付けた振り子の運動を考えてみる。この場合、触れ角が小さければ振動が起こるが、場合によっては質点が固定点の上にまで達してぐるぐる回ってしまうような運動も起こる。

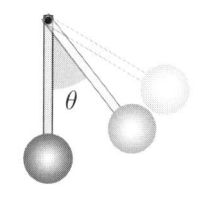

そのような状況が起こることも踏まえて、位相空間の中での運動の様子を図示したものが次の図である。

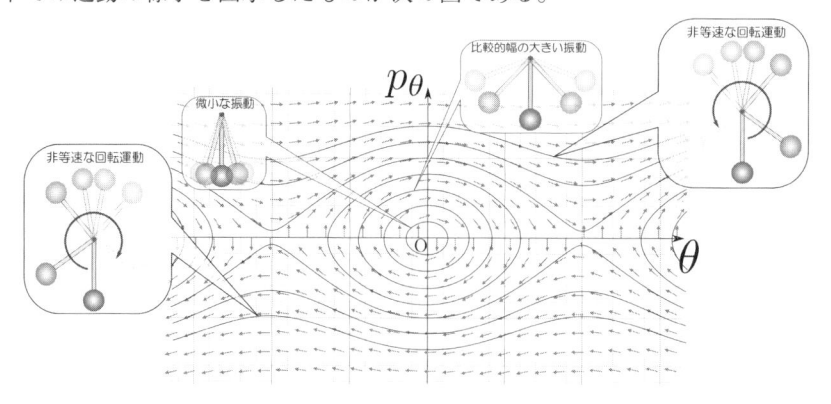

---

[19] これは電気力線や磁力線などの持つ性質と共通である。交わったり分裂したりすると、運動方程式の解が一意的でなくなる。

この運動方程式を解くのは結構たいへんな作業だが、位相空間の中での「流れ」を考えるだけならそんなにたいへんではない。図には説明を書き込んであるが、じっくり見て「なるほど確かに運動はこの線に沿って起こる」と実感して欲しい[20]。この場合運動は閉じた軌道と、$\theta = \pm\infty$ の無限遠から無限遠へと進み続ける軌道の2種類[21]に分けられる。

9.4 リウヴィルの定理

ハミルトニアンによって作られる位相空間の流れ（時間発展）に関して、非常に大事な一つの定理を述べよう。今ある位相空間の中に、座標が q_i から $q_i + \delta q_i$、運動量が p_i から $p_i + \delta p_i$ の間に入っているある領域を考える（2次元位相空間であれば、ある長方形である）。時間が経過するとこの領域も $\sum_i \left(\dfrac{\partial H}{\partial p_i} \dfrac{\partial}{\partial q_i} - \dfrac{\partial H}{\partial q_i} \dfrac{\partial}{\partial p_i} \right)$ という演算子にしたがって作られる「流れ」によって流されて行く。このとき、この領域の「面積」が変化しない、というのが「**リウヴィルの定理（Liouville's theorem）**」である。

調和振動子の場合で図解してみよう。いま $q = 0$ 付近で狭い δq の中に、運動量 p の方はある程度の幅 δp を持たせておこう。この後、グラフで時計回りに時間発展した結果、$p = 0$ のところにやってくる（調和振動子は振幅によらず周期は一定なので、最初の p の値によらず、$\dfrac{1}{4}$ 周期のちにはどの部分もほぼ同時刻に $p = 0$ となる）。この時 q の幅（図の「横幅」）が広がっていく時には p の幅（図の「縦幅」）が狭まっていくようになっている。その比率は面積が一定になるようにできている。

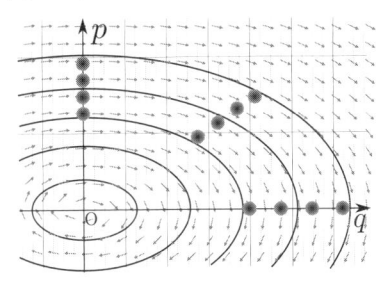

一般的証明を示そう。最初 (q, p) という場所にいた粒子は、δt 後には

$$\left(q + \frac{dq}{dt}\delta t, p + \frac{dp}{dt}\delta t \right) = \left(q + \frac{\partial H(q,p)}{\partial p}\delta t, p - \frac{\partial H(q,p)}{\partial q}\delta t \right) \quad (9.49)$$

---

[20] こんなふうに時間変化する様子を天から見下ろすがごとく俯瞰できるのが、位相空間を考える醍醐味である。
[21] $\theta = +\infty$ から $\theta = -\infty$ か、$\theta = -\infty$ から $\theta = +\infty$ か、でさらに分けられるので、合計3種類である。

の位置にいる（右辺では正準方程式を使って書き直しを行った）。

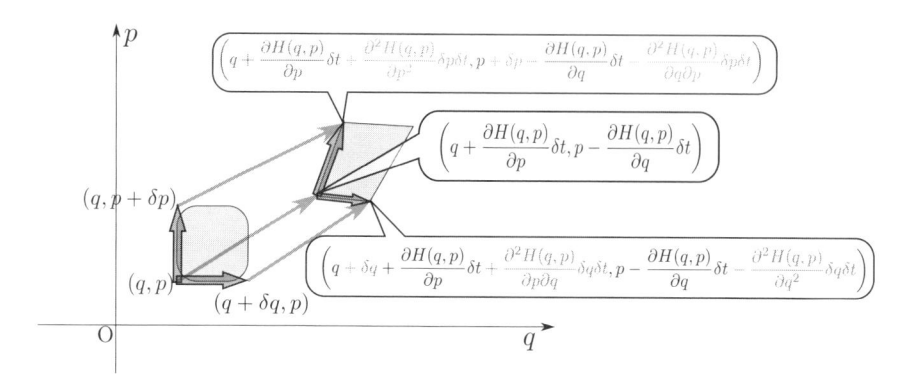

$\left(q + \dfrac{\partial H(q,p)}{\partial p}\delta t + \dfrac{\partial^2 H(q,p)}{\partial p^2}\delta p\delta t, p - \dfrac{\partial H(q,p)}{\partial q}\delta t - \dfrac{\partial^2 H(q,p)}{\partial q\partial p}\delta p\delta t\right)$

$\left(q + \dfrac{\partial H(q,p)}{\partial p}\delta t, p - \dfrac{\partial H(q,p)}{\partial q}\delta t\right)$

$(q, p+\delta p)$

(q, p)

$(q+\delta q, p)$

$\left(q + \delta q + \dfrac{\partial H(q,p)}{\partial p}\delta t + \dfrac{\partial^2 H(q,p)}{\partial p\partial q}\delta q\delta t, p - \dfrac{\partial H(q,p)}{\partial q}\delta t - \dfrac{\partial^2 H(q,p)}{\partial q^2}\delta q\delta t\right)$

同様に考えると、最初 $(q+\delta q, p)$ にいた粒子は

$$\begin{aligned}&(q + \delta q + \frac{\partial H(q+\delta q,p)}{\partial p}\delta t, p - \frac{\partial H(q+\delta q,p)}{\partial q}\delta t) \\ &= \left(q + \delta q + \frac{\partial H(q,p)}{\partial p}\delta t + \frac{\partial^2 H(q,p)}{\partial p\partial q}\delta q\delta t, p - \frac{\partial H(q,p)}{\partial q}\delta t - \frac{\partial^2 H(q,p)}{\partial q^2}\delta q\delta t\right)\end{aligned} \quad (9.50)$$

の場所にいる。

図に示したように、最初の位置では (q,p) にいた粒子と $(q+\delta q, p)$ にいた粒子の位置のずれ $(\delta q, 0)$ が、δt 後には $\left(\delta q + \dfrac{\partial^2 H(q,p)}{\partial p\partial q}\delta q\delta t, -\dfrac{\partial^2 H(q,p)}{\partial q^2}\delta q\delta t\right)$ に変わっている。同様に $(q, p+\delta p)$ の場所にいた粒子に対して行えば、位置のずれは、$\left(\dfrac{\partial^2 H(q,p)}{\partial p^2}\delta p\delta t, \delta p - \dfrac{\partial^2 H(q,p)}{\partial p\partial q}\delta p\delta t\right)$ になる。この二つのずれの外積を計算すると、δt の1次のオーダーまでを考えれば、

$$\left(\delta q + \frac{\partial^2 H(q,p)}{\partial p\partial q}\delta q\delta t\right)\left(\delta p - \frac{\partial^2 H(q,p)}{\partial p\partial q}\delta p\delta t\right) \\ \underbrace{-\left(-\frac{\partial^2 H(q,p)}{\partial q^2}\delta q\delta t\right)\left(\frac{\partial^2 H(q,p)}{\partial p^2}\delta p\delta t\right)}_{\delta t \text{ の 2 次}} = \delta q\delta p \quad (9.51)$$

となって最初の時刻での外積と一致する。位相空間内の体積（今は2次元なので面積だが）は時間がたっても変化しない。

これは自由度 N（位相空間が $2N$ 次元）になっても正しいであろうか？――$2N$ 次元であっても体積の変化はヤコビアンを使って計算されるべきであるから、
→ p324

9.4 リウヴィルの定理

$$\begin{vmatrix} \dfrac{\partial q_1(t+\Delta t)}{\partial q_1(t)} & \cdots & \dfrac{\partial q_n(t+\Delta t)}{\partial q_1(t)} & \dfrac{\partial p_1(t+\Delta t)}{\partial q_1(t)} & \cdots & \dfrac{\partial p_n(t+\Delta t)}{\partial q_1(t)} \\ \vdots & & \vdots & \vdots & & \vdots \\ \dfrac{\partial q_1(t+\Delta t)}{\partial q_n(t)} & \cdots & \dfrac{\partial q_n(t+\Delta t)}{\partial q_n(t)} & \dfrac{\partial p_1(t+\Delta t)}{\partial q_n(t)} & \cdots & \dfrac{\partial p_n(t+\Delta t)}{\partial q_n(t)} \\ \hline \dfrac{\partial q_1(t+\Delta t)}{\partial p_1(t)} & \cdots & \dfrac{\partial q_n(t+\Delta t)}{\partial p_1(t)} & \dfrac{\partial p_1(t+\Delta t)}{\partial p_1(t)} & \cdots & \dfrac{\partial p_n(t+\Delta t)}{\partial p_1(t)} \\ \vdots & & \vdots & \vdots & & \vdots \\ \dfrac{\partial q_1(t+\Delta t)}{\partial p_n(t)} & \cdots & \dfrac{\partial q_n(t+\Delta t)}{\partial p_n(t)} & \dfrac{\partial p_1(t+\Delta t)}{\partial p_n(t)} & \cdots & \dfrac{\partial p_n(t+\Delta t)}{\partial p_n(t)} \end{vmatrix} \quad (9.52)$$

のような行列式を計算せねばならない。

$$\frac{\partial q_i(t+\Delta t)}{\partial q_j(t)} = \frac{\partial}{\partial q_j(t)}\left(q_i(t) + \frac{\partial H}{\partial p_i(t)}\Delta t\right) = \delta_{ij} + \frac{\partial^2 H}{\partial q_j \partial p_i}\Delta t \quad (9.53)$$

のような計算を行うことにより、計算すべき量は

$$\begin{vmatrix} \delta_{ij} + \dfrac{\partial^2 H}{\partial q_j \partial p_i}\Delta t & -\dfrac{\partial^2 H}{\partial q_j \partial q_i}\Delta t \\ \dfrac{\partial^2 H}{\partial p_j \partial p_i}\Delta t & \delta_{ij} - \dfrac{\partial^2 H}{\partial p_j \partial q_i}\Delta t \end{vmatrix} \quad (9.54)$$

となる。この式は $\Delta t \to 0$ では単位行列の行列式 = 1 となる。Δt の1次を計算しよう。行列式は行から1つ、列から1つ重複のないように数字を選んで掛けるという計算だから、非対角成分を選ぶと、必ずもう一個非対角成分を選ばなくてはいけない。非対角成分を2回選ぶと、結果は $(\Delta t)^2$ になるので、Δt の1次のオーダーでは計算すべきは対角成分のみである。つまりは

$$\begin{aligned} & \left(1 + \frac{\partial^2 H}{\partial q_1 \partial p_1}\Delta t\right)\left(1 + \frac{\partial^2 H}{\partial q_2 \partial p_2}\Delta t\right)\cdots\left(1 + \frac{\partial^2 H}{\partial q_N \partial p_N}\Delta t\right) \\ \times & \left(1 - \frac{\partial^2 H}{\partial p_1 \partial q_1}\Delta t\right)\left(1 - \frac{\partial^2 H}{\partial p_2 \partial q_2}\Delta t\right)\cdots\left(1 - \frac{\partial^2 H}{\partial p_N \partial q_N}\Delta t\right) \end{aligned} \quad (9.55)$$

のような掛算をするのだが、結果は

$$\det \mathbf{J} = 1 + \sum_i \left(\frac{\partial^2 H}{\partial q_i \partial p_i} - \frac{\partial^2 H}{\partial p_i \partial q_i}\right)\Delta t = 1 \quad (9.56)$$

となり、時間発展により位相空間の体積が変わらないことが確認できる。

9.5 ポアッソン括弧

ここまでで、運動を「位相空間の中の移動」と考えること、そしてその「移動速度」を $\dfrac{\partial H}{\partial p}\dfrac{\partial}{\partial q} - \dfrac{\partial H}{\partial q}\dfrac{\partial}{\partial p}$ という演算子と考えることの意味と利点がわかってきたのではないかと思う。そこで次では、その「位相空間の中の流れ」を表現するツールとして有効な、「ポアッソン括弧」を導入しよう。

9.5.1 時間微分とハミルトニアン

ある $\{q_*(t)\}, \{p_*(t)\}, t$ の関数 $A(\{q_*(t)\}, \{p_*(t)\}, t)$ を考えて、これの時間微分をしてみると、$\{q_*(t)\}$ の中、$\{p_*(t)\}$ の中、および、あらわな依存性（→ p130）という3つの形で時間に依存しているから、

$$\frac{\mathrm{d}}{\mathrm{d}t}A(\{q_*(t)\}, \{p_*(t)\}, t) = \sum_i \left(\dot{q}_i \frac{\partial A(\{q_*\}, \{p_*\}, t)}{\partial q_i} + \dot{p}_i \frac{\partial A(\{q_*\}, \{p_*\}, t)}{\partial p_i} \right) + \frac{\partial A(\{q_*\}, \{p_*\}, t)}{\partial t} \tag{9.57}$$

となる（長くなるので2行目では $\{p_*\}, \{q_*\}$ の (t) は省略している）。ここに、正準方程式 $\dot{q}_i = \dfrac{\partial H(\{q_*\}, \{p_*\}, t)}{\partial p_i}$ と $\dot{p}_i = -\dfrac{\partial H(\{q_*\}, \{p_*\}, t)}{\partial q_i}$ を代入すると、

$$\sum_i \left(\frac{\partial H(\{q_*\}, \{p_*\}, t)}{\partial p_i} \frac{\partial A(\{q_*\}, \{p_*\}, t)}{\partial q_i} - \frac{\partial H(\{q_*\}, \{p_*\}, t)}{\partial q_i} \frac{\partial A(\{q_*\}, \{p_*\}, t)}{\partial p_i} \right) + \frac{\partial A(\{q_*\}, \{p_*\}, t)}{\partial t} \tag{9.58}$$

という形になる。確かに、$A(\{q_*\}, \{p_*\}, t)$ に微分演算子 $\dfrac{\partial H}{\partial p}\dfrac{\partial}{\partial q} - \dfrac{\partial H}{\partial q}\dfrac{\partial}{\partial p}$ を掛けた形が出てきた[22]。

第1項の順番を少し変えて、微分 $\dfrac{\partial}{\partial q_i}\dfrac{\partial}{\partial p_i}$ の順番を揃えると、

$$\sum_i \left(\frac{\partial A(\{q_*\}, \{p_*\}, t)}{\partial q_i} \frac{\partial H(\{q_*\}, \{p_*\}, t)}{\partial p_i} - \frac{\partial H(\{q_*\}, \{p_*\}, t)}{\partial q_i} \frac{\partial A(\{q_*\}, \{p_*\}, t)}{\partial p_i} \right) \tag{9.59}$$

---

[22] 小学校で最初に（掛けられる数）×（掛ける数）という形で掛算を教わったせいか「○○を掛けた」というと後ろに○○を書かなくてはいけない、と思う（通常の数字どうしの掛算は本来順序にこだわらないのだが）人がごくたまに存在する。しかし微分演算子を掛けるときは左から掛けるのが普通である。もっとも（本書では使わないが）「左側を微分する微分演算子」を使うこともある。

となり、$A(\{q_*\},\{p_*\},t)$ と $H(\{q_*\},\{p_*\},t)$ について反対称な式になっているのがわかる。

ポアッソン括弧

$$\{A,B\} \equiv \sum_i \left(\frac{\partial A}{\partial q_i}\frac{\partial B}{\partial p_i} - \frac{\partial B}{\partial q_i}\frac{\partial A}{\partial p_i} \right) \tag{9.60}$$

という式で「**ポアッソン括弧（Poisson Bracket）**」を定義する[23]。この定義式に $A = A(\{q_*\},\{p_*\},t), B = H(\{q_*\},\{p_*\},t)$ という代入を行ったものが(9.59)である。つまり、
→ p226

ポアッソン括弧で表現した正準方程式

$$\frac{dp}{dt} = \{p,H\}, \quad \frac{dq}{dt} = \{q,H\} \tag{9.61}$$

である。一般に p,q,t の関数であるところの物理量 A に対しては、

$$\frac{dA}{dt} = \{A,H\} + \frac{\partial A}{\partial t} \tag{9.62}$$

が成立する。ハミルトニアンがあらわに時間によらない場合に保存量になることも、$\{H,H\}=0$ という「あたりまえの式」で表現されている。

こんなふうに新しい「ポアッソン括弧」なる用語を定義する理由はもちろん、(9.60) の B にハミルトニアン以外の物が入った式も、いろいろ役に立つからである。

B から $\{A,B\}$ を計算するという操作を「B の左から A とのポアッソン括弧を取る」と表現することにしよう（「右から」も同様の定義）。

たとえば、「右からハミルトニアン H とのポアッソン括弧を取る（$* \to \{*,H\}$）」ことが時間発展に対応した[24]。ハミルトニアンでない一般の量も「ポアッソン括弧を取る」ことがなんらかの「変換」もしくは「位相空間での流れ」に対応している。つまり、ポアッソン括弧は変換を表現するのに使える。

ポアッソン括弧が役に立つことが実感できるまでには少し準備運動が必要

---

[23] 一般の括弧と区別するために添字 P をつける場合もあるが、添字などで区別せず $\{\ ,\ \}$ もしくは $[\ ,\ ]$ で表現している本も多い。
[24] 206ページの FAQ で触れた「ハミルトニアンは時間発展を記述する量」という意味がここでも見えてきた。

である。まず、この「ポアッソン括弧」なるものの性質を見よう。

9.5.2 ポアッソン括弧の性質

ポアッソン括弧は、すでに述べた反対称性も含めて、以下に列挙した性質を持つ。

ポアッソン括弧の性質

反対称性：
$$\{A, B\} = -\{B, A\} \tag{9.63}$$

双線型性：（α, β, γ は定数として）
$$\begin{aligned} \{\alpha A + \beta B, C\} &= \alpha\{A, C\} + \beta\{B, C\}, \\ \{A, \beta B + \gamma C\} &= \beta\{A, B\} + \gamma\{A, C\} \end{aligned} \tag{9.64}$$

ライプニッツ則：
$$\begin{aligned} \{A, BC\} &= \{A, B\}C + B\{A, C\} \\ \{AB, C\} &= \{A, C\}B + A\{B, C\} \end{aligned} \tag{9.65}$$

ヤコビ恒等式：
$$\{A, \{B, C\}\} + \{B, \{C, A\}\} + \{C, \{A, B\}\} = 0 \tag{9.66}$$

双線型性は分配法則と「定数はポアッソン括弧の外に出していい」という二つの性質を合わせて表現している。

分配法則とライプニッツ則が成り立つことは微分に似ている（と言うより、そもそも「ライプニッツ則」という言葉は微分のための用語である）し、その証明も微分の性質を使えばすぐできる。

ハミルトニアン H 以外をポアッソン括弧に入れた場合も、ある種の微分となっている。たとえば、$\{A, p_j\}$ を考えると、

$$\{A, p_j\} = \sum_i \left(\frac{\partial A}{\partial q_i}\frac{\partial p_j}{\partial p_i} - \frac{\partial p_j}{\partial q_i}\frac{\partial A}{\partial p_i} \right) = \frac{\partial A}{\partial q_j} \tag{9.67}$$

となるから、「右から p_j とのポアッソン括弧を取る（$\{*, p_j\}$）」は $\dfrac{\partial}{\partial q_j}$ と同じである。同様の計算をすれば、「右から q_j とのポアッソン括弧を取る（$\{*, q_j\}$）」

は $-\dfrac{\partial}{\partial p_j}$ と同じであることもわかる（符号に注意！）。

3次元空間（図は2次元で描いたが）において、$\sum_i v_i \dfrac{\partial}{\partial x_i}$ は、「$\vec{v}$ の方向への微分」である。すなわち、

$$\lim_{\epsilon \to 0} \frac{f(\vec{x}+\epsilon \vec{v})-f(\vec{x})}{\epsilon} = \sum_i v_i \frac{\partial f(\vec{x})}{\partial x_i} \quad (9.68)$$

である[†25]。「右から A とのポアッソン括弧を取る（$\{*,A\}$）」という操作は、演算子として書くと

$$\{*,A\} \equiv \sum_i \left(\frac{\partial A}{\partial p_i}\frac{\partial}{\partial q_i} - \frac{\partial A}{\partial q_i}\frac{\partial}{\partial p_i} \right) * \quad (9.69)$$

となるから、この微分演算子は $(\{q_*\},\{p_*\})$ で表される位相空間において、

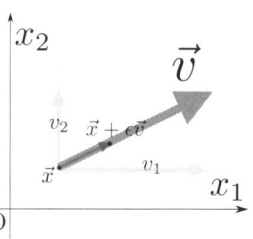

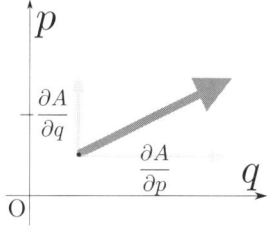

$$\left(\frac{\partial A}{\partial p_1}, \frac{\partial A}{\partial p_2}, \cdots, \frac{\partial A}{\partial p_N}, -\frac{\partial A}{\partial q_1}, -\frac{\partial A}{\partial q_2}, \cdots, -\frac{\partial A}{\partial q_N} \right) \quad (9.70)$$

という特別な方向への方向微分である、ということもできる。

9.5.3　ヤコビ恒等式の証明　+++++++++++++++++++++【補足】

ヤコビ恒等式(9.66)の証明のために、反対称性を使って全ての項で A が一番左にくるように（$\{A,\{B,C\}\} + \{\{A,C\},B\} - \{\{A,B\},C\} = 0$）して、さらに第1項と残りを両辺に分けた、

$$\{A,\{B,C\}\} = \{\{A,B\},C\} - \{\{A,C\},B\} \quad (9.71)$$

という式から始めよう。右辺の第1項と第2項は、二つの操作 $\{*,B\}$ と $\{*,C\}$ を行う順番を変えたものの差と考えればよい。この結果が $\{*,\{B,C\}\}$ という微分になる、とこの式は主張している。では、それを以下で示していこう。

上の式を証明するために、まず右辺第1項を書き下してみると、

$$\{\{A,B\},C\} = \left\{ \sum_i \left(\frac{\partial A}{\partial q_i}\frac{\partial B}{\partial p_i} - \frac{\partial A}{\partial p_i}\frac{\partial B}{\partial q_i} \right), C \right\}$$

$$= \sum_{i,j} \left(\frac{\partial}{\partial q_j}\left(\frac{\partial A}{\partial q_i}\frac{\partial B}{\partial p_i} - \frac{\partial A}{\partial p_i}\frac{\partial B}{\partial q_i} \right)\frac{\partial C}{\partial p_j} - \frac{\partial}{\partial p_j}\left(\frac{\partial A}{\partial q_i}\frac{\partial B}{\partial p_i} - \frac{\partial A}{\partial p_i}\frac{\partial B}{\partial q_i} \right)\frac{\partial C}{\partial q_j} \right)$$

$$(9.72)$$

[†25] $\vec{v} = \sum_i v_i \vec{e}_i$ と grad $= \sum_i \vec{e}_i \dfrac{\partial}{\partial x_i}$ の内積と考えてもよい。

である。右辺第 2 項は $B \leftrightarrow C$ という置き換えをしたものだから、この後の計算で $B \leftrightarrow C$ で符号が変わらないものはどんどん消してよい。具体的には、q_j による微分と p_j による微分が A を含む方にかかった部分、すなわち、

$$\sum_{i,j} \left(\left(\frac{\partial^2 A}{\partial q_j \partial q_i} \frac{\partial B}{\partial p_i} - \frac{\partial^2 A}{\partial q_j \partial p_i} \frac{\partial B}{\partial q_i} \right) \frac{\partial C}{\partial p_j} - \left(\frac{\partial^2 A}{\partial p_j \partial q_i} \frac{\partial B}{\partial p_i} - \frac{\partial^2 A}{\partial p_j \partial p_i} \frac{\partial B}{\partial q_i} \right) \frac{\partial C}{\partial q_j} \right) \tag{9.73}$$

は $B \leftrightarrow C$ と取り替えたものを引くことで消える。消えずに残るのは微分が A を含まない方にかかった結果であるところの、

$$\sum_{i,j} \left(\left(\frac{\partial A}{\partial q_i} \frac{\partial^2 B}{\partial q_j \partial p_i} - \frac{\partial A}{\partial p_i} \frac{\partial^2 B}{\partial q_j \partial q_i} \right) \frac{\partial C}{\partial p_j} - \left(\frac{\partial A}{\partial q_i} \frac{\partial^2 B}{\partial p_j \partial p_i} - \frac{\partial A}{\partial p_i} \frac{\partial^2 B}{\partial p_j \partial q_i} \right) \frac{\partial C}{\partial q_j} \right)$$
$$= \sum_{i,j} \left(\frac{\partial A}{\partial q_i} \left(\frac{\partial^2 B}{\partial q_j \partial p_i} \frac{\partial C}{\partial p_j} - \frac{\partial^2 B}{\partial p_j \partial p_i} \frac{\partial C}{\partial q_j} \right) - \frac{\partial A}{\partial p_i} \left(\frac{\partial^2 B}{\partial q_j \partial q_i} \frac{\partial C}{\partial p_j} - \frac{\partial^2 B}{\partial p_j \partial q_i} \frac{\partial C}{\partial q_j} \right) \right) \tag{9.74}$$

である。この式から $B \leftrightarrow C$ と置き換えたものを引いたのが結果である。まず第 1 項の括弧内から $B \leftrightarrow C$ と置き換えたものを引くと、

$$\sum_{j} \left(\frac{\partial^2 B}{\partial q_j \partial p_i} \frac{\partial C}{\partial p_j} - \frac{\partial^2 B}{\partial p_j \partial p_i} \frac{\partial C}{\partial q_j} - \frac{\partial^2 C}{\partial q_j \partial p_i} \frac{\partial B}{\partial p_j} + \frac{\partial^2 C}{\partial p_j \partial p_i} \frac{\partial B}{\partial q_j} \right)$$
$$= \frac{\partial}{\partial p_i} \sum_{j} \left(\frac{\partial B}{\partial q_j} \frac{\partial C}{\partial p_j} - \frac{\partial B}{\partial p_j} \frac{\partial C}{\partial q_j} \right) = \frac{\partial}{\partial p_i} \{B, C\} \tag{9.75}$$

となる。同様に第 2 項からは $\dfrac{\partial}{\partial q_i} \{B, C\}$ が出るので、(9.71) の右辺は
$_{\to \text{p229}}$

$$\sum_{i} \left(\frac{\partial A}{\partial q_i} \frac{\partial}{\partial p_i} \{B, C\} - \frac{\partial A}{\partial p_i} \frac{\partial}{\partial q_i} \{B, C\} \right) \tag{9.76}$$

だということになる。これはまさしく $\{A, \{B, C\}\}$ であり、(9.71) が証明された。
$_{\to \text{p229}}$
✚✚✚✚✚✚✚✚✚✚✚✚✚✚✚✚✚✚✚✚✚✚✚✚✚✚✚✚✚✚✚【補足終わり】

9.5.4 ポアッソン括弧が 0 になることの意味

運動は位相空間内の「移動」と考えることができ、その時間的な「移動」を微分演算子 $\dfrac{\partial H}{\partial p} \dfrac{\partial}{\partial q} - \dfrac{\partial H}{\partial q} \dfrac{\partial}{\partial p}$ で表現できる。これをポアッソン括弧で書くと、$\{*, H\}$ がいわば「時間発展の方向への微分」と同じ役割をしている。

同様に、$\{*, p\}$ という演算は（p 微分ではなく）q 微分であるし、$\{*, q\}$ は p 微分（の逆方向）である。

9.5 ポアッソン括弧

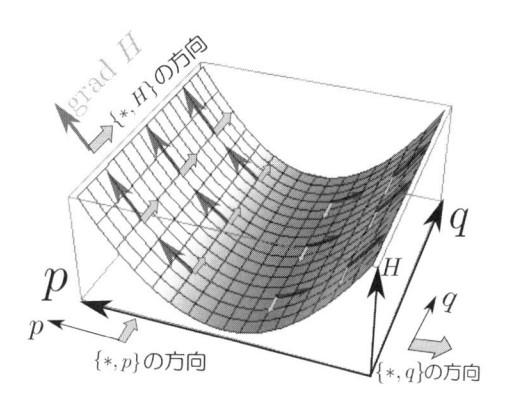

左の図は、(q,p) の位相空間（平面）において自由な質点のハミルトニアン $H = \dfrac{p^2}{2m}$ がどのような値を取るかを高さで表現したグラフである。$\{*,p\}$ の方向（つまりは q 方向）への移動ではエネルギー（ハミルトニアンの値）が変化しない。$\{*,q\}$ の方向ではエネルギーが変化してしまう。

つまり、$\{*,p\}$ はエネルギーが保存する方向、$\{*,q\}$ は保存しない方向への微分である。この場合はハミルトニアンによる移動 $\{*,H\}$ と運動量による移動 $\{*,p\}$ は長さは違うが同じ方向を向く。そういう意味で $\{*,p\}$ の方向に移動してもエネルギーが保存するのは当然と言えば当然である。

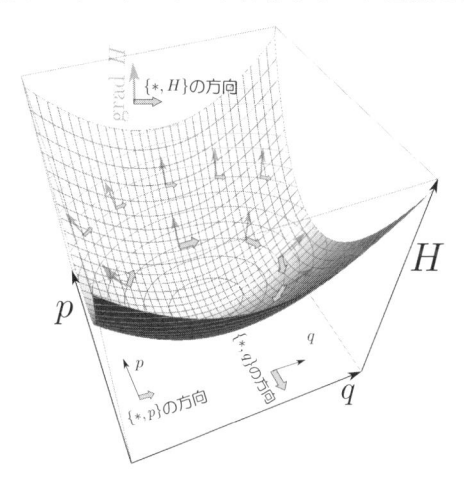

左の図は調和振動子の場合の位相空間における H を表した図である。この場合 grad H は原点（$p=0, q=0$）から離れる方向であり、$\{*,H\}$ はそれと垂直に、楕円を描いて原点のまわりを回る方向である。この二つの方向は、$\{*,p\}$ とも $\{*,q\}$ とも違う方向になっている。どちらの方向への移動も、エネルギーを保存しない移動になる。

どのような（位相空間上の）移動がエネルギーを保存するか、という問題は、ハミルトニアンが表現している移動（時間発展）と他のポアッソン括弧が表現している移動の方向性から決まってくる。このことをポアッソン括弧を使って簡潔に表現することができる。

A という量に対して、

---- 手順1 ----
(1) 右から B とのポアッソン括弧を取る。$A \to \{A, B\}$
(2) さらに右から C とのポアッソン括弧を取る。$\{A, B\} \to \left\{\{A, B\}, C\right\}$

---- 手順2 ----
(1) 右から C とのポアッソン括弧を取る。$A \to \{A, C\}$
(2) さらに右から B とのポアッソン括弧を取る。$\{A, C\} \to \left\{\{A, C\}, B\right\}$

と二つの計算を行った結果の差を考えると、

$$\{A, \{B, C\}\} = \underbrace{\{\{A, B\}, C\}}_{\text{手順1}} - \underbrace{\{\{A, C\}, B\}}_{\text{手順2}} \tag{9.77}$$

となることが、ヤコビ恒等式から言える（→(9.71)）。

よってもし、$\{B, C\} = 0$ ならば[26]、上に挙げた二つの操作は必ず同じ結果を出す（式で書けば $\{\{A, B\}, C\} = \{\{A, C\}, B\}$ が成り立つ）。

以上の状況を踏まえ、「$\{\alpha, \beta\} = 0$ である」ことを「α と β は**ポアッソン括弧の意味で交換する**」または「**ポアッソン括弧の意味で可換**」と言う[27]。

ハミルトニアンがある座標 q_i を含んでいなければ（別の言い方をすれば「q_i が循環座標ならば」）、p_i とのポアッソン括弧は 0 となる。この「p_i と H が（ポアッソン括弧の意味で）交換する」という式

$$\{p_i, H\} = 0 \quad \text{または} \{H, p_i\} = 0 \tag{9.78}$$

からは二つの意味を読み取ることができる。

H と右からポアッソン括弧を取ること $\{*, H\}$ を時間微分だと考えれば、$\{p_i, H\} = 0$ の示すところは「p_i は保存量である」ということである（これは別に新しいことではなく、循環座標（もしくは無視できる座標）に共役な運動量が保存することを別の言葉で述べたに過ぎない）。

---
[26] 実は、$\{B, C\}$ が 0 でなくても、定数など、A とのポアッソン括弧が 0 になる量であればよい。
[27] ここで「交換する」というのはあくまで「$\{\alpha, \beta\} = 0$ ならば $\{\{*, \alpha\}, \beta\}$ と $\{\{*, \beta\}, \alpha\}$ が同じ結果になる」という意味での「交換する」である。量子力学においては、$\{\alpha, \beta\} = 0$ に対応する式そのものが「交換する」という意味を持ってくるのだが、それはまた後の話。

p_i と右からポアッソン括弧を取ること $\{*, p_i\}$ を q_i 微分だと考えれば $\{H, p_i\} = 0$ は「ハミルトニアンが q_i 方向への並進に対して不変である」という意味を持つ。こうして、保存則と不変性が結びつく[†28]。

なお、二つの時間的に不変な量 A, B があったら、その二つのポアッソン括弧 $\{A, B\}$ も時間不変量となる。A, B があらわに時間依存しないならば、それはヤコビ恒等式 (→ p130) を使った

$$\{A, \underbrace{\{B, H\}}_{\text{前提により }0}\} + \{B, \underbrace{\{H, A\}}_{\text{前提により }0}\} + \{H, \{A, B\}\} = 0 \tag{9.79}$$

から明白である。時間にあらわに依存する量 A と B が $\dfrac{\mathrm{d}A}{\mathrm{d}t} = \{A, H\} + \dfrac{\partial A}{\partial t} = 0$ (B も同様) を満たす (つまり、時間をあらわに含んでいるが時間微分は 0 である) 場合は、

$$\begin{aligned}
\frac{\mathrm{d}}{\mathrm{d}t}\{A, B\} &= \{\{A, B\}, H\} + \frac{\partial}{\partial t}\{A, B\} \\
&= \underbrace{-\{\{H, A\}, B\} - \{\{B, H\}, A\}}_{=\{\{A,B\},H\}\,(\text{ヤコビ恒等式より})} + \underbrace{\left\{\frac{\partial A}{\partial t}, B\right\} + \left\{A, \frac{\partial B}{\partial t}\right\}}_{\frac{\partial}{\partial t}\{A,B\}} \\
&= -\left\{\underbrace{\frac{\partial A}{\partial t}}_{\{H,A\}}, B\right\} + \left\{\underbrace{\frac{\partial B}{\partial t}}_{-\{B,H\}}, A\right\} + \left\{\frac{\partial A}{\partial t}, B\right\} + \left\{A, \frac{\partial B}{\partial t}\right\} = 0
\end{aligned} \tag{9.80}$$

のように $\{A, B\}$ の時間微分も 0 となる。

9.6 ハミルトン形式で考える角運動量と剛体

9.6.1 角運動量とのポアッソン括弧

質点の運動の場合で[†29]角運動量ベクトル $\vec{L} = \vec{x} \times \vec{p}$ を考えよう。

$$L_x = yp_z - zp_y, \quad L_y = zp_x - xp_z, \quad L_z = xp_y - yp_x \tag{9.81}$$

L_z と x, y, z のポアッソン括弧を計算してみよう。

[†28] ただしこれも別に新しいことではない。第 8 章のネーターの定理を別の言葉で述べたものだ。
  → p191
[†29] 剛体の場合は7.1.1節で考えたように、x, y, z が剛体の各点の $X^{(i)}, Y^{(i)}, Z^{(i)}$ に変わって和を取るだけのことなので、本質的には同様である。
  → p168

$$\{x, L_z\} = \{x, -yp_x\} = -y, \quad \{y, L_z\} = \{y, xp_y\} = x, \quad \{z, L_z\} = 0 \tag{9.82}$$

となる。x座標をyに比例するだけ、y座標をxに比例するだけ変化させるという演算は「z軸まわりの回転」(active な変換の $\theta = \epsilon$ と微小にしたものに対応$\underset{\to \text{p343 の (C.38)}}{}$) である。$L_z$ とポアッソン括弧を取るという計算により、

$$\{p_x, L_z\} = \{p_x, xp_y\} = -p_y, \quad \{p_y, L_z\} = \{p_y, -yp_x\} = p_x, \quad \{p_z, L_z\} = 0 \tag{9.83}$$

と運動量が変換されることがわかる。これもまた「z軸回りの回転」である。

$\{*, L_z\}$ という演算は、$*$ に x, y, z が入った時には $x\dfrac{\partial}{\partial y} - y\dfrac{\partial}{\partial x}$ と同じ計算になっている。確認しておこう。$x\dfrac{\partial}{\partial y} - y\dfrac{\partial}{\partial x}$ を極座標に変換すると、

$$\begin{aligned}&\underbrace{r\sin\theta\cos\phi}_{x}\underbrace{\left(\sin\theta\sin\phi\frac{\partial}{\partial r} + \frac{\cos\theta\sin\phi}{r}\frac{\partial}{\partial \theta} + \frac{\cos\phi}{r\sin\theta}\frac{\partial}{\partial \phi}\right)}_{\frac{\partial}{\partial y}} \\ &- \underbrace{r\sin\theta\sin\phi}_{y}\underbrace{\left(\sin\theta\cos\phi\frac{\partial}{\partial r} + \frac{\cos\theta\cos\phi}{r}\frac{\partial}{\partial \theta} - \frac{\sin\phi}{r\sin\theta}\frac{\partial}{\partial \phi}\right)}_{\frac{\partial}{\partial x}} \\ &= \frac{\partial}{\partial \phi}\end{aligned} \tag{9.84}$$

となる。つまり、L_z とのポアッソン括弧を取るという計算は確かに、「ϕで微分する」のと同じなのである。

L_x と L_y のポアッソン括弧を計算すると

$$\begin{aligned}\{L_x, L_y\} &= \{yp_z - zp_y, zp_x - xp_z\} \\ &= \{yp_z, zp_x\} + \{yp_z, -xp_z\} + \{-zp_y, zp_x\} + \{-zp_y, -xp_z\} \\ &= -yp_x + xp_y = L_z\end{aligned} \tag{9.85}$$

となる。これをヤコビ恒等式を変形した(9.71)$\underset{\to \text{p229}}{}$に対して使うと、

$$\{\{A, L_x\}, L_y\} - \{\{A, L_y\}, L_x\} = \{A, \{L_x, L_y\}\} = \{A, L_z\} \tag{9.86}$$

となる。x軸回りに回転してからy軸回りに回転する、という変化と、その逆にy軸回りに回転してからx軸回りに回転する、という変化の差はz軸回りの回転になる、という結果が出る。簡単な例で確かにこうなっていることを確認しよう。

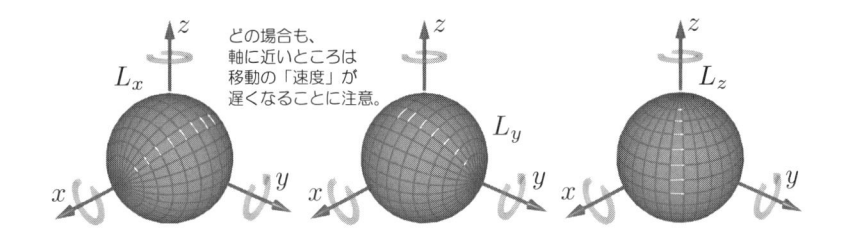

9.6 ハミルトン形式で考える角運動量と剛体

上の図の回転を見ていると、軸に近いところほど移動距離が小さくなる。今 z 軸上にある物体がいるとして、L_x による回転の後で L_y の回転を起こす場合（右図の上の段）と L_y による回転の後で L_x の回転を起こす場合（右図の下の段）ので到着点の差を考えると、どちらも2回目の回転の方が移動距離が小さい（1回目の回転で2回目の回転の軸に近づいてしまった、と思えばなぜ距離が短くなるのかがわかる）。短くなってしまった分、二つの結果が一致しない（四角形が閉じない）。そのずれは z 軸回りに回転することで補正できる。回転角度を微小量 ϵ とすれば、ずれは ϵ^2 のオーダーである。

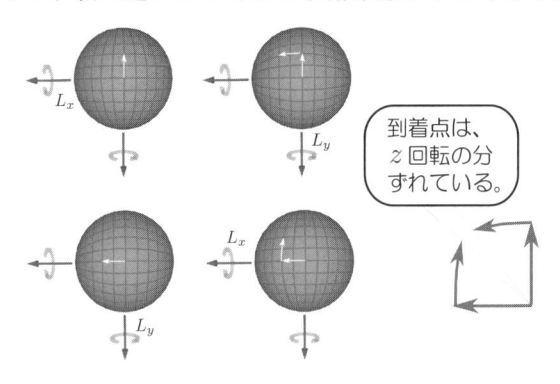

以上と、(9.79) から、$\{L_x, H\} = \{L_y, H\} = 0$ ならば $\{L_z, H\} = 0$（つまり、角運動量の x 成分と y 成分が保存するなら、z 成分も保存する）が結論される。

9.6.2 外力が働かない剛体の回転

多少「骨のある問題」でハミルトン形式の力学の練習をしておこう。ということで、7.2.3 節においてラグランジュ形式で考えた外力を受けてない剛体の問題を考えよう。(7.35) の運動エネルギー

$$\frac{1}{2}I_{XX}\underbrace{\left(\dot\theta\cos\psi+\dot\phi\sin\psi\sin\theta\right)}_{\omega_X}{}^2+\frac{1}{2}I_{YY}\underbrace{\left(-\dot\theta\sin\psi+\dot\phi\cos\psi\sin\theta\right)}_{\omega_Y}{}^2$$
$$+\frac{1}{2}I_{ZZ}\underbrace{\left(\dot\psi+\dot\phi\cos\theta\right)}_{\omega_Z}{}^2 \tag{9.87}$$

から出発する（位置エネルギーは考えないから、これはラグランジアンそのものである）。まず運動量を求めよう。

$$p_\psi = I_{ZZ}\omega_Z\frac{\partial\omega_Z}{\partial\dot\psi} = I_{ZZ}\omega_Z \tag{9.88}$$

$$p_\theta = I_{XX}\omega_X\frac{\partial\omega_X}{\partial\dot\theta} + I_{YY}\omega_Y\frac{\partial\omega_Y}{\partial\dot\theta} = I_{XX}\omega_X\cos\psi - I_{YY}\omega_Y\sin\psi \tag{9.89}$$

$$p_\phi = I_{XX}\omega_X\frac{\partial\omega_X}{\partial\dot\phi} + I_{YY}\omega_Y\frac{\partial\omega_Y}{\partial\dot\phi} + I_{ZZ}\frac{\partial\omega_Z}{\partial\dot\phi}$$
$$= I_{XX}\omega_X\sin\psi\sin\theta + I_{YY}\omega_Y\cos\psi\sin\theta + I_{ZZ}\omega_Z\cos\theta \tag{9.90}$$

となる。行列でまとめると、

$$\begin{pmatrix} p_\psi \\ p_\theta \\ p_\phi \end{pmatrix} = \begin{pmatrix} 0 & 0 & 1 \\ \cos\psi & -\sin\psi & 0 \\ \sin\psi\sin\theta & \cos\psi\sin\theta & \cos\theta \end{pmatrix} \begin{pmatrix} I_{XX}\omega_X \\ I_{YY}\omega_Y \\ I_{ZZ}\omega_Z \end{pmatrix} \tag{9.91}$$

である（この行列は直交行列ではないことに注意）。逆行列は以下の通り。

$$\begin{pmatrix} I_{XX}\omega_X \\ I_{YY}\omega_Y \\ I_{ZZ}\omega_Z \end{pmatrix} = \begin{pmatrix} -\dfrac{\sin\psi\cos\theta}{\sin\theta} & \cos\psi & \dfrac{\sin\psi}{\sin\theta} \\ -\dfrac{\cos\psi\cos\theta}{\sin\theta} & -\sin\psi & \dfrac{\cos\psi}{\sin\theta} \\ 1 & 0 & 0 \end{pmatrix} \begin{pmatrix} p_\psi \\ p_\theta \\ p_\phi \end{pmatrix} \tag{9.92}$$

ハミルトニアンを計算するために、まず $p_\theta\dot\theta+p_\phi\dot\phi+p_\psi\dot\psi$ を計算する。その結果はラグランジアンの2倍になる。これはこつこつ計算してもわかるが、元々の運動エネルギー（ラグランジアン）が $\dot\theta,\dot\phi,\dot\psi$ の2次の項のみを含むことからわかる。たとえば $p_\theta = \dfrac{\partial L}{\partial\dot\theta}$ であるから、$p_\theta\dot\theta = \dot\theta\dfrac{\partial L}{\partial\dot\theta}$ である。L に $(\dot\theta)^n$ という項があったとすると、その部分に対する答えは $\dot\theta n(\dot\theta)^{n-1} = n(\dot\theta)^n$ となる。つまり、「L に含まれているのが $\dot\theta$ の何次式か」に応じて答えが変わる。

ハミルトニアンに現れる $p_\theta\dot\theta+p_\phi\dot\phi+p_\psi\dot\psi$ は $\left(\dot\theta\dfrac{\partial}{\partial\dot\theta}+\dot\phi\dfrac{\partial}{\partial\dot\phi}+\dot\psi\dfrac{\partial}{\partial\dot\psi}\right)L$ と書き直すことができるが、この $\dot\theta\dfrac{\partial}{\partial\dot\theta}+\dot\phi\dfrac{\partial}{\partial\dot\phi}+\dot\psi\dfrac{\partial}{\partial\dot\psi}$ はちょうど「$\dot\theta,\dot\phi,\dot\psi$ の次

数を数える演算」[†30]になっている。これから「答はLの2倍」とわかる。ということはこの場合、ハミルトニアンは$H = p\dot{q} - L = 2L - L = L$となってラグランジアンに等しい[†31]（正確には値が等しい。表現は違う）。よって、$\vec{\omega}$を$\vec{p}$で表せばハミルトニアンがわかる。(9.92)を使って計算すると、

$$H = \frac{1}{2I_{XX}}\left(p_\theta \cos\psi + \frac{p_\phi - p_\psi \cos\theta}{\sin\theta}\sin\psi\right)^2 \\ + \frac{1}{2I_{YY}}\left(-p_\theta \sin\psi + \frac{p_\phi - p_\psi \cos\theta}{\sin\theta}\cos\psi\right)^2 + \frac{1}{2I_{ZZ}}\left(p_\psi\right)^2 \quad (9.93)$$

と計算できる。ハミルトニアンはϕを含んでいないから、p_ϕ ($\to$(9.90) $\to$ p236) が保存量である。この(9.90)は前に計算したL_z ($\to$(7.50) $\to$ p183) と同じ式である。L_x, L_yの保存はこれに比べると簡単ではない。しかし以下でポアッソン括弧を使った計算でオイラーの運動方程式が導けるので、角運動量ベクトル$\vec{L} = I_{XX}\omega_X\vec{\mathbf{e}}_X + I_{YY}\omega_Y\vec{\mathbf{e}}_Y + I_{ZZ}\omega_Z\vec{\mathbf{e}}_Z$ ($\to$ p181の(7.41)) が保存することは確認できる（7.2.4節 $\to$ p182 を参照）。

以下では角運動量ベクトルの時間変化をポアッソン括弧を使って計算していこう。ここで、$I_{ZZ}\omega_Z = p_\psi$で、p_ψとポアッソン括弧を取るということはψで微分することと同じである。よって$\{*, I_{ZZ}\omega_Z\} = \dfrac{\partial *}{\partial \psi}$と計算して、

$$\{I_{XX}\omega_X, I_{ZZ}\omega_Z\} = -p_\theta \sin\psi + \frac{p_\phi - p_\psi \cos\theta}{\sin\theta}\cos\psi = I_{YY}\omega_Y \quad (9.94)$$

$$\{I_{YY}\omega_Y, I_{ZZ}\omega_Z\} = -p_\theta \cos\psi - \frac{p_\phi - p_\psi \cos\theta}{\sin\theta}\sin\psi = -I_{XX}\omega_X \quad (9.95)$$

がわかる。$\{I_{XX}\omega_X, I_{YY}\omega_Y\} = -I_{ZZ}\omega_Z$も示せる（次の練習問題参照）。

---------------------------- 練習問題 ----------------------------

【問い9-3】 $\{I_{XX}\omega_X, I_{YY}\omega_Y\} = -I_{ZZ}\omega_Z$を確認せよ。

ヒント $\to$ p349へ　解答 $\to$ p361へ

ハミルトニアンは$H = \dfrac{(I_{XX}\omega_X)^2}{2I_{XX}} + \dfrac{(I_{YY}\omega_Y)^2}{2I_{YY}} + \dfrac{(I_{ZZ}\omega_Z)^2}{2I_{ZZ}}$と書けるので、

[†30] $(\dot{\theta})^\ell (\dot{\phi})^m (\dot{\psi})^n$にこの演算子が掛かると、元の$\ell + m + n$倍になる。

[†31] 一般にハミルトニアンを計算する時出てくる$\sum_i p_i \dot{q}_i$は$\sum_i \dot{q}_i \dfrac{\partial L}{\partial \dot{q}_i}$とも書けるので、ラグランジアンの中の$\dot{q}$の2次の項はハミルトニアンでは同じまま残り、$\dot{q}$の1次の項が入っていたら、その項はハミルトニアンから消える。

$$\frac{\mathrm{d}}{\mathrm{d}t}(I_{XX}\omega_X) = \{I_{XX}\omega_X, H\}$$
$$= \frac{1}{2I_{YY}}\left\{I_{XX}\omega_X, (I_{YY}\omega_Y)^2\right\} + \frac{1}{2I_{ZZ}}\left\{I_{XX}\omega_X, (I_{ZZ}\omega_Z)^2\right\} \quad (9.96)$$
$$= \omega_Y \underbrace{\{I_{XX}\omega_X, I_{YY}\omega_Y\}}_{-I_{ZZ}\omega_Z} + \omega_Z \underbrace{\{I_{XX}\omega_X, I_{ZZ}\omega_Z\}}_{I_{YY}\omega_Y} = (I_{YY}-I_{ZZ})\omega_Y\omega_Z$$

となり、ポアッソン括弧の計算でオイラーの運動方程式が出せた。
→ p181 の (7.40)

また、角運動量の自乗にあたる、$|\vec{L}|^2 = (I_{XX}\omega_X)^2 + (I_{YY}\omega_Y)^2 + (I_{ZZ}\omega_Z)^2$ が保存量であることも、ポアッソン括弧による計算でわかる。まず $|\vec{L}|^2$ と $I_{XX}\omega_X$ とのポアッソン括弧を計算すると、

$$\begin{aligned} &\left\{(I_{XX}\omega_X)^2 + (I_{YY}\omega_Y)^2 + (I_{ZZ}\omega_Z)^2, I_{XX}\omega_X\right\} \\ &= \left\{(I_{YY}\omega_Y)^2, I_{XX}\omega_X\right\} + \left\{(I_{ZZ}\omega_Z)^2, I_{XX}\omega_X\right\} \\ &= 2I_{YY}\omega_Y \underbrace{\{I_{YY}\omega_Y, I_{XX}\omega_X\}}_{I_{ZZ}\omega_Z} + 2I_{ZZ}\omega_Z \underbrace{\{I_{ZZ}\omega_Z, I_{XX}\omega_X\}}_{-I_{YY}\omega_Y} = 0 \end{aligned} \quad (9.97)$$

となる ($I_{YY}\omega_Y, I_{ZZ}\omega_Z$ に関しても同様)。よって、ハミルトニアンと $|\vec{L}|^2$ とのポアッソン括弧も 0 となる。つまり、$|\vec{L}|^2$ は保存する[32]。

9.6.3 対称コマのハミルトニアン

7.3.2 節の、ラグランジアンが
→ p188

$$L = \frac{1}{2}I_{XX}\left((\dot{\theta})^2 + \sin^2\theta(\dot{\phi})^2\right) + \frac{1}{2}I_{ZZ}\left(\dot{\psi} + \dot{\phi}\cos\theta\right)^2 \quad (9.98)$$

であった対称コマの問題をハミルトン形式で考えてみよう。まず運動量は

$$p_\theta = I_{XX}\dot{\theta} \quad (9.99)$$
$$p_\phi = I_{XX}\dot{\phi}\sin^2\theta + I_{ZZ}(\dot{\psi} + \dot{\phi}\cos\theta)\cos\theta \quad (9.100)$$
$$p_\psi = I_{ZZ}(\dot{\psi} + \dot{\phi}\cos\theta) \quad (9.101)$$

となる。上の式から

$$\dot{\theta} = \frac{p_\theta}{I_{XX}} \quad (9.102)$$
$$\dot{\phi} = \frac{p_\phi - p_\psi\cos\theta}{I_{XX}\sin^2\theta} \quad (9.103)$$
$$\dot{\psi} = \frac{p_\psi}{I_{ZZ}} - \frac{p_\phi - p_\psi\cos\theta}{I_{XX}\sin^2\theta}\cos\theta \quad (9.104)$$

---
[32] ポアッソン括弧の代数的な計算でこれがわかるのはハミルトン形式の有利な点の一つである。

9.6 ハミルトン形式で考える角運動量と剛体

がわかる。前節同様ハミルトニアンはラグランジアンに（値として）等しく、

$$H = \frac{(p_\theta)^2}{2I_{XX}} + \frac{1}{2}\frac{(p_\phi - p_\psi \cos\theta)^2}{I_{XX}\sin^2\theta} + \frac{1}{2}\frac{(p_\psi)^2}{I_{ZZ}} \tag{9.105}$$

となる。ハミルトニアンに ϕ, ψ は含まれないので、p_ϕ, p_ψ は定数だと考えてよい。よって解く意味のあるのは θ, p_θ のペアだけである。ハミルトニアンが保存量であるから、$H = E$(定数) として

$$\frac{(p_\theta)^2}{2I_{XX}} + \frac{1}{2}\frac{(p_\phi - p_\psi\cos\theta)^2}{I_{XX}\sin^2\theta} + \frac{1}{2}\frac{(p_\psi)^2}{I_{ZZ}} = E$$
$$(p_\theta)^2 + \frac{(p_\phi - p_\psi\cos\theta)^2}{\sin^2\theta} = (\text{定数}) \tag{9.106}$$

という式が出る。既に $\dot{\psi}, \dot{\theta}, \dot{\phi}$ から p_ψ, p_θ, p_ϕ へのルジャンドル変換を済ましているので、p_ψ, p_ϕ を独立変数として考えていけばよい[†33]。上の式の $(p_\theta)^2$ の部分を運動エネルギーに対応する部分と考えれば、第2項がポテンシャルに対応し、θ がその中を運動する[†34]。

$p_\phi \ne 0$ の場合のポテンシャルに対応する量

$(p_\phi)^2 \times \dfrac{\left(1 - \frac{p_\psi}{p_\phi}\cos\theta\right)^2}{\sin^2\theta}$ を、

$\dfrac{p_\psi}{p_\phi}$ を変えつつグラフに描くと右の図のようになる。グラフからわかるようにこのポテンシャルはどこかに最低点（すなわち安定なつりあい点）があり、その角度であれば θ は一定を保つ。その近傍にあればその付近で θ が振動することになる。$\dfrac{p_\psi}{p_\phi}$ が1より大きい時[†35] は $\cos\theta = \dfrac{p_\phi}{p_\psi}$ のところが安定な最小値である。

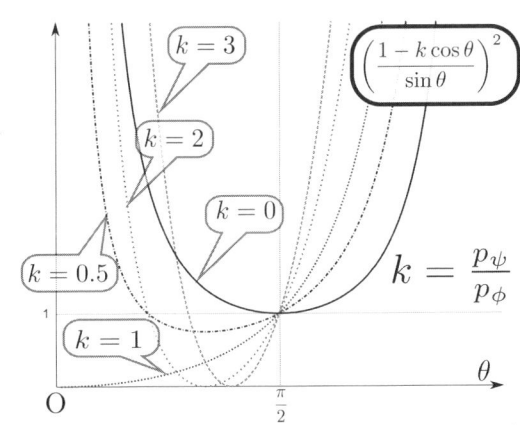

[†33] 5.1.4節で注意した変数の問題は解決されているので、ラウシアンを作るなどの方法は必要ない。
→ p118

[†34] p_ψ, p_θ, p_ϕ の方が、$\dot{\psi}, \dot{\theta}, \dot{\phi}$ より、時間的変化を記述するのに便利な座標になっていることに注意しよう。こういう自然な座標がみつかるのがハミルトン形式の利点の一つ。
→ p123

[†35] いわゆる「コマを回す」という状況では、「えいっ」と Z 軸を持ってひねるという動作をするので、p_ψ が大きい状況が実現しやすい。

$p_\psi > p_\phi$ で、$\cos\theta = \dfrac{p_\phi}{p_\psi}$ を満たす θ になっていたとすると、(9.103)$\underset{\to \text{p238}}{\text{より}}$ $\dot\phi = 0$、(9.104)$\underset{\to \text{p238}}{\text{より}}$ $\dot\psi = \dfrac{p_\psi}{I_{ZZ}}$ (定数)だから、その時 p_θ も 0 であれば一定の θ, ϕ を持ちながら ψ が一定角速度で変化していく。そうでないが（位相空間上で）近い状態にあった時は、その回りを回るような時間変化をする（くどいようだが位相空間の中で、の話）。それを表したのが右のグラフである。$\cos\theta = \dfrac{p_\phi}{p_\psi}$ を満たす状態を示す縦線が引いてあるが、そこより右では $\dot\phi = \dfrac{p_\phi - p_\psi \cos\theta}{I_{XX}\sin^2\theta}$ が正になる（左側では負になる）から、ϕ も同様の振動をすると考えられる。

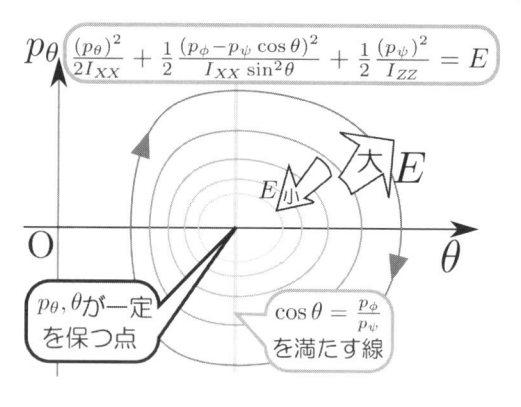

$$\dfrac{(p_\theta)^2}{2I_{XX}} + \dfrac{1}{2}\dfrac{(p_\phi - p_\psi\cos\theta)^2}{I_{XX}\sin^2\theta} + \dfrac{1}{2}\dfrac{(p_\psi)^2}{I_{ZZ}} = E$$

9.6.4　軸先が固定された対称コマ

対称コマで、コマの足先は移動できないように固定されている（ただし回転はできる）場合を考えよう。$\theta = 0$ の時の重心の高さ（コマの軸先の位置から測る）を H とする。θ の変化に応じて重心は $H\dot\theta$ の速度を、そして ϕ の変化に応じて重心は $H\sin\theta\dot\phi$ の速度を持つ。よって重心の運動エネルギー

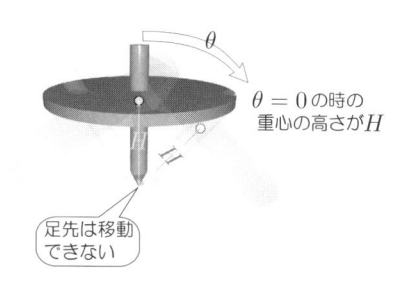

$$\dfrac{1}{2}M|\vec{v}_G|^2 = \dfrac{1}{2}MH^2\left((\dot\theta)^2 + \sin^2\theta(\dot\phi)^2\right) \tag{9.107}$$

と、重心の z 座標による位置エネルギーの符号を変えたもの $-MgH\cos\theta$ をラグランジアンに加える必要が出てくる。結果、ラグランジアンは

$$L = \dfrac{MH^2 + I_{XX}}{2}\left((\dot\theta)^2 + \sin^2\theta(\dot\phi)^2\right) + \dfrac{I_{ZZ}}{2}\left(\dot\psi + \dot\phi\cos\theta\right)^2 - MgH\cos\theta \tag{9.108}$$

となる。つまりは重心運動の分 I_{XX} が増加したという結果になっているので、以後は $I'_{XX} = I_{XX} + MH^2$ と置くことにする。

前節同様の計算により、ハミルトニアンは

$$H = \frac{(p_\theta)^2}{2I'_{XX}} + \frac{(p_\phi - p_\psi \cos\theta)^2}{2I'_{XX}\sin^2\theta} + \frac{(p_\psi)^2}{2I_{ZZ}} + MgH\cos\theta \tag{9.109}$$

となり、ϕ, ψ を含んでいないので、p_ϕ, p_ψ の二つが保存量となる。よって θ, p_θ の部分だけを考えればよいことになる。

前節との違いは $I_{XX} \to I'_{XX}$ と変わったことと $MgH\cos\theta$ がつけ加わっただけである。この $MgH\cos\theta$ の項はポテンシャルに対応する項

$$(p_\phi)^2 \times \frac{\left(1 - \frac{p_\psi}{p_\phi}\cos\theta\right)^2}{\sin^2\theta} \tag{9.110}$$

に $\cos\theta$ に比例する項を付け加えることになり、その分だけ平衡点を（上のグラフでわかるように）θ が大きい方へとずらすことになる。θ, ϕ などの時間変化がどのようなものになるかは、【演習問題9-4】を参照せよ。
→ p242

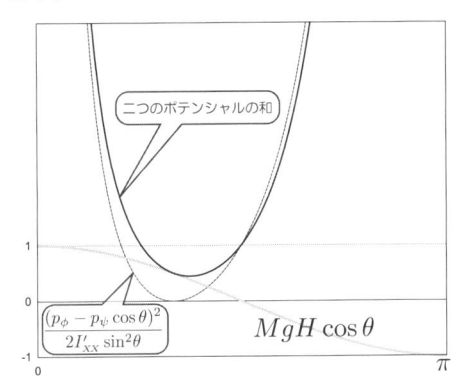

9.7 章末演習問題

★【演習問題9-1】
2次元の調和振動子のラグランジアン

$$L = \frac{m}{2}\left((\dot{x})^2 + (\dot{y})^2\right) - \frac{1}{2}k(x^2 + y^2) \tag{9.111}$$

を極座標に書き直したのち、それぞれの座標で正準運動量とハミルトニアンを計算し、正準方程式を立てよ。

ヒント → p7wへ　　解答 → p25wへ

【演習問題 9-2】

下の図は、$H = \dfrac{p^2}{2m} - \dfrac{k}{2}q^2 + \dfrac{K}{4}q^4$（$k, K$ は正の定数）というハミルトニアンの場合の位相空間の流れ図である。どのような運動が起こるか、図に描き込んでみよ。

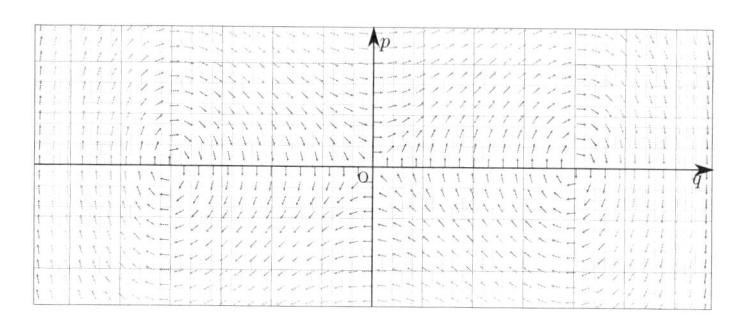

解答 → p25w へ

【演習問題 9-3】

一階微分方程式なのに初期値を決めても解が一つに決まらない方程式の例として、$\left(\dfrac{dx}{dt}\right)^2 = |x|$ という方程式がある。この方程式に対し、初期値を決めても解が一つには決まらない場合があることを示せ。

ヒント → p7w へ　　解答 → p25w へ

【演習問題 9-4】

9.6.4 節で考えた軸先が固定された対称コマの運動について詳しく考えよう。自由な対称コマの場合に 240 ページ (→ p240) に書いたのと同様のグラフを描くと右の図のようになる。自由な対称コマとの違いは（パラメータの変化を除くと）、エネルギーに $MgH\cos\theta$ が加わることである。これにより、位相空間内の軌道は θ が増える方向に引き寄せられることになる。図の縦線は $\cos\theta = \dfrac{p_\phi}{p_\psi}$ を示す線であり、この線より右では $\dot\phi > 0$、左では $\dot\phi < 0$ というのは自由な対称コマの場合と同じである。

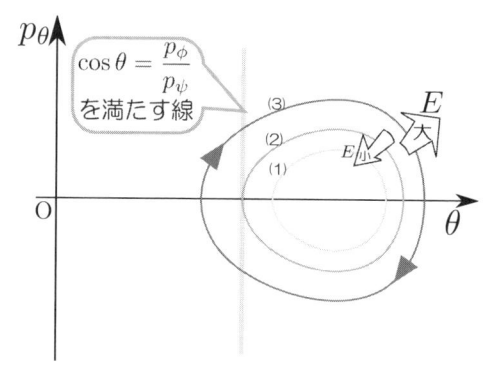

グラフにはエネルギーを上下させた変化の様子を描いた。それぞれの場合について、ϕ, θ がどのように時間変化するかの概要を示せ（真面目に計算するのはたいへんだから、概要でよい）。

ヒント → p7w へ　　解答 → p26w へ

第 10 章

正準変換

座標変換がやりやすいことが解析力学の特徴であった。ここではハミルトン形式での座標変換の威力を知ろう。

10.1　1次元系の時間によらない正準変換

まず1次元でかつ時間に依存しない[†1]正準変換について考えよう[†2]。

10.1.1　正準方程式の変換

解析力学の威力は、座標変換に強いことである。ここではハミルトン形式における、新しい座標変換を考えたい。ハミルトン形式では、一般化運動量と一般化座標をあたかも「$2N$次元の位相空間の座標」であるかのごとく扱ってきた。そこで、この章では

> 位相空間(q,p)の座標変換のうち、変換後も正準方程式が成立するのはどのようなものか？
> → p265　　→ p208

という疑問について考えたい。ラグランジュ形式では$Q_i(\{q_*\})$という点変換に対してオイラー・ラグランジュ方程式は共変であったが、ハミル
→ p111
トン形式では任意の$Q(q,p), P(q,p)$という変換では正準方程式は共変になら

[†1] 時間に依存する場合については10.3節に、多変数になった場合については10.4節にまわす。
　　　　　　　　　　　→ p265　　　　　　　　　　　　　　　　→ p269
[†2] この章は他の章に比べても解説することが多いので、細かいところにこだわっているとなかなか本質が見えない。最初は補足や練習問題は飛ばしてざっと読み、概要がつかめてからもう一度（じっくり補足や練習問題をチェックしながら）読むことを勧める。

ないので、その条件を求めていこう。

【FAQ】なんでそんなことを考える必要があるのでしょう？

ハミルトン形式はそもそも、「自由な座標変換ができるようにする」為にある。位相空間の中での運動を考えると、q,p という座標と運動量の垣根を超えた座標変換をやりたくなる。たとえば「循環座標」あるいは「無視できる座標」
→ p118
を1つ見つければ、その座標は文字どおり、以降の計算では無視してよくなる。できるだけたくさんの座標が循環座標になるように座標変換をしたい、という目標がそこにある。

しかしその結果せっかくの正準方程式が壊れてしまっては意味が無い。そこで正準方程式を守ったままでできる座標変換の一般論を作っておこう。

1次元問題の場合で具体的に表現しよう。(q,p) という位相空間の座標から (Q,P) という座標への座標変換を考える[†3]。

$$(q, p) \quad \to \quad (Q(q,p), P(q,p)) \tag{10.1}$$

のように新しい変数は古い変数で書かれているが、新しい「座標」Q が古い運動量 p にも依存するような変換も許す[†4]。しかし、この変換をすると一般的には正準方程式は成り立たなくなる。では、

─────── 正準方程式が変化しないこと ───────

$\begin{cases} \dfrac{dp}{dt} = -\dfrac{\partial H}{\partial q} \\ \dfrac{dq}{dt} = \dfrac{\partial H}{\partial p} \end{cases}$ が成り立つならば、 $\begin{cases} \dfrac{dP}{dt} = -\dfrac{\partial H}{\partial Q} \\ \dfrac{dQ}{dt} = \dfrac{\partial H}{\partial P} \end{cases}$ も成り立つ。

の為には変換にどんな条件を課せばいいか？——(q,p) と (Q,P) の微分には、

$$\begin{pmatrix} dQ \\ dP \end{pmatrix} = \begin{pmatrix} \left.\dfrac{\partial Q}{\partial q}\right|_p & \left.\dfrac{\partial Q}{\partial p}\right|_q \\ \left.\dfrac{\partial P}{\partial q}\right|_p & \left.\dfrac{\partial P}{\partial p}\right|_q \end{pmatrix} \begin{pmatrix} dq \\ dp \end{pmatrix} \tag{10.2}$$

───────
[†3] より一般的には Q,P は時間のあらわな関数であってもよいが、ここではまだ最初の段階なので、
→ p130
時間にあらわに依存しない場合から考える。
[†4] この点が5.1.1節で考えたラグランジュ形式の時の点変換よりも一般化した点である。
→ p111

10.1　1次元系の時間によらない正準変換

という関係がある。以下しばらく、Q, P は q, p の関数、逆に q, p は Q, P の関数として扱うので、(たとえば q で微分しているならあきらかに p を一定としているので) $|_p$ などの「どれを一定にしているか」は省略して書く。

ここに現れた行列の逆行列は、二通りの考え方で計算することができる。まず、「微分するものされるものの立場が入れ替わった」と考えると、

$$\begin{pmatrix} \mathrm{d}q \\ \mathrm{d}p \end{pmatrix} = \begin{pmatrix} \dfrac{\partial q}{\partial Q} & \dfrac{\partial q}{\partial P} \\ \dfrac{\partial p}{\partial Q} & \dfrac{\partial p}{\partial P} \end{pmatrix} \begin{pmatrix} \mathrm{d}Q \\ \mathrm{d}P \end{pmatrix} \tag{10.3}$$

という式が導ける（この $\dfrac{\partial}{\partial Q}$ は P を一定とした微分であることに注意）。

一方、2×2 の逆行列の一般式 (→ p307) を使うと、

$$\begin{pmatrix} \mathrm{d}q \\ \mathrm{d}p \end{pmatrix} = \frac{1}{J} \begin{pmatrix} \dfrac{\partial P}{\partial p} & -\dfrac{\partial Q}{\partial p} \\ -\dfrac{\partial P}{\partial q} & \dfrac{\partial Q}{\partial q} \end{pmatrix} \begin{pmatrix} \mathrm{d}Q \\ \mathrm{d}P \end{pmatrix} \tag{10.4}$$

となる。ただし J は (10.2) (→ p244) の行列の行列式であり、

$$J = \begin{vmatrix} \dfrac{\partial Q}{\partial q} & \dfrac{\partial Q}{\partial p} \\ \dfrac{\partial P}{\partial q} & \dfrac{\partial P}{\partial p} \end{vmatrix} = \dfrac{\partial Q}{\partial q}\dfrac{\partial P}{\partial p} - \dfrac{\partial Q}{\partial p}\dfrac{\partial P}{\partial q} = \{Q, P\} \tag{10.5}$$

という結果から、ポアッソン括弧 $\{Q, P\}$ に等しい。J はこの変換のヤコビアン (→ p324) でもある（だから Jacobian の J を使った）。(10.3) と (10.4) を比較して、

$$\dfrac{\partial q}{\partial Q} = \dfrac{1}{J}\dfrac{\partial P}{\partial p}, \quad \dfrac{\partial p}{\partial Q} = -\dfrac{1}{J}\dfrac{\partial P}{\partial q}, \quad \dfrac{\partial q}{\partial P} = -\dfrac{1}{J}\dfrac{\partial Q}{\partial p}, \quad \dfrac{\partial p}{\partial P} = \dfrac{1}{J}\dfrac{\partial Q}{\partial q} \tag{10.6}$$

という4つの式を作ることができる。

では準備ができたので、この座標変換 $(q, p) \to (Q, P)$ をした時の「変換後の正準方程式」を考えよう。$P(p, q)$ を時間微分して、(10.6) を使うと、

$$\begin{aligned} \dfrac{\mathrm{d}P}{\mathrm{d}t} &= \dfrac{\partial P}{\partial p}\underbrace{\dfrac{\mathrm{d}p}{\mathrm{d}t}}_{-\frac{\partial H}{\partial q}} + \dfrac{\partial P}{\partial q}\underbrace{\dfrac{\mathrm{d}q}{\mathrm{d}t}}_{\frac{\partial H}{\partial p}} = -\underbrace{\dfrac{\partial P}{\partial p}\dfrac{\partial H}{\partial q}}_{J\frac{\partial q}{\partial Q}} + \underbrace{\dfrac{\partial P}{\partial q}\dfrac{\partial H}{\partial p}}_{-J\frac{\partial p}{\partial Q}} \\ &= -J\left(\dfrac{\partial q}{\partial Q}\dfrac{\partial H}{\partial q} + \dfrac{\partial p}{\partial Q}\dfrac{\partial H}{\partial p}\right) = -J\dfrac{\partial H}{\partial Q} \end{aligned} \tag{10.7}$$

となる。最初の行で正準方程式を、2行目で(10.6)を使って、最後に

$$\left.\frac{\partial H(q(Q,P), p(Q,P))}{\partial Q}\right|_P = \left.\frac{\partial q(Q,P)}{\partial Q}\right|_P \left.\frac{\partial H(q,p)}{\partial q}\right|_p + \left.\frac{\partial p(Q,P)}{\partial Q}\right|_P \left.\frac{\partial H(q,p)}{\partial p}\right|_q \tag{10.8}$$

_{この微分の結果が第1項} _{この微分の結果が第2項}

となることを使った。全く同様に

$$\frac{\mathrm{d}Q}{\mathrm{d}t} = \frac{\partial Q}{\partial p}\underbrace{\frac{\mathrm{d}p}{\mathrm{d}t}}_{-\frac{\partial H}{\partial q}} + \frac{\partial Q}{\partial q}\underbrace{\frac{\mathrm{d}q}{\mathrm{d}t}}_{\frac{\partial H}{\partial p}} = -\underbrace{\frac{\partial Q}{\partial p}}_{-J\frac{\partial q}{\partial P}}\frac{\partial H}{\partial q} + \underbrace{\frac{\partial Q}{\partial q}}_{J\frac{\partial p}{\partial P}}\frac{\partial H}{\partial p}$$

$$= J\left(\frac{\partial q}{\partial P}\frac{\partial H}{\partial q} + \frac{\partial p}{\partial P}\frac{\partial H}{\partial p}\right) = J\frac{\partial H}{\partial P} \tag{10.9}$$

となるから、もし $J=1$ であったならば、新しい座標系でも正準方程式が成立している。もちろん、$J \neq 1$ ならば正準方程式は成り立たない。

$J=1$ でないというのは、J が2だとか $\frac{1}{\pi}$ のように定数になる場合だけではない[†5]。J が q, p に依存してしまう場合も含まれる。

$$J = \{Q, P\} = \frac{\partial Q}{\partial q}\frac{\partial P}{\partial p} - \frac{\partial Q}{\partial p}\frac{\partial P}{\partial q} = 1 \tag{10.10}$$

という式は、(q,p) という座標系から (Q,P) という座標系への座標変換した時のヤコビアンが1、つまりは新旧の位相空間座標系で単位面積の変化がないということである。

ここで「1次元の力学的自由度を持つ系の**正準変換** (canonical transformation)」は「2次元位相空間の面積を変えない変換だ ($J=1$)」と定義することにしよう。

これはつまり、位相空間の積分要素を正準変換しても、

$$\mathrm{d}p\,\mathrm{d}q = \mathrm{d}P\,\mathrm{d}Q \tag{10.11}$$

と不変であることを示している(面積積分の変換とヤコビアンについては、付録のB.2.1節を見よ)[†6]。正準座標の例ではないが、2次元直交座標 (x,y) か

→ p323

[†5] J が定数となる場合なら H を J 倍すれば正準方程式が成り立つようにできる(【問い 10-2】を参照)が、これは正準変換には含めない。$J=0$ や $J=\infty$ はたいへん困る。もっともそんな時はそもそも変換 $(q,p) \to (Q,P)$ が「変換」としてまずい。
→ p248

[†6] 最終章でも述べるが、正準変換が位相空間の面積(2次元なら面積だが、一般には $2N$ 次元の中で考える)を変えないというこの条件は、いろんなところで効いてくる。解析力学を基礎の一つとして作られた量子力学と統計力学で、たいへん重要な意味を持つ。

ら 2 次元極座標 (r,θ) への変換はヤコビアンが r となり、$dx\,dy = r\,dr\,d\theta$ となり積分要素は不変ではない[†7]。

10.1.2 位相空間の面積を変えない変換の例

位相空間の面積を変えない変換の例としては、図に示す[†8] ような

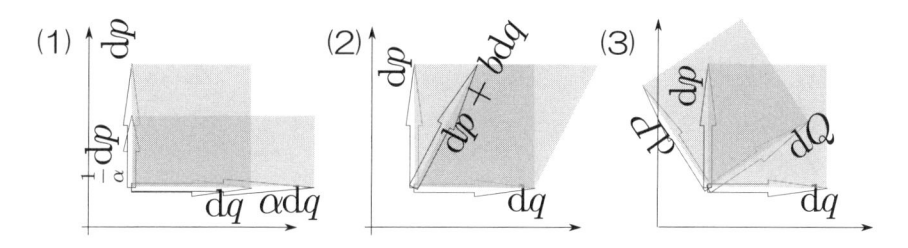

(1) q を α 倍した時には p が $\dfrac{1}{\alpha}$ 倍になる $\left(Q = \alpha q, P = \dfrac{p}{\alpha}\right)$。

(2) p を $p + bq$ のように平行四辺形の高さを変えないように辺をずらす $(Q = q, P = p + bq)$。

(3) p と q を位相空間面で θ だけ回転させる $\begin{pmatrix} Q \\ P \end{pmatrix} = \begin{pmatrix} \cos\theta & \sin\theta \\ -\sin\theta & \cos\theta \end{pmatrix} \begin{pmatrix} q \\ p \end{pmatrix}$

などが考えられる。上の 3 つが確かに正準変換であることを確認してみよう。その為には $J = 1$ を示せば十分である。

(1) $Q = \alpha q, P = \dfrac{p}{\alpha}$ のとき $\underbrace{\dfrac{\partial Q}{\partial q}}_{\alpha} \underbrace{\dfrac{\partial P}{\partial p}}_{\frac{1}{\alpha}} - \underbrace{\dfrac{\partial Q}{\partial p}}_{0} \underbrace{\dfrac{\partial P}{\partial q}}_{0} = 1$

(2) $Q = q, P = p + bq$ のとき、$\underbrace{\dfrac{\partial Q}{\partial q}}_{1} \underbrace{\dfrac{\partial P}{\partial p}}_{1} - \underbrace{\dfrac{\partial Q}{\partial p}}_{0} \underbrace{\dfrac{\partial P}{\partial q}}_{b} = 1$

(3) 回転は $\underbrace{\dfrac{\partial Q}{\partial q}}_{\cos\theta} \underbrace{\dfrac{\partial P}{\partial p}}_{\cos\theta} - \underbrace{\dfrac{\partial Q}{\partial p}}_{\sin\theta} \underbrace{\dfrac{\partial P}{\partial q}}_{-\sin\theta} = \cos^2\theta + \sin^2\theta = 1$

[†7] $dx\,dy\,dp_x\,dp_y$ という「位相空間の積分要素」は不変である (→【問い 10-10】を見よ)
→ p271

[†8] この図では dq などをベクトルのように扱っているが、その意味は付録 B.2.1 節を見よ。dq は q
→ p323
が増加する方向のベクトル、dp は p が増加する方向のベクトル、ということ。

------ 練習問題 ------

【問い 10-1】 少し一般的に、$Q = aq + bp, P = cq + dp$ という変換（a, b, c, d は定数）を考えてみる。どんな条件を満たせば正準変換になるか。解答 → p362へ

【問い 10-2】 $P = \alpha p, Q = \alpha q$ という変換はポアッソン括弧を保たないから正準変換ではないが、この時同時に H を適当な定数倍すれば正準方程式は保たれる（このような変換は「スケール変換」と言われる）ことを示し、その定数を求めよ。
ヒント → p349へ 解答 → p362へ

10.1.3 ポアッソン括弧の変換

前章でポアッソン括弧を使った計算が有用であることを学んだので、新しい正準座標でのポアッソン括弧

$$\{A, B\}_{(Q,P)} = \frac{\partial A}{\partial Q}\frac{\partial B}{\partial P} - \frac{\partial B}{\partial Q}\frac{\partial A}{\partial P} \tag{10.12}$$

は、古い正準座標でのポアッソン括弧（添字をつけて変数の違いを表した）

$$\{A, B\}_{(q,p)} = \frac{\partial A}{\partial q}\frac{\partial B}{\partial p} - \frac{\partial B}{\partial q}\frac{\partial A}{\partial p} \tag{10.13}$$

とどう違うのか、を示しておこう。実はこの二つの間には、

$$\{A, B\}_{(Q,P)} \underbrace{\{Q, P\}_{(q,p)}}_{J} = \{A, B\}_{(q,p)} \tag{10.14}$$

という関係がある。

------ 練習問題 ------

【問い 10-3】 具体的に (10.14) を確認せよ。 ヒント → p349へ 解答 → p362へ

$\{A, B\}_{(Q,P)} = \{A, B\}_{(q,p)}$ ならば $J = 1$ すなわち $\{Q, P\}_{(q,p)} = 1$ となることは $A = Q, B = P$ と代入すればわかる。この逆である「$J = 1$ であれば任意の A, B に対して $\{A, B\}_{(Q,P)} = \{A, B\}_{(q,p)}$ になる」が上の計算で示されたので、$J = 1$ はポアッソン括弧の保存のための必要十分条件であることがわかった。

あたかも「ポアッソン括弧の約分」ができるかのごとき式であるが、これは変換のヤコビアン（つまり、各々の座標系での単位面積の比）という意味
→ p324
を持っていたことを考えると、次の図[注9]のように[注10]、

[注9] この図に dA と表現されているベクトルは、q 成分が $\frac{\partial A}{\partial q}$、$p$ 成分が $\frac{\partial A}{\partial p}$ であるようなベクトル（言うなれば「位相空間内の grad A」）。dB も同様。

[注10] もともと座標という意味がなかった A, B を座標のように扱ってベクトルを計算しているが、その

10.1 1次元系の時間によらない正準変換 249

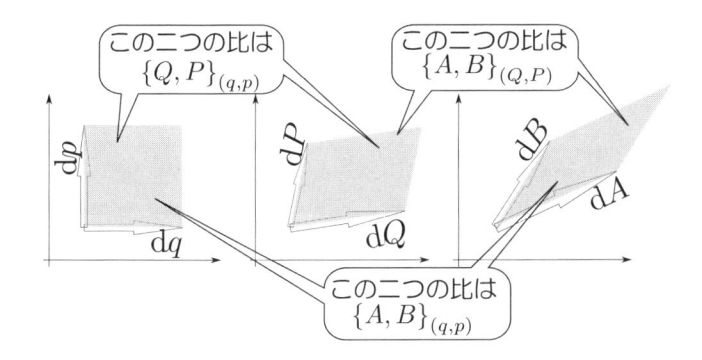

図中の吹き出し:
- このニつの比は $\{Q,P\}_{(q,p)}$
- このニつの比は $\{A,B\}_{(Q,P)}$
- このニつの比は $\{A,B\}_{(q,p)}$

$$\underbrace{\frac{(Q,P)\text{系の単位面積}}{(q,p)\text{系の単位面積}}}_{\{Q,P\}_{(q,p)}} \times \underbrace{\frac{(A,B)\text{系の単位面積}}{(Q,P)\text{系の単位面積}}}_{\{A,B\}_{(Q,P)}} = \underbrace{\frac{(A,B)\text{系の単位面積}}{(q,p)\text{系の単位面積}}}_{\{A,B\}_{(q,p)}}$$
(10.15)

という当然成り立つべき式であることが納得できる。

実は「$J=1$ ならばポアッソン括弧は保存」を知っておけば、10.1.1 節で行った「$J=1$ ならば変数変化前と後で正準方程式が変わらないこと」も明らかになる。というのは、一般の q,p の関数に対して

$$\frac{\mathrm{d}A(q,p)}{\mathrm{d}t} = \{A(q,p), H\}_{(q,p)}$$
(10.16)

が成り立つことは既に知っているから、$J=1$ であれば $\{A,H\}_{(q,p)} = \{A,H\}_{(Q,P)}$ であることがわかり、

$$\frac{\mathrm{d}A(q(Q,P),p(Q,P))}{\mathrm{d}t} = \{A(q(Q,P),p(Q,P)), H\}_{(Q,P)}$$
(10.17)

もわかる。任意の関数 $A(q,p)$ に $P(q,p)$ なり $Q(q,p)$ なりを代入すれば、

$$\frac{\mathrm{d}P}{\mathrm{d}t} = \{P,H\}_{(Q,P)}, \quad \frac{\mathrm{d}Q}{\mathrm{d}t} = \{Q,H\}_{(Q,P)}$$
(10.18)

が成り立つことはすぐわかる。

一般化座標と一般化運動量のポアッソン括弧 ($\{Q,Q\}, \{P,P\}, \{Q,P\}$) を「**基本ポアッソン括弧** (fundamental Poisson's bracket)」と呼ぶことにする。今考えている 1 次元問題では、基本ポアッソン括弧で意味のあるの

意味はポアッソン括弧の定義に戻って確認して欲しい。

は $\{Q, P\} = 1$ のみである。というのは、ポアソン括弧の反対称性から $\{Q, Q\} = \{P, P\} = 0$ は自明だからである[†11]。

「位相空間の面積を変えない」と「ポアソン括弧を不変に保つ」は等価なので、「ポアソン括弧を不変に保つ変換」を正準変換の定義としてもよい[†12]。基本ポアソン括弧が不変なら全て不変となるから、ある変換が正準変換である為には「その変換が基本ポアソン括弧を保存」すればよい。つまり、1次元の系なら、

$$\{Q, P\}_{(q,p)} = 1 \tag{10.19}$$

という式を満たす変換 $(q, p) \to (Q, P)$ ならば正準変換である。

10.1.4 より大胆な正準変換

1次元の調和振動子を考えると $H = \dfrac{p^2}{2m} + \dfrac{k}{2}q^2$ である。我々はこの H が保存することをすでに知っているから、新しい運動量として $P = \dfrac{p^2}{2m} + \dfrac{k}{2}q^2$ と置いてみよう(この運動量は保存する運動量となる)。すると、

$$\{Q, P\} = \frac{\partial Q}{\partial q}\frac{p}{m} - \frac{\partial Q}{\partial p}kq = 1 \tag{10.20}$$

であればその変換は正準変換となる。

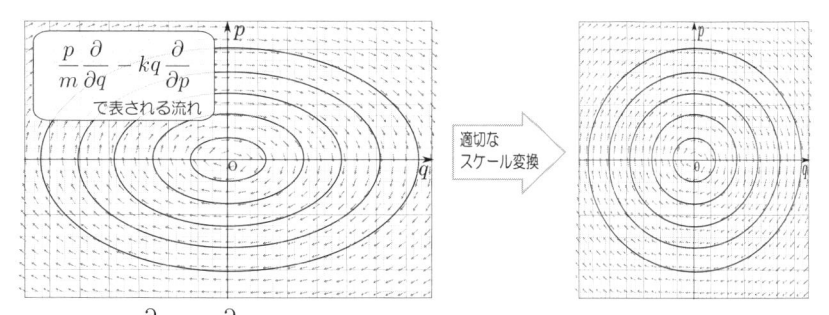

ここで、$x\dfrac{\partial}{\partial y} - y\dfrac{\partial}{\partial x}$ が z 軸周りの回転を表す演算子であったことを思い出せば、ここに現れた $\dfrac{p}{m}\dfrac{\partial}{\partial q} - kq\dfrac{\partial}{\partial p}$ という微分演算も (q, p) 座標における回転

[†11] 後で多変数の場合を考えるときは、$\{Q_i, Q_j\}$ や $\{P_i, P_j\}$ など、座標どうし、運動量どうしのポアソン括弧が保存するかどうかも確認しなくてはいけない。

[†12] 正準変換は正準方程式を保つ変換であるが、正準方程式を保つ変換で正準変換でないもの(【問い10-2】のスケール変換を含めたものなど)もある。

のようなもの[†13]（適切なスケールの変換をほどこせば位相空間内の円運動で表現できるはず）を表現している。

回転の演算子 $x\dfrac{\partial}{\partial y} - y\dfrac{\partial}{\partial x}$ は極座標では $\dfrac{\partial}{\partial \phi}$ になったことを思えば、
→ p234 の (9.84)

$$\left(x\frac{\partial}{\partial y} - y\frac{\partial}{\partial x}\right) f(x,y) = 1 \tag{10.21}$$

の 1 つの解は $f(x,y) = \phi = \arctan\left(\dfrac{y}{x}\right)$ である。係数が 1 ではないので、$\dfrac{p}{m}\dfrac{\partial Q}{\partial q} - kq\dfrac{\partial Q}{\partial p} = 1$ の解として、$Q = A\arctan\left(\alpha\dfrac{q}{p}\right)$ と置いて（$\arctan x$ の微分は $\dfrac{1}{1+x^2}$ なのを使って）計算すると、

$$\begin{aligned}
&\left(\frac{p}{m}\frac{\partial}{\partial q} - kq\frac{\partial}{\partial p}\right) A\arctan\left(\alpha\frac{q}{p}\right) \\
&= \left[\left(\frac{p}{m}\frac{\partial}{\partial q} - kq\frac{\partial}{\partial p}\right)\left(\alpha\frac{q}{p}\right)\right] \times \frac{A}{1+\frac{\alpha^2 q^2}{p^2}} \\
&= \left(\frac{p}{m}\times \alpha\frac{1}{p} - kq \times \left(-\alpha\frac{q}{p^2}\right)\right) \times \frac{A}{1+\frac{\alpha^2 q^2}{p^2}} = \alpha A \frac{\frac{p^2}{m}+kq^2}{p^2 + \alpha^2 q^2}
\end{aligned} \tag{10.22}$$

であるから、$\alpha^2 = km, A = \sqrt{\dfrac{m}{k}}$ と選べば、この結果は 1 となる。つまり、

$$P = \frac{p^2}{2m} + \frac{k}{2}q^2, \quad Q = \sqrt{\frac{m}{k}}\arctan\left(\sqrt{mk}\frac{q}{p}\right) \tag{10.23}$$

が 1 つの正準変換である。変換後のハミルトニアンは P そのものだから、正準方程式は

$$\frac{dP}{dt} = \{P, P\} = 0, \quad \frac{dQ}{dt} = \{Q, P\} = 1 \tag{10.24}$$

という簡単なものになる。この解は $P = P_0, Q = t + Q_0$（P_0, Q_0 は積分定数）となるが、これを元の座標 p, q に戻すと、$\omega = \sqrt{\dfrac{k}{m}}$ として、

$$\begin{aligned}
\underbrace{\frac{1}{\omega}\arctan\left(\sqrt{mk}\frac{q}{p}\right)}_{Q} &= t + Q_0 \\
\sqrt{mk}\frac{q}{p} &= \tan(\omega(t+Q_0))
\end{aligned} \tag{10.25}$$

[†13] 実際我々は、位相空間におけるこの演算子の作る流れが楕円であることをすでに 222 ページで見ている。

という式になるが、これはまさに、

$$q = A\sin(\omega t + \alpha) \tag{10.26}$$
$$p = m\omega A\cos(\omega t + \alpha) \tag{10.27}$$

という単振動の解と一致している（上の二つの式の A, α は前ページの A, α とは別）。正準変換というテクニックを作ったおかげで、こういう方法で問題を解くことができるようになった。

こうして、正準変換を使って力学の問題を変形し、簡単な（位相空間内の）運動に変えてしまうことができる。その一般的方法は後でじっくり述べよう。
→ p279

10.1.5 ポアッソン括弧を使って無限小正準変換を記述する

246ページで、1変数の場合の正準変換は「位相空間での面積を変えないという条件付きの位相空間の座標変換」であることを示した。そして我々はすでにリウヴィルの定理という形で、ハミルトニアンによる「時間発展」が位相空間の面積を変えない変換の一種であるということを知っている。
→ p223

ここでちょっと発想の転換を行なって、「じゃあ、正準変換も位相空間における"微分"のようなものであるところのポアッソン括弧を使って表現できるのでは？」と考えてみる。つまり、

――― 微小時間による時間発展 ―――
$$p(t+\Delta t) = p(t) + \Delta t\{p, H\}, \quad q(t+\Delta t) = q(t) + \Delta t\{q, H\} \tag{10.28}$$

の真似をして、ϵ を微小パラメータとして、

――― 微小パラメータによる位相空間座標の変換 ―――
$$P = p + \epsilon\{p, \mathcal{G}\}, \quad Q = q + \epsilon\{q, \mathcal{G}\} \tag{10.29}$$

を考えることにすれば、これは面積を変えない変換に自動的になっている（リウヴィルの定理の証明で H と書いてあるところを $\mathcal{G}$ と書けば証明できてしまう）。この $\mathcal{G}$ を[†14]変換の「**生成子 (generator)**」と呼ぶ。
→ p224

この変換でポアッソン括弧が変化しないことを示しておこう。

[†14] $\mathcal{G}$ は「花文字の G」と呼ぶ。

10.1　1次元系の時間によらない正準変換

$$\{Q,P\} = \{q+\epsilon\{q,\mathcal{G}\}, p+\epsilon\{p,\mathcal{G}\}\}$$
$$= \{q,p\} + \epsilon\{q,\{p,\mathcal{G}\}\} + \epsilon\{\{q,\mathcal{G}\},p\} + \mathcal{O}(\epsilon^2) \tag{10.30}$$

$\left(\begin{array}{l}\text{ポアッソン括弧の双線形性}\\ \to \text{p228}\end{array}\right)$

となる（ϵ は微小なので、2次以上は考えない）。ヤコビ恒等式から

$$\{q,\{p,\mathcal{G}\}\} + \underbrace{\{p,\{\mathcal{G},q\}\}}_{\{\{q,\mathcal{G}\},p\}} + \{\mathcal{G},\{q,p\}\} = 0 \tag{10.31}$$

なので、これを使えば (10.30) は

$$\{Q,P\} = \{q,p\} - \epsilon\underbrace{\{\mathcal{G},\{q,p\}\}}_{0} = 1 \tag{10.32}$$

となる（$\{q,p\}=1$ と定数になるので、何とポアッソン括弧を取っても0）。

たとえば空間並進 $q \to q+\epsilon, p \to p$ の生成子は運動量 p そのものであり、

$$P = p + \epsilon\{p,p\} = p, \quad Q = q + \epsilon\{q,p\} = q + \epsilon \tag{10.33}$$

となる（前に p とのポアッソン括弧が q 微分になると説明した通り）。
$\to$ p228

なお、これで明白となったように、時間発展 $t \to t+\Delta t$ も正準変換である。そもそも正準変換の意味である「正準方程式を保存する」という意味では、時間が経過しても正準方程式は共変に成立するのだから、時間発展が正準変換の一種であることは考えてみれば当たり前なのである[†15]。

10.1.2 節の (1) で考えた、「q を α 倍して p を $\frac{1}{\alpha}$ 倍にする」という変換を微
$\to$ p247
小変換にするため、パラメータ α を $1+\epsilon$ と（ϵ は微小であり、0にすると変換しないのと同じになる）書くと、「q を $1+\epsilon$ 倍にして、p を $\frac{1}{1+\epsilon} \simeq 1-\epsilon$ 倍にする」という変換になる。このような変換を起こす生成子は $\mathcal{G} = pq$ である。

$$P = p + \epsilon\{p,pq\} = p - \epsilon p, \quad Q = q + \epsilon\{q,pq\} = q + \epsilon q \tag{10.34}$$

となることで確認できる。生成子を pq と選んだことで、q が大きくなるのに応じて p が小さくなってくれている。

なお、微小な変換が定義できるのは連続的なパラメータ（時間発展なら t）で特徴づけられる正準変換である（離散的な変換には定義できない）。

[†15] 「時間発展」という物理にとってとても大事な（ある意味力学の目標は時間発展を知ることだと言っても過言ではないほどだ）現象が、「正準変換」の一部にしか過ぎないのはなんとなく主客転倒しているような印象を与えるが、こういう考え方もできるのが解析力学の面白いところである。

【補足】 ✚✚✚✚✚✚✚✚✚✚✚✚✚✚✚✚✚✚✚✚✚✚✚✚✚✚✚✚✚✚✚✚✚✚✚✚✚

ここまでは微小な変換を考えたが、微小でない場合については、微小変換を無限回繰り返すという考え方で行う。すなわち、

$$\begin{pmatrix} Q_\epsilon \\ P_\epsilon \end{pmatrix} = \begin{pmatrix} q \\ p \end{pmatrix} + \epsilon \left\{ \begin{pmatrix} q \\ p \end{pmatrix}, \mathcal{G} \right\} \tag{10.35}$$

のように無限小パラメータ ϵ での変換を書いたとすると、有限パラメータ λ の変換を行うには、まず N（後で ∞ にする数）で λ を割って無限小にして、

$$\begin{pmatrix} Q_{\frac{\lambda}{N}} \\ P_{\frac{\lambda}{N}} \end{pmatrix} = \begin{pmatrix} q \\ p \end{pmatrix} + \frac{\lambda}{N} \left\{ \begin{pmatrix} q \\ p \end{pmatrix}, \mathcal{G} \right\} \tag{10.36}$$

という変換を N 回行う。2 回やると

$$\begin{pmatrix} Q_{\frac{2\lambda}{N}} \\ P_{\frac{2\lambda}{N}} \end{pmatrix} = \begin{pmatrix} q \\ p \end{pmatrix} + \frac{\lambda}{N} \left\{ \begin{pmatrix} q \\ p \end{pmatrix}, \mathcal{G} \right\} + \frac{\lambda}{N} \left\{ \begin{pmatrix} q \\ p \end{pmatrix} + \frac{\lambda}{N} \left\{ \begin{pmatrix} q \\ p \end{pmatrix}, \mathcal{G} \right\}, \mathcal{G} \right\} \tag{10.37}$$

である。これを N 回繰り返した後、$N \to \infty$ の極限を取る。結果は[†16]

$$\begin{pmatrix} Q \\ P \end{pmatrix} = \sum_{n=0}^{\infty} \frac{\lambda^n}{n!} \underbrace{\left\{ \left\{ \cdots \left\{ \left\{ \begin{pmatrix} q \\ p \end{pmatrix}, \mathcal{G} \right\}, \mathcal{G} \right\}, \cdots, \mathcal{G} \right\}, \mathcal{G} \right\}}_{n \text{ 回繰り返し}} \tag{10.38}$$

となる。$\{*, \mathcal{G}\}$ を微分であると考えれば、テーラー展開と全く同じ計算である。この式は、

$$\lim_{N \to \infty} \left(1 + \frac{x}{N}\right)^N = \sum_{n=0}^{\infty} \frac{1}{n!} x^n = \exp x \tag{10.39}$$

という指数関数の定義式と全く同様の計算で確認することができる。

$\mathcal{G} = p$ の場合（つまり並進の場合）、$\{A(q,p), p\} = \dfrac{\partial A(q,p)}{\partial q}$ だから、

$$\underbrace{\{\{\cdots\{\{A(q,p), \mathcal{G}\}, \mathcal{G}\}, \cdots, \mathcal{G}\}, \mathcal{G}\}}_{n \text{ 回繰り返し}} = \frac{\partial^n A(q,p)}{\partial q^n} \tag{10.40}$$

となり、結果はテーラー展開そのものとなる（$\mathcal{G} = H$ の場合には時間に関するテーラー展開となる）。一般の正準変換ではこう簡単に書けるとは限らない。

✚✚✚✚✚✚✚✚✚✚✚✚✚✚✚✚✚✚✚✚✚✚✚✚✚✚✚✚✚✚✚✚✚✚ 【補足終わり】

[†16] ここの計算では、(10.37) には λ^n の項が ${}_N C_n = \dfrac{N!}{n!(N-n)!}$ 個あるということを使った後で $N \to \infty$ 極限を取っている。

10.2 変分原理と正準変換

ここまででも、変分原理を使って計算することが便利であったから、正準変換についても変分原理を使って式を作ろう。

10.2.1 正準変換による作用の変化と母関数

$(q,p) \to (Q,P)$ という正準変換を行った時、作用も

$$\int \left(p\dot{q} - H(q,p) \right) \mathrm{d}t \to \int \left(P\dot{Q} - H(q(Q,P),p(Q,P)) \right) \mathrm{d}t \quad (10.41)$$

と変化する。それでも正準方程式は変化しない為には、どんな条件が必要だろうか。$p\dot{q}$から$P\dot{Q}$へと変化が起っていて、しかもQは$Q(q,p)$と（pを含む形で）書けるのだから、$P\dot{Q}$の中には$\dot{p}$が入ってくる[†17]。この二つのラグランジアンが同じであるということは有り得ない。つまりこの場合、正準方程式が変わらずにラグランジアンが変化する。そうなるのは

$$\int \underbrace{\left(p\dot{q} - H(q,p) \right)}_{古いL} \mathrm{d}t = \int \left(\underbrace{P\dot{Q} - H(q(Q,P),p(Q,P))}_{新しいL} + \frac{\mathrm{d}G}{\mathrm{d}t} \right) \mathrm{d}t \quad (10.42)$$

のように「表面項」になる量が付け加わった場合である。付け加えた項は $\int_{t_i}^{t_f} \frac{\mathrm{d}G}{\mathrm{d}t}\mathrm{d}t = G|_{t=t_f} - G|_{t=t_i}$ のように最初と最後の時間での値のみが作用に含まれる。正準方程式を導くための変分においては端点を固定するので、この項は正準方程式に寄与しない（作用に表面項を付け加えても運動方程式は変化しないのと同じ）。後でわかるが、Gを決めることは正準変換を指定することなので、Gを正準変換の「**母関数 (generating function)**」と呼ぶ。

次に一般的にq,p,Q,P,Gの間にどんな関係があるのかを考える。その前に一度具体的な正準変換の例でどうなっているのか見たい人は以下の補足を読んでいただきたい（急いで一般論が知りたい人は10.2.2節に進め）。

[†17] Qがpを含まない（$Q(q)$と書ける）場合はラグランジュ形式での点変換と同じ。その場合は、作用そのものが一致する。263ページを参照。

【補足】✛✛✛✛✛✛✛✛✛✛✛✛✛✛✛✛✛✛✛✛✛✛✛✛✛✛✛✛✛✛✛✛✛✛✛✛
　具体的に、10.1.2節の(3)で考えた(q,p)を位相空間で回転させる正準変換の場合で考えてみよう。計算すべきは$p\dot{q}$と$P\dot{Q}$なので、

$$\underbrace{(p\cos\theta - q\sin\theta)}_{P}\underbrace{(\dot{p}\sin\theta + \dot{q}\cos\theta)}_{\dot{Q}} + \frac{dG}{dt} = p\dot{q}$$

$$(p\dot{p} - q\dot{q})\cos\theta\sin\theta - p\dot{q}(1-\cos^2\theta) - q\dot{p}\sin^2\theta + \frac{dG}{dt} = 0 \quad (10.43)$$

$$\frac{1}{2}\frac{d(p^2-q^2)}{dt}\cos\theta\sin\theta - \frac{d(pq)}{dt}\sin^2\theta + \frac{dG}{dt} = 0$$

となるので、

$$G = -\frac{1}{2}(p^2 - q^2)\cos\theta\sin\theta + pq\sin^2\theta \quad (10.44)$$

とすることで作用が（表面項を除いて）不変になる。ここで「Gの中に$(q,p) \to (Q,P)$がどんな変換かという情報が含まれている」ことに注意して欲しい。たとえば

$$\left.\frac{\partial G}{\partial p}\right|_q = -p\cos\theta\sin\theta + q\sin^2\theta = -\underbrace{(p\cos\theta - q\sin\theta)}_{P}\sin\theta \quad (10.45)$$

のような微分を行うと$-P\sin\theta$が出てくる。

　上では、Q, Pをp, qで表して計算してきたが、q, p, Q, Pの4つのうち二つが独立だという考え方からすると、消去する変数と残す変数の組を変えてもよい。たとえば

$$P = Q\cot\theta - \frac{q}{\sin\theta}, \quad p = -q\cot\theta + \frac{Q}{\sin\theta} \quad (10.46)$$

を使ってp, Pを消去してq, Qを残すことにすると、

$$\underbrace{\left(Q\cot\theta - \frac{q}{\sin\theta}\right)}_{P}\dot{Q} + \frac{dG}{dt} = \underbrace{\left(-q\cot\theta + \frac{Q}{\sin\theta}\right)}_{p}\dot{q}$$

$$\frac{dG}{dt} = (-Q\dot{Q} - q\dot{q})\cot\theta + \frac{Q\dot{q} + \dot{Q}q}{\sin\theta} \quad (10.47)$$

$$G = \frac{1}{2}(-Q^2 - q^2)\cot\theta + \frac{Qq}{\sin\theta}$$

であれば正準変換になっている（Gにつく積分定数は無視した）。これの微分は

$$\left.\frac{\partial G}{\partial Q}\right|_q = -Q\cot\theta + \frac{q}{\sin\theta} = -P$$

$$\left.\frac{\partial G}{\partial q}\right|_Q = -q\cot\theta + \frac{Q}{\sin\theta} = p \quad (10.48)$$

となり、従属変数に関する情報がGに含まれている。q, Qで表現した方がそれがわかりやすいことを、次の節で一般論を考える時の教訓としておこう。
✛✛✛✛✛✛✛✛✛✛✛✛✛✛✛✛✛✛✛✛✛✛✛✛✛✛✛✛✛✛✛【補足終わり】

10.2.2 正準変換の変数の取り方

前節において、$p\dot{q} = P\dot{Q} + \dfrac{\mathrm{d}G}{\mathrm{d}t}$ という式が成立するようにすれば正準方程式が不変になると考えた。この式の微分は全部時間微分なので、$\mathrm{d}t$ を払って

$$p\,\mathrm{d}q = P\,\mathrm{d}Q + \mathrm{d}G \tag{10.49}$$

と考えてもよい。

G は q,p,Q,P のどの変数で表してもよいのだが、$Q = Q(q,p), P = P(q,p)$ のような二つの関係式が存在している（こういう関係がないならそれは座標変換ではない）はずだから、このうち二つを選んで残りを消去する[†18]。

> 【FAQ】$G(q,p,Q,P)$ のままだと何が困りますか？
>
> $$\mathrm{d}G = \frac{\partial G}{\partial q}\mathrm{d}q + \frac{\partial G}{\partial p}\mathrm{d}p + \frac{\partial G}{\partial Q}\mathrm{d}Q + \frac{\partial G}{\partial P}\mathrm{d}P \tag{10.50}$$
>
> のように書いた時、$\mathrm{d}q, \mathrm{d}p, \mathrm{d}Q, \mathrm{d}P$ が互いに独立でないので、「$\mathrm{d}q$ の係数を比較して」という計算に意味がなくなる[†19]。

(10.49) を見ると、G は q,Q で表せば

$$p\,\mathrm{d}q = P\,\mathrm{d}Q + \underbrace{\left.\frac{\partial G(q,Q)}{\partial q}\right|_Q \mathrm{d}q + \left.\frac{\partial G(q,Q)}{\partial Q}\right|_q \mathrm{d}Q}_{\mathrm{d}G} \tag{10.51}$$

となって楽である、とわかる。

> ここから以降、出てくる式がある時は q,Q、ある時は q,p というふうにいろいろな組み合わせの変数の関数となるので、偏微分において固定した変数は省略しないか、$\dfrac{\partial G(q,Q)}{\partial q}$（微分しなかった方の変数—この場合 Q —は固定されていると考えよ）のように関数の引数を明示するか、どちらかにする。

[†18] たとえば最初に考えていた G が $G(q,p,Q,P)$ であったなら、$P = P(q,Q), p = p(q,Q)$ のような関係式を代入して $G(q,p(q,Q),Q,P(q,Q))$ のように q,Q だけで書かれた関数にしてしまう。
[†19] 変分 δx_i が独立でないとき、たとえば三角形の等周問題の時には、変分相互の関係を使うか、ラグランジュ未定乗数を使う必要があった。　→ p27

(10.51) から即座に $\dfrac{\partial G(q,Q)}{\partial Q} = -P, \dfrac{\partial G(q,Q)}{\partial q} = p$ を得るが、この式を出した段階では、p も P も q, Q の式として

$$p(q,Q) = \left.\dfrac{\partial G(q,Q)}{\partial q}\right|_Q, \quad P(q,Q) = -\left.\dfrac{\partial G(q,Q)}{\partial Q}\right|_q \tag{10.52}$$

のように表現されていることに注意しよう。この式を解いて $Q = Q(q,p)$ および $q = q(Q,P)$ のような式を作ってそれを代入することで、

$$p(q(Q,P),Q) = \underbrace{\left.\dfrac{\partial G(q,Q)}{\partial q}\right|_Q}_{\substack{微分後、q に \\ q(Q,P) を代入}}, \quad P(q,Q(q,p)) = -\underbrace{\left.\dfrac{\partial G(q,Q)}{\partial Q}\right|_q}_{\substack{微分後、Q に \\ Q(q,p) を代入}} \tag{10.53}$$

で $(q,p) \to (Q,P)$ への変換（あるいはこの逆変換）が決まる。

正準変換をどの変数で表すのかを、より一般的に考えれば

(1) q, Q が独立で p, P は q, Q で表される $(p(q,Q), P(q,Q))$
(2) q, P が独立で p, Q は q, P で表される $(p(q,P), Q(q,P))$
(3) p, Q が独立で q, P は p, Q で表される $(q(p,Q), P(p,Q))$
(4) p, P が独立で q, Q は p, P で表される $(q(p,P), Q(p,P))$

の4つの書き方ができる。「q, p を独立とする方法」もありそうだが、この方法は G から従属変数を見出すのがあまり簡単ではないことが、256ページの補足でわかった（以下でも試す）ので避ける（「Q, P を独立とする方法」も同様）。q, Q を独立とする場合はその点がわかりやすい。

では、一般的な正準変換をまとめておこう。

q, p を独立とする場合

$$p\,\mathrm{d}q = P\underbrace{\left(\dfrac{\partial Q(q,p)}{\partial q}\mathrm{d}q + \dfrac{\partial Q(q,p)}{\partial p}\mathrm{d}p\right)}_{\mathrm{d}Q} + \underbrace{\left(\dfrac{\partial G(q,p)}{\partial q}\mathrm{d}q + \dfrac{\partial G(q,p)}{\partial p}\mathrm{d}p\right)}_{\mathrm{d}G} \tag{10.54}$$

であり、

$\mathrm{d}p$ の係数が 0 になることから $\quad 0 = P\left.\dfrac{\partial Q}{\partial p}\right|_q + \left.\dfrac{\partial G}{\partial p}\right|_q \tag{10.55}$

10.2 変分原理と正準変換

$\mathrm{d}q$ の係数が p になることから

$$p = P\frac{\partial Q}{\partial q}\bigg|_p + \frac{\partial G}{\partial q}\bigg|_p \tag{10.56}$$

が成り立たなくてはいけない。この式から Q を求めるのはあまり簡単ではないので、この表現で正準変換を考えるのは得策ではない（ので、上のパターン (1)～(4) に入ってないし、今後は使わない）。

---------------------------- 練習問題 ----------------------------

【問い10-4】今正準変換をしているのだから当然 $J = \{Q, P\} = 1$ でなくてはいけない。(10.55)と(10.56)から、$J = 1$ を導け。 ヒント → p349 へ　解答 → p363 へ
→ p258

q, Q を独立とする場合

$$p\,\mathrm{d}q = P\,\mathrm{d}Q + \underbrace{\frac{\partial G(q, Q)}{\partial q}\mathrm{d}q + \frac{\partial G(q, Q)}{\partial Q}\mathrm{d}Q}_{\mathrm{d}G(q,Q)} \tag{10.57}$$

となるから、この式が成立するためには、

$$\underbrace{p = \frac{\partial G}{\partial q}\bigg|_Q}_{\mathrm{d}q\text{の係数の一致から}}, \qquad \underbrace{P = -\frac{\partial G}{\partial Q}\bigg|_q}_{\mathrm{d}Q\text{の係数の一致から}} \tag{10.58}$$

となる。すなわち、q, Q を独立とすれば p, P が G の微分という形で決まる。

---------------------------- 練習問題 ----------------------------

【問い10-5】この変換においても $\{Q, P\} = 1$ であることを確認せよ。
ヒント → p349 へ　解答 → p363 へ

q, P を独立とする場合

$$p\,\mathrm{d}q = P\underbrace{\left(\frac{\partial Q(q, P)}{\partial q}\mathrm{d}q + \frac{\partial Q(q, P)}{\partial P}\mathrm{d}P\right)}_{\mathrm{d}Q} + \frac{\partial G(q, P)}{\partial q}\mathrm{d}q + \frac{\partial G(q, P)}{\partial P}\mathrm{d}P \tag{10.59}$$

より、

$$p = P\frac{\partial Q}{\partial q}\bigg|_P + \frac{\partial G}{\partial q}\bigg|_P, \quad 0 = P\frac{\partial Q}{\partial P}\bigg|_q + \frac{\partial G}{\partial P}\bigg|_q \tag{10.60}$$

$\underbrace{\phantom{p = P\frac{\partial Q}{\partial q}\bigg|_P + \frac{\partial G}{\partial q}\bigg|_P}}_{\mathrm{d}q \text{ の係数から}}$ $\underbrace{\phantom{0 = P\frac{\partial Q}{\partial P}\bigg|_q + \frac{\partial G}{\partial P}\bigg|_q}}_{\mathrm{d}P \text{ の係数から}}$

という関係が導かれる。これはいっけんややこしそうだが、$W = G + PQ$ という量の微分を考えると、

$$\frac{\partial (G+PQ)}{\partial q}\bigg|_P = \underbrace{\frac{\partial G}{\partial q}\bigg|_P + P\frac{\partial Q}{\partial q}\bigg|_P}_{(10.60) \text{ 第 1 式により } p} \tag{10.61}$$

$$\frac{\partial (G+PQ)}{\partial P}\bigg|_q = \underbrace{\frac{\partial G}{\partial P}\bigg|_q + P\frac{\partial Q}{\partial P}\bigg|_q}_{(10.60) \text{ 第 2 式により } 0} + Q \tag{10.62}$$

と計算でき、$p = \frac{\partial W}{\partial q}\bigg|_P, Q = \frac{\partial W}{\partial P}\bigg|_q$ と求められる。$G + PQ = W$ という式は

$G(q,Q)$ から $W(q,P)$ へのルジャンドル変換

$$G(q,Q) + \underbrace{\left(-\frac{\partial G(q,Q)}{\partial Q}\right)}_{P} Q = W(q,P) \tag{10.63}$$

と考えられる。あるいは、$W - PQ = G$ として、

$W(q,P)$ から $G(q,Q)$ へのルジャンドル変換

$$W(q,P) - P\underbrace{\left(\frac{\partial W(q,P)}{\partial P}\right)}_{Q} = G(q,Q) \tag{10.64}$$

とも考えられる。つまりは「q, Q で表された式から q, P で表された式を出す時にはルジャンドル変換を使え」という処方箋が、ここでも活きている。

ここで $G = W - PQ$ ということになったが、この計算の始まりで $p\,\mathrm{d}q = P\,\mathrm{d}Q + \mathrm{d}G$ と置いた段階で、「変数を q, Q から q, P に変えるのだからルジャンドル変換をしなければ」ということに気づいて $G(q,Q) = W(q,P) - PQ$ を代入しておけば

10.2 変分原理と正準変換

$$pdq = PdQ + \underbrace{dW(q,P) - PdQ - QdP}_{dG}$$
$$pdq + QdP = dW(q,P)$$
(10.65)

と計算することですぐに $p = \left.\dfrac{\partial W}{\partial q}\right|_P, Q = \left.\dfrac{\partial W}{\partial P}\right|_q$ がわかる。

他のパターンについても同様である。以下、列挙する。

p, Q を独立とする場合

独立変数を変える為に $G = W(p,Q) + pq$ と [20] ルジャンドル変換し、

$$pdq = PdQ + \underbrace{dW(p,Q) + dpq + pdq}_{dG}$$
$$-qdp - PdQ = dW(p,Q)$$
(10.66)

より、

$$q = -\left.\dfrac{\partial W}{\partial p}\right|_Q, \quad P = -\left.\dfrac{\partial W}{\partial Q}\right|_p \tag{10.67}$$

p, P を独立とする場合

独立変数を変える為に $G = W(p,P) + pq - PQ$ と [21] ルジャンドル変換し、

$$pdq = PdQ + \underbrace{dW(p,P) + dpq + pdq - dPQ - PdQ}_{dG}$$
$$-qdp + QdP = dW(p,P)$$
(10.68)

より、

$$q = -\left.\dfrac{\partial W}{\partial p}\right|_P, \quad Q = \left.\dfrac{\partial W}{\partial P}\right|_p \tag{10.69}$$

では、結果をまとめて表にしよう。

---

[20] ここで $+pq$ とするが、これは両辺に pdq が現れて消えるように、と考えて選んでもよい。
[21] こちらも同様に、pdq と PdQ が消えてくれるように、と考えれば $+pq - PQ$ を加えればよいことがわかる。

	独立変数	従属変数	W と G の関係
(1)	q, Q	$p = \dfrac{\partial W}{\partial q}, \quad P = -\dfrac{\partial W}{\partial Q}$	$W = G$
(2)	q, P	$p = \dfrac{\partial W}{\partial q}, \quad Q = \dfrac{\partial W}{\partial P}$	$W = G + PQ$
(3)	p, Q	$q = -\dfrac{\partial W}{\partial p}, \quad P = -\dfrac{\partial W}{\partial Q}$	$W = G - pq$
(4)	p, P	$q = -\dfrac{\partial W}{\partial p}, \quad Q = \dfrac{\partial W}{\partial P}$	$W = G + PQ - pq$

それぞれの場合[22]について、G または W という関数を一つ指定すると、変換が一つ決まる。つまり正準変換は、関数の数だけ（無限個）ある[23]。よって、この関数 G または W を「変換を生み出す関数」という意味で「母関数 (generating function)」と呼ぶ。厳密に分類すれば、G が母関数であり、W は"ルジャンドル変換された母関数"である。q, Q の関数である $G(q, Q)$ がいわば「基本形」で、$Q \to P$ と変数変換するなら PQ を足し、$q \to p$ と変数変換するなら pq を引くのが G と W の関係のルールである。ただし、すぐ後で述べるように、ルジャンドル変換できない例もあるので注意しよう。

10.2.3 母関数を使った正準変換の例

簡単な母関数を選んで、それぞれどんな変換になっているかを見てみよう。

表の (1) で $W = qQ$
→ p262

$p = Q, P = -q$ となる。これは p と q の立場を入れ替え、一方の符号をひっくり返す変換（単に立場を入れ替えただけだと、$\{q, p\} = 1$ に対し $\{Q, P\} = -1$ になってしまうから、符号の反転は必須）で

---

[22] この4つは互いにルジャンドル変換でつながっているように見えるので、それなら一つのパターンでやって、残りはそのパターンからのルジャンドル変換として考えればよいではないか、と言いたくなるところなのだが、困ったことにすぐ後の例で見せるように、あるパターンでは表現できない正準変換の例があるので、「どれか一つに絞って」というわけにはいかない。

[23] 「無限個ある」と書いたのは「なんでもよい」という意味ではないことを注意しておこう。たとえば $W = q + Q$ などと選ぶと、（これは確かに q, Q の関数だけども！） $p = \dfrac{\partial W}{\partial q} = 1$ という困った事態に陥る。新しい変数 Q, P が古い変数 q, p の関数になるようにするには、W や G にも条件（たとえば、$\dfrac{\partial^2 G}{\partial q \partial Q} \neq 0$）が必要である。

ある。この場合 $G = W = qQ$ であり、$p\dot{q} = P\dot{Q} + \dfrac{\mathrm{d}(qQ)}{\mathrm{d}t}$ が満たされている。

$\boxed{\text{表の (2) で } W = qP}$　$p = P, Q = q$ となる。これは変換しないのと同じ（恒等変換）である。この場合 $G = W - PQ = 0$ となる[†24]が、$p\dot{q} = P\dot{Q}$ となり作用は不変である。この変換は (1) と (4) のパターンでは書けない。

$\boxed{\text{表の (2) で } W = qP + \epsilon\mathcal{G}(q, P)}$　恒等変換に、微小なパラメータ ϵ が掛けられた量を足す。これでちょうど、10.1.5 節で考えた無限小変換になる。
→ p252

$\boxed{\text{表の (2) で } W = Pf(q)}$　$p = P\dfrac{\mathrm{d}f}{\mathrm{d}q}, Q = f(q)$ となる。これはラグランジュ形式における点変換である。$\mathrm{d}Q = \dfrac{\mathrm{d}f}{\mathrm{d}q}\mathrm{d}q, P = \dfrac{\mathrm{d}q}{\mathrm{d}f}p$ と変換する（座
→ p112
標と運動量が逆数で変換する）ことで、$p\dot{q} = P\dot{Q}$ が保たれる。この場合も $G = 0$ である。

$\boxed{\text{表の (3) で } W = pQ}$　$q = -Q, P = -p$ となって、これは座標と運動量の符号をいっせいに反転する変換である。

10.2.4　変換から母関数を作る

逆に、「こういう変換をしたい」という時にその変換を引き起こす母関数を見つけなくてはいけない場合もある。そのような場合の手順を考えよう。

一例として、10.1.2 節の (1) で考えた $Q = \alpha q, P = \dfrac{p}{\alpha}$ という正準変換は、
→ p247
$Q = \alpha q, p = \alpha P$ と書き直してみれば、$q \to Q, P \to p$ という方向で「α 倍する」という計算になっているから、その「α 倍される変数」である q, P を独立変数とするのがよい。表の (2) を見ると、$W(q, P) = \alpha qP$ とすれば、
→ p262

$$p = \left.\frac{\partial(\alpha qP)}{\partial q}\right|_P = \alpha P, Q = \left.\frac{\partial(\alpha qP)}{\partial P}\right|_q = \alpha q \tag{10.70}$$

という変換になり、欲しい正準変換となる。$W = G + PQ$ なので、

$$P\dot{Q} + \frac{\mathrm{d}}{\mathrm{d}t}(\underbrace{\alpha qP - PQ}_{G + PQ}) = \frac{p}{\alpha}\alpha\dot{q} + \frac{\mathrm{d}}{\mathrm{d}t}0 = p\dot{q} \tag{10.71}$$

[†24] $W = qP$ という関数が P に関して凸関数でない（直線だ！）ので、ルジャンドル変換が失敗する例になっている。
→ p333　　→ p330

となって作用の不変性が示される。$G = 0$ になってしまうので、この場合 (1) のパターンと (4) のパターン[25] では正準変換が書けない。

---------練習問題---------

【問い 10-6】 $Q = \alpha q, P = \dfrac{p}{\alpha}$ という正準変換の母関数 W を、p, Q の関数として（つまり (3) のパターンで）表せ。　　　　ヒント → p350へ　解答 → p364へ

【問い 10-7】 10.1.2節の (2) で考えた正準変換 $P = p + bq$ (b は定数), $Q = q$ の母関数（p, Q を独立変数として）を作れ。この変換で $p\,dq = P\,dQ + dG$ が成り立つことを確認せよ。　　　　ヒント → p350へ　解答 → p364へ

もっと一般的な手法としては、$p\,dq = P\,dQ + dG$ なのだから、$p\,dq - P\,dQ$ を計算して、「何を微分すればこうなるか？」と考えればよい。たとえば恒等変換 $p = P, q = Q$ や反転 $p = -P, q = -Q$ なら $p\,dq - P\,dQ = 0$ であるから、$G = 0$ である[26]。座標と運動量の取替え $p = Q, P = -q$ なら、$p\,dq - P\,dQ = Q\,dq + q\,dQ$ だから、$G = qQ$ でよい。

少し複雑な例として、10.1.4節の調和振動子の正準変換の場合、

$$\begin{aligned}
p\,dq - P\,dQ &= p\,dq - \underbrace{\left(\dfrac{p^2}{2m} + \dfrac{k}{2}q^2\right)}_{P} d\underbrace{\left(\sqrt{\dfrac{m}{k}} \arctan\left(\sqrt{mk}\dfrac{q}{p}\right)\right)}_{Q} \\
&= p\,dq - m\dfrac{\frac{p^2}{2m} + \frac{k}{2}q^2}{1 + mk\left(\frac{q}{p}\right)^2}\left(\dfrac{dq}{p} - \dfrac{q\,dp}{p^2}\right) \\
&= p\,dq - \dfrac{1}{2}p^2\left(\dfrac{dq}{p} - \dfrac{q\,dp}{p^2}\right) = \dfrac{1}{2}(p\,dq + q\,dp)
\end{aligned} \quad (10.72)$$

となるから、$G = \dfrac{pq}{2}$ と選べばよい。しかし G は q, p ではなく新しい変数と古い変数を混ぜた形で表現しなくてはいけないので、たとえば q, Q で表したいとすれば、$\sqrt{mk}\dfrac{q}{p} = \tan\omega Q$ を使って、

$$G = \dfrac{pq}{2} = \dfrac{q^2}{2} \times \dfrac{p}{q} = \dfrac{\sqrt{mk}}{2}q^2 \cot\omega Q \quad (10.73)$$

とすればよい。

---

[25] $G = 0$ で $pq = PQ$ なので、$G + PQ - pq$ も 0 になる。
[26] $G = 0$ では困る、と思うかもしれないが、その場合は表の (2),(3) を使って $W = PQ$ または $W = -pq$ とする。

10.3 時間に依存する変換

次に、$(q,p) \to (Q,P)$ の変換が

$$Q = Q(q,p,t), \quad P = P(q,p,t) \tag{10.74}$$

のように時間に依存している場合を考えよう。4.2.2節で考えた加速系への座標変換などがその例である。これを逆に解けば

$$q = q(Q,P,t), \quad p = p(Q,P,t) \tag{10.75}$$

のように q,p を Q,P で表した式の方にも時間が入る[†27]。

10.3.1 作用の変化

10.2節まで、時間に依存しない場合の正準変換を考えた経験から、作用の変化を見て母関数をみつけることが統一的に正準変換を捉えられる考え方だった。そこでここでも作用を考えてみよう。実は時間に依存する変換の場合はハミルトニアンも変化するので、ハミルトニアンが $H \to K$ と変わった（関数の形としても値としても変わった）としよう。先の経験から、q,Q を独立変数にする方法を基本とするのがよさそうなので、$G(q,Q,t)$ と書いて、

$$p(q,Q,t)\dot{q} - H(q, p(q,Q,t), t) = P(q,Q,t)\dot{Q} - K(Q, P(q,Q,t), t) + \frac{\mathrm{d}G(q,Q,t)}{\mathrm{d}t} \tag{10.76}$$

という等式を考えてみる（以下では引数は省略する）。

$$p\dot{q} - H = P\dot{Q} - K + \underbrace{\left.\frac{\partial G}{\partial q}\right|_{Q,t} \dot{q} + \left.\frac{\partial G}{\partial Q}\right|_{q,t} \dot{Q} + \left.\frac{\partial G}{\partial t}\right|_{q,Q}}_{\frac{\mathrm{d}G(q,Q,t)}{\mathrm{d}t}} \tag{10.77}$$

として各係数を比較すると、

$$p = \left.\frac{\partial G}{\partial q}\right|_{Q,t}, \quad 0 = P + \left.\frac{\partial G}{\partial Q}\right|_{q,t}, \quad -H = -K + \left.\frac{\partial G}{\partial t}\right|_{q,Q} \tag{10.78}$$

となる。p,P を q,Q で表した時の式には t が入るので、必然的に G は t をあらわに含むことになり、ハミルトニアンが $H \to K = H + \left.\frac{\partial G}{\partial t}\right|_{q,Q}$ と変化し

[†27] もちろん、元々の q,p は時間のみの関数 $q(t),p(t)$ であるし、変換後の Q,P も時間のみの関数 $Q(t),P(t)$ である。q,p をあえて Q,P で表そうとするがゆえに、(10.75)のような形になる。

てしまうのが時間依存性のない場合との違いである。

q, Q 以外のペアを独立変数とした場合も、262 ページの表と同様の計算となる。たとえば q, P を独立変数とした場合、

$$p\,dq - H\,dt = P\,dQ - K\,dt + d(W - PQ)$$
$$= -Q\,dP - K\,dt + \underbrace{\frac{\partial W}{\partial q}dq + \frac{\partial W}{\partial P}dP + \frac{\partial W}{\partial t}dt}_{dW} \quad (10.79)$$

となるから、この時はハミルトニアンの変化が $H \to K = H + \frac{\partial W}{\partial t}$ となる[†28]。

基本ポアッソン括弧の計算については【問い 10-5】と同様に計算できる[†29]。
→ p259
つまり、$\{Q, P\}_{(q,p)} = 1$ が満たされる。基本ポアッソン括弧が変化しないなら、任意のポアッソン括弧はどちらの座標系で計算しても同じである ($\{A, B\}_{(q,p)} = \{A, B\}_{(Q,P)}$) というのは、時間依存する場合でも同様である。

この変換はもちろん、正準方程式を保存する。作用の形から明らかであるが、念のため確認したいという人は次の問題をやってみること。

------------------ 練習問題 ------------------

【問い 10-8】 262 ページのパターン (1) の変換において、(q, p) 座標系での式

$$\frac{dP}{dt} = \{P, H\}_{(q,p)} + \left.\frac{\partial P(q, p, t)}{\partial t}\right|_{q,p} \quad (10.80)$$

と、(Q, P) 座標系での式[†30]

$$\frac{dP}{dt} = \{P, K\}_{(Q,P)} = \underbrace{\{P, H\}_{(Q,P)}}_{\{P,H\}_{(q,p)}} + \left\{P, \frac{\partial W}{\partial t}\right\}_{(Q,P)} \quad (10.81)$$

が同じであることを確認せよ。$\frac{dQ}{dt}$ についても同様の計算を行え。

ヒント → p350 へ　　解答 → p364 へ

[†28] 作用に足されたのは $\frac{dG}{dt}$ だが、ハミルトニアンに足されるのは $\frac{\partial W}{\partial t}$ であることに注意しよう。

[†29] 時間依存性が加わるところだけが違うが、ポアッソン括弧の計算はそもそも時間を一つに決めて行なっている計算だから、特に変わるところはない。

[†30] この座標系では P は正準運動量であるから、$\frac{\partial P}{\partial t}$ の項はない。替りにハミルトニアンが $H \to H + \frac{\partial W}{\partial t}$ と変化する。

10.3.2　時間に依存する正準変換の例

慣性系から加速系へ

4.2.2節で考えた加速系を考えよう。ただしこの章での表記にしたがって新旧の座標と運動量を $(q, p) \to (Q, P)$ で表す（旧が慣性系、新が加速系）。

$$L = \frac{1}{2} m \left(\dot{Q} + gt \right)^2 \tag{10.82}$$

という加速系のラグランジアンから求めた運動量は $P = m \left(\dot{Q} + gt \right)$ であり、

$$K = P\dot{Q} - \frac{P^2}{2m} = \frac{P^2}{2m} - Pgt \tag{10.83}$$

がハミルトニアンである（変換後のハミルトニアンなので K と書いた）。

$(q, p) \to (Q, P)$ という変換を母関数を使った正準変換で表現しよう。$Q = \frac{\partial W}{\partial P}$ が $q - \frac{1}{2}gt^2$ になって欲しいから、$W = P \left(q - \frac{1}{2}gt^2 \right)$ と選ぶと、

$$Q = \frac{\partial W}{\partial P} = q - \frac{1}{2}gt^2, \quad p = \frac{\partial W}{\partial q} = P \tag{10.84}$$

となる（運動量は新旧で変化しない）ので、

$$K = H + \frac{\partial W}{\partial t} = \frac{p^2}{2m} + P \times (-gt) = \frac{P^2}{2m} - Pgt \tag{10.85}$$

となり、ラグランジアンから作り直した式(10.83)と一致する（作り直しは必要ない）。つまり $\frac{\partial W}{\partial t}$ という付加項が慣性系から加速系へという変化を正しく表現してくれている。この場合ハミルトニアンが時間に依存するようになってしまったので、ハミルトニアンは保存量ではない。

K は保存しないが、運動量は（K は Q を含んでいないので）保存する。しかしこの（保存する）運動量 P の意味は mv ではない。

$$\frac{dP}{dt} = 0, \quad \frac{dQ}{dt} = \frac{P}{m} - gt \tag{10.86}$$

が正準方程式であるから $P = m \frac{dQ}{dt} + mgt$ である。運動方程式は

$$\frac{d^2 Q}{dt^2} = -g \tag{10.87}$$

となり、正しく加速度系の運動方程式になっている。

減衰振動

4.2.3節で考えた、速度に比例する抵抗が働く場合のラグランジアン(4.47)
→ p102   → p103
で、位置エネルギーを $\frac{1}{2}kq^2$ にしたもの

$$L = e^{\frac{K}{m}t}\left(\frac{m}{2}(\dot{q})^2 - \frac{1}{2}kq^2\right) \tag{10.88}$$

を考えよう。このラグランジアンから導かれる運動方程式は

$$m\ddot{q} = -kq - K\dot{q} \tag{10.89}$$

で、減衰のある振動を表している。ハミルトン形式に直すと、まず運動量が

$$p = \frac{\partial L}{\partial \dot{q}} = e^{\frac{K}{m}t}m\dot{q} \tag{10.90}$$

なので、

$$H = p\dot{q} - L = e^{-\frac{K}{m}t}\frac{p^2}{2m} + e^{\frac{K}{m}t}\frac{kq^2}{2} \tag{10.91}$$

となる。この形を見ていると、「$p = Pe^{\frac{K}{2m}t}, q = Qe^{-\frac{K}{2m}t}$ と変換すれば普通の調和振動子と同じハミルトニアンになるのでは？」と気づく。qをα倍すると同時にpを$\frac{1}{\alpha}$倍するという正準変換はすでに知っていて、その時の母関
                      → p247
数は $W = \alpha qP$ だったから、このαを時間に依存する量として、

$$W(q, P, t) = e^{\frac{K}{2m}t}qP \tag{10.92}$$

とすればよい。時間に依存する母関数なのでハミルトニアンは単に $p = Pe^{\frac{K}{2m}t}, q = Qe^{-\frac{K}{2m}t}$ を代入した部分に $\frac{\partial W}{\partial t} = \frac{K}{2m}e^{\frac{K}{2m}t}qP = \frac{K}{2m}QP$ を加えて、

$$\tilde{H} = \frac{P^2}{2m} + \frac{kQ^2}{2} + \frac{K}{2m}QP \tag{10.93}$$

となる。驚くべきことに、このハミルトニアンは時間に依存しない。よって、保存する。このハミルトニアンを完全平方すると、

$$\tilde{H} = \frac{(P + \frac{KQ}{2})^2}{2m} + \frac{1}{2}\left(k - \frac{K^2}{4m}\right)Q^2 \tag{10.94}$$

となる。さらにQは変えずにPの方を $\tilde{P} = P + \frac{KQ}{2}$ とずらす（これも正準変換であることは、【問い10-7】で確認している）ことで、ハミルトニアンは
                              → p264

$$\tilde{H} = \frac{(\tilde{P})^2}{2m} + \frac{1}{2}\left(k - \frac{K^2}{4m}\right)Q^2 \tag{10.95}$$

という、調和振動子と全く同じ形となる。ただし、$k - \dfrac{K^2}{4m}$ の符号には注意が必要で、これが正ならば振動、0ならば等速直線運動[†31]、負ならばexpで増大または減衰する運動となっている。もちろんこれは $Q, \tilde{P}$ 座標系での話であり、q, p 座標系では様相が違う。$q = \mathrm{e}^{-\frac{K}{2m}t}Q$ であるから、Q 座標で起こっている運動を $\mathrm{e}^{-\frac{K}{2m}t}$ だけスケール倍（縮小）したものが q 座標で起こっている運動[†32]であり、これは減衰する運動である（具体的計算は、【演習問題10-2】
→ p278
を見よ）。

10.4 多変数の正準変換

ここまでは力学的自由度が1、つまり1変数（位相空間としては2変数）の場合を考えたが、多変数の正準変換がどのようなものになるかを求めたい。

10.4.1 多変数のポアッソン括弧の変換

1変数での計算から、ポアッソン括弧が保存するならばそれは正準変換だ、とわかったので、多変数の場合についても、ポアッソン括弧が変化しないものを正準変換だとしよう。

ある系が一般座標 $q_i (i = 1, 2, \cdots, N)$ と対応する一般運動量 $p_i (i = 1, 2, \cdots, N)$ で記述されていて、それをある座標変換したものが一般座標 $Q_i (i = 1, 2, \cdots, N)$、一般運動量 $P_i (i = 1, 2, \cdots, N)$ と表現されているとする。

$\{Q_*\}, \{P_*\}$ で記述したポアッソン括弧

$$\{A, B\}_{(Q,P)} = \sum_i \left(\frac{\partial A}{\partial Q_i}\frac{\partial B}{\partial P_i} - \frac{\partial B}{\partial Q_i}\frac{\partial A}{\partial P_i} \right) \tag{10.96}$$

と、$\{q_*\}, \{p_*\}$ で記述したポアッソン括弧

$$\{A, B\}_{(q,p)} = \sum_i \left(\frac{\partial A}{\partial q_i}\frac{\partial B}{\partial p_i} - \frac{\partial B}{\partial q_i}\frac{\partial A}{\partial p_i} \right) \tag{10.97}$$

[†31] 減衰振動のハミルトニアンが状況によっては自由粒子のそれと一致するという不思議なことになるが、これが正準変換の威力である。

[†32] 我々の目に見えている運動に近い座標（q 座標）と、計算しやすい座標（Q 座標）は一致しない。直観的にわかりやすいかどうかと計算としてわかりやすいかは別なのである。だからこそ正準変換などの座標変換に意味がある。

の関係をまず考えよう。まず $\{A,B\}_{(q,p)}$ を

$$\sum_i \left(\frac{\partial A}{\partial q_i}\frac{\partial B}{\partial p_i} - \frac{\partial B}{\partial q_i}\frac{\partial A}{\partial p_i}\right)$$
$$= \sum_i \left(\frac{\partial A}{\partial q_i}\sum_k\left(\frac{\partial B}{\partial Q_k}\frac{\partial Q_k}{\partial p_i} + \frac{\partial B}{\partial P_k}\frac{\partial P_k}{\partial p_i}\right) - \sum_k \left(\frac{\partial B}{\partial Q_k}\frac{\partial Q_k}{\partial q_i} + \frac{\partial B}{\partial P_k}\frac{\partial P_k}{\partial q_i}\right)\frac{\partial A}{\partial p_i}\right)$$
$$= \sum_k \left(\{A,Q_k\}_{(q,p)}\frac{\partial B}{\partial Q_k} + \{A,P_k\}_{(q,p)}\frac{\partial B}{\partial P_k}\right)$$
(10.98)

と書き直す。ほぼ同様の計算をすれば、

$$\{A,Q_k\}_{(q,p)} = \sum_j \left(\frac{\partial A}{\partial Q_j}\{Q_j,Q_k\}_{(q,p)} + \frac{\partial A}{\partial P_j}\{P_j,Q_k\}_{(q,p)}\right)$$
$$\{A,P_k\}_{(q,p)} = \sum_j \left(\frac{\partial A}{\partial Q_j}\{Q_j,P_k\}_{(q,p)} + \frac{\partial A}{\partial P_j}\{P_j,P_k\}_{(q,p)}\right)$$
(10.99)

が言えるから、

$$\{A,B\}_{(q,p)} = \sum_{j,k}\frac{\partial A}{\partial Q_j}\frac{\partial B}{\partial Q_k}\{Q_j,Q_k\}_{(q,p)} + \sum_{j,k}\frac{\partial A}{\partial Q_j}\frac{\partial B}{\partial P_k}\{Q_j,P_k\}_{(q,p)}$$
$$+ \sum_{j,k}\frac{\partial A}{\partial P_j}\frac{\partial B}{\partial Q_k}\{P_j,Q_k\}_{(q,p)} + \sum_{j,k}\frac{\partial A}{\partial P_j}\frac{\partial B}{\partial P_k}\{P_j,P_k\}_{(q,p)}$$
(10.100)

とまとまる。よって、

---- 新旧の座標系で基本ポアッソン括弧が保存 ----

$$\{Q_j,Q_k\}_{(q,p)} = 0, \quad \{P_j,P_k\}_{(q,p)} = 0, \quad \{Q_j,P_k\}_{(q,p)} = \delta_{jk} \quad (10.101)$$

が満たされていれば、

---- 新旧の座標系でポアッソン括弧が保存 ----

$$\{A,B\}_{(q,p)} = \underbrace{\sum_k\left(\frac{\partial A}{\partial Q_k}\frac{\partial B}{\partial P_k} - \frac{\partial A}{\partial P_k}\frac{\partial B}{\partial Q_k}\right)}_{\{A,B\}_{(Q,P)}} \quad (10.102)$$

が言える。したがって、多変数の場合も、基本ポアッソン括弧を保存する変換を正準変換としてよい。

さて、ポアッソン括弧が不変だという式 $\{A,B\}_{(q,p)} = \{A,B\}_{(Q,P)}$ に $A =$

10.4 多変数の正準変換

$P_i, B = p_j$ を入れてみる[33]。

$$\underbrace{\sum_k\left(\underbrace{\frac{\partial P_i}{\partial Q_k}\frac{\partial p_j}{\partial P_k}}_{0} - \underbrace{\frac{\partial P_i}{\partial P_k}\frac{\partial p_j}{\partial Q_k}}_{\delta_{ik}}\right)}_{\{P_i,p_j\}_{(Q,P)}} = \underbrace{\sum_k\left(\frac{\partial P_i}{\partial q_k}\underbrace{\frac{\partial p_j}{\partial p_k}}_{\delta_{jk}} - \frac{\partial P_i}{\partial p_k}\underbrace{\frac{\partial p_j}{\partial q_k}}_{0}\right)}_{\{P_i,p_j\}_{(q,p)}} \quad (10.103)$$

となって、$-\dfrac{\partial p_j}{\partial Q_i} = \dfrac{\partial P_i}{\partial q_j}$ を得る。同様にして、

---**正準変換における微分の関係**---

$$-\frac{\partial p_j}{\partial Q_i} = \frac{\partial P_i}{\partial q_j}, \quad \frac{\partial p_j}{\partial P_i} = \frac{\partial Q_i}{\partial q_j}, \quad \frac{\partial q_j}{\partial Q_i} = \frac{\partial P_i}{\partial p_j}, \quad -\frac{\partial q_j}{\partial P_i} = \frac{\partial Q_i}{\partial p_j} \quad (10.104)$$

と、併せて4種類の微分の関係式（1次元の時の(10.6)で $J=1$ としたものに
→ p245
対応する）を導くこともできる。逆にこれから基本ポアッソン括弧の保存が
導ける（次の【問い10-9】）。こちらを正準変換の条件と考えても良い。

----------------------------**練習問題**----------------------------

【問い10-9】 (10.104)から $\{Q_i, P_j\} = \delta_{ij}, \{Q_i, Q_j\} = 0, \{P_i, P_j\} = 0$ を導
け。
解答 → p365へ

【問い10-10】 2次元直交座標 (x, y) とそれに共役な運動量 (p_x, p_y) という正準
座標から、2次元極座標 (r, θ) とそれに共役な運動量 (p_r, p_θ) という正準座標へ
の変換を考える。前に述べたように $\mathrm{d}x\,\mathrm{d}y = r\,\mathrm{d}r\,\mathrm{d}\theta$ となって、座標の積分要
→ p247
素は共変ではないが、位相空間での積分要素は共変である（$\mathrm{d}x\,\mathrm{d}y\,\mathrm{d}p_x\,\mathrm{d}p_y = \mathrm{d}r\,\mathrm{d}\theta\,\mathrm{d}p_r\,\mathrm{d}p_\theta$）ことを示せ。
ヒント → p350へ　解答 → p365へ

10.4.2 多変数の場合の母関数

多変数の場合も母関数を使う方法で正準変換を行うことも同様にできる。
たとえば、$\{q_*\}, \{Q_*\}$ を独立変数とする立場ならば、

$$\sum_i p_i \dot{q}_i - H = \sum_i P_i \dot{Q}_i - K + \frac{\mathrm{d}G}{\mathrm{d}t} \quad (10.105)$$

のようにして、

---

[33] $\{A, B\}_{(q,p)}$ の方に代入するときは P を $P(q,p)$ と考え、$\{A, B\}_{(Q,P)}$ の方に代入する時は p を $p(Q,P)$ と考える。

$$p_i = \frac{\partial G}{\partial q_i}, \quad P_i = -\frac{\partial G}{\partial Q_i}, \quad K = H + \frac{\partial G}{\partial t} \tag{10.106}$$

と新旧の座標が関連付けられる。母関数を使って書いた正準変換において、基本ポアッソン括弧が保存するかどうかは、1変数の時に【問い10-5】（→ p259）で考えたのと同様にやればできるが、これも練習問題としておく。

------------------------------- 練習問題 -------------------------------

【問い10-11】 母関数 $G(\{q_*\}, \{Q_*\})$ を使っての正準変換の場合で、(10.104)（→ p271）が成り立つこと（これは正準変換であることと同値）を示せ。

ヒント → p350 へ　解答 → p366 へ

独立変数のペアが違う場合も、p262の表と同様に考えていけばよい[34]。1変数の点変換（→ p263）に習って、$W = \sum_i P_i f_i(\{q_*\})$ のように母関数を決めれば、

$$Q_i = f_i(\{q_*\}), \quad p_i = \sum_j P_j \frac{\partial f_j(\{q_*\})}{\partial q_i} \tag{10.107}$$

のように変換される。第1の式を時間微分すると $\dot{Q}_i = \sum_j \frac{\partial f_i(\{q_*\})}{\partial q_j} \dot{q}_j$ となることがわかるが、これは $\dot{q}_i \to \dot{Q}_i$ の変換と $p_i \to P_i$ の変換を表す行列が互いに逆行列となっていること（$\mathbf{T}_{ij} = \frac{\partial Q_i}{\partial q_j}, (\mathbf{T}^{-1})_{ij} = \frac{\partial q_i}{\partial Q_j}$ とすると、$\dot{Q}_i = \sum_j \mathbf{T}_{ij} \dot{q}_j, P_i = \sum_k p_k (\mathbf{T}^{-1})_{ki}$ となる）を示している[35]。

10.4.3 多変数正準変換の例

直交座標から極座標へ

直交座標 (x, y, z) から極座標 (r, θ, ϕ) への変換を正準変換として記述してみよう。前節最後で記した一般論における q_i にあたるものが x, y, z で Q_i にあたるものが r, θ, ϕ である。これに対応して運動量も、p_i にあたるものを p_x, p_y, p_z と、P_i にあたるものを P_r, P_θ, P_ϕ と表記することにする。

---

[34] 実は、(q, p) のペアが複数個あるので、あるペアに関しては (q, Q) を独立変数に、別のペアに関しては (p, P) を独立変数に、というふうにいろんなパターンが混ざった形の母関数も、作ろうと思えば作れる。

[35] これは $\dot{q}_i$ が反変ベクトルとして、p_i が共変ベクトルとして変換するということである（→ p340）。それゆえラグランジアンに登場する $\sum_i p_i \dot{q}_i$ という量は点変換の不変量となる。この p_i と q_i の変換性が「逆」であるということがハミルトン形式が座標変換に強い理由の一つになっている。

10.4 多変数の正準変換

母関数を $W(p, Q)$、つまり古い運動量と新しい座標の関数（262ページの表の(3)のパターン）として、

$$W = -p_x r\sin\theta\cos\phi - p_y r\sin\theta\sin\phi - p_z r\cos\theta \tag{10.108}$$

を取る。実はこれは、$W = -p_x x - p_y y - p_z z$ という式を作って、その後に x, y, z を極座標で表現したものを入れただけである。こうすると、

$$-\frac{\partial W}{\partial p_x} = r\sin\theta\cos\phi = x, \quad -\frac{\partial W}{\partial p_y} = r\sin\theta\sin\phi = y, \quad -\frac{\partial W}{\partial p_z} = r\cos\theta = z \tag{10.109}$$

$$\begin{aligned} -\frac{\partial W}{\partial r} &= p_x \sin\theta\cos\phi + p_y \sin\theta\sin\phi + p_z \cos\theta = P_r, \\ -\frac{\partial W}{\partial \theta} &= p_x r\cos\theta\cos\phi + p_y r\cos\theta\sin\phi - p_z r\sin\theta = P_\theta, \\ -\frac{\partial W}{\partial \phi} &= -p_x r\sin\theta\sin\phi + p_y r\sin\theta\cos\phi = P_\phi \end{aligned} \tag{10.110}$$

という座標変換の式が出る。(p_x, p_y, p_z) と (P_r, P_θ, P_ϕ) の関係は

$$\begin{pmatrix} P_r \\ P_\theta \\ P_\phi \end{pmatrix} = \begin{pmatrix} \sin\theta\cos\phi & \sin\theta\sin\phi & \cos\theta \\ r\cos\theta\cos\phi & r\cos\theta\sin\phi & -r\sin\theta \\ -r\sin\theta\sin\phi & r\sin\theta\cos\phi & 0 \end{pmatrix} \begin{pmatrix} p_x \\ p_y \\ p_z \end{pmatrix} \tag{10.111}$$

であり、逆変換は

$$\begin{pmatrix} p_x \\ p_y \\ p_z \end{pmatrix} = \underbrace{\begin{pmatrix} \sin\theta\cos\phi & \frac{\cos\theta\cos\phi}{r} & -\frac{\sin\phi}{r\sin\theta} \\ \sin\theta\sin\phi & \frac{\cos\theta\sin\phi}{r} & \frac{\cos\phi}{r\sin\theta} \\ \cos\theta & -\frac{\sin\theta}{r} & 0 \end{pmatrix}}_{\mathbf{T}} \begin{pmatrix} P_r \\ P_\theta \\ P_\phi \end{pmatrix} \tag{10.112}$$

である。ハミルトニアンを求めるために

$$\begin{pmatrix} p_x & p_y & p_z \end{pmatrix} \begin{pmatrix} p_x \\ p_y \\ p_z \end{pmatrix} = \begin{pmatrix} P_r & P_\theta & P_\phi \end{pmatrix} \mathbf{T}^t \mathbf{T} \begin{pmatrix} P_r \\ P_\theta \\ P_\phi \end{pmatrix} \tag{10.113}$$

を計算したい。行列の積 $\mathbf{T}^t\mathbf{T}$ の部分を先に計算して、

$$\begin{pmatrix} \sin\theta\cos\phi & \sin\theta\sin\phi & \cos\theta \\ \frac{\cos\theta\cos\phi}{r} & \frac{\cos\theta\sin\phi}{r} & -\frac{\sin\theta}{r} \\ -\frac{\sin\phi}{r\sin\theta} & \frac{\cos\phi}{r\sin\theta} & 0 \end{pmatrix} \begin{pmatrix} \sin\theta\cos\phi & \frac{\cos\theta\cos\phi}{r} & -\frac{\sin\phi}{r\sin\theta} \\ \sin\theta\sin\phi & \frac{\cos\theta\sin\phi}{r} & \frac{\cos\phi}{r\sin\theta} \\ \cos\theta & -\frac{\sin\theta}{r} & 0 \end{pmatrix} \tag{10.114}$$

の結果が $\begin{pmatrix} 1 & 0 & 0 \\ 0 & \dfrac{1}{r^2} & 0 \\ 0 & 0 & \dfrac{1}{r^2 \sin^2\theta} \end{pmatrix}$ となるから、

$$(p_x \quad p_y \quad p_z)\begin{pmatrix} p_x \\ p_y \\ p_z \end{pmatrix} = (P_r \quad P_\theta \quad P_\phi)\begin{pmatrix} 1 & 0 & 0 \\ 0 & \dfrac{1}{r^2} & 0 \\ 0 & 0 & \dfrac{1}{r^2 \sin^2\theta} \end{pmatrix}\begin{pmatrix} P_r \\ P_\theta \\ P_\phi \end{pmatrix} \quad (10.115)$$

という変換ができ、極座標でのハミルトニアンは以下の通りとなる。

$$H = \frac{1}{2m}\left((P_r)^2 + \frac{(P_\theta)^2}{r^2} + \frac{(P_\phi)^2}{r^2 \sin^2\theta}\right) \quad (10.116)$$

慣性系から回転系へ

回転座標系への正準変換をやってみよう。右の図のように慣性系 (x,y) に対して角速度 ω で原点を共有して回っている座標系

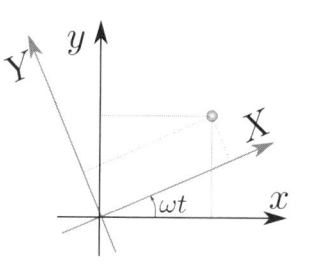

$$X = x\cos\omega t + y\sin\omega t \quad (10.117)$$
$$Y = -x\sin\omega t + y\cos\omega t \quad (10.118)$$

へと変換を行う。そのためには母関数を

$$W = P_X(x\cos\omega t + y\sin\omega t) + P_Y(-x\sin\omega t + y\cos\omega t) \quad (10.119)$$

とすれば、$X = \dfrac{\partial W}{\partial P_X}, Y = \dfrac{\partial W}{\partial P_Y}$ から上の変換式が出る。この時

$$p_x = \frac{\partial W}{\partial x} = P_X \cos\omega t - P_Y \sin\omega t, \quad p_y = \frac{\partial W}{\partial y} = P_X \sin\omega t + P_Y \cos\omega t \quad (10.120)$$

という関係で新旧の運動量が関係づけられ、ハミルトニアンは

$$K = \frac{(p_x)^2 + (p_y)^2}{2m} + \underbrace{P_X \omega(-x\sin\omega t + y\cos\omega t) + P_Y \omega(-x\cos\omega t - y\sin\omega t)}_{\frac{\partial W}{\partial t}}$$

$$= \frac{(P_X)^2 + (P_Y)^2}{2m} + \omega(P_X Y - P_Y X) \quad (10.121)$$

10.4 多変数の正準変換

となる(p_x, p_y から P_X, P_Y への変換は回転なので、$(p_x)^2 + (p_y)^2 = (P_X)^2 + (P_Y)^2$ である)。意外かもしれないが、ハミルトニアンは時間にあらわには依存しない。これから得られる正準方程式は

$$\dot{P}_X = \omega P_Y, \quad \dot{P}_Y = -\omega P_X, \quad \dot{X} = \frac{P_X}{m} + \omega Y, \quad \dot{Y} = \frac{P_Y}{m} - \omega X \quad (10.122)$$

となる。P_X, P_Y を消去してみると、

$$\ddot{X} = 2\omega \dot{Y} + \omega^2 X, \quad \ddot{Y} = -2\omega \dot{X} + \omega^2 Y \quad (10.123)$$

という運動方程式が出る。この ω の1次の項はいわゆるコリオリ力、ω の2次の項はいわゆる遠心力である。

回転系のハミルトニアンの意味を考えてみると、最初の $\frac{(P_X)^2 + (P_Y)^2}{2m}$ は通常と同じ自由粒子のハミルトニアンで、次の $\omega(P_X Y - P_Y X)$ は角運動量に $-\omega$ を掛けたものになっている。座標軸の回転方向と同方向の角運動量を持つとエネルギーが下がり、逆の角運動量を持つと(通常よりもさらに)エネルギーが上がる計算になっている。

さらにこの座標系を2次元極座標系に正準変換してみよう。(X, Y) から (R, Θ) へ[36] と変換するため、母関数を $\tilde{W} = -P_X R \cos\Theta - P_Y R \sin\Theta$ とする。

$$\tilde{P}_R = P_X \cos\Theta + P_Y \sin\Theta, \quad \tilde{P}_\Theta = -P_X R \sin\Theta + P_Y R \cos\Theta \quad (10.124)$$

$$X = R\cos\Theta, \quad Y = R\sin\Theta \quad (10.125)$$

と変換されるから、ハミルトニアンは

$$\begin{aligned}
\tilde{K} &= \frac{(\tilde{P}_R \cos\Theta - \frac{\tilde{P}_\Theta}{R} \sin\Theta)^2 + (\tilde{P}_R \sin\Theta + \frac{\tilde{P}_\Theta}{R} \cos\Theta)^2}{2m} \\
&\quad + \omega\left((\tilde{P}_R \cos\Theta - \frac{\tilde{P}_\Theta}{R} \sin\Theta) R\sin\Theta - (\tilde{P}_R \sin\Theta + \frac{\tilde{P}_\Theta}{R} \cos\Theta) R\cos\Theta\right) \\
&= \frac{(\tilde{P}_R)^2}{2m} + \frac{(\tilde{P}_\Theta)^2}{2mR^2} - \omega \tilde{P}_\Theta
\end{aligned}$$
(10.126)

となる。回転する座標系においては、角運動量 $\tilde{P}_\Theta$ に比例した項がハミルトニアンに付け加わる。

---

[36] Θ はあまり見たことがないかもしれないが、θ の大文字である。

一様磁場中の荷電粒子

z軸方向に磁束密度Bの磁場がかかっている場合の電荷qを持った粒子は、$q\vec{v} \times \vec{B} = (qB\dot{y}, -qB\dot{x}, 0)$という力を受けるが、この粒子のラグランジアンは（$z$方向は無視すると）

$$L = \frac{m}{2}\left((\dot{x})^2 + (\dot{y})^2\right) + \frac{qB}{2}(x\dot{y} - y\dot{x}) \tag{10.127}$$

と書ける。実際これからオイラー・ラグランジュ方程式を作ってみると、

$$\underbrace{\frac{qB}{2}\dot{y}}_{\frac{\partial L}{\partial x}} - \frac{\mathrm{d}}{\mathrm{d}t}\underbrace{\left(m\dot{x} - \frac{qB}{2}y\right)}_{\frac{\partial L}{\partial \dot{x}}} = 0, \quad \underbrace{-\frac{qB}{2}\dot{x}}_{\frac{\partial L}{\partial y}} - \frac{\mathrm{d}}{\mathrm{d}t}\underbrace{\left(m\dot{y} + \frac{qB}{2}x\right)}_{\frac{\partial L}{\partial \dot{y}}} = 0 \tag{10.128}$$

から

$$m\ddot{x} = qB\dot{y}, \quad m\ddot{y} = -qB\dot{x} \tag{10.129}$$

となって、ローレンツ力$q\vec{v} \times \vec{B}$（今の場合、$\vec{B} = (0,0,B)$）が出てくる[37]。

上で$\frac{\partial L}{\partial \dot{q}_i}$を計算してあるので、運動量は$p_x = m\dot{x} - \frac{qB}{2}y, p_y = m\dot{y} + \frac{qB}{2}x$とわかっている。ハミルトニアンは

$$H = \frac{1}{2m}\left(\underbrace{\left(p_x + \frac{qB}{2}y\right)^2}_{(m\dot{x})^2} + \underbrace{\left(p_y - \frac{qB}{2}x\right)^2}_{(m\dot{y})^2}\right) \tag{10.130}$$

という形になる[38]。以下の練習問題でやるように、ここから正準方程式を出して解いたっていいのだが、せっかくだから正準変換を使ってハミルトニアンを簡単化するという方法でやってみよう。

------------------------- 練習問題 -------------------------

【問い10-12】 このハミルトニアンから正準方程式を導き、解け。

ヒント → p351 へ　　解答 → p367 へ

---

[37] 実はこのラグランジアンの形は、ベクトルポテンシャルを$\vec{A} = (-\frac{B}{2}y, \frac{B}{2}x, 0)$（こうすると rot $\vec{A} = \vec{B}$が$(0,0,B)$になる）として、$q\vec{v} \cdot \vec{A}$を付け加えたものと考えてもよい。

[38] 前に書いたように、ラグランジアンからハミルトニアンを作るとき、$\dot{q}_i$の2次の項は変わらず、1
→ p237
次の項は消え、0次の項は符号が変わる。この事実を使うとほぼ計算なしでこの式は出せる。

10.4 多変数の正準変換

ハミルトニアンに現れる $p_x + \frac{qB}{2}y$ と $p_y - \frac{qB}{2}x$ のポアッソン括弧が

$$\left\{p_x + \frac{qB}{2}y, p_y - \frac{qB}{2}x\right\} = qB \tag{10.131}$$

であることに注意する。この二つはそれぞれ $m\dot{x}, m\dot{y}$（解析力学でない力学の言葉なら「x 方向の運動量」「y 方向の運動量」と呼びたくなる量）だったものである。つまりこの状況では、$m\vec{v}$ の x 成分と y 成分という、「磁場がなければ運動量だったもの」がポアッソン括弧の意味で交換しない[39]。

そこで、新しい座標・運動量のペアとして（ポアッソン括弧が1になるように、片方を qB で割って）

$$X = \frac{1}{qB}\left(p_x + \frac{qB}{2}y\right), \quad P_X = p_y - \frac{qB}{2}x \tag{10.132}$$

と置いてみよう。この二つは基本ポアッソン括弧 $\{X, P_X\} = 1$ を満たす。座標と運動量をもう一個ずつ定義しなくてはいけないが、符号を反転した

$$Y = \frac{1}{qB}\left(-p_x + \frac{qB}{2}y\right), \quad P_Y = p_y + \frac{qB}{2}x \tag{10.133}$$

を定義してやると、座標同士は交換（$\{X, Y\} = 0$）、運動量同士も交換（$\{P_X, P_Y\} = 0$）するし、$\{Y, P_Y\} = 1$ となる。もちろん、$\{X, P_Y\} = \{Y, P_X\} = 0$ も満たされ、基本ポアッソン括弧全てを満たしてくれる。

新しい座標を使うとハミルトニアンは

$$H = \frac{1}{2m}\left((P_X)^2 + q^2 B^2 X^2\right) \tag{10.134}$$

と簡単化される。これは質量が m、バネ定数が $\frac{q^2 B^2}{m}$ の調和振動子のハミルトニアンそのもの[40]だから、この (X, P_X) で表される系は、角振動数 $\omega = \frac{qB}{m}$

---

[39] ハミルトニアンは本質的に $\frac{1}{2}m(\vec{v})^2$ という運動エネルギーのみになっている。磁場による力がかかっているのに変だ、と思うかもしれないが、「速度と垂直」という性質のために、磁場によるローレンツ力は仕事をしないので、エネルギーに寄与しない（それなのにラグランジアンが書けて、運動方程式もちゃんと出るのが面白いところ）。磁場が存在することの効果は、$m\dot{x}$ と p_x がずれているところに現れている。

[40] 第6章などで何度もやった「ラグランジアンを単振動の形に書き直す」（ここではハミルトニアン
→ p139
だが）という方法が、どこにもバネのようなものが存在していない、このような系でも適用できる！

の単振動を行う。一方、Y も P_Y もハミルトニアンに含まれていないのでどちらも時間発展せず、保存量になる。(x,y) の2次元空間での運動であったものが、ハミルトニアンの中では X だけが単振動しているという形にまとめることができた。磁場中を運動する粒子というよく知らなかった系を、調和振動子というよく知っている系に変換して解くことができた（これはハミルトン形式を使っているがゆえにできることである）[41]。

$$X = A\sin\left(\frac{qB}{m}t + \alpha\right), \quad P_X = m\dot{X} = qBA\cos\left(\frac{qB}{m}t + \alpha\right) \quad (10.135)$$

というのが X, P_X の解である。Y, P_Y は定数である。これを代入すると

$$\begin{aligned}x &= \frac{1}{qB}(P_Y - P_X) = \frac{P_Y}{qB} - A\cos\left(\frac{qB}{m}t + \alpha\right) \\ y &= \quad X + Y \quad = Y \quad + A\sin\left(\frac{qB}{m}t + \alpha\right)\end{aligned} \quad (10.136)$$

となって、$\left(\dfrac{P_Y}{qB}, Y\right)$ という定点を中心とした円運動を行う。

10.5 章末演習問題

★【演習問題10-1】

3次元の直交座標から極座標への正準変換において、$\displaystyle\prod_{i=1}^{3} dp_i\, dq_i$ が不変であることを確認せよ。

解答 → p27w へ

★【演習問題10-2】

(10.88)のラグランジアンからオイラー・ラグランジュ方程式を作って解いた場合と、
→ p268
(10.95)のハミルトニアンから正準方程式を作って解いた場合を比較し、同じ運動に
→ p269
なっていることを確認せよ。

ヒント → p7w へ　　解答 → p28w へ

★【演習問題10-3】

10.1.5節では1変数の場合の無限小正準変換を考えたが、多変数の場合でも、無限小
→ p252
のパラメータ ϵ と生成子 $\mathcal{G}$ を用いた変換

$$P_i = p_i + \epsilon\{p_i, \mathcal{G}\}, \quad Q_i = q_i + \epsilon\{q_i, \mathcal{G}\} \quad (10.137)$$

がポアッソン括弧を保存することを示せ。

ヒント → p8w へ　　解答 → p29w へ

---

[41] 量子力学を考える時にこの有り難さは顕著になる。調和振動子というのはシュレーディンガー方程式が解ける例だからである。実際、磁場中で平面運動する粒子の量子力学が調和振動子に書き直すという手法で解かれている。

第 *11* 章
ハミルトン・ヤコビ方程式

運動を「解く」もう一つの方法、ハミルトン・ヤコビ方程式を考えよう。

11.1 ハミルトン・ヤコビ方程式

11.1.1 $K=0$ となる正準変換の母関数を求める

ここまで考えたように、正準変換してできる限りハミルトニアンを簡単にしていくことで、問題が解けるという場合がある。そこで、もっとも簡単な「正準変換後のハミルトニアン」として「0」（！？）を選ぶ[†1]。具体的には、母関数を W としてハミルトニアンは $K = H + \frac{\partial W}{\partial t}$ だったから、$H = -\frac{\partial W}{\partial t}$ となるように W を選べばよい。q,Q もしくは q,P を独立変数としての正準変換（262ページの表の(1)もしくは(2)）を考えているならば、$H(q,p,t)$ の p には $p = \frac{\partial W}{\partial q}$ が代入される。よって $W = \bar{S}$ として[†2]、

──── ハミルトン・ヤコビ方程式 ────
$$H\left(q, \frac{\partial \bar{S}}{\partial q}, t\right) = -\frac{\partial \bar{S}}{\partial t} \tag{11.1}$$

という式を満たす $\bar{S}$ を見つけてそれを母関数とする正準変換を行えば、新し

[†1] この事は206ページのFAQで「ハミルトニアン=エネルギー」という対応関係が成り立たないこともある、として予告しておいた。ハミルトニアンが0だというのは「エネルギーが0」という意味ではもちろんない。「時間発展が起きない（かのように見える）」座標系を我々が選ぶことができることを示している。

[†2] $\bar{S}$ という記号が使われる理由は11.1.2節で明らかになる。
→ p281

いハミルトニアンは0となり、問題は解けてしまう。この方程式が「ハミルトン・ヤコビ方程式」である。

ただしこれで問題が簡単になったのではなく、難しさが「ハミルトン・ヤコビ方程式を解く」というところに集約されただけのことである。とはいえ正準方程式やオイラー・ラグランジュ方程式のような連立方程式ではなく、一つの式にまとまったということが運動に対する統一的視点を与えるという意味では利点となる。

自由粒子の場合、$H = \dfrac{\sum_i (p_i)^2}{2m}$ だから、ハミルトン・ヤコビ方程式は

$$-\frac{\partial \bar{S}}{\partial t} = \frac{1}{2m} \sum_i \left(\frac{\partial \bar{S}}{\partial x_i}\right)^2 \tag{11.2}$$

である。この方程式に $\bar{S} = \sum_i \alpha_i x_i + \beta t + S_0$ （α_i, β, S_0 は未定の定数）のように1次式で表される解をとりあえず仮定して代入してみると、

$$\frac{1}{2m} \sum_i \underbrace{\left(\frac{\partial \bar{S}}{\partial x_i}\right)^2}_{\alpha_i} = -\underbrace{\frac{\partial \bar{S}}{\partial t}}_{\beta} \tag{11.3}$$

となり、$\beta = -\dfrac{1}{2m} \sum_i (\alpha_i)^2$ として、

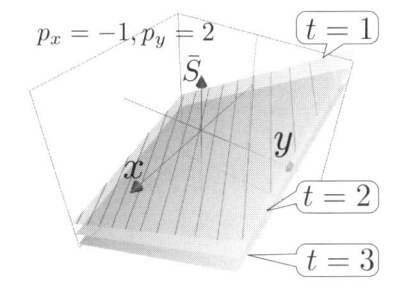

$$\bar{S} = \sum_i \alpha_i x_i - \frac{1}{2m} \sum_i (\alpha_i)^2 t + S_0 \tag{11.4}$$

という解が求められる。α_i は正準変換の後では新しい座標での運動量になる（ただし、この問題の場合は新旧の運動量は同じ量である）のだが、まだこの段階ではハミルトン・ヤコビ方程式という微分方程式を解いた時の積分定数のようなものである。この解はいわば「平面波」解に対応する。

$\bar{S}$ はもともと正準変換の母関数で、q, Q で、もしくは q, P で書かれているとした。この解(11.4)を見ると古い座標 (q) が x_i、新しい運動量 (P) が α_i だと思って、q, P で書かれた母関数だと考えればよい形になっている。つまり $P_i = \alpha_i$ として、それを代入したもの $\bar{S} = \sum_i P_i x_i - \dfrac{1}{2m} \sum_i (P_i)^2 t + S_0$ を

正準変換の母関数として採用すると、

$$p_i = \frac{\partial \bar{S}}{\partial x_i} = P_i, \quad Q_i = \frac{\partial \bar{S}}{\partial P_i} = x_i - \frac{P_i}{m}t \tag{11.5}$$

のように変換が行われ、確かにハミルトニアン $\left(K = H + \dfrac{\partial W}{\partial t}\right)$ は

$$H\left(\{q_*\}, \{P_*\}\right) + \frac{\partial \bar{S}}{\partial t} = \frac{1}{2m}\sum_i (P_i)^2 - \frac{1}{2m}\sum_i (P_i)^2 = 0 \tag{11.6}$$

となる。$K = 0$ ということは正準方程式は $\dfrac{\mathrm{d}P_i}{\mathrm{d}t} = 0, \dfrac{\mathrm{d}Q_i}{\mathrm{d}t} = 0$ だが、それは

$$P_i = 一定, \quad Q_i = x_i - \frac{P_i}{m}t = 一定 \tag{11.7}$$

だから、つまりは「Q_i を座標としてみれば静止しているが、x_i を座標として見れば等速直線運動している」ことを表している。結局は「**正準座標と時間 t の組み合わせの中から、一定になる量を見つける**」という計算をシステマティックにやる方法が「ハミルトン・ヤコビ方程式」なのである。

11.1.2　作用とハミルトン・ヤコビ方程式

ハミルトン・ヤコビ方程式のもう一つの意味を説明しておこう。8.1節で運動量保存則が空間並進の不変性と、8.3節でエネルギー保存則と時間並進の不変性が結びついていることを述べた。その時、ハミルトン主関数[†3]と運動量、ハミルトニアンの間の関係がわかった。その関係とは

$$p|_{t=t_f} = \frac{\partial \bar{S}}{\partial q_f}, \quad H|_{t=t_f} = -\frac{\partial \bar{S}}{\partial t_f} \tag{11.8}$$

であったが、一方ハミルトニアンは $\{q_*\}, \{p_*\}, t$ の関数なのだから、

$$-\frac{\partial \bar{S}}{\partial t} = H\left(\{q_*\}, \left\{\frac{\partial \bar{S}}{\partial q_*}\right\}, t\right) \tag{11.9}$$

という式が成立せねばならない。これもまた、ハミルトン・ヤコビ方程式である。11.1.1節で考えたハミルトン・ヤコビ方程式は「新しいハミルトニ

[†3] もう一度定義を強調しておくと、第8章において考えていたハミルトンの主関数 $\bar{S}$ は、作用 $S = \int L\,\mathrm{d}t$ の積分を、運動方程式を満たすような経路で（on-shell で）行ったものである。

アンを 0 にするような正準変換の母関数」を求める式であった。ここでは「on-shell で計算した作用の満たすべき条件」としてもハミルトン・ヤコビ方程式を導いた。二つの量が一致するのはもちろん偶然ではない。ハミルトン・ヤコビ方程式の解である $\bar{S}$ を逆に時間微分（$\frac{\partial}{\partial t}$ ではなく $\frac{d}{dt}$）してみると、

→ p192

$$\frac{d\bar{S}}{dt} = \sum_i \frac{\partial \bar{S}}{\partial q_i}\dot{q}_i + \frac{\partial \bar{S}}{\partial t} = \sum_i p_i \dot{q}_i - H \tag{11.10}$$

となって、ちゃんと（p_i, q_i で書かれた）ラグランジアンに戻る[†4]。

出発点の時刻を t_0、座標を $x_i^{(0)}$、到着点の時刻を t、座標を x_i としてみる。自由粒子の軌道（運動方程式の解）は等速直線で、速度 $v_i = \dfrac{x_i - x_i^{(0)}}{t - t_0}$ である。したがって運動エネルギーは $\dfrac{1}{2}m\sum_i \left(\dfrac{x_i - x_i^{(0)}}{t - t_0}\right)^2$ であり、これを積分すると（定数なので）$t - t_0$ が掛かる。よって on-shell の作用は

$$\bar{S} = \frac{1}{2}m\sum_i \frac{(x_i - x_i^{(0)})^2}{t - t_0} \tag{11.11}$$

である。これが確かにハミルトン・ヤコビの方程式を満たしていることは、

$$\frac{\partial \bar{S}}{\partial t} = -\frac{1}{2}m\sum_i \frac{(x_i - x_i^{(0)})^2}{(t - t_0)^2} \tag{11.12}$$

$$\frac{\partial \bar{S}}{\partial x_i} = m\frac{x_i - x_i^{(0)}}{t - t_0} \tag{11.13}$$

と確認できる。$\dfrac{\partial \bar{S}}{\partial x_i}$ が運動量になっていて、ハミルトン・ヤコビ方程式を満たしている。この場合、$\bar{S}$ は古い座標（q）x_i と、新しい座標[†5]（Q）$x_i^{(0)}$ で書かれていると考えて、新しい運動量（$P = -\dfrac{\partial \bar{S}}{\partial Q}$）は $-\dfrac{\partial \bar{S}}{\partial x_i^{(0)}} = m\dfrac{x_i - x_i^{(0)}}{t - t_0}$、古い運動量（$p = \dfrac{\partial \bar{S}}{\partial q}$）は $\dfrac{\partial \bar{S}}{\partial x_i} = m\dfrac{x_i - x_i^{(0)}}{t - t_0}$ となって（この場合も新旧の運動量は同じである）、この正準変換によりハミルトニアンは 0 になる。

[†4] つまりは $\bar{S} = \int L\,dt$ なのである。

[†5] ここで「新しい座標」と呼んでいる $x_i^{(0)}$ は「固定された時刻 t_0 での座標 x_i」（通常「初期条件」と呼ばれるもの）なので、時間発展しない（後でハミルトニアンは 0 になるのだから当然である）。「古い座標」と呼んでいる x_i の方は t という「今」の位置座標である。

11.1 ハミルトン・ヤコビ方程式

グラフ[†6]を見ると grad $\bar{S}$（坂を登る方向）が運動量の向きになっている。時間間隔 $t-t_0$ が長くなると坂が緩やかになる。これは「長い時間をかけて到着しているということは、運動量は小さくてよい」ということを意味している。

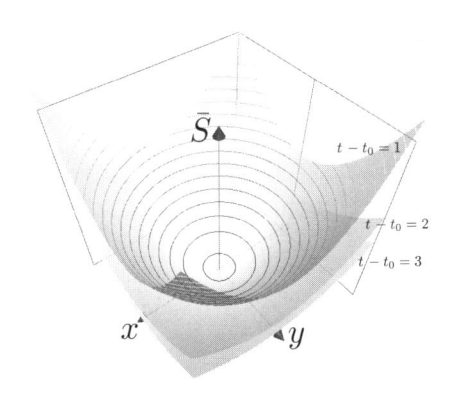

on-shell の作用として計算した(11.11)とハミルトン・ヤコビ方程式の一つの解であった(11.4)を見比べると、解(11.4)には α_i が3つと S_0 で合計四つのパラメータを含んでいるが、(11.11)には未定のパラメータは一つもないようにみえる。しかし、(11.11)の方は運動の始点である $x_i^{(0)}, t_0$ をパラメータと考えれば、やはり合計四つのパラメータを含んでいると見てよい[†7]。

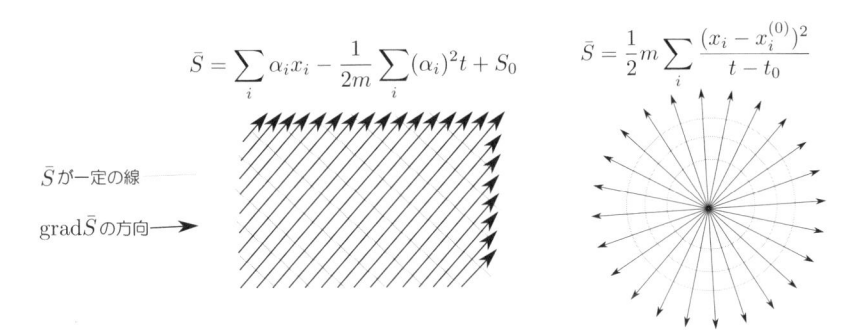

$$\bar{S} = \sum_i \alpha_i x_i - \frac{1}{2m} \sum_i (\alpha_i)^2 t + S_0 \qquad \bar{S} = \frac{1}{2} m \sum_i \frac{(x_i - x_i^{(0)})^2}{t - t_0}$$

$\bar{S}$ が一定の線

grad $\bar{S}$ の方向 →

3次元運動のハミルトン・ヤコビ方程式は x_i, t の4変数に関する一階微分方程式だから、一般解は4つの'微分方程式だけからは決まらない'パラメータを含む[†8]（図で示した「平面波」や「球面波」はパラメータを適当に選んだ結果としての一つの解でしかない）が、それでちょうどよいのである。

[†6] このグラフは原点が $x_i = x_i^{(0)}$ となる点である。つまり、出発点はグラフの最下点で固定されていることに注意。

[†7] 不定積分 $\int f(x)\, dx = F(x) + C$ は積分定数を含む。一方定積分 $\int_{x_0}^{x_1} f(x)\, dx = F(x_1) - F(x_0)$ が積分定数を含まないが、初期値 x_0 の関数になっている。状況はこれと同じ。

[†8] 微分方程式を解くのは積分するということだから、積分のたびに積分定数というパラメータが1個ずつ増える、と考えると一般解に含まれるパラメータの数が微分の数と一致することは納得できるだろう。

時間間隔 $t-t_0$ を固定して考えると、$\bar{S}$ という関数は出発点 $\vec{x}^{(0)}$ を中心とした球面上（図では z 方向を省略したので同心円上になっている）では同じ値を持ち、出発点から遠ざかると距離の自乗に比例して増えていく関数である。つまりこの関数はある一点から放射状に広がる「運動の束」を表現している。これに対し(11.4)の方は同じ方向に進む「運動の束」を示している。いわば(11.11)は「球面波」のような「広がっていく運動の束」を表し、(11.4)は「平面波」のような「同じ方向に進む運動の束」を表す。「平面波」の場合ある方向に運動する場合しか、「球面波」の場合ある一点から離れる方向に運動する場合しか含んでいない。しかし、「球面波」の場合は $x_i^{(0)}$ や t_0 を変更することで、「平面波」の場合は α_i を変更[†9]することで、「起こり得る全ての運動」を記述することができるようになっている。

　上のは自由粒子の場合であるが、何らかの力を受けて運動する場合についても同様に、ハミルトン・ヤコビ方程式の解は起こり得る様々な運動を一挙に表現する形になっている。

11.2　ハミルトン・ヤコビ方程式の解

　以下で、いろいろな例でハミルトン・ヤコビ方程式を解いて、この方法でも力学の問題を解けることを確認しよう。そのためにまず一般的な解き方を考える。

11.2.1　変数分離

　ハミルトン・ヤコビ方程式は一般に**線型な方程式**ではないので、解の重ねあわせはできない。つまり、一般解の線型結合で任意の解を表すことができないことに注意しよう。しかし、ハミルトニアンの形によっては、変数分離が可能で、各変数ごとの問題に分解して解くことができる（ただしそれは現実にあるたくさんの問題の中では「幸運」な部類に入るものだけなのである）。変数分離とは多変数の微分方程式（偏微分方程式）を解くときに、解が1変数の関数の和だったり積だったりであると仮定することで方程式を各々の変数ごとの方程式に分離することを言う。

[†9] S_0 も変更できるパラメータなのだが、これは変更することが運動に影響を与えない。

11.2 ハミルトン・ヤコビ方程式の解

たとえば H があらわに時間に依存しない(つまりハミルトニアンが保存量である)場合を考えると、$\bar{S}(\{q_*\}, t) = W(\{q_*\}) - Et$ と置くことで $-\dfrac{\partial \bar{S}}{\partial t} = H\left(\left\{\dfrac{\partial \bar{S}}{\partial q_*}\right\}, \{q_*\}\right)$ という方程式を時間を含まない形の

$$E = H\left(\left\{\frac{\partial W}{\partial q_*}\right\}, \{q_*\}\right) \tag{11.14}$$

に書き直すことができる。W のことを「**ハミルトンの特性関数**」と呼ぶ。

次に、ハミルトニアンが $\{q_*\}$ のうち一つ、q_i を含んでいなかった(つまり q_i が循環座標だった)とする。その場合、対応する運動量 p_i は保存量になるから、$p_i = \alpha_i$ と定数にして、
→ p118

$$W(\{q_*\}) = \tilde{W}(\{q_{\bar{i}}\}, \alpha_i) + \alpha_i q_i \tag{11.15}$$

と書き換える[†10]ことで、$\alpha_i = \dfrac{\partial W}{\partial q_i}$ になり、方程式は

$$E = H\left(\left\{\frac{\partial \tilde{W}}{\partial q_{\bar{i}}}\right\}, \alpha_i, \{q_{\bar{i}}\}\right) \tag{11.16}$$

という q_i を含まない式に書き換えることができる。

循環座標がなかった場合でも、$W(\{q_*\})$ がなんらかの積分定数 $\{\alpha_\star\}$ を含んだ量として求められていれば、それを $W(\{q_*\}, \{\alpha_\star\})$ と書いて、

$$Q_i = \frac{\partial W}{\partial \alpha_i} \tag{11.17}$$

で新しい座標を定義すれば、その座標は α_i という「保存する運動量」に共役な座標となる。

こうして、保存量を一つ見つけるごとに、その保存量が共役運動量となる座標をハミルトン・ヤコビ方程式から追い出すことができる(その時その保存量は定数として式に残る)。N 次元の問題であれば、N 回これを行えばハミルトン・ヤコビ方程式は解ける。この手順が無事実行できれば、最終的な解は本質的には、(11.4)のような平面波解になる。
→ p280

N 次元問題で N 個の保存量を見つけてしまった結果求められた $\bar{S}$ を、ハミルトン・ヤコビ方程式の「**完全解**」と呼ぶ[†11]。完全解は必然的に、$N+1$ 個の

[†10] ここでやっていることは、$\{q_*\}$ から $\{q_{\bar{i}}, \alpha_i\}$ という変数の変化によるルジャンドル変換である。
[†11] 逆に、次元と同じだけの保存量を見つけられないような系は「解けない」ということになる。

積分定数を含む。積分定数のうち一個は、$\bar{S}$に含まれる定数部分（たいていの場合無視される）であるから保存量と結びついていない。

---------------------------- 練習問題 ----------------------------

【問い 11-1】 自由粒子の球面波解(11.11)と平面波解(11.4)が $x_i \to \alpha_i$ の形のルジャンドル変換でつながった同じ関数であること（具体的には、(11.11)の$\bar{S}$から $\bar{S}' = \bar{S} - \sum_i \dfrac{\partial \bar{S}}{\partial x_i} x_i$ のようにルジャンドル変換した後、$\bar{S}' + \sum_i \dfrac{\partial \bar{S}}{\partial x_i} x_i$ を計算すると (11.4) の $\bar{S}$ であること）を示せ。　　ヒント→ p351へ　　解答→ p368へ

11.2.2　簡単な例

加速系

加速系のハミルトニアンは(10.83)より、

$$H = \frac{p^2}{2m} - pgt \tag{11.18}$$

である（運動量を表す文字はpに変えた）。ハミルトン・ヤコビ方程式は

$$\frac{1}{2m}\left(\frac{\partial \bar{S}}{\partial q}\right)^2 - \frac{\partial \bar{S}}{\partial q} gt = -\frac{\partial \bar{S}}{\partial t} \tag{11.19}$$

となり、tがあらわに含まれているので$\bar{S} = W - Et$の形では変数分離できない。そこで逆にqの方をPqのような1次式だと仮定して$\bar{S} = Pq + f(t)$として代入して、

$$\frac{1}{2m}P^2 - Pgt = -\dot{f}(t) \tag{11.20}$$

を解くと

$$f(t) = -\frac{P^2}{2m}t + \frac{Pg}{2}t^2 + \text{定数} \tag{11.21}$$

となって、

$$\bar{S} = Pq - \frac{P^2}{2m}t + \frac{Pg}{2}t^2 + \bar{S}_0 \tag{11.22}$$

が解である。これが母関数となって引き起こす正準変換は、

$$p = \frac{\partial \bar{S}}{\partial q} = P, \quad Q = \frac{\partial \bar{S}}{\partial P} = q - \frac{P}{m}t + \frac{g}{2}t^2 \tag{11.23}$$

だから、
$$K = \underbrace{\frac{p^2}{2m} - pgt}_{H} \underbrace{- \frac{P^2}{2m} + Pgt}_{\frac{\partial \bar{S}}{\partial t}} = 0 \tag{11.24}$$

となり、P も Q も一定となり、Q が一定であることから

$$q = q_0 + \frac{P}{m}t - \frac{g}{2}t^2 \tag{11.25}$$

が求められる。これは確かに $\dfrac{P}{m}$ を初速度とする等加速度運動の式である。

調和振動子

変数分離した

$$\frac{1}{2m}\left(\frac{dW}{dx}\right)^2 + \frac{1}{2}kx^2 = E \tag{11.26}$$

から、

$$W = \pm \int \sqrt{2m\left(E - \frac{1}{2}kx^2\right)}\, dx \tag{11.27}$$

という積分をやればよい[†12]。しかし我々は正準変換さえできればよいので、積分を実際にやる必要はない。これを E で微分した

$$\begin{aligned}\frac{\partial \bar{S}}{\partial E} = \frac{\partial W}{\partial E} - t &= \pm \int \frac{m}{\sqrt{2m\left(E - \frac{1}{2}kx^2\right)}}\, dx\ -t \\ &= \pm \frac{m}{\sqrt{2mE}} \int \frac{1}{\sqrt{1 - \frac{k}{2E}x^2}}\, dx\ -t\end{aligned} \tag{11.28}$$

の積分ができれば、新しい座標 Q がわかる。$\sqrt{\frac{k}{2E}}x = \sin\theta$ と置くことで、

$$\begin{aligned}Q &= \pm \frac{m}{\sqrt{2mE}}\sqrt{\frac{2E}{k}} \int \frac{1}{\sqrt{1 - \sin^2\theta}}\cos\theta\, d\theta\ - t \\ Q &= \pm \frac{1}{\omega}(\theta + \alpha) - t\end{aligned} \tag{11.29}$$

となり（$\omega = \sqrt{\frac{k}{m}}$ と置いた）、これから $\theta = \pm\omega(Q + t) - \alpha$ と求まる。Q も α も結局定数なのだから、この式は $\pm\omega t + \theta_0 = \theta$ と書いてよい。両辺の $\sin$

[†12] 積分するなら、$\int \sqrt{1 - \dfrac{x^2}{A^2}}\, dx = \dfrac{x\sqrt{1 - \frac{x^2}{A^2}}}{2} + \dfrac{A}{2}\arcsin\dfrac{x}{A} + C$ という式がある。

を計算して、

$$\sin(\pm\omega t + \theta_0) = \sqrt{\frac{k}{2E}}x$$
$$\sqrt{\frac{2E}{k}}\sin(\pm\omega t + \theta_0) = x \tag{11.30}$$

となり、確かに単振動の式になった[13]。振幅を A とするとエネルギーは $E = \frac{1}{2}kA^2$ だから、振幅も正しい値 $\sqrt{\frac{2E}{k}}$ が出ている。

自由落下

重力場中の鉛直方向の運動をハミルトン・ヤコビの方法で考えてみよう。ハミルトニアンは $H = \frac{(p_x)^2}{2m} + mgx$ だから、ハミルトン・ヤコビ方程式は $\bar{S}(x,t) = W(x) - Et + \bar{S}_0$ と変数分離した形で書くと

$$\frac{1}{2m}\left(\frac{dW}{dx}\right)^2 + mgx = E \tag{11.31}$$

である。

$$\frac{dW}{dx} = \pm\sqrt{2m(E - mgx)} \tag{11.32}$$

となるから、後はこれを積分して、

$$W = \mp\frac{2\sqrt{2m}}{3mg}(E - mgx)^{\frac{3}{2}} \tag{11.33}$$

よって、

$$\bar{S} = \mp\frac{2\sqrt{2m}}{3mg}(E - mgx)^{\frac{3}{2}} - Et + \bar{S}_0 \tag{11.34}$$

と決まった。この $\bar{S}$ を母関数に使った正準変換を行う。E が新しい運動量だと考えると、この式は古い座標 x と新しい運動量 E で書かれているから、パターン(2)の q, P が独立変数の場合の正準変換を行う。新しい座標を Q とすると、
→ p262

$$Q = \frac{\partial \bar{S}}{\partial E} = \mp\frac{\sqrt{2m}}{mg}\sqrt{E - mgx} - t \tag{11.35}$$

$$p_x = \frac{\partial \bar{S}}{\partial x} = \pm\sqrt{2m}\sqrt{E - mgx} \tag{11.36}$$

---

[13] $\sin(-\omega t + \theta_0 + \pi) = \sin(\omega t - \theta_0)$ なので、複号は θ_0 をシフトして消すことができる。

となる。この式は $\frac{(p_x)^2}{2m} + mgx = E$ を意味するから、新しい変数でのハミルトニアンは、

$$K = \underbrace{\frac{(p_x)^2}{2m} + mgx}_{H} + \underbrace{(-E)}_{\frac{\partial \bar{S}}{\partial t}} = 0 \tag{11.37}$$

となる。ゆえに運動方程式は $\dot{E} = 0, \dot{Q} = 0$ となり、

$$\mp \frac{\sqrt{2m}}{mg}\sqrt{E - mgx} - t = \text{定数} \tag{11.38}$$

が導かれる。この定数を $-t_0$ と表記することにすると、

$$\begin{aligned}\mp \frac{\sqrt{2m}}{mg}\sqrt{E - mgx} &= t - t_0 \\ \frac{2}{mg^2}(E - mgx) &= (t - t_0)^2 \\ x &= \frac{E}{mg} - \frac{g}{2}(t - t_0)^2\end{aligned} \tag{11.39}$$

となって、確かに放物運動の式となる。この W に複号 $\pm$ が付いているのを気持ち悪く思う人もいるかもしれない。この式が成立するようにするには、$E = mgx$ となる瞬間を $t = t_0$（これが放物運動の最高点）として、$t > t_0$ と $t < t_0$ で左辺の複号を変えればよい。実際に起こる運動で、最高点以前では上向き（正の運動量）、以降では下向き（負の運動量）を持っているということが反映されているのである。

以上のように、ハミルトン・ヤコビ方程式を解くという操作は運動方程式を解くのと全く同等の計算を行なっていることになる。

11.2.3 2次元放物運動

ハミルトニアンが $H = \frac{(p_x)^2 + (p_y)^2}{2m} + mgy$ で表される2次元運動を考えると、自由粒子の場合と前節で考えた放物運動の和を考えるとよく、

$$\bar{S}(x, y, t) = \pm\sqrt{2mE_x}\,x \pm \frac{2\sqrt{2m}}{3mg}(E_y - mgy)^{\frac{3}{2}} - (E_x + E_y)t + \bar{S}_0 \tag{11.40}$$

と考えればよい（二つの複号は同順とは限らない）。

この場合、二つの保存量として E_x, E_y を選んで、これが新しい運動量となるように正準変換していくことになる。保存量として E_x の替わりに x 方向の運動量 p_x（これも保存量）を使ってもよい。

この場合、$(E_y - mgy)^{\frac{3}{2}}$ という式を含んでいるため、$y < \dfrac{E_y}{mg}$ の範囲でしか $\bar{S}$ は定義されていない。(11.40) の二つの複号を順に $+, -$ と取った関数の勾配（いわば、grad $\bar{S}$）をグラフで表現したのが右の図である。1次

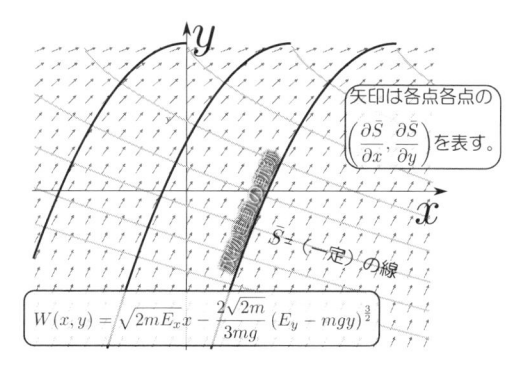

元の自由落下の場合と同様に、2番目の複号の符号により上昇中か下降中かが決まる。グラフで示したのは上昇する運動のみであるが、(11.40) の二つめの複号が $-$ の場合を描いているからである。最高点において上昇運動（2番目の複号 $-$）から下降運動（2番目の複号 $+$）の方への"乗り換え"が行われる[†14]。

$\bar{S} = $ (一定) の線は grad $\bar{S}$ と直交する。grad $\bar{S}$ は運動量だから、運動の向きを記述する式となっている。$\bar{S} = $ (一定) の面を「等電位面」と考えれば運動方向は電気力線の進む方向だし、「波面」と考えれば運動方向は波動伝播方向である。こんなふうに、波動現象のアナロジーで力学を捉えることができる[†15]。ハミルトン主関数は、一つの運動でなく「運動の束」を記述していることが、上のような図を描いてみるとわかる。

11.3　球対称ポテンシャル内の3次元運動

球対称ポテンシャル内で運動する質点のハミルトニアンは

$$H = \frac{(p_r)^2}{2m} + \frac{(p_\theta)^2}{2mr^2} + \frac{(p_\phi)^2}{2mr^2\sin^2\theta} + V(r) \tag{11.41}$$

のように書け、この場合解くべきはハミルトン・ヤコビ方程式を時間を含まない形に書き直した

$$\frac{1}{2m}\left(\frac{\partial W}{\partial r}\right)^2 + \frac{1}{2mr^2}\left(\frac{\partial W}{\partial \theta}\right)^2 + \frac{1}{2mr^2\sin^2\theta}\left(\frac{\partial W}{\partial \phi}\right)^2 + V(r) = E \tag{11.42}$$

[†14] 乗り換えるためには複号のついた量がいったん 0 にならなくてはいけない。だから $\pm\sqrt{2mE_x}$ の方は乗り換えが起こらない。
[†15] 量子力学では、これがアナロジーですまなくなる。ド・ブロイの物質波の考え、そしてシュレーディンガーの波動方程式こそが、このアナロジーが「本物」だったことの結果である。

11.3 球対称ポテンシャル内の3次元運動

である。3つの保存量を見つけ、それらが運動量になるよう正準変換したい。「3つの保存量を見つければよいのなら、角運動量 L_x, L_y, L_z を使えばよいのでは？」と思う人もいるかもしれない。しかしこれはうまくいかない。なぜならこの3つは互いにポアソン括弧の意味で交換しない（しかも、この「交換しない」という性質は正準変換の後も保たれる）。運動量どうしは交換しなくてはいけないので、L_x, L_y, L_z を運動量として採用できないのである。後で L_z のみを新しい運動量として採用する。

では変数分離を使って解きながら、保存量を探していこう。ϕ はどこにもないので、$W = w(r, \theta) + h\phi$ と変数分離して代入すると、

$$\frac{1}{2m}\left(\frac{\partial w}{\partial r}\right)^2 + \frac{1}{2mr^2}\left(\frac{\partial w}{\partial \theta}\right)^2 + \frac{1}{2mr^2\sin^2\theta}h^2 + V(r) = E \tag{11.43}$$

と変わる。左辺に r に関連する項、右辺に θ に関連する項をまとめると

$$r^2\left(\frac{\partial w}{\partial r}\right)^2 + 2mr^2 V(r) - 2mEr^2 = -\left(\frac{\partial w}{\partial \theta}\right)^2 - \frac{1}{\sin^2\theta}h^2 \tag{11.44}$$

になるので、$w(r, \theta) = f(r) + g(\theta)$ と置くことにより、

$$r^2\left(\frac{\mathrm{d}f}{\mathrm{d}r}\right)^2 + 2mr^2 V(r) - 2mEr^2 = -\left(\frac{\mathrm{d}g}{\mathrm{d}\theta}\right)^2 - \frac{1}{\sin^2\theta}h^2 \tag{11.45}$$

となる。右辺を見るとあきらかに0以下の量であるとわかるから、両辺が $-\ell^2$ という定数になると仮定して

$$r^2\left(\frac{\mathrm{d}f}{\mathrm{d}r}\right)^2 + 2mr^2 V(r) - 2mEr^2 = -\ell^2, \quad -\left(\frac{\mathrm{d}g}{\mathrm{d}\theta}\right)^2 - \frac{1}{\sin^2\theta}h^2 = -\ell^2 \tag{11.46}$$

のように変数分離する。g の式をまず解くと、

$$\left(\frac{\mathrm{d}g}{\mathrm{d}\theta}\right)^2 = \ell^2 - \frac{h^2}{\sin^2\theta}$$
$$g(\theta) = \pm \int \sqrt{\ell^2 - \frac{h^2}{\sin^2\theta}}\,\mathrm{d}\theta \tag{11.47}$$

となる。この式が意味を持つには、$\ell^2 \geqq \frac{h^2}{\sin^2\theta}$ すなわち、$\sin\theta \geqq \frac{h}{\ell}$ でなくてはならない（$0 \leqq \theta \leqq \pi$ なので、$\sin\theta$ は常に正）。定数 h の取り得る範囲は $-\ell \leqq h \leqq \ell$ で、h の絶対値が大きいほど θ の変化できる範囲は小さくなる[†16]。

[†16] 特に $h = \ell$ の場合は $\theta = \frac{\pi}{2}$ しかありえないが、これは xy 平面内の運動だということ。

5.2.3節で考えた万有引力のもとでの運動の計算と見比べるとわかるが、ℓ
→ p126
は全角運動量$\vec{L}$の大きさ、hはそのz成分L_zである。

$\dfrac{h}{\ell} = \cos i$とすると、iは角運動量ベクトル$\vec{L}$がz軸に対しどれだけ傾いているか（物体が運動する面がxy平面に対しどれだけ傾いているか）を示す角度である。

もう一つ、rの関数としての式が、

$$\left(\frac{df}{dr}\right)^2 + 2mV(r) - 2mE = -\frac{\ell^2}{r^2} \tag{11.48}$$

ということになり、これを積分すると

$$f(r) = \pm \int dr \sqrt{2m(E-V(r)) - \frac{\ell^2}{r^2}} \tag{11.49}$$

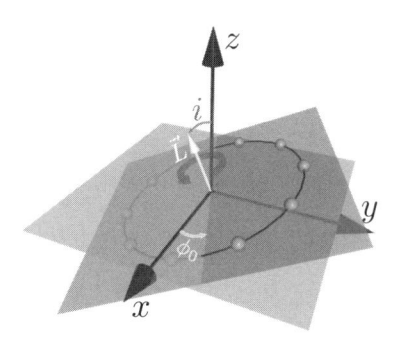

となる。

こうしてハミルトンの特性関数が求められ、

$$W(r,\theta,\phi) = \pm \int \sqrt{2m(E-V(r)) - \frac{\ell^2}{r^2}}\,dr \pm \int \sqrt{\ell^2 - \frac{h^2}{\sin^2\theta}}\,d\theta + h\phi \tag{11.50}$$

となった。E, ℓ, hという3つの定数（保存する量）ができた。ℓとhを正準変換後の運動量に選べば、Wをこれら（ℓ, h）で微分した量、すなわち「正準変換後の座標」もまた、定数である。まずhに共役な「座標」をϕ_0という定数[†17]だとして、

$$\phi_0 = \frac{\partial W}{\partial h} = \pm \int \frac{\frac{h}{\sin^2\theta}}{\sqrt{\ell^2 - \frac{h^2}{\sin^2\theta}}}\,d\theta + \phi \tag{11.51}$$

という式を作る。複号が消えるようにiを選んで、$\dfrac{h}{\ell} = \pm\cos i$を使って第2項を書き直すと、

$$\phi - \phi_0 = \int \frac{\cos i}{\sin^2\theta \sqrt{1 - \frac{\cos^2 i}{\sin^2\theta}}}\,d\theta = \int \frac{\cos i}{\sin\theta \sqrt{\sin^2\theta - \cos^2 i}}\,d\theta \tag{11.52}$$

である。分母のルートの中を$\sin^2\theta - \cos^2 i = (1-\cos^2\theta) - (1-\sin^2 i) = \sin^2 i - \cos^2\theta$と書き直す。$\cos\theta$が$-\sin i \leqq \cos\theta \leqq \sin i$の範囲で変化するこ

[†17] 後である場所のϕの値になることがわかるのでϕ_0と名前をつけておく。

11.3 球対称ポテンシャル内の3次元運動

とを知っている（(11.47)の横の図を見よ）ので、$\cos\theta = \sin i \sin\alpha$ と置くことでルートの中身を $\sin^2 i - \sin^2 i \sin^2\alpha = \sin^2 i \cos^2\alpha$ と書き直し、ルートを外すことで、$\sqrt{\sin^2\theta - \cos^2 i} \to \sin i \cos\alpha$ となる。$\cos\theta = \sin i \sin\alpha$ を微分した $-\sin\theta \, d\theta = \sin i \cos\alpha \, d\alpha$ も使って、

$$\phi - \phi_0 = \int \frac{\cos i}{\sin i \cos\alpha} \underbrace{\frac{-\sin i \cos\alpha}{1 - \sin^2 i \sin^2\alpha}}_{\frac{1}{\sin^2\theta} \times \sin\theta \, d\theta} d\alpha = \int \frac{-\cos i}{1 - \sin^2 i \sin^2\alpha} d\alpha \quad (11.53)$$

となり、この積分[18]を実行すれば、

$$\begin{aligned}\phi - \phi_0 &= -\arctan(\cos i \tan\alpha) \\ \tan(-(\phi - \phi_0)) &= \cos i \tan\alpha\end{aligned} \quad (11.54)$$

（積分定数は ϕ_0 に吸収させる[19]）となり、i, ϕ, α という3つの角度の関係が出る。i, ϕ, θ の関係に直すために $\sin(\phi - \phi_0)$ を（余計な符号がなくなるよう必要に応じ $\phi_0 \to \phi_0 + \pi$ とシフトしつつ）計算すると

$$\sin(\phi - \phi_0) = \frac{\cos i \tan\alpha}{\sqrt{1 + \cos^2 i \tan^2\alpha}} = \frac{\cos i \sin\alpha}{\sqrt{1 - \sin^2 i \sin^2\alpha}} = \cot i \cot\theta \quad (11.55)$$

となる[20]。この式は「質点は、x-y 面と角度 i だけ傾いた平面の上を運動する」という条件式なのである。以下のように図を書くと、質点の z 座標 $= r\cos\theta$ が $r\sin\theta \sin(\phi - \phi_0)\tan i$ とも書けることがわかる。$r\cos\theta = r\sin\theta\sin(\phi - \phi_0)\tan i$ を整理すれば、$\sin(\phi - \phi_0) = \cot i \cot\theta$ である。

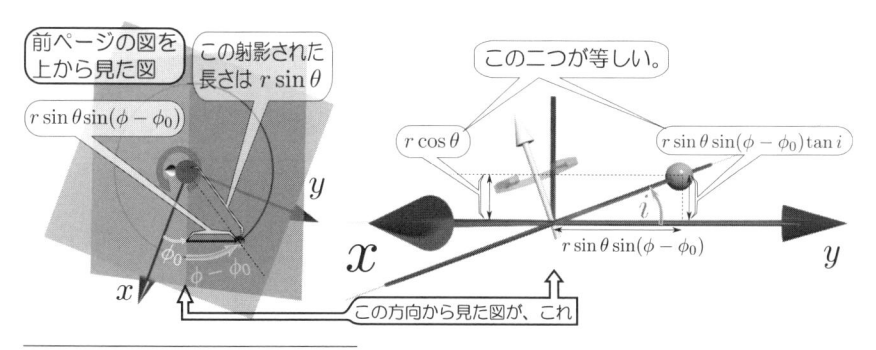

---

[18] $\int \frac{1}{1 - A^2 \sin^2 x} dx = \frac{\arctan(\sqrt{1 - A^2} \tan x)}{\sqrt{1 - A^2}}$ を使う。ここでは、$\sqrt{1 - A^2} = |\cos i|$。
[19] 右辺に積分定数 C が出たとすると、それを左辺に移して $\phi - \phi_0 - C$ とした後で、定数 $\phi_0 + C$ を改めて ϕ_0 と置く。この後でも、$\sin(\theta + \pi) = -\sin\theta$ を使って ϕ_0 のシフトで符号を調整する。
[20] 途中では分母分子に $\cos\alpha$ を掛けた後、$1 - \cos^2 i = \sin^2 i$ を使っている。

最後に計算すべきは、W を ℓ で微分したもの

$$\frac{\partial W}{\partial \ell} = \pm \int \frac{-\ell \frac{1}{r^2}}{\sqrt{2m(E-V(r)) - \frac{\ell^2}{r^2}}} \mathrm{d}r \pm \int \frac{\ell}{\sqrt{\ell^2 - \frac{h^2}{\sin^2 \theta}}} \mathrm{d}\theta \quad (11.56)$$

である（これも定数となる）。第 2 項は(11.52)の積分を行った時と同様の
$\cos\theta = \sin i \sin\alpha$ の置き換えを行うと、以下のように積分できる。

$$\pm \int \frac{\sin\theta}{\sqrt{\sin^2\theta - \cos^2 i}} \mathrm{d}\theta = \pm \int \frac{\overbrace{\sin i \cos\alpha \, \mathrm{d}\alpha}^{-\sin\theta \, \mathrm{d}\theta}}{\underbrace{\sin i \cos\alpha}_{\sqrt{\sin^2\theta - \cos^2 i}}} = \pm \alpha \quad (11.57)$$

ここから先は $V(r)$ を具体的に与えないと計算できないので、おなじみの
$V(r) = -\dfrac{GMm}{r}$（万有引力）の場合を考えると、(11.56) の第 1 項は

$$\pm \int \frac{-\ell \frac{1}{r^2}}{\sqrt{2m\left(E + \frac{GMm}{r}\right) - \frac{\ell^2}{r^2}}} \mathrm{d}r \quad (11.58)$$

となる。5.1.5 節でも使った変数変換を（今の問題に併せて定数を調整して）

$$\frac{1}{r} = \underbrace{\frac{GMm^2}{\ell^2}}_{\frac{1}{r_0}} + \underbrace{\sqrt{\frac{2mE}{\ell^2} + \frac{G^2M^2m^4}{\ell^4}}}_{\frac{\epsilon}{r_0}} \cos\chi \quad (11.59)$$

として使ってこの積分を行う。r_0, ϵ はともに運動の状態を表す定数で、ϵ は
「離心率」と呼ばれる（その意味は次のページの図でわかる）。

(11.58) に (11.59) の変数変換を施すと $\pm \displaystyle\int \mathrm{d}\chi$ となり、積分結果は $\pm \chi + C$
（C は積分定数）となる。

$$\underbrace{\frac{\partial W}{\partial \ell}}_{\text{定数}} = \underbrace{\pm \chi + C}_{\substack{(11.56) \text{ 第 1 項} \\ \text{積分結果}}} \underbrace{\pm \alpha}_{\substack{(11.56) \text{ 第 2 項} \\ \text{積分結果}}} \quad (11.60)$$

となるが、定数部分をまとめて α_0 と表現することにすれば、$\chi = \pm(\alpha - \alpha_0)$
という形に結果をまとめることができて、(11.59) にこの結果を代入して、

$$r = \frac{r_0}{1 + \epsilon \cos(\pm(\alpha - \alpha_0))} \quad (11.61)$$

11.3 球対称ポテンシャル内の3次元運動

という軌道の式を出すことができる。α は $\cos\theta = \sin i \sin\alpha$ で定義される角度である。$\cos$ は偶関数であるから、$\alpha - \alpha_0$ の前の複号 $\pm$ は取り去ることができる。

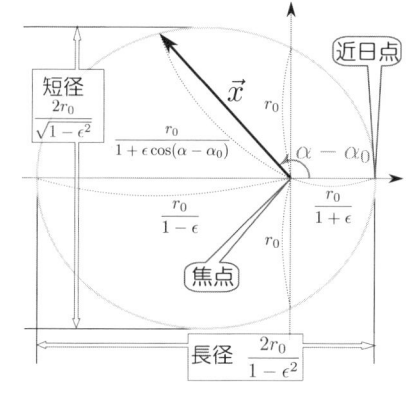

右の図は軌道が存在する平面の図である。r_0, ϵ と楕円軌道の関係は図に示された通りである。

以上をまとめると、軌道は

$$r = \frac{r_0}{1 + \epsilon\cos(\alpha - \alpha_0)} \quad (11.62)$$

$$\sin(\phi - \phi_0) = \cot i \cot\theta$$

という式で決められる。ただし、α は $\tan(\phi - \phi_0) = \cos i \tan\alpha$ という式で定められた従属変数（その意味は上の図に描き込まれた角度）である。

運動のパラメータとなる量は、i, ϕ_0, α_0 という角度と r_0, ϵ という量である。このうち、ϕ_0 と i は軌道がどの平面に属しているかを決めるパラメータである。軌道はその平面の上にできる（原点を焦点の一つとした）楕円である。α_0 は、その軌道の中で原点に最も近づく場所[†21]がどのような角度の場所にあるかを示す。r_0 と ϵ は楕円の形を示すパラメータで、これで軌道を決めるパラメータは全て揃ったことになる（こうなるのは問題として簡単なものを選んでいるからで、複雑な問題では適切な保存量＝パラメータが見つけられない）。

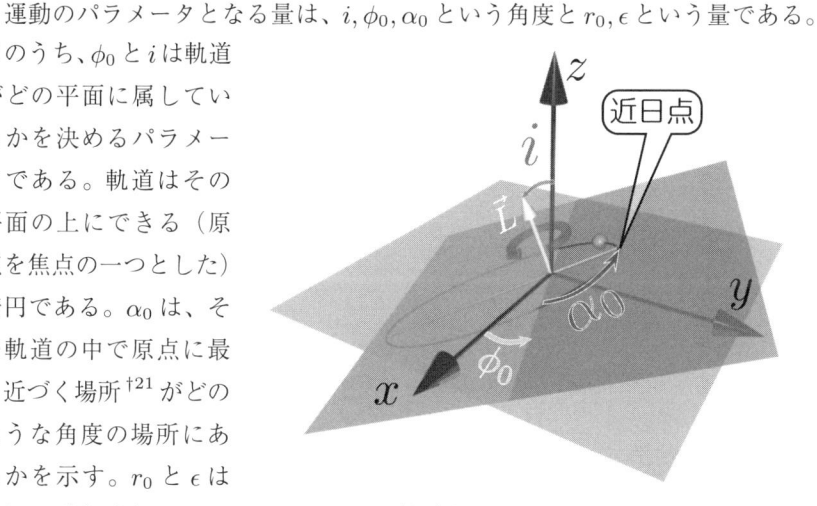

[†21] この場所は、原点にあるのが太陽ならば「近日点」、地球ならば「近地点」と呼ばれる。近日点の位置は【演習問題5-1】で保存を確認したルンゲ―レンツベクトルと関係している。
→ p137

軌道を表すパラメータが5個、その軌道上のどこにいるかを表すパラメータがもう一つ（これは時間に依存する量。時間そのものでもいい）あるので、合計6個の量で運動が表現されていることになるが、これは3次元の位相空間の次元とぴったり同じである。

計算を簡単にするために $i=0$ にする場合（つまり最初から x-y 平面の2次元の運動だと決めつけて計算する場合）もある。その時は $\theta=\dfrac{\pi}{2}$ と固定され、$h=\ell$ となり、(11.50)の W には $\int \sqrt{\ell^2 - \dfrac{h^2}{\sin^2\theta}}\,\mathrm{d}\theta$ の項がない（θ は定数なのだから $\mathrm{d}\theta$ の積分は不要）。その替りに最後の $h\phi$ の項が $\ell\phi$ になるから、$\dfrac{\partial W}{\partial \ell}$ およびその計算結果である(11.61)には、α ではなく ϕ が出てくる。2次元の位相空間は4次元だから、軌道を表すパラメータは r_0, ϵ, ϕ_0 の3個となってちょうどよい（後1個は「軌道のどこにいるかを表すパラメータ」）。

以上のように、ハミルトン・ヤコビの方法を使っても、3次元のケプラー運動を解くことができた。この手法は他にもいろいろな応用ができる。

ハミルトン・ヤコビ方程式を使う利点は、

- これまでの運動方程式（ニュートン、ラグランジュ形式、ハミルトン形式）が多次元系では連立方程式だったのに対し、何次元であっても1本の方程式であること。
- 完全解の中にありとあらゆる運動が入っていること。

があげられるだろう[22]。1本の方程式の中にありとあらゆる運動が入っているおかげで、ハミルトン・ヤコビ方程式は「運動の状況が変わった時の系の変化」の考察に有用なものとなり、より複雑な運動を考える時に役立つ。

11.4 章末演習問題

★【演習問題11-1】

ラグランジアン $\dfrac{1}{2}m(\dot{x})^2 - \dfrac{m\omega^2}{2}x^2$ で表される1次元調和振動子が初期条件（$t=0$ で $x=0$）と終条件（$t=t_1$ で $x=x_1$）を満たす運動をした。on-shell作用を $t=0$ から $t=t_1$ まで積分することでハミルトンの主関数 $\bar{S}(x_1, t_1)$ を求めた後、その結果がハミルトン・ヤコビ方程式を満たすことを示せ。

解答 → p29w へ

---

[22] この利点は特に量子力学へ進む時に大事になる。

11.4 章末演習問題

★【演習問題11-2】
2次元の調和振動子を考えよう。直交座標と極座標の両方で考えると、

$$H = \frac{1}{2m}\left((p_x)^2 + (p_y)^2\right) + \frac{k}{2}(x^2 + y^2) = \frac{1}{2m}\left((p_r)^2 + \frac{(p_\theta)^2}{r^2}\right) + \frac{k}{2}r^2 \quad (11.63)$$

となるので、時間に関する変数分離を行った後のハミルトン・ヤコビ方程式は

$$\frac{1}{2m}\left(\left(\frac{\partial W}{\partial x}\right)^2 + \left(\frac{\partial W}{\partial y}\right)^2\right) + \frac{k}{2}(x^2 + y^2) = E \quad (11.64)$$

$$\frac{1}{2m}\left(\left(\frac{\partial W}{\partial r}\right)^2 + \frac{1}{r^2}\left(\frac{\partial W}{\partial \theta}\right)^2\right) + \frac{k}{2}r^2 = E \quad (11.65)$$

となる。上の方程式(11.64)の解は、1次元の調和振動子のハミルトン主関数の足し算で得られる。これが極座標のハミルトン・ヤコビ方程式の解となっていることを示せ。

ヒント → p8w へ　解答 → p30w へ

★【演習問題11-3】
両側にあるはね返り係数1の壁に衝突して1次元的な往復運動をしている質量 m の質点の運動は位相空間では図のような長方形になる。

壁の一つがゆっくりと速度 u で動き続けたとする。粒子は衝突するたびに $2u$ ずつ速度を失っていく。T だけ時間が経って壁が uT だけ進んで長方形の横幅が uT 増えると、その時粒子の速度は $2u$ に衝突回数 $\frac{vT}{2L}$ を掛けた分だけ遅くなっている。位相空間の面積が（T が十分長いという条件のもとで）不変であることを示せ。

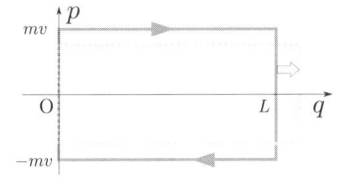

ヒント → p8w へ　解答 → p31w へ

　この長方形の面積のように、「周期運動の位相空間での軌跡が囲う面積」（数式で表現すると $J = \oint p\,dq$）を「**作用変数**」と呼ぶ。作用変数は（位相空間の面積なので）正準変換に対して不変だが、それだけではなく上で示したような「ゆっくりとした運動パラメータの変化」に対しても不変である。このような量を「**断熱不変量**」と呼ぶ。「断熱」という言葉は「外部と熱のやりとりをしない」という意味でよく使われるが、ここでは「急激な変化が起こらないようゆっくりと」という意味合いである。断熱不変量は、エネルギーや運動量とは別種の不変量で、エネルギーが保存しないような場合でも保存する。いろんな系の解析に役立つのみならず、量子力学を作る際にも大きな役割を果たした。

第12章

おわりに—解析力学と物理

解析力学はどのような物理に役立つかを述べて本書のしめくくりとしよう。

12.1 解析力学と相対論

ハミルトン・ヤコビの方程式を出した時に使った、$p_i = \dfrac{\partial \bar{S}}{\partial x_i}, H = -\dfrac{\partial \bar{S}}{\partial t}$ という関係式は、なんとなく、「運動量↔空間」「エネルギー↔時間」という対応を思わせる（符号が一箇所違っているが）。特に、

$$d\bar{S} = \sum_i dx_i \frac{\partial \bar{S}}{\partial x_i} + dt \frac{\partial \bar{S}}{\partial t} \tag{12.1}$$

という式を見ていると、t が「x, y, z とは別の、もう一つの'方向'」に見えてくるのではなかろうか。実は特殊相対性理論で現れる4次元時空であるミンコフスキー空間こそがまさにそのような意味で、x, y, z と時間 t（ミンコフスキー空間で考える時は光速度を掛けて ct を「0番目の座標」と考えることが多い）を統一して表現する方法である。

点変換 $\{q_*\} \to \{Q_*\}$ において、$\dot{q}^i = \sum_j \dfrac{\partial q^i}{\partial Q^j} \dot{Q}^j$ のように変換すると同時に、運動量の方は $p_i = \sum_j \dfrac{\partial Q^j}{\partial q^i} p_j$ と変化した[†1]。時間も含めての座標変換を行うと、同様の式を作ることができる。今 $i, j, \cdots$ というアルファベット

[†1] この節に関しては相対論でよく使う、「反変ベクトルは上付き、共変ベクトルは下付きの添字を持つ」というルールにしたがっておこう。
→ p340

の添字は $1,2,3$ を、$\mu,\nu,\cdots$ というギリシャ文字の添字は $0,1,2,3$ を取るという（これも相対論でよく使う）ルールにしたがって記述すると、座標が $x^i = (x^1, x^2, x^3)$ から $x^\mu = (x^0, x^1, x^2, x^3)$ と4成分になり（$x^0 = ct$ である）、それに応じて運動量も $p_i = (p_1, p_2, p_3)$ から $p_\mu = (p_0, p_1, p_2, p_3)$ となる。運動量は

$$p_\mu = \frac{\partial L}{\partial \dot{x}^\mu} \quad \text{または} \quad p_\mu = \frac{\partial \bar{S}}{\partial x^\mu} \quad (12.2)$$

と定義するわけである。この時 $-p_0$ がエネルギーとなる。この $\dot{x}^\mu$ の意味は「t による微分」ではない（そうだとしたら、$\frac{\mathrm{d}x^0}{\mathrm{d}t} = c$(定数) という不思議なことになる）。なんらかの「時間を表すパラメータ」を使うのだが、よく使われるのは固有時 τ である。その定義は τ の微小変化が

$$c^2 \, \mathrm{d}\tau^2 = (\mathrm{d}x^0)^2 - (\mathrm{d}x^1)^2 - (\mathrm{d}x^2)^2 - (\mathrm{d}x^3)^2 \quad (12.3)$$

を満たすことである。$\dot{x}^\mu = \frac{\mathrm{d}x^\mu}{\mathrm{d}\tau}$ とする。

相対論においては、時間と空間の間を混ぜるような座標変換（ローレンツ変換）が行われるため、時間と空間の立場は（対等ではないが）互いに変換によって混ざり合う立場になっている。そのため、基本方程式は時間微分と空間微分が対等な形で入ってくる。

そういう意味ではニュートン力学に基礎を置いた解析力学は「時間」の立場が「空間」と違いすぎる点で相対論的には不満であり、相対論的に不変な形にする方法もある。本書では、相対論的立場が非相対論的力学である解析力学にも少しだけ顔をのぞかせていることを指摘しておくに留めよう。

12.2　解析力学と統計力学

統計力学という学問は名前の通り「統計する（数える）」ことで系の力学を知る学問である。何を（数える）かというと、「状態の数」という非常にわかりにくいものを数えなくてはいけない。

たとえば統計力学では、同じ量の同じ種類の気体を1立方メートルの箱に閉じ込めた時と2立方メートルの箱に閉じ込めた時には「2立方メートルの箱に入った気体の方が'状態が多い'」と言う[†2]。気体や液体を作っている物質

[†2] ざっくりしすぎの表現であるが、本書は統計力学を専門とする本ではないのでこのあたりは勘弁し

などの、アボガドロ数程度の質点が関与する系がどのような状態で平衡に達するかという難しい問題を、「状態数が多い状態が起こる確率が高くなる」ということから考えていこう[†3]というのが統計力学で、その素朴な仮定から驚くほどに広範囲の結論を導くことができる。

しかし、その「状態数」とはなんだろう？——直観的には確かに「広い範囲にいるのだから状態数は多いだろう」という'気持ち'を持つことはできるが、ちゃんと「**力学**」にするには気持ちではなく定量的に状態を数える必要がある。状態数を数えるための目安として、

- ハミルトニアンにしたがって時間発展しても変化しない。
- 座標変換（正準変換）しても変化しない。
- ゆっくりとした運動パラメータの変化で変化しない。

という性質[†4]を持つ「位相空間の体積」を使えないだろうか？——というのは解析力学を知っている人ならば、素直な発想であろう。断熱不変量という言葉になぜ「熱」が使われているのかも、この意味で解釈すべきである[†5]。

統計力学では頻繁に（実は量子力学の「経路積分」でもそうなのだが）、

$$\prod_{i=1}^{N} \mathrm{d}p_i \, \mathrm{d}q_i \tag{12.4}$$

という形の積分要素が現れるが、リウヴィルの定理により正準変換に対してこの積分要素は不変を保つ。解析力学が統計力学の基礎を支えている。

そもそも解析力学は「いろんな座標で力学を表現すること」を目標の一つとしていた。統計力学は、（アボガドロ数ぐらいの）大きな自由度の系を「熱力学的変数」と呼ばれる、圧力P、体積V、温度Tなどの「巨視的な変数」で表現しようというのが目標の一つである。そこでどのような座標を選べば系が記述しやすくなるかを探る手法は解析力学の延長上にある[†6]。

て欲しい。
[†3] たとえば「水に砂糖を入れると砂糖水になる」という現象も、あるいは「高い山の上では空気が薄くなる」という現象も、「状態数」を数えることで計算ができるのが統計力学なのである。
[†4] 逆に、この3つの性質を持ってない量は「状態量」として使えない。
[†5] 熱力学で「断熱」はもちろん熱を断つという意味なのだが、それは実は状態数を表す物理量（＝エントロピー）が変化しないことを意味しているのである。
[†6] たとえば、ルジャンドル変換は熱力学・統計力学でも頻繁に使われる。

12.3 解析力学と量子力学

1900年のプランクによる黒体輻射の研究[†7]を経て、1905年にアインシュタインが「光量子」（現在の呼び名では「光子」）という光の粒子を考えた—というのが量子力学が生まれる時の物語である。光子は運動量 $\frac{h}{\lambda}$、エネルギー $h\nu$ を持つとされた（λ は波長、ν は運動量）。またハミルトン主関数の式にこの、運動量とエネルギーを代入してみると、

$$d\bar{S} = \frac{h}{\lambda}dx - h\nu\, dt = h\left(\frac{dx}{\lambda} - \nu\, dt\right) \tag{12.5}$$

となる。この $\frac{dx}{\lambda} - \nu\, dt$ という量には意味がある。波の振幅の式

$$y = A\sin\left[2\pi\left(\frac{x}{\lambda} - \nu t\right) + \alpha\right] \tag{12.6}$$

に出てくる組み合わせである。この二つを見比べると、

$$\text{力学系の}\bar{S}\text{の微小変化} = \frac{h}{2\pi}(\text{波の位相の微小変化}) \tag{12.7}$$

という関係がある。光の、波としての性質である「位相変化」と、粒子としての性質である「ハミルトン主関数の変化」が $\frac{h}{2\pi} = \hbar$ という係数[†8]を介して関連している。

ド・ブロイはこの関係が光ではない物質（電子などの素粒子）にも適用されるのではないか、と考えて量子力学の道を開いた。この考えにそって「ではハミルトン・ヤコビ方程式を波動方程式に直すとどうなるのか？」と考え、有名な波動方程式を作ったのがシュレーディンガーである。

最小作用の原理は、光学におけるフェルマーの原理に似ている。フェルマーの原理は幾何光学においては「原理」（証明不可能で認めるしかないもの）だが、計算の中身をみるとホイヘンスの原理が含まれていたことからわかるように、干渉を使うことで、「波動光学での近似的定理」として証明できる。同様のことが古典力学と量子力学の対応にも言える、というのがド・ブロイのアイデアである。考えている波の波長が考えている系のスケールよりも短い

[†7] この黒体輻射の研究と、それに続く光量子仮説というのは前節でも述べた統計力学の手法がふんだんに用いられていて、当然ながらそこにも解析力学の知見が役立てられている。
[†8] この $\hbar$ は「えっちばー」と読み、「ディラックの h」と呼ばれる記号。

時は幾何光学が現象をよく記述し、逆に波長が長い時は波動光学が現象をよく記述することが知られている（たとえば、波の回折はスリット幅と波長が同程度の時によく起こる）。対応関係を表にすると、

	波長が短い場合	波長が長い場合
光学の世界	幾何光学 （フェルマーの原理）	波動光学
力学の世界	古典力学 （最小作用の原理）	波動力学

のようになる。古典力学における「運動」は量子力学の波の干渉によって消されずに生き残る部分だけを見ているものと考えることができる。量子力学の成り立ちを考える時には、解析力学の知識は不可欠である。

量子力学のシュレーディンガー方程式では、運動量 $\leftrightarrow -\mathrm{i}\hbar\dfrac{\partial}{\partial x}$、エネルギー $\leftrightarrow \mathrm{i}\hbar\dfrac{\partial}{\partial t}$ という演算子の対応関係が知られているが、これはハミルトン・ヤコビ方程式における、運動量 $\leftrightarrow \dfrac{\partial \bar{S}}{\partial x}$、エネルギー $\leftrightarrow -\dfrac{\partial \bar{S}}{\partial t}$ という対応と（$-\mathrm{i}\hbar$ という係数を除いて）見事に対応している。296ページで挙げたハミルトン・ヤコビの方程式の利点は、実はシュレーディンガー方程式へとつながるためにこそ必要とされる利点なのである。

量子力学においても、状態数が座標変換で不変な量であることは重要である。また経路積分という形式においては、統計力学同様(12.4)の形の積分が行われる。
→ p300

この対応はさらにポアッソン括弧 $\{x_i, p_j\} = \delta_{ij}$ と、量子力学における交換関係 $[\hat{x}_i, \hat{p}_j] = \mathrm{i}\hbar\delta_{ij}$ の対応へとつながっていく。また、量子力学で有名な「不確定性関係」$\left(\Delta p \Delta x \gtrsim h\right)$ も実は解析力学の「位相空間の面積」が h という最小単位を持っていると解釈することができる。このように量子力学と解析力学の関係は深いのだが、それは量子力学の本（本書の姉妹書「よくわかる量子力学」など）で勉強していただきたい。

本書はここまでとしておくが、解析力学という武器を手にいれた読者が、物理の広大なる世界を自由に旅してくれることを願ってやまない。

付録 A

行列計算

A.1 行列の基本計算

物理でよく使われる計算テクニックとして「行列（matrix）」[†1]がある[†2]。

一般用語で「行列」というと人が一列になっているところを思い浮かべる[†3]が、物理や数学で使う行列は以下の式のように四角形に並べる。

$$\underbrace{\begin{pmatrix} 3 & 1 & 0.3 & -3 \\ \frac{1}{2} & 0 & 3 & \sqrt{2} \\ 0 & 1.135 & -100 & 10000 \end{pmatrix}}_{\text{3行4列の行列}} \quad \underbrace{\begin{pmatrix} 43 & 13 \\ -0.1 & 2.5 \\ \pi & 0 \\ -3 & 2 \end{pmatrix}}_{\text{4行2列の行列}} \tag{A.1}$$

縦に m 個、横に n 個並べた場合、その行列を「m 行 n 列の行列」（または「$m \times n$ 行列」）と呼ぶ。$m = n$ の場合を（「正方形」と同様に）「正方行列」と呼ぶ。本書では正方行列しか用いない。以下、しばらくは 2 行 2 列の行列を例として扱っていく。

$\begin{pmatrix} x \\ y \end{pmatrix}$ のように縦に成分を並べたもの（これは「2行1列の行列」と言ってもよいが）を「列ベクトル」と呼ぶ。

──── 行列と列ベクトルの掛算の定義 ────

$$\begin{pmatrix} a & b \\ c & d \end{pmatrix} \begin{pmatrix} x \\ y \end{pmatrix} = \begin{pmatrix} ax + by \\ cx + dy \end{pmatrix} \tag{A.2}$$

のように掛算と足し算を複合した計算を行え、というのが「行列と列ベクトルの積」の

[†1] 英語の matrix にはもともと「行と列」という意味はない。「何かを生み出す母体となるもの」という意味で、語源は「子宮」を意味するラテン語である。日本語の「行列」の方が何を表しているかがわかってよいと思う。

[†2] ここでは物理で使われる計算法を軽く紹介するに留めるので、詳しい説明が欲しい人は線型代数に関する本をあたっていただきたい。

[†3] ちなみに、人が一列に並んでいる場合の「行列」は matrix ではなく queue（キュー）である。

ルールである。次の図のように「行列を横に動きながら、列ベクトルを縦に動いて掛け算して、その結果を足す」という計算をする。

$$\begin{pmatrix} a & b \\ c & d \end{pmatrix} \begin{pmatrix} x \\ y \end{pmatrix} = \begin{pmatrix} ax+by \\ cx+dy \end{pmatrix} \qquad \begin{pmatrix} a & b \\ c & d \end{pmatrix} \begin{pmatrix} x \\ y \end{pmatrix} = \begin{pmatrix} ax+by \\ cx+dy \end{pmatrix}$$

（左図：「この二つの積がこれ」が a,x と $ax+by$、c,x と $cx+dy$ を指す。右図：「この二つの積がこれ」が b,y と $ax+by$、d,y と $cx+dy$ を指す。）

今の場合、2行2列の行列に2成分の列ベクトルを掛けて結果として2成分の列ベクトルを得た。$\begin{pmatrix} x \\ y \end{pmatrix}$ から $\begin{pmatrix} ax+by \\ cx+dy \end{pmatrix}$ を作るという計算（このような計算は「1次変換」と呼ばれる）を行列 $\begin{pmatrix} a & b \\ c & d \end{pmatrix}$ で表現している[†4]。

一方、$(x\ y)$ のように横に並べたもの（「1行2列の行列」でもあるが）は「行ベクトル」と呼ぶ。行ベクトルと列ベクトルの掛け算は

―― 行ベクトルと列ベクトルの掛算 ――
$$(a\ b)\begin{pmatrix} x \\ y \end{pmatrix} = ax+by \tag{A.3}$$

のように行う（この計算法は行列と列ベクトルの掛算と、やり方としては同じである）。これはベクトルの内積と同じ計算になる。

列ベクトルに行列を掛ける掛算は行列を使うと

$$\begin{array}{l} x' = ax+by \\ y' = cx+dy \end{array} \quad \text{をまとめて} \quad \begin{pmatrix} x' \\ y' \end{pmatrix} = \begin{pmatrix} a & b \\ c & d \end{pmatrix} \begin{pmatrix} x \\ y \end{pmatrix} \tag{A.4}$$

と書ける。同じ式を別の書き方で書くこともできる。

―― 行ベクトルと行列の掛算の定義 ――
$$(x\ y)\begin{pmatrix} a & b \\ c & d \end{pmatrix} = (ax+cy\ \ bx+dy) \tag{A.5}$$

のような定義になっているので、

$$\begin{pmatrix} x' \\ y' \end{pmatrix} = \begin{pmatrix} a & b \\ c & d \end{pmatrix} \begin{pmatrix} x \\ y \end{pmatrix} \quad \text{と} \quad (x'\ y') = (x\ y)\begin{pmatrix} a & c \\ b & d \end{pmatrix} \tag{A.6}$$

[†4] 行列というのはベクトルからベクトルを作る計算を表現したものになっている。一般に m 行 n 列の行列は n 成分の列ベクトルに掛けると結果が m 成分の列ベクトルとなる。

は同じ計算である。b と c の位置が入れ替わっていることに注目しよう。こうしておかないと $x' = ax + by$ とならない。

$\begin{pmatrix} a & b \\ c & d \end{pmatrix}$ から $\begin{pmatrix} a & c \\ b & d \end{pmatrix}$ を作るように縦横の入れ替えを行うことを「**転置する**」と言い、記号は t を右肩につけて[†5]表す。以後行列を全成分書くのがたいへんな時には、一文字で表現するが、その時は $\mathbf{A}, \mathbf{B}$ のように太文字で表すことにする。$\mathbf{M} = \begin{pmatrix} a & b \\ c & d \end{pmatrix}$ とすると、$\mathbf{M}^t = \begin{pmatrix} a & c \\ b & d \end{pmatrix}$ である。単位行列 $\begin{pmatrix} 1 & 0 \\ 0 & 1 \end{pmatrix}$ は $\mathbf{E}$ と書く[†6]。

列ベクトルは $\vec{v}$ のようにベクトル記号で、行ベクトルは $\vec{v}^t$ のように「列ベクトルを転置したもの」をいう表現で表す。

A.2 行列を使う利点

(A.4) の二つの式を見比べてみても、いったい何がうれしくてこんな計算方法をしているのだろう、という気になるかもしれない。行列による表記が威力を発揮するのは、このような計算を逐次的に何回も行う時である。(x, y) という二組の数字にある「操作」を行なって (x', y') という二組の数字を得る計算は行列では

$$\underbrace{\begin{pmatrix} x' \\ y' \end{pmatrix}}_{\text{計算結果}} = \underbrace{\begin{pmatrix} a & b \\ c & d \end{pmatrix}}_{\text{「操作」の表現}} \underbrace{\begin{pmatrix} x \\ y \end{pmatrix}}_{\text{計算前}} \tag{A.7}$$

のように表現できる。このように「計算前」「操作」「計算結果」が分離して書かれるというのが行列を使うことの意味の一つである。

これだけではまだ役にたった気がしないだろうから、もう少し具体的でかつ行列の便利さがわかる例を考えよう。行列を使わない場合、ベクトルの回転は

$$V_{x'} = V_x \cos\theta + V_y \sin\theta, \quad V_{y'} = -V_x \sin\theta + V_y \cos\theta \tag{A.8}$$

と書く。この式がよくわからない人はC.2.1節の最初を読んで欲しい。この形では「回転」が一箇所に分離されていない。しかしこれを行列で書くと、
→ p342

$$\underbrace{\begin{pmatrix} V_{x'} \\ V_{y'} \end{pmatrix}}_{\text{回転後の値}} = \underbrace{\begin{pmatrix} \cos\theta & \sin\theta \\ -\sin\theta & \cos\theta \end{pmatrix}}_{\text{回転}} \underbrace{\begin{pmatrix} V_x \\ V_y \end{pmatrix}}_{\text{回転前の値}} \tag{A.9}$$

[†5] t は英語の「transpose」の略。左肩につける本もある。
[†6] これを単位行列と呼ぶのは、この行列を掛けてもベクトルが元のままだから(数字の1と同じだから)である。記号 $\mathbf{I}$ を使う本もあるが、本書では慣性テンソルを行列表示するときに $\mathbf{I}$ を使うので避けた。

となる。「回転」という操作が一箇所（行列）に分離された。

分離されたことの御利益は、いろいろな操作を何度も行う時に顕れる。たとえば角度 α の回転を行った後、角度 β の回転を行うという計算は、

$$\underbrace{\begin{pmatrix} V'_x \\ V'_y \end{pmatrix}}_{\text{中間の値}} = \underbrace{\begin{pmatrix} \cos\alpha & \sin\alpha \\ -\sin\alpha & \cos\alpha \end{pmatrix}}_{\text{一つ目の操作}} \underbrace{\begin{pmatrix} V_x \\ V_y \end{pmatrix}}_{\text{計算前の値}} \text{ の後に } \underbrace{\begin{pmatrix} V''_x \\ V''_y \end{pmatrix}}_{\text{計算後の値}} = \underbrace{\begin{pmatrix} \cos\beta & \sin\beta \\ -\sin\beta & \cos\beta \end{pmatrix}}_{\text{二つ目の操作}} \underbrace{\begin{pmatrix} V'_x \\ V'_y \end{pmatrix}}_{\text{中間の値}} \text{を}$$

やるということだから、まとめると、

$$\underbrace{\begin{pmatrix} V''_x \\ V''_y \end{pmatrix}}_{\text{計算後の値}} = \underbrace{\begin{pmatrix} \cos\beta & \sin\beta \\ -\sin\beta & \cos\beta \end{pmatrix}}_{\text{二つ目の操作}} \underbrace{\begin{pmatrix} \cos\alpha & \sin\alpha \\ -\sin\alpha & \cos\alpha \end{pmatrix}}_{\text{一つ目の操作}} \underbrace{\begin{pmatrix} V_x \\ V_y \end{pmatrix}}_{\text{計算前の値}} \quad (\text{A.10})$$

のように書ける。ここで(A.2) で「行列とベクトルの掛算」を定義したのと同じように
$\to$ p303

行列と行列の掛算の定義

$$\begin{pmatrix} a & b \\ c & d \end{pmatrix} \begin{pmatrix} e & f \\ g & h \end{pmatrix} = \begin{pmatrix} ae+bg & af+bh \\ ce+dg & cf+dh \end{pmatrix} \quad (\text{A.11})$$

で掛算を定義することにする。

------練習問題------

【問い A-1】上の定義がうまくいくこと、すなわち、$\underbrace{\begin{pmatrix} a & b \\ c & d \end{pmatrix}}_{\mathbf{A}} \underbrace{\begin{pmatrix} e & f \\ g & h \end{pmatrix}}_{\mathbf{B}} \underbrace{\begin{pmatrix} x \\ y \end{pmatrix}}_{\vec{v}}$ を

計算する時、$\mathbf{B}\vec{v}$ を先にやっても、$\mathbf{AB}$ を先にやっても同じ結果になることを（念の為に）確認せよ。

解答 $\to$ p368 へ

(A.10) は行列の積を先におこなって、

$$\underbrace{\begin{pmatrix} V'_x \\ V'_y \end{pmatrix}}_{\text{計算後の値}} = \underbrace{\begin{pmatrix} \cos\beta\cos\alpha - \sin\beta\sin\alpha & \sin\beta\cos\alpha + \cos\beta\sin\alpha \\ -\sin\beta\cos\alpha - \cos\beta\sin\alpha & -\sin\beta\sin\alpha + \cos\beta\cos\alpha \end{pmatrix}}_{\text{合成操作}} \underbrace{\begin{pmatrix} V_x \\ V_y \end{pmatrix}}_{\text{計算前の値}}$$
(A.12)

と書くことができる。「角度 β の回転」「角度 α の回転」を「行列」という形式をつかってまとめて書いたことで「角度 $\alpha+\beta$ の回転」を計算する方法を得た。三角関数の加法定理（たとえば $\cos(\alpha+\beta) = \cos\alpha\cos\beta - \sin\alpha\sin\beta$）がこうして導かれた。

「操作」を一箇所にまとめて書いたことの第二の御利益は「操作を打ち消す操作」を書くことが容易になることである。ある行列による操作を打ち消す行列を「**逆行列**」と呼び、記号は $(\ )^{-1}$ のように「-1乗」の記号を流用する。つまり、$\begin{pmatrix} a & b \\ c & d \end{pmatrix}^{-1} \begin{pmatrix} a & b \\ c & d \end{pmatrix} = \begin{pmatrix} 1 & 0 \\ 0 & 1 \end{pmatrix}$

である†7。これを使って、$\begin{pmatrix} x' \\ y' \end{pmatrix} = \begin{pmatrix} a & b \\ c & d \end{pmatrix} \begin{pmatrix} x \\ y \end{pmatrix}$ を逆行列 $\begin{pmatrix} a & b \\ c & d \end{pmatrix}^{-1}$ で打ち消して、$\begin{pmatrix} a & b \\ c & d \end{pmatrix}^{-1} \begin{pmatrix} x' \\ y' \end{pmatrix} = \begin{pmatrix} x \\ y \end{pmatrix}$ と書くことができる。たとえば、

$$\begin{pmatrix} \cos\alpha & \sin\alpha \\ -\sin\alpha & \cos\alpha \end{pmatrix}^{-1} = \begin{pmatrix} \cos\alpha & -\sin\alpha \\ \sin\alpha & \cos\alpha \end{pmatrix} \tag{A.13}$$

である(確認してみよう)。

---------- 練習問題 ----------

【問い A-2】 $\mathbf{A} = \begin{pmatrix} a & b \\ c & d \end{pmatrix}$ の逆行列は $\mathbf{A^{-1}} = \dfrac{1}{ad-bc} \begin{pmatrix} d & -b \\ -c & a \end{pmatrix}$ であること ($\mathbf{A^{-1}A = E}$) を示せ。この式のように行列の前に数が来たときはその数(今の場合 $\dfrac{1}{ad-bc}$)は全行列要素に掛算される。つまり、

$$k \begin{pmatrix} a & b \\ c & d \end{pmatrix} = \begin{pmatrix} ka & kb \\ kc & kd \end{pmatrix} \tag{A.14}$$

である。また、$\mathbf{AA^{-1}}$ もまた単位行列となることを示せ。
ここに現れた $ad-bc$ の意味は後で明らかになる。

解答 → p368 へ

行列による計算とその結果を見ていると、

$$\begin{pmatrix} a & b \\ c & d \end{pmatrix} \begin{pmatrix} 1 \\ 0 \end{pmatrix} = \begin{pmatrix} a \\ c \end{pmatrix} \qquad \begin{pmatrix} a & b \\ c & d \end{pmatrix} \begin{pmatrix} 0 \\ 1 \end{pmatrix} = \begin{pmatrix} b \\ d \end{pmatrix} \tag{A.15}$$

(操作前/操作後)

という形になっている。

上で考えた $\begin{pmatrix} a & b \\ c & d \end{pmatrix}$ の逆行列は $\dfrac{1}{ad-bc} \begin{pmatrix} d & -b \\ -c & a \end{pmatrix}$ だったが、これを見ると、逆行列の1行めに現れた $(d \quad -b)$ は $\begin{pmatrix} b \\ d \end{pmatrix}$ と直交するように選ばれている†8。同様に逆行列の2行めに現れた $(-c \quad a)$ は $\begin{pmatrix} a \\ c \end{pmatrix}$ と直交するように選ばれている。そして直交しない

---

†7 $\begin{pmatrix} 1 & 0 \\ 0 & 1 \end{pmatrix}$ を「単位行列」と呼ぶ。「何もしない行列」である。

†8 $(b \quad d) \to (d \quad -b)$ という操作は、正準方程式にも出てくる90度ひねりである。
→ p209

組み合わせである $(d \ -b)$ と $\begin{pmatrix} a \\ c \end{pmatrix}$ の内積、および $(-c \ a)$ と $\begin{pmatrix} b \\ d \end{pmatrix}$ の内積はどちらも $ad - bc$ になる。よって $ad - bc$ で割ることで逆行列を掛けると単位行列になるようにできている。

A.3 添字を使った表現

行列の成分を

$$\begin{pmatrix} a_{11} & a_{12} & a_{13} \\ a_{21} & a_{22} & a_{23} \\ a_{31} & a_{32} & a_{33} \end{pmatrix} \tag{A.16}$$

のように二つの添字（「行」を表す添字を前に、「列」を表す添字を後ろに）をつけて表す。このようにしたとき列ベクトル $\begin{pmatrix} b_1 \\ b_2 \\ b_3 \end{pmatrix}$ に上の行列を掛けたら $\begin{pmatrix} c_1 \\ c_2 \\ c_3 \end{pmatrix}$ になったという計算は、

$$\begin{pmatrix} c_1 \\ c_2 \\ c_3 \end{pmatrix} = \begin{pmatrix} a_{11} & a_{12} & a_{13} \\ a_{21} & a_{22} & a_{23} \\ a_{31} & a_{32} & a_{33} \end{pmatrix} \begin{pmatrix} b_1 \\ b_2 \\ b_3 \end{pmatrix} = \begin{pmatrix} a_{11}b_1 + a_{12}b_2 + a_{13}b_3 \\ a_{21}b_1 + a_{22}b_2 + a_{23}b_3 \\ a_{31}b_1 + a_{32}b_2 + a_{33}b_3 \end{pmatrix} \tag{A.17}$$

となるが、これを

$$c_i = a_{i1}b_1 + a_{i2}b_2 + a_{i3}b_3 = \sum_{j=1}^{3} a_{ij}b_j \tag{A.18}$$

と表すこともできる。この式における j という添字は、（真ん中の式では存在してないことからもわかるように）どういう文字を使って表現してもかまわない。$\sum_{j=1}^{3} a_{ij}b_j$ と書こうが $\sum_{k=1}^{3} a_{ik}b_k$ と書こうが $\sum_{\ell=1}^{3} a_{i\ell}b_\ell$ と書こうが、なんなら、$\sum_{\text{あ}=1}^{3} a_{i\text{あ}}b_\text{あ}$ と書こうが、自由である（ひらがなの添字はあまり使われないが、禁止するルールがあるわけではない）。このように $\sum_{\text{ダ}=1}^{3}$ のように和記号を使って足し上げられている添字（この場合は「ダ」）を「ダミーの添字」と呼ぶ。「ダミー」という言葉が表すように、この添字は適当につけかえたってかまわない。

行列の掛算

$$\begin{pmatrix} c_{11} & c_{12} & c_{13} \\ c_{21} & c_{22} & c_{23} \\ c_{31} & c_{32} & c_{33} \end{pmatrix} = \begin{pmatrix} a_{11} & a_{12} & a_{13} \\ a_{21} & a_{22} & a_{23} \\ a_{31} & a_{32} & a_{33} \end{pmatrix} \begin{pmatrix} b_{11} & b_{12} & b_{13} \\ b_{21} & b_{22} & b_{23} \\ b_{31} & b_{32} & b_{33} \end{pmatrix} \tag{A.19}$$

は

$$c_{ik} = a_{i1}b_{1k} + a_{i2}b_{2k} + a_{i3}b_{3k} = \sum_j a_{ij}b_{jk} \tag{A.20}$$

のように書くことができる。行列の掛算を添え字を使って表現するときは掛算の前にある行列 a_{ij} の後ろの添字（この場合 j）と、後ろにある行列 b_{jk} の前の添字（この場合 j）を（つまり「近いところどうしの添え字」を）そろえて足し算する。このルールが満たされていない時は行列を転置して合わせる必要がある。たとえば、

$$\sum_j a_{ij}b_{kj} = \sum_j a_{ij}b^t_{jk} \tag{A.21}$$

のように転置して順番を合わせる。$c_{ik} = \sum_j a_{ij}b_{kj}$ は、$\mathbf{C} = \mathbf{AB}^t$ と同じ式となる。

A.4 直交行列

2×2 行列の場合、行列 $\begin{pmatrix} a & b \\ c & d \end{pmatrix}$ を分解して作った二つのベクトル $\begin{pmatrix} a \\ c \end{pmatrix}$ と $\begin{pmatrix} b \\ d \end{pmatrix}$ が「互いに直交し、長さが1である」という条件を満たすとき、この行列を「直交行列」と呼ぶ（3×3 以上の行列でも、列ベクトルが互いに直交し長さが1であれば直交行列である）。

直交行列は「逆行列が転置行列である」という性質を持っている。転置行列とは、行（横の並び）を列（縦の並び）にというふうに行列を並び替えたものである。

二つのベクトル (a, c) と (b, d) が互いに直交し（$ab + cd = 0$）、かつ各々の長さが1（$a^2 + c^2 = b^2 + d^2 = 1$）であれば、

$$\begin{pmatrix} a & c \\ b & d \end{pmatrix} \begin{pmatrix} a & b \\ c & d \end{pmatrix} = \begin{pmatrix} 1 & 0 \\ 0 & 1 \end{pmatrix} \tag{A.22}$$

であることはすぐに確認できる。

ここで示した性質を、3行3列など、もっと次元の高い行列にも拡張することはたやすい。たとえば3つのベクトル $(a, d, g), (b, e, h), (c, f, i)$ が互いに直交しかつ各々の長さが1ならば、

$$\underbrace{\begin{pmatrix} a & d & g \\ b & e & h \\ c & f & i \end{pmatrix}}_{\mathbf{A}} \underbrace{\begin{pmatrix} a & b & c \\ d & e & f \\ g & h & i \end{pmatrix}}_{\mathbf{A}^t} = \underbrace{\begin{pmatrix} 1 & 0 & 0 \\ 0 & 1 & 0 \\ 0 & 0 & 1 \end{pmatrix}}_{\mathbf{E}} \tag{A.23}$$

が成り立つ。直交行列は $\mathbf{AA}^t = \mathbf{A}^t\mathbf{A} = \mathbf{E}$ を満たす。

直交行列が物理で有用なのは、それが座標（直交曲線座標）の基底ベクトルどうしの変換に使えるからである。たとえば直交座標と極座標の基底ベクトルの関係は

$$\begin{pmatrix} \vec{e}_r \\ \vec{e}_\theta \\ \vec{e}_\phi \end{pmatrix} = \begin{pmatrix} \sin\theta\cos\phi & \sin\theta\sin\phi & \cos\theta \\ \cos\theta\cos\phi & \cos\theta\sin\phi & -\sin\theta \\ -\sin\phi & \cos\phi & 0 \end{pmatrix} \begin{pmatrix} \vec{e}_x \\ \vec{e}_y \\ \vec{e}_z \end{pmatrix} \tag{A.24}$$

であるが、この逆は、

$$\begin{pmatrix} \vec{e}_x \\ \vec{e}_y \\ \vec{e}_z \end{pmatrix} = \begin{pmatrix} \sin\theta\cos\phi & \cos\theta\cos\phi & -\sin\phi \\ \sin\theta\sin\phi & \cos\theta\sin\phi & \cos\phi \\ \cos\theta & -\sin\theta & 0 \end{pmatrix} \begin{pmatrix} \vec{e}_r \\ \vec{e}_\theta \\ \vec{e}_\phi \end{pmatrix} \tag{A.25}$$

のように転置行列を使って表現できる。

A.5　直交行列でない行列の逆行列

　直交行列ならば転置すれば逆行列を作ることができる、と前節で述べたが、では直交行列でないものはどうすればよいだろう。2×2 行列についてはすでに書いたので、3×3 行列について考えよう。ある 3×3 行列を右のように、3本の列ベクトル $\vec{E}_1, \vec{E}_2, \vec{E}_3$ が横に並んだものと解釈する。ベクトル $\vec{E}_i$ の j 成分（$= (\vec{E}_i)_j$）[†9] が a_{ji} である。

$$\mathbf{A} = \begin{pmatrix} a_{11} & a_{12} & a_{13} \\ a_{21} & a_{22} & a_{23} \\ a_{31} & a_{32} & a_{33} \end{pmatrix}$$
$$\phantom{\mathbf{A} = } \vec{E}_1 \quad \vec{E}_2 \quad \vec{E}_3$$

$$\vec{E}^i \cdot \vec{E}_j = \delta_{ij} \tag{A.26}$$

となる3本のベクトル（つまり、$\vec{E}^1$ は $\vec{E}_1$ と内積を取ると1で、$\vec{E}_2, \vec{E}_3$ とは直交する）を見つける。このようなベクトル $\vec{E}^i$（添字が上に付くことで、$\vec{E}_i$ とは違うベクトルであることを示しているので、見逃さないように！）は「$\vec{E}_i$ に双対 (dual) なベクトル」と言われる[†10]。すると、ベクトル $\vec{E}^i$ の j 成分を $(a^{-1})_{ij}$ として、

$$\mathbf{A}^{-1} = \begin{pmatrix} \boxed{(a^{-1})_{11} \quad (a^{-1})_{12} \quad (a^{-1})_{13}} \\ \boxed{(a^{-1})_{21} \quad (a^{-1})_{22} \quad (a^{-1})_{23}} \\ \boxed{(a^{-1})_{31} \quad (a^{-1})_{32} \quad (a^{-1})_{33}} \end{pmatrix} \begin{matrix} \vec{E}^1 \\ \vec{E}^2 \\ \vec{E}^3 \end{matrix} \tag{A.27}$$

が $\mathbf{A}$ の逆行列である。$\mathbf{A}^{-1}$ は行ベクトルである $\vec{E}^i$ を縦に並べているので、$(\vec{E}^i)_j = (a^{-1})_{ij}$ である（$\mathbf{A}$ の時とは添字の並びが逆である）。

　では $\vec{E}^i$ はどうやって作るかというと、外積の助けを借りる。$\vec{E}^1$ は $\vec{E}_2, \vec{E}_3$ と直交しなくてはいけないが、そのようなベクトルの候補としてすぐに浮かぶのが、$\vec{E}_2 \times \vec{E}_3$ である。しかしこれでは

$$\underbrace{(\vec{E}_2 \times \vec{E}_3)}_{\vec{E}^1 \text{の候補}} \cdot \vec{E}_1 \tag{A.28}$$

が1とは限らない。これを1にするには、この $(\vec{E}_2 \times \vec{E}_3) \cdot \vec{E}_1$ という量で割ってやればよい。すなわち、以下のように選べばよい。

$$\vec{E}^1 = \frac{\vec{E}_2 \times \vec{E}_3}{(\vec{E}_2 \times \vec{E}_3)\cdot \vec{E}_1},\ \vec{E}^2 = \frac{\vec{E}_3 \times \vec{E}_1}{(\vec{E}_3 \times \vec{E}_1)\cdot \vec{E}_2},\ \vec{E}^3 = \frac{\vec{E}_1 \times \vec{E}_2}{(\vec{E}_1 \times \vec{E}_2)\cdot \vec{E}_3} \tag{A.29}$$

[†9] 二つの添字に混乱しないように。$\vec{E}_i$ という i 番目のベクトルの、j 番目の成分が $(\vec{E}_i)_j$ である。
[†10] 直交行列ならわざわざ見つけなくても、$\vec{e}_i \cdot \vec{e}_j = \delta_{ij}$ だったので、自分自身と双対である。これが直交行列では転置だけで逆行列ができた理由。

A.5 直交行列でない行列の逆行列

実はこの式の分母 $(\vec{\mathbf{E}}_2\times\vec{\mathbf{E}}_3)\cdot\vec{\mathbf{E}}_1, (\vec{\mathbf{E}}_3\times\vec{\mathbf{E}}_1)\cdot\vec{\mathbf{E}}_2, (\vec{\mathbf{E}}_1\times\vec{\mathbf{E}}_2)\cdot\vec{\mathbf{E}}_3$ には「$\vec{\mathbf{E}}_1,\vec{\mathbf{E}}_2,\vec{\mathbf{E}}_3$ を一辺として作られる平行六面体の体積」[†11]という意味があり、3式とも値は同じである[†12]。この式（行列を3本のベクトルと見た時、そのベクトルが作る平行六面体の体積）を「**行列式 (determinant)**」と呼ぶ[†13]。記号では、「$\mathbf{A}$ の行列式」を $\det\mathbf{A}$ または $|\mathbf{A}|$ と書く。

ベクトルの外積を ϵ_{ijk} を使って書くと、
→ p336

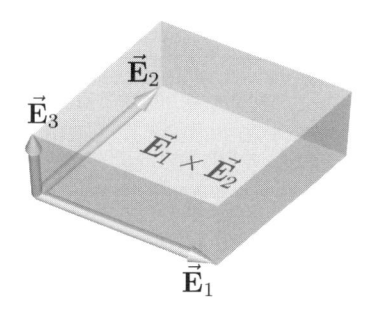

$$(\vec{\mathbf{E}}_i\times\vec{\mathbf{E}}_j)_k = \sum_{\ell,m}\epsilon_{k\ell m}(\vec{\mathbf{E}}_i)_\ell(\vec{\mathbf{E}}_j)_m = \sum_{\ell,m}\epsilon_{k\ell m}a_{\ell i}a_{mj} \tag{A.30}$$

であり、さらにこれと内積を取ると考えると、

$$(\vec{\mathbf{E}}_1\times\vec{\mathbf{E}}_2)\cdot\vec{\mathbf{E}}_3 = \sum_k\sum_{\ell,m}\epsilon_{k\ell m}(\vec{\mathbf{E}}_1)_\ell(\vec{\mathbf{E}}_2)_m(\vec{\mathbf{E}}_3)_k = \sum_{k,\ell,m}\epsilon_{\ell mk}a_{\ell 1}a_{m2}a_{k3} \tag{A.31}$$

から、

$$\det\mathbf{A} = \sum_{i,j,k}\epsilon_{ijk}a_{i1}a_{j2}a_{k3} \tag{A.32}$$

が一般的な式となる。この式でやっている計算は、以下の図の通りである。

$$\begin{pmatrix} a_{11} & a_{12} & a_{13} \\ a_{21} & a_{22} & a_{23} \\ a_{31} & a_{32} & a_{33} \end{pmatrix}$$

この列からどれか1つ を取って掛ける。ただし、同じ行から2回取ってはいけない。

$1\,2\,3$ の順の積は足し、$1\,2\,3$ の順の積は引く。

(A.29) を $\vec{\mathbf{E}}^i = \dfrac{1}{2\det\mathbf{A}}\displaystyle\sum_{j,k}\epsilon_{ijk}\vec{\mathbf{E}}_j\times\vec{\mathbf{E}}_k$ と[†14]書くと
→ p310

$$(\vec{\mathbf{E}}^i)_\ell = \frac{1}{2\det\mathbf{A}}\sum_{j,k}\epsilon_{ijk}(\vec{\mathbf{E}}_j\times\vec{\mathbf{E}}_k)_\ell = \frac{1}{2\det\mathbf{A}}\sum_{j,k}\sum_{m,n}\epsilon_{ijk}\epsilon_{\ell mn}(\vec{\mathbf{E}}_j)_m(\vec{\mathbf{E}}_k)_n \tag{A.33}$$

[†11] ただし、3つのベクトルの配置によってはマイナスになる。
[†12] 同じであることは公式(C.9) を使っても示せる。
→ p336
[†13] この「行列式」というのは単に「行列の式」と言っているのと区別がつきにくくて悪い名前である。なお「determinant」の方は「決定要因」というような意味を持つ。行列の性質を決めている数だ、ということ。
[†14] たとえば $\vec{\mathbf{E}}^1 = \dfrac{1}{2\det\mathbf{A}}\displaystyle\sum_{j,k}\epsilon_{1jk}(\vec{\mathbf{E}}_j\times\vec{\mathbf{E}}_k) = \dfrac{1}{2\det\mathbf{A}}\left(\vec{\mathbf{E}}_2\times\vec{\mathbf{E}}_3 - \vec{\mathbf{E}}_3\times\vec{\mathbf{E}}_2\right)$ のように二つの外積が出てくるから、分母に2が必要。

となる。これが $(a^{-1})_{i\ell}$ だから、行列成分だけを使って書くと

$$(a^{-1})_{i\ell} = \frac{1}{\det A} \times \underbrace{\frac{1}{2}\sum_{j,k}\sum_{m,n}\epsilon_{ijk}\epsilon_{\ell mn}a_{mj}a_{nk}}_{\tilde{a}_{i\ell}} \tag{A.34}$$

となる。$\tilde{a}_{i\ell}$ の部分は「a_{ij} の余因子」と呼ばれる。

---------練習問題---------

【問い A-3】 (A.34)で求めた形が確かに逆行列であること、すなわち、

$$\sum_{\ell}(a^{-1})_{i\ell}a_{\ell p} = \delta_{ip} \quad \text{および} \quad \sum_{i}a_{pi}(a^{-1})_{i\ell} = \delta_{p\ell} \tag{A.35}$$

であることを、(A.34)の右辺を代入し計算することで具体的に確認せよ。

ヒント → p351へ　　解答 → p368へ

行列式にはいろんな性質があるが、それはすべて「これは3つのベクトルのつくる体積である」[15] という出自から説明可能である。たとえば、

$$\det\begin{pmatrix} a_{11} & a_{12} & a_{13} \\ a_{21} & a_{22} & a_{23} \\ a_{31} & a_{32} & a_{33} \end{pmatrix} = \det\begin{pmatrix} a_{11}+ka_{12} & a_{12} & a_{13} \\ a_{21}+ka_{22} & a_{22} & a_{23} \\ a_{31}+ka_{32} & a_{32} & a_{33} \end{pmatrix} \tag{A.36}$$

のように、ある列を定数倍して別の列に足しても行列式の値は変わらない。これは $\vec{E}_1 \to \vec{E}_1 + k\vec{E}_2$ というベクトルの変化だが、これは「底面と高さが変わらないように天井部の頂点をずらす」という操作にあたるから、体積は変わらない。また、3つのベクトルが独立でないような場合、行列式は0になるが、これは3つのベクトルが1平面の中に収まってしまって体積を作らない理由である。このような場合には逆行列を作ることはできない。

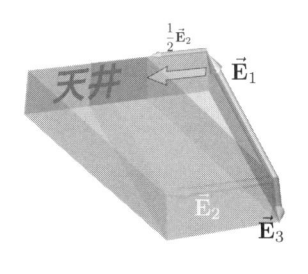

ここでは 3×3 行列までしか考えなかったが、同様に、4×4 行列なら、

$$\det A = \sum_{i,j,k,\ell} \epsilon_{ijk\ell} a_{i1}a_{j2}a_{k3}a_{\ell 4} \tag{A.37}$$

が行列式であることが推測できる（$\epsilon_{ijk\ell}$ は4次元のレヴィ・チビタ記号）。一般的には

$$\det A = \sum_{i_1,i_2,i_3,\cdots,i_n} \epsilon_{i_1 i_2 \cdots i_n} a_{i_1 1} a_{i_2 2} a_{i_3 3} \cdots a_{i_n n} \tag{A.38}$$

である。

---

[15] 4次元以上では、それぞれの次元の空間における「体積」を表現している…が頭の中に絵でイメージするのは常人では難しい。

A.6　固有値と固有ベクトル

行列 $\mathbf{M}$ に対し、

$$\left(\mathbf{M}\right)\begin{pmatrix}x\\y\\\vdots\end{pmatrix} = \lambda \begin{pmatrix}x\\y\\\vdots\end{pmatrix} \tag{A.39}$$

を満たすベクトル、すなわち「$\mathbf{M}$ をかけると元のベクトルの定数倍になるベクトル」を固有ベクトルと呼び、その定数 λ を固有値と呼ぶ。この λ は 0 でもよい。

たとえば、$\begin{pmatrix}2&1\\1&2\end{pmatrix}$ という行列は固有ベクトル $\begin{pmatrix}1\\1\end{pmatrix}$ （固有値 3）と固有ベクトル $\begin{pmatrix}-1\\1\end{pmatrix}$ （固有値 1）を持つ（下の図参照。計算して確認せよ）。

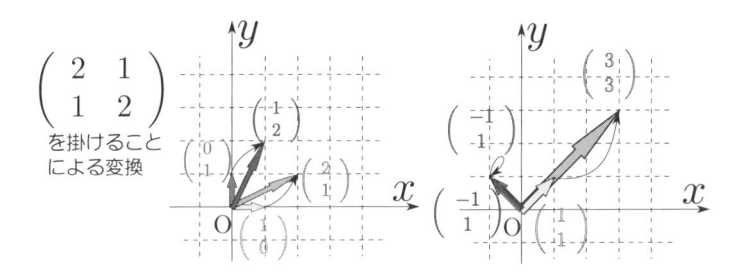

一般に行列を掛ければベクトルは長さも向きも変わる。しかし行列によっては、特定の方向のベクトルに対しては長さは変わっても向きが変わらなくなる。それを見つけることで行列の性質を知ろう、というのが固有値と固有ベクトルの意義である。

固有ベクトルと固有値を知ることで、「今考えている変換によって変わらない方向」を見つけている。そのような方向を見つけることができれば、変換のイメージを持つことができる。たとえば上の例であれば、$\begin{pmatrix}2&1\\1&2\end{pmatrix}$ という行列による変換は固有値・固有ベクトルを知ることで、「右斜め上 45 度方向は 3 倍し、左斜め上 45 度方向が変わらない変換」と表現できる。

本書で使う例では行列 $\mathbf{M}$ は実数の成分を持つ対称行列であるので、以下は実対称行列の時に使える定理を述べる。

──────── 固有値が異なる固有ベクトルは直交する ────────

$\mathbf{M}$ が実対称行列であり、

$$\mathbf{M}\vec{v}_1 = \lambda_1 \vec{v}_1, \quad \mathbf{M}\vec{v}_2 = \lambda_2 \vec{v}_2 \tag{A.40}$$

で $\lambda_1 \neq \lambda_2$ ならば $\vec{v}_1 \cdot \vec{v}_2 = 0$ である。

証明は以下のようにおこなう。$\vec{v}_1^t \mathbf{M} \vec{v}_2$ という量を二通りの方法で

$$\underbrace{\vec{v}_1^t \mathbf{M}}_{\lambda_1 \vec{v}_1^t} \vec{v}_2 = \vec{v}_1^t \underbrace{\mathbf{M} \vec{v}_2}_{\lambda_2 \vec{v}_2} \quad (A.41)$$
$$\lambda_1 \vec{v}_1 \cdot \vec{v}_2 = \lambda_2 \vec{v}_1 \cdot \vec{v}_2$$

のように計算することで、$\lambda_1 \neq \lambda_2$ であれば $\vec{v}_1 \cdot \vec{v}_2 = 0$ がわかる。$\vec{v}_1^t \mathbf{M} = \lambda_1 \vec{v}_1^t$ という、$\mathbf{M} \vec{v}_1 = \lambda_1 \vec{v}_1$ を転置した式を使うので、$\mathbf{M}$ が対称行列でないと証明は正しくない。

$\lambda_1 = \lambda_2$ であるが二つのベクトルが独立であった時は、

╭─────────── シュミットの直交化 ───────────╮

二つのベクトルの線型結合 $\vec{v}_2' = \vec{v}_2 - \dfrac{\vec{v}_2 \cdot \vec{v}_1}{\vec{v}_1 \cdot \vec{v}_1} \vec{v}_1$ を作ると、$\vec{v}_2' \cdot \vec{v}_1 = 0$ になる。

╰──────────────────────────────╯

という方法を使って直交するように直してしまうことができる。$N \times N$ 行列に対して、互いに直交する独立な固有ベクトルが N 本見つかったとすると、任意のベクトル $\vec{V}$ を

$$\vec{V} = \sum_{i=1}^{N} c_i \vec{v}_i \quad (A.42)$$

のように固有ベクトルの線型結合で表現できる。つまり $\vec{v}_i$ に基底ベクトルの役割をさせることができる。こうすると、

$$\mathbf{M} \vec{V} = \sum_{i=1}^{N} c_i \mathbf{M} \vec{v}_i = \sum_{i=1}^{N} c_i \lambda_i \vec{v}_i \quad (A.43)$$

となり、「$\mathbf{M}$ を掛ける」は「各成分ごとに固有値を掛ける」と同じ計算になる。

行列 $\mathbf{M}$ ($n \times n$) の固有値を求めるための一般的な方法は、$\mathbf{M} \vec{v} = \lambda \vec{v}$ を $(\mathbf{M} - \lambda \mathbf{E}) \vec{v} = 0$ と変形し、$(\mathbf{M} - \lambda \mathbf{E})$ という行列が逆行列を持たないことを使う。そのために必要なのが行列式の計算である。

A.7 行列式の計算

前節で登場した行列式(determinant)について、性質と計算方法をまとめておく。

行列式は「固有値全部の積」と考えてもよい。固有値は「行列 $\mathbf{M}$ によって固有ベクトルが固有値倍される」という意味があった。よって行列式はたとえば2次元なら、

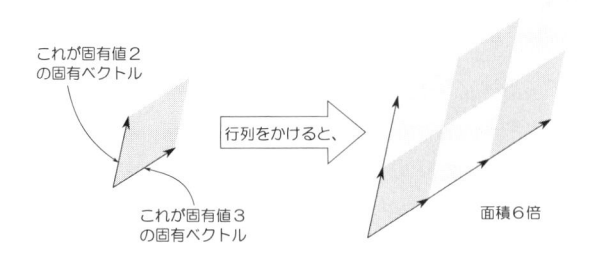

という意味がある。3次元の場合は頭に思い浮かべて欲しい（体積が固有値の積倍になる）。4次元以上だと絵には書きづらいが、やはり「体積が何倍になるか」という意味を持った量だと思ってよい。

行列式が0の行列には逆行列がない。それは「有限の体積を体積0にしてしまうような変換」をすると、元に戻せない、と考えると納得がいく[†16]。

ただし、行列式で定義された面積や体積には「負」が有り得ることに注意しよう。

面積の場合でいえば固有ベクトル2本の並び方が「時計回りか反時計回り」によって変化する。(反)時計回りに回るベクトルを変換したらそのまま(反)時計回りである場合は行列式が正、変換した結果回り方が逆になる場合は行列式が負である。

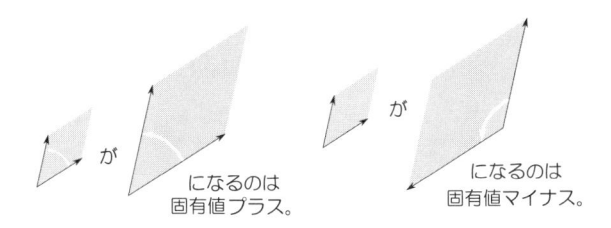

この符号の違いに対応して、行列式には、

$$\det\begin{pmatrix} M_{11} & M_{12} & M_{13} & \dots \\ M_{21} & M_{22} & M_{23} & \dots \\ M_{31} & M_{32} & M_{33} & \dots \\ \vdots & \vdots & \vdots & \end{pmatrix} = -\det\begin{pmatrix} M_{12} & M_{11} & M_{13} & \dots \\ M_{22} & M_{21} & M_{23} & \dots \\ M_{32} & M_{31} & M_{33} & \dots \\ \vdots & \vdots & \vdots & \end{pmatrix} \quad (A.44)$$

のように、となりあう列を取り替えると符号がひっくり返るという性質がある（となりあう列でない二つの列の場合、となりあう列の交換を奇数回やる[†17]ので、やはり符号は反転する）。行列式の計算法を見ると、転置[†18]（2次元なら、$\begin{pmatrix} a & b \\ c & d \end{pmatrix} \to \begin{pmatrix} a & c \\ b & d \end{pmatrix}$ という操作）しても同じであるので、行を交換しても符号は反転する。

行列式には「ある列（または行）の定数倍を別の列（または行）に足しても変わらない」という性質もある（下には列の場合の式を書いた）。

$$\det\begin{pmatrix} M_{11} & M_{12} & M_{13} & \dots \\ M_{21} & M_{22} & M_{23} & \dots \\ M_{31} & M_{32} & M_{33} & \dots \\ \vdots & \vdots & \vdots & \end{pmatrix} = \det\begin{pmatrix} M_{11}+aM_{13} & M_{12} & M_{13} & \dots \\ M_{21}+aM_{23} & M_{22} & M_{23} & \dots \\ M_{31}+aM_{33} & M_{32} & M_{33} & \dots \\ \vdots & \vdots & \vdots & \end{pmatrix} \quad (A.45)$$

[†16] 2を掛けたら2で割れば元に戻るが、0を掛算してしまったら、もう戻せないのと同じ。
[†17] たとえば $a\cdots b$ を $b\cdots a$ に並べ直す（$\cdots$ の部分は変えない）作業を、(1) $a\cdots b$ を $\cdots ba$ にする。(2) $\cdots ba$ を $b\cdots a$ にする。と二段階に分けて考えれば、(1)が偶数回なら(2)は奇数回（あるいはその逆）である。
[†18] 行と列（縦と横）を取り替えること。

これは、平行四辺形の底辺なり天井なりをその辺の向いている方向にスライドさせてもその平行四辺形の面積が変わらないという性質から理解することができる。

以上の、行または列の取替え、および行または列の定数倍の加減のような行列式の値を変えない（変えても符号だけ）計算を「行列式の基本変形」と言い、これを使って行列式を簡単化していくことができる。最終的には基本変形を繰り返して対角行列にできれば、後はその対角成分の積を計算すれば行列式である。

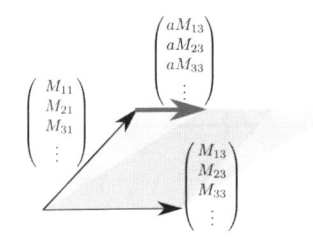

行列式には

$$\det(\mathbf{AB}) = \det \mathbf{A} \times \det \mathbf{B} \tag{A.46}$$

という性質もある。これは、行列式が「その行列を掛けるごとに面積が何倍になっていくか」という意味を持っていることを考えれば自明である。

A.8　固有ベクトルによる対角化

$N \times N$ 行列があって、固有ベクトル N 本を無事見つけられたとする[19]。それぞれの（線形独立な）固有ベクトルを組み合わせて、

$$\mathbf{P} = \begin{pmatrix} v_1^{(1)} & v_1^{(2)} & v_1^{(3)} & \cdots \\ v_2^{(1)} & v_2^{(2)} & v_2^{(3)} & \cdots \\ \vdots & \vdots & \vdots & \end{pmatrix} \tag{A.47}$$

のようにこのベクトルを並べた行列を作る。これは（仮定により）独立な N 本のベクトルを並べた行列なのだから、逆行列は必ずある（行列式は 0 ではない）。その逆行列を

$$\mathbf{P}^{-1} = \begin{pmatrix} w_1^{(1)} & w_2^{(1)} & w_3^{(1)} & \cdots \\ w_1^{(2)} & w_2^{(2)} & w_3^{(2)} & \cdots \\ w_1^{(3)} & w_2^{(3)} & w_3^{(3)} & \cdots \\ \vdots & \vdots & \vdots & \end{pmatrix}$$

とする（添字の付け方が行と列の立場が入れ替わっていることに注意）。これが正しく逆行列であるためには、

$$\sum_{i=1}^{N} w_i^{(I)} v_i^{(J)} = \delta_{IJ} \tag{A.48}$$

という式が成り立てばよい。

---

[19] 一般の行列で見つけられるとは限らない。本書では見つけられる例だけを扱っている。

A.8 固有ベクトルによる対角化

$$\begin{pmatrix} w_1^{(1)} & w_2^{(1)} & w_3^{(1)} & \cdots \\ w_1^{(2)} & w_2^{(2)} & w_3^{(2)} & \cdots \\ w_1^{(3)} & w_2^{(3)} & w_3^{(3)} & \cdots \\ \vdots & \vdots & \vdots & \end{pmatrix} \begin{pmatrix} v_1^{(1)} & v_1^{(2)} & v_1^{(3)} & \cdots \\ v_2^{(1)} & v_2^{(2)} & v_2^{(3)} & \cdots \\ v_3^{(1)} & v_3^{(2)} & v_3^{(3)} & \cdots \\ \vdots & \vdots & \vdots & \end{pmatrix} \quad \begin{pmatrix} w_1^{(1)} & w_2^{(1)} & w_3^{(1)} & \cdots \\ w_1^{(2)} & w_2^{(2)} & w_3^{(2)} & \cdots \\ w_1^{(3)} & w_2^{(3)} & w_3^{(3)} & \cdots \\ \vdots & \vdots & \vdots & \end{pmatrix} \begin{pmatrix} v_1^{(1)} & v_1^{(2)} & v_1^{(3)} & \cdots \\ v_2^{(1)} & v_2^{(2)} & v_2^{(3)} & \cdots \\ v_3^{(1)} & v_3^{(2)} & v_3^{(3)} & \cdots \\ \vdots & \vdots & \vdots & \end{pmatrix}$$

この二つの積は 1 / この二つの積は 0

これに今考えている行列 $\mathbf{M}$ をかけると、これらのベクトルが固有ベクトルであるということは、

$$\mathbf{M}\begin{pmatrix} v_1^{(1)} \\ v_2^{(1)} \\ v_3^{(1)} \\ \vdots \end{pmatrix} = \lambda_1 \begin{pmatrix} v_1^{(1)} \\ v_2^{(1)} \\ v_3^{(1)} \\ \vdots \end{pmatrix}, \ \mathbf{M}\begin{pmatrix} v_1^{(2)} \\ v_2^{(2)} \\ v_3^{(2)} \\ \vdots \end{pmatrix} = \lambda_2 \begin{pmatrix} v_1^{(2)} \\ v_2^{(2)} \\ v_3^{(2)} \\ \vdots \end{pmatrix}, \ \mathbf{M}\begin{pmatrix} v_1^{(3)} \\ v_2^{(3)} \\ v_3^{(3)} \\ \vdots \end{pmatrix} = \lambda_3 \begin{pmatrix} v_1^{(3)} \\ v_2^{(3)} \\ v_3^{(3)} \\ \vdots \end{pmatrix}, \ \cdots \tag{A.49}$$

が成り立つということだから、$\mathbf{MP}$ は

$$\mathbf{M}\begin{pmatrix} v_1^{(1)} & v_1^{(2)} & v_1^{(3)} & \cdots \\ v_2^{(1)} & v_2^{(2)} & v_2^{(3)} & \cdots \\ v_3^{(1)} & v_3^{(2)} & v_3^{(3)} & \cdots \\ \vdots & \vdots & \vdots & \end{pmatrix} = \begin{pmatrix} \lambda_1 v_1^{(1)} & \lambda_2 v_1^{(2)} & \lambda_3 v_1^{(3)} & \cdots \\ \lambda_1 v_2^{(1)} & \lambda_2 v_2^{(2)} & \lambda_3 v_2^{(3)} & \cdots \\ \lambda_1 v_3^{(1)} & \lambda_2 v_3^{(2)} & \lambda_3 v_3^{(3)} & \cdots \\ \vdots & \vdots & \vdots & \end{pmatrix} \tag{A.50}$$

であり、$\mathbf{P}^{-1}\mathbf{MP}$ は

$$\begin{pmatrix} w_1^{(1)} & w_2^{(1)} & w_3^{(1)} & \cdots \\ w_1^{(2)} & w_2^{(2)} & w_3^{(2)} & \cdots \\ w_1^{(3)} & w_2^{(3)} & w_3^{(3)} & \cdots \\ \vdots & \vdots & \vdots & \end{pmatrix} \begin{pmatrix} \lambda_1 v_1^{(1)} & \lambda_2 v_1^{(2)} & \lambda_3 v_1^{(3)} & \cdots \\ \lambda_1 v_2^{(1)} & \lambda_2 v_2^{(2)} & \lambda_3 v_2^{(3)} & \cdots \\ \lambda_1 v_3^{(1)} & \lambda_2 v_3^{(2)} & \lambda_3 v_3^{(3)} & \cdots \\ \vdots & \vdots & \vdots & \end{pmatrix} = \begin{pmatrix} \lambda_1 & 0 & 0 & \cdots \\ 0 & \lambda_2 & 0 & \cdots \\ 0 & 0 & \lambda_3 & \cdots \\ \vdots & \vdots & \vdots & \end{pmatrix} \tag{A.51}$$

となって、対角化される。

つまり、$\mathbf{P}$ という行列とその逆行列ではさむことで、行列が対角行列に変化する。これは、「座標変換を行って、固有ベクトルの方向を新しい座標にした」ということと同じである。

この行列による対角化を、直交行列 $\mathbf{T}$ とその逆行列である $\mathbf{T}^{-1} = \mathbf{T}^t$ を使って($\mathbf{T}^t \mathbf{M T}$ のように)やる場合、「**直交変換**」と呼ぶ。対称行列ならばかならず直交変換で対角化できることが知られている。

付録 B

偏微分に関係するテクニック

B.1 多変数の関数の微分

B.1.1 偏微分

常微分(単に「微分」と言った時は常微分を指すことが多い)は、

$$\frac{\mathrm{d}f(x)}{\mathrm{d}x} = \lim_{\Delta x \to 0} \frac{f(x+\Delta x) - f(x)}{\Delta x} \tag{B.1}$$

がその定義である。これは1変数の関数、すなわち「ある量 x を決めるとそれに応じてもう一つの量 $f(x)$ が決まる。」という対応関係がある時に、x と $f(x)$ の変化量が

> x を Δx だけ変化させると、$f(x)$ の方は $\dfrac{\mathrm{d}f(x)}{\mathrm{d}x}\Delta x + \mathcal{O}((\Delta x)^2)$ だけ変化する。

という対応関係を持つことを意味している。

偏微分は1変数ではなく多変数関数、すなわち、

> ある N 個の量 $x_1, x_2, x_3, \cdots, x_N$ の組合せ全てを決めるとそれに応じてもう一つの量 $f(x_1, x_2, x_3, \cdots, x_N)$ が決まる。

という関係に対して

―― 偏微分の定義 ――

$$\frac{\partial f(x_1, x_2, \cdots, x_N)}{\partial x_1} = \lim_{\Delta x \to 0} \frac{f(x_1 + \Delta x, x_2, \cdots, x_N) - f(x_1, x_2, \cdots, x_N)}{\Delta x} \tag{B.2}$$

と定義する。

つまり、「x_1 で偏微分する」とは、$x_2, x_3, \cdots, x_N$ は変えずに x_1 だけを変化させた時

の $f(x_1, x_2, x_3, \cdots, x_N)$ の変化の割合を求める[†1]。x_1 以外の他の変数に対しても、同様に

$$\frac{\partial f(x_1, x_2, \cdots, x_N)}{\partial x_2} = \lim_{\Delta x \to 0} \frac{f(x_1, x_2 + \Delta x, \cdots, x_N) - f(x_1, x_2, \cdots, x_N)}{\Delta x} \quad \text{(B.3)}$$

のように定義する。

ここで、x_m で偏微分する時は x_m 以外の $x_1, x_2, \cdots, x_{m-1}, x_{m+1}, \cdots, x_N$ は動かさないルールで微分が行われているわけだが、動かさない変数を強調したい時は、

$$\left. \frac{\partial f(x_1, x_2, \cdots, x_N)}{\partial x_m} \right|_{x_1, x_2, \cdots, x_{m-1}, x_{m+1}, \cdots, x_N} \quad \text{(B.4)}$$

のように、| のように縦線を引いて下付きで「変化させてない変数のリスト」をつける。本書では、$x_1, x_2, \cdots, x_{m-1}, x_{m+1}, \cdots, x_N$、つまり「$x_m$ 以外の全ての x」を $\{x_{\overline{m}}\}$ と表記することにしている。

今考えている計算の中で変数の変換などを行わないならば、わざわざ宣言しなくても推論できるので、この縦線をつけることはせず、「暗黙の了解」として、今変化させている変数以外は変化させないことにする。

二階微分可能な関数 $f(x,y)$ の微分において、

$$\left. \frac{\partial \left(\left. \frac{\partial f(x,y)}{\partial y} \right|_x \right)}{\partial x} \right|_y = \left. \frac{\partial \left(\left. \frac{\partial f(x,y)}{\partial x} \right|_y \right)}{\partial y} \right|_x \quad \text{(B.5)}$$

は成立する。つまり「x で偏微分してから y で偏微分」と「y で偏微分してから x で偏微分」との結果は等しい。それぞれに一階微分を図の ± のマークのついた矢印（矢印の先での値から矢印の根本での値を引く）で表現すれば右の図のようになっている。右辺を定義に戻って書けば

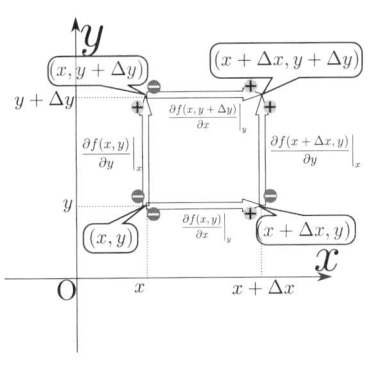

$$\lim_{\Delta y \to 0} \left(\frac{\lim_{\Delta x \to 0} \frac{f(x+\Delta x, y+\Delta y) - f(x, y+\Delta y)}{\Delta x} - \lim_{\Delta x \to 0} \frac{f(x+\Delta x, y) - f(x,y)}{\Delta x}}{\Delta y} \right)$$
$$= \lim_{\substack{\Delta x \to 0 \\ \Delta y \to 0}} \frac{f(x+\Delta x, y+\Delta y) - f(x, y+\Delta y) - f(x+\Delta x, y) + f(x,y)}{\Delta x \Delta y}$$

(B.6)

であり、この式の x と y の立場を入れ替えたものが左辺だと思えばよい。しかしよく見るとこの式は $x \leftrightarrow y$ の入替えで対称である。つまり偏微分は、「x を一定にして y で微分」と「y を一定にして x で微分」は順序を交換してもよい。

[†1] 記号 ∂ は「でる」と読んだり「らうんどでぃー」（「丸い d」という意味）と読んだりする。

B.1.2 全微分と変数変換

1変数の微分（常微分）は $f(x+dx) = f + \dfrac{df}{dx}dx$（$x$ を dx 変化させた時の f の変化の割合が微係数 $\dfrac{df}{dx}$）という表現もできるが、多変数の場合も同様に

$$f(x+dx, y+dy, z+dz) = f(x,y,z) + \underbrace{\frac{\partial f}{\partial x}dx + \frac{\partial f}{\partial y}dy + \frac{\partial f}{\partial z}dz}_{df} \tag{B.7}$$

という表現ができる。これは x, y, z という3つの変数を dx, dy, dz ずつ変化させた時の変化の様子を表現している。後ろの df を「**全微分**」と呼ぶ。全微分のうち、x に関する部分を取り出した $\dfrac{\partial f}{\partial x}$ が「**偏微分**」だというわけである[†2]。

一般的に、ある関数 $F(x,y)$ があったとして、この変数 x を使うのをやめて、$X(x,y)$ を使って表現することにしたとする。つまり、$\tilde{F}(X,y) = F(x(X,y), y)$ のように書き直したとする。F と $\tilde{F}$ は値としては同じ量であるが、何で表現しているかが違う[†3]。F の全微分は

$$dF = \left.\frac{\partial F(x,y)}{\partial x}\right|_y dx + \left.\frac{\partial F(x,y)}{\partial y}\right|_x dy \tag{B.8}$$

$$d\tilde{F} = \left.\frac{\partial \tilde{F}(X,y)}{\partial X}\right|_y dX + \left.\frac{\partial \tilde{F}(X,y)}{\partial y}\right|_X dy \tag{B.9}$$

の二種の書き方ができる。一方

$$dX = \left.\frac{\partial X(x,y)}{\partial x}\right|_y dx + \left.\frac{\partial X(x,y)}{\partial y}\right|_x dy \tag{B.10}$$

なので、

$$d\tilde{F} = \left.\frac{\partial \tilde{F}(X,y)}{\partial X}\right|_y \overbrace{\left(\left.\frac{\partial X(x,y)}{\partial x}\right|_y dx + \left.\frac{\partial X(x,y)}{\partial y}\right|_x dy\right)}^{dX} + \left.\frac{\partial \tilde{F}(X,y)}{\partial y}\right|_X dy \tag{B.11}$$

と書き直すことで、

--- 2変数のうち片方だけを書き換えた場合の偏微分の変換 ---

$$\left.\frac{\partial F(x,y)}{\partial x}\right|_y = \left.\frac{\partial \tilde{F}(X,y)}{\partial X}\right|_y \left.\frac{\partial X(x,y)}{\partial x}\right|_y \tag{B.12}$$

$$\left.\frac{\partial F(x,y)}{\partial y}\right|_x = \left.\frac{\partial \tilde{F}(X,y)}{\partial X}\right|_y \left.\frac{\partial X(x,y)}{\partial y}\right|_x + \left.\frac{\partial \tilde{F}(X,y)}{\partial y}\right|_X \tag{B.13}$$

という関係を見つけることができる。

[†2] 全微分は dx, dy, dz を後で選ぶことで「どの方向の微分か」を決めることができる、「全方向に対応した微分」だと言える。

[†3] こういう場合、文字を変えずにどちらも F で表現することも多い。p116の「**念のため注意**」参照。

B.1 多変数の関数の微分

ここで、「y はそのままで x の方を変えているから、y 微分は変わらないだろう」と考え間違いをしないよう、気をつけよう（むしろ y 微分の方が大きく変化している）。

さらに y の方も $Y(x,y)$ として、$\tilde{F}(X,Y) = F(x(X,Y), y(X,Y))$ のように書き換える場合は、以下の公式を使う。

― 2変数の両方を書き換えた場合の偏微分の変換 ―

$$\left.\frac{\partial F(x,y)}{\partial x}\right|_y = \left.\frac{\partial \tilde{F}(X,Y)}{\partial X}\right|_Y \left.\frac{\partial X(x,y)}{\partial x}\right|_y + \left.\frac{\partial \tilde{F}(X,Y)}{\partial Y}\right|_X \left.\frac{\partial Y(x,y)}{\partial x}\right|_y$$

$$\left.\frac{\partial F(x,y)}{\partial y}\right|_x = \left.\frac{\partial \tilde{F}(X,Y)}{\partial X}\right|_Y \left.\frac{\partial X(x,y)}{\partial y}\right|_x + \left.\frac{\partial \tilde{F}(X,Y)}{\partial Y}\right|_X \left.\frac{\partial Y(x,y)}{\partial y}\right|_x \quad (B.14)$$

(B.13)で上げた例に限らず、変数変換を行う時に、「何を変化しないようにして微分しているか」という点をおろそかにすると痛い計算間違いをする。たとえば
→ p320

$$x = r\cos\theta, \quad y = r\sin\theta \quad (B.15)$$

という、2次元の直交座標と極座標の変換を考えよう。変数を r, θ だと考えているのであれば、$\dfrac{\partial}{\partial r}$ という微分は「θ を一定にして r で微分する」という意味であるから、

$$\frac{\partial x}{\partial r} = \cos\theta \quad (B.16)$$

である。では、この式の「逆数のように見える式」である $\dfrac{\partial r}{\partial x}$ はどうか。

―――― うっかり者の予想 ――――

$\dfrac{\partial x}{\partial r} = \cos\theta$ だから、$\dfrac{\partial r}{\partial x}$ はその逆数で、$\dfrac{1}{\cos\theta}$ だ！

という間違いをしないようにしよう。$\dfrac{\partial r}{\partial x}$ の微分である $\dfrac{\partial}{\partial x}$ は直交座標での計算だから、「y を一定として x で微分する」という意味であり、$\dfrac{\partial}{\partial r}$ とは条件の違う微分である。正しく計算するには、まず $r = \sqrt{x^2+y^2}$ と書いておいて、これを x で微分する。その時に「y を一定として」微分する。結果は

$$\frac{\partial\sqrt{x^2+y^2}}{\partial x} = \underbrace{\left.\frac{\partial\sqrt{x^2+y^2}}{\partial(x^2)}\right|_y}_{\frac{1}{2}\frac{1}{\sqrt{x^2+y^2}}} \underbrace{\frac{\mathrm{d}(x^2)}{\mathrm{d}x}}_{2x} = \frac{x}{\sqrt{x^2+y^2}} = \frac{x}{r} = \cos\theta \quad (B.17)$$

となる（正しい結果はうっかり者の予想とは全く逆である）。省略をせずに「何を一定としたか」を書いておくと、

$$\left.\frac{\partial x}{\partial r}\right|_\theta = \cos\theta, \quad \left.\frac{\partial r}{\partial x}\right|_y = \cos\theta \quad (B.18)$$

である。「暗黙の了解」は楽であるが、うっかりとその意味を忘れると失敗するので注意しよう。

特に解析力学では独立変数の取替えを行うことが多いので、この「何を一定として偏微分しているかによる計算結果の違い」に注意する必要がある（注意を怠ると失敗する例を、たとえば5.1.4節で示した）。
→ p118

【FAQ】では、何を一定にするかを揃えておけば逆数でいいのですか？
....

その通りである。確認してみよう。(B.18)の r 微分を、$\left.\dfrac{\partial x}{\partial r}\right|_y$ のように y を一定とする。$r^2 = x^2 + y^2$ から $x = \pm\sqrt{r^2 - y^2}$ なので、
→ p321

$$\left.\frac{\partial x}{\partial r}\right|_y = \pm\frac{\partial \sqrt{r^2 - y^2}}{\partial r} = \pm\frac{r}{\sqrt{r^2 - y^2}} = \frac{r}{x} = \frac{1}{\cos\theta} \tag{B.19}$$

となって、確かにこれは $\left.\dfrac{\partial r}{\partial x}\right|_y$ の逆数である。

なお、ここで行った計算は

$$\begin{pmatrix} dx \\ dy \end{pmatrix} = \begin{pmatrix} \cos\theta & -r\sin\theta \\ \sin\theta & r\cos\theta \end{pmatrix} \begin{pmatrix} dr \\ d\theta \end{pmatrix} \to \begin{pmatrix} dr \\ d\theta \end{pmatrix} = \begin{pmatrix} \cos\theta & \sin\theta \\ -\dfrac{1}{r}\sin\theta & \dfrac{1}{r}\cos\theta \end{pmatrix} \begin{pmatrix} dx \\ dy \end{pmatrix} \tag{B.20}$$

のように逆行列を使って考えるのが楽である。

x, y, z の3つの変数が一つの関係を満足している時の偏微分の計算方法として、

$$\left.\frac{\partial x}{\partial y}\right|_z \left.\frac{\partial y}{\partial x}\right|_z = 1 \tag{B.21}$$

のように一定とするものが同じ z である時は常微分と同様に $\left.\dfrac{\partial x}{\partial y}\right.$ は $\left.\dfrac{\partial y}{\partial x}\right.$ の逆数であると計算してよい（記号的操作として、∂x や ∂y を「約分」してもよい）が、固定する量が違う時には、

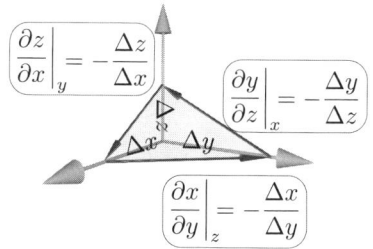

─────── 3変数の偏微分の関係 ───────

$$\left.\frac{\partial x}{\partial y}\right|_z \left.\frac{\partial y}{\partial z}\right|_x \left.\frac{\partial z}{\partial x}\right|_y = -1 \tag{B.22}$$

のように「約分」したものとは符号がずれることにも注意しよう。このマイナス符号の理由は上のような図を書いて考えると、掛け算される3つの量には必ず奇数個のマイナスが入ることを考えるとわかる（常微分の場合、マイナスは偶数個である）。

B.2 体積積分とヤコビアン

B.2.1 面積積分

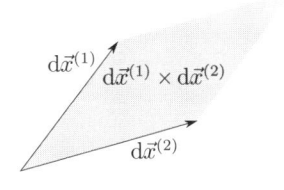

この節では一般の次元の体積積分について考えたいのだが、ここではまず2次元の体積積分、すなわち面積積分から考えよう。2次元の面積要素は、二つの微小ベクトルを使って $\mathrm{d}\vec{x}^{(1)} \times \mathrm{d}\vec{x}^{(2)}$ と書くことができる（今2次元のみを考えているので、外積はスカラーである）。

記号を整理しておくと、単に $\mathrm{d}\vec{x}$ と書いた時、$\mathrm{d}\vec{x}$ は「向きを指定せず、微小な変位を表現するベクトル」である。$\mathrm{d}\vec{x}^{(1)}$ のように指定がつくと、特定の方向を向いたベクトルである。たとえば直交座標であれば $\mathrm{d}\vec{x}^{(1)} = \mathrm{d}x\,\vec{e}_x, \mathrm{d}\vec{x}^{(2)} = \mathrm{d}y\,\vec{e}_y$ のように具体的に指定することで、それぞれ x,y 方向が指定される。このように指定した場合の $\mathrm{d}\vec{x}^{(1)} \times \mathrm{d}\vec{x}^{(2)}$ は $\mathrm{d}x\,\mathrm{d}y$ となる。

2次元極座標では「r方向」と向きを指定した $\mathrm{d}r\,\vec{e}_r$ と「θ方向」と向きを指定した $r\,\mathrm{d}\theta\,\vec{e}_\theta$ の外積をとって $r\,\mathrm{d}r\,\mathrm{d}\theta$ となる。つまり面積要素としては $\mathrm{d}x\,\mathrm{d}y$ をとっても $r\,\mathrm{d}r\,\mathrm{d}\theta$ をとってもよい（積分の仕方で変わる）。ただこれを単純に $\mathrm{d}x\,\mathrm{d}y = r\,\mathrm{d}r\,\mathrm{d}\theta$ という式だと解釈すると失敗する。というのは、$x = r\cos\theta$ と $y = r\sin\theta$ を微分してできる式

$$\mathrm{d}x = \mathrm{d}r\cos\theta - r\,\mathrm{d}\theta\sin\theta, \quad \mathrm{d}y = \mathrm{d}r\sin\theta + r\,\mathrm{d}\theta\cos\theta \tag{B.23}$$

を単純に $\mathrm{d}x\,\mathrm{d}y$ に代入したので $r\,\mathrm{d}r\,\mathrm{d}\theta$ にはならない[†4]。

正しい面積要素の変換を行うには、まず一般的な（向きを指定していない）変位ベクトル $\mathrm{d}\vec{x} = \mathrm{d}x\,\vec{e}_x + \mathrm{d}y\,\vec{e}_y$ を考える。この式に (B.23) を代入すると

$$\mathrm{d}\vec{x} = (\mathrm{d}r\cos\theta - r\,\mathrm{d}\theta\sin\theta)\vec{e}_x + (\mathrm{d}r\sin\theta + r\,\mathrm{d}\theta\cos\theta)\vec{e}_y \tag{B.24}$$

を得る。この一般の方向を向いたベクトル $\mathrm{d}\vec{x}$（$\mathrm{d}x, \mathrm{d}y$ を選択することで特定の方向を向く）を、r方向に向かせるためには（$\mathrm{d}\theta$ を0にして）$\mathrm{d}r$ に比例する部分を取り出す。同じく、θ方向に向かせるためには（$\mathrm{d}r$ を0にして）$\mathrm{d}\theta$ に比例する部分を取り出す。これら二つのベクトルの外積を取る。

$$\begin{aligned}
&\underbrace{(\mathrm{d}r\cos\theta\,\vec{e}_x + \mathrm{d}r\sin\theta\,\vec{e}_y)}_{(B.24)\text{の}\mathrm{d}r\text{に比例する部分}} \times \underbrace{(-r\,\mathrm{d}\theta\sin\theta\,\vec{e}_x + r\,\mathrm{d}\theta\cos\theta\,\vec{e}_y)}_{(B.24)\text{の}\mathrm{d}\theta\text{に比例する部分}} \\
&= \mathrm{d}r\cos\theta\,\vec{e}_x \times r\,\mathrm{d}\theta\cos\theta\,\vec{e}_y - \mathrm{d}r\sin\theta\,\vec{e}_y \times r\,\mathrm{d}\theta\sin\theta\,\vec{e}_x \\
&= \mathrm{d}r\,r\,\mathrm{d}\theta\,(\cos^2\theta + \sin^2\theta) = r\,\mathrm{d}r\,\mathrm{d}\theta
\end{aligned} \tag{B.25}$$

となる（今2次元で考えているので、$\vec{e}_x \times \vec{e}_y = 1, \vec{e}_y \times \vec{e}_x = -1$ である。3次元の時は結果もベクトルとなる）。ここでやっている計算は $\mathrm{d}r\,\vec{e}_r \times r\,\mathrm{d}\theta\,\vec{e}_\theta$ と同じである。

積分の変換を略記して、$\mathrm{d}x\,\mathrm{d}y = r\,\mathrm{d}r\,\mathrm{d}\theta$ のように書くことがよくあるが、これは

$$(\mathrm{d}\vec{x}\,\text{の}\,x\,\text{方向}) \times (\mathrm{d}\vec{x}\,\text{の}\,y\,\text{方向}) = (\mathrm{d}\vec{x}\,\text{の}\,r\,\text{方向}) \times (\mathrm{d}\vec{x}\,\text{の}\,\theta\,\text{方向}) \tag{B.26}$$

[†4] $\mathrm{d}r^2$ や $\mathrm{d}\theta^2$ が消えなくて困るだろうし、$r\,\mathrm{d}r\,\mathrm{d}\theta$ の部分も符号が狂う。

という「外積の計算」の結果なのだと解釈すべきである[†5]。

一般的に (x, y) から (X, Y) へと座標変換を行った時、

$$\mathrm{d}\vec{x} = \underbrace{\left(\frac{\partial x}{\partial X}\mathrm{d}X + \frac{\partial x}{\partial Y}\mathrm{d}Y\right)}_{\mathrm{d}x}\vec{\mathbf{e}}_x + \underbrace{\left(\frac{\partial y}{\partial X}\mathrm{d}X + \frac{\partial y}{\partial Y}\mathrm{d}Y\right)}_{\mathrm{d}y}\vec{\mathbf{e}}_y \tag{B.27}$$

が成り立つから、$(\mathrm{d}\vec{x}\,\text{の}\,X\,\text{方向}) \times (\mathrm{d}\vec{x}\,\text{の}\,Y\,\text{方向})$ を計算すれば面積要素が

$$\left(\frac{\partial x}{\partial X}\frac{\partial y}{\partial Y} - \frac{\partial x}{\partial Y}\frac{\partial y}{\partial X}\right)\mathrm{d}X\,\mathrm{d}Y \tag{B.28}$$

であることが導かれる。ここで出てきた量を (x, y) から (X, Y) へという変数変換における「ヤコビアン (**Jacobian**)」

---- ヤコビアン ----

$$\frac{\partial x}{\partial X}\frac{\partial y}{\partial Y} - \frac{\partial x}{\partial Y}\frac{\partial y}{\partial X} = \underbrace{\det\begin{pmatrix}\dfrac{\partial x}{\partial X} & \dfrac{\partial x}{\partial Y} \\ \dfrac{\partial y}{\partial X} & \dfrac{\partial y}{\partial Y}\end{pmatrix}}_{\text{これらの記号はどちらも行列式を表す。}} = \begin{vmatrix}\dfrac{\partial x}{\partial X} & \dfrac{\partial x}{\partial Y} \\ \dfrac{\partial y}{\partial X} & \dfrac{\partial y}{\partial Y}\end{vmatrix} \tag{B.29}$$

と名付ける。$\mathrm{d}x\,\vec{\mathbf{e}}_x$ と $\mathrm{d}y\,\vec{\mathbf{e}}_y$ の作る面積の $\mathrm{d}x\mathrm{d}y$ の前の係数と、$\mathrm{d}X\,\vec{\mathbf{e}}_X$ と $\mathrm{d}Y\,\vec{\mathbf{e}}_Y$ の作る面積の $\mathrm{d}X\mathrm{d}Y$ の前の係数の比である。ただし、マイナスになることもある。マイナスになるのは、$\vec{\mathbf{e}}_x \to \vec{\mathbf{e}}_y$ の回転と $\vec{\mathbf{e}}_X \to \vec{\mathbf{e}}_Y$ の回転が逆回転になった時である。

B.2.2 体積積分

面積を作るには二つの外積であったが、体積を作るには3つのベクトルで

$$\mathrm{d}\vec{x}^{(1)} \cdot (\mathrm{d}\vec{x}^{(2)} \times \mathrm{d}\vec{x}^{(3)}) = \mathrm{d}\vec{x}^{(2)} \cdot (\mathrm{d}\vec{x}^{(3)} \times \mathrm{d}\vec{x}^{(1)}) = \mathrm{d}\vec{x}^{(3)} \cdot (\mathrm{d}\vec{x}^{(1)} \times \mathrm{d}\vec{x}^{(2)}) \tag{B.30}$$

のような積を作る。$\mathrm{d}\vec{x}^{(1)} = \mathrm{d}x\,\vec{\mathbf{e}}_x, \mathrm{d}\vec{x}^{(2)} = \mathrm{d}y\,\vec{\mathbf{e}}_y, \mathrm{d}\vec{x}^{(3)} = \mathrm{d}z\,\vec{\mathbf{e}}_z$ の場合ならこれは $\mathrm{d}x\,\mathrm{d}y\,\mathrm{d}z$ というおなじみの体積積分要素になるし、極座標であれば $\mathrm{d}\vec{x}^{(1)} = \mathrm{d}r\,\vec{\mathbf{e}}_r, \mathrm{d}\vec{x}^{(2)} = r\mathrm{d}\theta\,\vec{\mathbf{e}}_\theta, \mathrm{d}\vec{x}^{(3)} = r\sin\theta\,\mathrm{d}\phi\,\vec{\mathbf{e}}_\phi$ によって $r^2\sin\theta\,\mathrm{d}r\,\mathrm{d}\theta\,\mathrm{d}\phi$ が作られる。

体積を作る計算はレヴィ・チビタの記号を使うと、
→ p336

$$\mathrm{d}\vec{x}^{(1)} \cdot (\mathrm{d}\vec{x}^{(2)} \times \mathrm{d}\vec{x}^{(3)}) = \sum_{i,j,k}\epsilon_{ijk}\mathrm{d}x_i^{(1)}\mathrm{d}x_j^{(2)}\mathrm{d}x_k^{(3)} \tag{B.31}$$

[†5] この $\mathrm{d}\vec{x}$ の x 方向を単に $\mathrm{d}x$（以下同様に $\mathrm{d}y$ や $\mathrm{d}r$ や $r\mathrm{d}\theta$ も）と書いて、d(なんとか) という表記は全てこのようなベクトルを表しているものとする表記方法もある。その表記方法では、$\mathrm{d}x\,\mathrm{d}y$ のような掛算が現れたら暗黙のうちに外積になっていると考えることにしている（その表記方法をとっているなら、$\mathrm{d}x\,\mathrm{d}y = r\mathrm{d}r\,\mathrm{d}\theta$ は正しい）。簡便でよいのだが、本書では採用してない。

と書くことができる。これはこの3つのベクトルが $\mathrm{d}\vec{x}^{(i)} = \mathrm{d}x^{(i)}\vec{\mathbf{e}}_{[i]}$ のように単位ベクトルとの積で表現されている場合である。$\vec{\mathbf{e}}_{[1]}, \vec{\mathbf{e}}_{[2]}, \vec{\mathbf{e}}_{[3]}$ は独立な直交する単位ベクトルの組になっていればよい。

これをさらに拡張して「N 次元の体積」を考えるときは N 次元のレヴィ・チビタ記号を持ってきて、

$$\sum_{i_1, i_2, \cdots, i_N} \epsilon_{i_1 i_2 \cdots i_N} \mathrm{d}x_{i_1}^{(1)} \mathrm{d}x_{i_2}^{(2)} \cdots \mathrm{d}x_{i_N}^{(N)} \tag{B.32}$$

のように考えることにする。この体積要素の式は行列式 det の式と同じものである。
→ p312 の (A.38)

B.3 ラグランジュ未定乗数の方法の意味

本書のいくつかの場面で使うラグランジュ未定乗数について、ここでまとめつつ、なぜこの方法でうまく拘束条件がある時の変分を考えることができるのかを示そう。

$x_i (i = 1, 2, \cdots, N)$ という多変数の関数 $f(x_1, x_2, \cdots, x_N)$ があったとする。いちいち $x_1, x_2, \cdots, x_N$ と書くのはたいへんなので、$\{x_*\}$ のように略記する（33ページの囲みを参照）。それぞれの x_i が独立であれば、この $f(\{x_*\})$ が極値を持つ条件は以下のようにして求められる。

それぞれの x_i が Δx_i ずつ変化した時、$f(\{x_*\})$ の変化量は

$$\frac{\partial f(\{x_*\})}{\partial x_1}\Delta x_1 + \frac{\partial f(\{x_*\})}{\partial x_2}\Delta x_2 + \cdots + \frac{\partial f(\{x_*\})}{\partial x_N}\Delta x_N = \sum_{i=1}^{N}\frac{\partial f(\{x_*\})}{\partial x_i}\Delta x_i \tag{B.33}$$

と表せる。それぞれの x_i が独立に変化できるのであれば、各々の Δx_i の係数である $\dfrac{\partial f(\{x_*\})}{\partial x_i}$ が 0 であればよい。すなわち

$$\frac{\partial f(\{x_*\})}{\partial x_i} = 0 \tag{B.34}$$

が停留条件である。しかし、ここで x_* の間に M 個の拘束条件

$$G_j(\{x_*\}) = 0 \quad (j = 1, 2, \cdots, M) \tag{B.35}$$

があったとする。$M < N$ でなくてはならない（でないと全く自由度がなくなる）。拘束条件があるということは各々の x_i を勝手に動かすことはできず、その変化量 Δx_i の間に

$$\sum_{i=1}^{N}\frac{\partial G_j(\{x_*\})}{\partial x_i}\Delta x_i = 0 \quad (j = 1, 2, \cdots, M) \tag{B.36}$$

のような関係式があるということである。

そのような場合何が変わるかというと、変化量 $\Delta f(\{x_*\}) = \sum_{i=1}^{N}\dfrac{\partial f(\{x_*\})}{\partial x_i}\Delta x_i$ が 0

になる条件が、$\frac{\partial f(\{x_*\})}{\partial x_i} = 0$ とは限らなくなる[†6]。簡単な一次式の場合に話を落として説明すると、

$$Ax + By + Cz = 0 \tag{B.37}$$

だから $A = B = C = 0$ と言えるのは、x, y, z が独立な場合に限る。

たとえば、「$x = y$ という拘束がある」場合なら、この式は実は $(A+B)x + Cz = 0$ なのだから、$A + B = 0$ と $C = 0$ という二つの式が導かれる。導かれる式の数が $3 \to 2$ と、拘束の数だけ減った。

あるいは「$x = y = z$ という拘束がある（これは $x = y, y = z$ と二つの条件がついた）」場合なら、$A + B + C = 0$ という一つの式しか導けない（2個の拘束により導かれる式が $3 \to 1$ と2個減った）。

Δx_i が独立でないために、i によらない任意の量 $\lambda(\{x_*\})$ を持ってきて、

$$\frac{\partial f(\{x_*\})}{\partial x_i} = \lambda(\{x_*\}) \frac{\partial G_j(\{x_*\})}{\partial x_i} \tag{B.38}$$

となる場合を考えても、$\Delta f(\{x_*\})$ は

$$\Delta f(\{x_*\}) = \sum_{i=1}^{N} \lambda(\{x_*\}) \frac{\partial G_j(\{x_*\})}{\partial x_i} \Delta x_i = \lambda(\{x_*\}) \times \underbrace{\sum_{i=1}^{N} \frac{\partial G_j(\{x_*\})}{\partial x_i} \Delta x_i}_{=0} = 0 \tag{B.39}$$

になってしまう。この $\lambda(\{x_*\})$ は $G_j(\{x_*\})(j = 1, 2, \cdots, M)$ のそれぞれに対して

$$\frac{\partial f(\{x_*\})}{\partial x_i} = \lambda_1(\{x_*\}) \frac{\partial G_1(\{x_*\})}{\partial x_i} + \lambda_2(\{x_*\}) \frac{\partial G_2(\{x_*\})}{\partial x_i} + \cdots \tag{B.40}$$

のように一つずつ別にあったとしても $\sum_i \frac{\partial f(\{x_*\})}{\partial x_i} \Delta x_i = 0$ は満たされる。よって、

$$\frac{\partial f(\{x_*\})}{\partial x_i} = \sum_{j=1}^{M} \lambda_j(\{x_*\}) \frac{\partial G_j(\{x_*\})}{\partial x_i} \tag{B.41}$$

であれば f は停留する。ここでこの式は

$$\frac{\partial}{\partial x_i} \left(f(\{x_*\}) - \sum_{j=1}^{M} \lambda_j(\{x_*\}) G_j(\{x_*\}) \right) = 0 \tag{B.42}$$

と書き換えることができる。つまり、「f の微分が0」ではなく「$f - \sum_{j=1}^{M} \lambda_j G_j$ の微分が0」になる条件を求めると、「$G_* = 0$ という条件の元での停留条件」を求めることができる。

[†6] 逆に、$\frac{\partial f(\{x_*\})}{\partial x_i} = 0$ が成り立てば $\Delta f = 0$ にはなる。

B.3 ラグランジュ未定乗数の方法の意味

【FAQ】 $\lambda_j(\{x_*\})$ が微分の中に入ってますが、いいんですか？

(B.41)(→p326)においては $\lambda_j \dfrac{\partial G_j}{\partial x_i}$ という形だったものが(B.42)(→p326)においては $\dfrac{\partial}{\partial x_i}\left(-\sum_{j=1}^{M}\lambda_j G_j\right)$ となっているので、λ_j も微分されてしまうのでは、と不安に思う人もいるかもしれない。しかし、λ_j の方を微分した結果は $-\sum_{j=1}^{M}\dfrac{\partial \lambda_j}{\partial x_i}G_j$ となるが、このあとの計算では $G_j=0$ と置いてしまうので、この項はあってもなくても関係ない。ただし、微分する前に $G_j=0$ とやってはいけない（それではラグランジュ未定乗数の方法を実行していないのと同じ）。

ここで、$\lambda_j(\{x_*\})$ という量の意味を**変更**し、最初からあった変数 $\{x_*\}$ と同等に「$\{x_*\}$ とは独立な量」として扱うことにする。この λ_j を「**ラグランジュ未定乗数**」(Lagrange multiplier) と呼ぶ[7]。

そうすると、「新しい変数 λ_j」に関して微分しても 0 になる条件：

$$\frac{\partial}{\partial \lambda_j}\left(f(\{x_*\}) - \sum_{k=1}^{M}\lambda_k G_k(\{x_*\})\right) = 0 \tag{B.43}$$

から $G_j = 0$ が「停留条件」の一つとして導かれる。λ_j は後にオイラーラグランジュ方程式を解いていく段階で $\{x_*\}$ の関数として計算される。

実際には N 個の変数に M 個の拘束がついていて $N-M$ 個しか自由度がないのだが、そこで x_i から M 個を消すという「拘束条件を解く」方向ではなく、新しく λ_j という変数（のようなもの）を導入して、逆にそれに対する停留条件が拘束を導くようにするのがこの方法の面白い（そして便利な）ところである。

以上から、

---— ラグランジュの未定乗数法 —

$f(\{x_*\})$ の、$G_j(\{x_*\}) = 0 \;\; (j=1,2,\cdots,M)$ という拘束条件のもとでの停留条件を求めたければ、拘束条件の数と同じだけ新しい変数（ラグランジュの未定乗数）λ_j を導入して、$f(\{x_*\}) - \sum_{j=1}^{M}\lambda_j G_j(\{x_*\})$ の停留条件を求めればよい。

という簡便な方法を見つけることができた。

---

[7]「みていじょうすう」と読むので「未定常数」と書き間違える人がたまにいるが、「常数」では「constant」という意味になってしまう。未定乗数は「multiplier」すなわち「掛算される量」なので、「乗数」である。そもそも λ は一定の数じゃない。

B.4 オイラー・ラグランジュ方程式

B.4.1 1変数の場合

ここでは一般的に、τというパラメータ[8]の関数$x(\tau)$とその微分$\dfrac{dx}{d\tau}(\tau)$を含む、

$$I = \int_{\tau_0}^{\tau_1} L\left(x(\tau), \frac{dx}{d\tau}(\tau)\right) d\tau \tag{B.44}$$

という積分を考えよう。$x(\tau) \to x(\tau) + \delta x(\tau)$という変分を行い、

$$I' = \int_{\tau_0}^{\tau_1} L\left(x(\tau) + \delta x(\tau), \frac{dx}{d\tau}(\tau) + \frac{d(\delta x(\tau))}{d\tau}\right) d\tau \tag{B.45}$$

とする。ただし、積分の両端であるτ_0とτ_1においては変化量$\delta x(\tau)$を0にする($\delta x(\tau_0) = 0, \delta x(\tau_1) = 0$)。

この変化による積分Iの変化は

$$\delta I = I' - I = \int_{\tau_0}^{\tau_1} \left(\frac{\partial L}{\partial x} \delta x(\tau) + \frac{\partial L}{\partial \left(\frac{dx}{d\tau}\right)} \frac{d(\delta x(\tau))}{d\tau}\right) d\tau \tag{B.46}$$

となり、これを部分積分することで、

$$\delta I = \int_{\tau_0}^{\tau_1} \left(\left(\frac{\partial L}{\partial x} - \frac{d}{d\tau}\left(\frac{\partial L}{\partial \left(\frac{dx}{d\tau}\right)}\right)\right) \delta x(\tau)\right) d\tau \tag{B.47}$$

となり、以下を得る。

--- オイラー・ラグランジュ方程式 ---

$$I = \int_{\tau_0}^{\tau_1} L\left(x(\tau), \frac{dx}{d\tau}(\tau)\right) d\tau \tag{B.48}$$

が、端点を固定した変分に対して停留値を取る条件は、

$$\frac{\partial L\left(x(\tau), \frac{dx}{d\tau}(\tau)\right)}{\partial x} - \frac{d}{d\tau}\left(\frac{\partial L\left(x(\tau), \frac{dx}{d\tau}(\tau)\right)}{\partial \left(\frac{dx}{d\tau}\right)}\right) = 0 \tag{B.49}$$

が成り立つことである。

(B.49)における二つの微分$\dfrac{\partial L}{\partial x}$と$\dfrac{\partial L}{\partial \left(\frac{dx}{d\tau}\right)}$は「あたかも$x(\tau)$と$\dfrac{dx}{d\tau}(\tau)$が独立な変数であるがごとく扱って計算」している。

なぜそれができるのか不思議な人は次のFAQを読むこと。

---

[8] このτは状況によってxが代入されたりtが代入されたりする。文字はなんでもよい。他で使ってない文字ということで、tの親戚筋であるτに登場してもらった。

B.4 オイラー・ラグランジュ方程式

【FAQ】 $x(\tau)$ と $\frac{dx}{d\tau}(\tau)$ は独立なのですか？

「$x(\tau)$ を全部決めてしまったら、$\frac{dx}{d\tau}(\tau)$ も全部決まってしまいませんか？――独立に動かしていいんですか？」と不安になる人がいる。確かに上では $\left.\frac{\partial L}{\partial x}\right|_{\frac{dx}{d\tau}}$ と、まるで「$\frac{dx}{d\tau}$ を固定して x を変化させた」かに思える表現を使った。

しかしここで実際にやっている計算は

$$\int L\left(x(\tau), \frac{dx}{d\tau}(\tau)\right) d\tau \to \int L\left(x(\tau)+\delta x(\tau), \frac{dx}{d\tau}(\tau) + \frac{d(\delta x(\tau))}{d\tau}\right) d\tau \tag{B.50}$$

という計算であって、$x(\tau)$ と $\frac{dx}{d\tau}(\tau)$ を勝手に動かしているわけではない。

やっている計算は常に、$\begin{cases} x(\tau) \text{ を } \delta x(\tau) \text{ 動かす。} \\ \frac{dx}{d\tau}(\tau) \text{ を } \frac{d}{d\tau}\delta x(\tau) \text{ 動かす。} \end{cases}$ を**同時に**やっている。その結果起こる変化を「x の変化による部分」と「$\frac{dx}{d\tau}$ の変化による部分」に分けて記述しているというだけのことである。

もし誰かうっかり屋さんが、

$$\int L\left(x(\tau), \frac{dx}{d\tau}(\tau)\right) d\tau \to \int L\left(x(\tau)+\delta x(\tau), \frac{dx}{d\tau}(\tau)\right) d\tau \tag{B.51}$$

のような計算をやって、いつまでも $\frac{dx}{d\tau}(\tau)$ の方を変える気配がなかったら「そこ、$\frac{dx}{d\tau}(\tau)$ は変化しないんですか？」と質問（詰問？）した方がいいだろう。

B.4.2 多変数の場合

変数が $x_1, x_2, \cdots, x_N$ のように N 個（各々の x_i は独立であるとする）ある場合は、各々の x_i に対して

$$\frac{\partial L\left(\{x_*\}, \{\frac{dx_*}{d\tau}\}\right)}{\partial x_i} - \frac{d}{d\tau}\left(\frac{\partial L\left(\{x_*\}, \{\frac{dx_*}{d\tau}\}\right)}{\partial\left(\frac{dx_i}{d\tau}\right)}\right) = 0 \tag{B.52}$$

が成立する。この場合の偏微分の意味は、$\dfrac{\partial}{\partial x_i}$ は「x_i 以外の $\{x_*\}$ と、すべての $\{\dfrac{\mathrm{d}x_*}{\mathrm{d}\tau}\}$ を変化させずに x_i だけが変化したとしたときの微分」、$\dfrac{\partial}{\partial\left(\dfrac{\mathrm{d}x_i}{\mathrm{d}\tau}\right)}$ は「$\dfrac{\mathrm{d}x_i}{\mathrm{d}\tau}$ 以外の $\{\dfrac{\mathrm{d}x_*}{\mathrm{d}\tau}\}$ と、すべての $\{x_*\}$ を変化させずに $\dfrac{\mathrm{d}x_i}{\mathrm{d}\tau}$ だけが変化したとしたときの微分」である。このことを明示したい時は、

$$\left.\frac{\partial}{\partial x_i}\right|_{\{x_{\overline{i}}\},\{\frac{\mathrm{d}x_*}{\mathrm{d}\tau}\}},\quad \left.\frac{\partial}{\partial\left(\frac{\mathrm{d}x_i}{\mathrm{d}\tau}\right)}\right|_{\{x_*\},\{\frac{\mathrm{d}x_{\overline{i}}}{\mathrm{d}\tau}\}} \tag{B.53}$$

のように書くことにする。$\{x_{\overline{i}}\}$ は $x_1, x_2, \cdots, x_{i-1}, x_{i+1}, \cdots, x_N$ すなわち「x_i 以外の全ての x_*」を意味する(上線を引いた $\overline{i}$ は「i 以外」を表現していると思って欲しい)。

B.5 ルジャンドル変換

物理において、「いくつかの変数 $x, y, \cdots$ を決めると、ある量 f がそれらに応じて決まる」という状況を考えることは非常に多い。本書は解析力学の本なので変数 $x, y, \cdots$ は座標であったり速度であったり運動量であったりするが、他にもたとえば熱力学では体積 V や温度 T のような変数を考える。いろんな状況を考えるとき、この変数の決め方を変えたくなる。特に「関数の独立変数を x から $\dfrac{\partial F}{\partial x}$ に変えたい」という状況がよくあるのだが、この変数の変換をうっかりとやると、その関数から得られる情報が失われてしまったり、変える前と変えた後で方程式の形が(意図せぬ形に)変化してしまったりする。そうならないように関数の形を調整しつつ独立変数を変える方法を「**ルジャンドル変換**(Legendre transformation)」と言う。

B.5.1 必要性——もしルジャンドル変換をしなかったら

「なぜこんなことをする必要があるんですか?」という質問がよく出る[†9]ので、ここで「失敗例」を書いておく。

1変数の例:情報が消える

a を定数として
$$f(x) = (x-a)^2 \tag{B.54}$$
という関数を考えよう。今は $x \to f$ という関数になっているわけだが、新しい変数として f の x による微分
$$p_x = \frac{\partial f}{\partial x} = 2(x-a) \tag{B.55}$$

[†9] こういう疑問を持つのは悪いことではない。むしろ「何のために必要か」ということを考えもせずに「本に書いてあるから自分もやろう」とやってしまう人の方が危険である。

を取りたいとする。逆に、$x - a = \dfrac{p_x}{2}$ である。p_x を変数として f を表現すると、

$$f = \frac{(p_x)^2}{4} \tag{B.56}$$

となる。結果は a によらない式になったが、ここで「簡単な式になった」と喜んではいけない。「a という情報を失ってしまった」と嘆くべき状況である。$x \to f$ という対応関係の中には a の情報があるが、$p_x \to f$ という対応関係の中には a がどこにも入っていない。つまり、「$p_x \to f$ という対応関係だけを知っている人」は「$x \to f$ という対応関係だけを知っている人」より情報が少ない[†10]。

(B.54)から (B.56)でなぜ情報が消えてしまったかを考えよう。右のグラフは $a = 1$ の場合と $a = 2$ の場合の $f = (x-a)^2$ を描いたものだ。$f = \dfrac{(p_x)^2}{4}$ という式は、このグラフの傾きである (p_x) と、関数 f の対応関係を見ているが、その対応関係は、a をずらしても（グラフを平行移動しても）変わりがない。たとえば、「$p_x = 0$ なら $f = 0$、$p_x = 1$ なら $f = \dfrac{1}{4}$」という関係は、$f = (x-a)^2$ でも $f = (x-a')^2$ でも同じである。ゆえに「$x \to f$ という関数関係」は「$p_x \to f$ という関数関係」に移行させることができない。必ず情報が失われる。そこで f ではない新しい関数 $\tilde{f}$ を作って、情報が正しく移行されるようにしなくてはいけない。

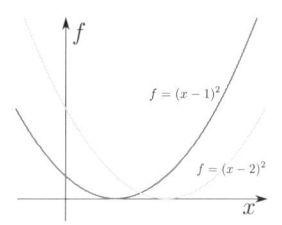

ではどんな $\tilde{f}$ を持ってくれば「$x \to f$ という関数関係」の持っている情報を全て「$p_x \to \tilde{f}$ という関数関係」に移行させることができるのか？——その答えがルジャンドル変換である。

次にもう一つの「失敗例」を述べよう。

2変数の例：変換しなかった変数の微分の答が変わる

二つの変数 x, y の関数 $f(x, y)$ を考えよう。

$$p_x = \left.\frac{\partial f(x,y)}{\partial x}\right|_y, \quad p_y = \left.\frac{\partial f(x,y)}{\partial y}\right|_x \tag{B.57}$$

のように新しい量 p_x, p_y を定義したとする。ここで「x, y を変数にするんじゃなくて、p_x, y を変数にして問題を解きたい」と考えたとしよう[†11]。そのために、$x = x(p_x, y)$ のように元々の変数 x を新しい変数 p_x と y の関数として表すことができたとしよう。

ここで単純に

$$F(p_x, y) = f(x(p_x, y), y) \tag{B.58}$$

[†10] たとえば $p_x = 2(x-a)$ という式を出せるのは、後者のみ。

[†11] たとえば5.1.4節の例では、p_x に対応する $h = \dfrac{\partial L}{\partial \dot{\theta}} = mr^2 \dot{\theta}$ が保存量だとわかったので、h を使った方が計算が楽になった。

と置いて、この関数を使っていろんなことを考えることにしたとしよう。

(B.58) は p_x, y が独立変数だと考えた式だが、これを x, y が独立変数だということを強調して書くと、

$$F(p_x(x,y), y) = f(x,y) \tag{B.59}$$

となる。問題は「$F(p_x, y)$ から p_y は求められるか？」ということである。p_y は「x を一定にして f を y で微分」することで得られる $\left(p_y = \left.\dfrac{\partial f}{\partial y}\right|_x\right)$。この「$x$ を一定にして y で微分」という操作を (B.59) の両辺に対して行うと、$F(p_x(x,y), y)$ には y が2箇所に入っていることが反映されて、

$$\underbrace{\left.\frac{\partial F(p_x(x,y),y)}{\partial p_x}\right|_y}_{\text{第1引数を微分}} \left.\frac{\partial p_x(x,y)}{\partial y}\right|_x + \underbrace{\left.\frac{\partial F(p_x(x,y),y)}{\partial y}\right|_{p_x}}_{\text{第2引数のみを微分}} = \left.\frac{\partial f(x,y)}{\partial y}\right|_x \tag{B.60}$$

となる。つまり、y で微分する時の左辺の F の中にある $p_x(x,y)$ の中の y も微分される分、左辺第2項 $\left.\dfrac{\partial F}{\partial y}\right|_{p_x}$ は、右辺 $\left.\dfrac{\partial f}{\partial y}\right|_x = p_y$ とは違うものになる。

二つの失敗例を述べたが、この二つは別々の問題ではない。第二の例も第一の例と同じく、同じ関数を使っていたのでは対応関係の情報が失われる（破壊される）ということを述べている。第一の例で a が消えたが、それを a を定数ではなく系を特徴づける変数の一つだったと思えば、x から p_x への変換において a という情報が失われたことになる。同様に、第二の問題では y で微分した結果どうなるか、という情報が破壊された。

B.5.2 ルジャンドル変換とは

この二つの問題に対する対応策を述べよう。

$$\tilde{f}(p_x) = f(x) - xp_x \tag{B.61}$$

で新しい関数を定義する。$f = (x-a)^2$ の場合の $\tilde{f}$ の意味をグラフで表現したのが右の図である。p_x はグラフの接線の傾きであり、$-xp_x$ という量はすなわち、接線を f 軸まで伸ばしていった時の f 座標の変化である。$a = 1$ における $\tilde{f}$ と $a = 2$ における $\tilde{f}$ は図に示したように違う位置にくる。こうして a の違いが $\tilde{f}$ の違いに反映する。

前節の例について実際に計算してみると、

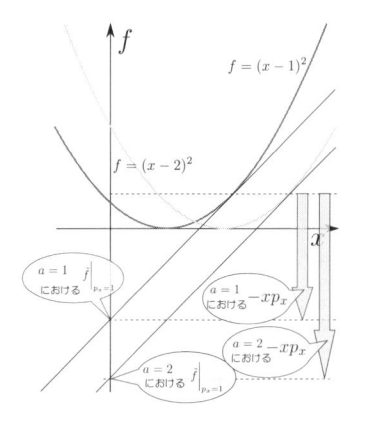

$$\tilde{f} = (x-a)^2 - xp_x = \frac{(p_x)^2}{4} - \left(\frac{(p_x)}{2} + a\right)p_x = -\frac{(p_x)^2}{4} - ap_x \tag{B.62}$$

となる。情報を失っていない変換なので「元に戻す」こともできる。

$$x = -\frac{\partial \tilde{f}}{\partial p_x} = \frac{p_x}{2} + a \tag{B.63}$$

で x を定義して $f = \tilde{f} + xp_x$ というのが逆変換である。

ここで x の定義と符号が逆になっているように見えるが、微分の形で書くと

$$\underbrace{\tilde{f}(p_x) = f(x) - x\frac{\partial f}{\partial x} \quad \left(p_x = \frac{\partial f}{\partial x}\right)}_{\text{ルジャンドル変換}}, \quad \underbrace{f(x) = \tilde{f}(p_x) - p_x\frac{\partial \tilde{f}}{\partial p_x} \quad \left(x = -\frac{\partial \tilde{f}}{\partial p_x}\right)}_{\text{逆ルジャンドル変換}}$$
(B.64)

と同じ形（$x \leftrightarrow p_x, f \leftrightarrow \tilde{f}$ と取り替えた形）になっている。すなわち、同じ形の変換を2回やると元に戻る。例の場合は

$$f = -\frac{(p_x)^2}{4} - ap_x + xp_x = -(x-a)^2 + (x-a) \times 2(x-a) = (x-a)^2 \quad \text{(B.65)}$$

で元に戻る。まとめると、以下のとおりとなる。

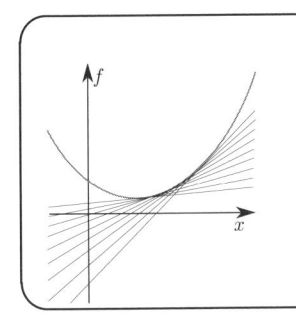

--- ルジャンドル変換 ---

関数 $f(x)$、すなわち $x \to f$ という対応関係の入力変数を x ではなく $p_x = \frac{\partial f}{\partial x}$ に変えたい時は

$$\tilde{f}(p_x) = f(x) - xp_x \quad \text{(B.66)}$$

と定義すると、元の対応関係が持っていた情報を失うことなく新しい対応関係 $p_x \to \tilde{f}$ を作ることができる。

上の枠内の図はある意味「危なくない状況」を選んで描いてあるが、目ざとい人ならば「同じ p_x に対して二つ以上 $\tilde{f}$ の値があったりしないのか？」という点が心配になるのではないかと思う（たとえば右のような状況では、$\tilde{f}$ が一つに決まらない）。こうならないためには、グラフは常に「凸関数」[†12] でなくてはならない。すなわち、$\frac{d^2 f}{dx^2} = \frac{dp}{dx}$ が符号を変えてはいけない。

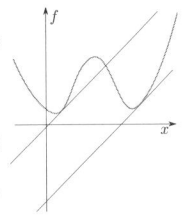

そのような関数であれば、p を決めれば x が決まり、ひいては f も $\tilde{f}$ も決まる。

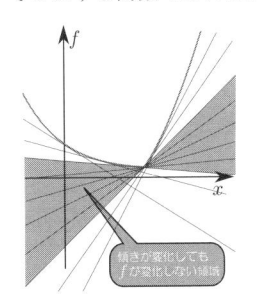

もう一つ問題になるのは区分的に凸関数であっても、微分が連続ではない場合である。その場合は変数 p_x すなわち傾きが変化しても f が変化しない領域ができる。

次に、2変数の例で説明しよう。$\tilde{f}(p_x, y) = f(x, y) - xp_x(x, y)$ という量を定義する。これを p_x と y の関数として両辺を表現すると、

$$\tilde{f}(p_x, y) = f(x(p_x, y), y) - x(p_x, y)p_x \quad \text{(B.67)}$$

これを p_x を一定にして y で微分すると、

[†12] グラフの状況は「凹関数」に近いが、この場合でも凸関数と呼ぶ。

$$\left.\frac{\partial \tilde{f}(p_x,y)}{\partial y}\right|_{p_x} = \left.\frac{\partial f}{\partial x}\right|_y \left.\frac{\partial x(p_x,y)}{\partial y}\right|_{p_x} + \left.\frac{\partial f}{\partial y}\right|_x - \left.\frac{\partial x(p_x,y)}{\partial y}\right|_{p_x} p_x \tag{B.68}$$

となるが、第1項の $\left.\frac{\partial f}{\partial x}\right|_y$ は p_x そのものだから、第1項と第3項は相殺して、

$$\left.\frac{\partial \tilde{f}(p_x,y)}{\partial y}\right|_{p_x} = \left.\frac{\partial f(x,y)}{\partial y}\right|_x \tag{B.69}$$

となる。つまり、$\tilde{f} = f - xp_x$ なる量に変更した事で「$f(x,y)$ の y による偏微分（当然、x は一定）」と「$\tilde{f}(p_x,y)$ の y による偏微分（こっちは p_x が一定）」が同じ量になる。

このようにして、「変数を変換したことで偏微分の"何を固定するか"という条件が変化するのに対応して、関数の方を変えて偏微分の答が変わらないようにする変換」を作ることができた。これも「ルジャンドル変換」の意義である。

なぜルジャンドル変換でうまく独立変数の変換ができるのかを全微分の式を書いて→ p320 示しておこう。ふたたび $f(x,y)$ を考える。x が $\mathrm{d}x$、y が $\mathrm{d}y$ 変化した時の f の変化量は

$$\mathrm{d}f = \frac{\partial f}{\partial x}\mathrm{d}x + \frac{\partial f}{\partial y}\mathrm{d}y \tag{B.70}$$

と書ける。一方、$\tilde{f} = f - p_x x$ の微分を考えると、

$$\mathrm{d}\tilde{f} = \underbrace{\frac{\partial f}{\partial x}\mathrm{d}x + \frac{\partial f}{\partial y}\mathrm{d}y}_{\mathrm{d}f} - \underbrace{(\mathrm{d}p_x\, x + p_x\, \mathrm{d}x)}_{\mathrm{d}(p_x x)} \tag{B.71}$$

となって、第1項と第4項がちょうど消えて、

$$\mathrm{d}\tilde{f} = \frac{\partial f}{\partial y}\mathrm{d}y - \mathrm{d}p_x\, x \tag{B.72}$$

となる。こうして、p_x を一定として $\tilde{f}$ を y 微分した時の値と、x を一定として f を y 微分した時の値が等しくなるように変数の変換ができた。

なお、ラグランジアンとハミルトニアンを相互に変換するときのルジャンドル変換は、以下のように、上とは符号を変えた定義になっている。

―― 符号が反転するルジャンドル変換 ――

$$\text{ルジャンドル変換} \quad \tilde{f}(p_x) = xp_x - f(x) \quad \text{ただし、} p_x = \frac{\partial f(x)}{\partial x} \tag{B.73}$$

$$\text{逆ルジャンドル変換} \quad f(x) = xp_x - \tilde{f}(p_x) \quad \text{ただし、} x = \frac{\partial \tilde{f}(p_x)}{\partial p_x} \tag{B.74}$$

付録 C

座標系に関して

C.1 ベクトルの表現

C.1.1 直交座標の基底ベクトル

直交座標においては、
$$\vec{V} = V_x \vec{e}_x + V_y \vec{e}_y + V_z \vec{e}_z \tag{C.1}$$
のように、基底ベクトル $\vec{e}_x, \vec{e}_y, \vec{e}_z$ を使ってベクトルの分解を行う。

基底ベクトルが
$$\vec{e}_i \cdot \vec{e}_j = \delta_{ij} \tag{C.2}$$
という性質を持っている時「直交規格化されている」[†1] と言う。i, j という添字は x, y, z のいずれかの値を取ると考えてもよいし、$i = 1, 2, 3$ という値をとるとして、1 は x 成分、2 は y 成分、3 は z 成分を表すと考えてもよい。ここででてきた記号 δ_{ij} の定義は

```
──────── クロネッカーのデルタ ────────
```
$$\delta_{ij} = \begin{cases} 1 & i = j \text{ のとき} \\ 0 & i \neq j \text{ のとき} \end{cases} \tag{C.3}$$

である。ベクトルから x 成分(1 成分)を取り出したい時は、
$$\vec{e}_x \cdot \vec{V} = \vec{e}_x \cdot (V_x \vec{e}_x + V_y \vec{e}_y + V_z \vec{e}_z) \tag{C.4}$$
のように内積を取る。すると $V_y \vec{e}_y + V_z \vec{e}_z$ との内積の部分は 0 となり、答えは $\vec{e}_x \cdot \vec{V} = V_x$ となる。この計算をクロネッカーのデルタを使って行うと、
$$\vec{e}_i \cdot \vec{V} = \vec{e}_i \cdot \left(\sum_j V_j \vec{e}_j \right) = \sum_j V_j \underbrace{(\vec{e}_i \cdot \vec{e}_j)}_{\delta_{ij}} = \sum_j V_j \delta_{ij} = V_i \tag{C.5}$$

[†1] 「直交」は違うものとの内積が 0 になること「規格化」は自分自身との内積が 1 であることを表現する。

である。「$\sum_j$ の後に δ_{ij} があると、$\sum_j$ がなくなって、$j=i$ と代入した項のみが残る」というルールで覚えておくとよい。

3次元の直交座標では、基底ベクトルの外積が

$$\vec{e}_x \times \vec{e}_y = \vec{e}_z, \quad \vec{e}_y \times \vec{e}_z = \vec{e}_x, \quad \vec{e}_z \times \vec{e}_x = \vec{e}_y \tag{C.6}$$

という関係を満たす。これを添え字を使った書き方では

---— レヴィ・チビタ記号 —---

$$\epsilon_{ijk} = \begin{cases} 1 & (i,j,k) \text{ が } (1,2,3) \text{ の偶置換} \\ -1 & (i,j,k) \text{ が } (1,2,3) \text{ の奇置換} \\ 0 & \text{それ以外} \end{cases} \tag{C.7}$$

で定義される記号[†2]を使って、

$$\vec{e}_i \times \vec{e}_j = \sum_{k=1}^{3} \epsilon_{ijk} \vec{e}_k \tag{C.8}$$

と書く。この記号を使うと、外積 $\vec{U} = \vec{V} \times \vec{W}$ は $U_i = \sum_{j,k=1}^{3} \epsilon_{ijk} V_j W_k$ と表現され、ベクトル計算でよく使う公式

$$\vec{A} \cdot (\vec{B} \times \vec{C}) = \vec{B} \cdot (\vec{C} \times \vec{A}) = \vec{C} \cdot (\vec{A} \times \vec{B}) \tag{C.9}$$

は添字の付け替えによって

$$\underbrace{\sum_{i,j,k=1}^{3} \epsilon_{ijk} A_i B_j C_k}_{\vec{A}\cdot(\vec{B}\times\vec{C})} = \underbrace{\sum_{i,j,k=1}^{3} \epsilon_{ijk} B_i C_j A_k}_{\vec{B}\cdot(\vec{C}\times\vec{A})} = \underbrace{\sum_{i,j,k=1}^{3} \epsilon_{ijk} C_i A_j B_k}_{\vec{C}\cdot(\vec{A}\times\vec{B})} \tag{C.10}$$

と書ける、ということで証明できてしまう。便利な公式として、

$$\sum_{i=1}^{3} \epsilon_{ijk} \epsilon_{i\ell m} = \delta_{j\ell}\delta_{km} - \delta_{jm}\delta_{k\ell} \tag{C.11}$$

がある[†3]。これを使うと、以下の式が証明できる。

$$\vec{A} \times (\vec{B} \times \vec{C}) = (\vec{A} \cdot \vec{C})\vec{B} - (\vec{A} \cdot \vec{B})\vec{C} \tag{C.12}$$

$$(\vec{A} \times \vec{B}) \cdot (\vec{C} \times \vec{D}) = (\vec{A} \cdot \vec{C})(\vec{B} \cdot \vec{D}) - (\vec{A} \cdot \vec{D})(\vec{B} \cdot \vec{C}) \tag{C.13}$$

[†2] 実はこれは3次元の場合であり、任意の次元でレヴィ・チビタ記号は定義できる。2次元なら $\epsilon_{12}=1, \epsilon_{21}=-1, \epsilon_{11}=\epsilon_{22}=0$。5次元ならば $\epsilon_{ijk\ell m}$ のように5つの添字を持つ。

[†3] 左辺がどんな時に1になり、どんな時に -1 になるかを考えればこの式は納得できる。

C.1 ベクトルの表現

------練習問題------

【問い C-1】 (C.12) と (C.13) をレヴィ・チビタ記号を使った計算で示せ。

ヒント → p351へ　解答 → p369へ

C.1.2 一般的な直交曲線座標の基底ベクトル

直交座標（デカルト座標）は x, y, z という軸がどの場所でも同じ方向を向き、互いに直交しているが、「互いに直交」という性質を残しつつ「どこでも同じ方向を向く」という性質を持たない座標系もある。それは「**直交曲線座標**」[†4] と呼ばれる。当然、「直交座標（デカルト座標）」は「直交曲線座標」に含まれる。

一般的な直交曲線座標においても、3つの基底ベクトル $\vec{e}_{[1]}, \vec{e}_{[2]}, \vec{e}_{[3]}$ を使ってベクトルを表現する。外積はたとえば $\vec{e}_{[1]} \times \vec{e}_{[2]} = \vec{e}_{[3]}$ となるように定義する [†5]。

------練習問題------

【問い C-2】 $\vec{e}_{[1]} \times \vec{e}_{[2]} = \vec{e}_{[3]}$ と定義すると、自動的に $\vec{e}_{[2]} \times \vec{e}_{[3]} = \vec{e}_{[1]}$ と $\vec{e}_{[3]} \times \vec{e}_{[1]} = \vec{e}_{[2]}$ が成立することをベクトル計算で示せ。　ヒント → p351へ　解答 → p369へ

一般的な式としては、レヴィ・チビタの記号を使って、

$$\vec{e}_{[a]} \times \vec{e}_{[b]} = \sum_{c=1}^{3} \epsilon_{abc} \vec{e}_{[c]} \tag{C.14}$$

と書く。たとえば、$\vec{e}_{[1]} \times \vec{e}_{[2]} = \sum_{c=1}^{3} \epsilon_{12c} \vec{e}_{[c]} = \vec{e}_{[3]}$ となる。

よく使う座標系では、

$$\text{直交座標：} \vec{e}_{[1]} = \vec{e}_x, \quad \vec{e}_{[2]} = \vec{e}_y, \quad \vec{e}_{[3]} = \vec{e}_z \tag{C.15}$$

$$\text{極座標：} \vec{e}_{[1]} = \vec{e}_r, \quad \vec{e}_{[2]} = \vec{e}_\theta, \quad \vec{e}_{[3]} = \vec{e}_\phi \tag{C.16}$$

$$\text{円筒座標：} \vec{e}_{[1]} = \vec{e}_\rho, \quad \vec{e}_{[2]} = \vec{e}_\phi, \quad \vec{e}_{[3]} = \vec{e}_z \tag{C.17}$$

である（x, y, z と r, θ, ϕ と ρ, ϕ, z という順番には意味がある）。

それぞれの $\vec{e}_A$ は「A という座標が増える方向を向いた単位ベクトル」である。$\vec{e}_x, \vec{e}_y, \vec{e}_z$ はどの場所でも同じ方向を向いているが、それ以外は全て場所によって違う方向を向いている（たとえば θ が増える方向を考えてみれば $\vec{e}_\theta$ の向きがわかる）右の図は2次元の $\vec{e}_r, \vec{e}_\theta$ を描いたものである。θ や ϕ は「曲がっている座標系」だから「増える方向」を考えるときにはまずは微小量 $d\theta, d\phi$ だけ座標が増えた時の移動ベクトルの方向が $\vec{e}_\theta, \vec{e}_\phi$ と同じ方向を向く、として定義する（$d\theta$ や $d\phi$ はもちろん 0 にする極限で考える）。

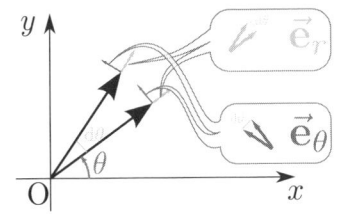

[†4] 「直交曲線座標」を「直交座標」と表記する本もあるが、本書ではそうしてない。
[†5] 自分で指でも使って確認して欲しい。3次元空間において、直交する二つのベクトル $\vec{e}_{[1]}$ と $\vec{e}_{[2]}$ を決めると、それに垂直なベクトル $\vec{e}_{[3]}$ の決め方は二通りある（二通りしかない）。

C.1.3 曲線座標とベクトル

もっと一般的な D 次元曲線座標 $X_i(x_j)$ $(i=1,2,\cdots,D)$ に対応する基底ベクトルを作ってみよう。曲線座標は曲がっているので、ベクトルの向きを有限の距離離れた点への移動として定義すると、「座標軸の向き」とは違うものになってしまう。そこで、「ある方向に微小距離 ϵ 進んだ」として、微小量 ϵ の 2 次以上は考えないことにする。

2 次元の例で述べよう。直線座標の微小変位 $\mathrm{d}x, \mathrm{d}y$ と、曲線座標 (X,Y) の微小変位 $\mathrm{d}X, \mathrm{d}Y$ の関係は行列を使うと

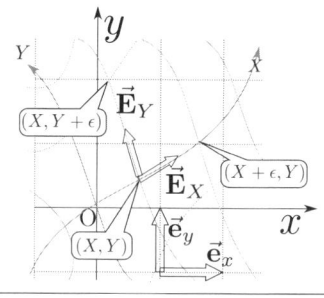

$$\begin{pmatrix} \mathrm{d}X \\ \mathrm{d}Y \end{pmatrix} = \begin{pmatrix} \dfrac{\partial X}{\partial x} & \dfrac{\partial X}{\partial y} \\ \dfrac{\partial Y}{\partial x} & \dfrac{\partial Y}{\partial y} \end{pmatrix} \begin{pmatrix} \mathrm{d}x \\ \mathrm{d}y \end{pmatrix} \quad \text{(C.18)}$$

のように表現することができる。

(x,y) の方は普通の直交座標であるが、(X,Y) 座標系の方は曲線座標であり、互いに直交もしていない。図に書き込んだ $\vec{\mathbf{E}}_X, \vec{\mathbf{E}}_Y$ はそれぞれ「X,Y が増える方向」を向いているベクトルである。ただし、長さは 1 とは限らない（今考えている座標が正しく「距離」を表している時のみ、長さは 1）。

$\vec{\mathbf{E}}_{X^i}$ を具体的に定義しよう。場所 $(X^1, X^2, \cdots, X^i, \cdots, X^D)$ と[6] そこから X^i だけが微小量 ϵ だけ変化した別の場所 $(X^1, X^2, \cdots, X^i+\epsilon, \cdots, X^D)$ へ向かうベクトルを $\epsilon \vec{\mathbf{E}}_i$ とする（ここで ϵ を微小量としないと、このベクトル $\vec{\mathbf{E}}_i$ が「その場所での座標の増える方向」を向いてくれない）。

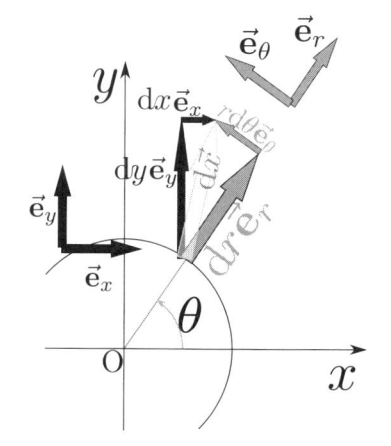

すなわち、X^i という場所から $X^i + \mathrm{d}X^i$ という場所への変位ベクトルが

$$\mathrm{d}\vec{x} = \sum_i \mathrm{d}X^i \vec{\mathbf{E}}_{X^i} \quad \text{(C.19)}$$

と表されるというのが $\vec{\mathbf{E}}_{X^i}$ の定義である[7]。

たとえば (X,Y) が 2 次元極座標 (r,θ) である場合であれば、$\vec{\mathbf{E}}_\theta$ というベクトルは、「r を変えずに $\theta \to \theta + \mathrm{d}\theta$ と変化させる移動」の変位ベクトルを $\mathrm{d}\theta$ で割ったものである[8]。右の図にあるように、その変位ベクトルは $r\,\mathrm{d}\theta\,\vec{\mathbf{e}}_\theta$

---

[6] 後で説明する事情により、この節では座標の添字を上付きで書く。X^2 は「X の自乗」ではなく、「X^i の 2 番目の成分」である。文脈で判断せよ。
[7] このような座標系において、位置ベクトルを $X\vec{\mathbf{E}}_X + Y\vec{\mathbf{E}}_Y$ のように表現することにはできない。$\vec{\mathbf{E}}_X$ は場所によって違う方向を向いている。
[8] θ が $\mathrm{d}\theta$ 増えると、距離としては $r\,\mathrm{d}\theta$ 移動するから、$\vec{\mathbf{E}}_\theta$ は「θ 方向を向いた単位ベクトル」である $\vec{\mathbf{e}}_\theta$ と同じ方向を向くが、長さは 1 ではなく r となる。

であるから、$\vec{\mathbf{E}}_\theta = r\vec{\mathbf{e}}_\theta$ である。r 方向についてはそういう距離の違いは生じないので、$\vec{\mathbf{E}}_r = \vec{\mathbf{e}}_r$ となる。図に示したように、変位ベクトル $\mathrm{d}\vec{x}$ は $\mathrm{d}x$ と $\mathrm{d}y$ で表すことも、$\mathrm{d}r$ と $r\,\mathrm{d}\theta$ で表すことも可能であり、

$$\mathrm{d}\vec{x} = \begin{cases} \mathrm{d}x\,\vec{\mathbf{e}}_x + \mathrm{d}y\,\vec{\mathbf{e}}_y & \text{直交座標} \\ \mathrm{d}r\,\vec{\mathbf{e}}_r + r\,\mathrm{d}\theta\,\vec{\mathbf{e}}_\theta & \text{極座標} \end{cases} \tag{C.20}$$

と表した後でそれぞれ $\mathrm{d}X^i$ が掛けられている量を取り出したものが $\vec{\mathbf{E}}_{X^i}$ である。

$$\mathrm{d}\vec{x} = \sum_i \mathrm{d}X^i\,\vec{\mathbf{E}}_{X^i} = \mathrm{d}x\,\underbrace{\vec{\mathbf{E}}_x}_{\vec{\mathbf{e}}_x} + \mathrm{d}y\,\underbrace{\vec{\mathbf{E}}_y}_{\vec{\mathbf{e}}_y} = \mathrm{d}r\,\underbrace{\vec{\mathbf{E}}_r}_{\vec{\mathbf{e}}_r} + \mathrm{d}\theta\,\underbrace{\vec{\mathbf{E}}_\theta}_{r\vec{\mathbf{e}}_\theta} \tag{C.21}$$

と、座標系によって変わらない一般的な書き方で書ける(座標系の違いは $\vec{\mathbf{E}}$ の違いにのみ現れる)。$\mathrm{d}\vec{x}$ は座標系によらない量だから、座標変換によって $\mathrm{d}X^i = \sum_j \dfrac{\partial X^i}{\partial Y^j} \mathrm{d}Y^j$ のように変換される時、$\vec{\mathbf{E}}_{X^i}$ の方はその逆行列 $\left(\sum_i \dfrac{\partial X^i}{\partial Y^j}\dfrac{\partial Y^k}{\partial X^i} = \delta_{jk}\right)$ で、

$$\vec{\mathbf{E}}_{X^i} = \sum_k \frac{\partial Y^k}{\partial X^i}\vec{\mathbf{E}}_{Y^k} \tag{C.22}$$

のような変換を受けなくてはいけない(これで $\sum_i \mathrm{d}X^i\,\vec{\mathbf{E}}_{X^i} = \sum_i \mathrm{d}Y^i\,\vec{\mathbf{E}}_{Y^i}$ となる)。

ここで $\vec{\mathbf{E}}_{X^i}$ に双対なベクトル、すなわち、

$$\vec{\mathbf{E}}_{X^i} \cdot \vec{\mathbf{E}}^{X^j} = \delta_{ij} \tag{C.23}$$

を満たすようなベクトルとして上付きの $\vec{\mathbf{E}}^{X^i}$ を定義する。たとえば $\vec{\mathbf{E}}^r = \vec{\mathbf{e}}_r, \vec{\mathbf{E}}^\theta = \dfrac{1}{r}\vec{\mathbf{e}}_\theta$ である。これを使うと grad などで使う微分演算子が

$$\vec{\nabla} = \vec{\mathbf{E}}^{X^i}\frac{\partial}{\partial X^i} = \begin{cases} \vec{\mathbf{E}}^x\dfrac{\partial}{\partial x} + \vec{\mathbf{E}}^y\dfrac{\partial}{\partial y} & \text{2次元直交座標} \\ \vec{\mathbf{E}}^r\dfrac{\partial}{\partial r} + \vec{\mathbf{E}}^\theta\dfrac{\partial}{\partial \theta} & \text{2次元極座標} \end{cases} \tag{C.24}$$

と統一的に書ける。3次元の場合、

$$\mathrm{d}\vec{x} = \begin{cases} \mathrm{d}x\,\underbrace{\vec{\mathbf{e}}_x}_{\vec{\mathbf{E}}_x} + \mathrm{d}y\,\underbrace{\vec{\mathbf{e}}_y}_{\vec{\mathbf{E}}_y} + \mathrm{d}z\,\underbrace{\vec{\mathbf{e}}_z}_{\vec{\mathbf{E}}_z} & \text{直交座標} \\ \mathrm{d}r\,\underbrace{\vec{\mathbf{e}}_r}_{\vec{\mathbf{E}}_r} + \mathrm{d}\theta\,\underbrace{r\vec{\mathbf{e}}_\theta}_{\vec{\mathbf{E}}_\theta} + \mathrm{d}\phi\,\underbrace{r\sin\theta\,\vec{\mathbf{e}}_\phi}_{\vec{\mathbf{E}}_\phi} & \text{極座標} \end{cases} \tag{C.25}$$

$$\vec{\nabla} = \begin{cases} \underbrace{\vec{e}_x}_{\vec{E}^x}\frac{\partial}{\partial x} + \underbrace{\vec{e}_y}_{\vec{E}^y}\frac{\partial}{\partial y} + \underbrace{\vec{e}_z}_{\vec{E}^z}\frac{\partial}{\partial z} & \text{直交座標} \\ \underbrace{\vec{e}_r}_{\vec{E}^r}\frac{\partial}{\partial r} + \underbrace{\frac{1}{r}\vec{e}_\theta}_{\vec{E}^\theta}\frac{\partial}{\partial \theta} + \underbrace{\frac{1}{r\sin\theta}\vec{e}_\phi}_{\vec{E}^\phi}\frac{\partial}{\partial \phi} & \text{極座標} \end{cases} \quad (C.26)$$

のようになる。$\vec{E}_{X^i}$ も $\vec{E}^{X^i}$ も独立なベクトルなので基底ベクトルとして使えて、

$$\vec{V} = V_r\vec{E}^r + V_\theta\vec{E}^\theta + V_\phi\vec{E}^\phi = V^r\vec{E}_r + V^\theta\vec{E}_\theta + V^\phi\vec{E}_\phi \quad (C.27)$$

のように一般のベクトルを表現することができる。そのとき、

$$|\vec{V}|^2 = (V^r)^2 + r^2(V^\theta)^2 + r^2\sin^2\theta(V^\phi)^2 = (V_r)^2 + \frac{1}{r^2}(V_\theta)^2 + \frac{1}{r^2\sin^2\theta}(V_\phi)^2 \quad (C.28)$$

と書ける ($\vec{E}_r \cdot \vec{E}_r = 1, \vec{E}_\theta \cdot \vec{E}_\theta = r^2, \vec{E}_\phi \cdot \vec{E}_\phi = r^2\sin^2\theta$ に注意)。

　この二つの基底を区別して名前をつけておく。$\vec{E}^{X^i}$ を基底として $V_1\vec{E}^1 + V_2\vec{E}^2 + \cdots$ のように表現した $(V_1, V_2, \cdots)$ を「**共変ベクトル**」と呼ぶ。一方、$\vec{E}_{X^i}$ を基底として $V^1\vec{E}_1 + V^2\vec{E}_2 + \cdots$ のように表現した $(V^1, V^2, \cdots)$ を「**反変ベクトル**」と呼ぶ。

　共変 (反変) ベクトルは下付き (上付き) 添字で表現するのが慣習である。そこでこの節では座標を上付き添え字で表現した。反変ベクトルの基底である $\vec{E}_{X^i}$ は共変ベクトルの変換と同じ変換をするので、下付き添字になっている ($\vec{E}^{X^i}$ も同様)。

　3次元極座標で表現した自由粒子のラグランジアン (→(5.57))
→ p125
とハミルトニアン (→(10.116)) は
→ p274

$$L = \frac{m}{2}\left|\dot{r}\vec{E}_r + \dot{\theta}\vec{E}_\theta + \dot{\phi}\vec{E}_\phi\right|^2 \quad (C.29)$$

$$H = \frac{1}{2m}\left|p_r\vec{E}^r + p_\theta\vec{E}^\theta + p_\phi\vec{E}^\phi\right|^2 \quad (C.30)$$

と書ける。つまり、一般座標の時間微分は $\vec{E}_{X^i}$ を基底として表現したベクトルであり、一般運動量は $\vec{E}^{X^i}$ を基底としたベクトルである。

　よって通常の書き方では、$\dot{r}, \dot{\theta}$ のような「一般座標の時間微分」は反変ベクトルで、p_r, p_θ のような「一般運動量」は共変ベクトルである。

　正準形式における点変換において、$\sum_i p_i \dot{q}^i$ という組み合わせ[†9] が座標変換の不変
→ p263
量になったが、これは p_i という共変ベクトルと $\dot{q}^i$ という反変ベクトルが、座標変換に対して互いの逆行列で変換したからである。

　別の言い方をすれば、$\sum_i p_i\vec{E}^{X^i}$ と $\sum_i \dot{q}^i\vec{E}_{X^i}$ はそれぞれに不変量であり、その内積

$$\left(\sum_i p_i\vec{E}^{X^i}\right) \cdot \left(\sum_j \dot{q}^j\vec{E}_{X^j}\right) = \sum_{i,j} p_i\dot{q}^j\underbrace{\vec{E}^{X^i}\cdot\vec{E}_{X^j}}_{\delta_{ij}} = \sum_i p_i\dot{q}^i \quad (C.31)$$

[†9] 共変ベクトルを下付き、反変ベクトルは上付きの添字で書くというルールにしたがい、この付録では $\dot{q}^i$ と書いた。本書においては $\dot{q}_i$ のように下付きベクトルで表記している場合が多い。

も不変量である。

微分演算子 $\vec{\nabla}$ は、(C.24)や(C.26)のように表現すれば共変ベクトルに属する[†10]。

座標を $x^i \to x'^i$ と座標変換すると $\vec{E}^{X^i}, \vec{E}_{X^i}$ が座標変換による変換を受け、

$$\vec{V} = \sum_{i,j} V_i \frac{\partial x^i}{\partial x'^j} \vec{E}'^{X^j} = \sum_{i,j} V^i \frac{\partial x'^j}{\partial x^i} \vec{E}'_{X^j} \tag{C.32}$$

となることを考えると、ベクトルの成分の方が、

$$V'_j = \sum_i V_i \frac{\partial x^i}{\partial x'^j}, \quad V'^j = \sum_i V^i \frac{\partial x'^j}{\partial x^i} \tag{C.33}$$

のように変換されれば、

$$\vec{V} = \sum_i V_i \vec{E}^{X^i} = \sum_i V'_i \vec{E}'^{X^i} = \sum_i V^i \vec{E}_{X^i} = \sum_i V'^i \vec{E}'_{X^i} \tag{C.34}$$

とベクトル全体が同じ形を保つ。つまり、V^i は $\vec{E}^{X^i}$ と同じ変換を、V_i は $\vec{E}_{X^i}$ と同じ変換をすれば不変性が保たれる。このように座標変換の式が簡潔になることが「共変ベクトル」「反変ベクトル」を使う理由である。

C.1.4 テンソル

ベクトルは $\vec{V} = \sum_i V_i \vec{E}^i$ のように基底ベクトルを係数として展開されるものとして定義される。しかし物理量の中には、展開の「基底」が一つのベクトルではなくもっと複雑な量である場合もある。ある一つの方向を決めると「その方向の成分」が決まるのがベクトルであるとすれば、一つではなく複数の方向を決めて初めて「その方向の成分」が決まるような量もあるのである。このような一般的な量は「テンソル (tensor)」[†11] と呼ばれる。たとえば、

$$\mathbf{T} = \sum_{i,j} T_{ij} \vec{E}^i \otimes \vec{E}^j \tag{C.35}$$

のように、二つの基底ベクトルの直積[†12]の係数として定義される量 T_{ij} は「二階のテンソル」と呼ぶ[†13]。ベクトル $\vec{V} = \sum_i V_i \vec{E}^i$ が、方向を一つ（その向きの単位ベクトル

[†10] $\vec{\nabla}$ という演算子自体は、$\vec{\nabla} = \vec{E}^r \frac{\partial}{\partial r} + \vec{E}^\theta \frac{\partial}{\partial \theta} + \vec{E}^\phi \frac{\partial}{\partial \phi} = \vec{E}_r \frac{\partial}{\partial r} + \vec{E}_\theta \frac{1}{r^2} \frac{\partial}{\partial \theta} + \vec{E}_\phi \frac{1}{r^2 \sin^2 \theta} \frac{\partial}{\partial \phi}$ のようにどちらでも表示できる（反変成分を使った表示の方が、いくぶんか汚いだけのことである）。共変か反変かというのは、人間がどのように（どの基底ベクトルを使って）表示するかの違いでしかない。よく使われる $\vec{\nabla} = \vec{e}_r \frac{\partial}{\partial r} + \vec{e}_\theta \frac{1}{r} \frac{\partial}{\partial \theta} + \vec{e}_\phi \frac{1}{r \sin \theta} \frac{\partial}{\partial \phi}$ は共変でも反変でもない表示である。

[†11] tensor という言葉は、元々この量が応力 (tension) を表現するのによく使われてきたところから来ているが、別に応力を表現してなくてもテンソルと呼ぶ。

[†12] ベクトルの積というと内積と外積が浮かぶ。内積は3成分のベクトル二つから1成分のスカラー量を、外積は3成分のベクトル二つから3成分のベクトル量を作る計算だが、直積（記号 $\otimes$）は3成分のベクトル二つから9成分の量を作る積になっている。

[†13] 「一階のテンソル」は実はベクトルのことであり、「零階のテンソル」とはスカラーのことになる。

をとする）決めるとその方向の成分が$\vec{e}\cdot\vec{V}$で決まる（たとえば$\vec{e}_x$を掛ければx成分が求まる）という対応関係を持つ量だとすれば、(C.35) の $\mathbf{T}$ は、二つのベクトル$\vec{e},\vec{e}'$を決めるとそれに応じて一つの量 $\sum_{i,j} T_{ij}(\vec{e}\cdot\vec{E}^i)(\vec{e}'\cdot\vec{E}^j)$ が決まる。

$\mathbf{T} = \sum_{i,j} T_{ij}\vec{E}^i \otimes \vec{E}^j$ という組み合わせで不変になるので、座標変換において

$$T'_{ij} = \sum_{k,\ell} \frac{\partial x^k}{\partial x'^i}\frac{\partial x^\ell}{\partial x'^j} T_{k\ell} \tag{C.36}$$

のように変換されなくてはいけない（こうであれば $\sum_{i,j} T_{ij}\vec{E}^i \otimes \vec{E}^j$ が座標変換に対して不変な量となることは、ベクトルの時と同様に確かめられる）。

なお、ここでは$\vec{E}^i$を使って展開したので「共変なテンソル」であるが、$\sum_{i,j} T^{ij}\vec{E}_i \otimes \vec{E}_j$ のように展開する場合は「反変なテンソル」、$\sum_{i,j} T^i{}_j \vec{E}_i \otimes \vec{E}^j$ のような場合を「混合テンソル」と呼ぶ（これらの変換性も同様である）。$\sum_{i,j,k} A_{ijk}\vec{E}^i \otimes \vec{E}^j \otimes \vec{E}^k$ は「三階のテンソル」となる（以下同様に定義する）。本書では二階のテンソルは「慣性テンソル」
$\to$ p171

$$\begin{aligned}&I_{xx}\vec{e}_X \otimes \vec{e}_X + I_{XY}\vec{e}_X \otimes \vec{e}_Y + I_{xz}\vec{e}_X \otimes \vec{e}_Z \\&+ I_{YX}\vec{e}_Y \otimes \vec{e}_X + I_{YY}\vec{e}_Y \otimes \vec{e}_Y + I_{YZ}\vec{e}_Y \otimes \vec{e}_Z \\&+ I_{ZX}\vec{e}_Z \otimes \vec{e}_X + I_{ZY}\vec{e}_Z \otimes \vec{e}_Y + I_{ZZ}\vec{e}_Z \otimes \vec{e}_Z\end{aligned} \tag{C.37}$$

だけしか登場していないが、テンソルはあらゆる場面で登場する便利な概念である。

C.2 回転を記述する方法

C.2.1 2次元回転

まずは2次元の回転を記述する方法について考えよう。

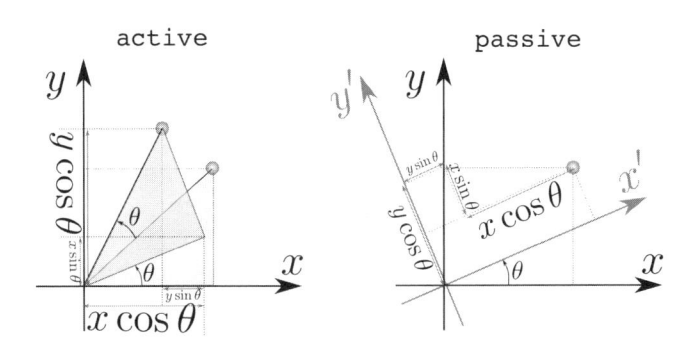

上の図の左側は、「物体を原点の周りに角度θだけ移動させる」という「回転」である。物体の座標が(x,y)から(x',y')に変化したとすると、以下に示すような行列計算

C.2 回転を記述する方法

でこの変換を計算できる。このような回転を「**能動的 (active)**」な変換と言う。

一方、図の右側はもう一つの回転のさせ方で「**受動的 (passive)**」な変換と呼ばれ、座標系の方が (x,y) から (x',y') に変わる[†14]。

図に書き込んだように $x\cos\theta, x\sin\theta, y\cos\theta, y\sin\theta$ などの長さを読み取ると、

active な変換	passive な変換
$\begin{pmatrix} x' \\ y' \end{pmatrix} = \begin{pmatrix} \cos\theta & -\sin\theta \\ \sin\theta & \cos\theta \end{pmatrix} \begin{pmatrix} x \\ y \end{pmatrix}$	$\begin{pmatrix} x' \\ y' \end{pmatrix} = \begin{pmatrix} \cos\theta & \sin\theta \\ -\sin\theta & \cos\theta \end{pmatrix} \begin{pmatrix} x \\ y \end{pmatrix}$	(C.38)

のように書き下すことができる。

この二つの変換はちょうど θ の符号が逆になったと解釈できるものになっている[†15]。

上の式は、列ベクトルで表現したベクトルの成分に対して行なっているということを忘れてはいけない。行ベクトルで考えるときは全てを転置して、

$$(x'\ y') = (x\ y) \begin{pmatrix} \cos\theta & \sin\theta \\ -\sin\theta & \cos\theta \end{pmatrix} \Bigg| (x'\ y') = (x\ y) \begin{pmatrix} \cos\theta & -\sin\theta \\ \sin\theta & \cos\theta \end{pmatrix} \quad (C.39)$$

と書く（変換の為に使う行列が転置されたことによって逆行列になっている）。

座標の単位ベクトル $(\vec{e}_x, \vec{e}_y)$ と、あるベクトル $\vec{V}$ を $\vec{V} = V_x\vec{e}_x + V_y\vec{e}_y$ と表した時の成分 (V_x, V_y) と基底ベクトル $(\vec{e}_x, \vec{e}_y)$ の、図に示した座標変換は

$$V_{x'} = V_x\cos\theta + V_y\sin\theta,$$
$$V_{y'} = -V_x\sin\theta + V_y\cos\theta \quad (C.40)$$

$$\vec{e}_{x'} = \vec{e}_x\cos\theta + \vec{e}_y\sin\theta,$$
$$\vec{e}_{y'} = -\vec{e}_x\sin\theta + \vec{e}_y\cos\theta \quad (C.41)$$

のようになる。

$\vec{V} = V_x\vec{e}_x + V_y\vec{e}_y$ を行・列ベクトルで表すと、

$$(V_{x'}\ V_{y'}) \begin{pmatrix} \vec{e}_{x'} \\ \vec{e}_{y'} \end{pmatrix} = (V_x\ V_y) \underbrace{\begin{pmatrix} \cos\theta & -\sin\theta \\ \sin\theta & \cos\theta \end{pmatrix} \begin{pmatrix} \cos\theta & \sin\theta \\ -\sin\theta & \cos\theta \end{pmatrix}}_{\text{単位行列 } \mathbf{E}} \begin{pmatrix} \vec{e}_x \\ \vec{e}_y \end{pmatrix} \quad (C.42)$$

となって、$\vec{V}$ が表現によらない量になっている。ここでは、変わったのは座標系という表現であり、物理的実体であるベクトルは変化していない。

[†14] 「(x,y) から (x',y') 」と、同じ記号を使って表現しているが、active な場合は「物体の位置」という意味を持った座標が物理的に動いたのであり、passive な場合は物体が移動したのではなく、「記述の方法」であるところの座標が変わっただけである。

[†15] active な変換と passive な変換が逆符号になる理由は、「active な変換をした（つまり物体を実際に回転移動させた）後で同じ角度の passive な変換をする（つまり座標系が物体をおいかける）と、結局ベクトルの成分は変化しない」と考えればよい。

座標変換によらない表現である $\vec{V}$ を作るには、列ベクトルと行ベクトルの内積を取る形で計算を行わなくてはいけない[†16]。違う座標で表現された二つのベクトルを比べる時（本書でも何度か行う）には、この点に注意して計算する必要がある。

(C.42)で見られるように、一般のベクトルのような量を書く時は、一方（成分）が行
→ p343
ベクトル、もう一方（基底ベクトル）を列ベクトルにした内積で表現している[†17]が、これは表現が変わるだけで実際のベクトルは回らない例である。

単に表現が変わるのではなく、実際にベクトルが回る場合を考えよう。その場合、

$$\vec{V} = \begin{pmatrix} V_x & V_y \end{pmatrix} \begin{pmatrix} \vec{e}_x \\ \vec{e}_y \end{pmatrix} \quad \rightarrow \quad \vec{V}' = \begin{pmatrix} V_x & V_y \end{pmatrix} \begin{pmatrix} \cos\theta & \sin\theta \\ -\sin\theta & \cos\theta \end{pmatrix} \begin{pmatrix} \vec{e}_x \\ \vec{e}_y \end{pmatrix} \quad \text{(C.43)}$$

（回転前）　　　　　　　　　　　　　（回転後）

のような変化が起こる（「回転前」と「回転後」は違うベクトルであり、イコールで結ばれるものではない）。この真ん中に挟まれた行列を左（行ベクトル）に掛けていると思うか、右（列ベクトル）に掛けていると思うかで（実際には同じ計算なのだが）以下のような二通りの考え方ができる。

$$\underbrace{\begin{pmatrix} V_x & V_y \end{pmatrix} \begin{pmatrix} \cos\theta & \sin\theta \\ -\sin\theta & \cos\theta \end{pmatrix}}_{\text{回転後の成分}} \begin{pmatrix} \vec{e}_x \\ \vec{e}_y \end{pmatrix} = \begin{pmatrix} V_x & V_y \end{pmatrix} \underbrace{\begin{pmatrix} \cos\theta & \sin\theta \\ -\sin\theta & \cos\theta \end{pmatrix} \begin{pmatrix} \vec{e}_x \\ \vec{e}_y \end{pmatrix}}_{\text{回転後の基底ベクトル}} \quad \text{(C.44)}$$

成分 $\begin{pmatrix} V_x & V_y \end{pmatrix}$ の変化を列ベクトルで書き直すと以下のようになる[†18]。

$$\begin{pmatrix} V'_x \\ V'_y \end{pmatrix} = \begin{pmatrix} \cos\theta & -\sin\theta \\ \sin\theta & \cos\theta \end{pmatrix} \begin{pmatrix} V_x \\ V_y \end{pmatrix} \quad \text{(C.45)}$$

成分を回す

$V'_x = V_x \cos\theta - V_y \sin\theta$
$V'_y = V_x \sin\theta + V_y \cos\theta$

同じ回転

基底ベクトルを回す

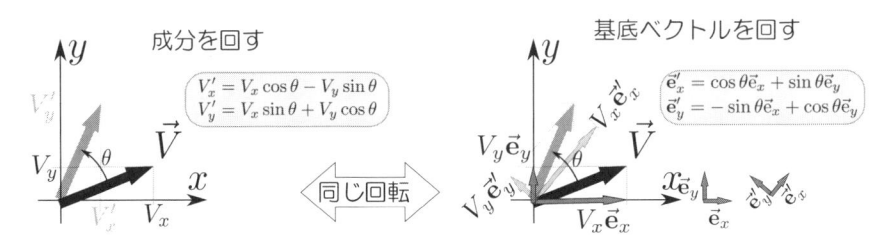

$\vec{e}'_x = \cos\theta \vec{e}_x + \sin\theta \vec{e}_y$
$\vec{e}'_y = -\sin\theta \vec{e}_x + \cos\theta \vec{e}_y$

C.2.2　オイラー角

剛体の運動を考えるとき、剛体が今どのような位置関係を持っているかを3つの角度を使って表現するのが「オイラー角」である。3つの角度を表す記号として θ, ϕ, ψ を使

[†16] 基底ベクトルと成分の順番はここでの書き方と逆に、基底を行、成分を列としてもよい。
[†17] この成分と基底ベクトルの「行・列」の関係を逆にとっても問題はない。
[†18] ここで転置が行われたことにより、同じベクトルの回転を「成分を回す」と解釈するか「基底ベクトルを回す」と解釈するかで、逆回転しているように思われる計算になる。

おう。passiveな変換、すなわち座標系の方を回す変換として説明する（本書の7.2.1節 → p173 でこの変換を使っている）。図に示したように座標軸の向きを変える。

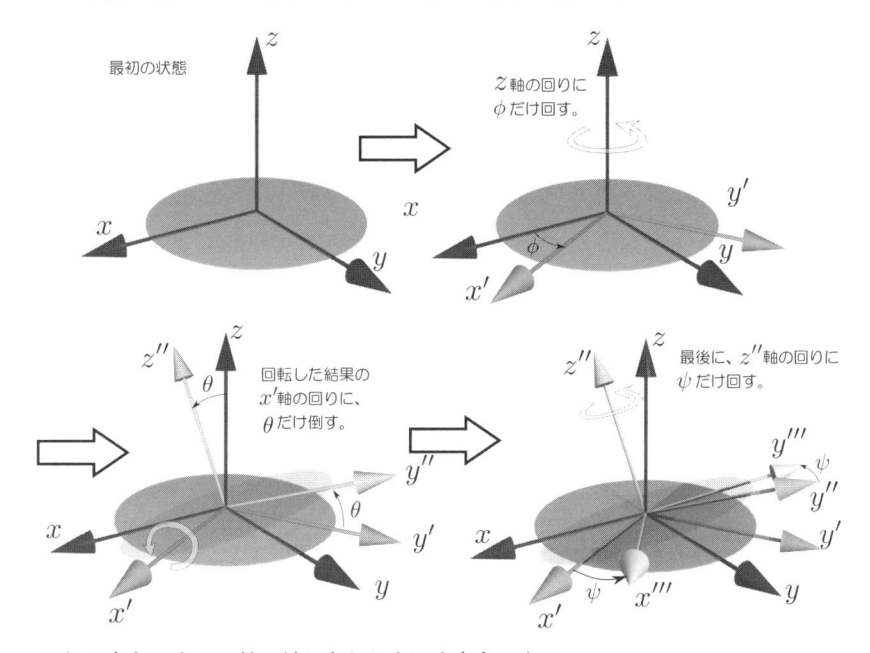

回転の向きはすべて軸に対し右ねじを回す向きである。

ここで描いた回し方は「z軸→x軸→z軸」の順なので、「zxzのオイラー角」という言い方をする。これとは順番を変える定義もある[†19]。

この3つの操作は行列で書くと、(passiveな変換の方であることに注意)
→ p343

$$\underbrace{\begin{pmatrix} \cos\psi & \sin\psi & 0 \\ -\sin\psi & \cos\psi & 0 \\ 0 & 0 & 1 \end{pmatrix}}_{\mathbf{A}} \underbrace{\begin{pmatrix} 1 & 0 & 0 \\ 0 & \cos\theta & \sin\theta \\ 0 & -\sin\theta & \cos\theta \end{pmatrix}}_{\mathbf{B}} \underbrace{\begin{pmatrix} \cos\phi & \sin\phi & 0 \\ -\sin\phi & \cos\phi & 0 \\ 0 & 0 & 1 \end{pmatrix}}_{\mathbf{C}} \quad (C.46)$$

のような3つの行列の積で書ける（行列は右から順番にかけていくので、数式の上で並びは$\phi \to \theta \to \psi$と逆）。行列の積 $\mathbf{ABC}$ の具体的計算結果は以下の通り。

$$\begin{pmatrix} \cos\psi\cos\phi - \sin\psi\cos\theta\sin\phi & \cos\psi\sin\phi + \sin\psi\cos\theta\cos\phi & \sin\psi\sin\theta \\ -\sin\psi\cos\phi - \cos\psi\cos\theta\sin\phi & -\sin\psi\sin\phi + \cos\psi\cos\theta\cos\phi & \cos\psi\sin\theta \\ \sin\theta\sin\phi & -\sin\theta\cos\phi & \cos\theta \end{pmatrix}$$
(C.47)

[†19]「z軸→y軸→z軸」の順にすると、θ, ϕの意味が極座標のθ, ϕに一致するのでこの順を使うこともある。また、「$x \to y \to z$」のように全部違う軸を使う方法もよく使われる。

付録 D

問いのヒントと解答

【問い 2-1】のヒント .... (問題は p26、解答は p352)
縦の高さを t、横幅を y とすれば、高さは $(x-t-y)$、容積は $ty(x-t-y)$。

【問い 2-2】のヒント .... (問題は p28、解答は p352)
変分すべき量は $2x + 2y + \lambda(xy - S)$ になる。

【問い 2-3】のヒント .... (問題は p28、解答は p353)
縦横高さをそれぞれ t, y, h とすれば、変分すべき量は $V' = tyh + \lambda(t+y+h-x)$。

【問い 2-4】のヒント .... (問題は p39、解答は p353)
スペース節約のため、$\dfrac{\mathrm{d}x}{\mathrm{d}\lambda} = x'$, $\dfrac{\mathrm{d}y}{\mathrm{d}\lambda} = y'$ と表記する(λ 微分であることに注意)。微小部分の長さ $\sqrt{\mathrm{d}x^2 + \mathrm{d}y^2}$ を $\sqrt{(x')^2 + (y')^2}\,\mathrm{d}\lambda$ として、この積分が極値となる条件を計算していく。

【問い 3-1】のヒント .... (問題は p59、解答は p353)
「$|\vec{x}_i - \vec{x}_j|$ が変化しない」より「$|\vec{x}_i - \vec{x}_j|^2$ が変化しない」を示す方がやさしい。$\vec{x}_i$ の変化 $\Delta\vec{x}_i$(並進の場合は $\Delta\vec{x}$、回転の場合は $\mathrm{d}\theta\,\vec{e}_\text{軸} \times (\vec{x}_i - \vec{x}_0)$)は微小であるから、

$$\Delta|\vec{x}_i - \vec{x}_j|^2 = 2(\vec{x}_i - \vec{x}_j) \cdot (\Delta\vec{x}_i - \Delta\vec{x}_j) \tag{D.1}$$

と考えてよい。

【問い 3-4】のヒント .... (問題は p79、解答は p354)
張力 T の水平成分は、$T(x) \times \dfrac{\mathrm{d}x}{\sqrt{\mathrm{d}x^2 + \mathrm{d}y^2}} = T(x) \times \dfrac{1}{\sqrt{1+(y')^2}}$ である。水平に働く力は二つの張力だけなので、この微小部分の左から働く張力の水平成分と、右から働く張力の水平成分は一致しなくてはいけない。それは、

$$\frac{\mathrm{d}}{\mathrm{d}x}\left(T(x) \times \frac{1}{\sqrt{1+(y')^2}}\right) = 0 \tag{D.2}$$

という式になる。これと鉛直方向のつりあいの式を連立させる。張力の鉛直方向の成分は $T(x) \times \dfrac{\mathrm{d}y}{\sqrt{\mathrm{d}x^2 + \mathrm{d}y^2}} = T(x) \times \dfrac{y'}{\sqrt{1+(y')^2}}$ となるが、右から働く張力の鉛直成

分は、場所を x から $x+\mathrm{d}x$ へと移動させて、$T(x+\mathrm{d}x) \times \dfrac{y'(x+\mathrm{d}x)}{\sqrt{1+(y'(x+\mathrm{d}x))^2}}$ と考える。この二つの差を、$f(x+\mathrm{d}x)-f(x) = \mathrm{d}x \dfrac{\mathrm{d}f}{\mathrm{d}x}(x)$ と、微分で表現する。

【問い4-1】のヒント.. (問題はp96、解答はp355)

単純に積分していけばよいのだが、三角関数の積分がたくさん出てくる。三角関数の周期分の積分なので、$\int_0^T \sin\omega t \sin 2\omega t\, \mathrm{d}t$ のような「周期の違う三角関数の積の積分」は0になることを使うと少し計算が楽になる。

【問い4-2】のヒント.. (問題はp102、解答はp356)

下向きに重力 mg が働く粒子のラグランジアンは $L = \dfrac{1}{2}m(\dot{x})^2 - mgx$ だから、これを下向きに加速度 g で動く座標系 $X = x + \dfrac{1}{2}gt^2$ に座標変換する。

【問い5-1】のヒント.. (問題はp115、解答はp356)

$\dfrac{\partial L}{\partial x} - \dfrac{\mathrm{d}}{\mathrm{d}t}\left(\dfrac{\partial L}{\partial \dot{x}}\right) = 0$ と $\dfrac{\partial L}{\partial y} - \dfrac{\mathrm{d}}{\mathrm{d}t}\left(\dfrac{\partial L}{\partial \dot{y}}\right) = 0$ が成り立つとして、

$$\underbrace{\dfrac{\partial L}{\partial x}\dfrac{\partial x}{\partial r} + \dfrac{\partial L}{\partial \dot{x}}\dfrac{\partial \dot{x}}{\partial r} + \dfrac{\partial L}{\partial y}\dfrac{\partial y}{\partial r} + \dfrac{\partial L}{\partial \dot{y}}\dfrac{\partial \dot{y}}{\partial r}}_{\frac{\partial L}{\partial r}} - \dfrac{\mathrm{d}}{\mathrm{d}t}\underbrace{\left(\dfrac{\partial L}{\partial \dot{x}}\dfrac{\partial \dot{x}}{\partial \dot{r}} + \dfrac{\partial L}{\partial \dot{y}}\dfrac{\partial \dot{y}}{\partial \dot{r}}\right)}_{\frac{\partial L}{\partial \dot{r}}} \tag{D.3}$$

$$\underbrace{\dfrac{\partial L}{\partial x}\dfrac{\partial x}{\partial \theta} + \dfrac{\partial L}{\partial \dot{x}}\dfrac{\partial \dot{x}}{\partial \theta} + \dfrac{\partial L}{\partial y}\dfrac{\partial y}{\partial \theta} + \dfrac{\partial L}{\partial \dot{y}}\dfrac{\partial \dot{y}}{\partial \theta}}_{\frac{\partial L}{\partial \theta}} - \dfrac{\mathrm{d}}{\mathrm{d}t}\underbrace{\left(\dfrac{\partial L}{\partial \dot{x}}\dfrac{\partial \dot{x}}{\partial \dot{\theta}} + \dfrac{\partial L}{\partial \dot{y}}\dfrac{\partial \dot{y}}{\partial \dot{\theta}}\right)}_{\frac{\partial L}{\partial \dot{\theta}}} \tag{D.4}$$

を計算して0になることを確認する。

【問い5-2】のヒント.. (問題はp117、解答はp357)

地道に計算するだけである。$\dfrac{\partial \theta}{\partial x}$ などの微分が必要になるが、$\begin{pmatrix} \dfrac{\partial x}{\partial r} & \dfrac{\partial x}{\partial \theta} \\ \dfrac{\partial y}{\partial r} & \dfrac{\partial y}{\partial \theta} \end{pmatrix} = \begin{pmatrix} \cos\theta & -r\sin\theta \\ \sin\theta & r\cos\theta \end{pmatrix}$ の逆行列が $\begin{pmatrix} \dfrac{\partial r}{\partial x} & \dfrac{\partial r}{\partial y} \\ \dfrac{\partial \theta}{\partial x} & \dfrac{\partial \theta}{\partial y} \end{pmatrix} = \begin{pmatrix} \cos\theta & \sin\theta \\ -\dfrac{\sin\theta}{r} & \dfrac{\cos\theta}{r} \end{pmatrix}$ であることを使うのがよい。

【問い5-3】のヒント.. (問題はp117、解答はp358)

(5.23)の左辺の微分を実行すればよい。$\dfrac{\mathrm{d}}{\mathrm{d}t}\vec{e}_r = \dot{\theta}\vec{e}_\theta$, $\dfrac{\mathrm{d}}{\mathrm{d}t}\vec{e}_\theta = -\dot{\theta}\vec{e}_r$ に注意せよ。
→p117

【問い5-4】のヒント.. (問題はp137、解答はp358)

$$L = \dfrac{1}{2}m\left(\left(\dot{X}\right)^2 + \left(\dot{Y}\right)^2\right) - mgY + \lambda(Y - X^2) \tag{D.5}$$

として拘束を代入する。

【問い 5-5】のヒント .... （問題は p137、解答は p359）

重心は $\vec{x}_\text{G} = \dfrac{m_1\vec{x}_1 + m_2\vec{x}_2}{m_1 + m_2}$、相対座標は $\vec{x}_\text{R} = \vec{x}_1 - \vec{x}_2$ である。逆に解いて、

$$\vec{x}_1 = \vec{x}_\text{G} + \frac{m_2}{m_1 + m_2}\vec{x}_\text{R}, \quad \vec{x}_2 = \vec{x}_\text{G} - \frac{m_1}{m_1 + m_2}\vec{x}_\text{R} \tag{D.6}$$

【問い 6-1】のヒント .... （問題は p147、解答は p359）

x_g については、146 ページで図を書いて考えたように、2 物体を一個と考えたとしてどのバネとどのバネがどのように伸びるのか、と考えるとよい。

x_R については、図を中央で切って半分だけを考えるとよい。この変数によって表される運動では中心つまり x_g は動かないから、中央は（釘でも打たれたかのごとく）動かないと考えてよい。その時位置ベクトルが $\dfrac{x_\text{R}}{2}$ であることと、半分になったバネのバネ定数は 2 倍になることに注意せよ。

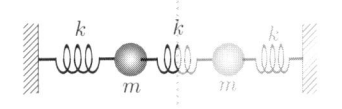

【問い 7-1】のヒント .... （問題は p178、解答は p359）

行列の微分計算を着実にやっていけばよい。以下の計算で、$\mathbf{A}\mathbf{A}^t = \mathbf{E}$ であるから $\dot{\mathbf{A}}\mathbf{A}^t + \mathbf{A}\dot{\mathbf{A}}^t = 0$ であり、これは $\dot{\mathbf{A}}\mathbf{A}^t = -\mathbf{A}\dot{\mathbf{A}}^t$ を意味する。$\left(\dot{\mathbf{A}}\mathbf{A}^t\right)^t = \mathbf{A}\dot{\mathbf{A}}^t$ であるから、この行列は反対称である。同じことが $\mathbf{A}\dot{\mathbf{B}}\mathbf{B}^t\mathbf{A}^t$ と $\mathbf{A}\mathbf{B}\dot{\mathbf{C}}\mathbf{C}^t\mathbf{B}^t\mathbf{A}^t$ にも言えるので、以下の計算では 3 × 3 行列のうち 3 成分だけを計算すればよい。

$$\mathbf{A} = \begin{pmatrix} \cos\psi & \sin\psi & 0 \\ -\sin\psi & \cos\psi & 0 \\ 0 & 0 & 1 \end{pmatrix}, \quad \dot{\mathbf{A}} = \dot\psi \begin{pmatrix} -\sin\psi & \cos\psi & 0 \\ -\cos\psi & -\sin\psi & 0 \\ 0 & 0 & 0 \end{pmatrix} \tag{D.7}$$

$$\dot{\mathbf{A}}\mathbf{A}^t = \dot\psi \begin{pmatrix} -\sin\psi & \cos\psi & 0 \\ -\cos\psi & -\sin\psi & 0 \\ 0 & 0 & 0 \end{pmatrix} \begin{pmatrix} \cos\psi & -\sin\psi & 0 \\ \sin\psi & \cos\psi & 0 \\ 0 & 0 & 1 \end{pmatrix} = \begin{pmatrix} 0 & \dot\psi & 0 \\ -\dot\psi & 0 & 0 \\ 0 & 0 & 0 \end{pmatrix} \tag{D.8}$$

と $\dot{\mathbf{A}}\mathbf{A}^t$ が計算できる。$\dot{\mathbf{B}}\mathbf{B}^t$ と $\dot{\mathbf{C}}\mathbf{C}^t$ も、角度と行（列）が変わるだけで、ほぼ同様の計算になり、

$$\dot{\mathbf{B}}\mathbf{B}^t = \begin{pmatrix} 0 & 0 & 0 \\ 0 & 0 & \dot\theta \\ 0 & -\dot\theta & 0 \end{pmatrix}, \quad \dot{\mathbf{C}}\mathbf{C}^t = \begin{pmatrix} 0 & \dot\phi & 0 \\ -\dot\phi & 0 & 0 \\ 0 & 0 & 0 \end{pmatrix} \tag{D.9}$$

である。後はえんえんと行列計算をやる。

【問い 8-1】のヒント .... （問題は p195、解答は p360）

この場合、ラグランジアンの $-mgz$ の部分が $-mg(z+\epsilon)$ に変化するので、L が $-mg\epsilon$ だけ違う値を持つ。ということは、L を (t_i, t_f) という範囲で積分したことによるハミルトンの主関数のずれは、$\delta\bar{S} = -mg\epsilon(t_f - t_i)$ となる。

【問い 8-2】のヒント .... （問題は p196、解答は p361）

ラグランジアンが $L = \dfrac{1}{2}m\left|\dot{\vec{x}}\right|^2 + \dfrac{1}{2}M\left|\dfrac{\mathrm{d}\vec{x}_E}{\mathrm{d}t}\right|^2 + \dfrac{GMm}{|\vec{x} - \vec{x}_E|}$ になる。

【問い 9-2】のヒント .... (問題は p222、解答は p361)
調和振動子の場合、力が $-kq$ だったのが、$-kq-mg$ に変わる。

【問い 9-3】のヒント .... (問題は p237、解答は p361)
何度も出てくる $\dfrac{p_\phi - p_\psi \cos\theta}{\sin\theta}$ を P と書いておこう。

$\{I_{XX}\omega_X, I_{YY}\omega_Y\} = \{p_\theta \cos\psi + P\sin\psi, -p_\theta \sin\psi + P\cos\psi\}$ であるが、$p_\theta \cos\psi$ と $-p_\theta \sin\psi$ は（ポアッソン括弧の意味で）交換するので、計算すべきは

$$\{p_\theta \cos\psi, P\cos\psi\} + \{P\sin\psi, -p_\theta \sin\psi\} + \{P\sin\psi, P\cos\psi\} \tag{D.10}$$

である。ポアッソン括弧のライプニッツ則を使って、「（ポアッソン括弧の意味で）交換する」量を括弧の外に出していく（$\{A,B\}=0$ なら、$\{AC,B\}=A\{C,B\}$ のように）。
→ p228 の (9.65)

【問い 10-2】のヒント .... (問題は p248、解答は p362)

$$\frac{\partial A}{\partial q}\frac{\partial B}{\partial p} - \frac{\partial B}{\partial q}\frac{\partial A}{\partial p} = \alpha^2\left(\frac{\partial A}{\partial(\alpha q)}\frac{\partial B}{\partial(\alpha p)} - \frac{\partial B}{\partial(\alpha q)}\frac{\partial A}{\partial(\alpha p)}\right) \tag{D.11}$$

なのでポアッソン括弧は定数倍になる。ではどうすれば正準方程式が不変になるか。

【問い 10-3】のヒント .... (問題は p248、解答は p362)

(10.12) の右辺の $\dfrac{\partial A}{\partial Q}\dfrac{\partial B}{\partial P} - \dfrac{\partial B}{\partial Q}\dfrac{\partial A}{\partial P}$ を計算すればよいが、第2項は第1項の A と B
→ p248
を取り替えたものを引けばいいので、まずは第1項のみを考える。

【問い 10-4】のヒント .... (問題は p259、解答は p363)

(10.56) の両辺を q を一定として p で微分したものと、(10.55) の両辺を p を一定とし
→ p259   → p258
て q で微分したものを作って、J が出てくるようにしてみよう。

【問い 10-5】のヒント .... (問題は p259、解答は p363)

$$\frac{\partial P(q,p)}{\partial p} = \frac{\partial q(Q,P)}{\partial Q}, \quad \frac{\partial Q(q,p)}{\partial p} = -\frac{\partial q(Q,P)}{\partial P} \tag{D.12}$$

が示せれば $J=1$ となる。$p = \dfrac{\partial G(q,Q)}{\partial q}$ を Q で微分したものと、$P = -\dfrac{\partial G(q,Q)}{\partial Q}$ を q
→ p245
で微分したものを比べると、

$$\frac{\partial^2 G(q,Q)}{\partial q \partial Q} = \frac{\partial p(q,Q)}{\partial Q} = -\frac{\partial P(q,Q)}{\partial q} \tag{D.13}$$

がわかるので、これを手がかりにしよう。ここで、

$$\underbrace{\frac{\partial p(q,Q)}{\partial Q}}_{(D.13)\text{の中辺}} \underbrace{\frac{\partial Q(q,p)}{\partial p}}_{(D.12)\text{の第2式の左辺}} \quad \text{と} \quad \underbrace{-\frac{\partial P(q,Q)}{\partial q}}_{(D.13)\text{の右辺}} \times \underbrace{\left(-\frac{\partial q(Q,P)}{\partial P}\right)}_{(D.12)\text{の第2式の右辺}} \tag{D.14}$$

の意味を考えると、$\dfrac{\partial Q(q,p)}{\partial p} = -\dfrac{\partial q(Q,P)}{\partial P}$ が出る。もう一つの $\dfrac{\partial P(q,p)}{\partial p} = \dfrac{\partial q(Q,P)}{\partial Q}$ は微分を丁寧に行えば出てくる。

【問い 10-6】のヒント .... (問題は p264、解答は p364)
$$q = -\frac{\partial W}{\partial p} = \frac{Q}{\alpha}, P = -\frac{\partial W}{\partial Q} = \frac{p}{\alpha} \text{ となればよい。}$$

【問い 10-7】のヒント .... (問題は p264、解答は p364)
p, Q を独立変数とするのだから、$q = -\frac{\partial W}{\partial p}, P = -\frac{\partial W}{\partial Q}$ である。q の方は変えないので、$q = Q$ であることに注意。

【問い 10-8】のヒント .... (問題は p266、解答は p364)
ポアッソン括弧は同じであることは確認済みなので第1項どうしは等しい。よって第2項のみを計算し、

$$\frac{\partial P(q,p,t)}{\partial t} = \left\{P, \frac{\partial G}{\partial t}\right\}_{(Q,P)}, \quad \frac{\partial Q(q,p,t)}{\partial t} = \left\{Q, \frac{\partial G}{\partial t}\right\}_{(Q,P)} \quad \text{(D.15)}$$

を示せばよい。$\frac{\partial G(q,Q,t)}{\partial q} = p, \frac{\partial G(q,Q,t)}{\partial Q} = -P$ を使うが、G は q, Q, t の関数なので、微分する時の条件に注意。ポアッソン括弧の中の $\frac{\partial}{\partial Q}$ は「P, t を一定としての微分」であるから、「q, t を一定としての微分」と同じではない。

【問い 10-10】のヒント .... (問題は p271、解答は p365)
$$p_x = m\dot{x} = m\frac{\mathrm{d}}{\mathrm{d}t}(r\cos\theta) = m\dot{r}\cos\theta - mr\dot{\theta}\sin\theta = p_r\cos\theta - p_\theta\frac{\sin\theta}{r} \quad \text{(D.16)}$$

$$p_y = m\dot{x} = m\frac{\mathrm{d}}{\mathrm{d}t}(r\sin\theta) = m\dot{r}\sin\theta + mr\dot{\theta}\cos\theta = p_r\sin\theta + p_\theta\frac{\cos\theta}{r} \quad \text{(D.17)}$$

を使って真面目に計算する。

【問い 10-11】のヒント .... (問題は p272、解答は p366)
まず、$\frac{\partial^2 G(\{q_*\},\{Q_*\})}{\partial Q_i \partial q_j}$ という微分の順番の交換により、

$$-\frac{\partial P_i(\{q_*\},\{Q_*\})}{\partial q_j} = \frac{\partial p_j(\{q_*\},\{Q_*\})}{\partial Q_i} \quad \text{(D.18)}$$

が言える。この式は証明したい $\frac{\partial P_i(\{q_*\},\{p_*\})}{\partial q_j} = -\frac{\partial p_j(\{Q_*\},\{P_*\})}{\partial Q_i}$ ((10.104)の第1式)とは、「何を一定にして微分するか」が違うので、別の式であることに注意しよう。

次に、$\frac{\partial^2 G(\{q_*\},\{Q_*\})}{\partial q_i \partial q_j}$ および $\frac{\partial^2 G(\{q_*\},\{Q_*\})}{\partial Q_i \partial Q_j}$ の交換から、

$$\frac{\partial p_i(\{q_*\},\{Q_*\})}{\partial q_j} = \frac{\partial p_j(\{q_*\},\{Q_*\})}{\partial q_i}, \quad \frac{\partial P_i(\{q_*\},\{Q_*\})}{\partial Q_j} = \frac{\partial P_j(\{q_*\},\{Q_*\})}{\partial Q_i} \quad \text{(D.19)}$$

がわかる。

他に、$p_i(\{q_*\}, \{Q_*\}) = p_i((\{q_*\}, \{Q_*(\{q_*\}, \{p_*\})\}))$ と考えて、これを p_k で微分してできる式

$$\delta_{ik} = \sum_\ell \frac{\partial p_i(\{q_*\}, \{Q_*\})}{\partial Q_\ell} \frac{\partial Q_\ell(\{q_*\}, \{p_*\})}{\partial p_k} \tag{D.20}$$

や、q_k で微分してできる式

$$0 = \frac{\partial p_i(\{q_*\}, \{Q_*\})}{\partial q_k} + \sum_\ell \frac{\partial p_i(\{q_*\}, \{Q_*\})}{\partial Q_\ell} \frac{\partial Q_\ell(\{q_*\}, \{p_*\})}{\partial q_k} \tag{D.21}$$

を用いると証明できる。

【問い 10-12】のヒント... (問題は p276、解答は p367)

正準方程式は

$$\frac{\mathrm{d}x}{\mathrm{d}t} = \frac{1}{m}\left(p_x + \frac{qB}{2}y\right), \quad \frac{\mathrm{d}y}{\mathrm{d}t} = \frac{1}{m}\left(p_y - \frac{qB}{2}x\right) \tag{D.22}$$

$$\frac{\mathrm{d}p_x}{\mathrm{d}t} = \frac{qB}{2m}\left(p_y - \frac{qB}{2}x\right), \quad \frac{\mathrm{d}p_y}{\mathrm{d}t} = -\frac{qB}{2m}\left(p_x + \frac{qB}{2}y\right) \tag{D.23}$$

になる。$\frac{\mathrm{d}}{\mathrm{d}t}\left(p_x + \frac{qB}{2}y\right)$ を計算してみるとよい。

【問い 11-1】のヒント... (問題は p286、解答は p368)

球面波解から運動量を求めると、

$$\frac{\partial}{\partial x_i}\left(\frac{1}{2}m\sum_j \frac{(x_j - x_j^{(0)})^2}{t - t_0}\right) = m\frac{x_i - x_i^{(0)}}{t - t_0} \tag{D.24}$$

より、$\alpha_i = m\dfrac{x_i - x_i^{(0)}}{t - t_0}$ （逆に解くと $x_i = x_i^{(0)} + \dfrac{\alpha_i(t - t_0)}{m}$）として、ルジャンドル変換 $\bar{S} - \alpha_i x_i$ を計算してみる。

【問い A-3】のヒント... (問題は p312、解答は p368)

まず、非対角の時 0 になることを確かめる（これはレヴィ・チビタ記号の反対称性を使う）。$p = \ell$ の場合は行列式と同じ計算が出てくることを示せばよい。

【問い C-1】のヒント... (問題は p337、解答は p369)

(C.12)$\underset{\to \text{p336}}{}$ については、$\left(\vec{A}\times(\vec{B}\times\vec{C})\right)_i = \sum_{j,k} \epsilon_{ijk} A_j \sum_{\ell,m} \epsilon_{k\ell m} B_\ell C_m$ に(C.11)$\underset{\to \text{p336}}{}$ を使う。(C.13)$\underset{\to \text{p336}}{}$ も同様に、$(\vec{A}\times\vec{B})\cdot(\vec{C}\times\vec{D}) = \sum_i \sum_{j,k} \epsilon_{ijk} A_j B_k \sum_{\ell,m} \epsilon_{i\ell m} C_\ell D_m$ を使う。

【問い C-2】のヒント... (問題は p337、解答は p369)

$\vec{e}_{[1]} \times \vec{e}_{[2]} = \vec{e}_{[3]}$ と $\vec{e}_{[2]}$ または $\vec{e}_{[1]}$ との外積を取ってみよう。

以下は解答編

【問い 1-1】の解答 .... (問題は p19)

$$\begin{aligned}
\mathrm{d}\vec{e}_r =\ & \mathrm{d}\theta \underbrace{(\cos\theta\cos\phi\vec{e}_x + \cos\theta\sin\phi\vec{e}_y - \sin\theta\vec{e}_z)}_{\vec{e}_\theta} \\
& + \mathrm{d}\phi \underbrace{(-\sin\theta\sin\phi\vec{e}_x + \sin\theta\cos\phi\vec{e}_y)}_{\sin\theta\vec{e}_\phi}
\end{aligned} \tag{D.25}$$

$$\begin{aligned}
\mathrm{d}\vec{e}_\theta =\ & \mathrm{d}\theta \underbrace{(-\sin\theta\cos\phi\vec{e}_x - \sin\theta\sin\phi\vec{e}_y - \cos\theta\vec{e}_z)}_{-\vec{e}_r} \\
& + \mathrm{d}\phi \underbrace{(-\cos\theta\sin\phi\vec{e}_x + \cos\theta\cos\phi\vec{e}_y)}_{\cos\theta\vec{e}_\phi}
\end{aligned} \tag{D.26}$$

$$\mathrm{d}\vec{e}_\phi =\ \mathrm{d}\phi\,(-\cos\phi\vec{e}_x - \sin\phi\vec{e}_y) \tag{D.27}$$

となるが、ここで $\cos\phi\vec{e}_x + \sin\phi\vec{e}_y = \sin\theta\vec{e}_r + \cos\theta\vec{e}_\theta$ を使うと欲しい式が出る。

【問い 1-2】の解答 .... (問題は p19)

$$\mathrm{d}\vec{e}_\rho = \mathrm{d}\phi\underbrace{(-\sin\phi\vec{e}_x + \cos\phi\vec{e}_y)}_{\vec{e}_\phi},\quad \mathrm{d}\vec{e}_\phi = \mathrm{d}\phi\underbrace{(-\cos\phi\vec{e}_x - \sin\phi\vec{e}_y)}_{-\vec{e}_\rho} \tag{D.28}$$

【問い 2-1】の解答 .... (問題は p26、ヒントは p346)

$ty(x - t - y)$ を t, y で微分することで、

$$\begin{aligned}
\frac{\partial}{\partial t}ty(x - t - y) &= y(x - t - y) - ty = y(x - 2t - y) = 0, \\
\frac{\partial}{\partial y}ty(x - t - y) &= t(x - t - y) - ty = t(x - t - 2y) = 0
\end{aligned} \tag{D.29}$$

という二つの条件が出る。二つの式を引き算すると、

$$y(x - 2t - y) - t(x - t - 2y) = yx - y^2 - tx + t^2 = (y - t)(x - y - t) = 0 \tag{D.30}$$

という式が出て、$x - y - t \neq 0$ だから $t = y$ となる。これを $y(x - 2t - y)$ に代入すると $x = 3y$。ゆえに、縦・横・高さが全て $\dfrac{x}{3}$、つまりは立方体にするとよい。

【問い 2-2】の解答 .... (問題は p28、ヒントは p346)

$L' = 2x + 2y + \lambda(xy - S)$ を微分して、

$$\begin{aligned}
\frac{\partial L'}{\partial x} &= 2 + \lambda y = 0, \qquad \frac{\partial L'}{\partial y} = 2 + \lambda x = 0, \\
\frac{\partial L'}{\partial \lambda} &= xy - S = 0
\end{aligned} \tag{D.31}$$

という式を連立方程式として解くと、$x = y = \sqrt{S}$ となる（つまり、正方形である）。

【問い 2-3】の解答... (問題は p28、ヒントは p346)

$$
\begin{aligned}
&\frac{\partial V'}{\partial t} = yh + \lambda, \quad &\frac{\partial V'}{\partial y} = th + \lambda, \\
&\frac{\partial V'}{\partial h} = ty + \lambda, \quad &\frac{\partial V'}{\partial \lambda} = t + y + h - x
\end{aligned}
\tag{D.32}
$$

という式が出て、連立方程式としてとけば $t = y = h = \dfrac{x}{3}$ となる。

【問い 2-4】の解答... (問題は p39、ヒントは p346)

$I = \displaystyle\int_0^1 \sqrt{(x')^2 + (y')^2}\, \mathrm{d}\lambda$ の変分を取り、

$$\delta I = \int_0^1 \left(\sqrt{(x' + \delta x')^2 + (y')^2} - \sqrt{(x')^2 + (y')^2} \right) \mathrm{d}\lambda \tag{D.33}$$

が 0 になる条件を求めればよい。$\delta x'$ は微小としてテーラー展開をして、

$$\delta I = \int_0^1 \frac{1}{\sqrt{(x')^2 + (y')^2}} \times x' \delta x'\, \mathrm{d}\lambda \tag{D.34}$$

である。これを $\int (何か) \delta x\, \mathrm{d}\lambda$ の形にするために部分積分を実行すると、

$$\delta I = \left[\frac{x'}{\sqrt{(x')^2 + (y')^2}} \delta x \right]_0^1 - \int_0^1 \frac{\mathrm{d}}{\mathrm{d}\lambda} \left(\frac{x'}{\sqrt{(x')^2 + (y')^2}} \right) \delta x\, \mathrm{d}\lambda \tag{D.35}$$

第一項（表面項）の部分は 0 であり、δx は独立だから、

$$\frac{\mathrm{d}}{\mathrm{d}\lambda} \left(\frac{x'}{\sqrt{(x')^2 + (y')^2}} \right) = 0 \quad \text{より} \quad \frac{x'}{\sqrt{(x')^2 + (y')^2}} = 一定 \tag{D.36}$$

となる。分母分子を $x' = \dfrac{\mathrm{d}x}{\mathrm{d}\lambda}$ で割って整理すると $\dfrac{\mathrm{d}y}{\mathrm{d}x} = $ 一定、すなわち直線である。

y の方の変分をやっても同様の結果を得るので、直線が解であることがわかる。

【問い 3-1】の解答... (問題は p59、ヒントは p346)

$$\Delta |\vec{x}_i - \vec{x}_j|^2 = 2(\vec{x}_i - \vec{x}_j) \cdot (\Delta \vec{x}_i - \Delta \vec{x}_j) \tag{D.37}$$

だから、$\Delta \vec{x}_i - \Delta \vec{x}_j$ というベクトルが 0 であるか、または $\vec{x}_i - \vec{x}_j$ と直交していれば変化量は 0 である。並進の場合、$\Delta \vec{x}_i$ は i によらず共通に $\Delta \vec{x}$ だから、$\Delta \vec{x}_i - \Delta \vec{x}_j = 0$ となる。回転の場合は、$\Delta \vec{x}_i - \Delta \vec{x}_j = \mathrm{d}\theta\, \vec{e}_{軸} \times (\vec{x}_i - \vec{x}_j)$ となって、これは $\vec{x}_i - \vec{x}_j$ と直交するので、やはり変化量は 0 となる。

【問い 3-2】の解答... (問題は p66)

偶力であるから、F という力を逆方向に二つ加える。そして軸を一回転させると $2\pi R$ という距離を動かすことになるから、なされる仕事は $2 \times 2\pi R \times F = 4\pi RF$ である。この仕事によって物体が Mgh のエネルギーを得るから、

$$4\pi RF = Mgh \quad \text{より} \quad F = \frac{Mgh}{4\pi R} \tag{D.38}$$

【問い 3-3】の解答 ....(問題は p78)
オイラー・ラグランジュ方程式は

$$\underbrace{\rho g \sqrt{1+(y')^2}}_{\frac{\partial L}{\partial y}} - \frac{\mathrm{d}}{\mathrm{d}x}\underbrace{\left(\frac{\rho g y y'}{\sqrt{1+(y')^2}} - \frac{\lambda y'}{\sqrt{1+(y')^2}}\right)}_{\frac{\partial L}{\partial y'}} = 0 \tag{D.39}$$

$$L - \int_{x_1}^{x_2} \sqrt{1+(y')^2}\,\mathrm{d}x = 0 \tag{D.40}$$

の二つである。第1の式は

$$\rho g \sqrt{1+(y')^2} - \frac{\mathrm{d}}{\mathrm{d}x}\left(\frac{(\rho g y - \lambda)y'}{\sqrt{1+(y')^2}}\right) = 0 \tag{D.41}$$

と書き直せるが、これと(3.59)との違いは、$y \to y - \frac{\lambda}{\rho g}$ という平行移動でしかない (定数のずれだから y' には影響しない)。つまり y の原点の違い程度にしか λ の効果は効いてないのである。

【問い 3-4】の解答 ....(問題は p79、ヒントは p346)
鉛直方向のつりあいの式は

$$\rho g \sqrt{\mathrm{d}x^2 + \mathrm{d}y^2} + T(x) \times \frac{y'(x)}{\sqrt{1+(y'(x))^2}} = T(x+\mathrm{d}x) \times \frac{y'(x+\mathrm{d}x)}{\sqrt{1+(y'(x+\mathrm{d}x))^2}} \tag{D.42}$$

である。これは、$f(x+\mathrm{d}x) - f(x) = \mathrm{d}x \frac{\mathrm{d}f}{\mathrm{d}x}$ という微分の定義の式を $T(x) \times \frac{y'(x)}{\sqrt{1+(y'(x))^2}}$ という式に対して適用すれば、

$$\rho g \sqrt{\mathrm{d}x^2 + \mathrm{d}y^2} = \mathrm{d}x \frac{\mathrm{d}}{\mathrm{d}x}\left(T(x) \times \frac{y'(x)}{\sqrt{1+(y'(x))^2}}\right) \tag{D.43}$$

と書き直せる。一方ヒントの(D.2)から、$T(x) \times \frac{1}{\sqrt{1+(y')^2}} = \rho g C$ として (C は定数。積分定数を $\rho g C$ にしたのは、後で ρg が消えるように)、

$$\rho g \sqrt{1+(y')^2}\,\mathrm{d}x = \mathrm{d}x \frac{\mathrm{d}}{\mathrm{d}x}(\rho g C y') \quad \text{より} \quad \sqrt{1+(y')^2} = C y'' \tag{D.44}$$

という方程式が出るので、後はこれを解く。$y' = f(x)$ とすれば

$$\sqrt{1+f^2} = C \frac{\mathrm{d}f}{\mathrm{d}x} \quad \text{より} \quad \frac{\mathrm{d}f}{\sqrt{1+f^2}} = \frac{1}{C}\mathrm{d}x \tag{D.45}$$

と変数分離でき、$f = \sinh t$ と置くことで

$$\frac{dt \cosh t}{\sqrt{1+\sinh^2 t}} = \frac{1}{C} dx \quad 積分して \quad t = \frac{1}{C}x + D \tag{D.46}$$

よって

$$y' = \sinh\left(\frac{1}{C}x + D\right)$$
$$y = C\cosh\left(\frac{1}{C}x + D\right) + E \tag{D.47}$$

（積分して）

となり、積分定数の違いはあるが同じ答となる。

【問い 3-5】の解答 .... (問題は p82)

$$\int \left(\vec{\nabla}f \cdot \vec{\nabla}f\right) \overbrace{\rho\, d\rho\, d\phi\, dz}^{d^3\vec{x}} = \int \left(\left(\frac{\partial f}{\partial \rho}\right)^2 + \frac{1}{\rho^2}\left(\frac{\partial f}{\partial \phi}\right)^2 + \left(\frac{\partial f}{\partial z}\right)^2\right) \rho\, d\rho\, d\phi\, dz \tag{D.48}$$

に対するオイラー・ラグランジュ方程式は（後ろにある ρ を忘れずに！）

$$-\frac{\partial}{\partial \rho}\left(\rho \frac{\partial f}{\partial \rho}\right) - \frac{\partial}{\partial \phi}\left(\frac{1}{\rho}\frac{\partial f}{\partial \phi}\right) - \frac{\partial}{\partial z}\left(\rho \frac{\partial f}{\partial z}\right) = 0 \tag{D.49}$$

となるから、これを整理して以下を得る。

$$\frac{1}{\rho}\frac{\partial}{\partial \rho}\left(\rho \frac{\partial f}{\partial \rho}\right) + \frac{1}{\rho^2}\frac{\partial^2 f}{\partial \phi^2} + \frac{\partial^2 f}{\partial z^2} = 0 \tag{D.50}$$

【問い 4-1】の解答 .... (問題は p96、ヒントは p347)

(1) $x(t) = A\left(a\cos\omega t + (1-a)\cos^2 \omega t\right)$ を微分して、

$$\dot{x}(t) = A\left(-a\omega\sin\omega t + 2(1-a)\omega\cos\omega t \sin\omega t\right) = A\omega\left(-a\sin\omega t - (1-a)\sin 2\omega t\right) \tag{D.51}$$

が出る。これからラグランジアンは

$$L = \frac{m}{2}A^2\omega^2\left(-a\sin\omega t + (1-a)\sin 2\omega t\right)^2 - \frac{k}{2}A^2\left(a\cos\omega t + (1-a)\cos^2\omega t\right)^2 \tag{D.52}$$

となる。これを 0 から $T = \frac{2\pi}{\omega}$ まで積分するわけだが、

$$\int_0^T \sin^2\omega t\, dt = \frac{T}{2}, \quad \int_0^T \sin\omega t \sin 2\omega t\, dt = 0, \quad \int_0^T \sin^2 2\omega t\, dt = \frac{T}{2},$$
$$\int_0^T \cos^2\omega t\, dt = \frac{T}{2}, \quad \int_0^T \cos^3\omega t\, dt = 0, \quad \int_0^T \cos^4\omega t\, dt = \frac{3T}{8} \tag{D.53}$$

なので、

$$\int_0^T L\, dt = \frac{m}{2}A^2\omega^2\left(a^2\frac{T}{2} + (1-a)^2\frac{T}{2}\right) - \frac{k}{2}A^2\left(a^2\frac{T}{2} + (1-a)^2\frac{3T}{8}\right)$$
$$= \frac{kA^2}{16}(1-a)^2 T \tag{D.54}$$

という積分結果が出る。これはあきらかに $a=1$ が最小値である。

(2) $x(t) = A(a\cos\omega t + 1 - a)$ を微分して、

$$\dot{x}(t) = -A\omega a \sin\omega t \tag{D.55}$$

となるので、

$$L = \frac{m}{2}A^2\omega^2 a^2 \sin^2\omega t - \frac{k}{2}A^2(a\cos\omega t + (1-a))^2 \tag{D.56}$$

である。これを積分すると、

$$\int_0^T L\,\mathrm{d}t = \frac{m}{2}A^2\omega^2 a^2 \times \frac{T}{2} - \frac{k}{2}A^2\left(a^2\frac{T}{2} + (1-a)^2 T\right) = -\frac{k}{2}A^2(1-a)^2 T \tag{D.57}$$

となる。こちらは $a=1$ が最大値である。つまり、この方向の変分に対しては「**最小作用**」ではなく「**最大作用**」になっている。ただしあくまで「この方向の変分に対しては」であることに注意しよう。変分はいろいろな取り方があり、その取り方の一つにおいて「極大」であったというだけのことである。

作用が、どの方向から見ても最大になっていることは有り得ない。運動エネルギーは、速度 $\dot{x}$ は（仮想的な経路の変位においては）いくらでも大きくなれるからである。

【問い 4-2】の解答 .... (問題は p102、ヒントは p347)

$x = X - \frac{1}{2}gt^2$ と $\dot{x} = \dot{X} - gt$ を代入して、

$$\begin{aligned} L &= \frac{1}{2}m\left(\dot{X} - gt\right)^2 - mg\left(X - \frac{1}{2}gt^2\right) \\ &= \frac{1}{2}m\left(\dot{X}\right)^2 - mgt\dot{X} - mgX + mg^2t^2 \end{aligned} \tag{D.58}$$

となる。自由粒子のラグランジアン $\frac{1}{2}m\left(\dot{X}\right)^2$ に比べて余計な項は

$$\frac{\mathrm{d}}{\mathrm{d}t}\left(-mgtX + \frac{1}{3}mg^2t^3\right) \tag{D.59}$$

と表面項になる形で、運動方程式には効かない。
→ p98

【問い 5-1】の解答 .... (問題は p115、ヒントは p347)

$\dot{x} = \dot{r}\cos\theta - r\dot{\theta}\sin\theta, \dot{y} = \dot{r}\sin\theta + r\dot{\theta}\cos\theta$ という式から、

$$\frac{\partial \dot{x}}{\partial r} = -\dot{\theta}\sin\theta,\quad \frac{\partial \dot{y}}{\partial r} = \dot{\theta}\cos\theta,\quad \frac{\partial \dot{x}}{\partial \dot{r}} = \cos\theta,\quad \frac{\partial \dot{y}}{\partial \dot{r}} = \sin\theta \tag{D.60}$$

がわかる。これを(D.3)に代入して、
→ p347

$$
\underbrace{\frac{\partial L}{\partial x}\cos\theta - \frac{\partial L}{\partial \dot{x}}\dot{\theta}\sin\theta + \frac{\partial L}{\partial y}\sin\theta + \frac{\partial L}{\partial \dot{y}}\dot{\theta}\cos\theta}_{\frac{\partial L}{\partial r}} - \underbrace{\frac{\mathrm{d}}{\mathrm{d}t}\left(\frac{\partial L}{\partial \dot{x}}\cos\theta + \frac{\partial L}{\partial \dot{y}}\sin\theta\right)}_{\frac{\partial L}{\partial \dot{r}}}
$$
$$
= \underbrace{\left(\frac{\partial L}{\partial x} - \frac{\mathrm{d}}{\mathrm{d}t}\left(\frac{\partial L}{\partial \dot{x}}\right)\right)}_{E-L\,方程式より\,0}\cos\theta + \underbrace{\left(\frac{\partial L}{\partial y} - \frac{\mathrm{d}}{\mathrm{d}t}\left(\frac{\partial L}{\partial \dot{y}}\right)\right)}_{E-L\,方程式より\,0}\sin\theta
$$
$$
+ \frac{\partial L}{\partial \dot{x}}\underbrace{\left(-\dot{\theta}\sin\theta - \frac{\mathrm{d}}{\mathrm{d}t}\cos\theta\right)}_{=0} + \frac{\partial L}{\partial \dot{y}}\underbrace{\left(\dot{\theta}\cos\theta - \frac{\mathrm{d}}{\mathrm{d}t}\sin\theta\right)}_{=0} = 0
$$
(D.61)

となる。上で「$\underbrace{}_{E-L\,方程式より\,0}$」と書いたのは「オイラー・ラグランジュ方程式を代入すると 0 であることがわかる」という意味である。

同様に
$$
\frac{\partial \dot{x}}{\partial \theta} = -\dot{r}\sin\theta - r\dot{\theta}\cos\theta, \quad \frac{\partial \dot{y}}{\partial \theta} = \dot{r}\cos\theta - r\dot{\theta}\sin\theta, \quad \frac{\partial \dot{x}}{\partial \dot{\theta}} = -r\sin\theta, \quad \frac{\partial \dot{y}}{\partial \dot{\theta}} = r\cos\theta
$$
(D.62)

がわかる。これを (D.4) に代入して、
$$
\underbrace{-\frac{\partial L}{\partial x}r\sin\theta + \frac{\partial L}{\partial \dot{x}}\left(-\dot{r}\sin\theta - r\dot{\theta}\cos\theta\right) + \frac{\partial L}{\partial y}r\cos\theta + \frac{\partial L}{\partial \dot{y}}\left(\dot{r}\cos\theta - r\dot{\theta}\sin\theta\right)}_{\frac{\partial L}{\partial \theta}}
$$
$$
-\underbrace{\frac{\mathrm{d}}{\mathrm{d}t}\left(-\frac{\partial L}{\partial \dot{x}}r\sin\theta + \frac{\partial L}{\partial \dot{y}}r\cos\theta\right)}_{\frac{\partial L}{\partial \dot{\theta}}}
$$
(D.63)

を丁寧に計算すれば、
$$
= -\underbrace{\left(\frac{\partial L}{\partial x} - \frac{\mathrm{d}}{\mathrm{d}t}\left(\frac{\partial L}{\partial \dot{x}}\right)\right)}_{E-L\,方程式より\,0}r\sin\theta + \underbrace{\left(\frac{\partial L}{\partial y} - \frac{\mathrm{d}}{\mathrm{d}t}\left(\frac{\partial L}{\partial \dot{y}}\right)\right)}_{E-L\,方程式より\,0}r\cos\theta
$$
$$
+ \frac{\partial L}{\partial \dot{x}}\underbrace{\left(-\dot{r}\sin\theta - r\dot{\theta}\cos\theta - \frac{\mathrm{d}}{\mathrm{d}t}(-r\sin\theta)\right)}_{=0}
$$
$$
+ \frac{\partial L}{\partial \dot{y}}\underbrace{\left(\dot{r}\cos\theta - r\dot{\theta}\sin\theta - \frac{\mathrm{d}}{\mathrm{d}t}(r\cos\theta)\right)}_{=0} = 0
$$
(D.64)

【問い 5-2】の解答 .... (問題は p117、ヒントは p347)

$$
\begin{aligned}
m\frac{\mathrm{d}^2}{\mathrm{d}t^2}(r\cos\theta) &= -\frac{\partial V}{\partial x} \\
m\frac{\mathrm{d}}{\mathrm{d}t}\left(\dot{r}\cos\theta - r\dot{\theta}\sin\theta\right) &= -\frac{\partial r}{\partial x}\frac{\partial V}{\partial r} - \frac{\partial \theta}{\partial x}\frac{\partial V}{\partial \theta} \\
m\left(\ddot{r}\cos\theta - 2\dot{r}\dot{\theta}\sin\theta - r\ddot{\theta}\sin\theta - r(\dot{\theta})^2\cos\theta\right) &= -\cos\theta\frac{\partial V}{\partial r} + \frac{\sin\theta}{r}\frac{\partial V}{\partial \theta}
\end{aligned}
$$
(D.65)

同様に y 成分は

$$m\left(\ddot{r}\sin\theta + 2\dot{r}\dot{\theta}\cos\theta + r\ddot{\theta}\cos\theta - r(\dot{\theta})^2\sin\theta\right) = -\sin\theta\frac{\partial V}{\partial r} - \frac{\cos\theta}{r}\frac{\partial V}{\partial \theta} \quad \text{(D.66)}$$

$\cos\theta \times \underset{\to \text{p357}}{(\text{D.65})} + \sin\theta \times (\text{D.66})$ から、

$$m\left(\ddot{r} - r(\dot{\theta})^2\right) = -\frac{\partial V}{\partial r} \quad \text{(D.67)}$$

$\sin\theta \times \underset{\to \text{p357}}{(\text{D.65})} - \cos\theta \times (\text{D.66})$ から、

$$m\left(-2\dot{r}\dot{\theta} - r\ddot{\theta}\right) = \frac{1}{r}\frac{\partial V}{\partial \theta}$$
$$m\underbrace{\left(2r\dot{r}\dot{\theta} + r^2\ddot{\theta}\right)}_{\frac{d}{dt}(r^2\dot{\theta})} = -\frac{\partial V}{\partial \theta} \quad \text{(D.68)}$$

となって、欲しかった式を得る。

【問い 5-3】の解答 .... (問題は p117、ヒントは p347)

$\underset{\to \text{p117}}{(5.23)}$ の左辺は

$$\frac{d^2}{dt^2}(r\vec{e}_r) = \frac{d}{dt}\left(\dot{r}\vec{e}_r + r\dot{\theta}\vec{e}_\theta\right) = \ddot{r}\vec{e}_r + \dot{r}\dot{\theta}\vec{e}_\theta + \dot{r}\dot{\theta}\vec{e}_\theta + r\ddot{\theta}\vec{e}_\theta - r(\dot{\theta})^2\vec{e}_r$$
$$= \left(\ddot{r} - r(\dot{\theta})^2\right)\vec{e}_r + \left(2\dot{r}\dot{\theta} + r\ddot{\theta}\right)\vec{e}_\theta \quad \text{(D.69)}$$

となる。右辺の $-\vec{e}_r\frac{\partial U}{\partial r} - \vec{e}_\theta\frac{1}{r}\frac{\partial U}{\partial \theta}$ と見比べて、$\underset{\to \text{p116}}{(5.20)}$ を得る。保存量 $mr^2\dot{\theta}$ がすぐに見つかるなど、オイラー・ラグランジュ方程式を使った計算の方が見通しがよい。

【問い 5-4】の解答 .... (問題は p137、ヒントは p347)

$Y = X^2$ だから $\dot{Y} = 2X\dot{X}$ となり、

$$L = \frac{1}{2}m\left(\left(\dot{X}\right)^2 + 4X^2\left(\dot{X}\right)^2\right) - mgX^2 \quad \text{(D.70)}$$

であり、オイラー・ラグランジュ方程式は

$$\underbrace{-2mgX + 4mX\left(\dot{X}\right)^2}_{\frac{\partial L}{\partial X}} - \frac{d}{dt}\underbrace{\left(m\left(\dot{X} + 4X^2\dot{X}\right)\right)}_{\frac{\partial L}{\partial \dot{X}}} = 0$$
$$-2mgX + 4mX\left(\dot{X}\right)^2 - m\left(\ddot{X} + 8X\left(\dot{X}\right)^2 + 4X^2\ddot{X}\right) = 0 \quad \text{(D.71)}$$
$$-2mgX - 4mX\left(\dot{X}\right)^2 - m\left(1 + 4X^2\right)\ddot{X} = 0$$

【問い 5-5】の解答 .... (問題は p137、ヒントは p348)

(1) ヒントの式をラグランジアンに代入して、
→ p108 の (4.74)

$$L = \frac{1}{2}m_1\left(\frac{d}{dt}\left(\vec{x}_G + \frac{m_2}{m_1+m_2}\vec{x}_R\right)\right)^2 + \frac{1}{2}m_2\left(\frac{d}{dt}\left(\vec{x}_G - \frac{m_1}{m_1+m_2}\vec{x}_R\right)\right)^2$$
$$+ \lambda(|\vec{x}_R| - \ell)$$
$$= \frac{1}{2}(m_1+m_2)\left(\frac{d\vec{x}_G}{dt}\right)^2 + \frac{1}{2}\frac{m_1 m_2}{m_1+m_2}\left(\frac{d\vec{x}_R}{dt}\right)^2 + \lambda(|\vec{x}_R| - \ell) \tag{D.72}$$

(2) 相対速度の自乗は、

$$\left(\frac{d\vec{x}_R}{dt}\right)^2 = \left(\frac{d(\ell\cos\theta)}{dt}\right)^2 + \left(\frac{d(\ell\sin\theta)}{dt}\right)^2 = \ell^2\left(\frac{d\theta}{dt}\right)^2 \tag{D.73}$$

と計算できるからこれを代入する。拘束は自動的に満たされるので、ラグランジュ未定乗数の項はもうつける必要はない。よって、

$$L = \frac{1}{2}(m_1+m_2)\left(\frac{d\vec{x}_G}{dt}\right)^2 + \frac{1}{2}\frac{m_1 m_2}{m_1+m_2}\ell^2\left(\frac{d\theta}{dt}\right)^2 \tag{D.74}$$

【問い 6-1】の解答 .... (問題は p147、ヒントは p348)

x_g については、2物体を一つに考えれば、両側からバネ定数 k のバネから力を受けているので、バネ定数 $2k$ と考えればよい。

x_R については、1個の物体に左にバネ定数 k、右にバネ定数 $2k$（材質そのままで半分の長さになると、2倍伸ばしにくくなる）のバネが付いている事になり、合計のバネ定数 $3k$ である。しかし、図を半分に切ったことにより、変位は x_R の $\frac{1}{2}$ だから、このバネの出す力は $3k \times \frac{x_R}{2}$ であり、x_R を変位とかんがえるとバネ定数 $\frac{3k}{2}$ のバネが付いているのと同じことになっている。

【問い 7-1】の解答 .... (問題は p178、ヒントは p348)

ヒントの続き。

$$\mathbf{A}\dot{\mathbf{B}}\mathbf{B}^t\mathbf{A}^t$$
$$= \begin{pmatrix} \cos\psi & \sin\psi & 0 \\ -\sin\psi & \cos\psi & 0 \\ 0 & 0 & 1 \end{pmatrix}\begin{pmatrix} 0 & 0 & 0 \\ 0 & 0 & \dot{\theta} \\ 0 & -\dot{\theta} & 0 \end{pmatrix}\begin{pmatrix} \cos\psi & -\sin\psi & 0 \\ \sin\psi & \cos\psi & 0 \\ 0 & 0 & 1 \end{pmatrix}$$
$$= \begin{pmatrix} 0 & 0 & \dot{\theta}\sin\psi \\ 0 & 0 & \dot{\theta}\cos\psi \\ 0 & -\dot{\theta} & 0 \end{pmatrix}\begin{pmatrix} \cos\psi & -\sin\psi & 0 \\ \sin\psi & \cos\psi & 0 \\ 0 & 0 & 1 \end{pmatrix} = \begin{pmatrix} 0 & 0 & \dot{\theta}\sin\psi \\ 0 & 0 & \dot{\theta}\cos\psi \\ -\dot{\theta}\sin\psi & -\dot{\theta}\cos\psi & 0 \end{pmatrix}$$
(D.75)

$$\mathbf{B}\dot{\mathbf{C}}\mathbf{C}^t\mathbf{B}^t = \begin{pmatrix} 1 & 0 & 0 \\ 0 & \cos\theta & \sin\theta \\ 0 & -\sin\theta & \cos\theta \end{pmatrix} \begin{pmatrix} 0 & \dot\phi & 0 \\ -\dot\phi & 0 & 0 \\ 0 & 0 & 0 \end{pmatrix} \begin{pmatrix} 1 & 0 & 0 \\ 0 & \cos\theta & -\sin\theta \\ 0 & \sin\theta & \cos\theta \end{pmatrix}$$

$$= \begin{pmatrix} 0 & \dot\phi & 0 \\ -\dot\phi\cos\theta & 0 & 0 \\ \dot\phi\sin\theta & 0 & 0 \end{pmatrix} \begin{pmatrix} 1 & 0 & 0 \\ 0 & \cos\theta & -\sin\theta \\ 0 & \sin\theta & \cos\theta \end{pmatrix} = \begin{pmatrix} 0 & \dot\phi\cos\theta & -\dot\phi\sin\theta \\ -\dot\phi\cos\theta & 0 & 0 \\ \dot\phi\sin\theta & 0 & 0 \end{pmatrix}$$
(D.76)

最後に $\mathbf{A}\mathbf{B}\dot{\mathbf{C}}\mathbf{C}^t\mathbf{B}^t\mathbf{A}^t$ が、

$$= \begin{pmatrix} \cos\psi & \sin\psi & 0 \\ -\sin\psi & \cos\psi & 0 \\ 0 & 0 & 1 \end{pmatrix} \begin{pmatrix} 0 & \dot\phi\cos\theta & -\dot\phi\sin\theta \\ -\dot\phi\cos\theta & 0 & 0 \\ \dot\phi\sin\theta & 0 & 0 \end{pmatrix} \begin{pmatrix} \cos\psi & -\sin\psi & 0 \\ \sin\psi & \cos\psi & 0 \\ 0 & 0 & 1 \end{pmatrix}$$

$$= \begin{pmatrix} -\dot\phi\sin\psi\cos\theta & \dot\phi\cos\psi\cos\theta & -\dot\phi\cos\psi\sin\theta \\ -\dot\phi\cos\psi\cos\theta & -\dot\phi\sin\psi\cos\theta & \dot\phi\sin\psi\sin\theta \\ \dot\phi\sin\theta & 0 & 0 \end{pmatrix} \begin{pmatrix} \cos\psi & -\sin\psi & 0 \\ \sin\psi & \cos\psi & 0 \\ 0 & 0 & 1 \end{pmatrix}$$

$$= \begin{pmatrix} 0 & \dot\phi\cos\theta & -\dot\phi\cos\psi\sin\theta \\ -\dot\phi\cos\theta & 0 & \dot\phi\sin\psi\sin\theta \\ \dot\phi\cos\psi\sin\theta & -\dot\phi\sin\psi\sin\theta & 0 \end{pmatrix}$$
(D.77)

となる。以上をまとめて(7.27)に代入して(7.28)を得る。

【問い 7-2】の解答 .... (問題は p182)

$$\frac{d}{dt}\left(\frac{1}{2}I_{XX}(\omega_X)^2 + \frac{1}{2}I_{YY}(\omega_Y)^2 + \frac{1}{2}I_{ZZ}(\omega_Z)^2\right)$$
$$= \omega_X \underbrace{(I_{YY} - I_{ZZ})\omega_Y\omega_Z}_{I_{XX}\dot\omega_X} + \omega_Y\underbrace{(I_{ZZ} - I_{XX})\omega_Z\omega_X}_{I_{YY}\dot\omega_Y} + \omega_Z\underbrace{(I_{XX} - I_{YY})\omega_X\omega_Y}_{I_{ZZ}\dot\omega_Z}$$
(D.78)
$$= ((I_{YY} - I_{ZZ}) + (I_{ZZ} - I_{XX}) + (I_{XX} - I_{YY}))\omega_X\omega_Y\omega_Z = 0$$

【問い 7-3】の解答 .... (問題は p184)

$$\frac{d}{dt}\left|\vec{L}\right|^2 = 2(I_{XX})^2\omega_X\dot\omega_X + 2(I_{YY})^2\omega_Y\dot\omega_Y + 2(I_{ZZ})^2\omega_Z\dot\omega_Z$$
(D.79)

にオイラーの運動方程式(7.39)〜(7.41)を代入し、

$$= 2I_{XX}\omega_X(I_{YY} - I_{ZZ})\omega_Y\omega_Z + I_{YY}\omega_Y(I_{ZZ} - I_{XX})\omega_Z\omega_X + I_{ZZ}\omega_Z(I_{XX} - I_{YY})\omega_X\omega_Y$$
$$= 2\left(I_{XX}(I_{YY} - I_{ZZ}) + I_{YY}(I_{ZZ} - I_{XX}) + I_{ZZ}(I_{XX} - I_{YY})\right)\omega_X\omega_Y\omega_Z = 0$$
(D.80)

【問い 8-1】の解答 .... (問題は p195、ヒントは p348)

ヒントに書いたように、$\delta\bar{S} = -mg\epsilon(t_f - t_i)$ であるから、

$$-mg\epsilon(t_f - t_i) = \epsilon\left(m\dot z\big|_{t_f} - m\dot z\big|_{t_i}\right)$$
(D.81)

となる。つまりは「z方向の運動量は、$-mg\times$(時間) だけ変化する」という関係が出る。つまり「運動量変化=力積」という関係がここから出てくる。

【問い8-2】の解答 .... (問題はp196、ヒントはp348)
オイラー・ラグランジュ方程式は

$$\underbrace{-\frac{GMm(\vec{x}-\vec{x}_E)}{|\vec{x}-\vec{x}_E|^3}}_{\frac{\partial L}{\partial \vec{x}}}-\frac{\mathrm{d}}{\mathrm{d}t}\underbrace{\left(m\dot{\vec{x}}\right)}_{\frac{\partial L}{\partial \dot{\vec{x}}}}=0, \quad \underbrace{\frac{GMm(\vec{x}-\vec{x}_E)}{|\vec{x}-\vec{x}_E|^3}}_{\frac{\partial L}{\partial \vec{x}_E}}-\frac{\mathrm{d}}{\mathrm{d}t}\underbrace{\left(M\dot{\vec{x}}_E\right)}_{\frac{\partial L}{\partial \dot{\vec{x}}_E}}=0 \quad (\mathrm{D}.82)$$

となり、この二つを足すことで、$\frac{\mathrm{d}}{\mathrm{d}t}\left(m\dot{\vec{x}}+M\dot{\vec{x}}_E\right)=0$ を得る。つまり、全運動量は保存する。普段落体の運動を見て「z方向の運動量は保存しない」と思っているのは、地球の運動量を無視しているからなのである。もっとも、Mが非常に大きい（地球の質量は6.0×10^{24}kg）ため、$\vec{x}_E$の変化は観測不可能なほどに小さい。

【問い9-1】の解答 .... (問題はp210)

$$\frac{\mathrm{d}p}{\mathrm{d}t}=-\frac{\partial H}{\partial X}=0, \quad \dot{X}=\frac{\partial H}{\partial p}=\frac{1}{m}p-gt \quad (\mathrm{D}.83)$$

が正準方程式。これらから、以下の落体の運動の式が出る。

$$\frac{\mathrm{d}^2 X}{\mathrm{d}t^2}=\frac{1}{m}\frac{\mathrm{d}p}{\mathrm{d}t}-g=-g \quad (\mathrm{D}.84)$$

【問い9-2】の解答 .... (問題はp222、ヒントはp349)

ヒントに書いたように働く力は $-kq-mg$ であるが、これを $-k(q+\frac{mg}{k})$ と考えれば、位相空間での平行移動である。つまり、$-\frac{mg}{k}$ だけ q 方向に平行移動させればよいから、右の図のようになる。

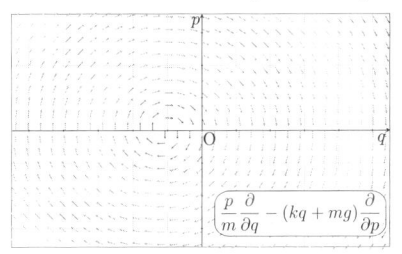

$$\left(\frac{p}{m}\frac{\partial}{\partial q}-(kq+mg)\frac{\partial}{\partial p}\right)$$

【問い9-3】の解答 .... (問題はp237、ヒントはp349)

ヒントの(D.10)から続ける。(D.10)の第1項が
→ p349

$$\{p_\theta, P\cos\psi\}\cos\psi+p_\theta\{\cos\psi, P\cos\psi\}=\{p_\theta, P\}\cos^2\psi+p_\theta\cos\psi\{\cos\psi, P\} \quad (\mathrm{D}.85)$$

のように計算される（ライプニッツ則を使う）。同様に、

$$\text{第2項：} \quad \{p_\theta, P\}\sin^2\psi+p_\theta\sin\psi\{\sin\psi, P\} \quad (\mathrm{D}.86)$$

$$\text{第3項：} P\cos\psi\{\sin\psi, P\}-P\sin\psi\{\cos\psi, P\} \quad (\mathrm{D}.87)$$

となるから和をとって(D.10)は $(\cos^2\psi+\sin^2\psi=1$ のおかげで)

$$\{p_\theta, P\}+(p_\theta\sin\psi+P\cos\psi)\{\sin\psi, P\}+(p_\theta\cos\psi-P\sin\psi)\{\cos\psi, P\} \quad (\mathrm{D}.88)$$

となり、さらに $\{\sin\psi, P\} = \cos\psi\{\psi, P\}, \{\cos\psi, P\} = -\sin\psi\{\psi, P\}$ を使って、

$$\{p_\theta, P\} + (p_\theta \sin\psi + P\cos\psi)\cos\psi\{\psi, P\} - (p_\theta\cos\psi - P\sin\psi)\sin\psi\{\psi, P\}$$
$$= \{p_\theta, P\} + P\{\psi, P\} = -\frac{\partial P}{\partial\theta} + P\frac{\partial P}{\partial p_\psi} \tag{D.89}$$

後は $P = \dfrac{p_\phi - p_\psi \cos\theta}{\sin\theta}$ と戻して微分を計算すれば

$$= -\frac{\partial}{\partial\theta}\left(\frac{p_\phi - p_\psi\cos\theta}{\sin\theta}\right) + \frac{p_\phi - p_\psi\cos\theta}{\sin\theta}\frac{\partial}{\partial p_\psi}\left(\frac{p_\phi - p_\psi\cos\theta}{\sin\theta}\right)$$
$$= \frac{p_\phi - p_\psi\cos\theta}{\sin^2\theta}\cos\theta - \frac{p_\psi\sin\theta}{\sin\theta} - \frac{p_\phi - p_\psi\cos\theta}{\sin\theta}\frac{\cos\theta}{\sin\theta} = -p_\psi = -I_{zz}\omega_z \tag{D.90}$$

【問い 10-1】の解答 .... (問題は p248)
基本ポアッソン括弧を計算することにより、以下の条件が出る。

$$\underbrace{\frac{\partial Q}{\partial q}}_{a}\underbrace{\frac{\partial P}{\partial p}}_{d} - \underbrace{\frac{\partial Q}{\partial p}}_{b}\underbrace{\frac{\partial P}{\partial q}}_{c} = ad - bc = 1 \tag{D.91}$$

【問い 10-2】の解答 .... (問題は p248、ヒントは p349)
P, Q に対する正準方程式は、

$$\frac{\mathrm{d}(\alpha p)}{\mathrm{d}t} = \alpha\left(-\frac{\partial H}{\partial q}\right) = -\alpha^2\frac{\partial H}{\partial(\alpha q)}, \quad \frac{\mathrm{d}(\alpha q)}{\mathrm{d}t} = \alpha\left(\frac{\partial H}{\partial p}\right) = \alpha^2\frac{\partial H}{\partial(\alpha p)} \tag{D.92}$$

となるから、$\alpha^2 H$ を新しいハミルトニアンとすればよい。

【問い 10-3】の解答 .... (問題は p248、ヒントは p349)
ヒントにあるように、まず $\dfrac{\partial A}{\partial Q}\dfrac{\partial B}{\partial P}$ を考えると、

$$\underbrace{\left(\frac{\partial A}{\partial q}\frac{\partial q}{\partial Q} + \frac{\partial A}{\partial p}\frac{\partial p}{\partial Q}\right)}_{\frac{\partial A}{\partial Q}}\underbrace{\left(\frac{\partial B}{\partial q}\frac{\partial q}{\partial P} + \frac{\partial B}{\partial p}\frac{\partial p}{\partial P}\right)}_{\frac{\partial B}{\partial P}}$$
$$= \frac{\partial A}{\partial q}\frac{\partial q}{\partial Q}\frac{\partial B}{\partial p}\frac{\partial p}{\partial P} + \frac{\partial A}{\partial p}\frac{\partial p}{\partial Q}\frac{\partial B}{\partial q}\frac{\partial q}{\partial P} + \underbrace{\frac{\partial A}{\partial q}\frac{\partial q}{\partial Q}\frac{\partial B}{\partial q}\frac{\partial q}{\partial P} + \frac{\partial A}{\partial p}\frac{\partial p}{\partial Q}\frac{\partial B}{\partial p}\frac{\partial p}{\partial P}}_{A\leftrightarrow B\text{で対称な部分}} \tag{D.93}$$

となる。これから $\dfrac{\partial B}{\partial Q}\dfrac{\partial A}{\partial P}$ を引くのは、上の式の A と B を取り替えたものを引くことであり、「$A\leftrightarrow B$ で対称な部分」は消えてしまう。よって、$\{A, B\}_{(Q,P)}$ は

$$\frac{\partial A}{\partial q}\frac{\partial q}{\partial Q}\frac{\partial B}{\partial p}\frac{\partial p}{\partial P} + \frac{\partial A}{\partial p}\frac{\partial p}{\partial Q}\frac{\partial B}{\partial q}\frac{\partial q}{\partial P} - \frac{\partial B}{\partial q}\frac{\partial q}{\partial Q}\frac{\partial A}{\partial p}\frac{\partial p}{\partial P} - \frac{\partial B}{\partial p}\frac{\partial p}{\partial Q}\frac{\partial A}{\partial q}\frac{\partial q}{\partial P}$$
$$= \frac{\partial A}{\partial q}\frac{\partial B}{\partial p}\left(\frac{\partial q}{\partial Q}\frac{\partial p}{\partial P} - \frac{\partial p}{\partial Q}\frac{\partial q}{\partial P}\right) + \frac{\partial A}{\partial p}\frac{\partial B}{\partial q}\left(\frac{\partial p}{\partial Q}\frac{\partial q}{\partial P} - \frac{\partial q}{\partial Q}\frac{\partial p}{\partial P}\right) \tag{D.94}$$
$$= \frac{1}{J}\left(\frac{\partial A}{\partial q}\frac{\partial B}{\partial p} - \frac{\partial A}{\partial p}\frac{\partial B}{\partial q}\right)$$

となり、新しい座標でのポアッソン括弧 $\{*,*\}_{(Q,P)}$ と古い座標でのポアッソン括弧 $\{*,*\}_{(q,p)}$ が同じになるという条件もまた、$J=1$ となるのであった。

【問い 10-4】の解答 .... (問題は p259、ヒントは p349)

(10.56)の両辺を q を一定として p で微分すると、$\dfrac{\partial P}{\partial p}\dfrac{\partial Q}{\partial q} + P\dfrac{\partial^2 Q}{\partial q \partial p} + \dfrac{\partial^2 G}{\partial q \partial p} = 1$
→ p259

(10.55)の両辺を p を一定として q で微分すると、$\dfrac{\partial P}{\partial q}\dfrac{\partial Q}{\partial p} + P\dfrac{\partial^2 Q}{\partial p \partial q} + \dfrac{\partial^2 G}{\partial p \partial q} = 0$
→ p258

この二つの差を取り $\dfrac{\partial P}{\partial p}\dfrac{\partial Q}{\partial q} - \dfrac{\partial P}{\partial q}\dfrac{\partial Q}{\partial p} = 1$ を得る。

【問い 10-5】の解答 .... (問題は p259、ヒントは p349)

(D.14)の意味を考えよう。$P(q,Q)$ は最終的には q も Q,P で表され、$P = P(q(Q,P),Q)$
→ p349
となる（同様に $p = p(q,Q(q,p))$）。これらから、

$$\left.\frac{\partial P}{\partial P}\right|_Q = 1 = \frac{\partial P(q,Q)}{\partial q}\frac{\partial q(Q,P)}{\partial P} \tag{D.95}$$

$$\left.\frac{\partial p}{\partial p}\right|_q = 1 = \frac{\partial p(q,Q)}{\partial Q}\frac{\partial Q(q,p)}{\partial p} \tag{D.96}$$

という二つの式が出せるから、

$$\underbrace{\frac{\partial p(q,Q)}{\partial Q}}_{(D.13)\text{の中辺}} \frac{\partial Q(q,p)}{\partial p} = \underbrace{\frac{\partial P(q,Q)}{\partial q}}_{(D.13)\text{の右辺}\times(-1)} \frac{\partial q(Q,P)}{\partial P} \tag{D.97}$$

より、$\dfrac{\partial Q(q,p)}{\partial p} = -\dfrac{\partial q(Q,P)}{\partial P}$ がわかる。次に示すべきは $\dfrac{\partial P(q,p)}{\partial p} = \dfrac{\partial q(Q,P)}{\partial Q}$ だが、$P = P(q(Q,P),Q)$ を P を一定にして Q で微分して

$$0 = \frac{\partial P(q,Q)}{\partial Q} + \frac{\partial P(q,Q)}{\partial q}\frac{\partial q(Q,P)}{\partial Q} \tag{D.98}$$

という式を作っておいて、$P(q,Q(q,p))$ を（q を一定として）p で微分すると、

$$\begin{aligned}
\left.\frac{\partial P(q,Q(q,p))}{\partial p}\right|_q &= \frac{\partial P(q,Q)}{\partial Q}\frac{\partial Q(q,p)}{\partial p} &&\quad((D.98)\text{により、}) \\
&= -\frac{\partial P(q,Q)}{\partial q}\frac{\partial q(Q,P)}{\partial Q}\frac{\partial Q(q,p)}{\partial p} &&\quad\left(\substack{(D.13)\text{により、}\\ \to\text{p349}}\right) \\
&= \frac{\partial p(q,Q)}{\partial Q}\frac{\partial q(Q,P)}{\partial Q}\frac{\partial Q(q,p)}{\partial p} = \frac{\partial q(Q,P)}{\partial Q}
\end{aligned} \tag{D.99}$$

よって $\dfrac{\partial Q}{\partial p} = -\dfrac{\partial q}{\partial P}$ と $\dfrac{\partial P}{\partial p} = \dfrac{\partial q}{\partial Q}$ が示せたので、

$$\{Q,P\} = \frac{\partial Q}{\partial q}\frac{\partial P}{\partial p} - \frac{\partial P}{\partial q}\frac{\partial Q}{\partial p} = \frac{\partial Q}{\partial q}\frac{\partial q}{\partial Q} + \frac{\partial P}{\partial q}\frac{\partial q}{\partial P} = 1 \tag{D.100}$$

【問い 10-6】の解答 .... (問題は p264、ヒントは p350)

$q = -\dfrac{\partial W}{\partial p} = \dfrac{Q}{\alpha}, P = -\dfrac{\partial W}{\partial Q} = \dfrac{p}{\alpha}$ となるためには、$W = -\dfrac{pQ}{\alpha}$ とすればよい。これは $W = -pq$ と同じことである。

【問い 10-7】の解答 .... (問題は p264、ヒントは p350)

$W = -Qp - \dfrac{b}{2}Q^2$ とすれば、$q = -\dfrac{\partial W}{\partial p} = Q, P = -\dfrac{\partial W}{\partial Q} = p + bQ = p + bq$ となる。$G = W + pq = -Qp - \dfrac{b}{2}Q^2 + pq = -\dfrac{b}{2}Q^2$ だから、$dG = -bQ\,dQ$ であり、

$$\underbrace{(p+bQ)}_{P}\underbrace{dq}_{dQ}\underbrace{-bQ\,dQ}_{dG} = p\,dq + bQ\,dQ - bQ\,dQ = p\,dq \tag{D.101}$$

【問い 10-8】の解答 .... (問題は p266、ヒントは p350)

(10.81)の第2項はパターン (1)（q, Q, t が独立変数）の場合
$\to$ p266

$$\left\{P, \dfrac{\partial G(q,Q,t)}{\partial t}\right\}_{(Q,P)} = -\dfrac{\partial}{\partial Q}\left(\left.\dfrac{\partial G(q(Q,P,t),Q,t)}{\partial t}\right|_{q,Q}\right)\bigg|_{P,t} \tag{D.102}$$

である。母関数 G が q, Q, t の関数であり、それを今 Q, P, t が独立であるとして書き直していることに注意しよう。この式において Q による微分は G の第1変数と第2変数の両方にかかる。よって、

$$= -\left.\dfrac{\partial q(Q,P,t)}{\partial Q}\right|_{P,t} \dfrac{\partial \left(\left.\dfrac{\partial G(q,Q,t)}{\partial t}\right|_{q,Q}\right)}{\partial q}\bigg|_{Q,t} - \dfrac{\partial \left(\left.\dfrac{\partial G(q,Q,t)}{\partial t}\right|_{q,Q}\right)}{\partial Q}\bigg|_{q,t} \tag{D.103}$$

という微分を行う。この形にすれば偏微分の順序交換を行うことができる。$\dfrac{\partial G(q,Q)}{\partial q} = p, \dfrac{\partial G(q,Q)}{\partial Q} = -P$ を代入して、

$$= -\left.\dfrac{\partial q(Q,P,t)}{\partial Q}\right|_{P,t} \left.\dfrac{\partial p(q,Q,t)}{\partial t}\right|_{q,Q} + \left.\dfrac{\partial P(q,Q,t)}{\partial t}\right|_{q,Q} \tag{D.104}$$

となった。一方(10.80)の第2項は (q, p) を使って書かれた式だが、上の結果と比較する
$\to$ p266
ためにあえて (q, Q) を使った表現に直してみると、

$$\left.\dfrac{\partial P(q,p,t)}{\partial t}\right|_{q,p} = \left.\dfrac{\partial P(q,Q,t)}{\partial t}\right|_{q,Q} - \left.\dfrac{\partial P(q,p,t)}{\partial p}\right|_{q,t} \left.\dfrac{\partial p(q,Q,t)}{\partial t}\right|_{q,Q} \tag{D.105}$$

となる。$\left.\dfrac{\partial P}{\partial p}\right|_{q,t} = \left.\dfrac{\partial q}{\partial Q}\right|_{P,t}$ なのでこの二つは等しい。

$\dfrac{\mathrm{d}Q}{\mathrm{d}t}$ の方も同様に、新旧座標系で差を取るとポアッソン括弧の部分は消えるので、残りの部分の差を計算して 0 であることを確認する。

$$\begin{aligned}
&\left.\frac{\partial Q(q,p,t)}{\partial t}\right|_{q,p} - \left\{Q, \frac{\partial G}{\partial t}\right\}_{(Q,P)} = \left.\frac{\partial Q(q,p,t)}{\partial t}\right|_{q,p} - \left.\frac{\partial \left(\left.\frac{\partial G(q,Q,t)}{\partial t}\right|_{q,Q}\right)}{\partial P}\right|_{Q,t} \\
&= \left.\frac{\partial Q(q,p,t)}{\partial t}\right|_{q,p} - \left.\frac{\partial \left(\left.\frac{\partial G(q,Q,t)}{\partial t}\right|_{q,Q}\right)}{\partial q}\right|_{Q,t} \left.\frac{\partial q(Q,P,t)}{\partial P}\right|_{Q,t} \\
&= \left.\frac{\partial Q(q,p,t)}{\partial t}\right|_{q,p} - \left.\frac{\partial p(q,Q,t)}{\partial t}\right|_{q,Q} \left.\frac{\partial q(Q,P,t)}{\partial P}\right|_{Q,t} \\
&= \left.\frac{\partial Q(q,p,t)}{\partial t}\right|_{q,p} + \left(\underbrace{\left.\frac{\partial p(q,p,t)}{\partial t}\right|_{q,p}}_{0} - \left.\frac{\partial p(q,Q,t)}{\partial Q}\right|_{q,t} \left.\frac{\partial Q(q,p,t)}{\partial t}\right|_{q,p}\right) \left.\frac{\partial Q(q,p,t)}{\partial p}\right|_{q,t} \\
&= 0
\end{aligned}$$
(D.106)

【問い 10-9】の解答 .... (問題は p271)

$$\{Q_i, Q_j\} = \sum_k \left(\frac{\partial Q_i}{\partial q_k}\frac{\partial Q_j}{\partial p_k} - \frac{\partial Q_j}{\partial q_k}\frac{\partial Q_i}{\partial p_k}\right) = \sum_k \left(\frac{\partial p_k}{\partial P_i}\frac{\partial Q_j}{\partial p_k} + \frac{\partial Q_j}{\partial q_k}\frac{\partial q_k}{\partial P_i}\right) = 0$$
(D.107)

$$\{P_i, P_j\} = \sum_k \left(\frac{\partial P_i}{\partial q_k}\frac{\partial P_j}{\partial p_k} - \frac{\partial P_j}{\partial q_k}\frac{\partial P_i}{\partial p_k}\right) = \sum_k \left(-\frac{\partial p_k}{\partial Q_i}\frac{\partial P_j}{\partial p_k} - \frac{\partial P_j}{\partial q_k}\frac{\partial q_k}{\partial Q_i}\right) = 0$$
(D.108)

$$\{Q_i, P_j\} = \sum_k \left(\frac{\partial Q_i}{\partial q_k}\frac{\partial P_j}{\partial p_k} - \frac{\partial P_j}{\partial q_k}\frac{\partial Q_i}{\partial p_k}\right) = \sum_k \left(\frac{\partial p_k}{\partial P_i}\frac{\partial P_j}{\partial p_k} + \frac{\partial P_j}{\partial q_k}\frac{\partial q_k}{\partial P_i}\right)$$
$$= \frac{\partial P_j}{\partial P_i} = \delta_{ij}$$
(D.109)

【問い 10-10】の解答 .... (問題は p271、ヒントは p350)

座標変換を全部書くと、$x = r\cos\theta, y = r\sin\theta$ と、$p_x = p_r \cos\theta - \dfrac{p_\theta}{r}\sin\theta$, $p_y = p_r \sin\theta + \dfrac{p_\theta}{r}\cos\theta$ である。ヤコビアンは

$$\begin{vmatrix} \frac{\partial x}{\partial r} & \frac{\partial x}{\partial \theta} & \frac{\partial x}{\partial p_r} & \frac{\partial x}{\partial p_\theta} \\ \frac{\partial y}{\partial r} & \frac{\partial y}{\partial \theta} & \frac{\partial y}{\partial p_r} & \frac{\partial y}{\partial p_\theta} \\ \frac{\partial p_x}{\partial r} & \frac{\partial p_x}{\partial \theta} & \frac{\partial p_x}{\partial p_r} & \frac{\partial p_x}{\partial p_\theta} \\ \frac{\partial p_y}{\partial r} & \frac{\partial p_y}{\partial \theta} & \frac{\partial p_y}{\partial p_r} & \frac{\partial p_y}{\partial p_\theta} \end{vmatrix} = \begin{vmatrix} \cos\theta & -r\sin\theta & 0 & 0 \\ \sin\theta & r\cos\theta & 0 & 0 \\ \dfrac{p_\theta}{r^2}\sin\theta & -p_r\sin\theta - \dfrac{p_\theta}{r}\cos\theta & \cos\theta & -\dfrac{\sin\theta}{r} \\ -\dfrac{p_\theta}{r^2}\cos\theta & p_r\cos\theta - \dfrac{p_\theta}{r}\sin\theta & \sin\theta & \dfrac{\cos\theta}{r} \end{vmatrix}$$
(D.110)

となる[†1]が、行列式の基本変形（4列目の $\dfrac{p_\theta}{r}$ 倍を1列めに足すなど）から、
$\underset{\to \text{p315}}{}$

$$= \begin{vmatrix} \cos\theta & -r\sin\theta & 0 & 0 \\ \sin\theta & r\cos\theta & 0 & 0 \\ 0 & 0 & \cos\theta & -\dfrac{\sin\theta}{r} \\ 0 & 0 & \sin\theta & \dfrac{\cos\theta}{r} \end{vmatrix} = \underbrace{\begin{vmatrix} \cos\theta & -r\sin\theta \\ \sin\theta & r\cos\theta \end{vmatrix}}_{r} \times \underbrace{\begin{vmatrix} \cos\theta & -\dfrac{\sin\theta}{r} \\ \sin\theta & \dfrac{\cos\theta}{r} \end{vmatrix}}_{\frac{1}{r}} = 1$$
(D.111)

となる（ブロック対角な行列の行列式はブロックごとの行列式の積であることを使った）。

【問い10-11】の解答 .... (問題は p272、ヒントは p350)

ヒントで作った式の他に、P_i の方も同様に考えて、

$$\delta_{ik} = \sum_\ell \frac{\partial P_i(\{q_*\},\{Q_*\})}{\partial q_\ell} \frac{\partial q_\ell(\{Q_*\},\{P_*\})}{\partial P_k} \tag{D.112}$$

$$0 = \frac{\partial P_i(\{q_*\},\{Q_*\})}{\partial Q_k} + \sum_\ell \frac{\partial P_i(\{q_*\},\{Q_*\})}{\partial q_\ell} \frac{\partial q_\ell(\{Q_*\},\{P_*\})}{\partial Q_k} \tag{D.113}$$

が出せる。(D.18)に $\dfrac{\partial Q_i(\{q_*\},\{p_*\})}{\partial p_k}$ を掛けて i で和を取ると、(D.20)のおかげで、
$\underset{\to \text{p350}}{}$ 　　　　　　　　　　　　　　　　　　　　　　　　$\underset{\to \text{p351}}{}$

$$-\sum_i \frac{\partial P_i(\{q_*\},\{Q_*\})}{\partial q_j} \frac{\partial Q_i(\{q_*\},\{p_*\})}{\partial p_k} = \delta_{jk} \tag{D.114}$$

となる。この式にさらに $\dfrac{\partial q_j(\{Q_*\},\{P_*\})}{\partial P_\ell}$ をかけて j で和を取ると、

$$-\sum_i \sum_j \underbrace{\frac{\partial P_i(\{q_*\},\{Q_*\})}{\partial q_j} \frac{\partial q_j(\{Q_*\},\{P_*\})}{\partial P_\ell}}_{\delta_{i\ell}} \frac{\partial Q_i(\{q_*\},\{p_*\})}{\partial p_k} = \frac{\partial q_k(\{Q_*\},\{P_*\})}{\partial P_\ell}$$

$$-\frac{\partial Q_\ell(\{q_*\},\{p_*\})}{\partial p_k} = \frac{\partial q_k(\{Q_*\},\{P_*\})}{\partial P_\ell} \tag{D.115}$$

が導ける。

次に P_i を p_j で微分すると、

$$\frac{\partial P_i(\{q_*\},\{Q_*(\{q_*\},\{p_*\})\})}{\partial p_j} = \sum_k \frac{\partial P_i(\{q_*\},\{Q_*\})}{\partial Q_k} \frac{\partial Q_k(\{q_*\},\{p_*\})}{\partial p_j} \tag{D.116}$$

となるが、ここで(D.19)の第2式を使って、i と k の添字を交換した後計算を続け、
$\underset{\to \text{p350}}{}$

[†1] 右上の $\dfrac{\partial x}{\partial p_r}$ などを含むパートは全て0であることに注意。このおかげで左下の $\dfrac{\partial p_x}{\partial r}$ などを含む部分に何があっても結果に関係なくなる。

$$
\begin{aligned}
&= \sum_k \frac{\partial P_k(\{q_*\},\{Q_*\})}{\partial Q_i}\frac{\partial Q_k(\{q_*\},\{p_*\})}{\partial p_j} \qquad\qquad \bigg) \; ((D.113)) \\
&= -\sum_{k,\ell} \frac{\partial P_k(\{q_*\},\{Q_*\})}{\partial q_\ell}\frac{\partial q_\ell(\{Q_*\},\{P_*\})}{\partial Q_i}\frac{\partial Q_k(\{q_*\},\{p_*\})}{\partial p_j} \bigg) \begin{pmatrix}(D.18)\\ \to \text{p}350\end{pmatrix} \quad (D.117)\\
&= \sum_{k,\ell} \frac{\partial p_\ell(\{q_*\},\{Q_*\})}{\partial Q_k}\frac{\partial q_\ell(\{Q_*\},\{P_*\})}{\partial Q_i}\frac{\partial Q_k(\{q_*\},\{p_*\})}{\partial p_j}
\end{aligned}
$$

となるが、(D.20) $\underset{\to \text{p}351}{}$ から、

$$\sum_k \frac{\partial p_\ell(\{q_*\},\{Q_*\})}{\partial Q_k}\frac{\partial Q_k(\{q_*\},\{p_*\})}{\partial p_j} = \delta_{j\ell} \tag{D.118}$$

であるから、$\dfrac{\partial P_i}{\partial p_j} = \dfrac{\partial q_j}{\partial Q_i}$ が示された。これも、(q,p) と (Q,P) の立場をそっくり入れ替えることで、$\dfrac{\partial p_i}{\partial P_j} = \dfrac{\partial Q_j}{\partial q_i}$ を示すことができる。最後に第 1 の式は (D.117) 同様、$P_i(\{q_*\},\{p_*\})$ を q_j で微分し、

$$\frac{\partial P_i(\{q_*\},\{Q_*(\{q_*\},\{p_*\})\})}{\partial q_j} = \underbrace{\frac{\partial P_i(\{q_*\},\{Q_*\})}{\partial q_j}}_{\text{第 1 引数の微分}} + \sum_k \underbrace{\frac{\partial P_i(\{q_*\},\{Q_*\})}{\partial Q_k}}_{\text{第 2 引数の微分}}\frac{\partial Q_k(\{q_*\},\{p_*\})}{\partial q_j}$$

を得る。この後は (D.117) と同様の計算を続け (D.21) や (D.19) を使うと、$\dfrac{\partial P_i(\{q_*\},\{p_*\})}{\partial q_j} = -\dfrac{\partial p_j(\{P_*\},\{Q_*\})}{\partial Q_i}$ が示される。これで $\underset{\to \text{p}271}{(10.104)}$ の 4 種類の式が全て証明された。

【問い 10-12】の解答 .... (問題は p276、ヒントは p351)

ヒントの式から、

$$
\begin{aligned}
\frac{\mathrm{d}}{\mathrm{d}t}\left(p_x + \frac{qB}{2}y\right) &= \underbrace{\frac{qB}{2m}\left(p_y - \frac{qB}{2}x\right)}_{\frac{\mathrm{d}p_x}{\mathrm{d}t}} + \frac{qB}{2}\underbrace{\frac{1}{m}\left(p_y - \frac{qB}{2}x\right)}_{\frac{\mathrm{d}y}{\mathrm{d}t}} \\
&= \frac{qB}{m}\left(p_y - \frac{qB}{2}x\right)
\end{aligned}
\tag{D.119}
$$

が出る。同様に $\dfrac{\mathrm{d}}{\mathrm{d}t}\left(p_y - \dfrac{qB}{2}x\right) = -\dfrac{qB}{m}\left(p_x + \dfrac{qB}{2}y\right)$ が出せるから、

$$\frac{\mathrm{d}^2}{\mathrm{d}t^2}\left(p_x + \frac{qB}{2}y\right) = -\left(\frac{qB}{m}\right)^2\left(p_x + \frac{qB}{2}y\right) \tag{D.120}$$

であり、

$$p_x + \frac{qB}{2}y = C\sin\left(\frac{qB}{m}t + \alpha\right) \tag{D.121}$$

が解である。これの時間微分を考えると、

$$p_y - \frac{qB}{2}x = \frac{m}{qB}\frac{\mathrm{d}}{\mathrm{d}t}\left(p_x + \frac{qB}{2}y\right) = C\cos\left(\frac{qB}{m}t + \alpha\right) \tag{D.122}$$

が出る。同様の計算で、$p_x - \dfrac{qB}{2}y$ と $p_y + \dfrac{qB}{2}x$ が定数である。

【問い 11-1】の解答 .... (問題は p286、ヒントは p351)

ヒントの続きより、

$$\begin{aligned}
\bar{S} - \alpha_i x_i^{(1)} &= \frac{1}{2m}(\alpha_i)^2(t_1 - t_0) + \frac{1}{2}m\sum_{j \neq i}\frac{(x_j^{(1)} - x_j^{(0)})^2}{t_1 - t_0} - \alpha_i\left(x_i^{(0)} + \frac{\alpha_i(t_1 - t_0)}{m}\right) \\
&= -\frac{1}{2m}(\alpha_i)^2(t_1 - t_0) + \frac{1}{2}m\sum_{j \neq i}\frac{(x_j^{(1)} - x_j^{(0)})^2}{t_1 - t_0} - \alpha_i x_i^{(0)}
\end{aligned}$$
(D.123)

これを全ての x_i についてやれば、

$$\bar{S} = -\frac{1}{2m}\sum_i(\alpha_i)^2(t_1 - t_0) + \sum_i \alpha_i\left(x_i^{(1)} - x_i^{(0)}\right) \tag{D.124}$$

を得る。これは平面波解(11.4)である。
→ p280

【問い A-1】の解答 .... (問題は p306)

$$\begin{aligned}
&\begin{pmatrix} a & b \\ c & d \end{pmatrix}\begin{pmatrix} e & f \\ g & h \end{pmatrix}\begin{pmatrix} x \\ y \end{pmatrix} \Bigg| = \begin{pmatrix} a & b \\ c & d \end{pmatrix}\begin{pmatrix} e & f \\ g & h \end{pmatrix}\begin{pmatrix} x \\ y \end{pmatrix} \\
&= \begin{pmatrix} ae + bg & af + bh \\ ce + dg & cf + dh \end{pmatrix}\begin{pmatrix} x \\ y \end{pmatrix} \Bigg| = \begin{pmatrix} a & b \\ c & d \end{pmatrix}\begin{pmatrix} ex + fy \\ gx + hy \end{pmatrix} \\
&= \begin{pmatrix} aex + bgx + afy + bhy \\ cex + dgx + cfy + dhy \end{pmatrix} \Bigg| = \begin{pmatrix} aex + afy + bgx + bhy \\ cex + cfy + dgx + dhy \end{pmatrix}
\end{aligned}$$
(D.125)

となり、二つの計算で同じ結果となる。

【問い A-2】の解答 .... (問題は p307)

$$\frac{1}{ad - bc}\begin{pmatrix} d & -b \\ -c & a \end{pmatrix}\begin{pmatrix} a & b \\ c & d \end{pmatrix} = \frac{1}{ad - bc}\begin{pmatrix} ad - bc & 0 \\ 0 & ad - bc \end{pmatrix} = \begin{pmatrix} 1 & 0 \\ 0 & 1 \end{pmatrix} \quad (\text{D.126})$$

$$\begin{pmatrix} a & b \\ c & d \end{pmatrix}\frac{1}{ad - bc}\begin{pmatrix} d & -b \\ -c & a \end{pmatrix} = \frac{1}{ad - bc}\begin{pmatrix} ad - bc & 0 \\ 0 & ad - bc \end{pmatrix} = \begin{pmatrix} 1 & 0 \\ 0 & 1 \end{pmatrix} \quad (\text{D.127})$$

【問い A-3】の解答 .... (問題は p312、ヒントは p351)

$\sum_i a_{pi}(a^{-1})_{i\ell} = \delta_{p\ell}$ の、左辺を計算すると、

$$\sum_i a_{pi}\underbrace{\frac{1}{2\det\mathbf{A}}\sum_{j,k}\sum_{m,n}\epsilon_{ijk}\epsilon_{\ell m n}a_{mj}a_{nk}}_{(a^{-1})_{i\ell}} = \frac{1}{2\det\mathbf{A}}\sum_{i,j,k}\sum_{m,n}\epsilon_{ijk}\epsilon_{\ell m n}a_{pi}a_{mj}a_{nk}$$
(D.128)

となるが、この式は $\epsilon_{\ell m n}$ を含んでいるので、ℓ, m, n が全部違う（$1, 2, 3$ の置換）の場合のみが足し算される。もし $p \neq \ell$ だと、p は m, n のどちらかと同じ値を取ってしまう。ところが $\epsilon_{ijk}a_{pi}a_{mj}a_{nk}$ という部分を考えると、$p = m$ であっても $p = n$ であっても答えは 0 である（たとえば $p = m$ ならば、ϵ_{ijk} が完全反対称なのに対し、後ろの

$a_{pi}a_{mj}a_{nk}$ は i と j の交換に関して対称）[†2]。よって、$p \neq \ell$ の時の答は 0 である。

では $p = \ell$ の時はどうなるかというと、

$$\frac{1}{2 \det \mathbf{A}} \sum_{i,j,k} \sum_{m,n} \epsilon_{ijk}\epsilon_{pmn} a_{pi}a_{mj}a_{nk} \quad (p だけ足されてないことに注意) \quad (\text{D.129})$$

という式になる。$p = 1$ なら $m = 2, n = 3$ と $m = 3, n = 2$ が足し算として残り、

$$\frac{1}{2 \det \mathbf{A}} \sum_{i,j,k} \epsilon_{ijk}(a_{1i}a_{2j}a_{3k} - a_{1i}a_{3j}a_{2k}) = \frac{1}{\det \mathbf{A}} \sum_{i,j,k} \epsilon_{ijk} a_{1i}a_{2j}a_{3k} = 1 \quad (\text{D.130})$$

となる。つまり(A.35)が示された。この形は何行何列の行列でもレヴィ・チビタ記号の
→ p312
添字を増やしていけば使える。

【問い C-1】の解答 .... (問題は p337、ヒントは p351)

ヒントより、$\left(\vec{A} \times (\vec{B} \times \vec{C})\right)_i = \sum_{j,k} \epsilon_{ijk} A_j \sum_{\ell,m} \epsilon_{k\ell m} B_\ell C_m$ である。レヴィ・チビタ記号の反対称性から $\epsilon_{ijk} = \epsilon_{kij}$ にしてから(C.11)を使って
→ p336

$$\sum_k \epsilon_{kij}\delta_{k\ell m} = \delta_{i\ell}\delta_{jm} - \delta_{j\ell}\delta_{im} \quad (\text{D.131})$$

を代入して、

$$\left(\vec{A} \times (\vec{B} \times \vec{C})\right)_i = \sum_{j,\ell,m} (\delta_{i\ell}\delta_{jm} - \delta_{j\ell}\delta_{im}) A_j B_\ell C_m$$
$$= B_i \sum_j A_j C_j - C_i \sum_j A_j B_j = B_i(\vec{A} \cdot \vec{C}) - C_i(\vec{A} \cdot \vec{B}) \quad (\text{D.132})$$

(C.13)の方は、ヒントより、$\left(\vec{A} \times \vec{B}\right) \cdot \left(\vec{C} \times \vec{D}\right) = \sum_i \sum_{j,k} \epsilon_{ijk} A_j B_k \sum_{\ell,m} \epsilon_{i\ell m} C_\ell D_m$

に $\sum_i \epsilon_{ijk}\epsilon_{i\ell m} = \delta_{j\ell}\delta_{km} - \delta_{jm}\delta_{k\ell}$ を代入して、$\sum_{j,k,\ell,m}(\delta_{j\ell}A_j C_\ell \delta_{km}B_k D_m -$

$\delta_{jm}A_j D_m \delta_{k\ell}B_k C_\ell) = \left(\vec{A} \cdot \vec{C}\right)\left(\vec{B} \cdot \vec{D}\right) - \left(\vec{A} \cdot \vec{D}\right)\left(\vec{B} \cdot \vec{C}\right)$ となる。

【問い C-2】の解答 .... (問題は p337、ヒントは p351)

$\vec{e}_{[1]} \times \vec{e}_{[2]} = \vec{e}_{[3]}$ に、左から外積で $\vec{e}_{[2]}$ を掛けると、以下を得る。

$$\vec{e}_{[2]} \times (\vec{e}_{[1]} \times \vec{e}_{[2]}) = \vec{e}_{[2]} \times \vec{e}_{[3]}$$
$$\vec{e}_{[1]} \underbrace{(\vec{e}_{[2]} \cdot \vec{e}_{[2]})}_{1} - \vec{e}_{[2]} \underbrace{(\vec{e}_{[2]} \cdot \vec{e}_{[1]})}_{0} = \vec{e}_{[2]} \times \vec{e}_{[3]} \quad (\text{D.133})$$
$$\vec{e}_{[1]} = \vec{e}_{[2]} \times \vec{e}_{[3]}$$

$\vec{e}_{[3]} \times \vec{e}_{[1]} = \vec{e}_{[2]}$ を示すには、$\vec{e}_{[1]} \times \vec{e}_{[2]} = \vec{e}_{[3]}$ に、右から外積で $\vec{e}_{[1]}$ を掛ける。

[†2] 対称な添字（$A_{ij} = A_{ji}$）を持つ量と反対称な添字（$B_{ij} = -B_{ji}$）を持つ量を掛算して添字の和を取ったもの $\sum_{ij} A_{ij}B_{ij}$ は常に 0 である。対称性を使うと $\sum_{ij} A_{ij}B_{ij} = -\sum_{ij} A_{ij}B_{ij}$ を示せる。

索 引

【英字】
active（能動的）, 343
cyclic coordinate（循環座標）, 118
explicit, 131
ignorable coordinate（無視できる座標）, 118
implicit, 131
Liouvilleの定理, 223
on-shell, 192
passive（受動的）, 343

【あ行】
位相空間, 215
一般化運動量, 197
一般化座標, 73
運動の積分, 195
オイラーの運動方程式, 181
オイラー・ラグランジュ方程式, 43

【か行】
角速度ベクトル, 169
仮想仕事の原理, 51
仮想変位の原理, 51
換算質量, 110
慣性系, 2

慣性乗積, 171
慣性テンソル, 171
慣性モーメント, 171
完全解, 285
基本ポアッソン括弧, 249
逆行列, 306
共変, 112
共変ベクトル, 340
共役, 197
行列式 (determinant), 311
クロネッカーのデルタ, 335
交換（ポアッソン括弧の意味で）, 232
勾配 (gradient), 69

【さ行】
サイクロイド, 50
最小作用の原理, 93
作用, 83, 89
作用変数, 297
自由度, 14
主軸変換, 173
受動的 (passive), 343
循環座標, 117
スクレロノミック, 130
正準形式, 206

正準変換, 246
正準方程式, 208
生成子 (generator), 252
積分可能条件, 71
全微分, 320
双線型性, 228

【た行】
ダランベールの原理, 87
単位行列, 307
直交行列, 309
直交曲線座標, 125, 337
直交変換, 317
停留, 26
テンソル (tensor), 341
転置, 305
点変換, 112
等周問題, 22

【な行】
ナブラ $\vec{\nabla}$, 79
能動的 (active), 343
ノンホロノミック, 129

【は行】
配位空間, 215
ハミルトン形式, 206
ハミルトンの原理, 93
ハミルトンの主関数, 191
ハミルトンの特性関数, 285
ハミルトンの方程式, 208
ハミルトン・ヤコビ方程式, 280

汎関数, 89
反変ベクトル, 340
非ホロノミック, 129
ポアッソン括弧, 227
ポアッソン括弧の意味で交換, 232
母関数 (generating function), 255
保存力, 5
ホロノミック, 129

【ま行】
無視できる座標, 117
モード, 147

【や行】
ヤコビアン（2×2 行列の）, 324
ヤコビ恒等式, 228

【ら行】
ライプニッツ則, 228
ラウシアン, 123
ラウス関数, 123
ラグランジアン (Lagrangian), 89
ラグランジアン密度, 164
ラグランジュ関数, 89
ラグランジュ未定乗数, 25, 327
ラプラシアン, 79
ラプラス方程式, 79
リウヴィルの定理, 223
ルジャンドル変換, 330
レオノミック, 131
連成振動（N 物体の）, 157
連続極限, 88

著者紹介

前野昌弘
(まえの まさひろ)

1985年　神戸大学理学部物理学科卒業
1990年　大阪大学大学院理学研究科博士後期課程修了
1995年より琉球大学理学部教員
現　在　琉球大学理学部物質地球科学科准教授
著　書　『よくわかる初等力学』
　　　　『よくわかる電磁気学』
　　　　『よくわかる量子力学』
　　　　『よくわかる熱力学』
　　　　『ヴィジュアルガイド物理数学〜1変数の微積分と常微分方程式〜』
　　　　『ヴィジュアルガイド物理数学〜多変数関数と偏微分〜』
　　　　（以上6冊は東京図書）
　　　　『今度こそ納得する物理・数学再入門』（技術評論社）
　　　　『量子力学入門』（丸善出版）

ネット上のハンドル名は「いろもの物理学者」
ホームページは http://www.phys.u-ryukyu.ac.jp/~maeno/
twitter は http://twitter.com/irobutsu
本書のサポートページは http://irobutsu.a.la9.jp/mybook/ykwkrAM/

装丁（カバー・表紙）高橋　敦（LONGSCALE）

よくわかる解析力学
（かいせきりきがく）

Printed in Japan

2013年10月25日　第 1 刷発行
2023年 7 月10日　第10刷発行

ⓒMasahiro Maeno 2013

著　者　前野昌弘
発行所　東京図書株式会社
〒102-0072 東京都千代田区飯田橋 3-11-19
振替 00140-4-13803 電話 03(3288)9461
http://www.tokyo-tosho.co.jp

ISBN 978-4-489-02162-6